液压气动系统PLC控制

入门与提高

黄志坚　编著

化学工业出版社
·北京·

本书从液压气动和PLC控制基础入门知识讲起，由浅及深，精选大量实际应用案例，详细介绍了液压与气动PLC控制系统的具体应用，包括行程顺序控制、时间顺序控制、液压缸同步控制、压力控制、速度控制、位置控制、液压泵站能源监控PLC系统、气动阀岛PLC控制系统等。还结合干冰清洗车液压PLC控制系统设计、同步顶升平台液压PLC控制系统设计等实例介绍了液压气动PLC控制系统的设计开发。

本书可供液压气动与PLC控制系统设计开发的工程技术人员使用，也可作为高校及培训机构相关专业师生的参考书。

图书在版编目（CIP）数据

液压气动系统PLC控制入门与提高/黄志坚编著.—北京：化学工业出版社，2019.3（2023.1重印）
ISBN 978-7-122-33578-4

Ⅰ.①液…　Ⅱ.①黄…　Ⅲ.①PLC技术-应用-液压传动②plc技术-应用-气压传动　Ⅳ.①TH137②TH138③TM571.6

中国版本图书馆CIP数据核字（2019）第000165号

责任编辑：张兴辉　　文字编辑：陈　喆
责任校对：杜杏然　　装帧设计：王晓宇

出版发行：化学工业出版社（北京市东城区青年湖南街13号　邮政编码100011）
印　　装：天津盛通数码科技有限公司
787mm×1092mm　1/16　印张19¼　字数502千字　2023年1月北京第1版第6次印刷

购书咨询：010-64518888　　售后服务：010-64518899
网　　址：http://www.cip.com.cn
凡购买本书，如有缺损质量问题，本社销售中心负责调换。

定　　价：89.00元　

前 言
PREFACE

液压传动与控制技术在国民经济与国防各部门的应用日益广泛，液压设备在装备体系中占十分重要的位置。液压系统是结构复杂且精密度高的机、电、液综合系统。气压传动系统具有结构简单、造价较低、易于控制的特点。气动技术在多个工业门类的自动化生产线中得到了广泛的应用。

PLC(Programmable Logic Controller)应用到液压与气动系统，能较好地满足控制系统的要求，并且测试精确，运行高速、可靠，提高了生产效率，延长了设备使用寿命。目前，在大多数情况下，液压与气动系统采用 PLC 控制。液压、气动与 PLC 是双向信息交流的关系，相互间密不可分。

本书精选大量案例，介绍 PLC 在液压与气动控制系统中的应用。全书共 4 章。第 1 章介绍液压与气动技术基础。第 2 章介绍 PLC 控制技术基础。第 3 章介绍液压与气动 PLC 控制典型应用，是本书的主要内容。第 4 章介绍液压与气动 PLC 控制系统设计开发，属本书的提高部分。

本书取材新颖、技术先进实用，案例丰富且涉及多个应用领域。所选案例主要是国内专业技术人员液压、气动 PLC 系统设计开发、技术改进等实践活动的总结。

本书的读者对象主要是液压、气动与 PLC 设计开发、使用维修人员，大学及职业技术学院相关专业师生。

编著者

目录
CONTENTS

第1章 液压与气动技术基础

1.1 液压系统工作原理与组成

液压技术是传动与控制不可或缺的技术，其日益受到重视。在大功率、体积限制严、特殊场合或电难以获得的领域（如风能、海洋能、太阳能、工程机械、海洋装备、航空航天、机器人等）无可替代。

（1）液压系统的工作原理

液压传动是利用液体的压力能来传递动力的一种传动形式，液压传动用于实现机械能-液压能-机械能的转换。

第一个转换是通过液压泵实现的。液压泵旋转的内部空腔在与油管连通时逐渐增大，形成吸油腔，将油液吸入；在其与压油口连通时逐渐缩小，形成压油腔，将油排入系统。

第二个转换是通过执行元件液压缸或液压马达来实现的，压力油依帕斯卡原理推动执行件的运动部分，驱动负载运动。

各类控制阀则用于限制、调节，分配与引导液压源的压力、量流与流动方向。

图1-1所示为典型液压系统。液压泵3由电动机驱动旋转，从油箱1经过滤器2吸油。

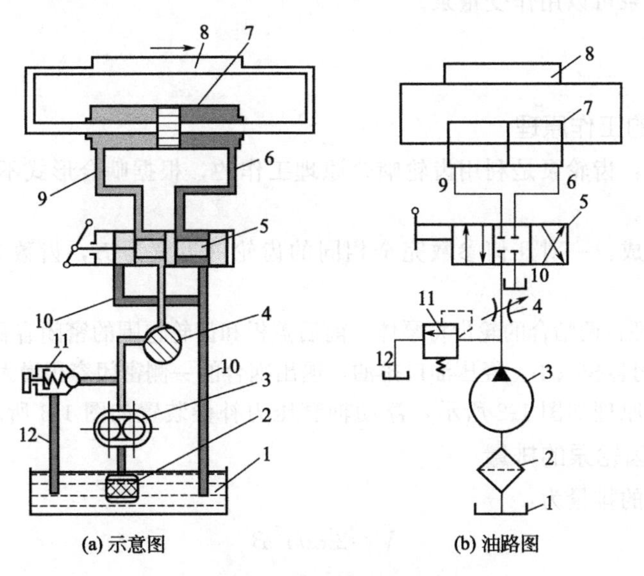

图1-1　典型液压系统

1—油箱；2—过滤器；3—液压泵；4—节流阀；5—换向阀；6,9,10,12—管道；7—液压缸；8—导轨；11—溢流阀

当换向阀 5 阀芯处于图示位置时，压力油经阀 4、阀 5 和管道 9 进入液压缸的左腔，推动活塞向右运动。液压缸右腔的油液经管道 6、阀 5 和管道 10 流回油箱。改变阀 5 阀芯工作位置，使之处于左端位置时，液压缸活塞反向运动。

（2）液压系统的组成

液压系统由动力元件（油泵）、执行元件（油缸或液压马达）、控制元件（各种阀）、辅助元件和工作介质五部分组成。

① 动力元件（液压泵）它的作用是把液体利用原动机的机械能转换成液压力能，是液压传动中的动力部分。

② 执行元件（液压缸、液压马达）它是将液体的液压能转换成机械能。其中，油缸做直线运动，马达做旋转运动。

③ 控制元件　包括压力阀、流量阀和方向阀等。它们的作用是根据需要无级调节液动机的速度，并对液压系统中工作液体的压力、流量和流向进行调节控制。

④ 辅助元件　除上述三部分以外的其他元件，包括压力表、滤油器、蓄能装置、冷却器、管件［主要包括：各种管接头（扩口式、焊接式、卡套式，法兰）、高压球阀、快换接头、软管总成、测压接头、管夹等］及油箱等，它们同样十分重要。

⑤ 工作介质　工作介质是指各类液压传动中的液压油或乳化液，它经过油泵和液动机实现能量转换。

1.2 液压泵

液压泵是液压系统的动力元件。

按运动部件的形状和运动方式分为齿轮泵、叶片泵、柱塞泵、螺杆泵等。齿轮泵又分外啮合齿轮泵和内啮合齿轮泵。叶片泵又分双作用叶片泵、单作用叶片泵和凸轮转子泵。柱塞泵又分径向柱塞泵和轴向柱塞泵。按排量能否变量分定量泵和变量泵。单作用叶片泵、径向柱塞泵和轴向柱塞泵可以用作变量泵。

1.2.1 齿轮泵

（1）齿轮泵的工作原理

齿轮泵的分类：齿轮泵是利用齿轮啮合原理工作的，根据啮合形式不同分为外啮合齿轮泵和内啮合齿轮泵。

齿轮泵结构组成：一对几何参数完全相同的齿轮（齿宽为 B，齿数为 z）、泵体、前后盖板、长短轴。

齿轮泵工作原理：两啮合的轮齿将泵体、前后盖板和齿轮包围的密闭容积分成两部分，轮齿进入啮合的一侧密闭容积减小，经压油口排油，退出啮合的一侧密闭容积增大，经吸油口吸油。

齿轮泵的工作原理如图 1-2 所示，浮动轴套压力补偿装置如图 1-3 所示。

（2）外啮合齿轮泵的排量

外啮合齿轮泵的排量为：

$$V=2\pi zm^2B \tag{1-1}$$

式中　z——齿数；

m——齿轮模数；

B——齿宽。

齿轮节圆直径一定时，为增大泵的排量，应增大模数，减小齿数。齿轮泵的齿轮多为修正齿轮。

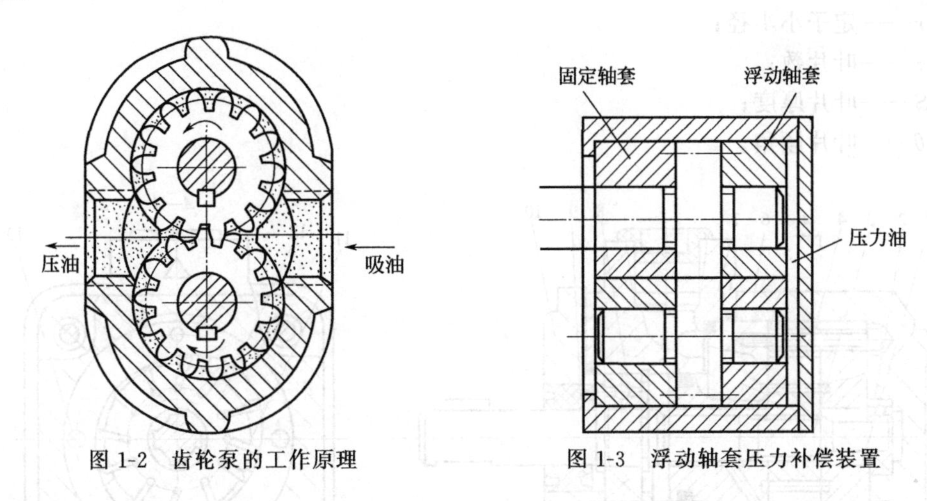

图 1-2　齿轮泵的工作原理　　图 1-3　浮动轴套压力补偿装置

1.2.2 叶片泵

叶片泵转子旋转时，叶片在离心力和压力油的作用下，尖部紧贴在定子内表面上。这样两个叶片与转子和定子内表面所构成的工作容积，先由小到大吸油后，再由大到小排油。

叶片泵又分为双作用叶片泵和单作用叶片泵。双作用叶片泵只能用作定量泵，单作用叶片泵可用作变量泵。双作用叶片泵因转子旋转一周，叶片在转子叶片槽内滑动两次，完成两次吸油和压油而得名。单作用叶片泵转子每转一周，吸、压油各一次，故称为单作用。

叶片泵具有结构紧凑、运动平稳、噪声小、输油均匀、寿命长等优点，广泛应用于中、低压液压系统中。其工作压力为6～21MPa。

（1）双作用叶片泵的工作原理

双作用叶片泵的工作原理如图 1-4 所示，转子每转一转，每个工作腔完成两次吸油和压油。

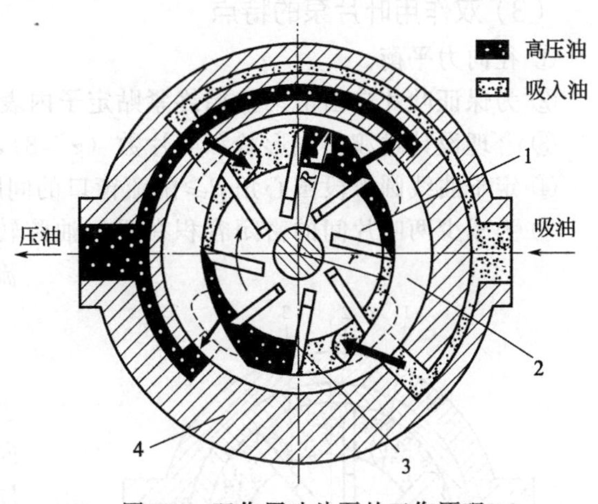

图 1-4　双作用叶片泵的工作原理

1—转子；2—定子；3—叶片；4—泵壳

双作用叶片泵的结构：由定子内环、转子外圆和左右配流盘组成的密闭工作容积被叶片分割为四部分，传动轴带动转子旋转，叶片在离心力作用下紧贴定子内表面，因定子内环由两段大半径圆弧、两段小半径圆弧和四段过渡曲线组成，故有两部分密闭容积将减小，受挤压的油液经配流窗口排出，两部分密闭容积将增大形成真空，经配流窗口从油箱吸油。YB_1 型叶片泵的结构如图 1-5 所示。

（2）双作用叶片泵的排量

双作用叶片泵的排量为：

$$V=2\pi B(R^2-r^2)-2zBS(R-r)/\cos\theta \tag{1-2}$$

式中 B——转子（叶片、定子）宽度；

R——定子大半径；

r——定子小半径；

z——叶片数；

S——叶片厚度；

θ——叶片倾角。

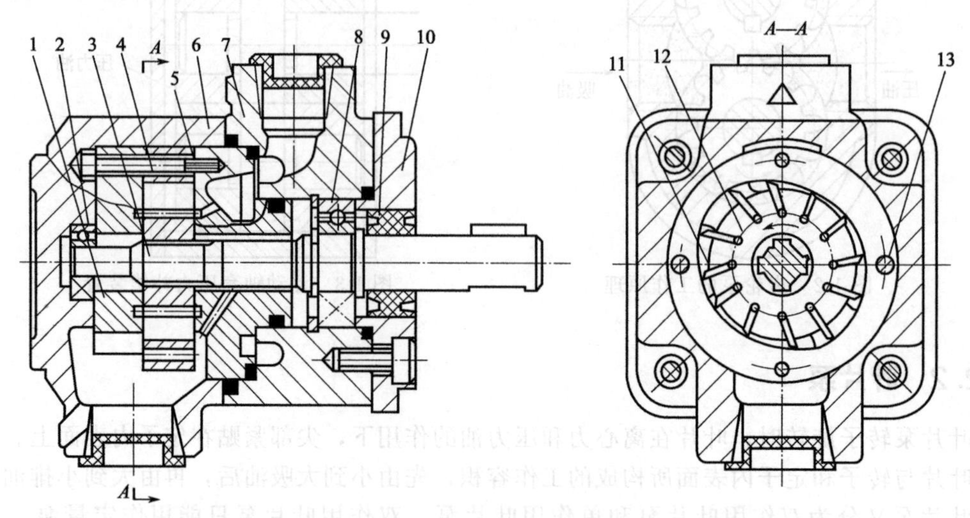

图 1-5　YB_1 型叶片泵的结构

1—左配油盘；2—轴承；3—泵轴；4—定子；5—右配油盘；6—泵体；7—前泵体；8—轴承；9—油封；10—盖板；11—叶片；12—转子；13—紧固螺钉

（3）双作用叶片泵的特点

① 径向力平衡。

② 为保证叶片自由滑动且始终紧贴定子内表面，叶片槽根部全部通压力油。

③ 合理设计过渡曲线形状和叶片数（$z \geqslant 8$），可使理论流量均匀，噪声低。

④ 定子曲线圆弧段圆心角 $\beta \geqslant$ 配流窗口的间距角 $\gamma \geqslant$ 叶片间夹角 $\alpha (=2\pi/z)$。

⑤ 为减少两叶片间的密闭容积在吸压油腔转换时因压力突变而引起的压力冲击，在配流盘的配流窗口前端开有减振槽。

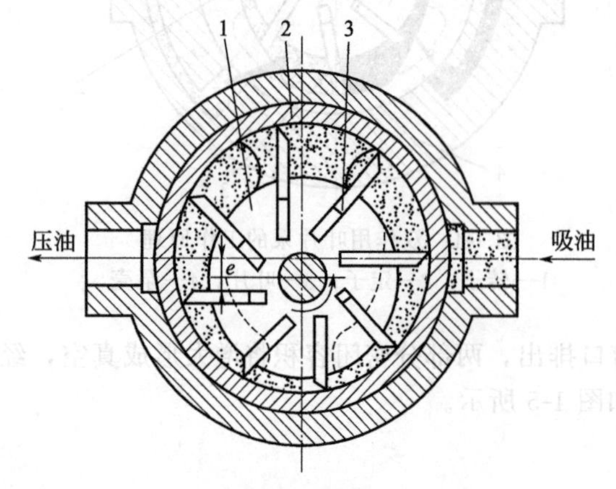

图 1-6　单作用叶片泵的工作原理

1—转子；2—定子；3—叶片

（4）单作用叶片泵的工作原理

单作用叶片泵的工作原理如图 1-6 所示，当转子按逆时针方向转动时，右半周，叶片向外伸出，密封工作腔容积逐渐增大，形成局部真空，于是通过吸油口和配油盘上的吸油窗口将油吸入；左半周，叶片向转子里缩进，密封工作腔容积逐渐缩小，工作腔内的油液经配油盘压油窗口和泵的压油口输到系统中。

单作用叶片泵排量计算：单作用叶片泵定子 2 内环为圆，R 为定子内表面半径；转子 1 与定子 2 之间存在偏心 e，铣有 z 个叶片槽；叶片3在转子叶片槽内自由滑动，叶片宽度为B；左、右配流盘铣有吸、压油窗口。

单作用叶片泵的排量为：

$$V=4BzRe\sin(\pi/z)$$

（5）单作用叶片泵的特点

① 可以通过改变定子的偏心距e来调节泵的排量和流量。

② 叶片槽根部分别通油，叶片厚度对排量无影响。

③ 因叶片矢径是转角的函数，瞬时理论流量是脉动的。叶片数取为奇数，以减小流量的脉动。

（6）限压式变量叶片泵

限压式变量叶片泵如图1-7所示，限压式变量叶片泵定子右边控制活塞作用着泵的出口压力油，左边作用着调压弹簧力，当$F<F_t$时，定子处于右极限位置，$e=e_{max}$，泵输出最大流量；若泵的压力随负载增大，导致$F>F_t$，定子将向偏心减小的方向移动，泵的输出流量减小。

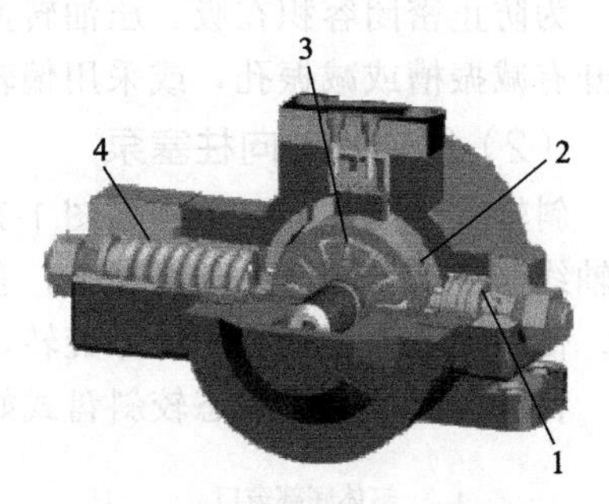

图1-7　限压式变量叶片泵的结构

1—活塞；2—定子；3—转子和叶片；4—弹簧

1.2.3 柱塞泵

（1）斜盘式柱塞泵

① 斜盘式轴向柱塞泵工作原理。如图1-8所示，缸体均布z个柱塞孔，分布圆直径为D，柱塞滑履组柱塞直径为d，斜盘相对配流盘倾角为α。泵在原动机驱动下旋转，柱塞通过配流盘吸油和压油。

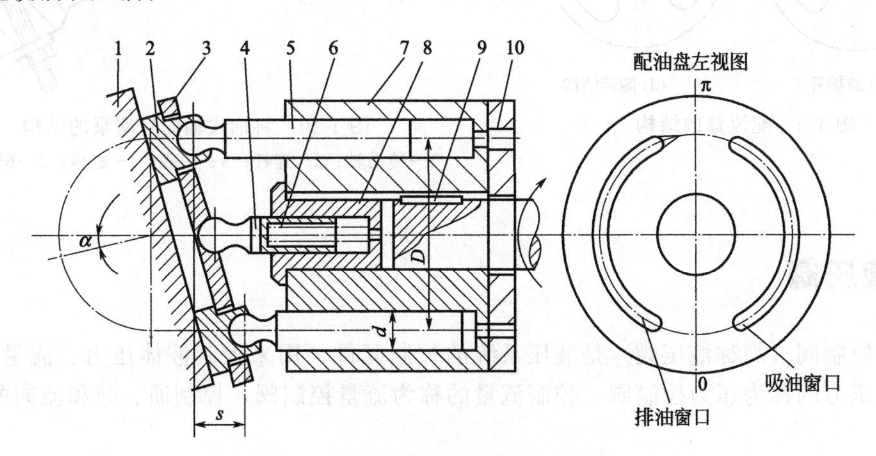

图1-8　斜盘式轴向柱塞泵的工作原理

1—斜盘；2—滑靴；3—压盘；4—心轴；5—柱塞；6—中心弹簧；7—转子；8—内套；9—驱动轴；10—配流盘；D—分布圆直径；d—柱塞直径；s—行程；α—倾斜角

泵旋转一周，每个柱塞轴向正反运行距离为S，排出油量为$S\pi d^2/4$，$s=D\tan\alpha$，故泵排量$V=(\pi d^2/4)zD\tan\alpha$。

改变斜盘倾角可以改变泵的排量。

② 斜盘式轴向柱塞泵的结构特点如下：

三对摩擦副：柱塞与缸体孔，缸体与配流盘，滑履与斜盘。容积效率较高，额定压力可达35MPa。

泵体上有泄漏油口。

传动轴是悬臂梁，缸体外有大轴承支承。

为减小瞬时理论流量的脉动性，取柱塞数为奇数：5、7、9。

为防止密闭容积在吸、压油转换时因压力突变引起的压力冲击，在配流盘的配流窗口前端开有减振槽或减振孔，或采用偏转结构，如图 1-9 所示。

（2）斜轴式轴向柱塞泵

斜轴式轴向柱塞泵结构如图 1-10 所示，其工作原理与斜盘式轴向柱塞泵类似，只是缸体轴线与传动轴不在一条直线上，它们之间存在一个摆角 β，柱塞与传动轴之间通过连杆连接。传动轴通过连杆拨动缸体旋转，强制带动柱塞在缸体孔内作往复运动。

特点：柱塞受力状态较斜盘式好，不仅可增大摆角来增大流量，且耐冲击、寿命长。

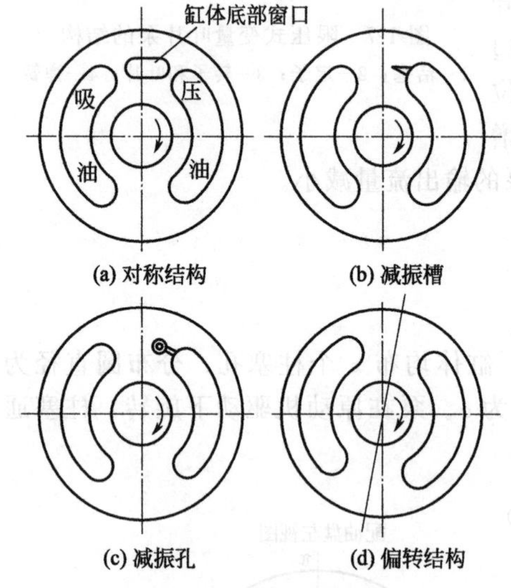

图 1-9 配流盘的结构

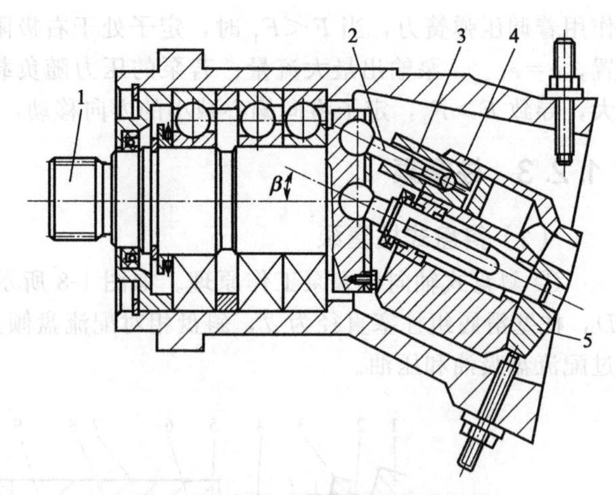

图 1-10 斜轴式轴向柱塞泵的结构

1—传动轴；2—连杆；3—柱塞；4—缸体；5—配流盘

1.3 液压阀

液压控制阀（简称液压阀）是液压系统的控制元件，用来控制液体压力、流量和方向。其中控制压力的称为压力控制阀，控制流量的称为流量控制阀，控制通、断和流向的称为方向控制阀。

液压阀由阀体、阀芯（转阀或滑阀）和驱使阀芯动作的部件（如弹簧、电磁铁）组成。

1.3.1 单向阀与液控单向阀

（1）单向阀的结构与工作原理

单向阀的作用是使油液只能沿一个方向流动，不许它反向倒流。图 1-11(a) 所示是一种管式普通单向阀的结构。压力油从阀体左端的通口 p_1 流入时，克服弹簧 3 作用在阀芯 2 上的力，使阀芯向右移动，打开阀口，并通过阀芯 2 上的径向孔 a、轴向孔 b 从阀体右端的通口流出。但是压力油从阀体右端的通口 p_2 流入时，它和弹簧力一起使阀芯锥面压紧在阀座上，使阀口关闭，油液无法通过。图 1-11(b) 所示是单向阀的图形符号。

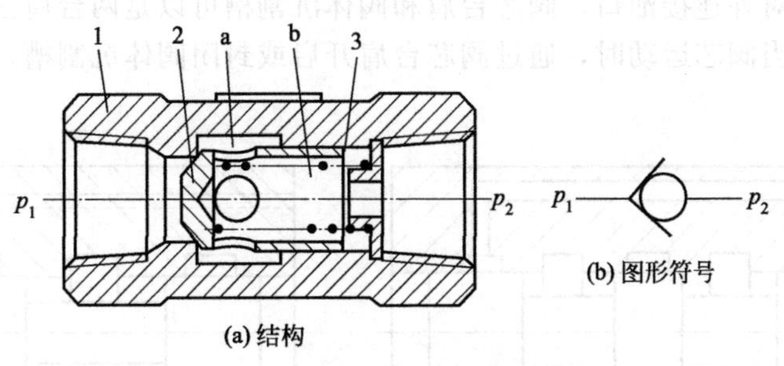

(a) 结构

(b) 图形符号

图 1-11　单向阀的结构和图形符号

1—阀体；2—阀芯；3—弹簧

（2）液控单向阀的结构与工作原理

图 1-12 所示为液控单向阀，图 1-12(a) 所示为液控单向阀的结构。当控制口 K 处无压力油通入时，它的工作机制和普通单向阀一样；压力油只能从通口 p_1 流向通口 p_2，不能反向倒流。当控制口 K 有控制压力油时，因控制活塞 1 右侧腔通泄油口，活塞 1 右移，推动顶杆 2 顶开阀芯 3，使通口 p_1 和 p_2 接通，油液就可在两个方向自由通流。图 1-12(b) 所示是液控单向阀的图形符号。

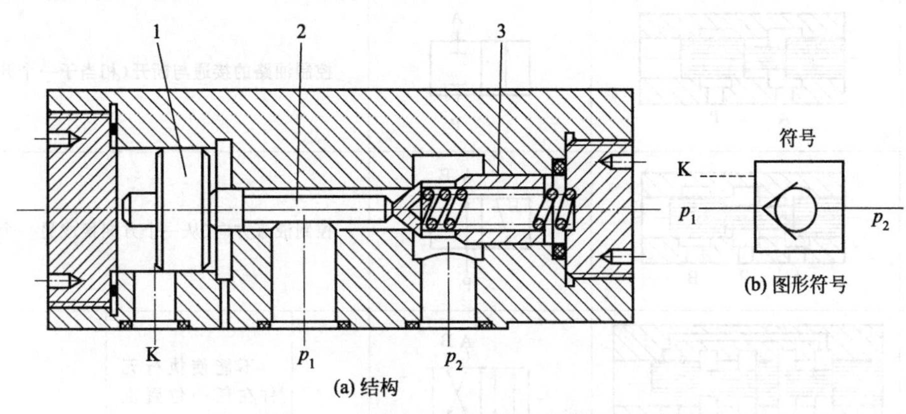

(a) 结构

(b) 图形符号

图 1-12　液控单向阀的结构和图形符号

1—活塞；2—顶杆；3—阀芯

1.3.2　换向阀

换向阀利用阀芯相对于阀体的相对运动，使油路接通、关断，或变换油流的方向，从而使液压执行元件启动、停止或变换运动方向。

（1）换向阀的分类

① 按结构形式可分为滑阀式、转阀式、球阀式。

② 按阀体连通的主油路数可分为二通、三通、四通等。

③ 按阀芯在阀体内的工作位置可分为二位、三位、四位等。

④ 按操作阀芯运动的方式可分为手动、机动、电磁动、液动、电液动等。

⑤ 按阀芯定位方式可分为钢球定位式、弹簧复位式。

（2）换向阀的结构

如图 1-13 所示，阀芯与阀体孔配合处为台肩，阀体孔内沟通油液的环形槽为沉割槽。

阀体在沉割槽处有对外连接油口。阀芯台肩和阀体沉割槽可以是两台肩三沉割槽，也可以是三台肩五沉割槽。当阀芯运动时，通过阀芯台肩开启或封闭阀体沉割槽，接通或关闭与沉割槽相通的油口。

(a) 五槽式　　(b) 三槽式

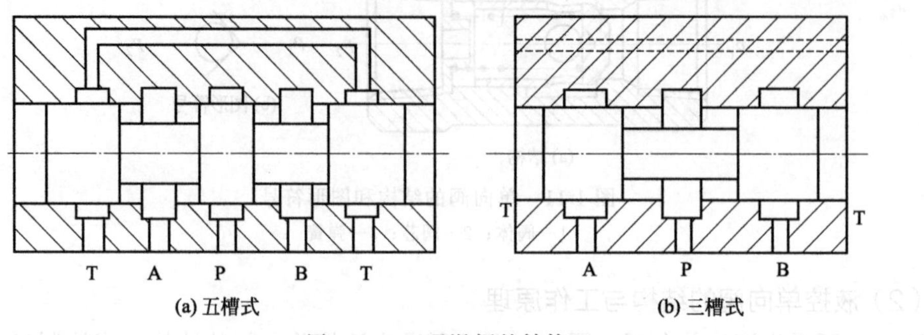

图 1-13　四通滑阀的结构

表 1-1 所示为换向阀主体部分的结构形式。

表 1-1　换向阀主体部分的结构形式

<table>
<tr><th>名称</th><th>结构原理图</th><th>图形符号</th><th colspan="3">使用场合</th></tr>
<tr><td>二位
二通阀</td><td>
A P</td><td>
A P</td><td colspan="3">控制油路的接通与断开(相当于一个开关)</td></tr>
<tr><td>二位
三通阀</td><td>
A P B</td><td>
A B P</td><td colspan="3">控制液流方向(从一个方向换成另一个方向)</td></tr>
<tr><td>二位
四通阀</td><td>
A P B T</td><td>
A B P T</td><td rowspan="4">控制
执行
元件
换向</td><td>不能使执行元件在任一位置上停止运动</td><td rowspan="2">执行元件正反向运动时回油方式相同</td></tr>
<tr><td>三位
四通阀</td><td>
A P B T</td><td>
A B P T</td><td>能使执行元件在任一位置上停止运动</td></tr>
<tr><td>二位
五通阀</td><td>
T_1 A P B T_2</td><td>
A B T_1 P T_2</td><td>不能使执行元件在任一位置上停止运动</td><td rowspan="2">执行元件正反向运动时回油方式不同</td></tr>
<tr><td>三位
五通阀</td><td>
T_1 A P B T_2</td><td>
A B T_1 P T_2</td><td>能使执行元件在任一位置上停止运动</td></tr>
</table>

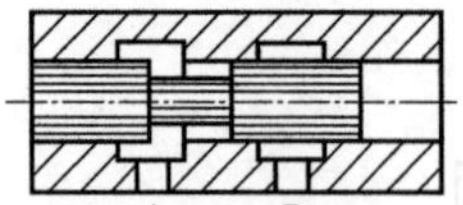

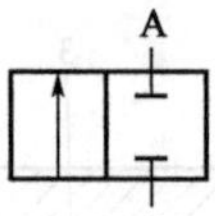

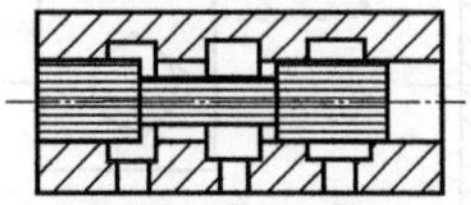

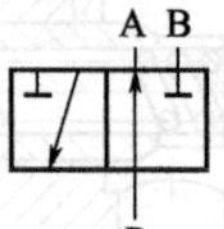

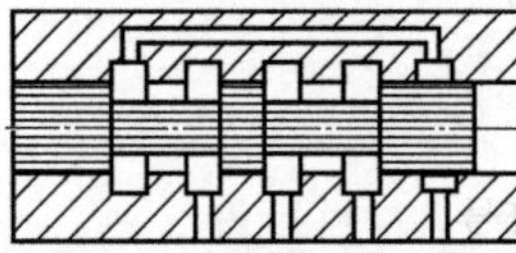

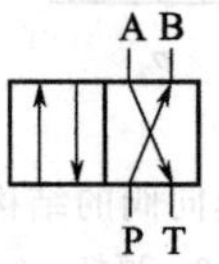

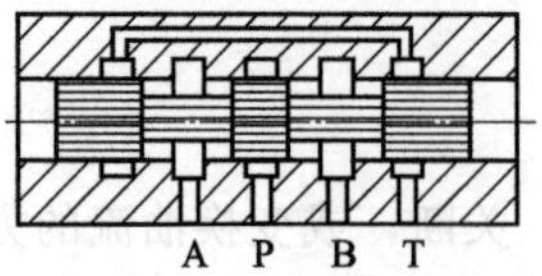

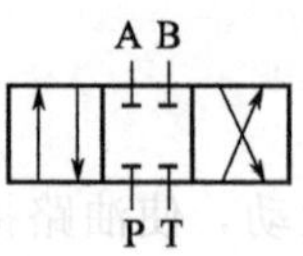

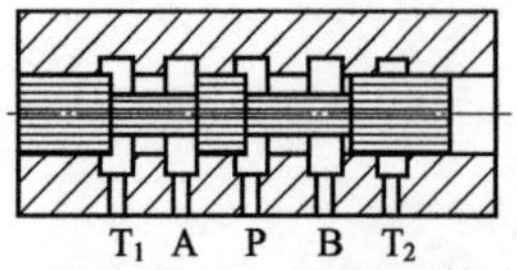

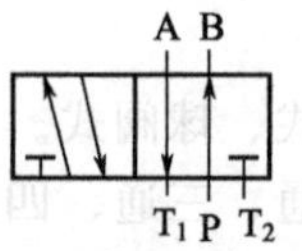

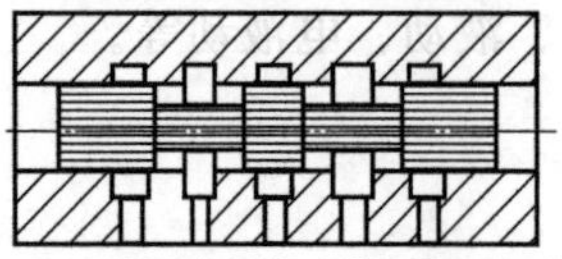

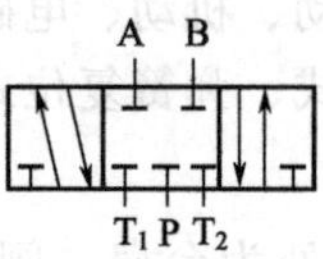

（3）换向阀的操纵形式

换向阀包括手动阀、机动阀、液/气动阀、电液/气动阀、电磁阀等。换向阀操纵形式如表1-2所示。

表1-2　换向阀操纵形式

操纵方式	图形符号	说明
手动	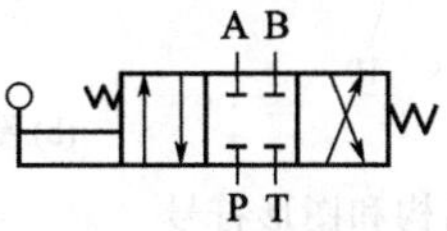 A B P T	手动操纵，弹簧复位，中间位置时阀口互不相通
机动	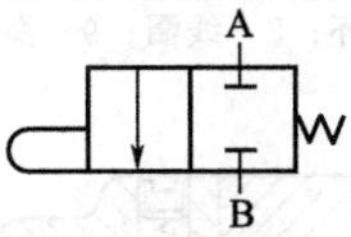 A B	挡块操纵，弹簧复位，通口常闭
电磁	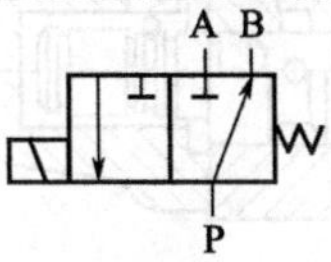 A B P	电磁铁操纵，弹簧复位
液动	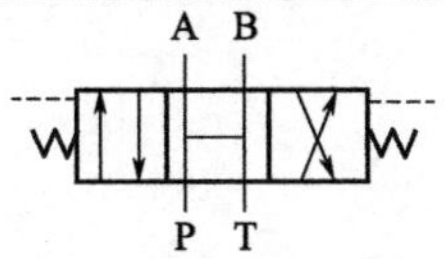 A B P T	液压操纵，弹簧复位，中间位置时四口互通
电液动	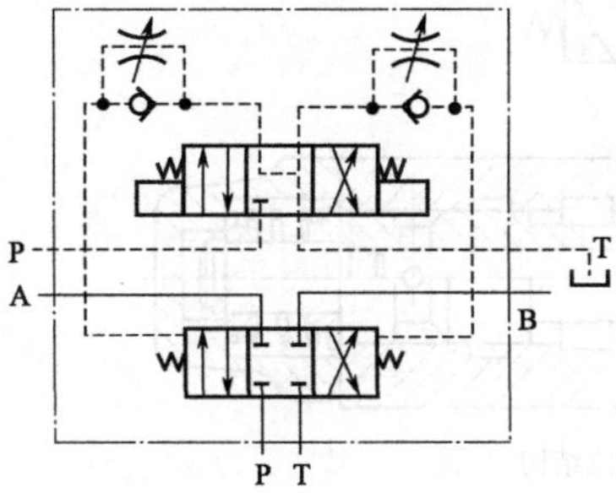 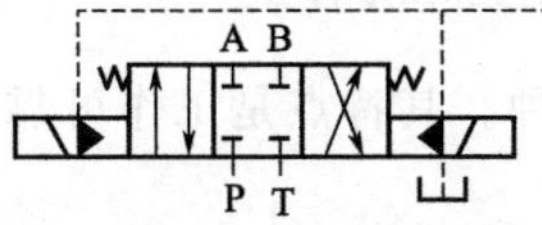 P T A B P T A B P T	电磁铁先导控制，液压驱动，阀芯移动速度可分别由两端的节流阀调节，使系统中执行元件能实现平稳的换向，外控外泄式

（4）电磁换向阀

下面以三位四通电磁换向阀为例说明其结构原理。

三位四通电磁换向阀结构和图形符号如图1-14所示。阀芯运动是借助于电磁力和弹簧力的共同作用。电磁铁不得电，阀芯处于中位，油口P、T、A、B均不通；左侧电磁铁线圈得电，电磁铁产生一个向右电磁推力，通过推杆推动阀芯右移，油口P与B通，A与T通；右侧电磁铁线圈得电，电磁铁产生一个向左电磁推力，通过推杆推动阀芯左移，油口P与A通，B与T通。

（5）手动换向阀

手动换向阀阀芯运动是借助于外力实现的，三位四通手动换向阀的结构和图形符号如图1-15所示。

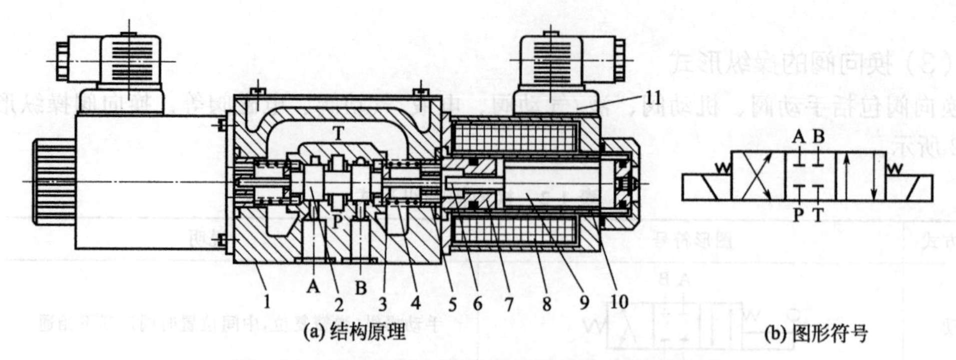

(a) 结构原理 (b) 图形符号

图 1-14 三位四通电磁换向阀的结构和图形符号

1—阀体；2—阀芯；3—定位套；4—对中弹簧；5—挡圈；6—推杆；7—环；8—线圈；9—衔铁；10—导套；11—插头

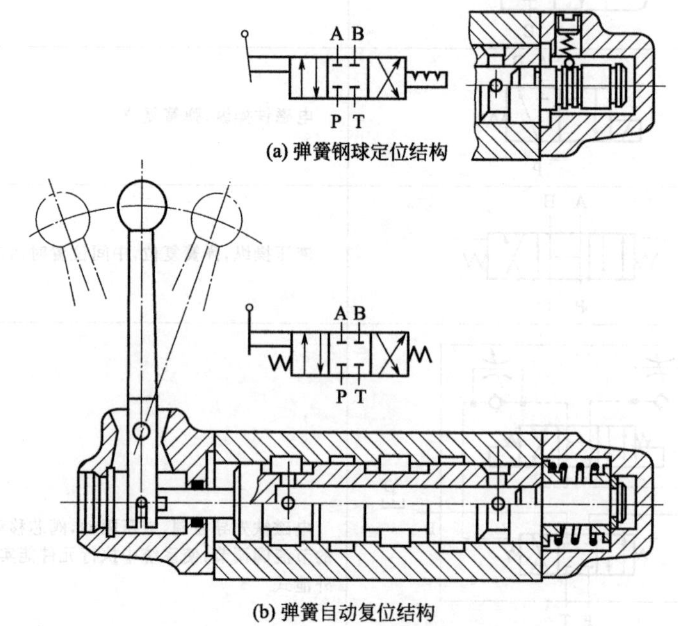

(a) 弹簧钢球定位结构

(b) 弹簧自动复位结构

图 1-15 三位四通手动换向阀的结构和图形符号

手动换向阀根据操作方式，可分为手动和脚踏两种。其特点是工作可靠，操作比较完全，常用于工程机械的液压传动系统中。

手动换向阀根据阀芯的定位方式，可分为弹簧钢球定位式与弹簧自动复位式。

（6）机动换向阀

机动换向阀又称行程阀，它主要用来控制机械运动部件的行程，它是借助于安装在工作台上的挡铁或凸轮来迫使阀芯移动，从而控制油液的流动方向，机动换向阀通常是二位的，有二通、三通、四通和五通几种，其中二位二通机动换向阀又分为常闭和常开两种（图 1-16）。图 1-16(a) 所示为滚轮式二位三通常闭式机动换向阀的结构，在图示位置阀芯 2 被弹簧 1 压向上端，油腔 P 和 A 通，B 口关闭。当挡铁或凸轮压住滚轮 4，使阀芯 2 移动到下端时，就使油腔 P 和 A 断开，P 和 B 接通，A 口关闭。图 1-16(b) 所示为其图形符号。

（7）三位四通换向阀的中位机能

三位换向阀的阀芯在中间位置时，各通口间有不同的连通方式，可满足不同的使用要求。这种连通方式称为换向阀的中位机能。

三位四通换向阀常见的中位机能、型号、符号及其特点如表1-3所示。三位五通换向阀的情况与此相仿。不同的中位机能是通过改变阀芯的形状和尺寸得到的。

在分析和选择阀的中位机能时，通常考虑以下几点。

① 系统保压。当P口被堵塞，系统保压，液压泵能用于多缸系统。当P口不太通畅地与T口接通时（如X型），系统能保持一定的压力供控制油路使用。

② 系统卸荷。P口通畅地与T口接通时，系统卸荷。

③ 启动平稳性。阀在中位时，液压缸某腔如通油箱，则启动时该腔内因无油液起缓冲作用，启动不太平稳。

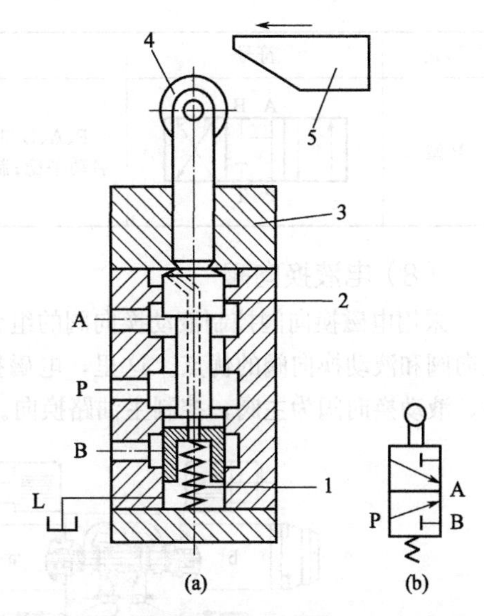

图1-16 滚轮式二位三通常闭式机动换向阀的结构和图形符号

1—弹簧；2—阀芯；3—端盖；4—滚轮；5—挡铁

④ 液压缸"浮动"和在任意位置上的停止，阀在中位，当A、B两口互通时，卧式液压缸呈"浮动"状态，可利用其他机构移动工作台，调整其位置。当A、B两口堵塞或与P口连接（在非差动情况下）时，则可使液压缸在任意位置处停下来。三位五通换向阀的机能与上述相仿。

表1-3 三位四通换向阀的中位机能

形式	符号	中位通路状况、特点及应用
O型	A B / P T	四口全封闭，液压泵不卸荷，液压缸闭锁，可用于多个换向阀的并联工作。液压缸充满油，从静止到启动平稳；制动时运动惯性引起液压冲击较大；换向位置精度高
H型	A B / P T	四口全接通，泵卸荷，液压缸处于浮动状态，在外力作用下可移动。液压缸从静止到启动有冲击；制动比O型平稳；换向位置变动大
Y型	A B / P T	P口封闭，A、B、T三口相通，泵不卸荷，液压缸浮动，在外力作用下可移动。液压缸从静止到启动有冲击；制动性能介于O型和H型之间
K型	A B / P T	P、A、B口相通，B口封闭，泵卸荷，液压缸处于闭锁状态。两个方向换向时性能不同
M型	A B / P T	P、T口相通，A、B口封闭，泵卸荷，液压缸闭锁，从静止到启动较平稳；制动性能与O型相同；可用于泵卸荷液压缸锁紧的系统中
X型	A B / P T	四口处于半开启状态，泵基本卸荷，但仍保持一定的压力。换向性能介于O型和H型之间

续表

形式	符号	中位通路状况、特点及应用
P型	A B / P T	P、A、B口相通，T口封闭，泵与液压缸两腔相通，可组成差动连接。从静止到启动平稳；制动平稳；换向位置变动比H型的小，应用广泛

（8）电液换向阀

采用电磁换向阀控制液动换向阀的组合称为电液动换向阀，简称电液换向阀，它集中了电磁换向阀和液动换向阀的优点。这里，电磁换向阀起先导控制作用，称为先导阀，其通径可以很小；液动换向阀为主阀，控制主油路换向。图1-17所示为电液换向阀结构、图形符号与油路。

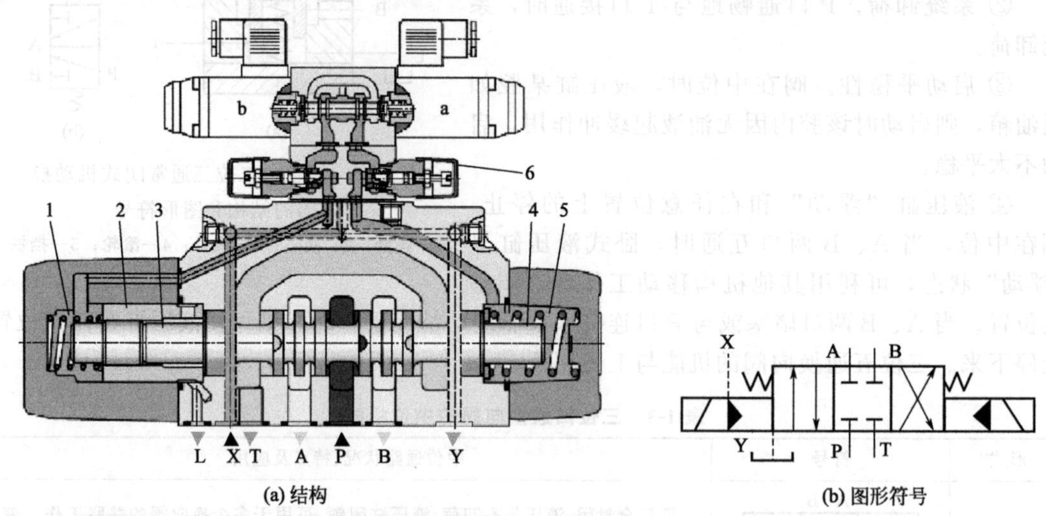

(a) 结构　　(b) 图形符号

1，5—弹簧腔；2—导向套；3—阀芯左端泄漏油L流经区段；4—阀芯端头；6—单向节流阀；a，b—电磁铁

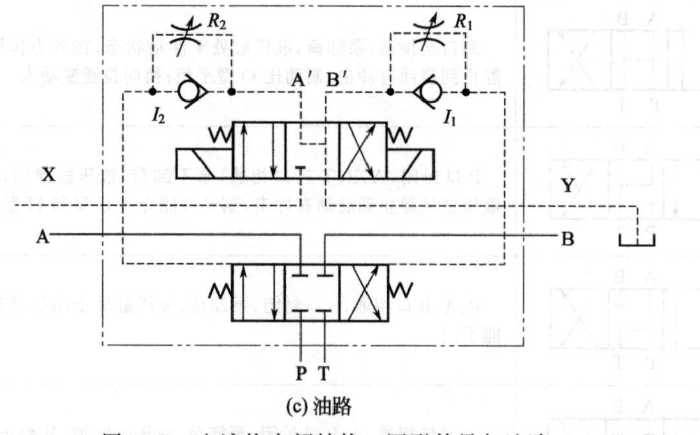

(c) 油路

图1-17　电液换向阀结构、图形符号与油路

（9）电磁球阀

电磁球阀是以电磁铁的推力为动力，推动钢球阀芯运动来实现油路通断和切换的。电磁球阀的密封性能好，反应速度快，换向频率高，对工作介质黏度的适应范围广；没有滑阀所需承受的液压卡紧力，换向和复位所需的力量小，可用于高压系统；靠球式阀芯密封换向，

抗污染能力强。但目前电磁球阀可供选用的机能少，规格较小。电磁球阀主要应用在高压小流量系统中，或在大流量系统中用作先导控制元件。

图 1-18 所示为二位三通电磁球阀的工作原理和图形符号。其主要由左、右阀座，阀芯钢球，弹簧，阀芯推杆，电磁铁，操纵推杆，杠杆等组成。图示为其常态位，弹簧作用力使钢球压向左阀座，P、A 导通，A、T 封闭。当电磁铁通电时，杠杆推动阀芯压缩弹簧，使钢球压向右阀座，P、A 封闭，A、T 导通，实现换向。图 1-19 所示为通电磁球阀得电后的结构状态。

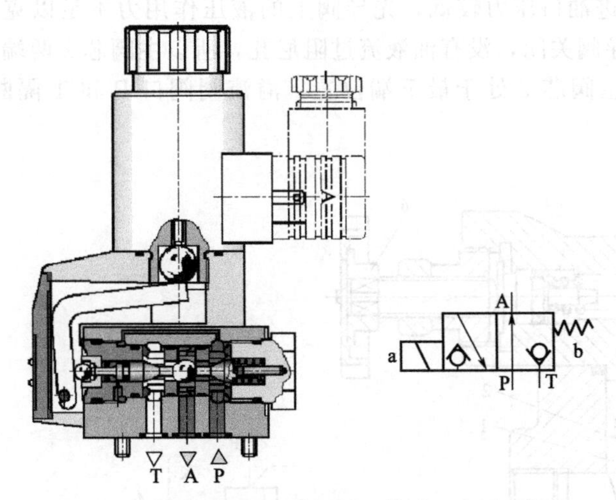

图 1-18　二位三通电磁球阀的工作原理和图形符号

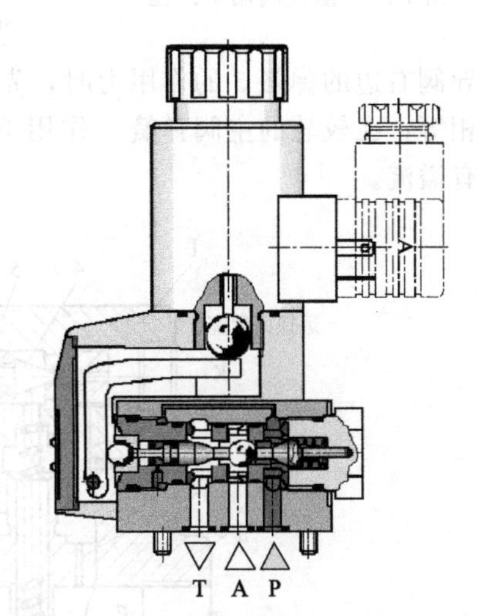

图 1-19　通电磁球阀得电后的结构状态

1.3.3　溢流阀

（1）溢流阀的作用

溢流阀的主要作用是对液压系统定压进行安全保护。几乎在所有的液压系统中都需要用到它，其性能好坏对整个液压系统的正常工作有很大影响。

① 旁接在泵的出口，用来保证系统压力恒定，称为定压阀，如图 1-20 所示。

② 旁接在泵的出口，用来限制系统压力的最大值，对系统起保护作用，称为安全阀，如图 1-21 所示。

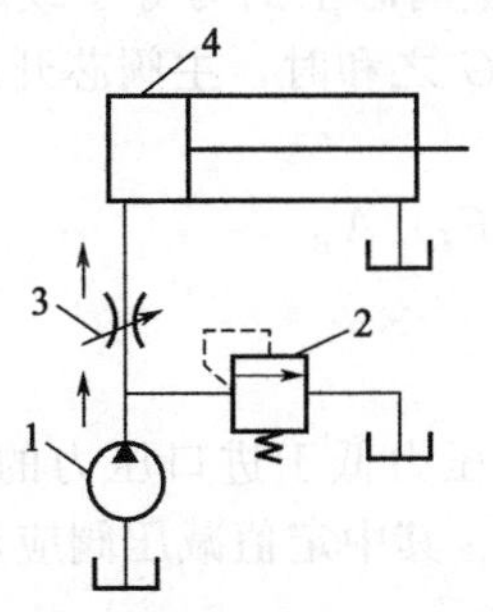

图 1-20　溢流阀用来保证系统压力恒定

1—定量泵；2—溢流阀；3—节流阀；4—液压缸

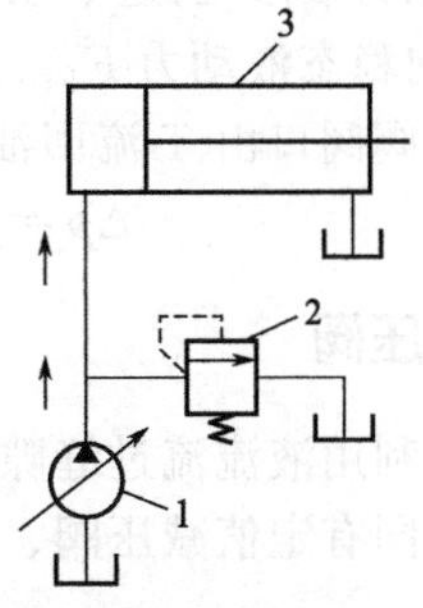

图 1-21　溢流阀用来限制系统压力的最大值

1—变量泵；2—溢流阀；3—液压缸

③ 电磁溢流阀还可以在执行机构不工作时使泵卸载，如图 1-22 所示。

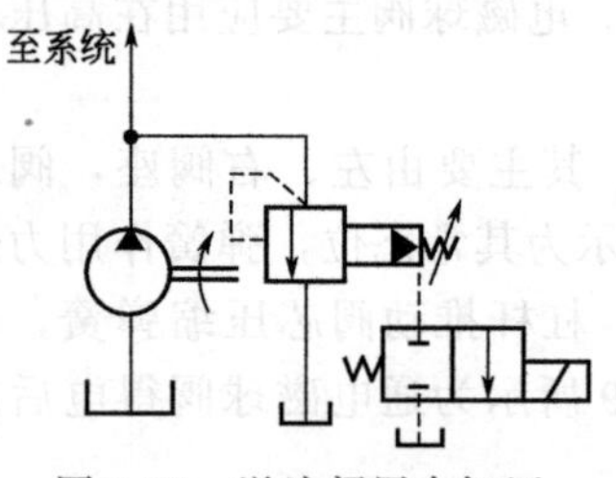

图 1-22 溢流阀用来卸压

(2) 先导型溢流阀

结构组成：它由先导阀和主阀组成。先导阀实际上是一个小流量直动型溢流阀，其阀芯为锥阀。主阀芯上有一阻尼孔，且上腔作用面积略大于下腔作用面积，其弹簧只在阀口关闭时起复位作用。

图 1-23 所示为先导式溢流阀的工作原理和图形符号。压力油从 P 口进入，通过阻尼孔 3 后作用在先导阀芯 4 上。

当进油口压力较低，先导阀上的液压作用力不足以克服先导阀右边的弹簧 5 的作用力时，先导阀关闭，没有油液流过阻尼孔，所以主阀芯 2 两端压力相等，在较软的主阀弹簧 1 作用下主阀芯 2 处于最下端位置，溢流阀阀口 P 和 T 隔断，没有溢流。

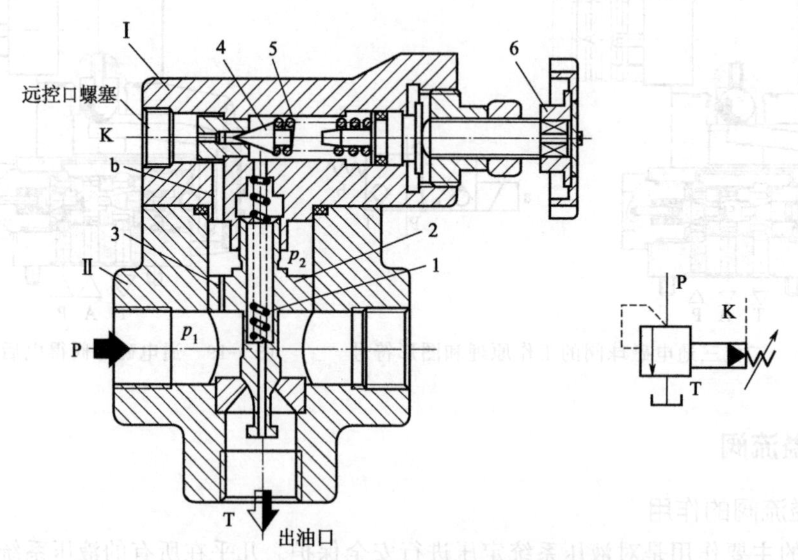

图 1-23 先导式溢流阀的工作原理和图形符号

1—主阀弹簧；2—主阀芯；3—阻尼孔；4—先导阀芯；5—调压弹簧；6—调压手柄

当进油口压力升高到作用在先导阀上的液压力大于导阀弹簧作用力时，导阀打开，压力油就可通过阻尼孔、通道 b 经先导阀流回油箱。由于阻尼孔的作用，主阀芯上端的液压力 p_2 小于下端压力 p_1，当这个压力差作用在面积为 A_B 的主阀芯上的力等于或超过、主阀弹簧力 F_s、轴向稳态液动力 F_{bs}、摩擦力 F_f 和主阀芯自重 G 之和时，主阀芯开启，油液从 P 口流入，经主阀阀口由 T 流回油箱，实现溢流，即有：

$$\Delta p = p_1 - p_2 \geqslant (F_s + F_{bs} + G \pm F_f)/A_B \tag{1-3}$$

1.3.4 减压阀

减压阀是利用液流流过缝隙产生压力损失，使其出口压力低于进口压力的压力控制阀。按调节要求不同有定值减压阀、定差减压阀、定比减压阀。其中定值减压阀应用最广，简称减压阀。

(1) 减压阀的工作原理

图 1-24 所示为减压阀的结构和图形符号，图 1-24(a) 所示为直动式减压阀的结构。p_1 口是进油口，p_2 口是出油口，阀不工作时，阀芯在弹簧作用下处于最下端位置，阀的进、

出油口是相通的，亦即阀是常开的。若出口压力增大，使作用在阀芯下端的压力大于弹簧力时，阀芯上移，关小阀口，这时阀处于工作状态。若忽略其他阻力，仅考虑作用在阀芯上的液压力和弹簧力相平衡的条件，则可以认为出口压力基本上维持在某一定值——调定值上。这时如减小出口压力，阀芯就下移，开大阀口，则阀口处阻力减小，压降减小，使出口压力回升到调定值；反之，若出口压力增大，则阀芯上移，关小阀口，阀口处阻力加大，压降增大，使出口压力下降到调定值。

图 1-24(b) 所示为减压阀的图形符号。

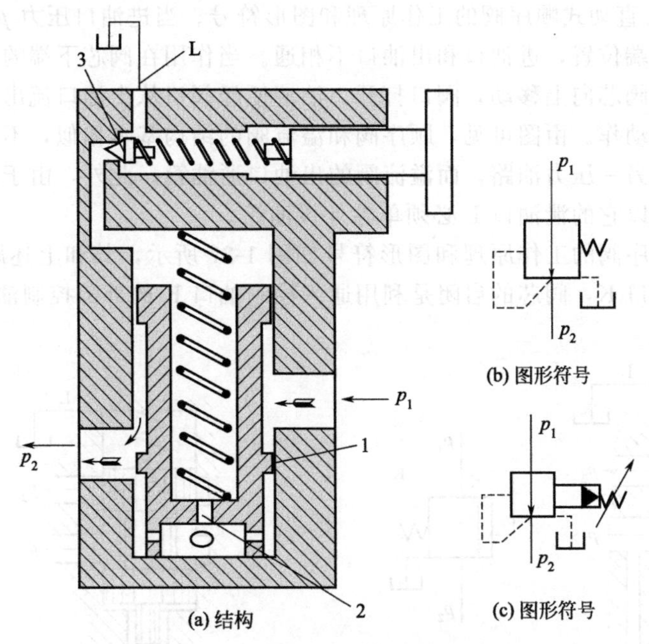

图 1-24　减压阀的结构和图形符号

1—主阀芯；2—阻尼孔；3—先导阀；L—外泄漏油口

（2）减压阀的特点

将先导式减压阀和先导式溢流阀进行比较，它们之间有如下几点不同之处。

① 减压阀保持出口压力基本不变，而溢流阀保持进口处压力基本不变。

② 在不工作时，减压阀进、出油口互通，而溢流阀进出油口不通。

③ 为保证减压阀出口压力调定值恒定，它的导阀弹簧腔需通过泄油口单独外接油箱；而溢流阀的出油口是通油箱的，所以它的导阀的弹簧腔和泄漏油可通过阀体上的通道和出油口相通，不必单独外接油箱。

减压阀用在液压系统中获得压力低于系统压力的二次油路上，如夹紧回路、润滑回路和控制回路。必须说明，减压阀出口压力还与出口负载有关，若负载压力低于调定压力时，出口压力由负载决定，此时减压阀不起减压作用。

减压阀的 p_2-q 特性曲线如图 1-25 所示，当减压阀进油口压力 p_1 基本恒定时，若通过的流量 q 增加，则阀口缝隙 x_R 加大，出口压力 p_2 略微下降。

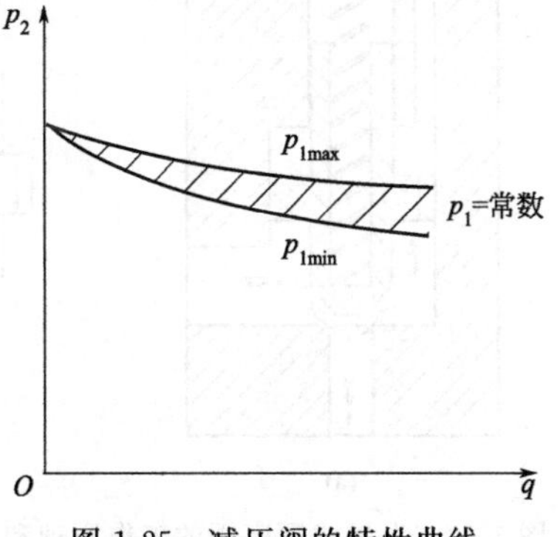

图 1-25　减压阀的特性曲线

1.3.5 顺序阀

（1）顺序阀的工作原理与类型

顺序阀是用来控制液压系统中各执行元件动作的先后顺序。依控制压力的不同，顺序阀又可分为内控式和外控式两种。前者用阀的进口压力控制阀芯的启闭，后者用外来的控制压力油控制阀芯的启闭（即液控顺序阀）。顺序阀也有直动式和先导式两种，前者一般用于低压系统，后者用于中高压系统。

图 1-26 所示为直动式顺序阀的工作原理和图形符号。当进油口压力 p_1 较低时，阀芯在弹簧作用下处于下端位置，进油口和出油口不相通。当作用在阀芯下端的油液的液压力大于弹簧的预紧力时，阀芯向上移动，阀口打开，油液便经阀口从出油口流出，从而操纵另一执行元件或其他元件动作。由图可见，顺序阀和溢流阀的结构基本相似，不同的只是顺序阀的出油口通向系统的另一压力油路，而溢流阀的出油口通油箱。此外，由于顺序阀的进、出油口均为压力油，所以它的泄油口 L 必须单独外接油箱。

直动式外控顺序阀的工作原理和图形符号如图 1-27 所示，其和上述顺序阀的差别仅在于下部有一控制油口 K，阀芯的启闭是利用通入控制油口 K 的外部控制油来控制的。

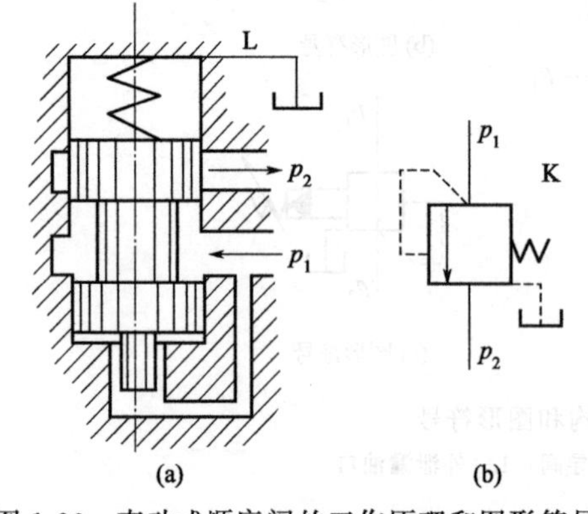

图 1-26 直动式顺序阀的工作原理和图形符号

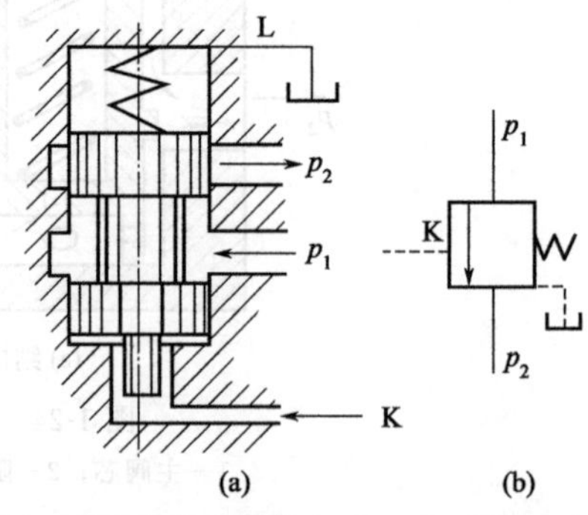

图 1-27 直动式外控顺序阀的工作原理和图形符号

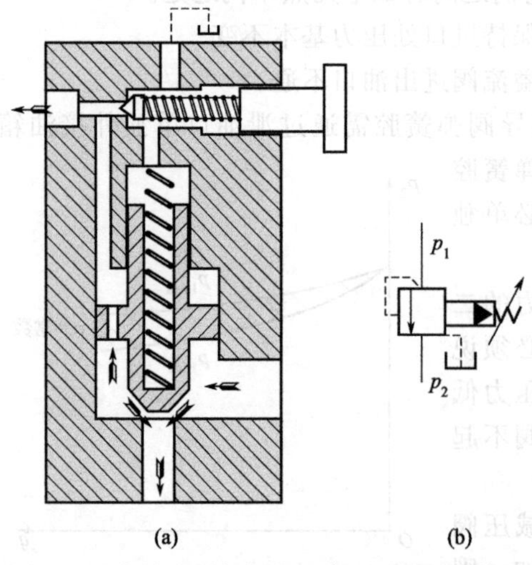

图 1-28 先导式顺序阀的工作原理和图形符号

图 1-28 所示为先导式顺序阀的工作原理和图形符号。

图 1-29 所示为不同控制方式顺序阀的符号。

（2）顺序阀的特点

将先导式顺序阀和先导式溢流阀进行比较，它们之间有以下不同之处。

① 溢流阀的进口压力在通流状态下基本不变。而顺序阀在通流状态下其进口压力由出口压力而定，如果出口压力 p_2 比进口压力 p_1 低很多时，p_1 基本不变，而当 p_2 增大到一定程度，p_1 也随之增加，则 $p_1=p_2+\Delta p$，式中，Δp 为顺序阀上的损失压力。

② 溢流阀为内泄式，而顺序阀需单独引出泄通道，为外泄式。

③ 溢流阀的出口必须回油箱，顺序阀出口可接负载。

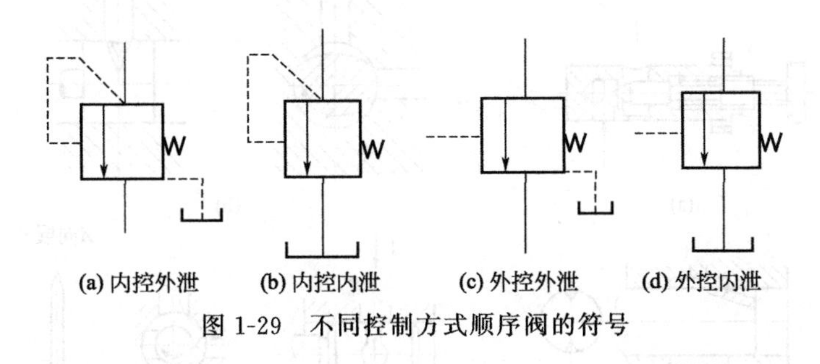

图 1-29　不同控制方式顺序阀的符号

1.3.6 流量控制阀

液压系统中执行元件运动速度的大小，由输入执行元件的油液流量的大小来确定。流量控制阀就是依靠改变阀口通流面积（节流口局部阻力）的大小或通流通道的长短来控制流量的液压阀类。常用的流量控制阀有普通节流阀、压力补偿和温度补偿调速阀、溢流节流阀和分流集流阀等。

（1）节流口形式

为保证流量稳定，节流口的形式以薄壁小孔较为理想。图 1-30 所示为几种常用的节流口形式。图 1-30(a) 所示为针阀式节流口，它通道长，湿周大，易堵塞，流量受油温影响较大，一般用于对性能要求不高的场合。图 1-30(b) 所示为偏心槽式节流口，其性能与针阀式节流口相同，但容易制造，其缺点是阀芯上的径向力不平衡，旋转阀芯时较费力，一般用于压力较低、流量较大和流量稳定性要求不高的场合。图 1-30(c) 所示为轴向三角槽式节流口，其结构简单，水力直径中等，可得到较小的稳定流量，且调节范围较大，但节流通道有一定的长度，油温变化对流量有一定的影响，目前被广泛应用。图 1-30(d) 所示为周向缝隙式节流口，沿阀芯周向开有一条宽度不等的狭槽，转动阀芯就可改变开口大小。阀口做成薄刃形，通道短，水力直径大，不易堵塞，油温变化对流量影响小，因此其性能接近于薄壁小孔，适用于低压小流量场合。图 1-30(e) 所示为轴向缝隙式节流口，在阀孔的衬套上加工出图示薄壁阀口，阀芯做轴向移动即可改变开口大小，其性能与图 1-30(d) 所示节流口相似。为保证流量稳定，节流口的形式以薄壁小孔较为理想。

（2）节流元件的作用

在液压传动系统中，节流元件与溢流阀并联于液泵的出口，构成恒压油源，使泵出口的压力恒定（图 1-31)。如图 1-31(a) 所示，此时节流阀和溢流阀相当于两个并联的液阻，液压泵输出流量 q_p 不变，流经节流阀进入液压缸的流量 q_1 和流经溢流阀的流量 Δq 的大小由节流阀和溢流阀液阻的相对大小来决定。若节流阀的液阻大于溢流阀的液阻，则 $q_1<\Delta q$；反之则 $q_1>\Delta q$。

节流阀是一种可以在较大范围内以改变液阻来调节流量的元件。因此可以通过调节节流阀的液阻，来改变进入液压缸的流量，从而调节液压缸的运动速度；但若在回路中仅有节流阀而没有与之并联的溢流阀，如图 1-31(b) 所示，则节流阀就起不到调节流量的作用。液压泵输出的液压油全部经节流阀进入液压缸。改变节流阀节流口的大小，只是改变液流流经节流阀的压力降。节流口小，流速快；节流口大，流速慢，而总的流量是不变的，因此液压缸的运动速度不变。所以，节流元件用来调节流量是有条件的，即要求有一个接受节流元件压力信号的环节（与之并联的溢流阀或恒压变量泵）。通过这一环节来补偿节流元件的流量变化。

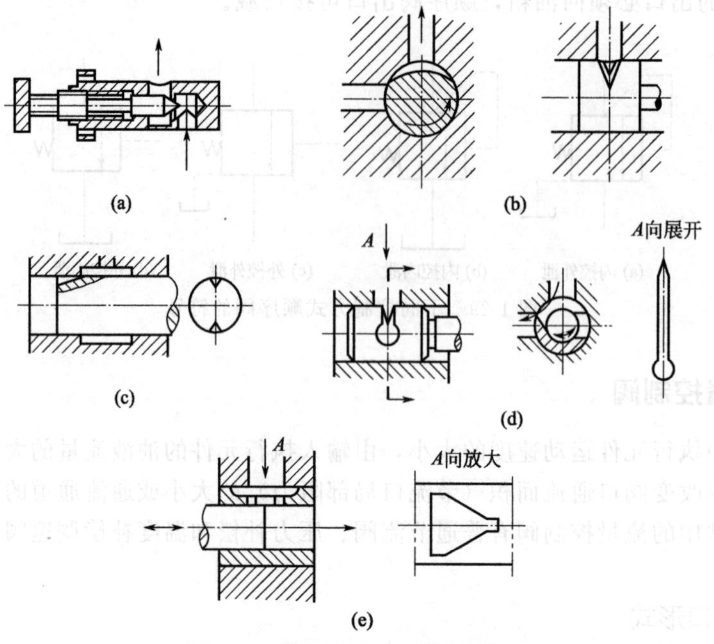

图 1-30 典型节流口的结构形式

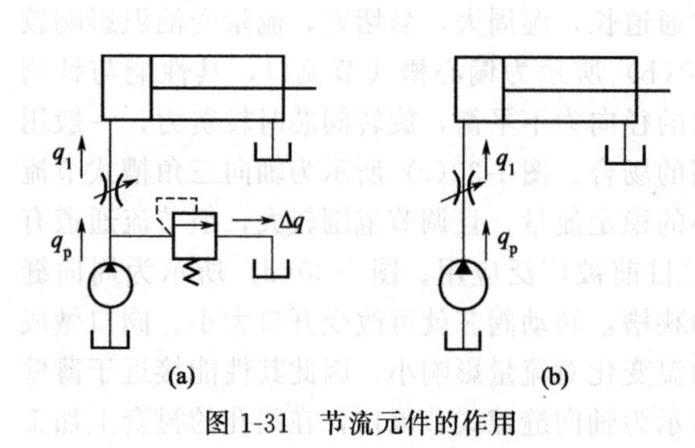

图 1-31 节流元件的作用

(3) 节流阀

图 1-32 所示为一种普通节流阀的结构和图形符号。这种节流阀的节流通道呈轴向三角槽式。压力油从进油口 p_1 流入孔道 a 和阀芯 1 的三角槽进入孔道 b，再从出油口 p_2 流出。调节手柄 3，可通过推杆 2 使阀芯做轴向移动，以改变节流口的通流截面积来调节流量。阀芯在弹簧的作用下始终贴紧在推杆上，这种节流阀的进出油口可互换。

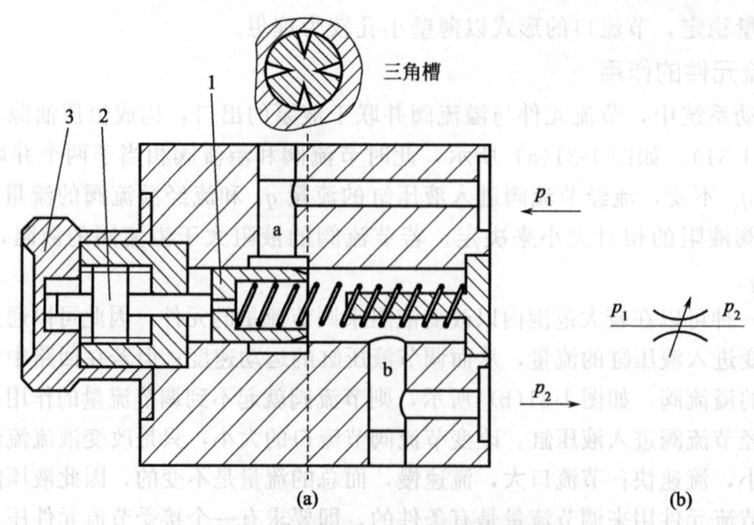

图 1-32 普通节流阀的结构和图形符号

（4）调速阀

普通节流阀由于刚性差，在节流开口一定的条件下，通过它的工作流量受工作负载（亦即其出口压力）变化的影响，不能保持执行元件运动速度的稳定，因此只适用于工作负载变化不大和速度稳定性要求不高的场合，由于工作负载的变化很难避免，为了改善调速系统的性能，通常是对节流阀进行补偿，即采取措施使节流阀前后压力差在负载变化时始终保持不变。由 $q=KA\Delta pm$ 可知，当 Δp 基本不变时，通过节流阀的流量只由其开口量大小来决定，使 Δp 基本保持不变的方式有两种：一种是将定压差式减压阀与节流阀并联起来构成调速阀；另一种是将稳压溢流阀与节流阀并联起来构成溢流节流阀。这两种阀是利用流量的变化所引起的油路压力的变化，通过阀芯的负反馈动作来自动调节节流部分的压力差，使其保持不变。

油温的变化也将引起油液黏度的变化，从而导致通过节流阀的流量发生变化，为此出现了温度补偿调速阀。

调速阀是在节流阀2前面串接一个定差减压阀1组合而成。图1-33为其工作原理。液压泵的出口（即调速阀的进口）压力 p_1 由溢流阀调整基本不变，而调速阀的出口压力 p_3 则由液压缸负载 F 决定。油液先经减压阀产生一次压力降，将压力降到 p_2，p_2 经通道e、f作用到减压阀的d腔和c腔；节流阀的出口压力 p_3 又经反馈通道a作用到减压阀的上腔b，当减压阀的阀芯在弹簧力 F_s、油液压力 p_2 和 p_3 作用下处于某一平衡位置时（忽略摩擦力和液动力等），则有：

$$p_2A_1+p_2A_2=p_3A+F_s \tag{1-4}$$

式中　A, A_1, A_2——b腔、c腔和d腔内压力油作用于阀芯的有效面积。

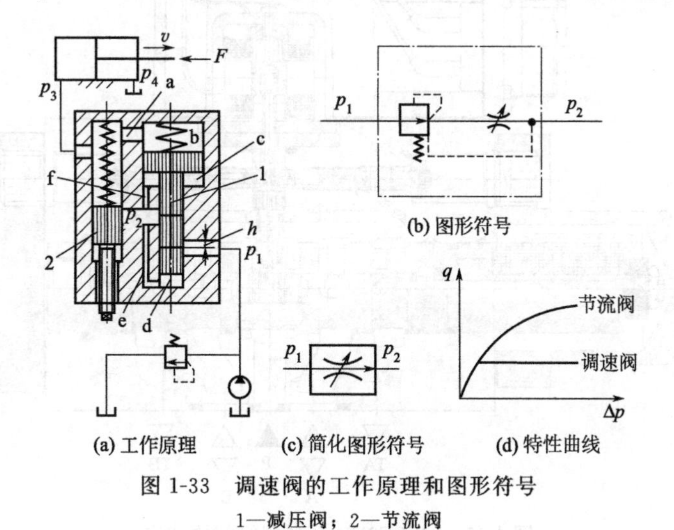

(a) 工作原理　(c) 简化图形符号　(d) 特性曲线

图1-33　调速阀的工作原理和图形符号

1—减压阀；2—节流阀

由于 $A=A_1+A_2$，故：

$$p_2-p_3=\Delta p=F_s/A \tag{1-5}$$

因为弹簧刚度较低，且工作过程中减压阀阀芯位移很小，可以认为 F_s 基本保持不变。故节流阀两端压力差 p_2-p_3 也基本保持不变，这就保证了通过节流阀的流量稳定。

1.3.7　伺服阀

（1）伺服阀基本组成与控制机理

电液伺服阀是一种自动控制阀，它既是电液转换组件，又是功率放大组件，其功用是将小功率的模拟量电信号输入转换为随电信号大小和极性变化且快速响应的大功率液压能［流量（或）和压力］输出，从而实现对液压执行器位移（或转速）、速度（或角速度）、加速度（或角加速度）和力（或转矩）的控制。电液伺服阀通常是由电气-机械转换器、液压放大器（先导级阀和功率级主阀）和检测反馈机构组成的（图 1-34）。

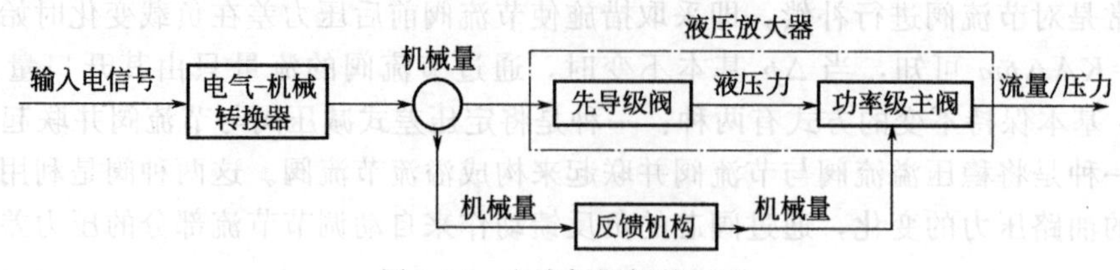

图 1-34　电液伺服阀的组成

（2）伺服阀示例

常用的伺服阀检测反馈形式有机械反馈（位移反馈、力反馈）、液压反馈（压力反馈、微分压力反馈等）和电气反馈。设在阀内部的检测反馈机构将先导阀或主阀控制口的压力、流量或阀芯的位移反馈到先导级阀的输入端或比例放大器的输入端，实现输入输出的比较，解决功率级主阀的定位问题，并获得所需的伺服阀压力-流量性能。图 1-35 所示为 4WSE2ED 系列伺服阀的结构。

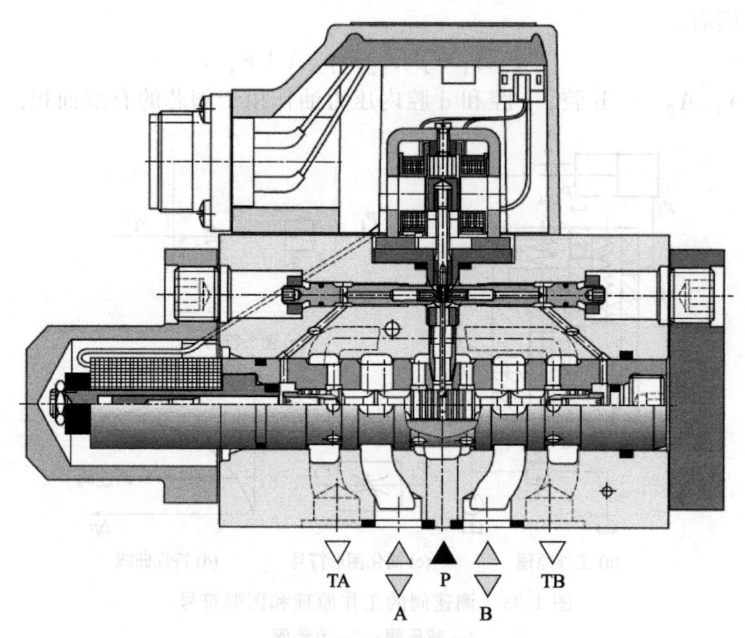

图 1-35　4WSE2ED 系列伺服阀的结构

（3）电液伺服阀的分类

电液伺服阀的分类见图 1-36。

1.3.8 比例阀

电液比例控制阀输出的液压量与输入的电信号成比例关系。与手动调节和通断控制的普通液压阀相比，它能显著地简化液压系统，实现复杂程序和运动规律的控制，通过电信号实现远距离控制，大大提高液压系统的控制水平；与电液伺服阀相比，尽管其动态、静态性能有些逊色，但在结构与成本上具有明显的优势，能够满足多数对动静态性能指标要求不高的场合。随着电液伺服比例阀的出现，电液比例阀的性能已接近甚至超过了伺服阀。

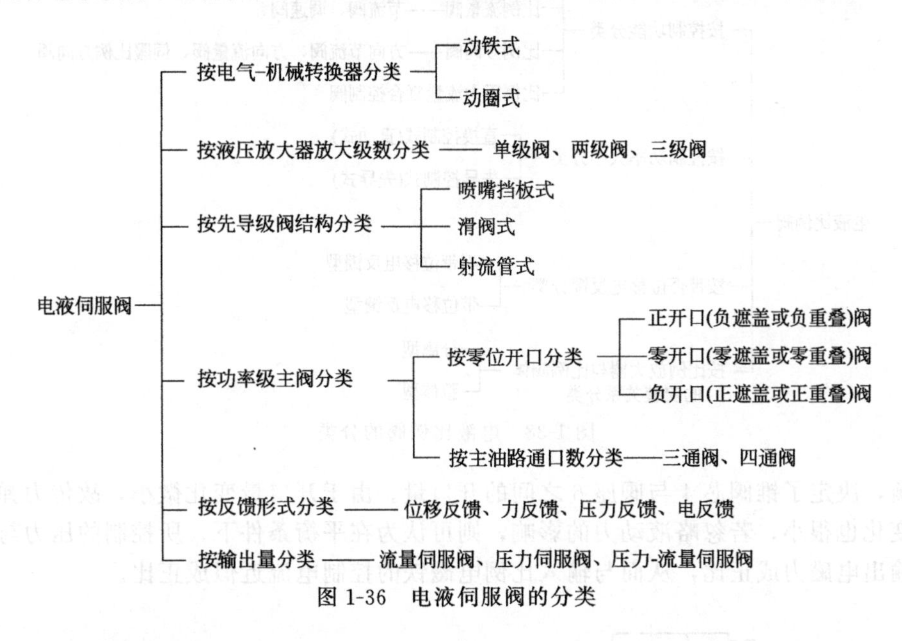

图 1-36　电液伺服阀的分类

（1）比例控制原理

电液比例阀通常由电气-机械转换器、液压放大器（先导级阀和功率级主阀）和检测反馈机构三部分组成（图 1-37）。若是单级阀，则无先导级阀。

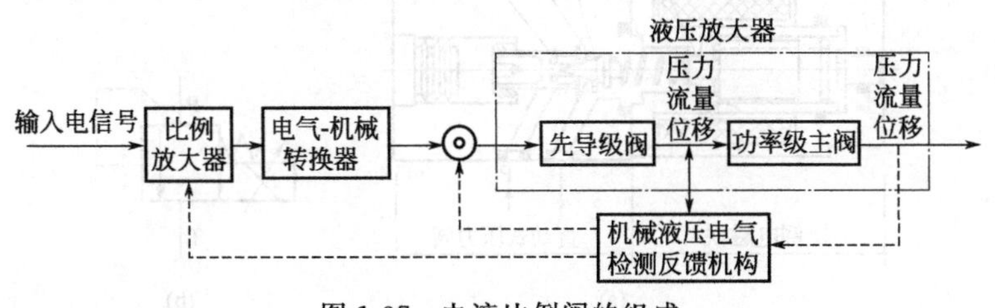

图 1-37　电液比例阀的组成

电液比例阀是比例控制系统中的主要功率放大元件，按输入电信号指令连续地成比例地控制液压系统的压力、流量等参数。

（2）电液比例阀的分类

比例阀按主要功能，可分为压力控制阀、流量控制阀和方向控制阀三大类，每一类又可以分为直接控制和先导控制两种结构形式，直接控制用在小流量小功率系统中，先导控制用在大流量大功率系统中。电液比例阀的分类见图 1-38。

（3）电液比例压力阀

① 不带电反馈的直动式电液比例压力阀　图 1-39 为一种不带电反馈的直动式电液比例压力阀的结构和图形符号，图 1-39(a) 为结构图，图 1-39(b) 为图形符号。它由比例电磁铁和直动式压力阀两部分组成。直动式压力阀的结构与普通压力阀的先导阀相似，所不同的是阀的调压弹簧换为传力弹簧 3，手动调节螺钉部分换装为比例电磁铁。锥阀芯 4 与阀座 6 间的弹簧 5 主要用于防止阀芯的振动撞击。阀体 7 为方向阀式阀体。当比例电磁铁输入控制电流时，衔铁推杆 2 输出的推力通过传力弹簧 3 作用在锥阀芯 4 上，与作用在锥芯上的液压

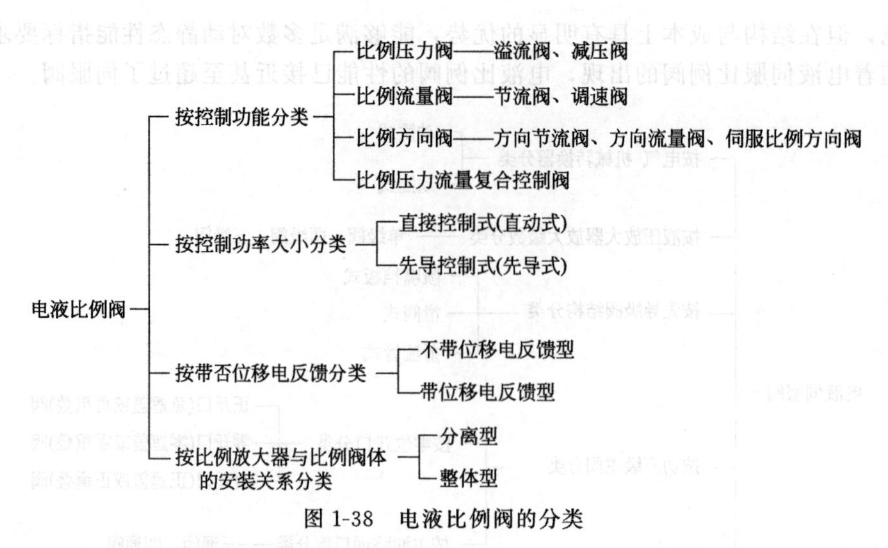

图 1-38　电液比例阀的分类

力相平衡，决定了锥阀芯 4 与阀座 6 之间的开口量。由于开口量变化微小，故传力弹簧 3 变形量的变化也很小，若忽略液动力的影响，则可认为在平衡条件下，所控制的压力与比例电磁铁的输出电磁力成正比，从而与输入比例电磁铁的控制电流近似成正比。

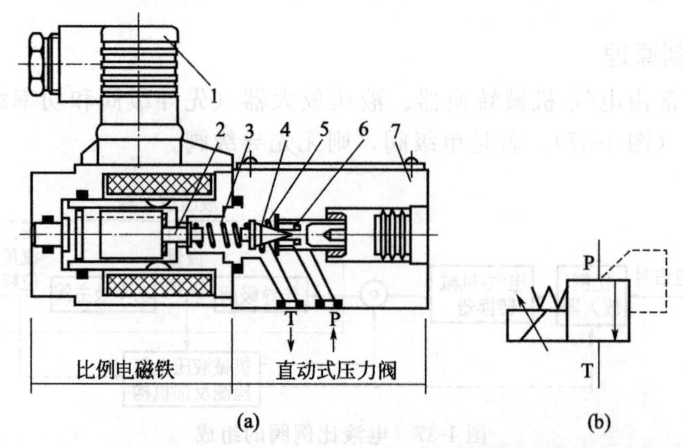

图 1-39　不带电反馈的直动式电液比例压力阀的结构和图形符号

1—插头；2—衔铁推杆；3—传力弹簧；4—锥阀芯；5—防振弹簧；6—阀座；7—阀体

不带电反馈的直动式电液比例压力阀的特点：这种压力阀除了在小流量场合作为调压组件单独使用外，更多的作为先导阀与普通溢流阀、减压阀的主阀组合，构成不带电反馈的先导式电液比例溢流阀、先导式电液比例减压阀，改变输入电流大小，即可改变电磁力，从而改变导阀前腔（即主阀上腔）压力，实现对主阀的进口或出口压力的控制。

② 位移电反馈型直动式电液比例压力阀　图 1-40 为位移电反馈型直动式电液比例压力阀的结构和图形符号，图 1-40(a) 为结构图，图 1-40(b) 为图形符号。它与图 1-39 所示的压力阀不同的是，此处的比例电磁铁带有位移传感器 1，其详细图形符号为图 1-40(b)。

位移电反馈型直动式电液比例压力阀的特点：工作时，给定设定值电压，比例放大器输出相应控制电流，比例电磁铁推杆输出的与设定值成比例的电磁力，通过传力弹簧 7 作用在锥阀芯 9 上；同时，电感式位移传感器 1 检测电磁铁衔铁推杆的实际位置（即弹簧座 6 的位置），并反馈至比例放大器，利用反馈电压与设定电压比较的误差信号去控制衔铁的位移，即在阀内形成衔铁位置闭环控制。利用位移闭环控制可以消除摩擦力等干扰的影响，保证弹簧座6能有一个与输入信号成正比的确定位置，得到一个精确的弹簧压缩量，从而得到精确的压力阀控制压力。电磁力的大小在最大吸力之内由负载需要决定。

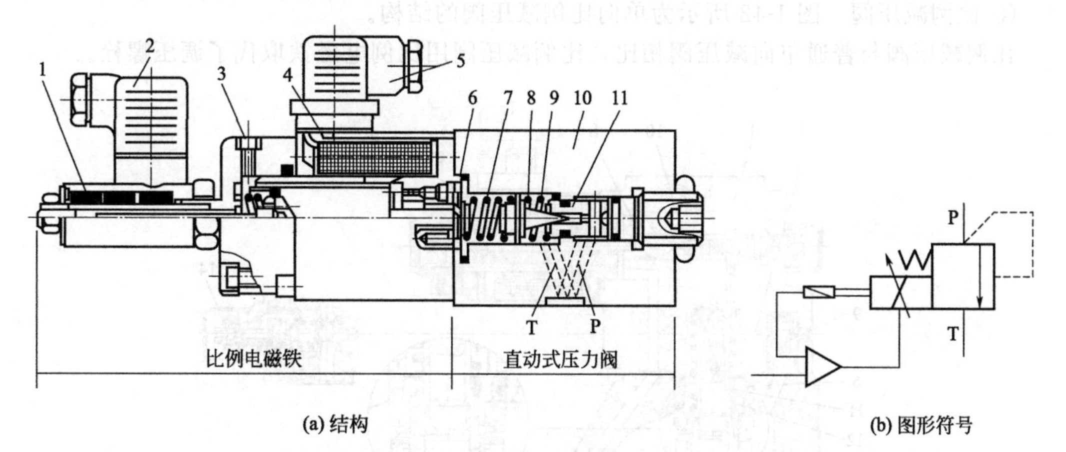

(a) 结构　　(b) 图形符号

图1-40　位移电反馈型直动式电液比例压力阀的结构和图形符号

1—位移传感器；2—传感器插头；3—放气螺钉；4—线圈；5—线圈插头；6—弹簧座；7—传力弹簧；8—防振弹簧；9—锥阀芯；10—阀体；11—阀座

当系统对重复精度、滞环等有较高要求时，可采用这种带电反馈的比例压力阀。

③ 带手调限压阀的先导式电液比例溢流阀　图1-41为带手调限压阀的先导式电液比例溢流阀的结构和图形符号，图1-41(a) 为结构图，图1-41(b) 为图形符号。阀的上部为先导级，是一个直动式比例压力阀，下部为功率级主阀组件（带锥度的锥阀结构）5，中部配置了手调限压阀4，用于防止系统过载。图1-41(a) 中，A为压力油口，B为溢流口，X为遥控口，使用时其先导控制回油必须单独从外泄油口2无压引回油箱。

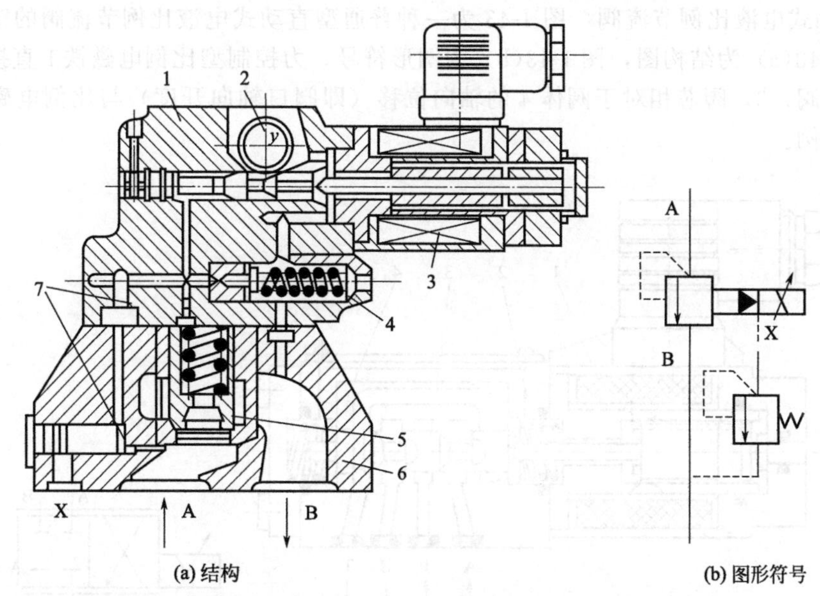

(a) 结构　　(b) 图形符号

图1-41　带手调限压阀的先导式电液比例溢流阀的结构和图形符号

1—先导阀体；2—外泄油口；3—比例电磁铁；4—限压阀；5—主阀组件；6—主阀体；7—固定液阻

该阀除先导级采用比例压力阀之外与普通先导式溢流阀基本相同。手调限压阀与主阀一起构成一个普通的先导式溢流阀，当电气或液压系统发生意外故障时，它能立即开启使系统卸压，以保证液压系统的安全。

④ 比例减压阀　图 1-42 所示为单向比例减压阀的结构。

比例减压阀与普通单向减压阀相比，比例减压阀用比例电磁铁取代了调压螺栓。

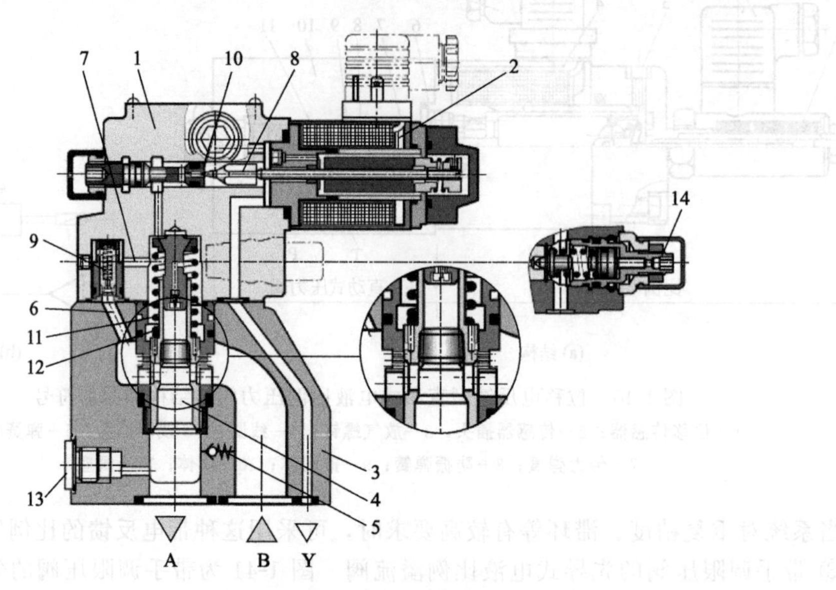

图 1-42　单向比例减压阀的结构

1—先导阀座；2—比例电磁铁；3—主阀座；4—主阀减压部位；5—单向阀；6,7—二级压力通道；8—先导阀；9,13—堵头；10—先导阀座；11—弹簧；12—主阀芯；14—安全阀

（4）电液比例流量阀

① 直动式电液比例节流阀　图 1-43 为一种普通型直动式电液比例节流阀的结构和图形符号，图 1-43(a) 为结构图，图 1-43(b) 为图形符号。力控制型比例电磁铁 1 直接驱动节流阀阀芯（滑阀）3，阀芯相对于阀体 4 的轴向位移（即阀口轴向开度）与比例电磁铁的输入电信号成比例。

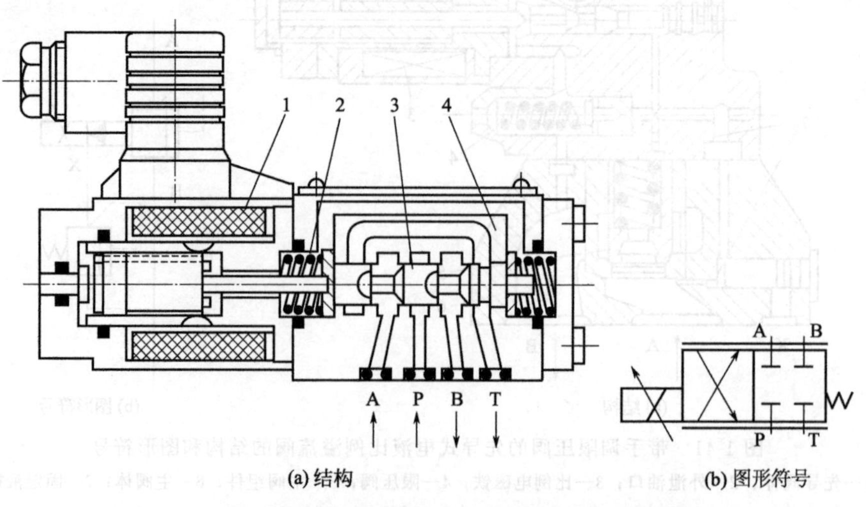

图 1-43　普通型直动式电液比例节流阀的结构和图形符号

1—比例电磁铁；2—弹簧；3—节流阀阀芯；4—阀体

此种阀结构简单、价廉，滑阀机能除了图1-43(a) 所示常闭式外，还有常开式；但由于没有压力或其他检测补偿措施，工作时受摩擦力及液动力的影响，故控制精度不高，适宜低压小流量液压系统采用。

② 位移电反馈型直动式电液比例调速阀　图1-44为一种位移电反馈型直动式电液比例调速阀的结构和图形符号，图1-44(a) 为结构图，图1-44(b) 为图形符号。它由节流阀、作为压力补偿器的定差减压阀4、单向阀5和电感式位移传感器6等组成。节流阀芯3的位置通过位移传感器6检测并反馈至比例放大器。当液流从B油口流向A油口时，单向阀开启，不起比例流量控制作用。

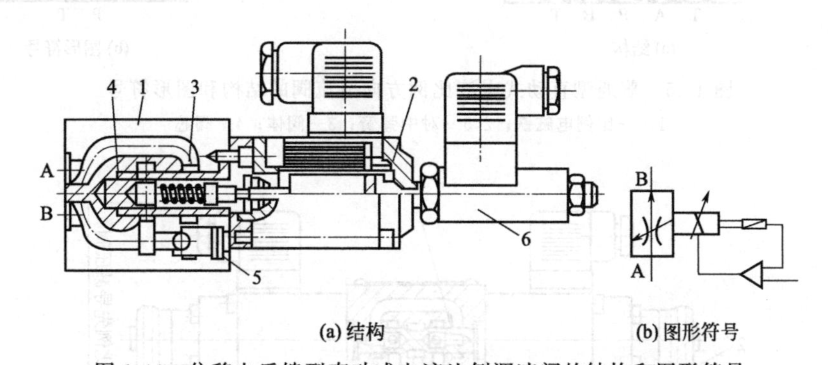

(a) 结构　(b) 图形符号

图1-44　位移电反馈型直动式电液比例调速阀的结构和图形符号

1—阀体；2—比例电磁铁；3—节流阀芯；4—作为压力补偿器的定差减压阀；5—单向阀；6—电感式位移传感器

这种比例调速阀可以克服干扰力的影响，静态、动态特性较好，主要用于较小流量的系统。

(5) 电液比例方向阀

电液比例方向控制阀能按输入电信号的极性和幅值大小，同时对液压系统液流方向和流量进行控制，从而实现对执行器运动方向和速度的控制。在压差恒定条件下，通过电液比例方向阀的流量与输入电信号的幅值成比例，而流动方向取决于比例电磁铁是否受到激励。

普通型直动式电液比例方向节流阀的结构和图形符号如图1-45所示，它主要由2个比例磁铁1、6，阀体3，阀芯（四边滑阀）4，对中弹簧2、5组成。当比例电磁铁1通电时，阀芯右移，油口P与B通，A与T通，而阀口的开度与电磁铁1的输入电流成比例；当电磁铁6通电时，阀芯向左移，油口P与A通、B与T通，阀口开度与电磁铁6的输入电流成比例。与伺服阀不同的是，这种阀的四个控制边有较大的遮盖量，端弹簧具有一定的安装预压缩量。阀的稳态控制特性有较大的中位死区。另外，由于受摩擦力及阀口液动力等干扰的影响，这种直动式电液比例方向节流阀的阀芯定位精度不高，尤其是在高压大流量工况下，稳态液动力的影响更加突出。为了提高电液比例方向阀的控制精度，可以采用位移电反馈型直动式电液比例方向节流阀。

减压型先导级+主阀弹簧定位型电液比例方向节流阀的结构如图1-46所示。其先导阀能输出与输入电信号成比例的控制压力，与输入信号极性相对应的两个出口压力，分别被引至主阀芯2的两端，利用它在两个端面上所产生的液压力与对中弹簧3的弹簧力平衡，使主阀芯2与输入信号成比例定位。采用减压型先导级后不必像原理相似的先导溢流型那样，持续不断地耗费先导控制油。先导控制油既可内供，也可外供，如果先导控制油压力超过规定值，可用先导减压阀块将先导压力降下来。主阀采用单弹簧对中形式，弹簧有预压缩量，当先导阀无输入信号时，主阀芯对中。单弹簧既简化了阀的结构，又使阀的对称性好。

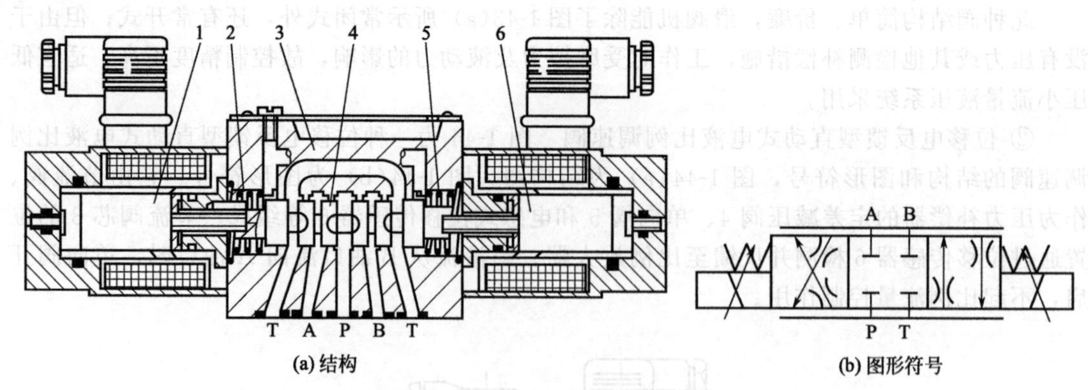

图 1-45 普通型直动式电液比例方向节流阀的结构和图形符号

1,6—比例电磁铁；2,5—对中弹簧；3—阀体；4—阀芯

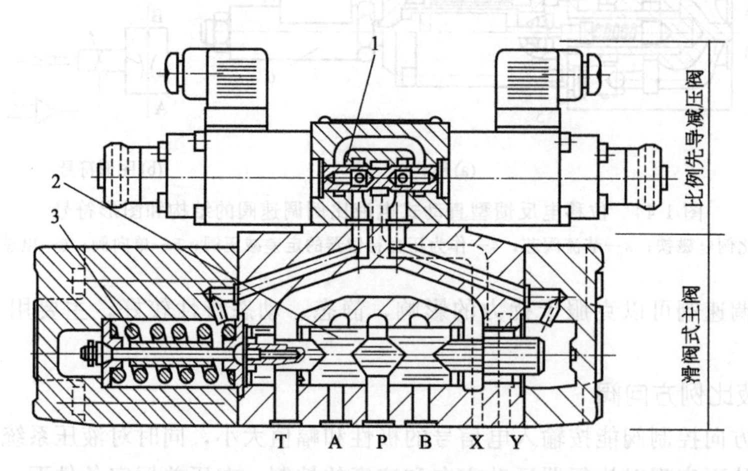

图 1-46 减压型先导级＋主阀弹簧定位型电液比例方向节流阀的结构

1—先导减压阀芯；2—主阀芯；3—对中弹簧

1.4 液压缸

液压缸又称为油缸，它是液压系统中的一种执行元件，其功能就是将液压能转变成直线往复式的机械运动。

1.4.1 液压缸的类型

液压缸按结构形式可分为活塞缸、柱塞缸与摆动缸，按作用方式可分为单作用液压缸、双作用液压缸与复合式液压缸。

（1）液压缸的分类

液压缸的种类很多，其详细分类及特点见表 1-4。

表 1-4 常见液压缸的分类及特点

分类	名称	符号	说明
单作用液压缸	柱塞式液压缸		柱塞仅单向运动，返回行程是利用自重或负荷将柱塞推回

续表

分类	名称	符号	说明
单作用液压缸	单活塞杆液压缸		活塞仅单向运动，返回行程是利用自重或负荷将活塞推回
	双活塞杆液压缸		活塞的两侧都装有活塞杆，只能向活塞一侧供给压力油，返回行程通常利用弹簧力、重力或外力
	伸缩液压缸		它以短缸获得长行程。用液压油由大到小逐节推出，靠外力由小到大逐节缩回
双作用液压缸	单活塞杆液压缸		单边有杆，两向液压驱动，两向推力和速度不等
	双活塞杆液压缸		双向有杆，双向液压驱动，可实现等速往复运动
	伸缩液压缸		双向液压驱动，伸出由大到小逐步推出，由小到大逐节缩回
复合式液压缸	弹簧复位液压缸		单向液压驱动，由弹簧力复位
	串联液压缸		用于缸的直径受限制，而长度不受限制处，获得大的推力
	增压缸(增压器)		由低压力室 A 缸驱动，使 B 室获得高压油源
	齿条传动液压缸		活塞往复运动经装在一起的齿条驱动齿轮获得往复回转运动
摆动液压缸			输出轴直接输出扭矩，其往复回转的角度小于 360°，也称摆动马达

（2）活塞式液压缸

活塞式液压缸根据其使用要求不同可分为双杆式和单杆式两种。

① 双杆式活塞缸　活塞两端都有一根直径相等的活塞杆伸出的液压缸称为双杆式活塞缸，它一般由缸体、缸盖、活塞、活塞杆和密封件等零件构成（图 1-47）。根据安装方式不同，可分为缸筒固定式和活塞杆固定式两种。

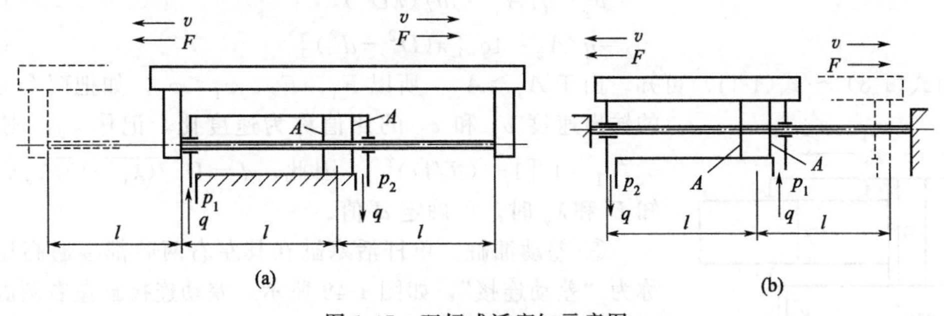

图 1-47　双杆式活塞缸示意图

图 1-47(a) 所示为缸筒固定式双杆活塞缸示意图。它的进、出口布置在缸筒两端，活塞通过活塞杆带动工作台移动，当活塞的有效行程为 l 时，整个工作台的运动范围为 $3l$，所以机床占地面积大，一般适用于小型机床，当工作台行程要求较长时，可采用图 1-47(b)

所示的活塞杆固定的形式，这时，缸体与工作台相连，活塞杆通过支架固定在机床上，动力由缸体传出。这种安装形式中，工作台的移动范围只等于液压缸有效行程 l 的两倍（$2l$），因此占地面积小。进出油口可以设置在固定不动的空心的活塞杆的两端，但必须使用软管连接。

由于双杆活塞缸两端的活塞杆直径通常是相等的，因此它的左、右两腔的有效面积也相等，当分别向左、右腔输入相同压力和相同流量的油液时，液压缸左、右两个方向的推力和速度相等。当活塞的直径为 D，活塞杆的直径为 d，液压缸进、出油腔的压力为 p_1 和 p_2，输入流量为 q 时，双杆活塞缸的推力 F 和速度 v 为：

$$F=A(p_1-p_2)=\pi(D^2-d^2)(p_1-p_2)/4 \tag{1-6}$$

$$v=q/A=4q/[\pi(D^2-d^2)] \tag{1-7}$$

式中　A——活塞的有效工作面积。

双杆活塞缸在工作时，设计成一个活塞杆是受拉的，而另一个活塞杆不受力，因此这种液压缸的活塞杆可以做得细些。

② 单杆式活塞缸　单杆式活塞缸示意图如图 1-48 所示，活塞只有一端带活塞杆，单杆液压缸也有缸体固定和活塞杆固定两种形式，但它们的工作台移动范围都是活塞有效行程的两倍。

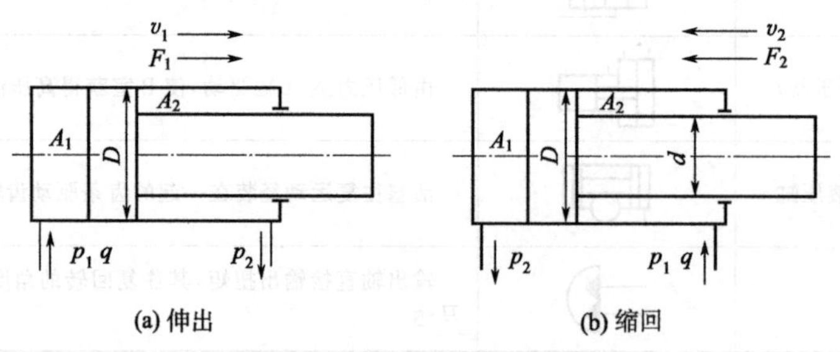

图 1-48　单杆式活塞缸示意图

由于液压缸两腔的有效工作面积不等，因此它在两个方向上的输出推力和速度也不等，其值分别为：

$$F_1=(p_1A_1-p_2A_2)=\pi[p_1D^2-p_2(D^2-d^2)]/4 \tag{1-8}$$

$$F_2=(p_1A_2-p_2A_1)=\pi[p_1(D^2-d^2)-p_2D^2]/4 \tag{1-9}$$

$$v_1=q/A_1=4q/(\pi D^2) \tag{1-10}$$

$$v_2=q/A_2=4q/[\pi(D^2-d^2)] \tag{1-11}$$

由式(1-8)～式(1-11) 可知，由于 $A_1>A_2$，所以 $F_1>F_2$，$v_1<v_2$。如把两个方向上的输出速度 v_2 和 v_1 的比值称为速度比，记作 λ_v，则 $\lambda_v=v_2/v_1=1/[1-(d/D)^2]$。因此，$d=D\sqrt{(\lambda_v-1)/\lambda_v}$。在已知 D 和 λ_v 时，可确定 d 值。

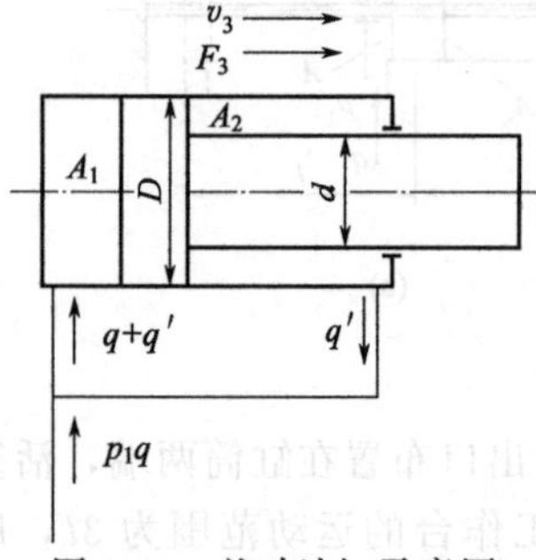

图 1-49　差动油缸示意图

③ 差动油缸　单杆活塞缸在其左右两腔都接通高压油时称为“差动连接”，如图 1-49 所示。差动连接缸左右两腔的油液压力相同，但是由于左腔（无杆腔）的有效面积大于右腔（有杆腔）的有效面积，故活塞向右运动，同时使右腔中排出的油液（流量为 q'）也进入左腔，加大了流入左腔的流量（$q+q'$），从而也加快了活塞移动的速度。实际上活塞在运动

时，由于差动连接时两腔间的管路中有压力损失，所以右腔中油液的压力稍大于左腔油液压力，而这个差值一般都较小，可以忽略不计，则差动连接时活塞推力 F_3 和运动速度 v_3 为：

$$F_3=p_1(A_1-A_2)=p_1\pi d^2/4 \tag{1-12}$$

$$v_3=4q/(\pi d^2) \tag{1-13}$$

进入无杆腔的流量为：

$$q_1=v_3\frac{\pi D^2}{4}=q+v_3\frac{\pi(D^2-d^2)}{4} \tag{1-14}$$

由式(1-12)、式(1-14) 可知，差动连接时液压缸的推力比非差动连接时小，速度比非差动连接时大，正好利用这一点，可使在不加大油源流量的情况下得到较快的运动速度，这种连接方式被广泛应用于组合机床的液压动力系统和其他机械设备的快速运动中。如果要求机床往返快速相等时，则由式(1-12) 和式(1-13) 得：

$$\frac{4q}{\pi(D^2-d^2)}=\frac{4q}{\pi d^2} \tag{1-15}$$

即：$D=\sqrt{2}d$

把单杆活塞缸实现差动连接，并按 $D=\sqrt{2d}$ 设计缸径和杆径的油缸称为差动液压缸。

（3）柱塞缸

图 1-50 所示为柱塞缸，图 1-50(a) 所示为单向液压推动柱塞缸示意图，它只能实现一个方向的液压传动，反向运动要靠外力。若需要实现双向运动，则必须成对使用。如图 1-50(b) 所示，这种液压缸中的柱塞和缸筒不接触，运动时由缸盖上的导向套来导向，因此缸筒的内壁不需精加工，它特别适用于行程较长的场合。

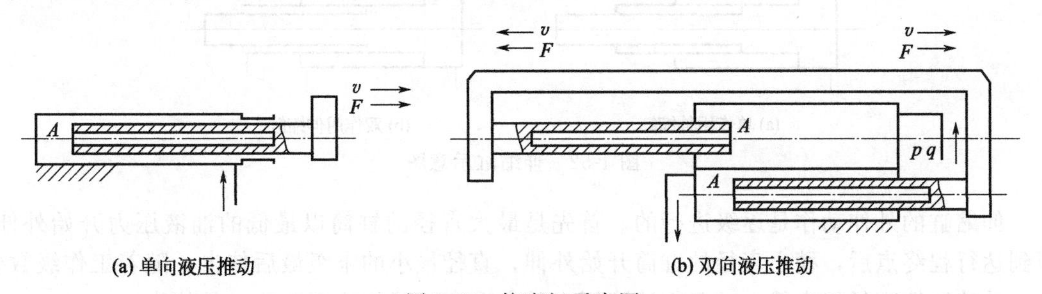

图 1-50 柱塞缸示意图

柱塞缸输出的推力和速度各为：

$$F=pA=p\pi d^2/4$$

$$v_i=q/A=4q/(\pi d^2)$$

（4）增压液压缸

增压液压缸又称增压器，它利用活塞和柱塞有效面积的不同使液压系统中的局部区域获得高压（图 1-51)。它有单作用和双作用两种形式，单作用增压缸的工作原理示意图如图 1-51(a) 所示，当输入活塞缸的液体压力为 p_1，活塞直径为 D，柱塞直径为 d 时，柱塞缸中输出的液体压力为高压，其值为：

$$p_2=p_1(D/d)^2=Kp_1 \tag{1-16}$$

$$K=D^2/d^2$$

式中 K——增压比，它代表其增压程度。

显然增压能力是在降低有效能量的基础上得到的，也就是说，增压缸仅仅是增大输出的压力，并不能增大输出的能量。

单作用增压缸在柱塞运动到终点时，不能再输出高压液体，需要将活塞退回到左端位置，再向右行时才又输出高压液体，为了克服这一缺点，可采用双作用增压缸，如图 1-51(b) 所示，由两个高压端连续向系统供油。

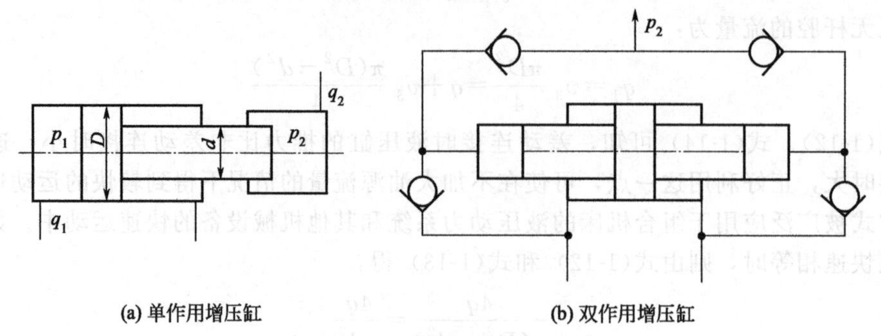

(a) 单作用增压缸　　(b) 双作用增压缸

图 1-51　增压液压缸示意图

(5) 伸缩缸

伸缩缸由两个或多个活塞缸套装而成，前一级活塞缸的活塞杆内孔是后一级活塞缸的缸筒，伸出时可获得很长的工作行程，缩回时可保持很小的结构尺寸，伸缩缸被广泛用于起重运输车辆上（图 1-52)。

伸缩缸可以是如图 1-52(a) 所示的单作用式，也可以是如图 1-52(b) 所示的双作用式，前者靠外力回程，后者靠液压回程。

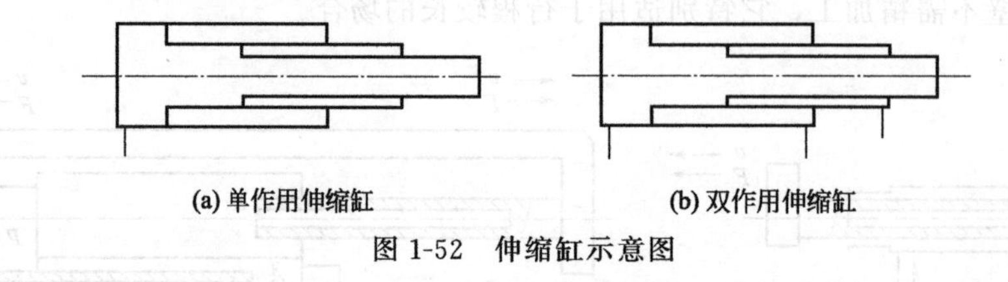

(a) 单作用伸缩缸　　(b) 双作用伸缩缸

图 1-52　伸缩缸示意图

伸缩缸的外伸动作是逐级进行的。首先是最大直径的缸筒以最低的油液压力开始外伸，当到达行程终点后，稍小直径的缸筒开始外伸，直径最小的末级最后伸出。随着工作级数变大，外伸缸筒直径越来越小，工作油液压力随之升高，工作速度变快。其值为：

$$F_i = p_1 \frac{\pi}{4} D_i^2 \tag{1-17}$$

$$v_1 = 4q/(\pi D_i^2) \tag{1-18}$$

式中　i——i 级活塞缸。

(6) 齿轮缸

齿轮缸由两个柱塞缸和一套齿条传动装置组成，如图 1-53 所示。柱塞的移动经齿轮齿条传动装置变成齿轮的传动，用于实现工作部件的往复摆动或间歇进给运动，如机床的进刀机构、回转工作台转位、液压机械手等。

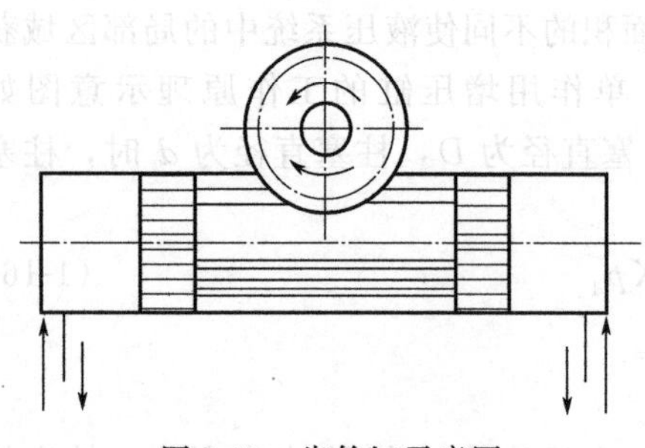

图 1-53　齿轮缸示意图

齿条活塞缸的速度推力特性：

输出转矩为：

$$T_M = \Delta p(\pi/8) D^2 D_i \eta_m \tag{1-19}$$

输出角速度为：

$$\omega = 8q\eta_v/(\pi D^2 D_i) \tag{1-20}$$

式中 Δp——缸左右两腔压力差；

D——活塞直径；

D_i——齿轮分度圆直径。

（7）摆动液压缸

摆动液压缸的工作原理见图1-54。

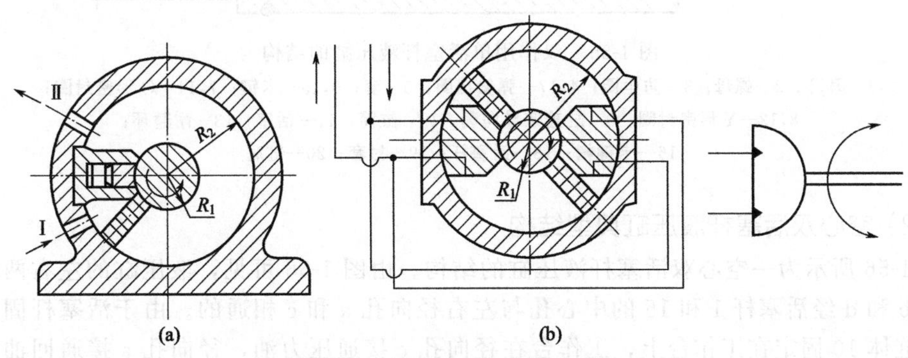

图1-54 摆动液压缸的工作原理

图1-54(a)是单叶片摆动缸。若从油口Ⅰ通入高压油，叶片2作逆时针摆动，低压力从油口Ⅱ排出。因叶片与输出轴连在一起，帮输出轴摆动同时输出转矩、克服负载。

此类摆动缸的工作压力小于10MPa，摆动角度小于280°。由于径向力不平衡，叶片和壳体、叶片和挡块之间密封困难，限制了其工作压力的进一步提高，从而也限制了输出转矩的进一步提高。

图1-54(b)是双叶片摆动缸。在径向尺寸和工作压力相同的条件下，其输出转矩是单叶片摆动缸的2倍，但回转角度要相应减少，双叶片摆动缸的回转角度一般小于120°。

叶片摆动缸的总效率$\eta=70\%\sim95\%$，对单叶片摆动缸来说，设其机械效率为1，出口背压为零，则它的输出转矩为：

$$T = PB\int_{R_1}^{R_2} r\,\mathrm{d}r = P\,\frac{B}{2}(R_2^2 - R_1^2) \tag{1-21}$$

式中 P——单叶片摆动缸的进口压力；

B——叶片宽度；

R_1——叶片轴外半径，叶片内半径；

R_2——叶片外半径。

1.4.2 液压缸的典型结构

（1）双作用单活塞杆液压缸典型结构

图1-55所示为一个较常用的双作用单活塞杆液压缸的结构。它是由缸底20、缸筒10、缸盖兼导向套9、活塞11和活塞杆18组成。缸筒一端与缸底焊接，另一端缸盖（导向套）与缸筒用卡键6、套5和弹簧挡圈4固定，以便拆装检修，两端设有油口A和B。活塞11与活塞杆18利用卡键15、卡键帽16和弹簧挡圈17连在一起。活塞与缸孔的密封采用的是一对Y形聚氨酯密封圈12，由于活塞与缸孔之间有一定间隙，采用由尼龙1010制成的耐磨环（又叫支承环）13定心导向。杆18和活塞11的内孔由密封圈14密封。较长的导向套9则可保证活塞杆

不偏离中心，导向套外径由 O 形密封圈 7 密封，而其内孔则由 Y 形密封圈 8 和防尘圈 3 分别防止油外漏和灰尘带入缸内。缸和杆端销孔与外界连接，销孔内有尼龙衬套抗磨。

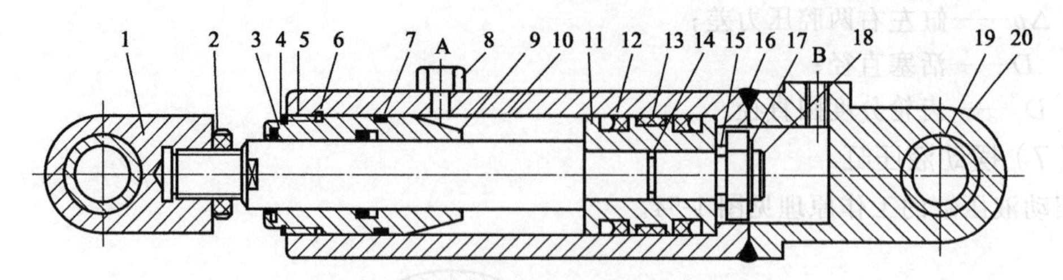

图 1-55 双作用单活塞杆液压缸的结构

1—耳环；2—螺母；3—防尘圈；4,17—弹簧挡圈；5—套；6,15—卡键；7,14—O 形密封圈；8,12—Y 形密封圈；9—缸盖兼导向套；10—缸筒；11—活塞；13—耐磨环；16—卡键帽；18—活塞杆；19—衬套；20—缸底

（2）空心双活塞杆液压缸典型结构

图 1-56 所示为一空心双活塞杆液压缸的结构。由图 1-56 可见，液压缸的左右两腔是通过油口 b 和 d 经活塞杆 1 和 15 的中心孔与左右径向孔 a 和 c 相通的。由于活塞杆固定在床身上，缸体 10 固定在工作台上，工作台在径向孔 c 接通压力油，径向孔 a 接通回油时向右移动；反之则向左移动。在这里，缸盖 18 和 24 是通过螺钉（图 1-56 中未画出）与压板 11 和 20 相连，并经钢丝环 12 相连，左缸盖 24 空套在托架 3 孔内，可以自由伸缩。空心活塞杆的一端用堵头 2 堵死，并通过锥销 9 和 22 与活塞 8 相连。缸筒相对于活塞运动由左右两个导向套 6 和 19 导向。活塞与缸筒之间、缸盖与活塞杆之间以及缸盖与缸筒之间分别用 O 形圈 7，V 形圈 4、17 和纸垫 13、23 进行密封，以防止油液的内、外泄漏。缸筒在接近行程的左右终端时，径向孔 a 和 c 的开口逐渐减小，对移动部件起制动缓冲作用。为了排除液压缸中剩留的空气，缸盖上设置有排气孔 5 和 14，经导向套环槽的侧面孔道（图 1-56 中未画出）引出与排气阀相连。

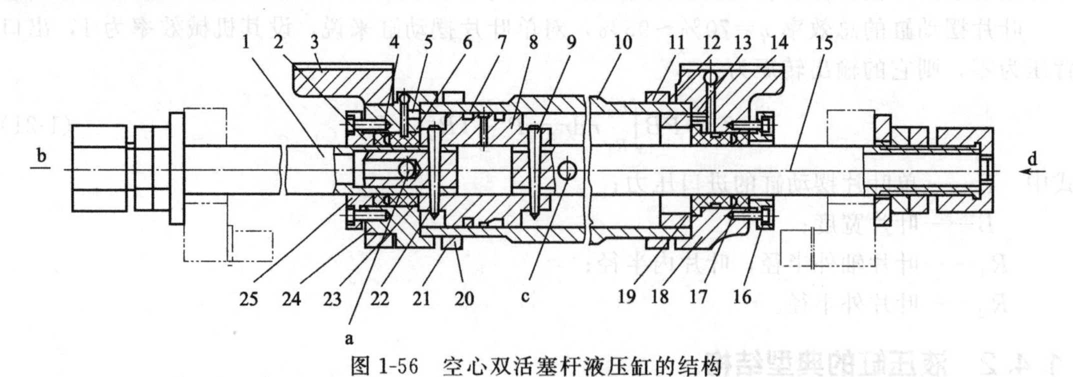

图 1-56 空心双活塞杆液压缸的结构

1,15—活塞杆；2—堵头；3—托架；4,17—V 形密封圈；5,14—排气孔；6,19—导向套；7—O 形密封圈；8—活塞；9,22—锥销；10—缸体；11,20—压板；12,21—钢丝环；13,23—纸垫；16,25—压盖；18,24—缸盖

1.5 液压马达

液压马达是将液体压力能转换为机械能的装置，输出转矩和转速，是液压系统的执行元件。

1.5.1　液压马达的特点及分类

（1）液压马达的特点

液压马达是把液体的压力能转换为机械能的装置，从原理上讲，液压泵可以作液压马达用，液压马达也可作液压泵用。但事实上同类型的液压泵和液压马达虽然在结构上相似，但由于两者的工作情况不同，使得两者在结构上也有某些差异。

① 液压马达一般需要正反转，所以在内部结构上应具有对称性，而液压泵一般是单方向旋转的，没有这一要求。

② 为了减小吸油阻力，减小径向力，一般液压泵的吸油口比出油口的尺寸大。而液压马达低压腔的压力稍高于大气压力，所以没有上述要求。

③ 液压马达要求能在很宽的转速范围内正常工作，因此，应采用液动轴承或静压轴承。因为当马达速度很低时，若采用动压轴承，就不易形成润滑滑膜。

④ 叶片泵依靠叶片跟转子一起高速旋转而产生的离心力使叶片始终贴紧定子的内表面，起封油作用，形成工作容积。若将其当马达用，必须在液压马达的叶片根部装上弹簧，以保证叶片始终贴紧定子内表面，以便马达能正常启动。

⑤ 液压泵在结构上需保证具有自吸能力，而液压马达就没有这一要求。

⑥ 液压马达必须具有较大的启动扭矩。所谓启动扭矩，就是马达由静止状态启动时，马达轴上所能输出的扭矩，该扭矩通常大于在同一工作压差时处于运行状态下的扭矩，所以，为了使启动扭矩尽可能接近工作状态下的扭矩，要求马达扭矩的脉动小，内部摩擦小。

由于液压马达与液压泵具有上述不同的特点，使得很多类型的液压马达和液压泵不能互逆使用。

（2）液压马达的分类

液压马达按其额定转速分为高速和低速两大类，额定转速高于 500r/min 的属于高速液压马达，额定转速低于 500r/min 的属于低速液压马达。

高速液压马达的基本形式有齿轮式、螺杆式、叶片式和轴向柱塞式等。它们的主要特点是转速较高、转动惯量小，便于启动和制动，调速和换向的灵敏度高。通常高速液压马达的输出转矩不大（仅几十牛・米到几百牛・米），所以又称为高速小转矩液压马达。

高速液压马达的基本形式是径向柱塞式，例如单作用曲轴连杆式、液压平衡式和多作用内曲线式等。此外在轴向柱塞式、叶片式和齿轮式中也有低速的结构形式。低速液压马达的主要特点是排量大、体积大、转速低（有时可达每分钟几转甚至零点几转），因此可直接与工作机构连接，不需要减速装置，使传动机构大为简化，通常低速液压马达输出转矩较大（可达几千牛顿・米到几万牛顿・米），所以又称为低速大转矩液压马达。

液压马达也可按其结构类型来分，可以分为齿轮式、叶片式、柱塞式和其他形式。

（3）液压马达的图形符号

液压马达的图形符号如图 1-57 所示。

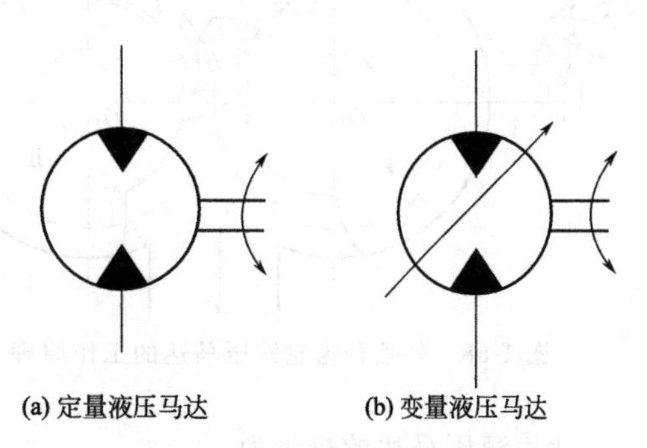

(a) 定量液压马达　(b) 变量液压马达

图 1-57　液压马达的图形符号

1.5.2 液压马达的工作原理

（1）齿轮液压马达

外啮合齿轮液压马达的工作原理如图 1-58 所示，C 为Ⅰ、Ⅱ两齿轮的啮合点，h 为齿轮的全齿高。啮合点 C 到两齿轮Ⅰ、Ⅱ的齿根距离分别为 a 和 b，齿宽为 B。当高压油 p 进入马达的高压腔时，处于高压腔所有轮齿均受到压力油的作用，其中相互啮合的两个轮齿的齿面只有一部分齿面受高压油的作用。由于 h 和 b 均小于齿高 h，所以在两个齿轮Ⅰ、Ⅱ上就产生作用力 $pB(h-a)$ 和 $pB(h-b)$。在这两个力作用下，对齿轮产生输出转矩，随着齿轮按图示方向旋转，油液被带到低压腔排出。

齿轮液压马达的排量为：

$$V=2\pi zm^2B \tag{1-22}$$

式中　z——齿数；

m——齿轮模数；

B——齿宽。

齿轮马达的结构特点：为了适应正反转要求，进出油口相等、具有对称性、有单独外泄油口将轴承部分的泄漏油引出壳体外；为了减少启动摩擦力矩，采用滚动轴承；为了减少转矩脉动，齿轮液压马达的齿数比泵的齿数要多。

齿轮液压马达由于密封性差，容积效率较低，输入油压力不能过高，不能产生较大转矩，并且瞬间转速和转矩随着啮合点的位置变化而变化，因此齿轮液压马达仅适合于高速小转矩的场合。一般用于工程机械、农业机械以及对转矩均匀性要求不高的机械设备上。

（2）叶片液压马达

常用叶片液压马达为双作用式，现以双作用式来说明其工作原理。

叶片液压马达的工作原理如图 1-59 所示。当高压油 p 从进油口进入工作区段的叶片 1 和 4 之间的容积时，其中叶片 5 两侧均受压力油 p 作用不产生转矩，而叶片 1 和 4 一侧受高压油 p 的作用，另一侧受低压油 p_t 的作用。由于叶片 1 伸出面积大于叶片 4 伸出的面积，所以产生使转子顺时针方向转动的转矩。同理，叶片 3 和 2 之间也产生顺时针方向转矩。由图看出，当改变进油方向时，即高压油 p 进入叶片 3 和 4 之间容积和叶片 1 和 2 之间容积时，叶片带动转子逆时针转动。

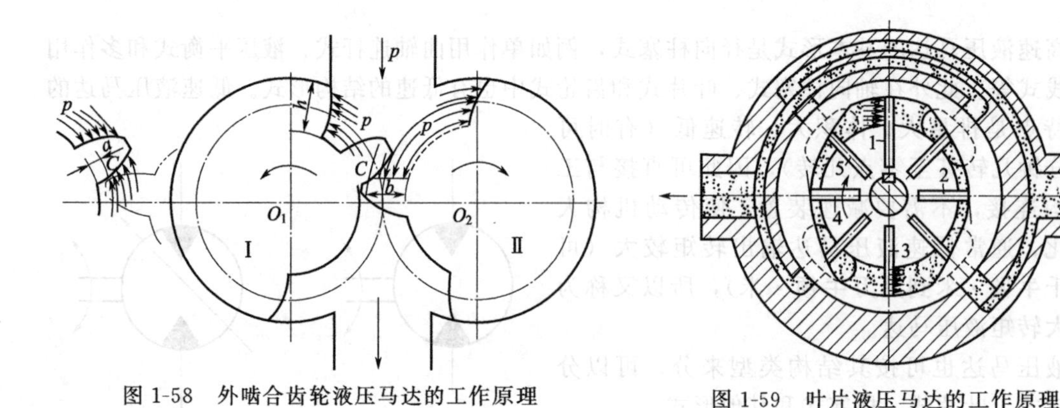

图 1-58　外啮合齿轮液压马达的工作原理

图 1-59　叶片液压马达的工作原理
1～5—叶片

叶片液压马达的排量为：

$$V=2\pi B(R^2-r^2)-2zBS(R-r) \tag{1-23}$$

式中　R——大圆弧半径；
　　　r——小圆弧半径；
　　　z——叶片数；
　　　B——叶片宽度；
　　　S——叶片厚度。

为了适应马达正反转要求，叶片液压马达的叶片为径向放置，为了使叶片底部始终通入高压油，在高、低油腔通入叶片底部的通路上装有梭阀。为了保证叶片液压马达在压力油通入后，高、低压腔不致串通能正常启动，在叶片底部设置了预紧弹簧——燕式弹簧。

叶片液压马达体积小，转动惯量小，反应灵敏，能适应较高频率的换向。但泄漏较大，低速时不够稳定。它适用于转矩小，转速高，机械性能要求不严格的场合。

（3）轴向柱塞马达

轴向柱塞泵除阀式配流型不能作马达用外，配流盘配流的轴向柱塞泵只需将配流盘改成对称结构，即可作液压马达用，因此二者是可逆的。轴向柱塞马达的工作原理和结构如图 1-60 所示，配油盘 4 和斜盘 1 固定不动，马达轴 5 与缸体 2 相连接一起旋转。当压力油经配油盘 4 的窗口进入缸体 2 的柱塞孔时，柱塞 3 在压力油作用下外伸，紧贴斜盘 1，斜盘 1 对柱塞 3 产生一个法向反力 F，此力可分解为轴向分力 F_x 和垂直分力 F_y。F_x 与柱塞上液压力相平衡，而 F_y 则使柱塞对缸体中心产生一个转矩，带动马达轴逆时针方向旋转。轴向柱塞马达产生的瞬时总转矩是脉动的。若改变马达压力油输入方向，则马达轴 5 按顺时针方向旋转，实现换向。改变斜盘倾角 α，可改变其排量。这样，在马达的进、出口压力差和输入流量不变的情况下，改变了马达的输出转矩和转速，斜盘倾角越大，产生的转矩越大，转速越低。若改变斜盘倾角的方向，则在马达进出油口不变的情况下，可以改变马达的旋转方向。

轴向柱塞马达的排量为：

$$V=(\pi d^2/4)Dz\tan\alpha \tag{1-24}$$

式中　z——柱塞数；
　　　D——分布圆直径；
　　　d——柱塞直径；
　　　α——斜盘相对传动轴倾角。

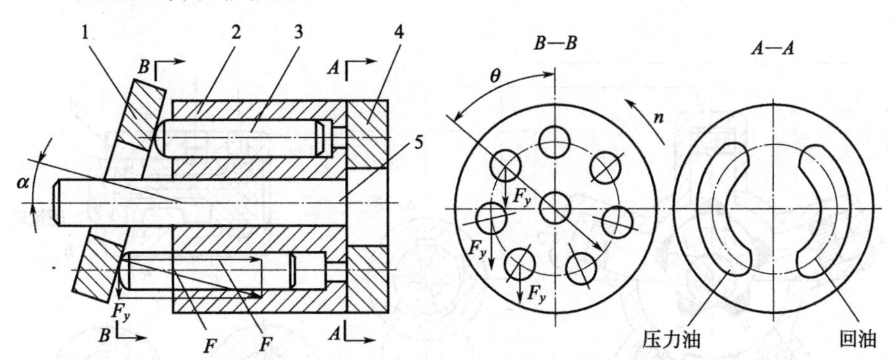

图 1-60　轴向柱塞马达的工作原理和结构
1—斜盘；2—缸体；3—柱塞；4—配流盘；5—马达轴

（4）单作用连杆型径向柱塞马达

单作用连杆型径向柱塞马达的结构如图 1-61 所示，其工作原理见图 1-62。马达的外形呈五角星状（或七星状），壳体内有五个沿径向均匀分布的柱塞缸，柱塞与连杆铰接，连杆的另一端与曲轴的偏心轮外圆接触。在图 1-62(a) 位置，高压油进入柱塞缸 1、2 的顶部，柱塞受高压油作用；柱塞缸 3 处于与高压进油和低压回油均不相通的过渡位置；柱塞缸 4、5 与回油口相通。于是，高压油作用在柱塞 1 和 2 的作用力 F 通过连杆作用于偏心轮中心 O_1，对曲轴旋转中心 O 形成转矩 T，曲轴逆时针方向旋转。曲轴旋转时带动配流轴同步旋转，因此，配流状态发生变化。如配流轴转到图 1-62(b) 所示位置：柱塞 1、2、3 同时通高压油，对曲轴旋转中心形成转矩，柱塞 4 和 5 仍通回油。如配流轴转到图 1-62(c) 所示位置，柱塞 1 退出高压区处于过渡状态，柱塞 2 和 3 通高压油，柱塞 4 和 5 通回油。如此类推，在配流轴随同曲轴旋转时，各柱塞缸将依次与高压进油和低压回油相通，保证曲轴连续旋转。若进回油口互换，则液压马达反转，过程同上。

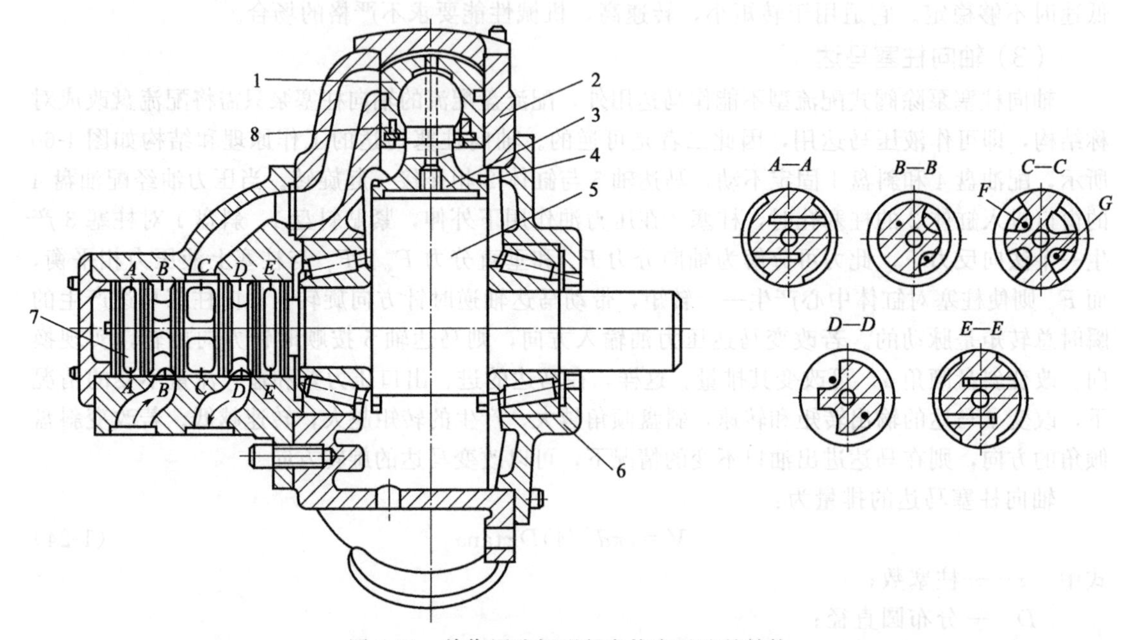

图 1-61 单作用连杆型径向柱塞马达的结构

1—柱塞；2—壳体；3—连杆；4—挡圈；5—曲轴；6—滚柱轴承；7—配流轴；8—卡环

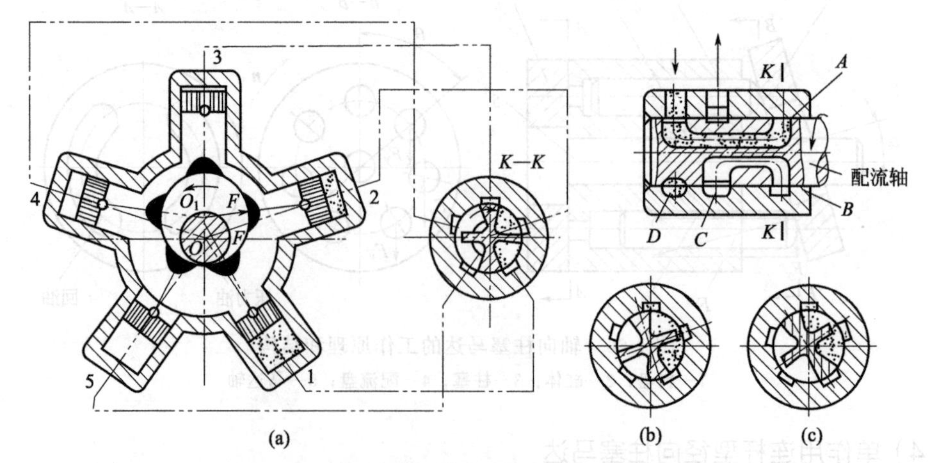

图 1-62 单作用连杆型径向柱塞马达的工作原理

1～5—柱塞缸

这是壳体固定、曲轴旋转的情况。若将曲轴固定，进回油口直接接到固定的配流轴上，可使壳体旋转。这种壳体旋转马达可作驱动车轮、卷筒之用。

单作用连杆型径向柱塞马达的排量V为：

$$V=\frac{\pi d^2 ez}{2} \tag{1-25}$$

式中 d——柱塞直径；

e——曲轴偏心距；

z——柱塞数。

单作用连杆型径向柱塞马达的优点是结构简单，工作可靠。缺点是体积和重量较大，转矩脉动，低速稳定性较差。近几年来，因其主要摩擦副大多采用静压支承或静压平衡结构，其低速稳定性有很大的改善，最低转速可达3r/min。

(5) 多作用内曲线径向柱塞马达

多作用内曲线径向柱塞马达的典型结构如图1-63所示。壳体1的内环由x个（图1-63中$x=6$）形状相同均布的导轨面组成。每个导轨面可分成对称的a、b两个区段。缸体2和输出轴3通过螺栓连成一体。柱塞4、滚轮组5组成柱塞组件。缸体2有z个（图1-63中$z=8$）径向分布的柱塞孔，柱塞4装在孔中。柱塞顶部做成球面顶在滚轮组的横梁上。横梁可在缸体径向槽内沿直径方向滑动。连接在横梁端部的滚轮在柱塞腔中压力油作用下顶在导轨曲面上。

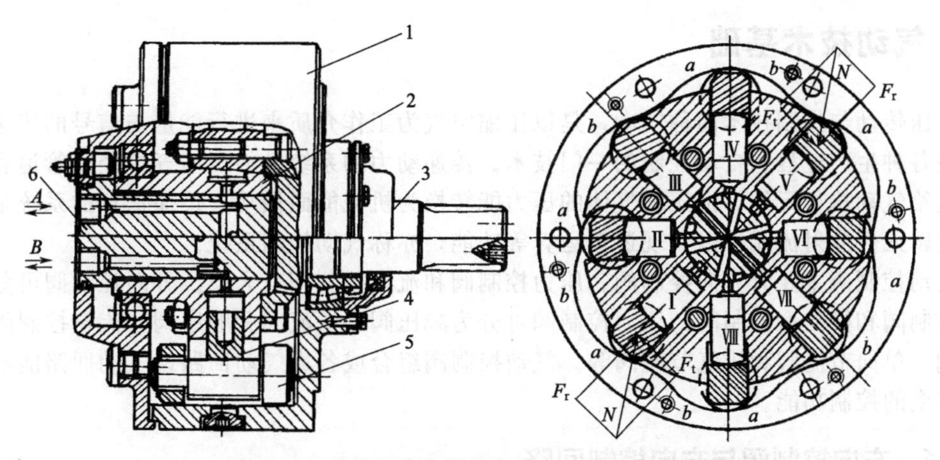

图1-63 多作用内曲线径向柱塞马达的典型结构

1—壳体；2—缸体；3—输出轴；4—柱塞；5—滚轮组；6—配流轴

配流轴6圆周上均匀分布$2x$个配油窗口（图1-63中为12个窗口），这些窗口交替分成两组，通过配流轴6的两个轴向孔分别和进回油口A、B相通。其中每一组2个配油窗口应分别对准x个同向曲面的a段或b段。若导轨曲面a段对应高压油区，则b段对应低压油区。如图所示，柱塞Ⅰ、Ⅴ在压力油作用之下；柱塞Ⅲ、Ⅶ处于回油状态；柱塞Ⅱ、Ⅵ、Ⅳ、Ⅷ处于过渡状态（即高、低压油均不通）。柱塞Ⅰ、Ⅴ在压力油作用下，推动柱塞向外运动，使滚轮紧紧地压在导轨曲面上。滚轮受到一法向反力N，它可以分解为径向分力F_r和切向分力F_t。其中径向分力F_r与柱塞端液压作用力相平衡，而切向分力F_t通过柱塞对缸体2产生转矩，带动输出轴3转动，同时，处于回油区柱塞受压缩后，将低压油从回油窗口排出。由于导轨曲线段x和柱塞数z不相等，所以总有一部分柱塞在任一瞬间处于导轨面的a段（相应的总有一部分柱塞处于b段），使得缸体2和输出轴3连续转动。

总之，有 x 个导轨曲面，缸体旋转一转，每个柱塞往复运动 x 次，马达作用次数就为 zx 次。

图 1-63 所示为六作用内曲线径向柱塞马达。由于马达作用次数多，并可设置较多柱塞（也可设多排柱塞结构），这样，较小的尺寸可得到较大的排量。

当马达的进、回油口互换时，马达将反转。这种马达既可做成轴旋转结构，也可做成壳体旋转结构。

多作用内曲线径向柱塞马达的排量为：

$$V=\frac{\pi d^2}{4}sxyz \tag{1-26}$$

式中 d——柱塞直径；

s——柱塞行程；

x——作用次数；

y——柱塞排数；

z——每排柱塞数。

多作用内曲线径向柱塞马达在柱塞数 z 与作用次数 x 之间存在一个大于 1 且小于 z 的最大公约数 m 时，通过合理设计导轨曲面，可使径向力平衡，理论输出转矩均匀无脉动。同时马达的启动转矩大，并能在低速下稳定地运转，故普遍应用于石油、建筑、起重运输、煤矿、船舶、农业等行业。

1.6 气动技术基础

气压传动与控制技术简称气动，是以压缩空气为工作介质来进行能量与信号的传递，也是实现各种生产过程、自动控制的一门技术。传递动力的系统是将压缩气体经由管道和控制阀输送给气动执行元件，把压缩气体的压力能转换为机械能而做功；传递信息的系统是利用气动逻辑元件或射流元件以实现逻辑运算等功能，亦称气动控制系统。

气动控制阀主要有方向控制阀、压力控制阀和流量控制阀三大类。方向控制阀可分为单向型控制阀和换向型控制阀，压力控制阀可分为减压阀、溢流阀和顺序阀，流量控制阀可为节流阀、单向节流阀和排气节流阀等。气动控制阀组合成各类气动回路，气动回路能实现较复杂多变的控制功能。

1.6.1 方向控制阀与方向控制回路

（1）方向控制阀

按气流在阀内的流动方向，方向控制阀可分为单向型控制阀和换向型控制阀；按控制方式，方向阀分为手动控制、气动控制、电磁控制、机动控制等。

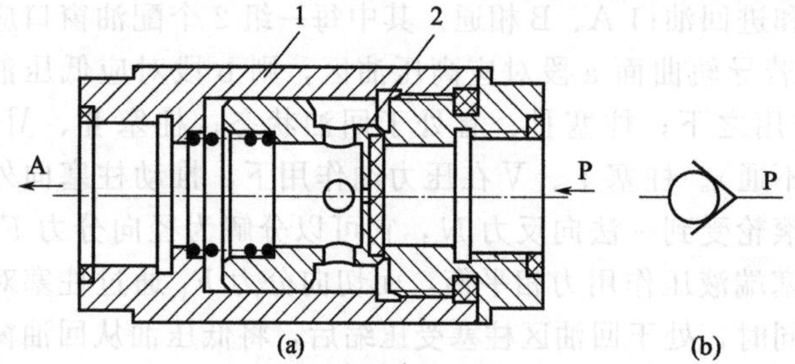

图 1-64 单向阀的典型结构和图形符号
1—阀体；2—阀芯

1）单向型方向控制阀

单向型方向控制阀包括单向阀、或门型梭阀、与门型梭阀和快速排气阀等。

① 单向阀 图 1-64 所示为单向阀的典型结构和图形符号，图 1-64(a) 为

结构，图1-64(b) 为图形符号。

② 或门型梭阀 图1-65所示为或门型梭阀的结构和图形符号，它有两个输入口 p_1、p_2，一个输出口A，阀芯在两个方向上起单向阀的作用。当 p_1 进气时，阀芯将 p_2 切断，p_1 与A相通，A有输出。当 p_2 进气时，阀芯将 p_1 切断，p_2 与A相通，A也有输出。如 p_1 和 p_2 都有进气时，阀芯移向低压侧，使高压侧进气口与A相通。如两侧压力相等，先加入压力一侧与A相通，后加入一侧关闭。图1-66所示为或门型梭阀应用回路，该回路应用或门型梭阀实现手动和自动换向。

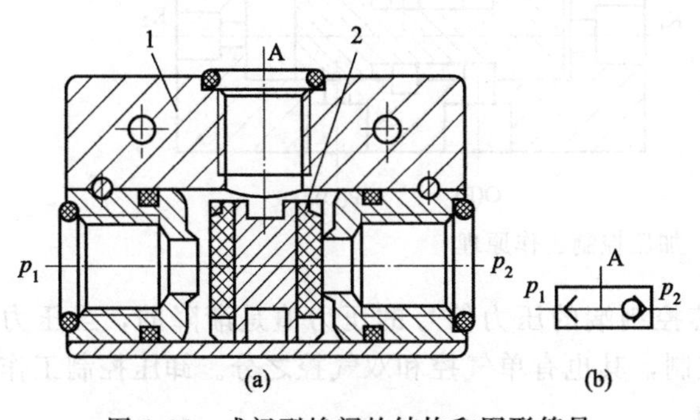

图1-65 或门型梭阀的结构和图形符号

1—阀体；2—阀芯

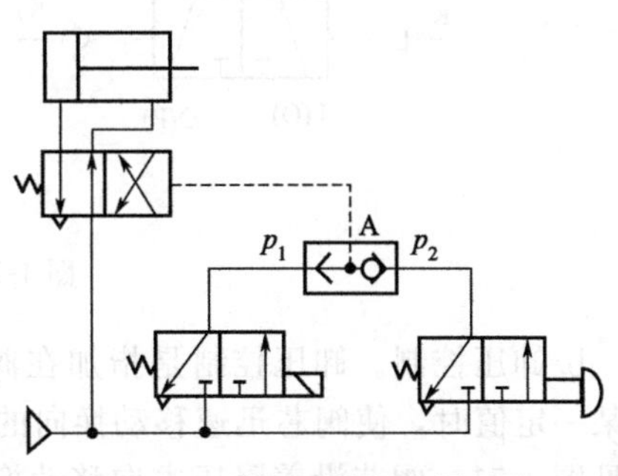

图1-66 或门型梭阀应用回路

③ 与门型梭阀 与门型梭阀又称双压阀。图1-67所示为与门型梭阀的结构和图形符号。它有 p_1 和 p_2 两个输入口和一个输出口A。只有当 p_1、p_2 同时有输入时，A才有输出，否则A无输出；当 p_1 和 p_2 压力不等时，则关闭高压侧，低压侧与A相通。图1-68所示为与门型梭阀应用回路。或门型梭阀和与门型梭阀的区别要从输入和输出关系来判断。

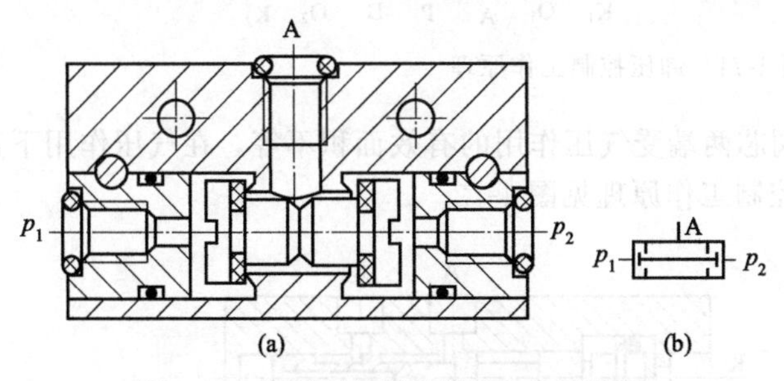

图1-67 与门型梭阀的结构和图形符号

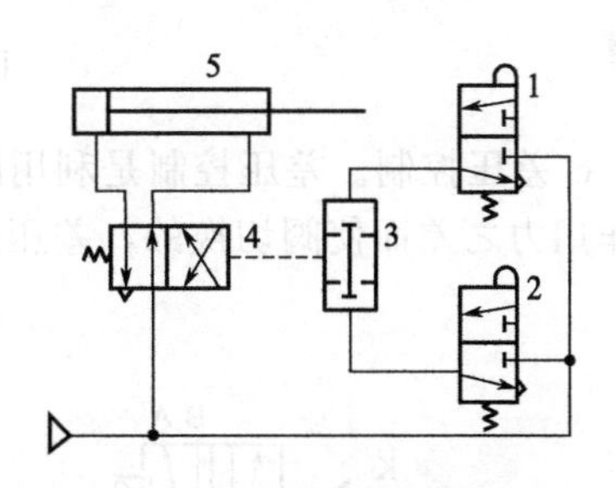

图1-68 与门型梭阀应用回路

1,2—先导换向阀；3—与门型梭阀；4—主换向阀；5—气缸

④ 快速排气阀 快速排气阀简称快排阀，是为了使气缸快速排气。图1-69所示为快速排气阀的结构和图形符号。快速排气阀常安装在气缸排气口。

2）换向型方向控制阀

① 气压控制换向阀 气压控制换向阀是利用气体压力来获得轴向力使主阀芯迅速移动换向而使气体改变流向的，按施加压力的方式不同可分为加压控制、卸压控制、差压

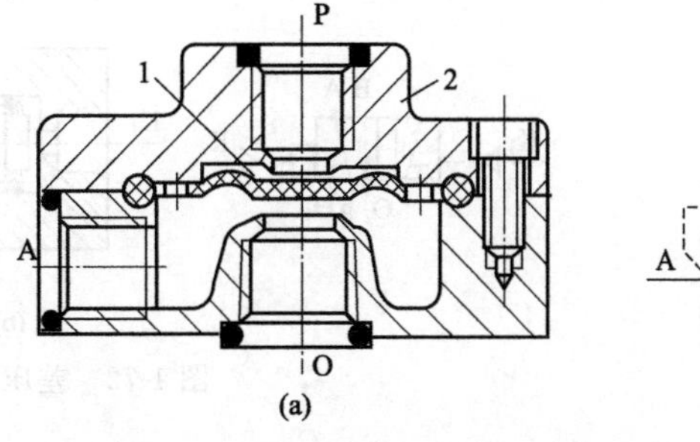

图1-69 快速排气阀的结构和图形符号

1—膜片；2—阀体

控制和延时控制等。

a. 加压控制。加压控制是指加在阀芯控制端的压力信号的压力值是渐升的，当压力升至某一定值时使阀芯迅速移动换向的控制，其有单气控和双气控之分。加压控制工作原理见图 1-70，阀芯沿着加压方向移动换向。

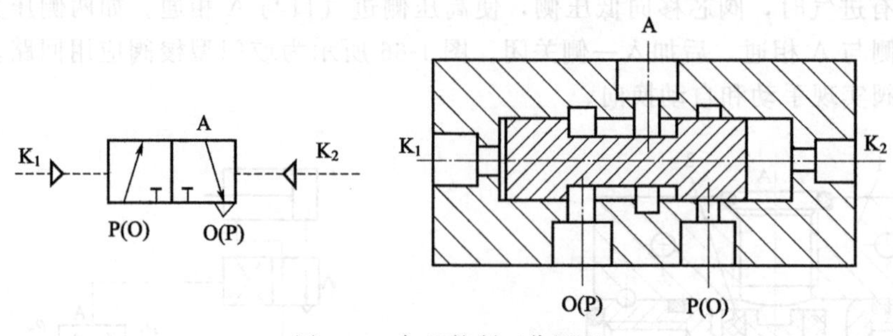

图 1-70　加压控制工作原理

b. 卸压控制。卸压控制是指加在阀芯控制端的压力信号的压力值是渐降的，当压力降至某一定值时，使阀芯迅速移动换向的控制，其也有单气控和双气控之分。卸压控制工作原理见图 1-71，阀芯沿着降压方向移动换向。

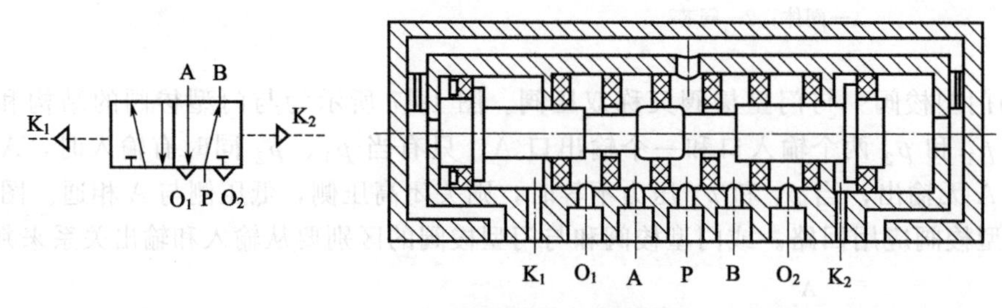

图 1-71　卸压控制工作原理

c. 差压控制。差压控制是利用阀芯两端受气压作用的有效面积不等，在气压作用下产生的作用力之差而使阀切换的，差压控制工作原理见图 1-72。

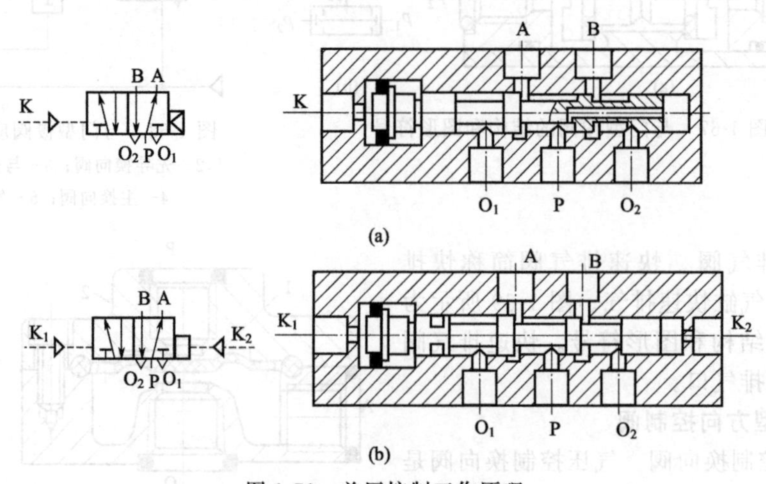

图 1-72　差压控制工作原理

d. 延时控制。延时控制是指利用气流经过小孔或缝隙后再向气容充气，经过一定的延时，当气容内压力升至一定值后再推动阀芯切换，从而达到信号延时的目的。延时控制分为固定式和可调式两种，可调延时又分为固定气阻可调气容式和固定气容可调气阻式等。

图1-73所示为二位三通可调延时换向阀的工作原理和图形符号，它由延时部分和换向部分组成。当无控制信号K时，P与A断开，A腔排气；当有控制信号时，气体从K腔输入经可调节流阀后到气容C内，使气容不断充气，直到气容内的气压上升到某一值时，使阀芯右移，P与A接通，A有输出。当气控信号消失后，气容内气压经单向阀迅速排空，在弹簧力作用下阀芯复位，A无输出。这种阀的延时时间可在1～20s内调节。若P、O换接，就成为常通延时换向阀。

图1-74为二位三通固定延时换向阀（常称脉冲阀）的工作原理和图形符号，它是靠气流流经气阻、气容的延时作用，使压力输入长信号变为短暂的脉冲信号输出的阀类。当有气压从P口输入时，阀芯在气压作用下向上移动，A口有气输出。同时，气流从阀芯中间小孔不断向气容充气，在充气压力达到动作压力时，阀芯迅速下移，使P与A断开，A与O相通，输出消失，从而将通入A腔中的保持信号转化为脉冲信号排出。这种脉冲阀的工作气压范围为0.15～0.8MPa，脉冲时间短于2s。

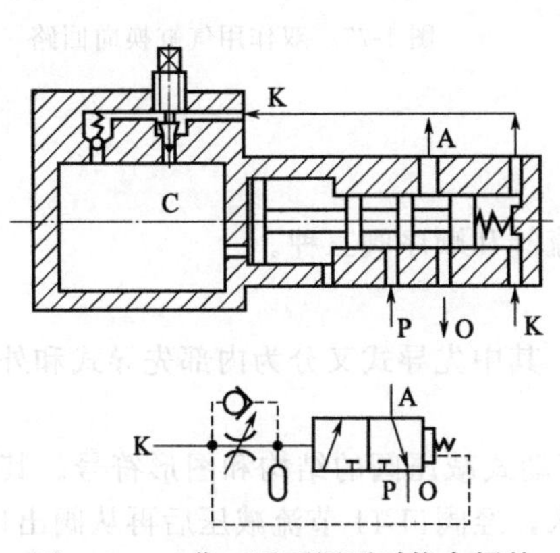

图1-73 二位三通可调延时换向阀的工作原理和图形符号

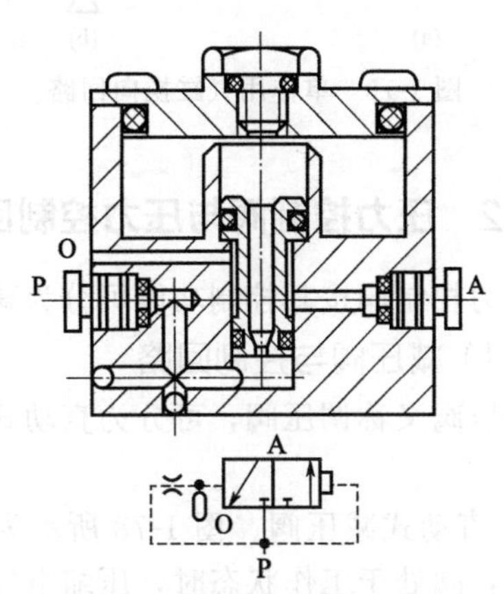

图1-74 二位三通固定延时换向阀（脉冲阀）的工作原理和图形符号

② 电磁控制换向阀 电磁控制换向阀是利用电磁力使阀芯迅速移动换向的。电磁控制换向阀由电磁铁和主阀两部分组成。

按电磁力作用于主阀阀芯方式不同分为直动式电磁阀和先导式电磁阀两种。它们的工作原理分别与液压阀中的电磁换向阀和电液换向阀相似。

由电磁力推动阀芯进行换向。图1-75所示为二位三通电磁控制换向阀的工作原理和图形符号；图1-75(a) 处于常态，图1-75(b) 为通电状态，图1-75(c) 为图形符号。

气动三通气控投向阀主要技术性能指标包括：软质密封、间隙密封的公称通径（mm）、有效截面积（mm^2）、泄漏量（mL/min）、耐久性（万次）、最低控制压力（MPa）、换向时间（s）、最高换向频率（Hz）、工作频度等。以上具体数据可查阅有关方向阀的技术性能指标。

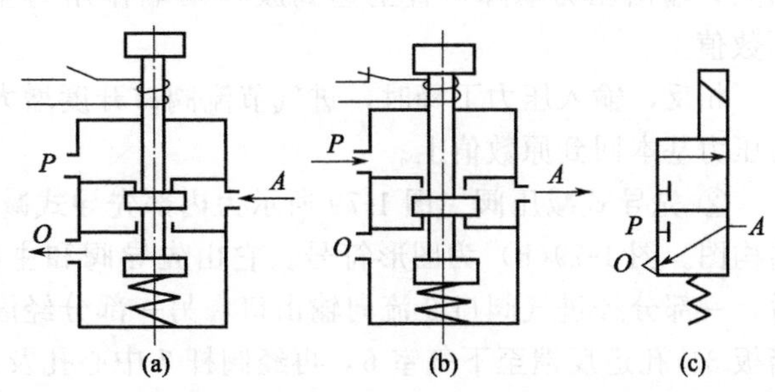

图1-75 二位三通电磁控制换向阀的工作原理和图形符号

（2）方向控制回路

① 单作用气缸换向回路　图 1-76 所示为单作用气缸换向回路。在图 1-76(a) 所示回路中，当电磁铁通电时，气压使活塞杆伸出，当电磁铁断电时，活塞杆在弹簧作用下缩回。在图 1-76(b) 所示回路中，电磁铁断电后能使活塞停留在行程中任意位置。

② 双作用气缸换向回路　图 1-77 所示为双作用气缸换向回路。在图 1-77(a) 所示回路中，对换向阀左右两侧分别输入控制信号，使活塞伸出和收缩。在图 1-77(b) 所示回路中，除控制双作用气缸换向外，还可在行程中的任意位置停止运动。

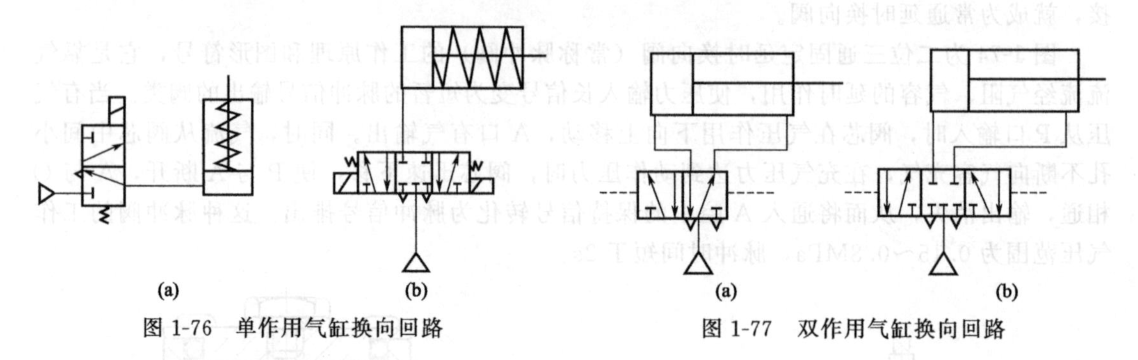

图 1-76　单作用气缸换向回路　　　图 1-77　双作用气缸换向回路

1.6.2　压力控制阀与压力控制回路

压力控制阀按其控制功能可分为减压阀、溢流阀和顺序阀三种。

（1）减压阀与控制回路

减压阀又称调压阀，可分为直动式、先导式，其中先导式又分为内部先导式和外部先导式两种。

① 直动式减压阀　图 1-78 所示为 QTY 型直动式减压阀的结构和图形符号。其工作原理如下：阀处于工作状态时，压缩空气从左端输入，经阀口 11 节流减压后再从阀出口流出。当旋转手柄 1，压缩调压弹簧 2、3 推动膜片 5 下凹，再通过阀杆 6 带动阀芯 9 下移，打开进气阀口 11，压缩空气通过阀口 11 的节流作用，使输出压力低于输入压力，以实现减压作用。与此同时，有一部分气流经阻尼孔 7 进入膜片室 12，在膜片下部产生一向上的推力。当推力与弹簧的作用相互平衡后，阀口开度稳定在某一值上，减压阀的出口压力便保持一定。阀口 11 开度越小，节流作用越强，压力下降也越多。

若输入压力瞬时升高，经阀口 11 以后的输出压力随之升高，使膜片室内的压力也升高，破坏了原有的平衡，使膜片上移，有部分气流经溢流孔 4，排气口 13 排出。在膜片上移的同时，阀芯 9 在复位弹簧 10 的作用下也随之上移，减小进气阀口 11 开度节流作用加大，输出压力下降，直至达到膜片两端作用力重新平衡为止，输出压力基本上又回到原数值上。

相反，输入压力下降时，进气节流阀口开度增大，节流作用减小，输出压力上升，使输出压力基本回到原数值上。

② 先导式减压阀　图 1-79 所示为内部先导式减压阀的结构和图形符号，图 1-79(a) 为结构图。图 1-79(b) 为图形符号。它由先导阀和主阀两部分组成。当气流从左端流入阀体后，一部分经进气阀口 9 流向输出口，另一部分经固定节流孔 1 进入中气室 5，再经喷嘴 2、挡板 3、孔道反馈至下气室 6，再经阀杆 7 中心孔及排气孔 8 排至大气。

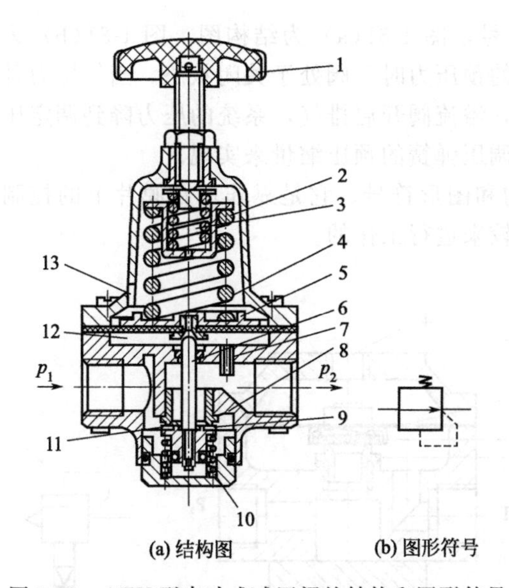

图 1-78 QTY 型直动式减压阀的结构和图形符号

1—旋转手柄；2,3—压缩调压弹簧；4—溢流孔；5—膜片；6—阀杆；7—阻尼孔；8—弹簧座；9—阀芯；10—复位弹簧；11—阀口；12—膜片室；13—排气口

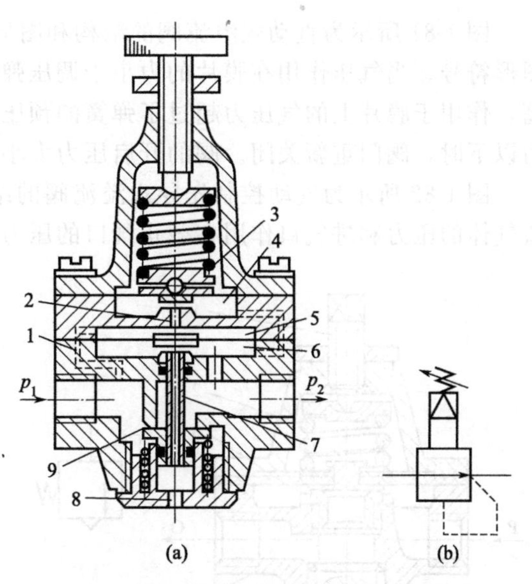

图 1-79 内部先导式减压阀的结构和图形符号

1—固定节流孔；2—喷嘴；3—挡板；4—上气室；5—中气室；6—下气室；7—阀杆；8—排气孔；9—进气阀口

把手柄旋到一定位置，使喷嘴挡板的距离在工作范围内，减压阀就进入工作状态。中气室 5 的压力随喷嘴与挡板间距离的减小而增大，于是推动阀芯打开进气阀口 9，立即有气流流到出口，同时经孔道反馈到上气室 4，与调压弹簧相平衡。

若输入压力瞬时升高，输出压力也相应升高，通过孔口的气流使下气室 6 的压力也升高，破坏了膜片原有的平衡，使阀杆 7 上升，节流阀口减小，节流作用增强，输出压力下降，使膜片两端作用力重新平衡，输出压力恢复到原来的调定值。当输出压力瞬时下降时，经喷嘴挡板的放大也会引起中气室 5 的压力比较明显地提高，而使得阀芯下移，阀口开大，输出压力升高，并稳定到原数值上。

③ 减压阀的应用　图 1-80 所示为减压阀应用回路。图 1-80(a) 所示回路同时输出高低压力 p_1、p_2，图 1-80(b) 所示是利用减压阀的高低压转换回路。

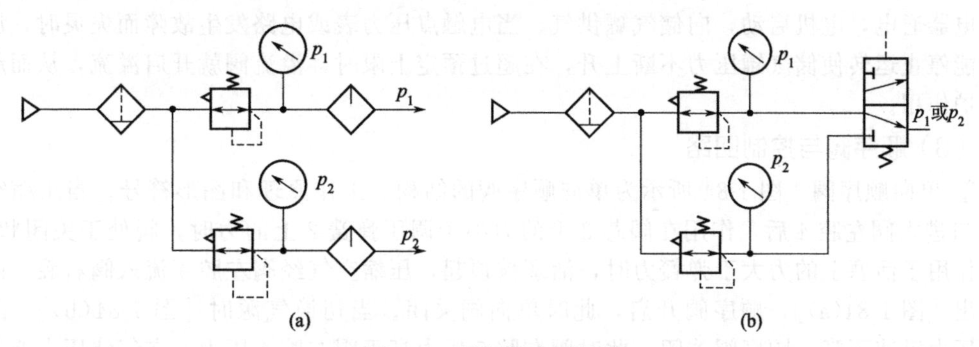

图 1-80　减压阀应用回路

(2) 溢流阀与控制回路

① 溢流阀的工作原理　溢流阀的作用是当气动系统的压力上升到调定值时，与大气相通以保持系统的压力的调定值。

图1-81所示为直动式溢流阀的结构和图形符号，图1-81(a)为结构图，图1-81(b)为图形符号。当气压作用在膜片的力小于调压弹簧的预压力时，阀处于关闭状态。当气压力升高，作用于膜片上的气压力超过了弹簧的预压力，溢流阀开启排气，系统的压力降到调定压力以下时，阀门重新关闭。阀的开启压力大小靠调压弹簧的预压缩量来实现。

图1-82所示为气动控制先导式溢流阀的结构和图形符号。它是靠作用在膜片上的控制口气体的压力和进气口作用在截止阀口的压力比较来进行工作的。

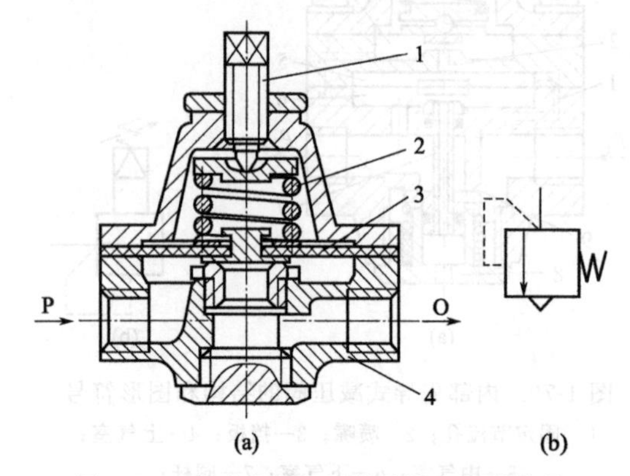

图1-81 直动式溢流阀的结构和图形符号
1—调整螺钉；2—弹簧；3—膜片；4—阀体

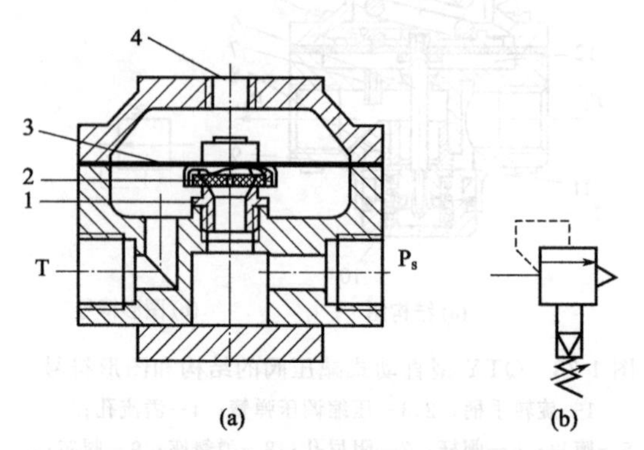

图1-82 气动控制先导式溢流阀的结构和图形符号
1—阀座；2—阀芯；3—膜片；4—先导压力控制口

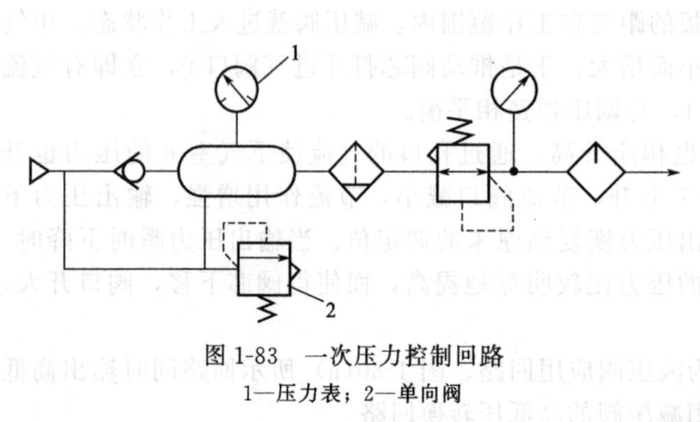

图1-83 一次压力控制回路
1—压力表；2—单向阀

② 溢流阀的应用 图1-83所示为一次压力控制回路，这种回路主要使储气罐输出的压力稳定在一定的范围内。常用电触点压力表1控制，一旦罐内压力超过规定上限，电触点压力表内的指针碰到上触点，即控制中间继电器断电，电动机停转，空气压缩机停止运转，压力不再上升。当储气罐中压力下降到预定下限时，指针碰到下触点，使中间继电器通电，电机启动，向储气罐供气。当电触点压力表或电路发生故障而失灵时，压缩机不能停止运转使储气罐压力不断上升，在超过预定上限时，溢流阀就开启溢流，从而起安全保护作用。

(3) 顺序阀与控制回路

① 单向顺序阀 图1-84所示为单向顺序阀的结构、工作原理和图形符号。当压缩空气由P口进入阀左腔4后，作用在阀芯3上的力小于调压弹簧2上的力时，阀处于关闭状态。而当作用于活塞上的力大于弹簧力时，活塞被顶起，压缩空气经阀左腔4流入阀右腔5由A口流出［图1-84(a)］，顺序阀开启，此时单向阀关闭。当切换气源时［图1-84(b)］，阀左腔4压力迅速下降，顺序阀关闭，此时阀右腔5压力高于阀左腔4压力，在气体压力差作用下，打开单向阀，压缩空气由阀右腔5经单向阀6流入阀左腔4向外排出。图1-84(c)为其图形符号。

② 顺序阀的应用 图1-85所示为用顺序阀控制两个气缸顺序动作的回路。

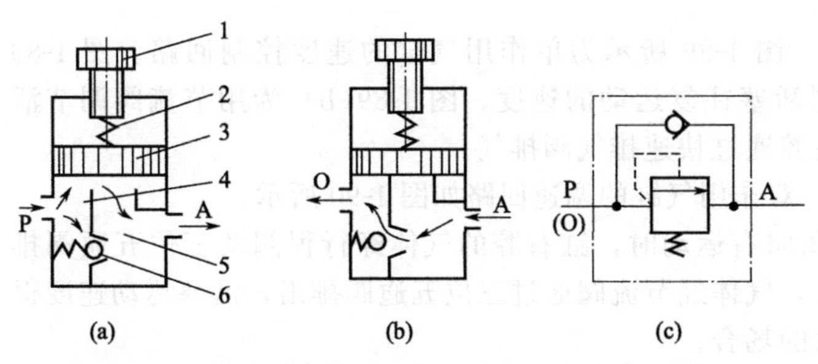

图 1-84　单向顺序阀的结构、工作原理和图形符号

1—调节旋钮；2—弹簧；3—阀芯；4—进气腔；5—出气腔；6—单向阀

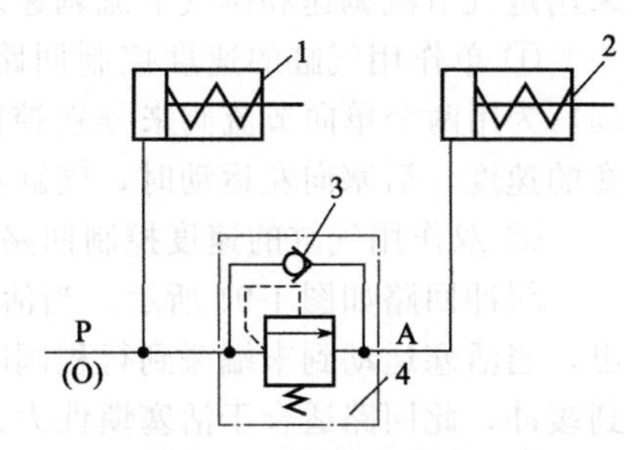

图 1-85　顺序阀的应用回路

1,2—气缸；3—单向阀；4—顺序阀

1.6.3　流量控制阀与速度控制回路

(1) 流量控制阀

流量控制阀是通过改变阀的通流截面积来实现流量控制的元件，它包括节流阀、单向节流阀和排气节流阀等。

排气节流阀只能安装在气动装置的排气口处，图 1-86 为排气节流阀的工作原理，气流进入阀内，由节流口 1 节流后经消声套 2 排出，因而它不仅能调节执行元件的运动速度，还能起到降低排气噪声的作用。图 1-87 所示回路，把两个排气节流阀安装在二位五通电磁换向阀的排气口上，可控制活塞的往复运动速度。

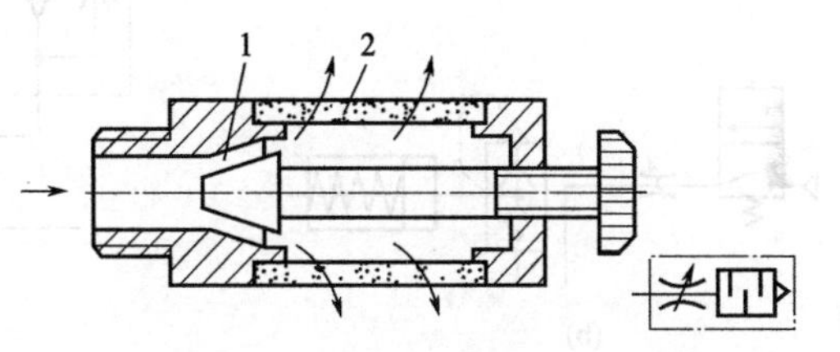

图 1-86　排气节流阀的工作原理

1—节流口；2—消声套

图 1-88 为单向节流阀的结构和图形符号。其节流阀口为针型结构。气流从 P 口流入时，顶开单向密封阀芯 1，气流从阀座 6 的周边槽口流向 A，实现单向阀功能；当气流从 A 流入时，单向阀芯 1 受力向左运动紧抵截止阀口 2，气流经过节流口流向 P，实现反向节流功能。

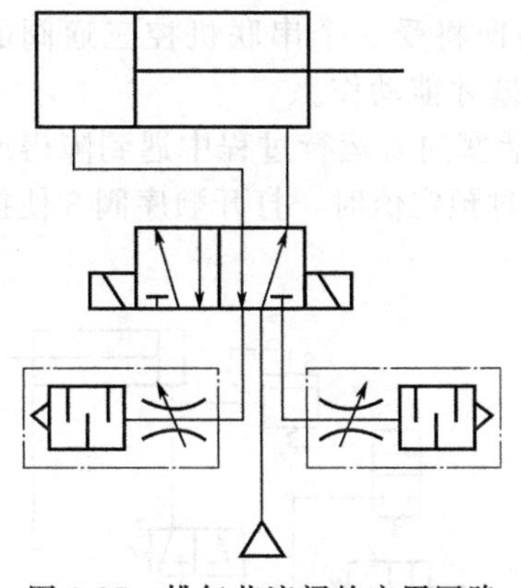

图 1-87　排气节流阀的应用回路

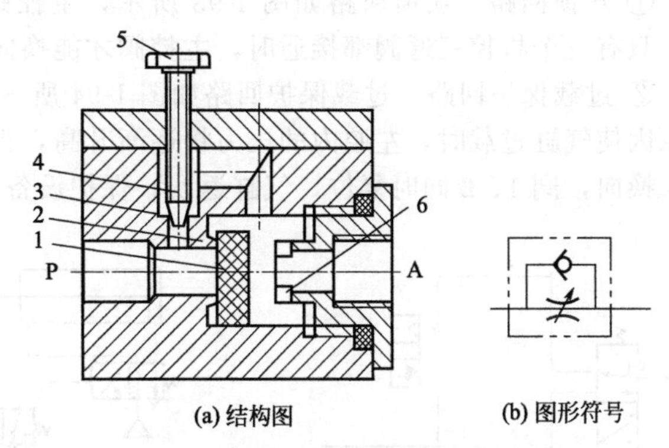

图 1-88　单向节流阀的结构和图形符号

1—单向阀芯；2—单向截止阀口；3—节流阀座；

4—节流阀芯；5—调节手轮；6—阀座

(2) 速度控制回路

速度控制回路用来调节气缸的运动速度或实现气缸的缓冲等。气缸活塞的速度控制可以采用进气节流调速和排气节流调速。

① 单作用气缸的速度控制回路 图 1-89 所示为单作用气缸的速度控制回路。图 1-89（a）为用两个单向节流阀来分别控制活塞往复运动的速度。图 1-89（b）为用节流阀调节活塞的速度，活塞向左运动时，气缸左腔通过快速排气阀排气。

② 双作用气缸的速度控制回路 双作用气缸的调速回路如图 1-90 所示。

缓冲回路如图 1-91 所示。当活塞向右运动时，缸右腔的气体经行程阀及三位五通阀排出，当活塞运动到末端碰到行程阀时，气体经节流阀通过三位五通阀排出，活塞运动速度得到缓冲，此回路适合于活塞惯性力大的场合。

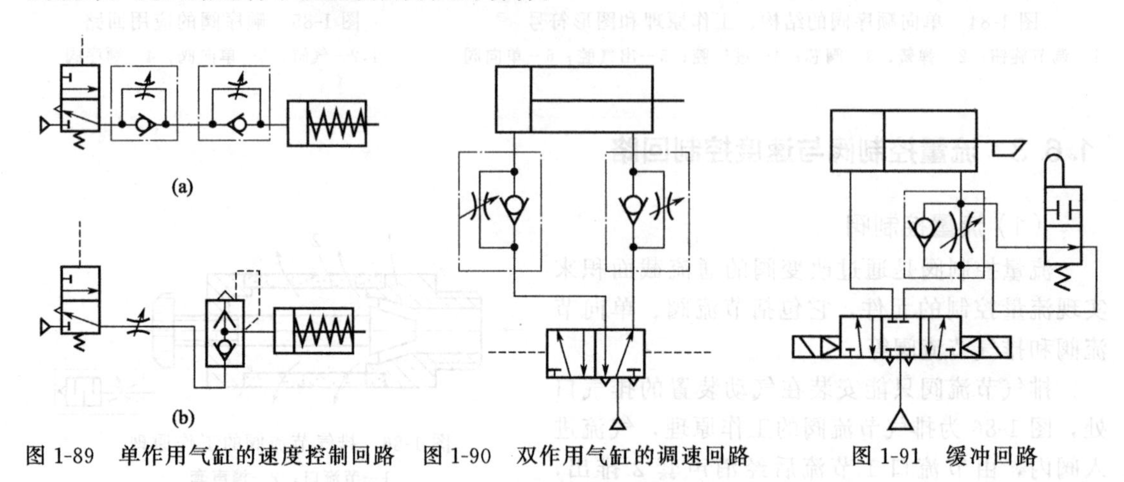

图 1-89 单作用气缸的速度控制回路 图 1-90 双作用气缸的调速回路 图 1-91 缓冲回路

图 1-92 所示为采用气液转换器的调速回路。此调速回路可实现快进、工进、快退等工况。该回路利用气液转换器将气压变成液压，充分发挥了气动供气方便和液压速度容易控制的优点。

1.6.4 其他常用气动回路

（1）安全保护回路

① 互锁回路 互锁回路如图 1-93 所示，主控阀的换向将受三个串联机控三通阀的控制，只有三个机控三通阀都接通时，主控阀才能换向，活塞才能动作。

② 过载保护回路 过载保护回路如图 1-94 所示，当活塞向右运行过程中遇到障碍或其他原因使气缸过载时，左腔内的压力将逐渐升高，当其超过预定值时，打开顺序阀 3 使换向阀 4 换向，阀 1、2 同时复位，气缸返回，保护设备安全。

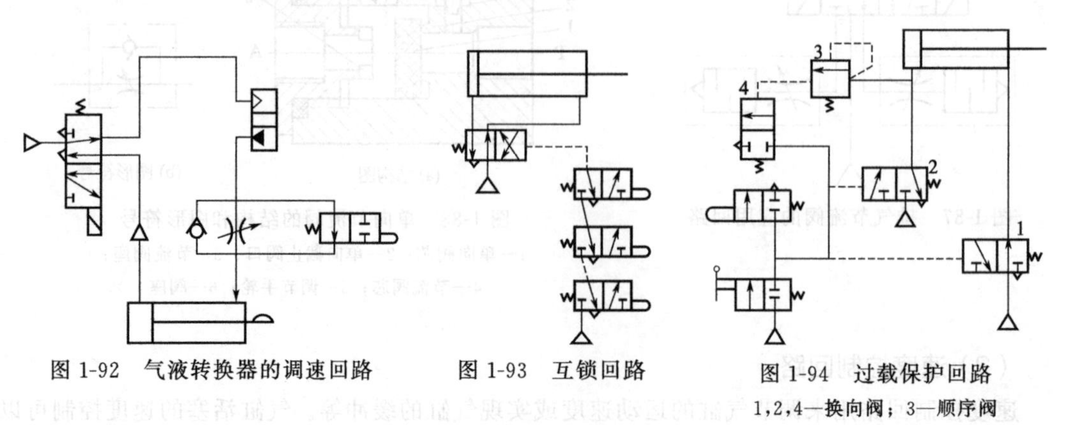

图 1-92 气液转换器的调速回路 图 1-93 互锁回路 图 1-94 过载保护回路

1,2,4—换向阀；3—顺序阀

③ 双手同时操作回路　图 1-95 所示为双手同时操作回路，为使主控阀 3 换向，必须同时按下两个二位三通手动阀 1 和 2。这两个阀必须安装在双手同时能操作的位置上，在操作时，如任何一只手离开，则信号消失，主控阀 3 复位，活塞杆后退。

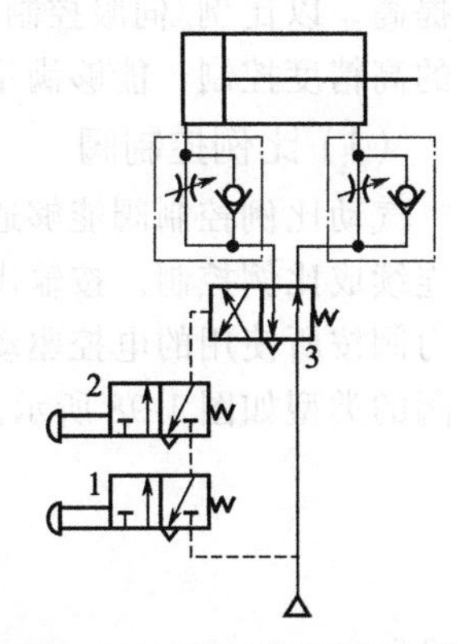

图 1-95　双手同时操作回路
1,2—二位三通手动阀；3—主控阀

(2) 往复动作回路

图 1-96 所示为三种往复动作回路，图 1-96(a) 为行程阀控制的单往复回路，按下手动换向阀 1 后，压缩空气使阀 3 换向，活塞杆向右伸出，当活塞杆上的挡铁碰到行程阀 2 时，阀 3 复位，活塞杆返回。图 1-96(b) 是压力控制的往复动作回路，当按下阀 1 的手动按钮后，阀 3 右移，气缸无杆腔进气使活塞杆伸出，同时气压还作用在顺序阀 4 上。当活塞到达终点后，无杆腔压力升高并打开顺序阀，使阀 3 又切换至右位，活塞杆就缩回。图 1-96(c) 是利用延时回路形成的时间控制往复动作回路。当按下行程阀 2 后，延时一段时间后，阀 3 才能换向，活塞杆再缩回。

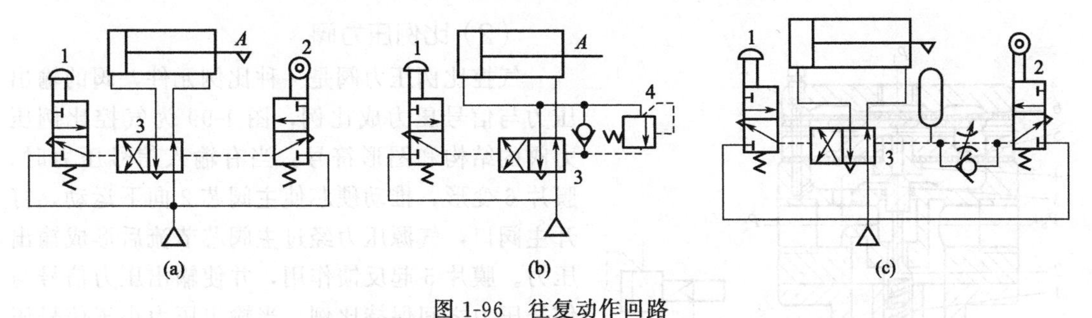

图 1-96　往复动作回路
1—先导换向阀；2—行程换向阀；3—主换向阀；4—顺序阀

(3) 延时回路

图 1-97 所示为延时回路。图 1-97(a) 为延时输出回路，当控制信号切换阀 4 后，压缩空气经单向节流阀 3 向气罐 2 充气。当充气压力经过延时升高致使阀 1 换位时，阀 1 就有输出。图 1-97(b) 为延时接通回路，按下阀 8，则活塞向外伸出，当活塞在伸出行程中压下阀 5 后，压缩空气经节流阀到气罐 6，延时后才将阀 7 切换，活塞退回。

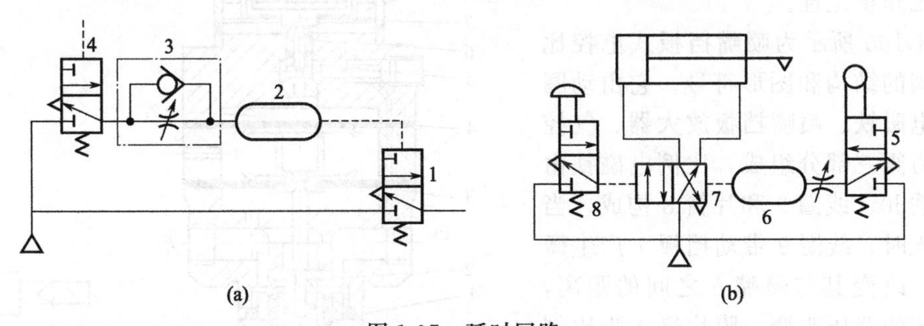

图 1-97　延时回路

1.6.5　气动比例／伺服控制技术

随着电子、材料、控制理论及传感器等技术的发展，气动比例/伺服控制技术得到了快速提高。以比例/伺服控制阀为核心组成的气动比例/伺服控制系统可实现压力、流量连续变化的高精度控制，能够满足自动化设备的柔性生产要求。

(1) 比例控制阀

气动比例控制阀能够通过控制输入信号（电压或电流），实现对输出信号（压力或流量）的连续成比例控制。按输出信号的不同，可分为比例压力阀和比例流量阀两大类。其中比例压力阀按所使用的电控驱动装置的不同，又有喷嘴挡板型和比例电磁铁型之分。气动比例控制阀的类型如图1-98所示。

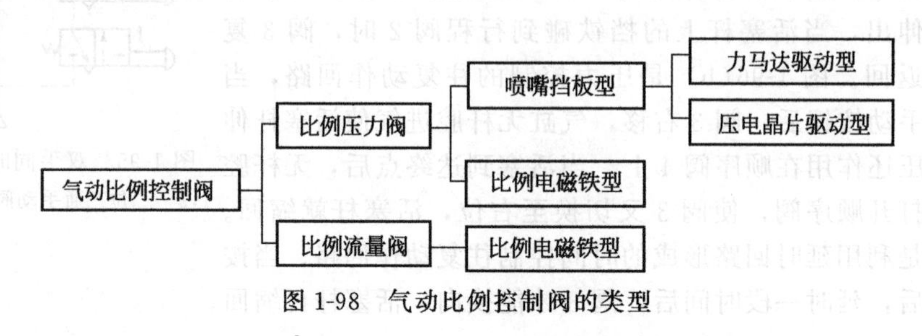

图1-98　气动比例控制阀的类型

(2) 比例压力阀

气控比例压力阀是一种比例元件，阀的输出压力与信号压力成比例，图1-99为气控比例压力阀的结构和图形符号。当有输入信号压力时，膜片6变形，推动硬芯使主阀芯2向下运动，打开主阀口，气源压力经过主阀芯节流后形成输出压力。膜片5起反馈作用，并使输出压力信号与信号压力之间保持比例。当输出压力小于信号压力时，膜片组向下运动。使主阀口开大，输出压力增大。当输出压力大于信号压力时，膜片6向上运动，溢流阀芯3开启，多余的气体排至大气。调节针阀的作用是使输出压力的一部分加到信号压力腔，形成正反馈，增加阀的工作稳定性。

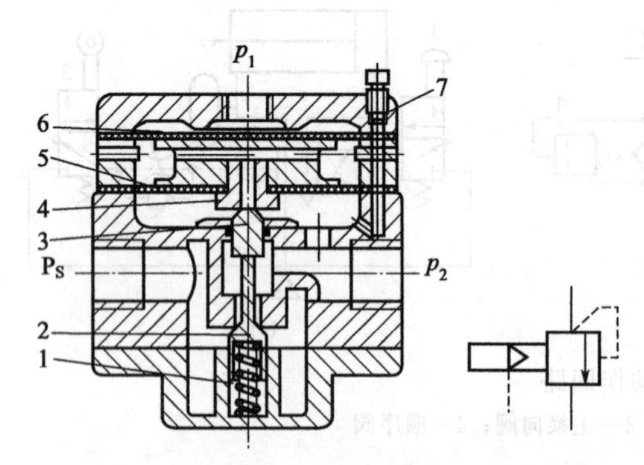

图1-99　气控比例压力阀的结构和图形符号
1—弹簧；2—阀芯；3—溢流阀芯；4—阀座；5—输出压力膜片；6—控制压力膜片；7—调节针阀

图1-100所示为喷嘴挡板式电控比例压力阀的结构和图形符号。它由动圈式比例电磁铁、喷嘴挡板放大器、气控比例压力阀三部分组成，比例电磁铁由永久磁铁10、线圈9和片簧8构成。当电流输入时，线圈9带动挡板7产生微量位移，改变其与喷嘴6之间的距离，使喷嘴6的背压改变。膜片组4为比例压力阀的信号膜片及输出压力反馈膜片。背压的变化通过膜片4控制阀芯2的位置，从而控制输出压力。喷嘴6的压缩空气由气源节流阀5供给。

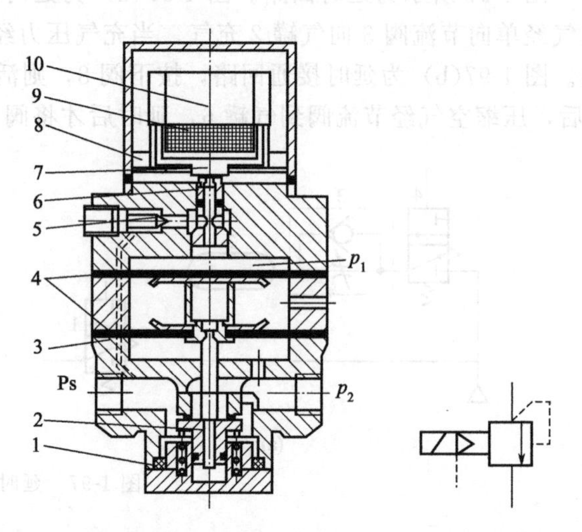

图1-100　喷嘴挡板式电控比例压力阀的结构和图形符号
1—弹簧；2—阀芯；3—溢流口；4—膜片组；5—节流阀；6—喷嘴；7—挡板；8—簧片；9—线圈；10—磁铁

（3）比例流量阀

比例流量阀是通过控制比例电磁铁线圈中的电流来改变阀芯的开度（有效断面积），实现对输出流量的连续成比例控制。其外观和结构与压力型相似。所不同的是压力型的阀芯具自调压特性，靠二次压力与比例电磁力相平衡，来调节二次压力的大小；而流量型的阀芯具有节流特性，靠弹簧力与比例电磁力相平衡，来调节流量的大小和流通方向。按通数的不同，比例流量阀比例电磁铁型又有二通与三通之分。比例流量阀的工作原理如图1-101所示。在图1-101中，依靠 F_1 与 F_2 的平衡，来改变阀芯的开口面积和位置。随着输入电流的变化，三通阀的阀芯按①—②—③的顺序移动，二通阀的阀芯则按②—③的顺序移动。比例流量阀主要应用于气缸或气马达的位置或速度控制。

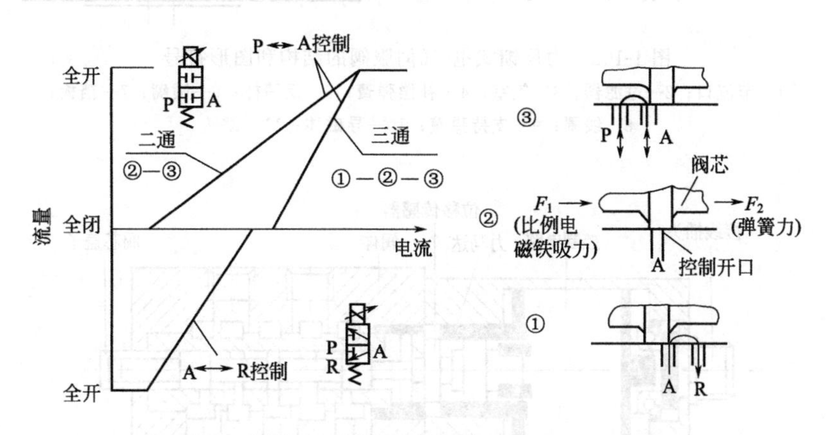

图1-101　比例电磁铁型比例流量阀的工作原理

（4）伺服控制阀

气动伺服阀的工作原理与气动比例阀类似，它也是通过改变输入信号来对输出信号的参数进行连续、成比例的控制。它与电液比例控制阀相比，除了在结构上有差异外，主要在于伺服阀具有很高的动态响应和静态性能。但其价格较贵，使用维护较为困难。

气动伺服阀的控制信号均为电信号，故又称电-气伺服阀，是一种将电信号转换成气压信号的电气转换装置，它是电-气伺服系统中的核心部件。图1-102为力反馈式电-气伺服阀的结构和图形符号。其中第一级气压放大器为喷嘴挡板阀，由力矩马达控制，第二级气压放大器为滑阀。阀芯位移通过反馈杆5转换成机械力矩反馈到力矩马达上。其工作原理为：当有一电流输入力矩马达控制线圈时，力矩马达产生电磁力矩，使挡板偏离中位（假设其向左偏转），反馈杆变形。这时两个喷嘴挡板阀的喷嘴前腔产生压力差（左腔高于右腔），在此压力差的作用下，滑阀移动（向右），反馈杆端点随着一起移动，反馈杆进一步变形，变形产生的力矩与力矩马达的电磁力矩相平衡，使挡板停留在某个与控制电流相对应的偏转角上。反馈杆的进一步变形使挡板被部分拉回中位，反馈杆端点对阀芯的反作用力与阀芯两端的气动力相平衡，使阀芯停留在与控制电流相对应的位移上。这样，伺服阀就输出一个对应的流量，达到用电流控制流量的目的。

MPYE型气动伺服阀是FESTO公司开发的一种直动式气动伺服阀，其结构和图形符号如图1-103所示。主要由力马达、阀芯位移检测传感器、控制电路、主阀等构成。阀芯由力马达直接驱动，其位移由传感器检测，形成阀芯位移的局部负反馈，从而提高了响应速度和控制精度。

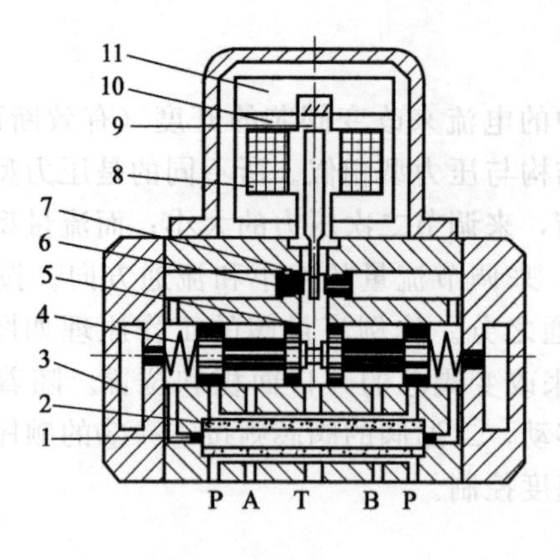

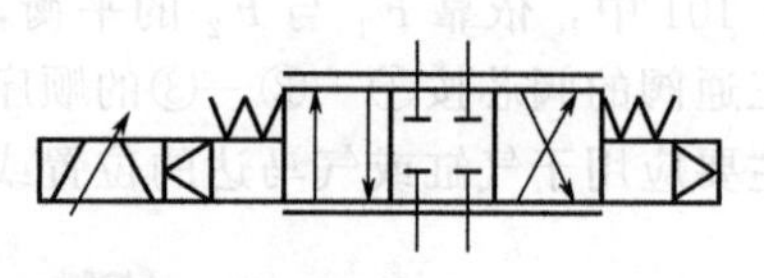

图 1-102 力反馈式电-气伺服阀的结构和图形符号

1—节流口；2—过滤器；3—气室；4—补偿弹簧；5—反馈杆；6—喷嘴；7—挡板；8—线圈；9—支持弹簧；10—导磁体；11—磁铁

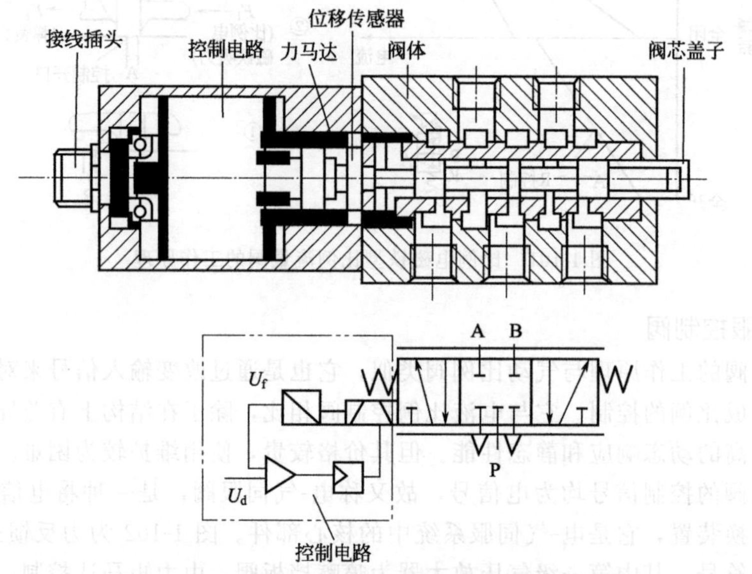

图 1-103 MPYE 型气动伺服阀的结构和图形符号

该阀为三位五通，O型中位机能。电源电压为DC24V，输入电压为0～10V。在图1-104的输入电压对应着不同的阀芯开口面积和位置，也即不同的流量和流动方向。电压为5V时，阀芯处于中位；0～5V时，P口与A口相通；5～10V时，P口与B口相通。突然停电时，结构上使阀芯返回到中位，气缸原位停止，提高了系统的安全性。该阀具有良好的静、动态特性，如表1-5所示。

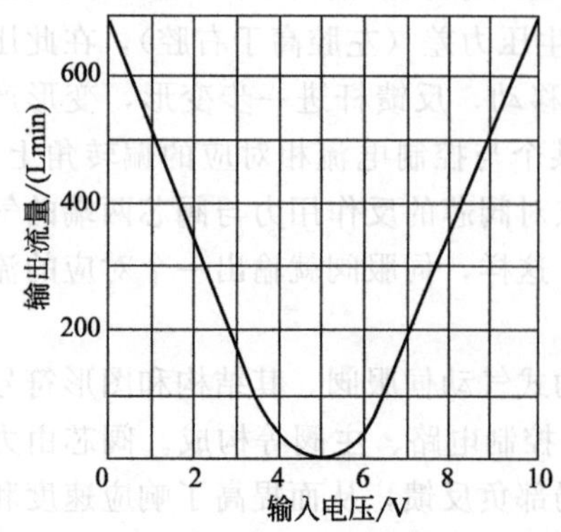

图 1-104 输入电压-输出流量的特性曲线

（MPYE型伺服阀，FESTO公司生产）

表 1-5 MPYE 型气动伺服阀的主要性能指标

型号	额定流量	压力范围	频率响应	阶跃响应	滞环	直线性
MPYE-5-1/8	700L/min	0～0.1MPa	100Hz	5ms	0.3%	1%

1.7 液压与气动系统设计概要

1.7.1 设计内容和步骤

液压与气动系统的设计内容和设计步骤如图1-105所示。

设计内容主要包括明确液压系统的设计要求、对系统进行工况分析、初步确定系统的设计方案、确定系统的主要技术参数、拟订液压系统原理图、选择液压元件、对所设计液压传动系统的性能进行验算。

设计步骤为按照图1-105中流程图顺序，从明确液压系统设计要求开始，直到完成对液压系统性能的验算。如果所设计液压系统的性能符合设计要求，则结束设计过程。如果所设计液压系统的性能不能够满足设计要求，则返回相应的前述设计步骤，重新开始设计。

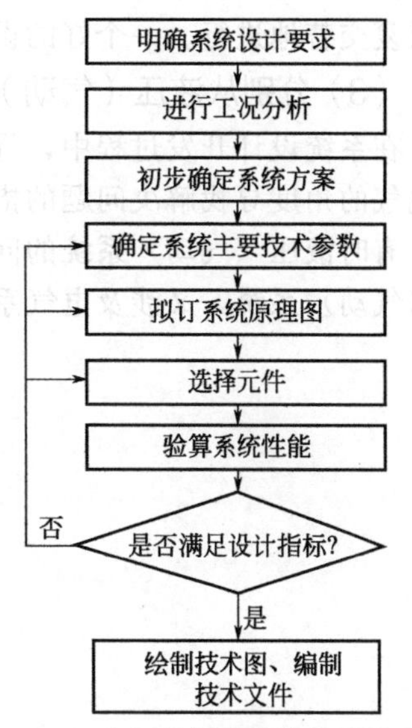

图1-105 液压与气动系统的设计流程

图1-105中所述的设计内容和步骤只是一般的液压传动系统设计流程。在实际设计过程中液压系统的设计流程不是一成不变的，对于较简单的液压系统可以简化其设计程序；对于应用在重大工程中的复杂液压系统，往往还需在初步设计的基础上进行计算机仿真或试验，或者局部地进行实物试验，反复修改，才能确定设计方案。另外，液压系统的各个设计步骤又是相互关联、彼此影响的，因此往往也需要各设计过程穿插交互进行。

1.7.2 设计要点

液压与气动系统设计开发，只有把握住要点，才能形成好的方案。

(1) 从多种方案中选出最好的方案

液压与气动设备作为一个系统，是由多层次的多个子系统构成的，因此，当出现某一问题时，可在不同的层次上或在不同的子系统上，采取相应的措施予以解决。例如，当液压泵容积效率低时，可更换液压泵，也可仅更换其中的运动部件；当气缸推力不足时，可换用大的气缸，也可调高系统的压力。

一般情况下，都有几个方案可选，这里简要介绍几种选择方法。

① 对比法　将各方案就某指标进行对比，选出最令人满意的方案。这种方法适用于较简单的情形。

② 综合评判法　这是一种更为复杂的对比法。其基本做法是列出技改方案的各评判指标，并确定合适的评判方式或计算式，再用各评判式分别对每个方案进行评判，最后选出总评价最好或得分最高的方案。

③ 价值分析法　价值分析通过对技改方案的功能和成本关系的分析，选出功能/成本之比值较大（价值高）的方案作为最好的方案。

④ 取长补短法　这种方法的特点是将各备选方案中较好的部分挑出来，形成一个更为理想的新方案。

（2）在改进中不断完善技术方案

在设计开发过程中，由于客观条件的限制，开始阶段人们的认识有局限性，设计开发人员对有些技术数据和相关因素还无法全面掌握，所设定的技术方案也不一定很理想，一些问题可能在试验、调试、应用中暴露出来。因此，技术设计开发过程是一个积极试探与摸索的过程，也是一个认识的深化与扩展的过程，也是一个努力使技术方案由粗略到精确、由不太确定到确定的过程，还是一个不断反馈信息与修正错误、使技术方案逐步正确完善的过程。这个过程的基本步序是问题的分析、设计、仿真、试验、调试、应用、修正、改进完善等环节反复交替地进行。一个好的设计方案往往就是经过多次反复修改完善（优化）才完成的。

（3）分别从液压（气动）与电气的角度寻找措施

在系统设计开发过程中，寻求技术问题解决方案时，思路要放开，分别从液压（气动）与电气的角度寻找解决问题的措施，这样措施选择范围扩大了，就更容易找到最好的解决办法。有时液压（气动）系统的问题可通过电气方面的措施得以顺利解决；有时问题既涉及液压（气动）系统，又涉及电气系统，必须两方面同时采取措施才能解决问题。

第2章
PLC控制技术基础

2.1 PLC概述

可编程序控制器（Programmable Controller，PC）在其早期主要应用于开关量的逻辑控制，因此也称为可编程序逻辑控制器（Programmable Logic Controller，PLC）。

2.1.1 PLC的产生

1968年通用汽车公司提出了新型控制器所必须具备的10大条件（有名的“GM10条”）：①编程简单，可在现场修改程序；②维护方便，最好是插件式；③可靠性高于继电器控制柜；④体积小于继电器控制柜；⑤可将数据直接送入管理计算机；⑥在成本上可与继电器控制柜竞争；⑦输入可以是交流115V；⑧输出可以是交流115V，2A以上，可直接驱动电磁阀；⑨在扩展时，原有系统只要很小变更；⑩用户程序存储器容量至少能扩展到4KB。

1969年，美国数字设备公司（GEC）研制成功世界上第一台可编程序控制器，并在通用汽车公司的自动装配线上试用成功，从而开创了工业控制的新局面。

进入20世纪70年代，随着微电子技术的发展，PLC采用了通用微处理器，这种控制器就不再局限于当初的逻辑运算了，其功能不断增强。因此，实际上应称之为可编程序控制器（PC）。

至20世纪80年代，随着大规模和超大规模集成电路等微电子技术的发展，以16位和32位微处理器构成的微机化PC得到了惊人的发展。使PC在概念、设计、性能、价格、应用等方面都有了新的突破。

2.1.2 PLC的定义与分类

（1）PLC的定义

可编程序控制器是一种数字运算操作电子系统，专为在工业环境下的应用而设计。

它采用了可编程序的存储器，用来在其内部存储执行逻辑运算、顺序控制、定时、计数、算术运算等操作指令，并通过数字的，模拟的输入和输出，控制各种类型的机械或生产过程。

可编程序控制器及其有关的外围设备，都应按易于与工业控制系统形成一个整体、易于扩充其功能的原则设计。

定义强调了PLC具有以下特点：①PLC是数字运算操作的电子系统，也是一种计算机。②PLC专为在工业环境下应用而设计。③PLC使用面向用户指令——编程方便。

④PLC 进行逻辑运算、顺序控制、定时计算和算术操作。⑤PLC 进行数字量或模拟量输入输出控制。⑥PLC 易与控制系统连成一体。⑦PLC 易于扩充。

（2）PLC 的分类

按结构形式可分为：整体结构 PLC（图 2-1）和模块式结构 PLC（图 2-2）。

按 I/O 点数及内存容量可分为：小型 PLC，256 点以下，4K 以下；中型 PLC，不大于 2048 点，2～8K；大型 PLC，2048 点以上，8～16K。

按功能强弱又可分为低档机、中档机和高档机三类。

① 低档机。控制功能基本，运算能力一般，工作速度较低，输入输出模块较少，如 OMRON C60P。

② 中档机。控制功能较强，运算能力较强，工作速度较快，输入输出模块较多，如 S7-300。

③ 高档机。控制功能强大，运算能力极强，工作速度很快，输入输出模块很多，如 S7-400。

图 2-1　整体结构 PLC（OMRON CPM2A）

图 2-2　模块式结构 PLC（西门子 S7-300）

2.2 FX2N 系列 PLC

FX2N 系列 PLC 是三菱 FX2 系列 PLC 的取代产品。FX2N 体积比 FX2 小 50%，价格比 FX2 下降 20%。FX2N 系列 PLC 主机有 FX2N-16、32、48、64、80 和 128 六个型号，可扩展 256 点，在运算速度、功能和程序容量上比 FX2 有较大提升。FX2N 有多种功能模块可选用，有新型的机能扩展板，通信能力大大提高，适合更多用户。

2.2.1 FX2N 系列 PLC 模块

（1）概况

FX2N 的用户存储器容量可扩展到 16K，FX2N 的 I/O 点数最大可扩展到 256 点。FX2N 有多种模拟量输入输出模块、高速计数器模块、脉冲输出模块、位置控制模块、RS-232C/RS-422/RS-485 串行通信模块或功能扩展板、模拟定时器扩展板等。使用这些特殊功能模块和功能扩展板，可以实现模拟量控制、位置控制和联网通信等功能。

FX2N 有 3000 多点辅助继电器、1000 点状态、200 多点定时器、200 点 16 位加计数器、35 点 32 位加/减计数器、8000 多点 16 位数据寄存器、128 点跳步指针、15 点中断指针。

FX2N 有 128 种功能指令，具有中断输入处理、修改输入滤波器常数、数学运算、浮点数运算、数据检索、数据排序、PID 运算、开平方、三角函数运算、脉冲输出、脉宽调制、ASCll 码输出、串行数据传送、校验码、比较触点等功能指令。FX2N 内装实时钟，有时钟数据的比较、加减、读出/写入指令，可用于时间控制。FX2N还有矩阵输入、10键输入、16键输入、数字开关、方向开关、7段显示器扫描显示等方便指令。

（2）FX2N系列PLC型号的说明

FX2N系列PLC型号的说明如图2-3所示。

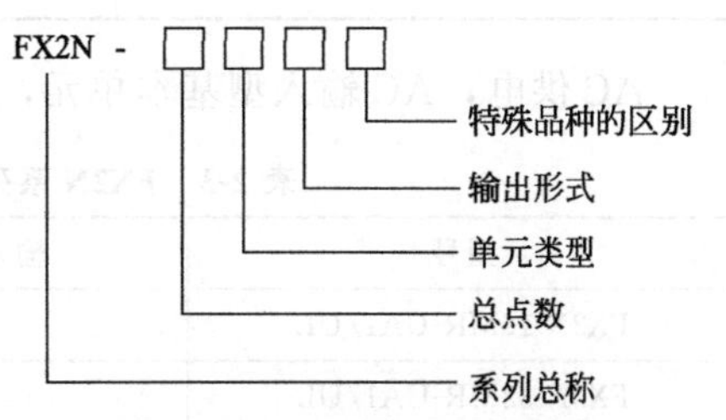

图2-3 FX2N系列PLC型号的说明

其中，系列总称中还有FX0、FX2、FX0S、FX1S、FX0N、FX1N、FX2NC等。

单元类型：M—基本单元；E—输入/输出混合扩展单元；EX—扩展输入模块；EY—扩展输出模块。

输出形式：R—继电器输出；S—晶闸管输出；T—晶体管输出。

特殊品种：D—DC电源，DC输出；A1—AC电源，AC（AC100～120V）输入或AC输出模块；H—大电流输出扩展模块；V—立式端子排的扩展模块；C—接插口输入/输出方式；F—输入滤波时间常数为1ms的扩展模块。

如果特殊品种一项无符号，为AC电源、DC输入、横式端子排、标准输出。例如，FX2N-48MR-D表示FX2N系列，48个I/O点基本单元，继电器输出，使用直流电源，24V直流输出型。

（3）FX2N系列PLC硬件

FX2N系列PLC的硬件包括基本单元、扩展单元、扩展模块、模拟量输入/输出模块、各种特殊功能模块及外部设备等。

① FX2N系列的基本单元　FX2N系列是FX家族中很常用的PLC系列。FX2N基本单元有16点、32点、48点、64点、80点、128点，共6种，FX2N基本单元的每个单元都可以通过I/O扩展单元扩充到256个I/O点。FX2N基本单以通过I/O扩展单元扩充到256个I/O点。FX2N基本单元又可分为：AC供电，DC输入型；DC供电，DC输入型；AC供电，AC输入型，共三种。其中AC供电，DC输入型基本单元，有17个规格的产品，见表2-1。

表2-1 FX2N系列的基本单元（AC供电，DC输入型）

型号			输入点数	输出点数	扩展模块可用点数
继电器输出	晶闸管输出	晶体管输出			
FX2N-16MR	FX2N-16MS	FX2N-16MT	8	8	24～32
FX2N-32MR	FX2N-32MS	FX2N-32MT	16	16	24～32
FX2N-48MR	FX2N-48MS	FX2N-48MT	24	24	48～64
FX2N-64MR	FX2N-64MS	FX2N-64MT	32	32	48～64
FX2N-80MR	FX2N-80MS	FX2N-80MT	40	40	48～64
FX2N-128MR		FX2N-128MT	64	64	48～64

DC供电，DC输入型基本单元，有8个规格的产品，见表2-2。

表2-2 FX2N系列的基本单元（DC供电，DC输入型）

型号		输入点数	输出点数	扩展模块可用点数
继电器输出	晶体管输出			
FX2N-32MR-D	FX2N-32MT-D	16	16	24～32
FX2N-48MR-D	FX2N-48MT-D	24	24	48～64

续表

型号		输入点数	输出点数	扩展模块可用点数
继电器输出	晶体管输出			
FX2N-64MR-D	FX2N-64MT-D	32	32	48～64
FX2N-80MR-D	FX2N-80MT-D	40	40	48～64

AC供电，AC输入型基本单元，有4个规格的产品，见表2-3。

表2-3 FX2N系列的基本单元（AC供电，AC输入型）

型号	输入点数	输出点数	扩展模块可用点数
FX2N-16MR-UA1/UL	16	16	24～32
FX2N-32MR-UA1/UL	24	24	48～64
FX2N-48MR-UA1/UL	32	32	48～64
FX2N-64MR-UA1/UL	40	40	48～64

FX2N具有丰富的元件资源，有3072点辅助继电器。提供了多种特殊功能模块，可实现过程控制位置控制。有RS-232C、RS-422、RS-485等多种串行通信模块或功能扩展板支持网络通信。FX2N具有较强的数学指令集，使用32位处理浮点数。

② FX2N系列的扩展单元　FX2N系列的扩展单元见表2-4。

表2-4 FX2N系列的扩展单元

型号	总I/O数目	输入			输出	
		数目	电压	类型	数目	类型
FX2N-32ER	32	16	24V直流	漏型	16	继电器
FX2N-32ET	32	16	24V直流	漏型	16	晶体管
FX2N-32ES	32	16	24V直流	漏型	16	晶闸管
FX2N-48ER	48	24	24V直流	漏型	24	继电器
FX2N-48ET	48	24	24V直流	漏型	24	晶体管
FX2N-48ER-D	48	24	24V直流	漏型	24	继电器(直流)
FX2N-48ET-D	48	24	24V直流	漏型	24	晶体管(直流)

注：FX2N-48ER-D的模块供电电源是DC24V，而其他的模块供电电源是AC100～240V。

FX2N系列的扩展模块见表2-5。

表2-5 FX2N系列的扩展模块

型号	总I/O数目	输入			输出	
		数目	电压	类型	数目	类型
FX2N-16EX	16	16	24V直流	漏型		
FX2N-16EYT	16				16	晶体管
FX2N-16EYR	16				16	继电器

FX2N系列还有其他的模块，模拟量输入模块（如FX2N-4AD)、模拟量输出模块（如FX2N-2DA)、PID过程控制模块（如FX2N-2LC)、定位控制模块（如定位控制器FX2N-10GM)、通信模块（如通信扩展板FX2N-232-BD和通信扩展板FX2N-485-BD）和高速计数模块（如FX2N-1HC）等。

2.2.2　FX2N 系列 PLC 内部继电器和继电器编号

PLC 是以微处理器为核心的电子设备，使用时可将它看成是由继电器、定时器、计数器等器件构成的组合体。而 PLC 与继电器接触控制的根本区别在于 PLC 采用的是软器件，用程序来实现各器件之间的连接。在上述的器件中，无论是固体器件还是“软继电器”（或称内部继电器），都必须用编号予以识别。同时，由于 PLC 采用软件编程逻辑，诸如计数器、定时器、辅助继电器，都可用“软继电器”取代。

（1）输入继电器 X（X0～X177）

FX2N 系列 PLC 输入继电器采用八进制地址编号，其编号为 X0～X7、X10～X17、X20～X27、…、X170～X177，共 128 点，输入响应时间为 10ms。输入继电器示意图如图 2-4 所示。

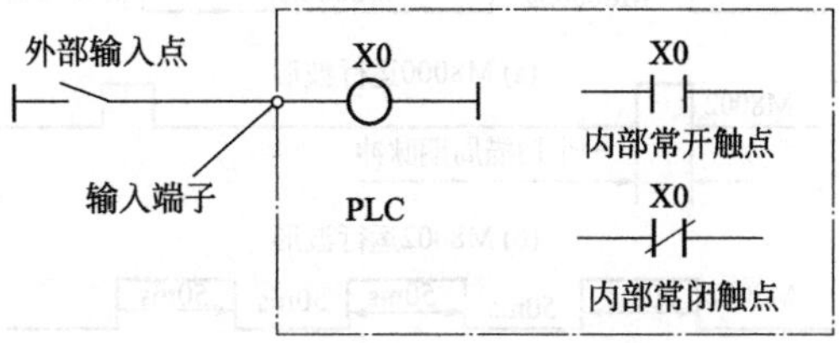

图 2-4　输入继电器示意图

输入继电器是 PLC 接收来自外部开关信号的“窗口”。输入继电器与 PLC 的输入端子相连，并带有许多常开和常闭触点供编程时使用。输入继电器只能由外部信号驱动，不能被程序指令驱动。

（2）输出继电器 Y（Y0～Y177）

FX2N 系列 PLC 输出继电器也是采用八进制地址编号，其编号为 Y0～Y7、Y10～Y17、Y20～Y27、…、Y170～Y177，共 128 点。除输入输出继电器外，后续的各种软继电器的编号都是按十进制编号。输出继电器示意图如图 2-5 所示。

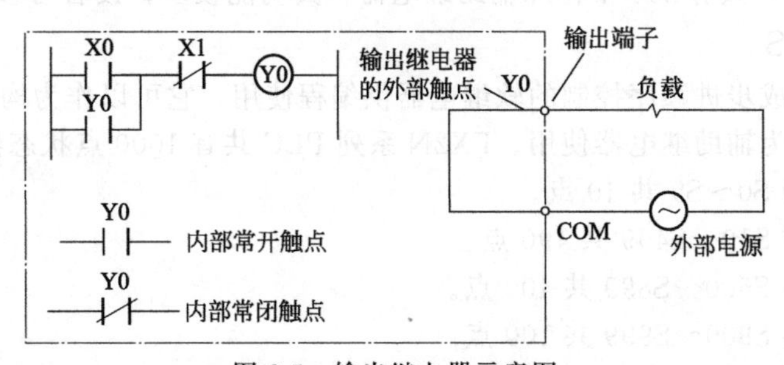

图 2-5　输出继电器示意图

（3）辅助继电器 M

PLC 内部有很多辅助继电器，它们不能直接驱动外围设备，它可由 PLC 中各种继电器的触点驱动，其作用与继电接触器控制的中间继电器相似，用于状态暂存、辅助位移运算及特殊功能等。每个辅助继电器带有若干对常开和常闭触点，供编程使用。

PLC 内部辅助继电器一般有如下三种类型。

① 通用型辅助继电器。FX2N 系列 PLC 内部的通用型辅助继电器 M0～M499（按十进制编号）共 500 点。

② 保持辅助继电器。FX2N 系列 PLC 内部保持辅助继电器 M500～M3071（按十进制编号）共 2572 点。当 PLC 电源中断时，由于有后备锂电池保持供电，所以保持辅助继电器能够保持它们原来的状态，即具有掉电保持功能。这就是保持辅助继电器可用于要求保持断电前状态那种场合的原因所在。

③ 特殊辅助继电器。FX2N 系列 PLC 共有 M8000～M8255 共 256 点。这 256 个辅助继电器都有特殊功能，有时也称为专用辅助继电器。

a. M8000 运行监视继电器。当 PLC 运行时，M8000 自动处于接通状态，当 PLC 停止运行时，M8000 处于断开状态，如图 2-6(a) 所示。因此可利用 M8000 的触点经输出继电器 Y，在外部显示程序是否运行，达到运行监视的目的。

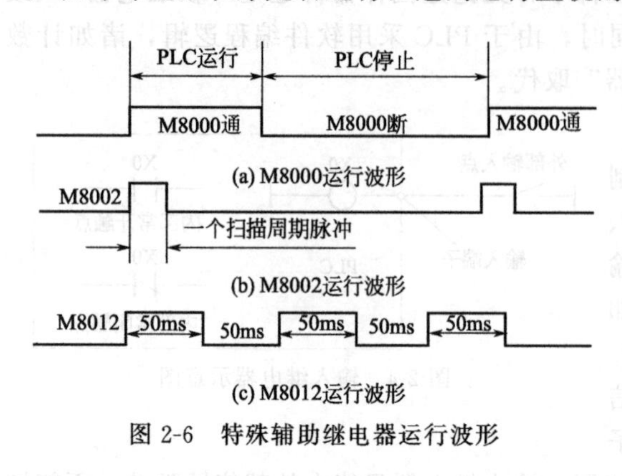

图 2-6　特殊辅助继电器运行波形

b. M8002 初始化脉冲继电器。当 PLC 一开始投入运行时，M8002 就接通自动发出宽度为一个扫描周期的单脉冲，如图 2-6(b) 所示。M8002 常用于作为计数器、保持辅助继电器和数据寄存器等的初始化信号，即开机清零信号。

c. M8012 产生 100ms 时钟脉冲发生器。M8012 产生周期为 100ms 的时钟脉冲，如图 2-6(c) 所示。可用于驱动计数器或数据寄存器，以便执行监视定时器功能。也可以和计数器联用，起到定时器的作用。

d. M8005 电池电压下降指示。如果 PLC 中供电电池电压下降，M8005 接通，并可以经输出继电器使外部指示灯亮。

e. M8034 禁止输出继电器。一旦 M8034 继电器接通时，则全部输出继电器 Y 的输出自动断开，但这不会影响 PLC 内部程序的执行。常用于 PLC 控制系统发生故障时切断输出，而保持 PLC 内部程序正常执行，这有利于系统故障的检查和排除。

FX2N 系列 PLC 共有 256 个特殊辅助继电器，其功能较多，读者可参看 PLC 产品手册。

(4) 状态器 S

状态器 S 是完成步进顺序控制的软继电器供编程使用。它可以作为构成状态转移图的重要器件，也可以作为辅助继电器使用。FX2N 系列 PLC 共有 1000 点状态器。

① 初始状态器 S0～S9 共 10 点。

② 一般状态器 S10～S499 共 490 点。

③ 保持状态器 S500～S899 共 400 点。

④ 报警状态器 S900～S999 共 100 点。

(5) 定时器 T (T0～T255)

FX2N 系列 PLC 共有 256 个定时器，相当于继电接触控制系统中的时间继电器，都是通电延时型的。它的地址编号为 T0～1255，其中 T0～T199 (200 点)、T250～T255 (6 点) 计时单位为 100ms，设定值范围是 0.1～3276.7s；T200～T245 (46 点) 计时单位为 10ms，设定值范围是 0.01～327.67s；T246～T249 (4 点) 计时单位 1ms，设定值范围是 0.001～32.767s。

按其工作方式的不同，可分为如下两种定时器。

① 非积算式定时器　在 FX2N 系列 PLC 中，非积算式定时器有以下两种计时单位：

a. 计时单位为 100ms (0.1s)。地址号为 T0～T199，共 200 个。时间设定值范围是 0.1～3276.7s。

b. 计时单位为 10ms (0.01s)。地址号为 T200～T245，共 46 个。时间设定值范围是 0.01～327.67s。

定时器应用时，都要设置一个十进制常数的时间设定值。在程序中，凡数字前面加有符号“K”的常数都表示十进制常数。定时器线圈通电被驱动后，就开始对时钟脉冲数进行累计，达到设定值时就输出，其所属的输出触点就动作，如图 2-7 所示。当定时器断开或断电时，定时器会立即停止定时计数并清零复位。

现以图 2-8 所示的非积算式定时器动作时序图为例说明其动作过程。

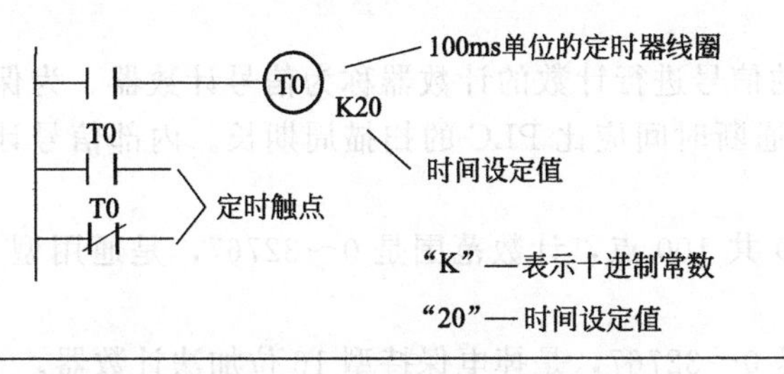

图 2-7 定时器使用说明

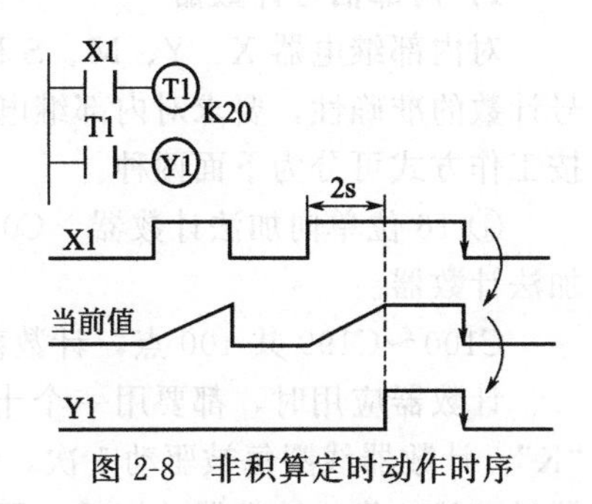

图 2-8 非积算定时动作时序

当 X1 接通时，非积算式定时器 T1 线圈被驱动，T1 的当前值对 100ms 脉冲进行加法累积计数，该值与设定值 K20 进行实时比较，当两值相等（100ms×20＝2s）时，T1 的输出触点接通，输出继电器 Y1 为 ON。当输入条件 X1 断开或发生断电时，定时器立即停止定时并清零复位。从图 2-8 中可以看出，当 X1 第一次接通后没有达到 T1 的设定值 X1 就断开了，所以 T1 的当前值立即清零，当 X1 第二次接通后，定时器又开始定时计数，定时器的当前值与设定值相等时，T1 的输出常开触点闭合使 Y1 为 ON，一旦 X1 为 OFF 时，定时器 T1 立即清零复位，当前值为零，输出继电器 Y1 为 OFF。

② 积算定时器　1ms 积算定时器：T246～T249 共 4 个，时间设定值范围是 0.001～32.767s。

100ms 积算定时器：T250～T255 共 6 个，时间设定值范围是 0.1～3276.7s。积算定时器输入接通时，定时器线圈被驱动，定时器当前值的计数器开始脉冲累积计数，该值不断与定时器设定值进行比较，两值相等时，积算定时器的输出触点动作。积算定时器与上述非积算定时器的区别所在就是积算定时器定时计数中途，即使定时器的输入断开或断电，定时器线圈失电，它的定时计数当前值也能够保持。积算定时器再次接通或复电时，定时计数继续进行，直到累计延时到等于设定值时，积算定时器的输出触点就动作。现以图 2-9 所示的积算定时器动作时序图为例说明其动作过程。

当 X0 接通时，积算定时器 T251 线圈被驱动，T251 的当前值对 100ms 脉冲进行加法累积计数，该值不断与设定值 K243 进行比较，两值相等时，T251 触点动作接通，输出继电器 Y1 为 ON。计数器中途即使 X0 断开或断电，T251 线圈失电，当前值也能保持。输入 X0 再次接通或复电时，定时计数继续进行，直到累计延时到 100ms × 243 = 24.3s，T251 触点才输出动作。任何时刻只要复位信号 X1 接通，定时器与输出触点立即复位。这种积算定时器进行延时输出控制时，最大误差为两个扫描周期的时间。

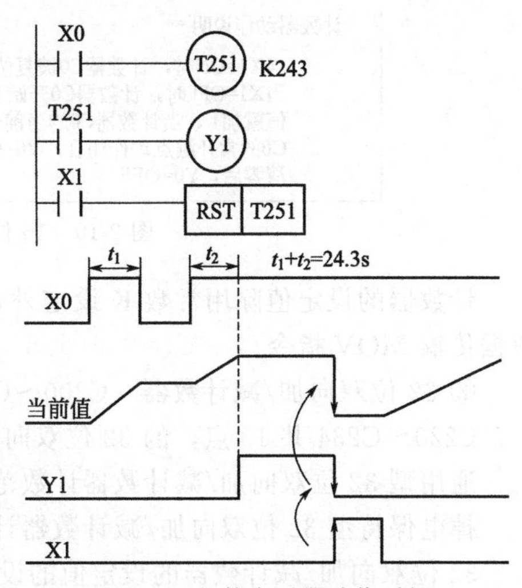

图 2-9 积算定时器动作时间

(6)计数器 C(C0~C255)

FX2N 系列 PLC 有 256 个计数器。按它们的工作特点和计数方式可分两种计数器:一种是对内部继电器信号进行计数的计数器，称之为信号计数器；另一种是提供高速计数功能的高速计数器。

1)内部信号计数器

对内部继电器 X、Y、M、S 和 T 的信号进行计数的计数器称为信号计数器。为保证信号计数的准确性，要求对内部继电器的通断时间应比 PLC 的扫描周期长。内部信号计数器按工作方式可分为下面两种。

① 16 位单向加法计数器　C0～C99 共 100 点，计数范围是 0～32767，是通用型 16 位加法计数器。

C100～C199 共 100 点，计数范围是 0～32767，是掉电保持型 16 位加法计数器。

计数器应用时，都要用一个十进制常数作设定值，即计数器的设定值前面也要加符号 "K"。计数器线圈每被驱动 1 次，计数器的当前值就增加 1，在当前值等于设定值时，计数器触点就动作。计数器动作后，即使计数输入仍在继续，但计数器已不再计数，保持在设定值上，直到使用 RST 指令复位清零。图 2-10 是 16 位单向加法计数器动作过程。特殊辅助继电器 M8013 的触点以 1s 的频率作周期性振荡，产生 1s 的时钟脉冲。M8013 每发出 1 个脉冲，C0 的当前值就加 1，当计数器 C0 的当前值与设定值 K5 相等时，CO 的常开触点闭合，输出继电器 Y0 为 ON。当复位输入 X1 接通时，执行 RST 指令，计数器复位，当前值为 0，其 C0 输出常开触点变为断开，输出继电器 Y0 为 OFF。

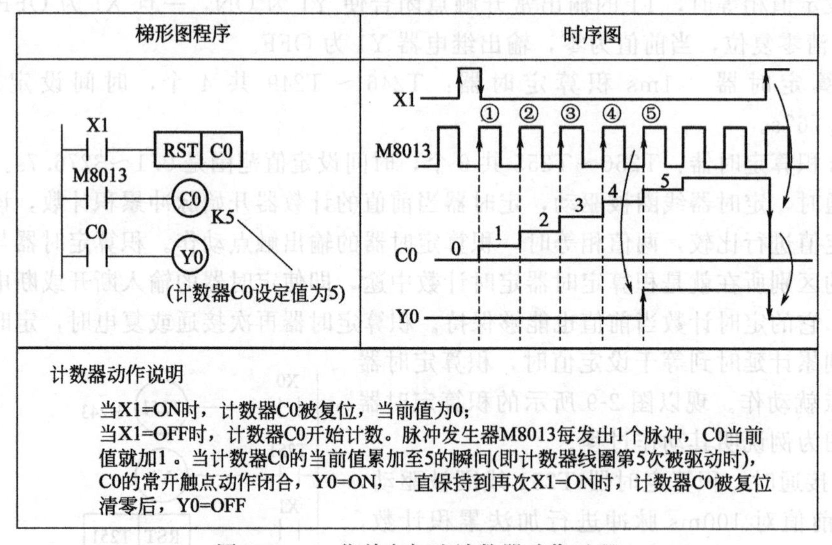

图 2-10　16 位单向加法计数器动作过程

计数器的设定值除用常数 K 设定外，也可以用指定的数据存储器来设定，这需要用到数据传输 MOV 指令。

② 32 位双向加/减计数器　C200～C219 共 20 点，双向加/减计数器。

C220～C234 共 15 点，的 32 位双向加/减计数器。

通用型 32 位双向加/减计数器计数范围是－2147483648～＋2147483647。

掉电保持型 32 位双向加/减计数器计数范围是－2147483648～＋2147483647。

32 位双向加/减计数器的设定值的设定方法如下。

a. 采用十进制常数 K 在上述设定值范围内直接设定。

b. 指定某两个地址号紧连在一起的数据寄存器 D 的内容为设定值的间接设定。

图 2-11 表示 32 位双向加/减计数器的动作过程。其中 X10 为计数方向设定信号（控制特殊内部辅助继电器 M8200 的 ON 与 OFF），X11 为计数器复位信号，X12 为计数器输入信号。若计数器从－2147483648 起再进行减计数，当前值就变成＋2147483647，同样从＋2147483647 再加个当前值就变成－2147483648，称之为循环计数。

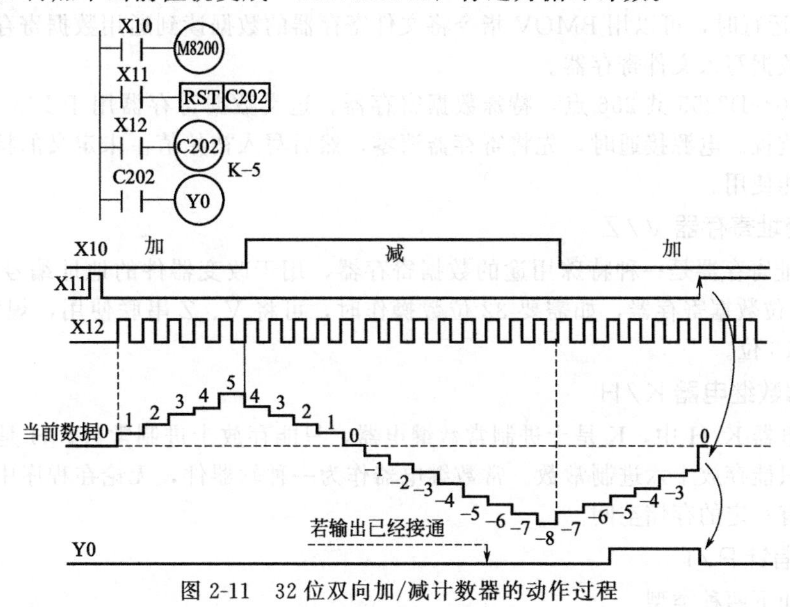

图 2-11 32 位双向加/减计数器的动作过程

2）高速计数器

FX2N 系列 PLC 内有 21 个高速计数器，可分为如下 4 种类型。

① C235～C240 共 6 个，为 1 相无启动/复位端子高速计数器。

② C241～C245 共 5 个，为 l 相带启动/复位端子高速计数器。

③ C246～C250 共 5 个，为 1 相双向输入高速计数器。

④ C251～C255 共 5 个，为 2 相输入（A-B 型）高速计数器。

高速计数器信号可从 X0～X5 共 6 个端子输入，每一个端子只能作为一个高速计数器的输入，所以最多只能有 6 个高速计数器同时工作。高速计数器的最高计数频率会受到输入响应速度和高速计数器的处理速度的限制。由于高速计数器采用中断方式操作，所以计数器用得越少，计数频率会越高。

（7）数据寄存器 D

PLC 内提供许多数据寄存器，供数据传送、数据比较、数字运算等操作使用。每个数据寄存器都有 16 位（最高位为符号位），两个数据寄存器串联使用可存储 32 位数据。FX2N 系列 PLC 有如下几种数据寄存器。

① D0～D199 共 200 点，通用数据寄存器。一般这类数据寄存器存入的数据不会改变，而当 PLC 状态由运行（RUN）变为停止（STOP）时，数据也全部清零。如果将特殊辅助继电器 M8033 置 1，PLC 由 RUN 变为 STOP 时，通用数据寄存器 D0～D199 中的数据可以保持。

② D200～D7999 共 7800 点，掉电保持数据寄存器。其中 D200～D511 共 312 点，为掉电保持一般用途型。D512～D7999 共 7488 点，为掉电保持专用型的。这类数据寄存器只要不改写，数据不会丢失，无论电源接通与否或 PLC 运行与否都不会改变它的内容。如果用

PLC 外围设备的参数设定，可以改变 D200～D511 的掉电保持性，而专用型想改为一般用途时，可在程序启动时采用 RST 或 ZRST 指令进行清零。

D1000～D7999 掉电保持型数据寄存器可以作为文件寄存器。文件寄存器是存放大量数据的专用数据寄存器，用以生成用户数据区。例如存放采集数据、统计计算数据、多组控制参数等。D1000～D7999 一部分设定为文件寄存器时，剩余部分仍作为掉电保持型数据存储器使用。

当 PLC 运行时，可以用 BMOV 指令将文件寄存器的数据读到通用数据寄存器中，但不能用指令将数据写入文件寄存器。

③ D8000～D8255 共 256 点，特殊数据寄存器。这类数据寄存器用于 PLC 内部各种继电器的运行监视。电源接通时，先将寄存器清零，然后写入初始值。未定义的特殊数据寄存器，用户不能使用。

（8）变址寄存器 V/Z

V/Z 变址寄存器是一种特殊用途的数据寄存器，用于改变器件的地址编号（变址）。V 与 Z 都是 16 位数据寄存器，如需要 32 位数操作时，可将 V、Z 串联使用，规定 Z 为低 16 位，V 为高 16 位。

（9）常数继电器 K/H

常数继电器 K/H 中，K 是十进制常数继电器，只能存放十进制常数；H 是十六进制常数继电器，只能存放十六进制常数。常数继电器作为一种软器件，无论在程序中或在内部存储器中都占有一定的存储空间。

（10）指针 P/I

指针有如下两种类型。

① P0～P63 共 64 点，分支指令用指针。作为一种标号，其作用是用来指定跳转指令 CJ 或子程序调用指令 CALL 等分支指令的跳转目标，它在用户程序和用户存储器中是占有一定空间的。

② I0××～I8××共 9 点，中断用指针。

a. 输入中断格式。输入中断格式如图 2-12 所示。

例如，I001 为输入 X0 从 OFF→ON 变化（上升沿中断）时，执行由该指针作为标号 I001 后面的中断程序，并根据 IRET 指令返回主程序。

b. 定时器中断格式。定时器中断格式如图 2-13 所示。

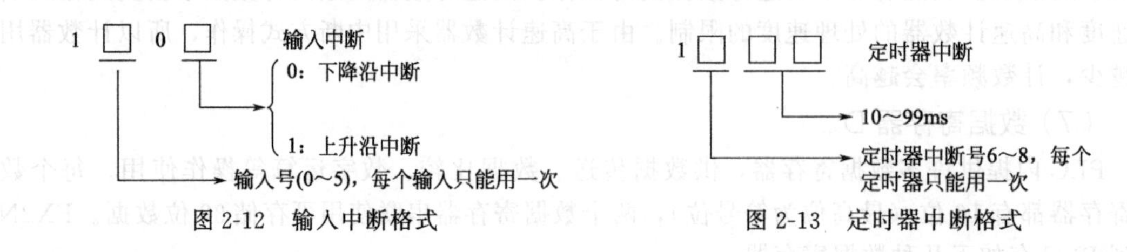

图 2-12　输入中断格式　　图 2-13　定时器中断格式

例如，I610 为每隔 10ms 就执行标号为 I610 后面的中断程序，并根据 IRET 指令返回主程序。

2.2.3　FX2N 系列 PLC 模块的接线

FX2N 系列 PLC 的接线端子（以 FX2N-32MT 为例）一般由上下两排交错分布，如图 2-14 所示，这样排列方便接线，接线时一般先接下面一排（对于输入端，先接 X0、X2、

X4、X6 等接线端子，后接 X1、X3、X5、X7 等接线端子)。图 2-14 中，“1”处的三个接线端子是基本模块的交流电源接线端子，其中 L 接交流电源的火线，N 接交流电源的零线，⏚接交流电源的地线；“2”处的 COM 是输入端子的公共端，同时当输入端要接传感器时，COM 也与传感器供电的直流电的 0V 相连；“3”处的 24＋是基本模块输出的 DC24V 电源的＋24V，这个电源可供传感器使用，也可供扩展模块使用，但通常不建议使用此电源；“4”处的接线端子是数字量输入接线端子，通常与按钮、开关量的传感器相连；“5”处的 COM1 是第一组输出端的公共接线端子，这个公共接线端子是输出点 Y0、Y1、Y2、Y3 的公共接线端子。“6”处是输出点 Y0、Y1、Y2、Y3。很明显“7”处的粗线将第一组输出点和第二组输出点分开。

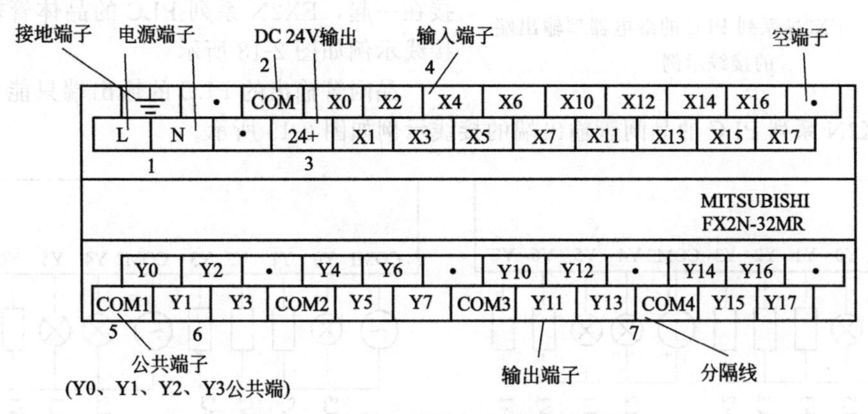

图 2-14　FX2N 系列 PLC 的接线端子

FX2N 系列 PLC 的输入端是 NPN 输入，也就是低电平有效，当输入端与数字量传感器相连时，只能使用 NPN 型传感器，而不能使用 PNP 型传感器，FX2N 的输入端在连接按钮时，并不需要外接电源，这些都有别于西门子的 PLC。FX2N 系列 PLC 的输入端的接线示例如图 2-15 所示。

FX 系列 PLC 的输入端和 PLC 的供电电源很近，特别是使用交流电源时，要注意不要把交流电误接入到信号端子。

例 2-1　有一台 FX2N-32MR，输入端有一只三线 NPN 接近开关和一只二线 NPN 式接近开关，应如何接线？

解：对于 FX2N-32MR，公共端接电源的负极。而对于三线 NPN 接近开关，只要将其正负极分别与电源的正负极相连，将信号线与 PLC 的“X1”相连即可；而对于二线 NPN 接近开关，只要将电源的负极分别与其蓝色线相连，将信号线（棕色线）与 PLC 的“X0”相连即可（图 2-16）。

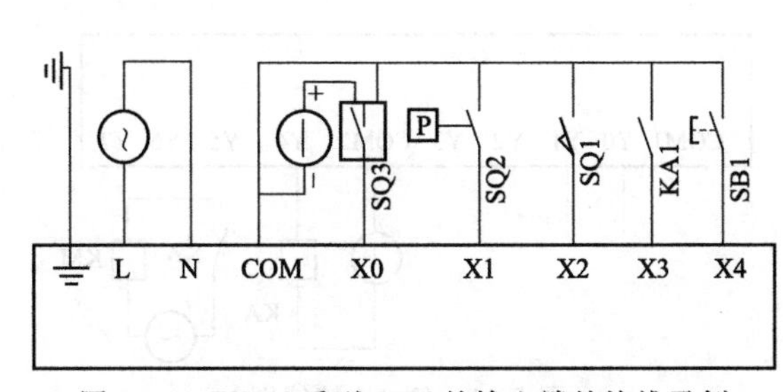

图 2-15　FX2N 系列 PLC 的输入端的接线示例

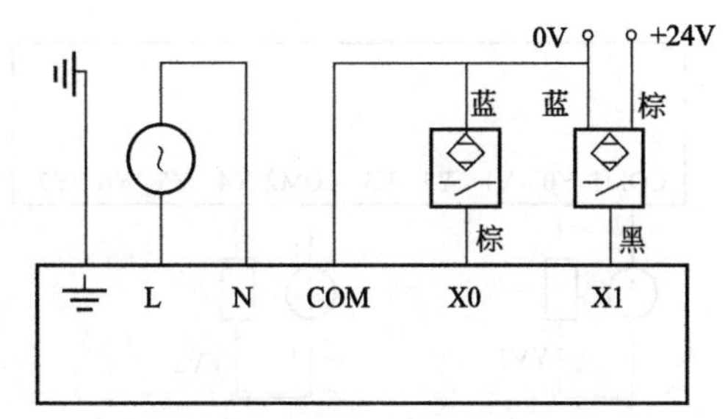

图 2-16　例 2-1 输入端子的接线图

FX2N系列PLC的输出形式有三种：继电器输出、晶体管输出和晶闸管输出。继电器输出用得比较多，输出端可以连接直流或者交流电源，无极性之分，但交流电源不超过220V，FX2N系列PLC的继电器型输出端的接线示例如图2-17所示。

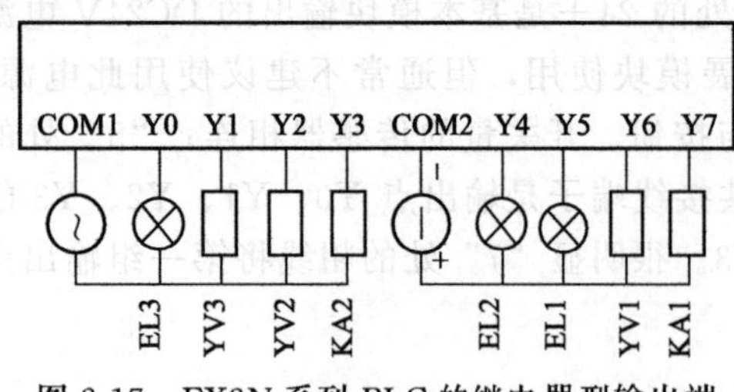

图2-17 FX2N系列PLC的继电器型输出端的接线示例

晶体管输出只有NPN输出一种形式，也就是低电平输出（西门子PLC多为PNP型输出），用于输出频率高的场合，通常，相同点数的三菱PLC，晶体管输出形式的要比继电器输出形式的贵一点。晶体管输出的PLC的输出端只能使用直流电源，而且公共端子和电源的0V接在一起，FX2N系列PLC的晶体管输出端的接线示例如图2-18所示。

晶闸管输出的PLC的输出端只能使用交流电源，FX2N系列PLC的晶闸管输出端的接线示例如图2-19所示。

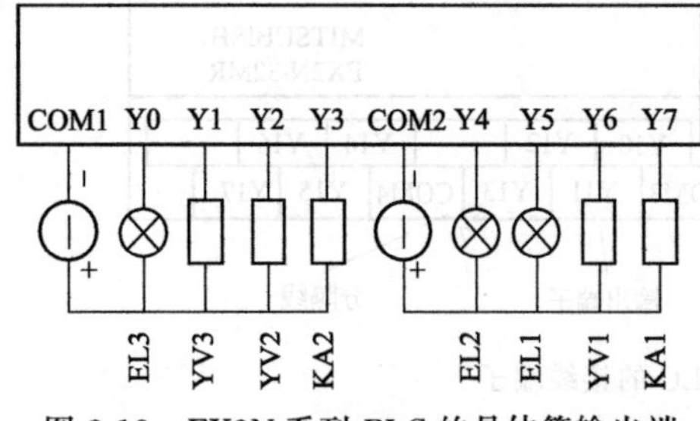

图2-18 FX2N系列PLC的晶体管输出端的接线示例

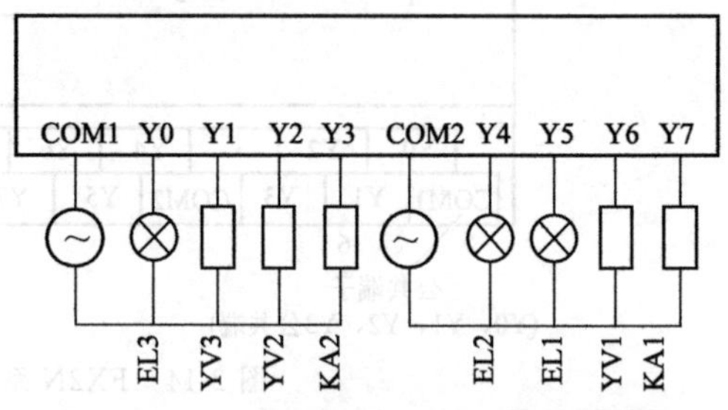

图2-19 FX2N系列PLC的晶闸管输出端的接线示例

例2-2 有一台FX2N-32MR，控制一只线圈电压24V DC的电磁阀和一只线圈电压220VAC电磁阀，输出端应如何接线？

解：因为两个电磁阀的线圈电压不同，而且有直流和交流两种电压，所以如果不经过转换，只能用继电器输出的PLC，而且两个电磁阀分别在两个组中。其接线如图2-20所示。

例2-3 有一台FX2N-32MR，控制两台步进电动机和一台三相异步电动机的启停，三相电动机的启停由一只接触器控制，接触器的线圈电压为220VAC，输出端应如何接线(步进电动机部分的接线可以省略)？

解：因为要控制两台步进电动机，所以要选用晶体管输出的PLC，而且必须用Y0和Y1作为输出高速脉冲点控制步进电动机。但接触器的线圈电压为220V AC，所以电路要经过转换，增加中间继电器KA，其接线如图2-21所示。

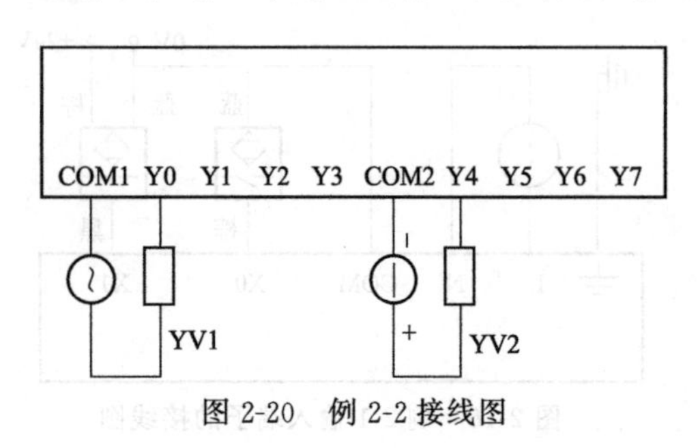

图2-20 例2-2接线图

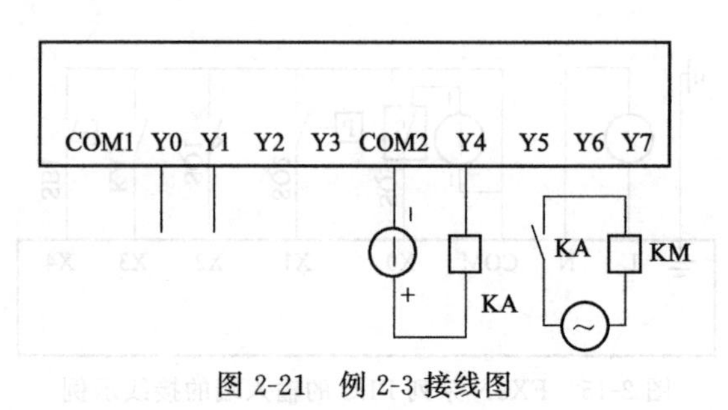

图2-21 例2-3接线图

FX2N 系列 PLC 输入端或输出端接线如图 2-22 所示，这是 FX2N-32MT 完整的输入输出接线图。

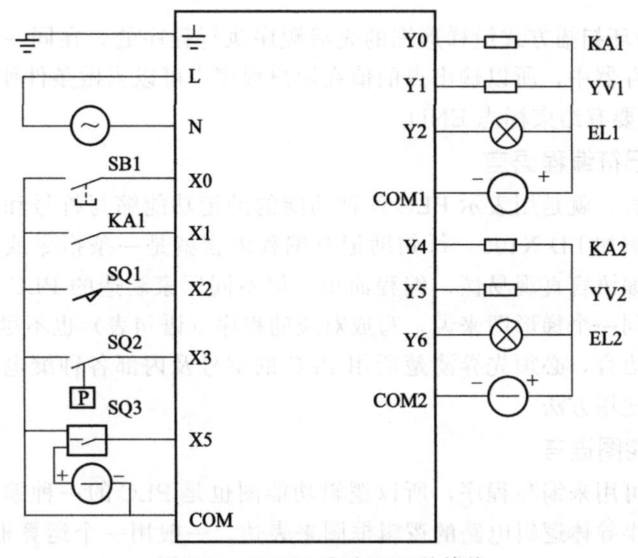

图 2-22　FX2N 系列 PLC 的接线

2.3　三菱 FX 系列 PLC 指令系统及应用

2.3.1　PLC 编程语言

PLC 是以程序的形式进行工作的，所以必须把控制要求变换成 PLC 能接受并执行的程序，编制程序应用编程语言。PLC 常用的编程语言有以下几种：梯形图编程语言、指令助记符编程语言、逻辑功能图语言和某些高级语言，但目前使用最多最普遍的是梯形图编程语言及指令助记符编程语言。

（1）梯形图编程语言

梯形图及用梯形图语言编程的主要特点，概括起来主要有以下几点。

① 梯形图是一种图形语言，它沿用继电器的触点、线圈、串并联等术语和图形符号，并增加了一些继电接触控制中没有的符号，因此梯形图与继电接触控制图的形式及符号有许多相同或相似的地方。梯形图按自上向下，从左到右的顺序排列，最左边的竖线称为起始母线（也叫左母线），然后按一定的控制要求和规则连接各个触点，最后以继电器线圈结束，称为一逻辑行或一“梯级”，一般在最右边还加上一竖线，这一竖线称为右母线。通常一个梯形图中有若干逻辑行，形似梯子，如图 2-23 所示，梯形图由此而得名。梯形图比较形象直观，容易掌握，堪称用户第一编程语言。

② 梯形图中触点只有常开和常闭触点，它可以是 PLC 输入点接的外部开关（启动按钮、行程开关等）＋触点，但通常是 PLC 内部继电器的触点或状态。不同 PLC 内每种触点有自己特定的号码标记，以示区别。

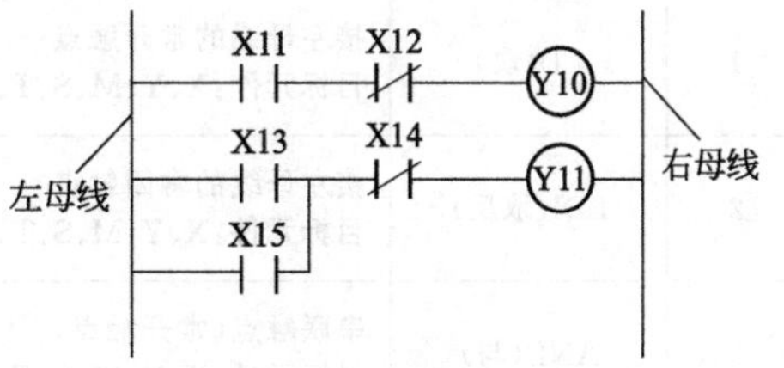

图 2-23　梯形图

③ 梯形图中触点可以任意串联或并联，但继

电器线圈只能并联而不能串联。

④ 内部辅助继电器、计数器、定时器等均不能直接控制外部负载，只能作中间结果供PLC 内部使用。

⑤ PLC 是按循环扫描方式沿梯形图的先后顺序执行程序的，在同一扫描周期中的结果保留在输出状态暂存器中，所以输出点的值在用户程序中可以当做条件使用。

⑥ 程序结束时要有结束标志 END。

（2）指令助记符编程语言

指令助记符语言，就是用表示 PLC 各种功能的助记功能缩写符号和相应的器件编号组成的程序表达式。例如 LD X100。每句助记符编程语言就是一条指令或程序。助记符语言比微机中使用的汇编语言直观易懂，编程简单。但不同厂家制造的 PLC 所使用的助记符不尽相同，所以对于同一个梯形图来说，写成对应的程序（语句表）也不尽相同，要将梯形图语言转换成助记符语言，必须先弄清楚所用 PLC 的型号及内部各种继电器的标号，使用范围及每条助记符的使用方法。

（3）逻辑功能图语言

逻辑功能图也可用来编写程序，所以逻辑功能图也是 PLC 的一种编程语言。这种编程方式基本上沿用了半导体逻辑电路的逻辑框图来表达。一般用一个运算框图表示一种功能，框图内的符号表达了该框图的运算功能。控制逻辑常用“与”“或”“非”三种逻辑功能来表达。框的左边是输入，右边是输出。

（4）高级语言

在大型 PLC 中，为了完成比较复杂的控制，有时也采用 BASIC 等计算机高级语言，这样 PLC 的功能就更强。

目前各种类型的 PLC，一般都同时具备两种或两种以上的编程语言，而且大多数都能同时使用梯形图语言和指令助记符语言。虽然不同厂家 PLC 的梯形图、指令系统和使用符号都有些差异，但编程的基本原理和方法是相同或相似的。因此掌握了一种型号 PLC 的编程语言和方法后，再学另一种类型 PLC 的编程语言和方法就容易多了。

2.3.2 基本指令

FX 系列 PLC 指令共有 298 条，其中基本指令有 27 条，是完成 PLC 基本功能的常用指令，必须熟练掌握其符号、格式、功能及使用方法。为便于理解与记忆，现将 27 条指令分成 5 组，并列表加以说明。

（1）原型指令

原型指令如表 2-6 所示。

表 2-6 原型指令

序号	基本指令符号	功能	梯形图表示	指令表达
1	LD(取)	接左母线的常开触点 目标元件：X、Y、M、S、T、C	X0	LD X0
2	LDI(取反)	接左母线的常闭触点 目标元件：X、Y、M、S、T、C	X0	LD1 X0
3	AND(与)	串联触点(常开触点) 目标元件：X、Y、M、S、T、C	X0 X1	LD X0 AND X1

续表

序号	基本指令符号	功能	梯形图表示	指令表达
4	ANI(与反)	串联触点(常闭触点) 目标元件:X、Y、M、S、T、C	X0 X1	LD X0 ANI X1
5	OR(或)	并联触点(常开触点) 目标元件:X、Y、M、S、T、C	X0 X1	LD X0 OR X1
6	ORI(或反)	并联触点(常闭触点) 目标元件:X、Y、M、S、T、C	X0 X1	LD X0 ORI X1

(2) 脉冲型指令

脉冲型指令如表 2-7 所示。

表 2-7　脉冲型指令

序号	基本指令符号	功能	梯形图表示	指令表达
1	LDP(取脉冲)	左母线开始,上升沿检测 目标元件:X、Y、M、S、T、C	X0	LDP X0
2	ANDP(取脉冲)	串联触点,上升沿检测 目标元件:X、Y、M、S、T、C	X0 X1	LD X0 ANDP X1
3	ORP(或脉冲)	并联触点,上升沿检测 目标元件:X、Y、M、S、T、C	X0 X1	LD X0 ORP X1
4	LDF(取脉冲)	左母线开始,下降沿检测 目标元件:X、Y、M、S、T、C	X0	LDF X0
5	ANDF(与脉冲)	串联触点,下降沿检测 目标元件:X、Y、M、S、T、C	X0 X1	LD X0 ANDF X1
6	ORF(或脉冲)	并联触点,下降沿检测 目标元件:X、Y、M、S、T、C	X0 X1	LD X0 ORF X1

(3) 输出型指令

输出型指令如表 2-8 所示。

表 2-8　输出型指令

序号	基本指令符号	功能	梯形图表示	指令表达
1	OUT(输出)	驱动执行元件 目标元件:Y、M、S、T、C	X0 Y0	LD X0 OUT Y0
2	INV(取反)	运算结果反转 无操作目标元件	X0 Y0	LD X0 INV OUT Y0

续表

序号	基本指令符号	功能	梯形图表示	指令表达
3	SET(置位)	接通执行元件并保持 目标元件：Y、M、S	X0 SET Y0	LD X0 SET Y0
4	RST(复位)	消除元件的置位目标元件： Y、M、S、D、V、Z、T、C	X0 RST Y0	LD X0 RST Y0
5	PLS(输出脉冲)	上升沿输出(只接通一个扫描周期)目标元件：Y、M(不含特辅继电器)	X0 PLS Y0	LD X0 PLS Y0
6	PLF(输出脉冲)	下降沿输出(只接通一个扫描周期)目标元件：Y、M(不含特辅继电器)	X0 PLF Y0	LD X0 PLF Y0

(4)块指令与堆栈指令

块指令与堆栈指令如表 2-9 所示。

表 2-9 块指令与堆栈指令

序号	基本指令符号	功能	梯形图表示	指令表达
1	ANB(块与)	块串联	X0 X1 X2 X3	LD X0 OR X2 LD X1 OR X3 ANB
2	ORB(块或)	块并联	X0 X1 X2 X3	LD X0 AND X1 LD X2 AND X3 ORB
3	MPS(进栈)	将前面已运算的结果存储	X0 X1 Y0 X2 Y1 X3 Y2 MPS MRD MPP	LD X0 MPS AND X1 OUT Y0 MRD ANI X2 OUT Y1 MPP AND X3 OUT Y2
4	MRD(读栈)	将已存储的运算结果读出		
5	MPP(出栈)	将已存储的运算结果读出并退出栈运算		

(5)主控空操作与结束指令

主控空操作与结束指令如表 2-10 所示。

表 2-10 主控空操作与结束指令

序号	基本指令符号	功能	梯形图表示	指令表达
1	MC(主控)	设置母线主控开关 目标元件：Y、M(不含特辅继电器)	X0 MC N0 M100 N0 M100 X10	LD X0 MC N0 M100 LD X10
2	MCR (主控复位)	母线主控开关解除 目标元件：Y、M(不含特辅继电器)	⋮ MCR N0	⋮ MCR N0

续表

序号	基本指令符号	功能	梯形图表示	指令表达
3	END(结束)	程序结束并返回 0 步	X0 Y0 END	LD X0 OUT Y0 END
4	NOP(空操作)	空操作(留空、短接或删除部分触点或电路)		

2.3.3 编程基本规则与技巧

为了使编程正确、快速和优化，必须掌握如下的编程基本规则和技巧。

① 梯形图按自上而下，从左到右的顺序排列，每一行起于左母线，终于右母线。继电器线圈与右母线直接连接，在右母线与线圈之间不能连接其他元素，如图 2-24 所示。

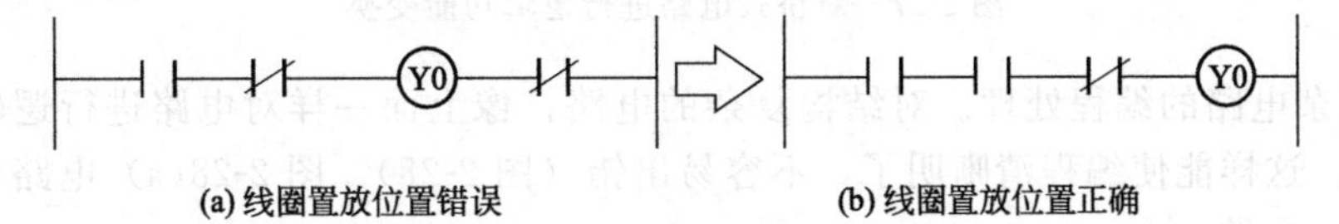

(a) 线圈置放位置错误　　(b) 线圈置放位置正确

图 2-24　线圈置放的位置

② 在一梯形图中，同一编号的线圈如果使用两次或两次以上称为双线圈输出，一般情况下只能出现一次，因为双线圈输出容易引起操作错误。

③ 输入继电器、输出继电器、辅助继电器、定时器、计数器的触点可以多次使用，不受限制。

④ 在梯形图中，每行串联的触点数和每组并联电路的并联触点数，理论上没有受限制。但如果使用图形编程器由于受到屏幕尺寸的限制（例如使用 GP-80 图形编程器），则每行串联点数不应超过 11 个。

⑤ 输入继电器的线圈是由输入点上的外部输入信号驱动的，所以梯形图中输入继电器的触点用以表示对应点上的输入信号。

⑥ 把串联触点最多的支路编排在上方，如图 2-25(a) 所示，如果将串联触点多的支路安排在下面，如图 2-25(b) 所示，则需增加一条 ORB 指令，显然这种编排不好。

X0 X1 X2 Y1
LD X0
AND X1
OR X2
OUT Y1

X0 X1 X2 Y1
LD X0
LD X1
AND X2
ORB
OUT Y1

(a) 编排的好的电路　　(b) 编排的不好的电路

图 2-25　电路块并联的编排

⑦ 把触点最多的并联电路编排在最左边，如图 2-26(a) 所示，这比编排不好的图 2-26(b) 省去一条 ANB 指令。

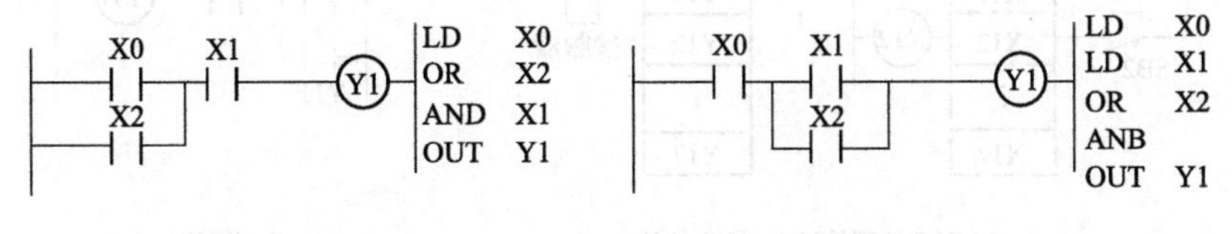

(a) 编排的好的电路　　(b) 编排的不好的电路

图 2-26　并联电路的串联编排

⑧ 对桥式电路的编程处理。桥式电路如图 2-27 所示，图 2-27(a) 中触点 5 有双向“电流”通过，这是不可编程的电路。因此必须根据逻辑功能，对该电路进行等效变换成可编程的电路，如图 2-27(b) 所示。

图 2-27(a) 中线圈接通的条件为：触点 1 和 2 同时接通；或者触点 3、5 和 2 同时接通；或者触点 1、5 和 4 同时接通；或者触点 3 和 4 同时接通。根据这些逻辑控制关系，可作出相对应的可编程的电路，如图 2-27(b) 所示。还可把图 2-27(b) 简化成图 2-27(c) 所示的电路。

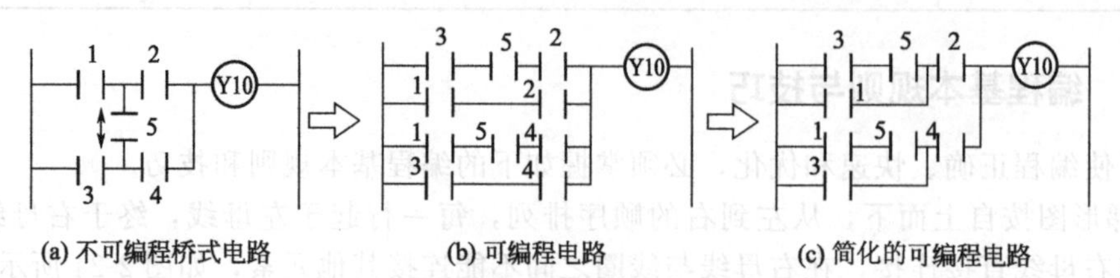

图 2-27　对桥式电路进行逻辑功能变换

⑨ 对复杂电路的编程处理。对结构复杂的电路，像上面一样对电路进行逻辑功能的等效变换处理，这样能使编程清晰明了，不容易出错（图 2-28)。图 2-28(a) 电路可等效变换成图 2-28(b) 电路。

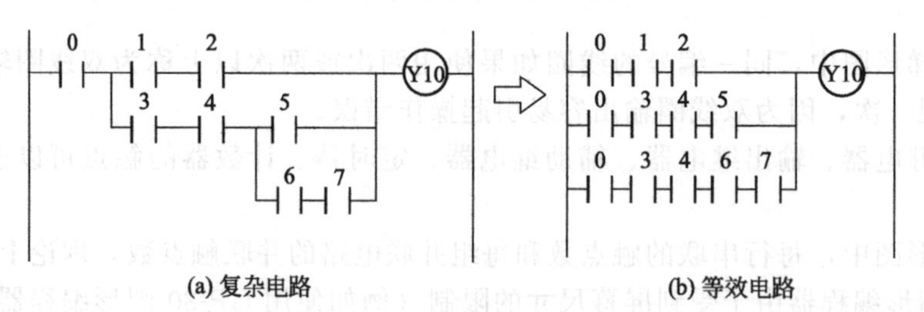

图 2-28　对复杂电路的等效变换

⑩ 对常闭触点输入的编程处理。对输入外部控制信号的常闭触点，在编制梯形图时要特别小心，不然可能导致编程错误。现以常用的电动机的启动和停止控制电路为例，进行分析说明（图 2-29)。

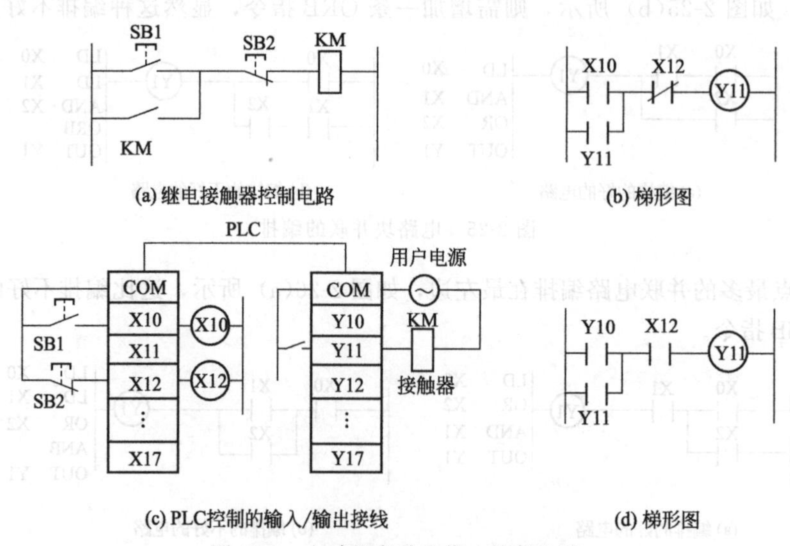

图 2-29　电动机启动和停止控制电路

电动机启动和停止的继电接触器控制电路，如图 2-29(a) 所示，使用 PLC 控制的对应梯形图如图 2-29(b) 所示，PLC 控制的输入/输出接线如图 2-29(c) 所示。图 2-29(c) 中 SB1 为启动按钮（常开触点），SB2 为停机按钮（常闭触点）。从图 2-29(c) 中可见，由于常闭的 SB2 和 PLC 的公共端 COM 已接通，在 PLC 内部电源作用下输入继电器 X12 线圈已接通，其在图 2-29(b) 中的常闭触点 X12 已断开，所以按下启动按钮 SB1 时，输出继电器 Y11 不动作，电动机不能启动。解决这类问题的方法有两种：一是把图 2-29(b) 中常闭触点 X12，改为常开触点 X12，如图 2-29(d) 所示；二是把停止按钮 SB2 改为常开触点，这样就可采用图 2-29(b) 所示的梯形图。

从上面分析可见，如果外部输入为常开触点，则编制的梯形图与继电接触器控制原理图一致。但是，如果外部输入是常闭触点，那么编制的梯形图与继电接触器控制原理图刚好相反。

2.3.4 基本电路编程

PLC 控制系统的应用程序通常是由一些典型的控制环节和基本单元电路所组成，因此掌握基本电路的编程设计方法是非常必要的，它是 PLC 应用设计基础。

（1）启动与停止电路

在 PLC 的程序设计中，启动与停止电路是构成梯形图的最基本的常用电路，基本有两种形式。

① 关断优先电路　关断优先电路如图 2-30 所示。

X1 是启动输入信号，X2 为关断输入信号。当 X2 为 ON 时，无论启动输入信号 X1 状态如何，内部辅助继电器 M1 状态均为 OFF（关断）。当关断输入信号 X2 为 OFF 时，启动输入信号 X1 为 ON 时，则 M1 为 ON，并通过其常开触点 M1 闭合自锁；在 X1 变为 OFF 时，M1 仍保持为启动状态，即 M1 保持为 ON。

由于当 X1 与 X2 同时为 ON 时，关断输入信号 X2 有效，因此称其关断优先电路。

② 启动优先电路　启动优先电路如图 2-31 所示。

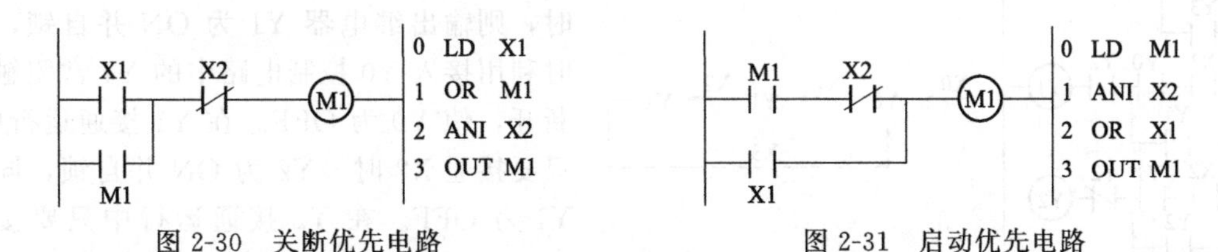

图 2-30　关断优先电路　　　图 2-31　启动优先电路

当启动输入信号 X1 为 ON 时，无论关断输入信号 X2 状态如何，M1 总被启动，且当 X2 为 OFF 时，通过 M1 的常开触点闭合实现自锁。当启动输入信号 X1 为 OFF 时，使 X2 为 ON 可实现关断 M1。

由于当 X1 与 X2 同时为 ON 时，启动输入信号 X1 有效，因此称此电路为启动优先电路。

上述两种电路实现了 PLC 系统的启动、停止与保持控制。

（2）互联锁电路

在生产机械的各种运动之间，例如机床的刀架进给与快速移动之间、横梁升降与工作台运动之间、工作台式组合机床的动力头向前与工作台的转位和夹具的松开动作之间都不能同时发生运动，通常存在着某种相互制约的关系，一般采用互联锁控制来实现。用反映某一运动的联锁信号触点去控制另一运动相应的电路，实现两个运动的相互制约，达到互联锁控制的要求。

① 互为发生条件的联锁电路　互为发生条件的联锁电路如图 2-32 所示。输出继电器 Y1 的常开触点串联在 Y2 的控制回路中，输出继电器 Y2 的接通是以 Y1 的接通为条件。即只有 Y1 接通才允许 Y2 接通。Y1 关断时 Y2 也被同时关断，只有在 Y1 被接通的条件下 Y2 才可以自行启动和停止。

② 不能同时发生运动的互联锁电路　不能同时发生运动的互联锁电路如图 2-33 所示。为使输出继电器 Y0 和 Y1 不能同时被接通，现选择联锁信号 Y0 的常闭触点串联到 Y1 的控制回路，联锁信号 Y1 的常闭触点串联到 Y0 的控制回路。这样，Y1 和 Y2 中任何一个启动后，都会将另一个的启动回路断开，从而保证 Y1 和 Y2 不能同时启动。

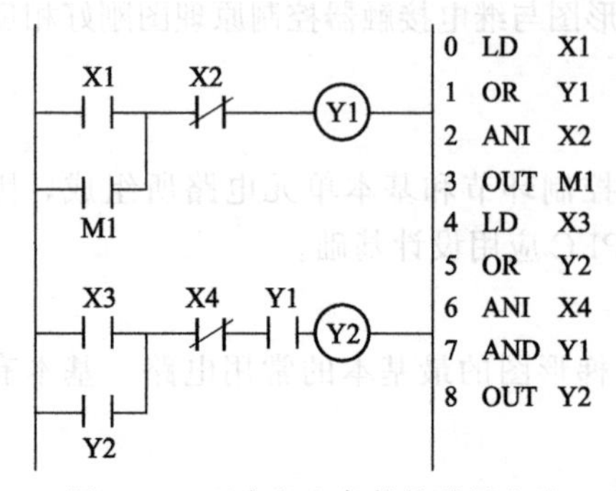

图 2-32　互为发生条件的联锁电路

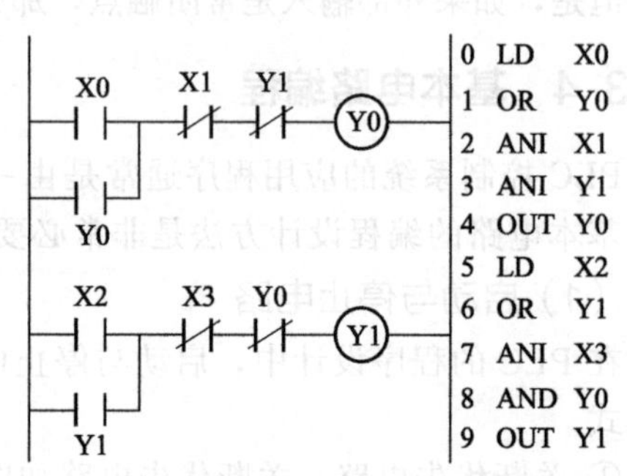

图 2-33　不能同时发生运动的互联锁电路

③ 顺序执行联锁电路　顺序执行联锁电路如图 2-34 所示。在顺序依次发生的运动之间，采用顺序执行的控制方式。

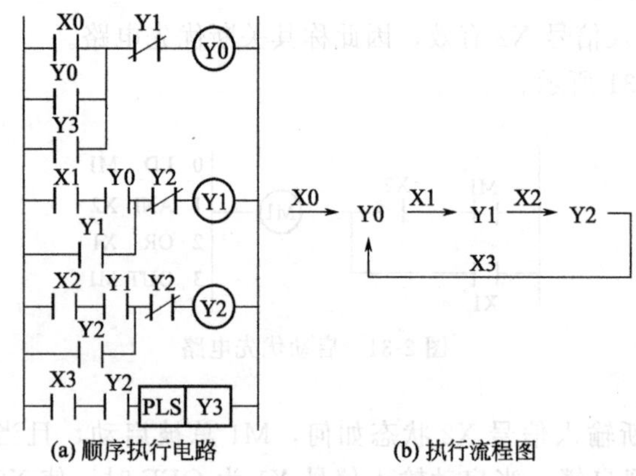

图 2-34　顺序执行联锁电路

当输入启动信号 X0 为 ON 时，使输出继电器 Y0 为 ON，利用其常开触点 Y0 自锁。在 Y0 接通运行中，只要接通 X1 时，则输出继电器 Y1 为 ON 并自锁，同时利用接入 Y0 控制电路中的 Y1 常闭触点断开，使 Y0 为 OFF。在 Y1 接通运行中，只要接通 X2 时，Y2 为 ON 并自锁，同时 Y1 为 OFF。在 Y2 接通运行中只要接通 X3 时，Y3 为 ON 一个扫描周期时间使 Y0 为 ON 并自锁，同时 Y2 为 OFF。显然，系统联锁条件是选择代表前一个运动的常开触点串联在后一个运动的启动电路中，同时选择代表后一个运动的常闭触点串联到前一个运动的关断电路里。这样，只有前一个运动发生了，才允许后一个运动可以发生，而且后一个运动一旦发生就立即使前一个运动停止，从而保证各个运动按预定的顺序发生和转换，达到顺序执行的目的。

（3）定时计数电路

利用定时器和计数器设计一些程序，可以屏蔽输入元件的误信号，防止输出元件的误动作，提高系统的抗干扰能力。

① 屏蔽输入端误信号的定时器电路　屏蔽输入端误信号的定时器电路如图 2-35 所示。

它是以工业用捞渣机 PLC 控制系统为例对输入 X0 采样设计的梯形图和时序图。

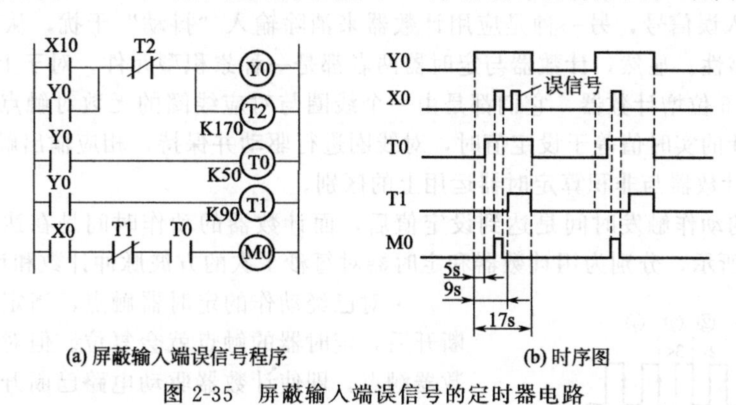

(a) 屏蔽输入端误信号程序　　(b) 时序图

图 2-35　屏蔽输入端误信号的定时器电路

在 PLC 组成的自动控制系统中，每一次循环，各工步的动作时间通常是固定不变的，如行程开关或光电开关总是在该工步的同一时刻发出信号。根据这一特点，用两个定时器 T0 和 T1，限定 PLC 只在该开关正常发信号的时间内采样，就可以屏蔽掉其他时间可能发出的误信号（干扰信号）。根据计算，在正常情况下，输入 X0 总是在 Y0 启动 17s 内发出信号。但在实际运行时，由于现场环境恶劣，有可能使 X0 发出误信号，引起系统的误动作。现将 T0 的延迟时间设为 5s，T1 延迟时间设为 9s，从图 2-35 可知，只有当 Y0 为 ON 后 5～9s 的时间内采样的信号，才被认为是有效信号 M0，其他时间内即使 X0 误发信号，也会被屏蔽掉。

② 消除“抖动”干扰的计数器电路　利用计数器消除输入元件触点“抖动”干扰的梯形图程序和时序波形图如图 2-36 所示。在 PLC 控制系统中，由于外界干扰的影响，有些输入元件在接通时，会发生触点时断时续的“抖动”现象而发生错误信号。在图 2-36(a) 中，当输入 X1 发生抖动时，输入 Y1 也会跟着抖动。消除这种干扰的方法是利用计数器经适当编程来实现。图 2-36(b) 是用计数器组成的消“抖动”程序和波形图。当“抖动”干扰使 X1 断开的间隔 $\Delta t < X \times 0.1\text{s}$（注：M8012 为特殊辅助继电器，产生 0.1s 的时钟脉冲）时，计数器输出为“0”，输出继电器 Y1 保持接通，干扰对 PLC 正常工作不构成影响；当 X1 断开时间 $\Delta t \geqslant X \times 0.1\text{s}$，计数器 C1 计满 X 次时，C1 为“1”，输出继电器 Y1 输出为“0”。计数器的计数次数 X 可在调试时根据干扰情况修改。

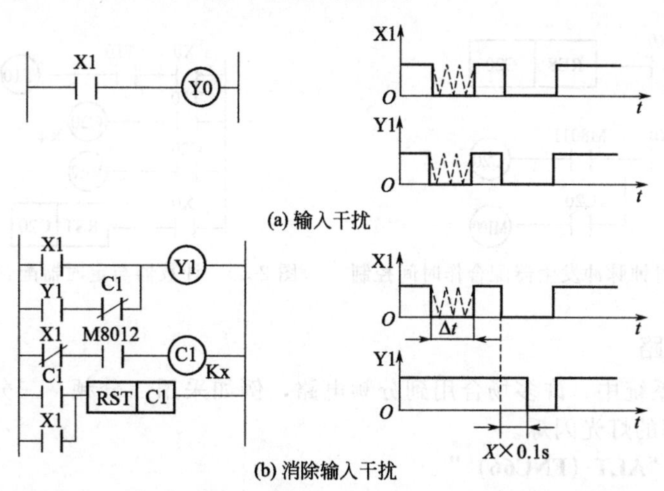

(a) 输入干扰

(b) 消除输入干扰

图 2-36　利用计数器消除输入元件触点“抖动”干扰的梯形图程序和时序波形图

③ 定时器与计数器的配合使用　在上述的定时计数电路中，一种是应用定时器消除PLC 系统的输入误信号，另一种是应用计数器来消除输入“抖动”干扰，从而提高了 PLC 控制系统的可靠性。显然，计数器与定时器两者都是一种累积型元件。对于上述应用的是非积算定时器和 16 位增计数器，它们都是由一个线圈与对应线圈的无数对触点组成，都有设定值。当其累计的实时值等于设定值时，对线圈进行驱动并保持，相应输出触点动作。

a. 16 位增计数器与非积算定时器运用上的区别。

• 定时器的动作触发时间是达到设定值后，而计数器的动作时间是在达到设定值的瞬间，如图 2-37 所示，分别为用计数器和定时器对每秒 1 次的方波脉冲计数和计时。

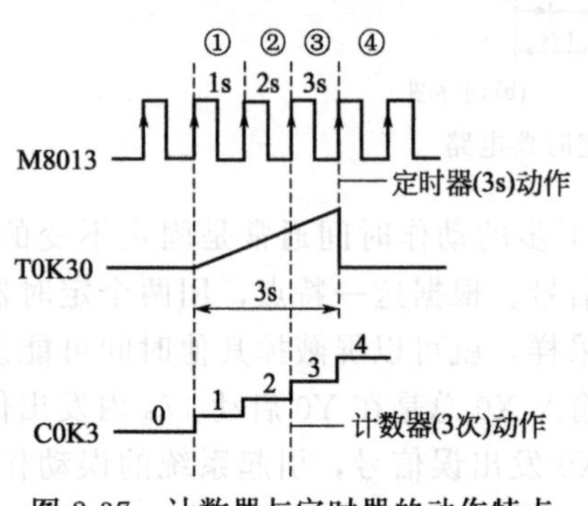

图 2-37　计数器与定时器的动作特点

• 对已经动作的定时器触点，当定时器驱动电路断开后，定时器的触点就会复位。但对已经动作的计数器触点，即使计数器驱动电路已断开，但计数器的触点仍会保持动作的状态，要用复位指令才能使计数器触点复位。这一点在编程时要特别注意。

b. 用计数器与时钟脉冲发生器配合作时间控制。

用计数器与 M8013、M8012、和 M8011 等时钟脉冲发生器配合，可制作以“s”或“ms”为单位的定时器，在程序中作时间控制，如图 2-38 所示（省去右母线）。

M8011 产生每秒 100 次的时钟脉冲，计数器 C20 设定值为 1001，即对时钟脉冲作 1000 次累计，所以 C20 触点在 10s 后动作，即可视 C20 为 10s 定时器。其他时钟脉冲发生器与计数器配合作定时控制器依此类推。

考虑到 X0 接通时与脉冲发生器可能不同步，因此用 M8011（10ms 时钟脉冲）可以减少误差。

c. 用计数器与定时器配合作长延时控制。

PLC 的定时器的最长控制时间为 3276.7s，接近 1h，若设备需要延时 2h 启动，可用计数器与定时器配合制作一个 2h 的定时器，如图 2-39 所示。用定时器制作 1 个 1800s (30min) 的脉冲发生器，再用计数器对定时器触点产生的脉冲计数 4 次，这样计数器 C20 的常开触点即具有 30min×4＝120min（2h）的延时的闭合作用。对更长时间的延时控制，也可按此方法实现。

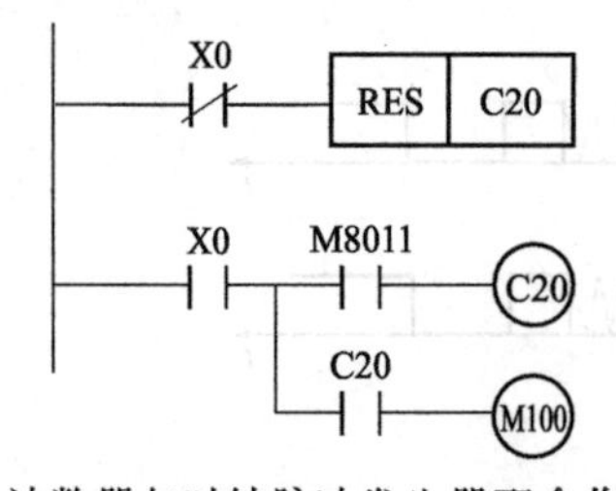

图 2-38　计数器与时钟脉冲发生器配合作时间控制

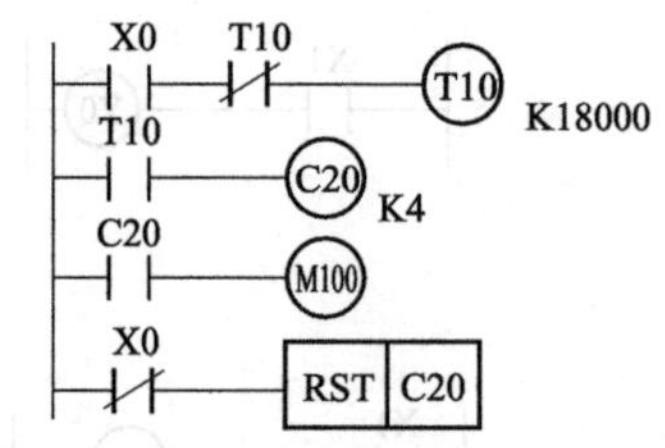

图 2-39　计数器与定时器配合作长延时控制

（4）分频电路

在 PLC 应用系统中，许多场合用到分频电路，例如采用二分频、三分频等不同的分频电路实现不同频率的灯光闪烁。

1）应用指令“ALT（FNC66）”

① 应用指令“ALT（FNC66）”的格式与功能　该指令是 PLC 内置的具有交替输出功

能的特殊指令，地址号为FNC66，指令助记符是“ALT”，执行方式有“连续执行型”和“脉冲执行型”两种。在梯形图程序中“ALT”执行步数为3步，其格式与功能如图2-40所示。

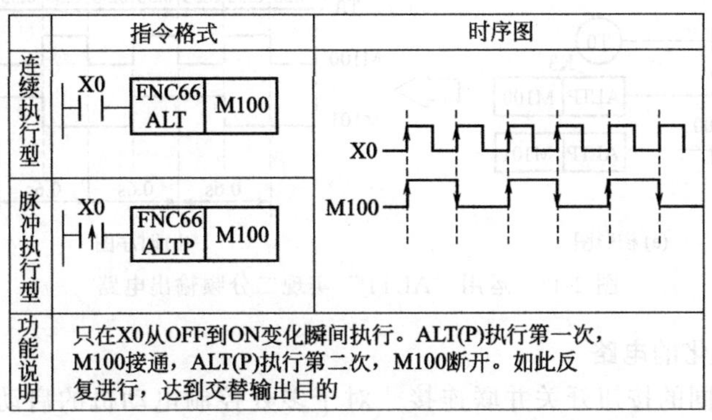

图2-40 应用指令“ALT（FNC66）”的格式与功能

用定时器制作的脉冲发生器与“ALT（FNC66）”结合，可发出方波脉冲，从而可实现灯的闪烁控制，如图2-41所示。注意程序中的应用指令“ALT（FNC66）”虽然是使用连续执行型，但由于驱动FNC66的T0常开触点每隔0.2s接通一次的时间只有一个扫描周期，相当于一个脉冲发生触点，ALT执行时也就等同脉冲执行型。在图2-41中，由于脉冲时间非常短，所以时序图中脉冲时间就忽略不计了。

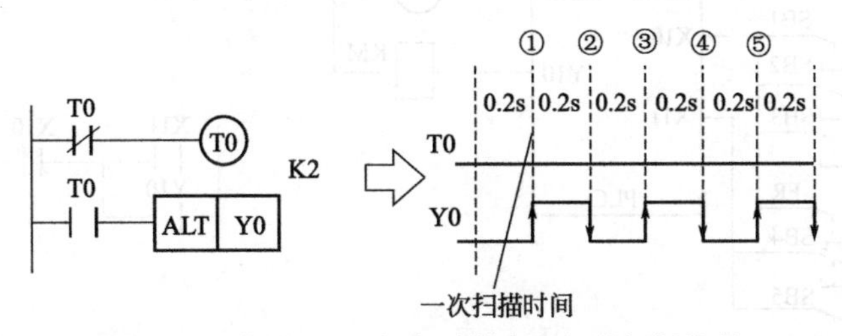

图2-41 应用ALT与定时器实现灯的闪烁控制

② ALT（FNC66）用编程软件输入的方法 单击输出元件“—[ ]—”的图框，输入指令助记符与文件号，再单击“确定”按钮即可，如图2-42所示。

2）多级分频输出的分频电路

连续使用具有交替输出功能的应用指令“ALTP”能方便地实现分频输出。运用“ALTP”实现二分频输出电路的例子如图2-43所示。采用M100和M101分别控制两个灯，观察其发光情况就能够得到验证。

如果要获得三分频、四分频等，可按图2-43所示的电路继续使用“ALTP”即可得到成倍数关系频率的脉冲来实现灯闪烁的控制。

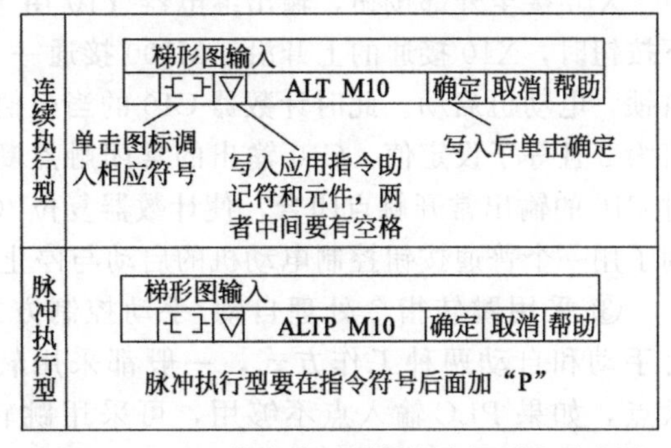

图2-42 ALT指令的对话框调出与写入示意图

（5）简化输入输出电路

在PLC控制系统应用设计中，经常会遇到输入输出电路设计的简化问题，虽然可以选定点数较多的PLC或通过扩展单元增加输入/输出点数，但投资增大，因此需要设计简化的输入/输出电路。

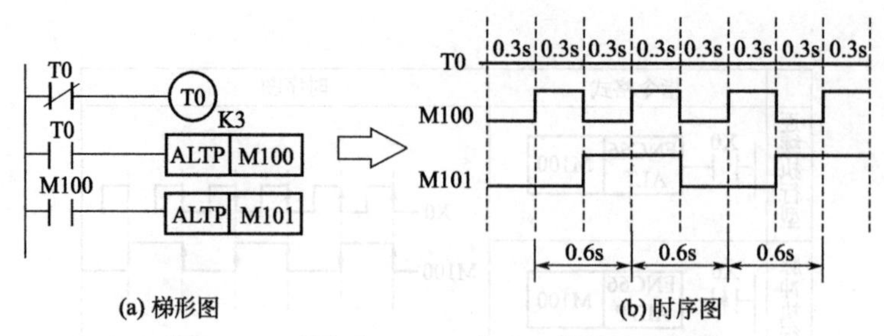

图 2-43　运用“ALTP”实现二分频输出电路

1）输入点数简化的电路

① 控制功能相同的按钮开关并联连接　对于多处控制电动机的启动与停止电路，所占用PLC的输入点数较多，例如系统中具有3个停止按钮SB1、SB2、SB3和一个热继电器触点FR，它们具有使电动机停转的功能，两个启动按钮SB4、5B5具有启动电动机的功能。如果将它们直接与PLC的输入端相连，将占有PLC输入端6个输入点，如果按着控制功能相同的按钮（开关）并联连接的方法，不仅减少4个输入点，而且梯形图程序也会简化，如图2-44所示。

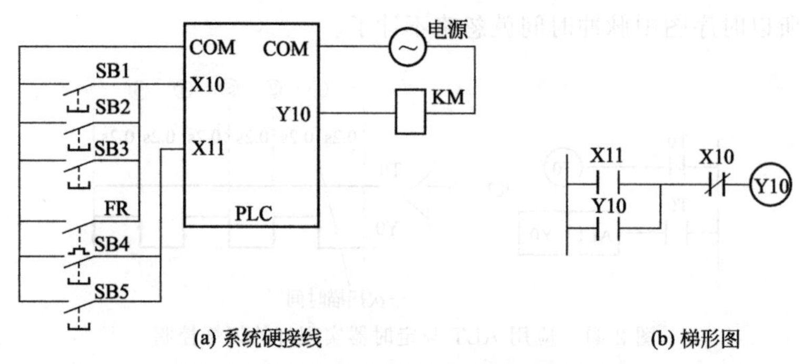

图 2-44　PLC控制电动机的启动与停止电路

② 采用单按钮控制启动和停止　用计数器实现这种控制功能的梯形图如图2-45所示。X10接至外部按钮，输出继电器Y10用于驱动控制电动机的接触器线圈。当第一次按下按钮时，X10接通的上升沿，M100接通一个扫描周期，其常开触点闭合，使Y10接通并自锁，电动机启动。此时计数器C10的当前值为1。第二次按下按钮时，计数器C10的当前值为2且等于设定值，C10输出的常闭触点断开，断开Y10的输出，电动机停止。与此同时C10的输出常开触点闭合，使计数器复位（恢复设定值），为下一次计数做准备。这就达到了用一个普通按钮控制电动机的启动与停止，又少占PLC一个输入点的目的。

③ 采用跳转指令处理自动/手动控制方式　在实际的生产过程或生产设备中经常设有手动和自动两种工作方式，一般都采用转换开关进行选择，这就要占用PLC两个输入点，如果PLC输入点不够用，可采用跳转指令和一个开关配合使用，以达到两种工作方式的选择。采用跳转指令处理自动/手动控制方式的控制电路如图2-46所示。设开关接X10，当合上开关时，X10常开触点闭合，CJP62跳转条件成立，跳过自动工作程序，执行手动工作程序。

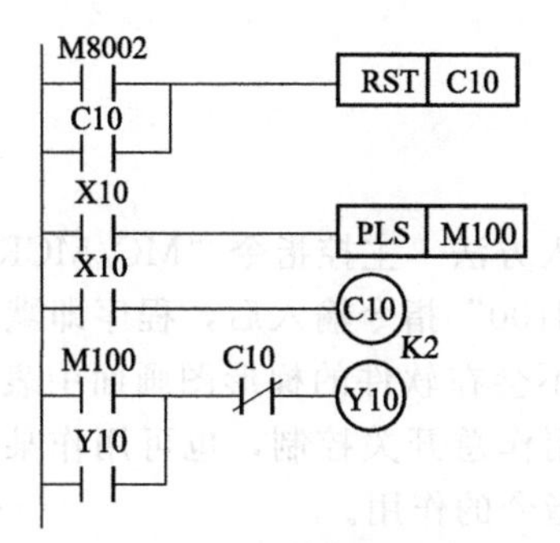

图 2-45 单按钮控制启动和停止

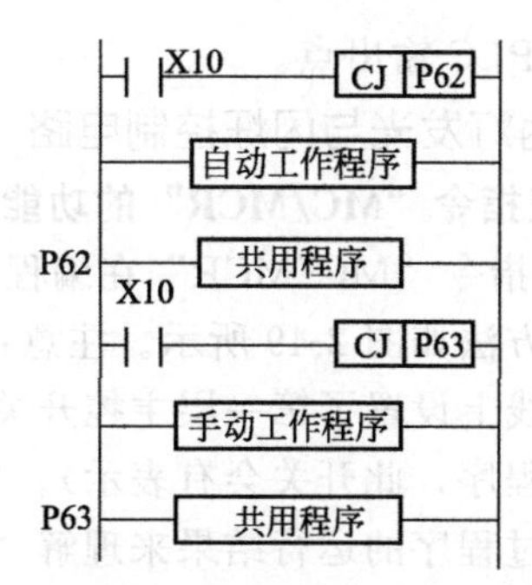

图 2-46 处理自动/手动控制方式的控制电路

当把开关断开时，X10 常闭触点闭合，CJP63 跳转条件成立，跳过手动工作程序，而执行自动工作程序。这样，仅用一个输入点就能实现自动和手动的两种操作。

2）输出点数简化的电路

① 显示指示灯与输出负载并联　采用这种方法的条件是指示灯的额定电压必须与负载电压一致，而且两者总的负荷容量不允许超过 PLC 输出电路的最大负载容量。这样可以节省 PLC 输出点，如图 2-47 所示。

② 采用数字显示器代替指示灯　如果系统中的状态指示灯较多，程序比较复杂，建议采用数字显示器代替指示灯，例如用 BCD 码数字显示，只需 8 点输出，两行数字显示器即可。这样可以节省 PLC 输出点数。

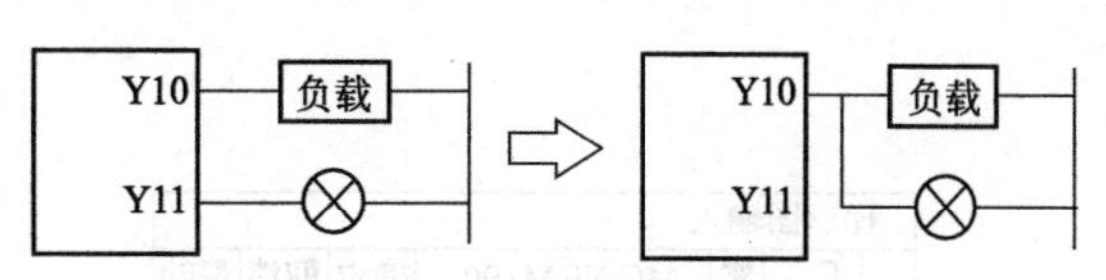

图 2-47 显示指示灯与输出负载并联

③ 多种故障显示或报警采用并联连接　在 PLC 控制的某些生产设备或生产过程系统中，有多种故障显示或报警，例如设有过电压、过载、失磁、断相、越位、超速等显示或报警，只要条件允许，即可把部分或全部显示或报警电路并联连接，以减少占用 PLC 的输出点数。

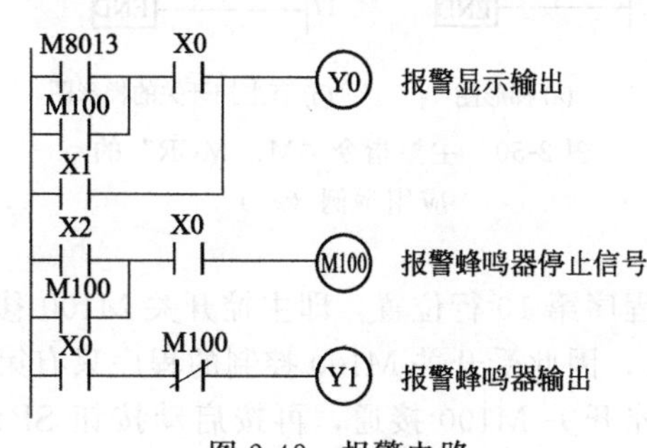

图 2-48 报警电路

总之，在 PLC 控制系统发生故障时，应及时报警，通知操作人员，采取相应措施，如图 2-48 所示。电路在发生故障时，可产生声音和灯光报警。当有报警信号输入时，即常开触点 X0 闭合时，输出继电器 Y0 产生间隔为 1s 的断续输出信号，接在 Y0 输出端的指示灯闪烁，同时输出继电器 Y1 接通，接在 Y1 输出端的蜂鸣器发声。此后按下蜂鸣器复位输入按钮 X2，内辅继电器 M100 接通，其常闭触点 M100 打开，输出继电器 Y1 断开，蜂鸣器停响，而内辅继电器 M100 常开触点闭合，使输出继电器 Y0 持续接通，报警指示灯亮，只有报警输入信号 X0 消失，输入继电器 X0 的常开触点断开，报警指示灯才熄灭。

为了平时检查报警电路是否处于正常状态，设置有检查按钮，并将它接在 PLC 的输入 X1 端，当按下检查按钮时，输入继电器 X1 的常开触点闭合，输出继电器 Y0 接通，报警指示灯亮，从而确定报警指示灯电路完好。

简化 PLC 输入输出电路的方法较多，使用者应从实际出发，选用或设计切实有效方案。例如，若 PLC 输出点不足，报警系统也可只采用指示灯显示，从而取消发声报警，这样可以节省一个 PLC 输出点。

（6）两灯发光与闪烁控制电路

1）主控指令“MC/MCR”的功能及其应用

① 主控指令“MC/MCR”在编程软件中的输入方法 主控指令“MC/MCR”在编程软件中的输入方法如图 2-49 所示。注意：“MC N0 M100”指令输入后，程序即默认在“MC”指令后的母线上设置了第一层主控开关 M100，但不会在软件的梯形图画面中表示出来（若打印梯形图程序，此开关会有表示）。主控指令可用作总开关控制，也可用作某一部分程序的控制，通过程序的运行结果来理解“MC”主控指令的作用。

② 主控指令“MC/MCR”应用举例 主控指令“MC/MCR”的运用参见图 2-50 与图 2-51 两个例子。

在图 2-50(a) 程序中，主控指令“MC”放在程序最前的位置（第 0 行），等于在程序第 0 行与第 4 行的母线间设置了主控开关 M100，如图 2-50(b) 所示，即第 4 行以后的程序都受到主控开关 M100 的控制。程序执行时，将开关 SA1（X10）闭合，主控开关 M100 接通，再按启动按钮 SB1（X10），灯 1（Y0）发光 3s 后，灯 2（Y1）发光。这时要使两灯熄灭，也一定要将开关 SA1 断开。若开关 SA1 处于断开状态，主控开关 M100 断路，此时即使按启动按钮 SB1，两灯都不会发光，可见 M100 起着总开关的作用。

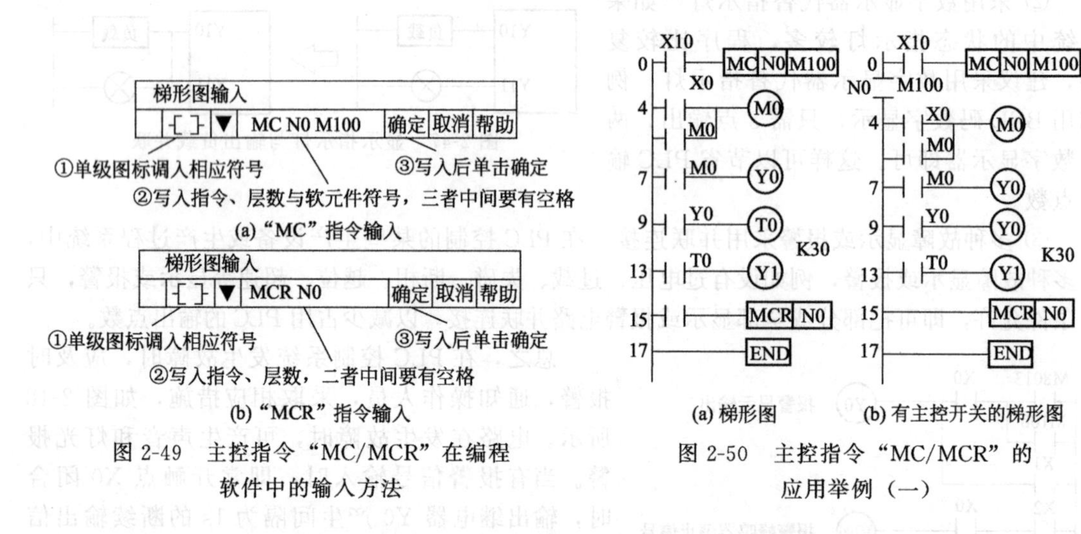

图 2-49 主控指令“MC/MCR”在编程软件中的输入方法

图 2-50 主控指令“MC/MCR”的应用举例（一）

在图 2-51(a) 所示程序中，将“MC”指令移至程序第 10 行位置，即主控开关 M100 移到程序第 10 行与第 14 行的母线间如图 2-51(b) 所示，因此受开关 M100 控制的程序只有第 14 行。程序执行时，将开关 SA1（X10）闭合，主控开关 M100 接通，再按启动按钮 SB1（X10），灯 1（Y0）发光 3s 后，灯 2（Y1）与灯 3（Y2）同时发光。若开关 SA1 处于断开状态，主控开关 M100 断路，此时按下启动按钮 SB1，灯 1 发光 3s 后，只有灯 3 发光，而灯 2 则不会发光。可见，M100 也可以在程序中起部分控制作用。

2）两灯发光与闪烁控制电路

两灯发光与闪烁 PLC 控制的梯形图程序如图 2-52 所示。该系统具有急停控制要求，急停开关 SA1 闭合，系统停止运行，灯全部熄灭。当按下启动按钮 SB1，灯 1 以每秒 1 次的频率闪烁 10 次，熄灭后，灯 2 以每秒 2 次的频率闪烁 15 次，最后两灯一起以每秒 5 次的频率闪烁 20 次，然后按着这样的闪烁规律反复进行；按下停止按钮 SB2，灯 1 与灯 2 熄灭，程序停止运行；按下 SB1 可以重新启动运行。图 2-52 所示的梯形图程序说明如下。

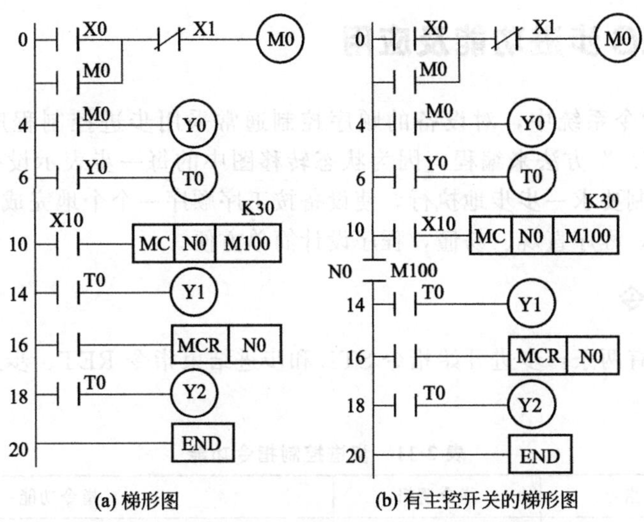

(a) 梯形图　　(b) 有主控开关的梯形图

图 2-51　主控指令"MC/MCR"的应用举例（二）

① 具有停电保持功能的定时器与计数器的复位（第 0 行）。用 SB2（X1）复位，实现停止时的清零，停止后再启动将重新开始运行。用 C101 复位，实现两灯发光的自动重复运行。用 SA1（X10）复位，实现急停时的清零，急停后需启动按钮 SB1 可重新启动。

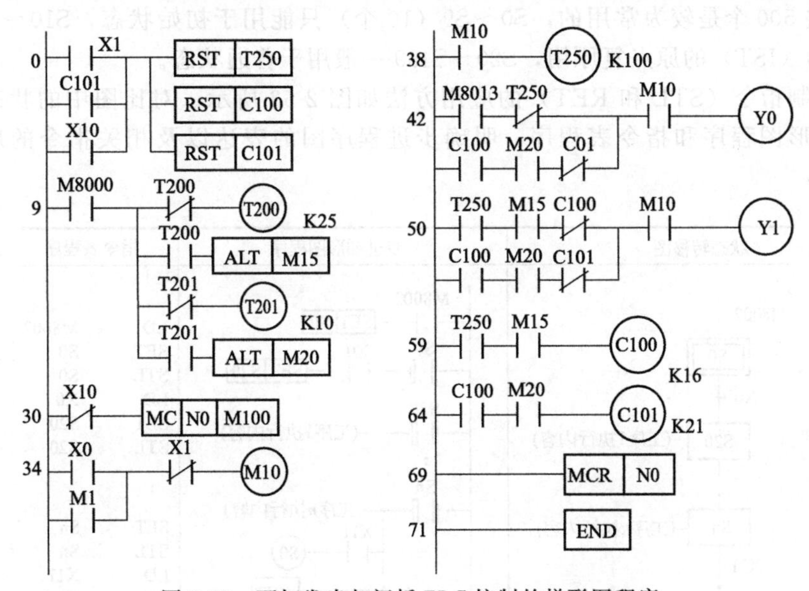

图 2-52　两灯发光与闪烁 PLC 控制的梯形图程序

② 急停控制（第 30 行）。用 X10 的常闭触点作急停控制，当开关 SA1（X10）断开时，X10 常闭触点保持闭合，设置在程序的第 35～39 行的母线间的主控开关 M100 接通。需急停时，将开关 SA1 闭合，X10 常闭触点断开，主控开关所控制的程序（第 34～69 行）停止运行，灯全部熄灭。

③ 在程序中应用了定时器 T250 和计数器 C100、C101 都具有停电保持功能，但辅助继电器 M10 不具有掉电保持功能，所以停电后需要重新按启动按钮 SB1 来启动。

④ 系统运行中可以用按钮 SB2（X1）实现正常的停止控制。

2.4 三菱 PLC 步进功能及应用

在三菱 PLC 指令系统中，对设备的顺序控制通常采用步进控制程序图来编写，即用“状态转移图（SFC）”方法来编程。因为状态转移图中的每一步表示设备运行的每一个工序，程序按顺序控制要求一步步地执行，使设备按工序顺序一个个地完成。这种编程方法使程序控制逻辑简化，程序直观、易懂，程序设计简单方便。

2.4.1 步进指令

步进控制指令有两条：步进开始指令 STL 和步进结束指令 RET。步进控制指令功能如表 2-11 所示。

表 2-11 步进控制指令功能

序号	基本指令	指令逻辑	指令功能
1	STL	状态驱动	驱动步进控制程序中每一个状态的执行
2	RET	步进结束	退出步进运行程序

状态器 S 是步进控制程序的主要软元件。状态转移图中的每个状态器具有三个功能：驱动负载、指定转移目标和指定转移条件。状态元件的编号是 S0～S999 共 1000 个，其中 S0～S499 共 500 个是较为常用的，S0～S9（10 个）只能用于初始状态，S10～S19 作应用指令 FNC60（IST）的原点复原用，S20～S499 一般用于普通状态。

步进控制指令（STL 和 RET）的应用方法如图 2-53 所示。对比图中的状态转移图程序、步进梯形图程序和指令表程序，明确步进程序图的表达以及相关指令的应用。说明如下：

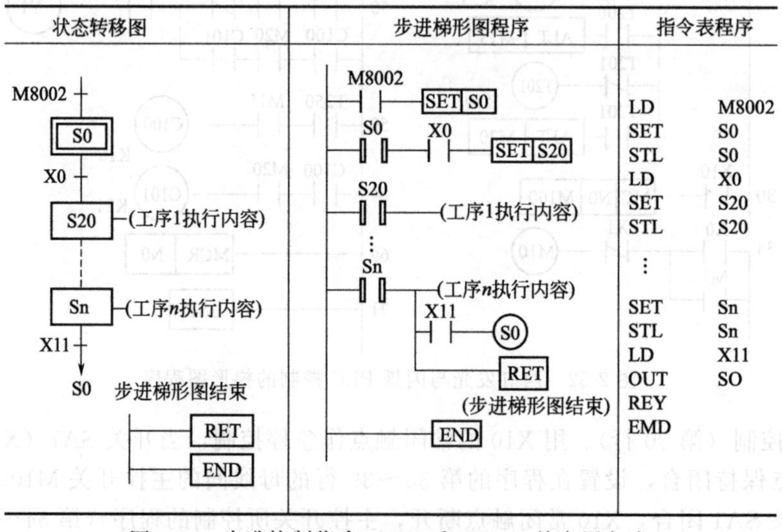

图 2-53 步进控制指令（STL 和 RET）的应用方法

① 在步进梯形图程序中，每个 STL 指令都要与 SET 指令共同使用，即每个状态都要先用 SET 指令置位，再用 STL 指令去驱动状态的执行。

② 状态器表示的状态用框图表示，框内是状态器元件地址编号，状态框之间用有向线

段连接。其中从上到下，从左到右的箭头可以省略不画，有向线段上的垂直短线和它旁边标注的文字符号或逻辑表达式表示状态转移条件。

状态转移条件的指令应用如图 2-54 所示。图 2-54(a) 表示转移条件为 X2 接通，状态 S22 复位，S23 就置位。图 2-54(b) 表示转移条件为 X11 与 X12 串联。图 2-54(c) 表示转移条件为 X2 与 X3 并联，只要满足状态转移条件，状态器 S22 就会复位，而状态器 S23 就置位，也就是说状态由 S22 转到 S23。

S22
X2
LD X2
SET S23
S23
S22
X11
X12
LD1 X11
AND X12
SET S23
S23
S22
X3
X2
LD X2
OR X3
SET S23
S23

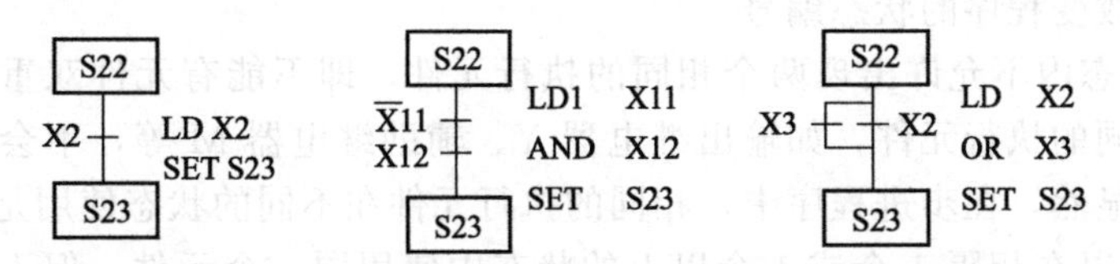

(a) 转移条件为X2接通　(b) 转移条件为X11与X12串联　(c) 转移条件为X2与X3并联

图 2-54　状态转移条件的指令应用

③ 状态的转移使用 SET 指令。但若是向上游转移，向非连续的下游转移或其他流程转移，称之为顺序不连续转移，即非连续转移，这种非连续转移不能使用 SET 指令，而用 OUT 指令，图 2-53 所示的状态转移图中的实心箭头表示向上转移回到原来的初始状态 S0，在指令表程序中使用“OUT S0”。

④ STL 指令的作用是驱动状态的执行。对于每个状态的执行程序，可视为从左母线开始。部分基本指令在状态执行中的应用如图 2-55 所示。

⑤ 步进程序结束一定要使用 RET 指令，否则程序会提示出错。

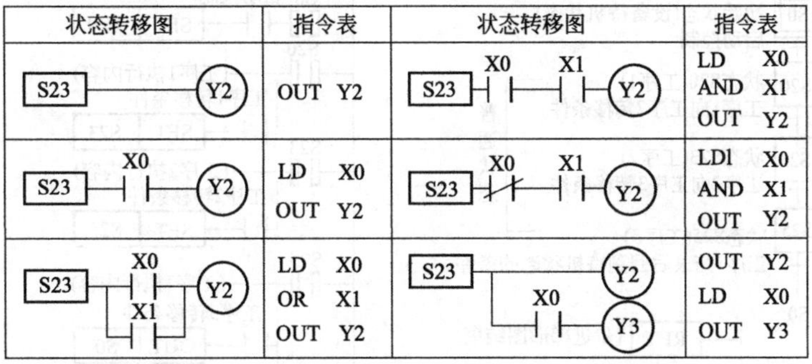

状态转移图
指令表
状态转移图
指令表
S23
Y2
OUT Y2
S23
X0
X1
Y2
LD X0
AND X1
OUT Y2
S23
X0
Y2
LD X0
OUT Y2
S23
X0
X1
Y2
LDI X0
AND X1
OUT Y2
S23
X0
X1
Y2
LD X0
OR X1
OUT Y2
S23
Y2
X0
Y3
OUT Y2
LD X0
OUT Y3

图 2-55　部分基本指令在状态执行中的应用

2.4.2　状态转移图的编程方法

状态转移图（SFC）是将工序执行内容与工序转移要求以状态执行和状态转移的形式反映在步进程序中，控制过程明确，是对顺序控制过程进行编程的好方法。

现以图 2-56 所示的步进程序的基本结构为例来说明状态转移图的编程方法。图 2-56(a) 是状态转移图（SFC），图 2-56(b) 是步进梯形图（STL），执行的结果是完全相同的。状态转移图的结构是由初始状态（S0）、普通状态（S20、S23、S25）和状态转移条件所组成。初始状态可视为设备运行的停止状态，也称为设备的待机状态。普通状态为设备的运行工序，按顺序控制过程从上向下地执行。状态转移条件为设备运行到某一工序执行完成后，从该工序向下一工序转移的条件。显然，状态转移图是步进程序的初步设计，方法如下。

① 要执行步进程序，首先要激活初始状态 S0。一般采用特殊辅助继电器 M8002 在 PLC 送电时产生的脉冲来激活 S0。

② 在步进梯形图程序中，每个普通状态执行时，与上一个状态是不接通的。当上一个状态执行完毕后，若满足转移条件，就转移到下一个状态执行，而上一个状态就会停止执行，从而保证执行过程是按工序的顺序进行控制。

③ 在步进程序中，每个状态都要有一个编号，而且每个状态的编号是不能相同的。对于连续的状态，没有规定必须用连续的编号，编程时为便于程序修改，两个相邻的状态可采用相隔 2～5 个数的编号。例如，状态 S20 下面的状态也可采用 S25，这样在需要时可插入 4 个状态，而不用改变程序的状态编号。

④ 在同一状态内不允许出现两个相同的执行元件，即不能有元件双重输出。但若在不同状态中使用相同的执行元件，如输出继电器 Y、辅助继电器 M 等，不会出现元件双重输出的控制问题。显然，在步进程序中，相同的执行元件在不同的状态使用是允许的。

⑤ 定时器可以在相隔 1 个或 1 个以上的状态中使用同一个元件，但不能在相邻状态中使用。

当对顺序控制进行程序设计时，首先应编写状态转移图（SFC）。虽然步进梯形图（STL）与它不太一样，但控制过程是相同的。由于编程软件没有状态转移图程序的编写功能，编程时必须把状态转移图先转变为步进梯形图，再输入 PLC，或者把它转变为指令表方式再输入也是可以的。

图 2-56(b) 所示的步进梯形图是用编程软件 FX-PCS/WIN 编制的图形，编写的梯形图比较直观，以此作步进控制程序的介绍。

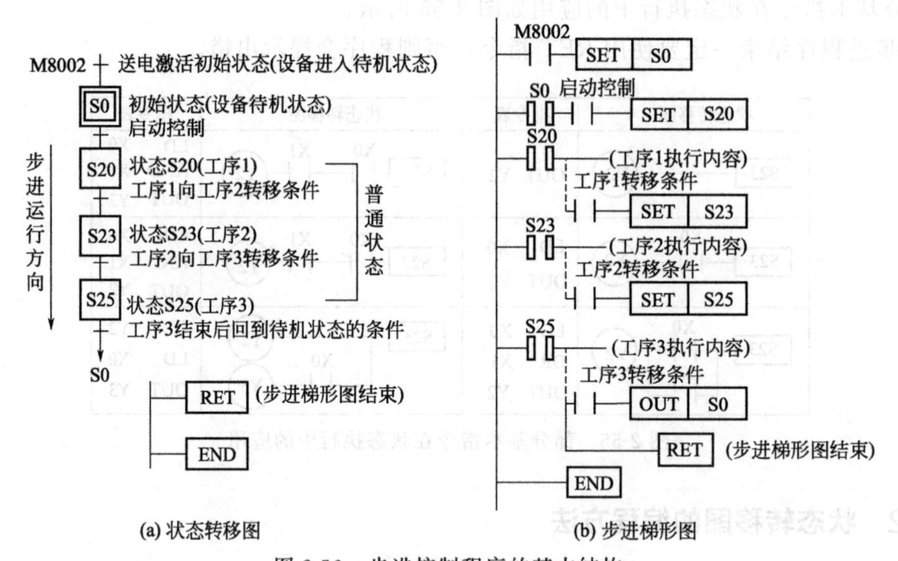

图 2-56　步进控制程序的基本结构

2.4.3　单流程状态转移图的编程

单流程是指状态转移只有一种顺序。例如，图 2-56 中所示的步进运行方向：S0→S20→S23→S25→S0，没有其他去向，所以叫单流程。实际的控制系统并非一种顺序，含多种路径的叫分支流程。下面举例介绍单流程状态转移图的编程。

例 2-4　设计一套三彩灯顺序闪亮的步进梯形图程序

控制要求：按下启动按钮 SB1 后，红色指示灯 HL1 亮 2s 后熄灭，接着黄色指示灯 HL2 亮 3s 后熄灭，接着绿色指示灯亮 5s 后熄灭，转入待机状态。

根据控制要求，选择 PLC 型号为 FX2N-32MR。

输入元件 SB1→X1　输出元件 HL1→Y1

HL2→Y2

HL3→Y3

三彩灯顺序闪亮控制状态转移图程序如图 2-57 所示。根据控制要求，定时器在状态停止执行后会自动清零和触点复位，因此不需要对定时器复位清零。

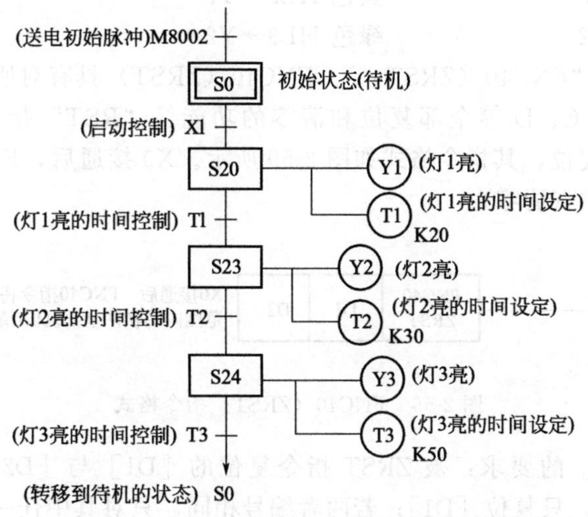

图 2-57　三彩灯顺序闪亮控制状态转移图程序

步进梯形图程序如图 2-58 所示（用编程软件 GX Developer 编写）。

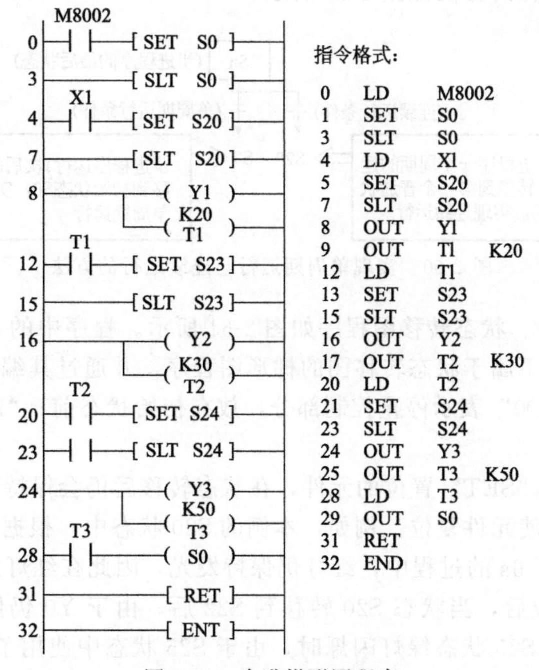

图 2-58　步进梯形图程序

例 2-5　设计一套三彩灯顺序发光与闪烁的停止控制的梯形图程序

控制要求：按常开启动按钮 SB1 后，红灯发光 4s 后黄灯亮，接着黄灯发光 6s 后，红灯与黄灯一起灭，然后绿灯开始以每秒 1 次的频率闪烁，闪烁 8 次后绿灯熄灭。当开关 SA1 断开，系统作连续运行；当 SA1 闭合系统作单周期运行。系统在运行的过程中，按下常开停止按钮 SB2，运行停止；按下 SB1 按钮可重新运行。

根据控制要求，选择 FX2N-32MR 系列 PLC。

输入元件SB1→X0，输出元件红色HL1→Y0

SB2→X1　　　　　　黄色 HL2→Y1

SA1→X2　　　　　　绿色 HL3→Y2

① 采用功能指令“FNC40（ZRST）”。FNC40（ZRST）具有对所设定范围内的普通软件 X、Y、M、S、T、C、D 等全部复位和清零的功能。“RST”指令只能单个复位，而“ZRST”指令能成批复位，其指令格式如图 2-59 所示。X0 接通后，FNC40 指令将 D1～D2 范围内的软件全部复位（清零）。

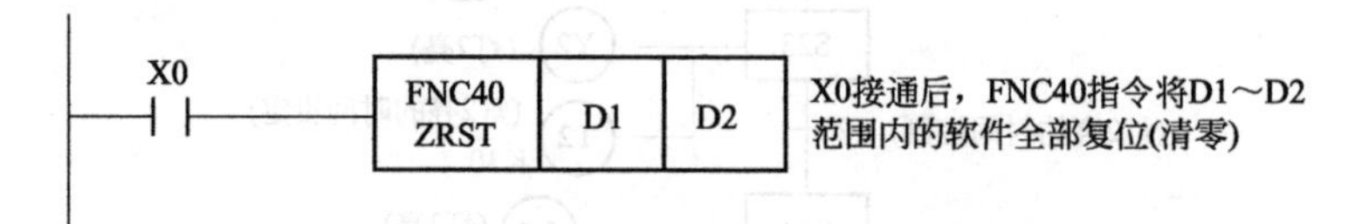

图 2-59　FNC40（ZRST）指令格式

对［D1］与［D2］的要求：被 ZRST 指令复位的［D1］与［D2］应是同类元件。若［D1］编号大于［D2］，只复位［D1］；若两者编号相同，只对其中任一元件复位。

② 步进程序的连续运行。在例 2-4 中介绍的就是步进程序的单周期运行，它只运行一次就回到初始状态停止待机。步进程序的连续运行是指程序的步进部分循环反复地运行。实现单周期运行与连续运行的方法如图 2-60 所示。

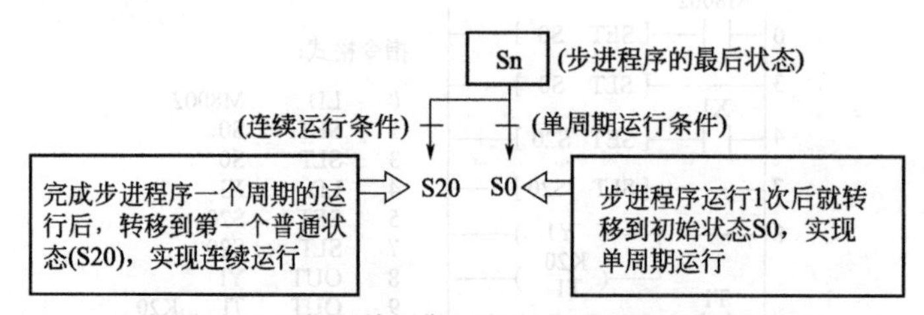

图 2-60　实现单周期运行与连续运行的方法

③ 状态转移图程序。状态转移图程序如图 2-61 所示。程序中的“LAD□”标志是表示在此符号旁边的程序是不属于状态转移图的梯形图程序，并通过其编号“□”来表示程序的先后位置。例如，“LAD0”表示停止控制部分，放在初始状态前；“LAD1”表示结束部分，放在状态转移图程序后。

再就是用置位指令“SET”置位的元件，在状态转移后仍会保持置位的状态，必须使用复位指令“RST”才能使元件复位。例如，本例的 S20 状态中，根据控制要求，红灯除了独自发光 4s 外，在黄灯亮 6s 的过程中，红灯仍保持发光，因此在红灯发光的状态 S20 中使用了“SET Y0”。Y0 置位后，当状态 S20 转移到 S22 后，由于 Y0 仍保持置位状态，红灯继续发光。当程序转移到 S25 状态绿灯闪烁时，由于 S25 状态中使用了“RST Y0”，Y0 复位红灯熄灭；而黄灯（Y1）由于在状态 S22 中使用的是“OUT”指令来驱动的，当状态转移后，Y1 自动复位，不必对 Y1 使用复位指令。这就是对元件使用“SET”指令与使用“OUT”指令的区别所在。

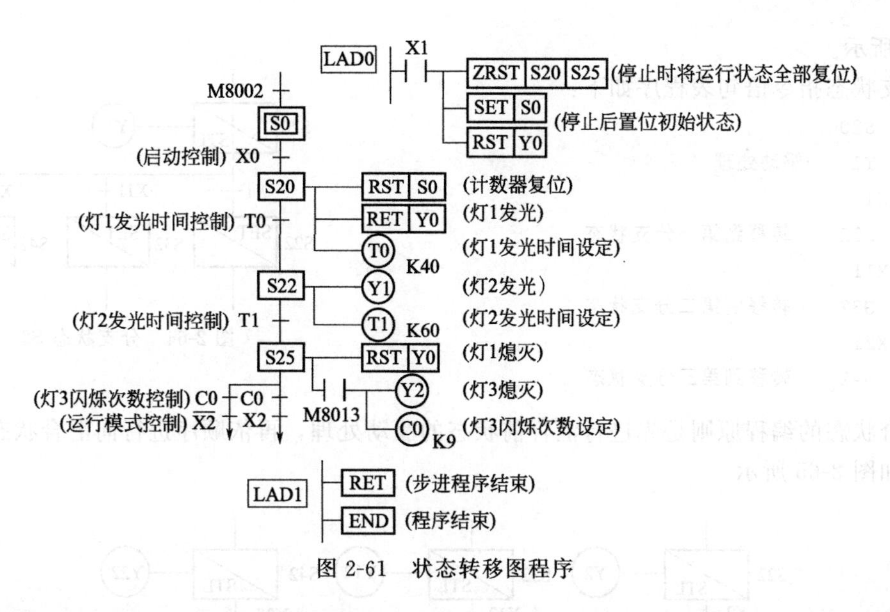

图 2-61　状态转移图程序

本例中采用计数器对 M8013 的脉冲次数进行计数，并用计数器触点作转移条件。为保证绿灯要闪烁 8 次，计数器设定值就要设定为 9，在 M8013 第 9 次脉冲发出时状态才转移。此外，在编程时，还要注意计数器的复位问题。因为计数器到达设定值后，即使此时计数器所在的状态已转移，但计数器的计数值还会继续保持，必须在计数器使用后对其复位清零。

2.4.4　多分支状态转移图的编程

在状态转移图中，存在多种工作顺序的状态流程图叫分支、汇合流程图。分支流程又分为选择性分支和并行分支两种。

（1）选择性分支状态转移图的结构与编程

从多个流程顺序中选择执行哪一个流程，称为选择性分支。图 2-62 就是一个选择性分支的状态转移图。图 2-63(a)～(c) 表示出了三个流程顺序。

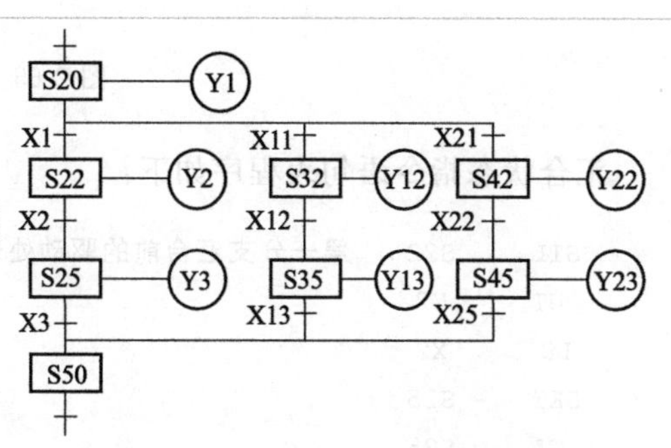

图 2-62　选择性分支状态转移图

S20 为分支状态器，根据不同的转移条件(X1、X11、X21)，可选择执行其中的一个流程。当 X1 为 ON 时，执行第一分支流程；X11 为 ON 时，执行第二分支流程；X21 为 ON 时，执行第三分支流程。如图 2-63 所示，X1、X11、X21 不能同时为 ON。

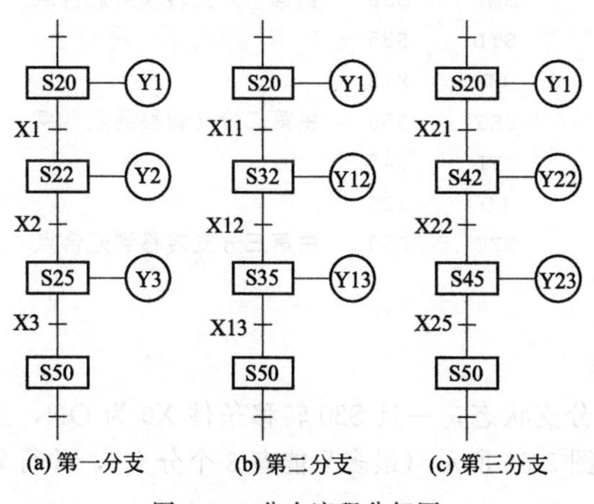

图 2-63　分支流程分解图

S50 为汇合状态器，可由 S25、S35、S45 任一状态器驱动。

选择性分支状态转移图编程的原则是先集中处理分支状态，然后再集中处理汇合状态。图 2-62 所示的选择性分支状态的编程，首先应对分支状态 S20 的驱动处理，然后按 S22、S32、S42 的顺序进行转移处理，如

图 2-64 所示。

分支状态指令语句表程序如下：

```
STL  S20
OUT  Y1     驱动处理
LD  X1
SET  S22    转移到第一分支状态
LD  X11
SET  S32    转移到第二分支状态
LD  X21
SET  S42    转移到第三分支状态
```

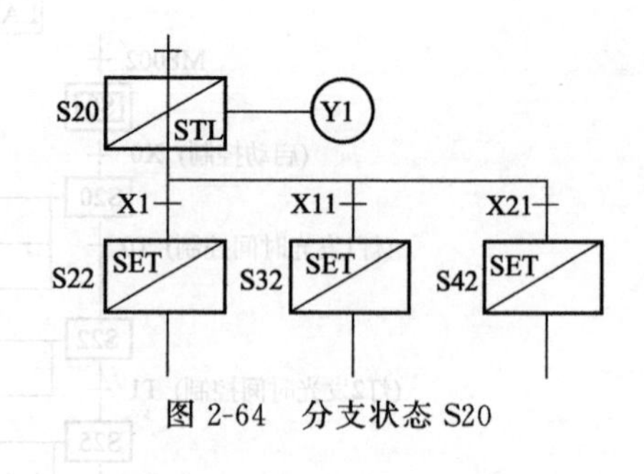

图 2-64 分支状态 S20

汇合状态的编程原则是先进行汇合前状态的驱动处理，再依顺序进行向汇合状态的转移处理，如图 2-65 所示。

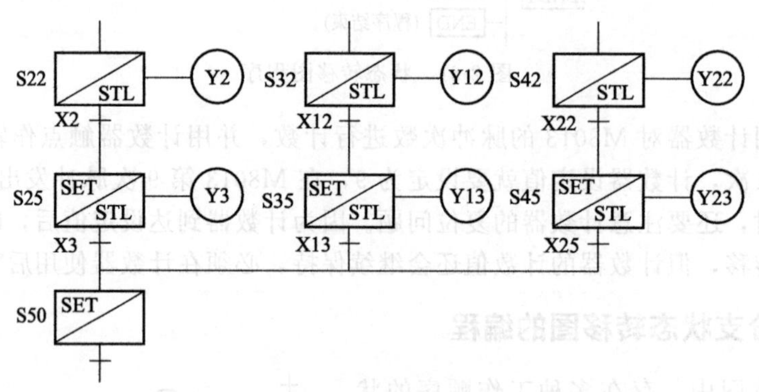

图 2-65 汇合状态 S50

汇合状态指令语句表程序如下：

```
STL     S22     第一分支汇合前的驱动处理
OUT     Y2
LD      X2
SET     S25
STL     S25
OUT     Y3
STL     S32     第二分支汇合前的驱动处理
OUT     Y12
LD      X12
SET     X35
STL     S35
OUT     Y13
STL     S42     第三分支汇合前的驱动处理
OUT     Y22
LD      X22
SET     S45
STL     S45
OUT     Y23
STL     S25     汇合前的驱动处理
LD      X3
SET     S50     由第一分支转移到汇合点
STL     S35
LD      X13
SET     S50     由第二分支转移到汇合点
STL     S45
LD      X25
SET     S50     由第三分支转移到汇合点
```

（2）并行分支状态转移图的结构与编程

上述 S20 是选择性分支状态，若是作并行分支状态，一旦 S20 转移条件 X0 为 ON，三个顺序流程同时执行。并行分支状态转移图如图 2-66 所示（最多只能有 8 个分支），并行分支流程分解图如图 2-67 所示。

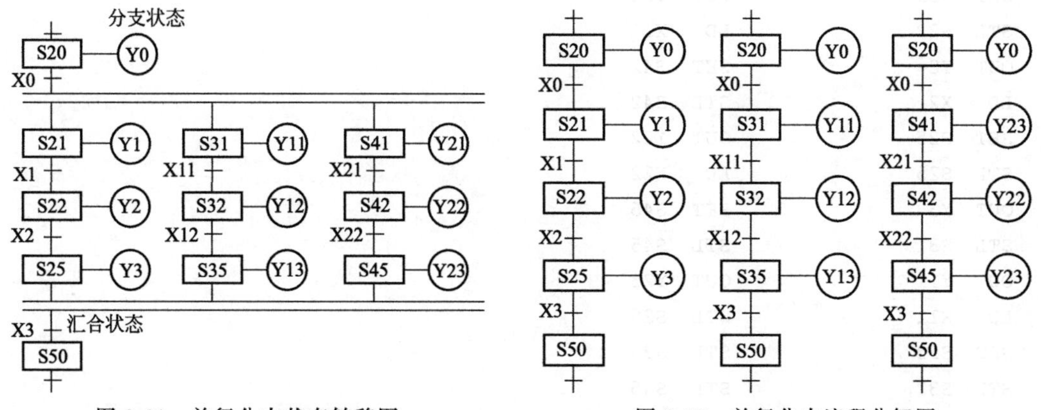

图 2-66　并行分支状态转移图　　　图 2-67　并行分支流程分解图

S50 为汇合状态，等三个分支流程动作全部结束时，一旦 X3 为 ON，S50 就开启。若其中任意一个分支没有执行完，S50 就不会开启。所以这种汇合也称为排队汇合，与选择性分支不同，在同一时间内会有两个或两个以上的状态是开启状态。

并行分支状态转移图的编程原则：先集中进行并行分支处理，再集中进行汇合处理。并行分支编程方法是先进行驱动处理，然后按顺序进行状态转移处理。并行汇合编程方法是先进行汇合前状态的驱动处理，然后按顺序进行汇合状态的转移处理。分支状态 S20 如图 2-68 所示，汇合前状态 S50 如图 2-69 所示。

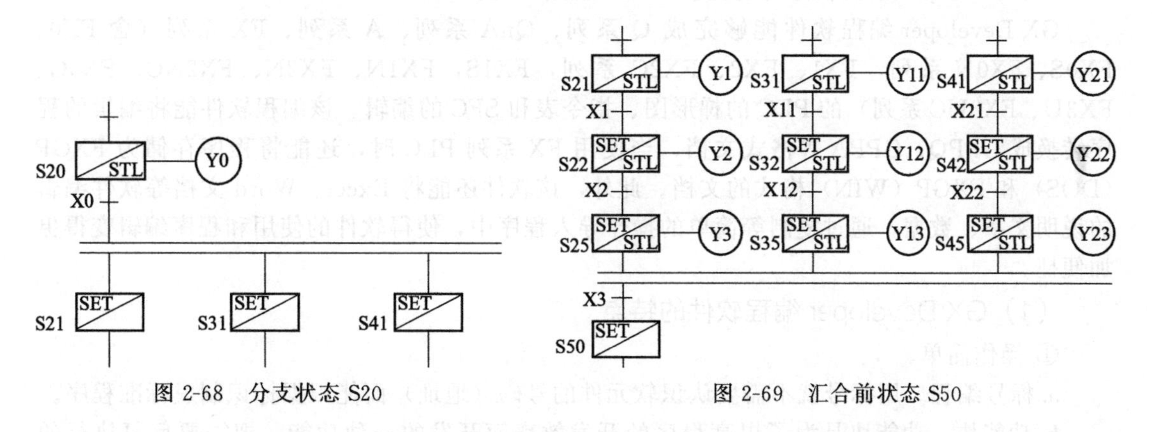

图 2-68　分支状态 S20　　　图 2-69　汇合前状态 S50

S20 的驱动负载为 Y0，转移方向为 S21、S31、S41。按照并行分支编程方法，应首先进行 Y0 的输出，然后依次进行到 S21、S31、S41 的转移。指令语句表程序如下：

```
STL  S20     SET  S21 向第一分支转移
OUT  Y0      驱动处理   SET  S31  向第二分支转移
LD  X0       SET  S41 向第三分支转移
```

按照并行汇合的编程方法，应先进行汇合前的输出处理，即按分支顺序对 S21、S22、S25、S3l、S32、S35、S41、S42、S45 进行输出的驱动处理，然后依次进行从 S25、S35、S45 到 S50 的转移。指令语句表程序如下：

```
STL  S21
OUT  Y1
LD   X1
```

```
STL  S35
OUT  Y13
STL  S41
```

```
SET  S22         OUT  Y21
STL  S22         LD   X21
OUT  Y2          SET  S42
LD   X2          STL  S42
SET  S25         OUT  Y22
STL  S25         LD   X22
OUT  Y3          SET  S45
STL  S31         STL  S45
OUT  Y11         OUT  Y23
LD   X11         STL  S25
SET  S32         STL  S35
STL  S32         STL  S45
OUT  Y12         LD   X3
LD   X12         SET  S50
SET  S35
```

2.5 三菱 PLC 编程软件与仿真软件及应用

2.5.1 GX Developer 编程软件

GX Developer 编程软件功能比较强大，应用广泛。

GX Developer 编程软件能够完成 Q 系列、QnA 系列、A 系列、FX 系列（含 FX0、FX0S、FX0N 系列，FX1、FX2、FX2C 系列，FX1S，FX1N、FX2N、FX2NC、FX3G、FX3U、FX3UC 系列）的 PLC 的梯形图、指令表和 SFC 的编辑。该编程软件能将编辑的程序转换成 GPPQ、GPPA 等格式文档，当使用 FX 系列 PLC 时，还能将程序存储为 FXGP（DOS）和 FXGP（WIN）格式的文档。此外，该软件还能将 Excel、Word 文档等软件编辑的说明文字、数据，通过复制等简单的操作导入程序中，使得软件的使用和程序编辑变得更加便捷。

（1）GX Developer 编程软件的特点

① 操作简单。

a. 标号编程。用标号就不需要认识软元件的号码（地址）而能根据标识制成标准程序。

b. 功能块。功能块是为了提高程序的开发效率而开发的一种功能。把需要反复执行的程序制成功能块，使得顺序程序的开发变得容易。功能块类似于 C 语言的子程序。

c 使用宏。只要在任意的回路模式上加上名字（宏定义名）登录（宏登录）到文档后输入简单的命令，就能读出登录过的回路模式，变更软元件就能灵活利用了。

② 与 PLC 连接的方式灵活。

a. 通过串口（RS-232C、RS-422、RS-485）通信与可编程控制器 CPU 连接。

b. 通过 USB 接口通信与可编程控制器 CPU 连接。

c. 通过 MELSECNET/10（H）与可编程控制器 CPU 连接。

d. 通过 MELSECNET（H）与可编程控制器 CPU 连接。

e. 通过 CC-Link 与可编程控制器 CPU 连接。

f. 通过 Ethernet 与可编程控制器 CPU 连接。

g. 通过计算机接口与可编程控制器 CPU 连接。

③ 强大的调试功能。

a. 由于运用了梯形图逻辑测试功能，能够更加简单地进行调试作业。通过该软件能进行模拟在线调试，不需要真实的 PLC。

b. 在帮助菜单中有 CPU 的出错信息、特殊继电器/特殊存储器的说明内容，所以对于在线调试过程中发生的错误，或者在程序编辑过程中想知道特殊继电器、特殊存储器的内容的情况下，通过帮助菜单可非常容易查询到相关信息。

c. 程序编辑过程中发生错误时，软件会提示错误信息或者错误原因，所以能大幅度缩短程序编辑的时间。

（2）操作界面

图 2-70 所示为 GX Developer 编程软件的操作界面，该操作界面由下拉菜单、工具条、编程区、工程数据列表、状态条等部分组成。整个程序在 GX Developer 编程软件中称为工程。

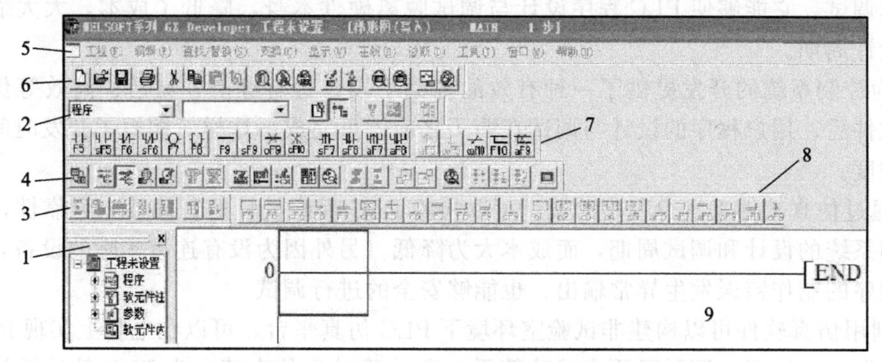

图 2-70　GX Developer 编程软件操作界面

图 2-70 中各个序号对应名称和含义见表 2-12。

表 2-12　GX Developer 编程软件操作界面中各个序号对应名称及其含义

序号	名称	含义
1	工程参数列表	显示程序、编程元件注释、参数、编程元件内存等内容，可实现这项目数据设定
2	数据切换工具条	可在程序、注释、参数、编程元件内存之间切换
3	SFC 工具条	可对 SFC 程序进行块变换、块信息设置、排序、块监视操作
4	程序工具条	可进行梯形图模式、指令表模式转换；进行读出模式、写入模式、监视模式和监视写入模式转换
5	菜单栏	包括工程、编辑、查找/替换、交换、显示、在线、诊断、工具、窗口、帮助等菜单
6	标准工具条	由工具菜单、编辑菜单、在线菜单等组成
7	梯形图标记工具条	包含梯形图所需要的常开触点、常闭触点、应用指令等内容
8	SFC 符号工具条	包含 SFC 程序编辑所需要使用的步、块启动步、结束步、选择合并、平行合并等功能键
9	操作编辑区	完成程序编辑、修改、监控的区域

2.5.2　GX Simulator 仿真软件

（1）GX Simulator 仿真软件简介

三菱为 PLC 设计了一款可选仿真软件程序 GX Simulator，此仿真软件包可以在计算机中模拟可编程控制器运行和测试程序，它不能脱离 GX Developer 独立运行。

GX Simulator 软件是给 GX Developer 软件包加入仿真功能的软件。除了 Q 系列之外，这个综合的软件还可以用于 A 系列、QnA 系列、Motion 系列及 FX 系列的 CPU。它使得 GX Developer 软件上编写的顺序控制程序无须写入 PLC 本体中，在个人计算机上就可以进行仿真运行。而且，如果将智能化模块用软件包 GX Configurator 也加入其中，则还可以进行智能化功能模块（A/D 转换模块、D/A 转换模块、通信转换模块）的初始参数设定、自动刷新参数设定等状态的仿真。

GX Simulator 提供了简单的用户界面，用于监视和修改在程序中使用各种参数（如开关量输入和开关量输出）。当程序由 GX Simulator 处理时，也可以在 GX Developer 软件中使用各种软件功能，如使用变量表监视、修改变量和断点测试功能。

（2）仿真的必要性

采用 GX Developer 编程软件及 GX Simulator 真软件可以在计算机上直接进行 PLC 编程及仿真调试。它能够使 PLC 程序设计与调试脱离硬件本身，降低了成本，大大缩短控制系统的设计周期。

① 为控制系统的开发提供了一种有效的辅助手段，具有经济、灵活、高效等优点。使用仿真软件后，用户程序的设计与调试在购买之前就可完成。这样，缩短了开发时间，加快了工程进度。

② 通过仿真软件来进行程序的调试可以检验 PLC 程序设计的正确性、可靠性，将大大缩短控制系统的设计和调试周期，而成本大为降低。另外因为没有连接实际的设备，所以万一由于程序的制作错误发生异常输出，也能够安全的进行调试。

③ 利用仿真软件可以构建非试验室环境下 PLC 仿真平台，可以在电脑上实现 PLC 程序的编程、调试、仿真，摆脱了原来试验箱平台和试验时间的束缚。为 PLC 教学提供一种全新的方法和手段，用户使用它学习既经济又方便。

（3）GX Simulator 仿真调试步骤

在安装有 GX Developer 编程软件的计算机内追加安装 GX Simulator，然后把 GX Developer 制作的顺控程序写入 GX Simulator 内，就能够通过 GX Simulator 实现离线调试。对三菱 FX 系列 PLC 仿真调试步骤如下。

① 通过 GX Developer 编写程序。

② 启动梯形图逻辑测试。

③ 根据 GX Simulator 和 GX Developer 各种功能实施顺控程序的调试。

④ 调试后用 GX Developer 修正顺控程序。

⑤ 使虚拟 PLC 停止运行。在逻辑测试工具（ladder logic test tool）画面上，选中运行状态至 STOP。

⑥ 用 GX Developer 的“在线”→“PLC 写入”将修正的程序写入 GX Simulator 内。

再次进行调试时反复执行步骤①～⑥即可。

2.5.3 编程与仿真软件应用

下面以 PLC 控制三台设备循环工作为例，介绍如何运用 GX Developer 和 GX Simulator 进行程序的仿真调试。系统控制要求如下：三台设备循环工作，间隔时间均为 2s，X1 为启动信号，X0 为停止信号，Y0、Y1、Y2 分别控制三台设备的启停。

（1）通过 GX Developer 制作顺控程序

双击打开 GX Developer 编程软件，创建新工程。在创建新工程对话框中选择 PLC 系列

(FXCPU)，CPU 类型［FX2N（C)]、程序类型（梯形图逻辑)，并设置工程路径及工程名。在写入模式下编写梯形图程序并变换。最终编写的 PLC 程序如图 2-71 所示。

（2）启动梯形图逻辑测试

选择 GX Developer 的“工具”→“梯形图逻辑测试起动”，用 GX Developer 制作的顺控程序和参数就自动写入 GX Simulator（相当 PLC 写入)。

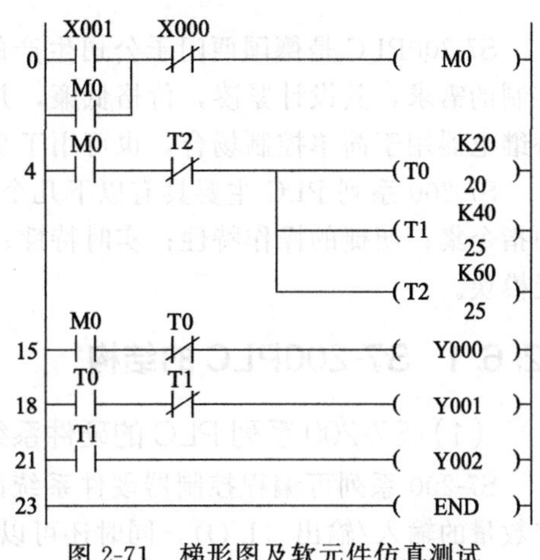

图 2-71　梯形图及软元件仿真测试

（3）运用 GX Developer 和 GX Simulator 进行程序的仿真调试

离线调试功能主要包括软元件的监视、测试及模拟外部机器运行的 I/O 系统设定功能。仿真调试中，最简单的方法就是在监控模式下利用软元件测试来监控程序的运行。如图 2-72 所示，利用位软元件（X1）的强制 ON/OFF，来模拟外部信号的输入，以判断程序的运行是否符合系统的控制要求。此外常常利用 I/O 系统设定及时序图来进行仿真调试。

① I/O 系统设定　通过 I/O 系统设定，可以产生输入、输出仿真信号。从而不必制作调试用程序，就可自动模拟外部机械的运行。方法如下：单击逻辑测试工具（ladder logic test tool）的“菜单起动”→“I/O 系统设定”，打开图 2-72 所示对话框。先设定条件，左右表示与关系（AND)，上下表示或关系（OR)。本例中模拟两个按钮，当 X0（X1）为 ON 时，500ms 后，X0（X1）为 OFF。保存 I/O 系统设定并执行。

② 时序图　单击逻辑测试工具（ladder logic test tool）的“菜单启动”—“继电器内存监视”菜单，出现设备内存监视（device memory monitor）对话框，点击菜单“时序图”—“启动”，将监视停止状态改成正在进行监视状态，此时就可以看到各个软元件的开关状态，如图 2-73 所示。鼠标左键双击时序图中 X1，时序图中 X1 变成黄色后马上消失，即 X1 由 OFF 到 ON，再到 OFF，如果没有进行图 2-72 所示 I/O 系统设定，则需再次双击时序图中的 X1。这样可以模拟操作启动按钮。同理，需要停止时，只需双击 X0（模拟操作停止按钮)。通过查看时序图的状态，就可验证程序的运行是否符合系统的控制要求，并根据需要决定修改与否。修改程序再次进行调试时，反复执行前述“Gx Simulator 仿真调试步骤”③～⑥直到得到正确的结果。

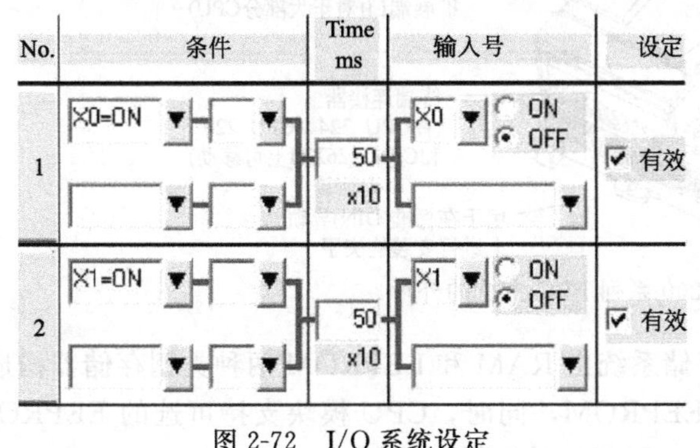

图 2-72　I/O 系统设定

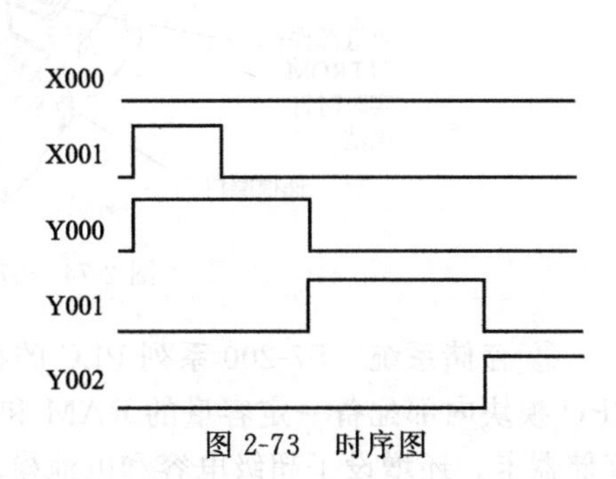

图 2-73　时序图

2.6 西门子 S7-200PLC

S7-200PLC 是德国西门子公司生产的一种小型系列可编程器，它能够满足多种自动化控制的需求，其设计紧凑，价格低廉，并且具有良好的可扩展性以及强大的指令功能，可代替继电器用于简单控制场合，也可用于复杂的自动化控制系统。

S7-200 系列 PLC 主要具有以下几个方面的特点：极高的可靠性；易于掌握；极其丰富的指令集；便捷的操作特性；实时特性；丰富的内置集成功能；强大的通信能力；丰富的扩展模块。

2.6.1 S7-200PLC 的结构

（1）S7-200 系列 PLC 的硬件系统基本构成

S7-200 系列可编程控制器硬件系统的配置方式采用整体式加积木式，即主机中包含一定数量的输入/输出（I/O），同时还可以扩展各种功能模块。

① 基本单元　基本单元（Basic Unit）又称 CPU 模块，也有的称为主机或本机。它包括 CPU、存储器、基本输入/输出点和电源等，是 PLC 的主要组成部分。

② 扩展单元　主机 I/O 点数量不能满足控制系统的要求时，用户可以根据需要扩展各种 I/O 模块。

③ 特殊功能模块　当需要完成某些特殊功能的控制任务时，需要扩展功能模块。它们是为完成某种特殊控制任务而特制的一些装置。

④ 相关设备　相关设备是为充分和方便地利用系统的硬件和软件资源而开发和使用的一些设备，主要有编程设备、人机操作界面和网络设备等。

⑤ 工业软件　工业软件是为更好地管理和使用这些设备而开发的与之相配套的程序，它主要由标准工具、工程工具、运行软件和人机接口软件等几大类构成。

（2）S7-200 系列 PLC 的主机

① 主机外形　S7-200 的 CPU 模块包括一个中央处理单元、电源以及数字 I/O 点，集成在一个紧凑、独立的设备中（图 2-74）。CPU 负责执行程序，输入部分从现场设备中采集信号，输出部分则输出控制信号，驱动外部负载。

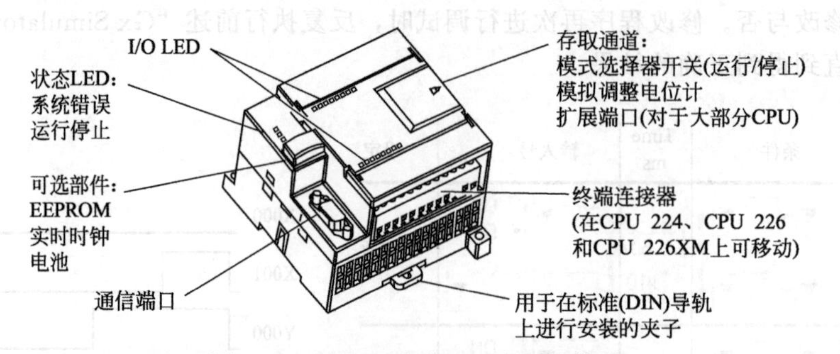

图 2-74　S7-200 系列 PLC 主机的外形

② 存储系统　S7-200 系列 PLC 的存储系统由 RAM 和 EEPROM 两种类型存储器构成，CPU 模块内部配备一定容量的 RAM 和 EEPROM，同时，CPU 模块支持可选的 EEPROM 存储器卡。还增设了超级电容和电池模块，用于长时间保存数据。

③ 数字量扩展模块　用户根据实际需要，选用具有不同 I/O 点数的数字量扩展模块，

可以满足不同的控制需要，节约成本。

④ 模拟量输入输出扩展模块　在工业控制中，某些输入量（如温度、压力、流量等）是模拟量，而某些执行机构（如电动调节阀、晶闸管调速装置和变频器等）也要求PLC输出模拟信号，而PLC的CPU只能处理数字量。这就需要模拟量输入输出扩展模块来实现A/D转换（模拟量输入）和D/A转换（模拟量输出）。

⑤ PROFIBUS-DP通信模块　EM277 PROFIBUS-DP扩展从站模块用来将S7-200连接到PROFIBUS-DP网络。

⑥ SIMATIC NET CP243-2通信处理器　SIMATIC NET CP243-2是S7-200的AS-i主站，它最多可以连接31个AS-i站。

⑦ I/O点数扩展和编址　CPU 22x系列的每种主机所提供的本机I/O点的I/O地址是固定的，进行扩展时，可以在CPU右边连接多个扩展模块，每个扩展模块的组态地址编号取决于各模块的类型和该模块在I/O链中所处的位置。编址时同种类型输入或输出点的模块在链中按与主机的位置递增，其他类型模块的有无以及所处的位置不影响本类型模块的编号。

（3）S7-200系列PLC的内部编程资源

软元件是PLC内部具有一定功能的器件，这些器件由电子电路、寄存器及存储器单元等组成。

① 输入继电器（I）　输入继电器一般都有一个PLC的输入端子与之对应，它用于接收外部开关信号。外部的开关信号闭合，则输入继电器的线圈得电，在程序中其常开触点闭合，常闭触点断开。

② 输出继电器（Q）　输出继电器一般有一个PLC上的输出端子与之对应。当通过程序使输出继电器线圈得电时，PLC上的输出端开关闭合，它可以作为控制外部负载的开关信号，同时在程序中其常开触点闭合，常闭触点断开。

③ 通用辅助继电器（M）　通用辅助继电器的作用和继电器控制系统中的中间继电器相同，它在PLC中没有输入/输出端子与之对应，因此它的触点不能驱动外部负载。

④ 特殊继电器（SM）　有些辅助继电器具有特殊功能或用来存储系统的状态变量、控制参数和信息，我们称其为特殊继电器。

⑤ 变量存储器（V）　变量存储器用来存储变量。它可以存放程序执行过程中控制逻辑操作的中间结果，也可以使用变量存储器来保存与工序或任务相关的其他数据。

⑥ 局部变量存储器（L）　局部变量存储器用来存放局部变量。局部变量与变量存储器所存储的全局变量十分相似，主要区别在于全局变量是全局有效的，而局部变量是局部有效的。

⑦ 顺序控制继电器（S）　有些PLC中也把顺序控制继电器称为状态器。顺序控制继电器用在顺序控制或步进控制中。

⑧ 定时器　定时器是PLC中重要的编程元件，是累计时间增量的内部器件。

⑨ 计数器（C）　计数器用来累计输入脉冲的个数，经常用来对产品进行计数或进行特定功能的编程。

⑩ 模拟量输入映像寄存器（AI）、模拟量输出映像寄存器（AQ）　模拟量输入电路用以实现模拟量/数字量（A/D）之间的转换，而模拟量输出电路用以实现数字量/模拟量（D/A）之间的转换。

⑪ 高速计数器（HC）　一般计数器的计数频率受扫描周期的影响，不能太高。而高速计数器可累计比CPU的扫描速度更快的事件。

⑫ 累加器（AC） 累加器是用来暂存数据的寄存器，它可以用来存放运算数据、中间数据和结果。

2.6.2 S7-200 存储器的数据类型与寻址方式

（1）数据类型与单位

S7-200 系列 PLC 数据类型有布尔型、整型和实型。常用的单位有位、字节、字和双字等。

（2）直接寻址与间接寻址

1）直接寻址

将信息存储在存储器中，存储单元按字节进行编址，无论寻址的是何种数据类型，通常应直接指出元件名称及其所在存储区域内的字节地址，并且每个单元都有唯一的地址，这种寻址方式称为直接寻址。

直接寻址可以采用按位编址或按字节编址的方式进行寻址。

取代继电器控制系统的数字量控制系统一般只采用直接寻址，下面是各个寄存器进行直接寻址的情况。

① 输入映像寄存器（I）寻址 输入映像寄存器的标识符为 I（I0.0～I15.7），在每个扫描的周期的开始，CPU 对输入点进行采样，并将采样值存于输入映像寄存器中。

② 输出映像寄存器（Q）寻址 输出映像寄存器的标识符为 Q（Q0.0～Q15.7），在扫描周期的末尾，CPU 将输出映像寄存器的数据传送给输出模块，再由后者驱动外部负载。

③ 变量存储器（V）寻址 在程序执行的过程中存放中间结果，或用来保存与工序或任务有关的其他数据。

④ 位存储器（M）区寻址 内部存储器标志位（M0.0～M31.7）用来保存控制继电器的中间操作状态或其他控制信息。

⑤ 特殊存储器（SM）标志位寻址 特殊存储器用于 CPU 与用户之间交换信息。

⑥ 局部存储器（L）区寻址 S7-200 有 64 个字节的局部存储器，其中 60 个可以作为暂时寄存器，或给子程序传递参数。

⑦ 定时器（T）寻址 定时器相当于继电器控制系统中的时间继电器。

⑧ 计数器（C）寻址 计数器用来累计其计数输入端脉冲电平由低到高的次数。

⑨ 顺序控制继电器（S）寻址 顺序控制继电器（SCR）位用于组织机器的顺序操作。

⑩ 模拟量输入（AI）寻址 S7-200 的模拟量输入电路将现实世界连续变化的模拟量（如温度、压力、电流、电压等）电信号用 A/D 转换器转换为 1 个字长（16 位）的数字量，用区域标识符 AI、数据长度（W）和字节的起始地址来表示模拟量的输入地址。

⑪ 模拟量输出（AQ）寻址 S7-200 的模拟量输出电路将 1 个字长的数字用 D/A 转换器转换为标准模拟量，用区域标识符 AQ、数据长度（W）和字节的起始地址来表示存储模拟量输出的地址。

⑫ 累加器（AC）寻址 累加器可以像存储器那样使用读/写单元，例如可以用它向子程序传递参数，或从子程序返回参数，以及用来存放计算的中间值。

⑬ 高速计数器（HC）寻址 高速计数器用来累计比 CPU 的扫描速率更快的事件，其当前值和设定值为 32 位有符号整数，当前值为只读数据。

2）间接寻址

间接寻址方式是指数据存放在寄存器或存储器中，在指令中只出现所需数据所在单元的内存地址的地址，存储单元地址的地址又称为地址指针。

用间接寻址方式存取数据的过程如下。

① 建立指针。

② 用指针来存取数据。

③ 修改指针。

（3）符号地址与绝对地址

在程序编制过程中，可以用数字和字母组成的符号来代替存储器的地址，这种地址称为符号地址。

绝对地址是指可编程控制器内实际的物理地址。程序编译后下载到可编程控制器时，所有的符号地址被转换为绝对地址。

2.6.3 基本逻辑指令

在 S7-200 的编程软件中，用户可以选用梯形图 LAD（ladder）、功能块图（Function Block Diagram）或语句表 STL（Statement List）等编程语言来编制用户程序。语句表和梯形图语言是一个完备的指令系统，支持结构化编程方法，而且两种编程语言可以相互转化。在用户程序中，尽管它们的表达形式不同，但表示的内容却是相同或相似的。

基本逻辑指令是 PLC 中最基本、最常用的一类指令，主要包括位逻辑指令、堆栈操作指令、置位/复位指令、立即指令以及微分指令等。

（1）位逻辑指令

位逻辑指令主要用来完成基本的位逻辑运算及控制。

① LD、LDN 和＝(Out) 指令　LD (Load)、LDN(Load Not)：取指令。启动梯形图任何逻辑块的第一条指令时，分别连接动合触点和动断触点。＝(Out)：输出指令。线圈驱动指令，必须放在梯形图的最右端。LD、LDN 指令操作数为 I、Q、M、T、C、SM、S、V。＝指令的操作数为 M、Q、T、C、SM、S。LD、LDN 和＝指令梯形图及语句表应用示例见图 2-75。

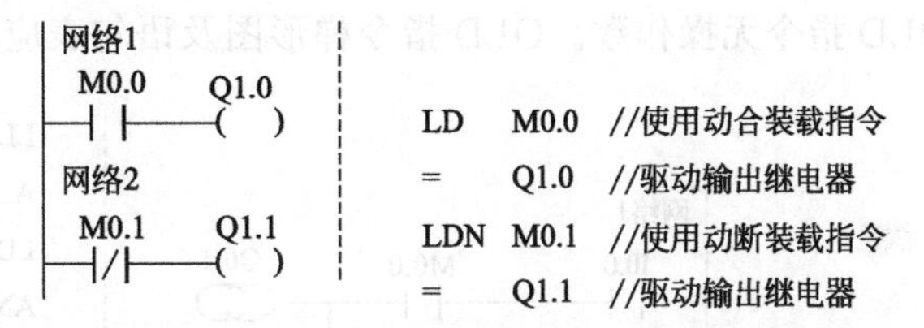

图 2-75　LD、LDN 和＝指令梯形图及语句表应用示例

② A 和 AN 指令　A（And）：逻辑“与”指令，用于动合触点的串联。AN（And Not）：逻辑“与非”指令，用于动断触点的串联。A 和 AN 指令的操作数为 I、Q、M、SM、T、C、S、V。A 和 AN 指令梯形图及语句表应用示例见图 2-76。

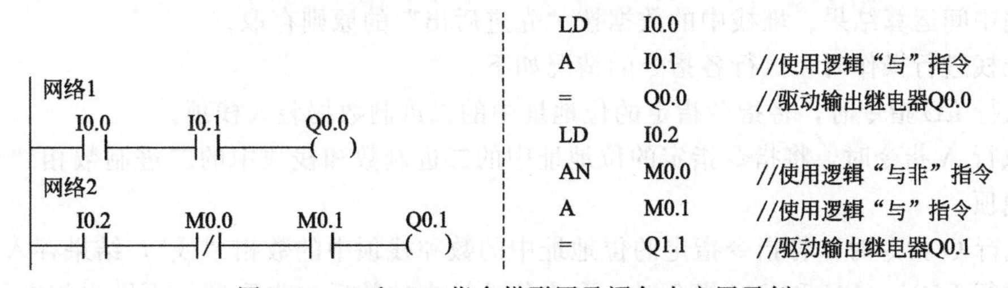

图 2-76　A 和 AN 指令梯形图及语句表应用示例

③ O 和 ON 指令　O（Or）：逻辑“或”指令，用于动合触点的并联。ON（Or Not）：逻辑“或非”指令，用于动断触点的并联。O 和 ON 指令的操作数为 I、Q、M、SM、T、C、S、V。O 和 ON 指令梯形图及语句表应用示例见图 2-77。

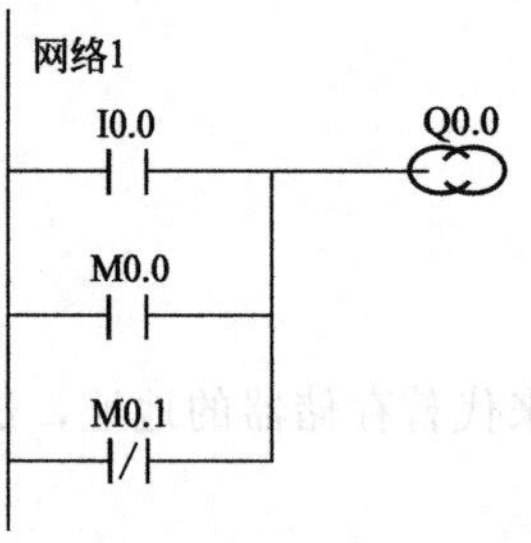

网络1

I0.0 Q0.0

M0.0

M0.1

```
LD    I0.0
O     M0.0    //使用逻辑“或”指令
ON    M0.1    //使用逻辑“或非”指令
=     Q0.0    //驱动输出继电器Q0.0
```

图 2-77 O 和 ON 指令梯形图及语句表应用示例

④ ALD 指令 ALD（And Load）：逻辑块“与”指令，用于并联电路块的串联连接。ALD 指令无操作数。ALD 指令梯形图及语句表应用示例见图 2-78。

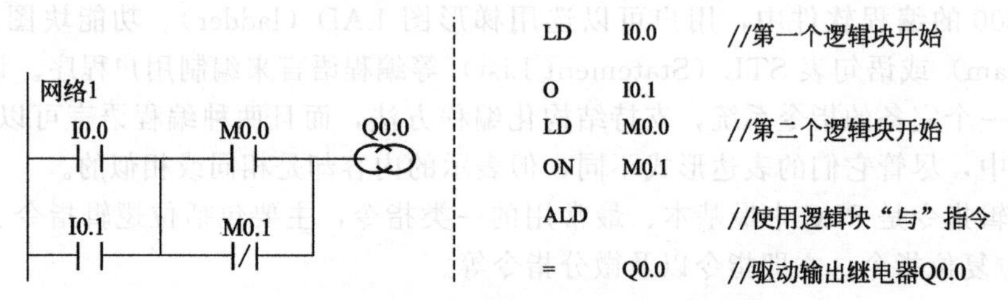

图 2-78 ALD 指令梯形图及语句表应用示例

⑤ OLD 指令 OLD（Or Load）：逻辑块“或”指令，用于串联电路块的并联连接。OLD 指令无操作数。OLD 指令梯形图及语句表应用示例见图 2-79。

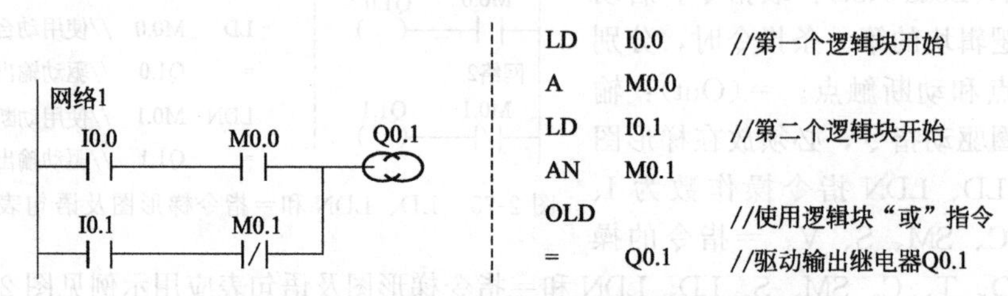

图 2-79 OLD 指令梯形图及语句表应用示例

（2）堆栈操作指令

① 堆栈操作 S7-200 有一个 9 位的堆栈，栈顶用来存储逻辑运算的结果，下面的 8 位用来存储中间运算结果。堆栈中的数据按“先进后出”的原则存取。

对堆栈进行操作时，执行各指令的情况如下。

a. 执行 LD 指令时，将指令指定的位地址中的二进制数据装入栈顶。

b. 执行 A 指令时，将指令指定的位地址中的二进制数和栈顶中的二进制数相“与”，结果存入栈顶。

c. 执行 O 指令时，将指令指定的位地址中的数和栈顶中的数相“或”，结果存入栈顶。

d. 执行 LDN、AN 和 ON 指令时，取出位地址中的数后，先取反，再做出相应的操作。

e. 执行输出指令“=”时，将栈顶值复制到对应的映像寄存器。

f. 执行 ALD、OLD 指令时，对堆栈第一层和第二层的数据进行“与”“或”操作。并将运算结果存入栈顶，其余层的数据依次向上移动一位。最低层（栈底）补随机数。OLD 指令对堆栈的影响见图 2-80。

② 堆栈操作指令　堆栈操作指令包含LPS、LRD、LPP、LDS几条命令。各命令功能描述如下。

LPS（Logic Push）：逻辑入栈指令（分支电路开始指令）。该指令复制栈顶的值并将其压入堆栈的下一层，栈中原来的数据依次向下推移，栈底值推出丢失。

LRD（Logic Read）：逻辑读栈指令。该指令将堆栈中第二层的数据复制到栈顶，2～9层的数据不变，原栈顶值丢失。

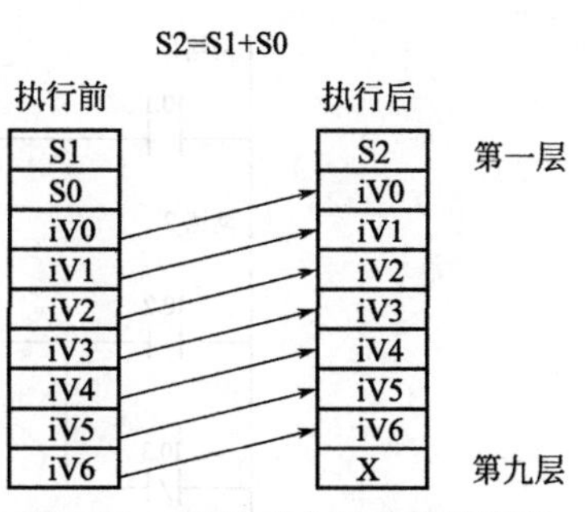

图 2-80　OLD指令对堆栈的影响

LPP（Logic Pop）：逻辑出栈指令（分支电路结束指令）。该指令使栈中各层的数据向上移一层，原第二层的数据成为新的栈顶值。

LDS（Logic Stack）：装入堆栈指令。该指令复制堆栈中第n(n=1～8)层的值到栈顶，栈中原来的数据依次向下一层推移，栈底丢失。

堆栈操作的过程如图2-81所示。

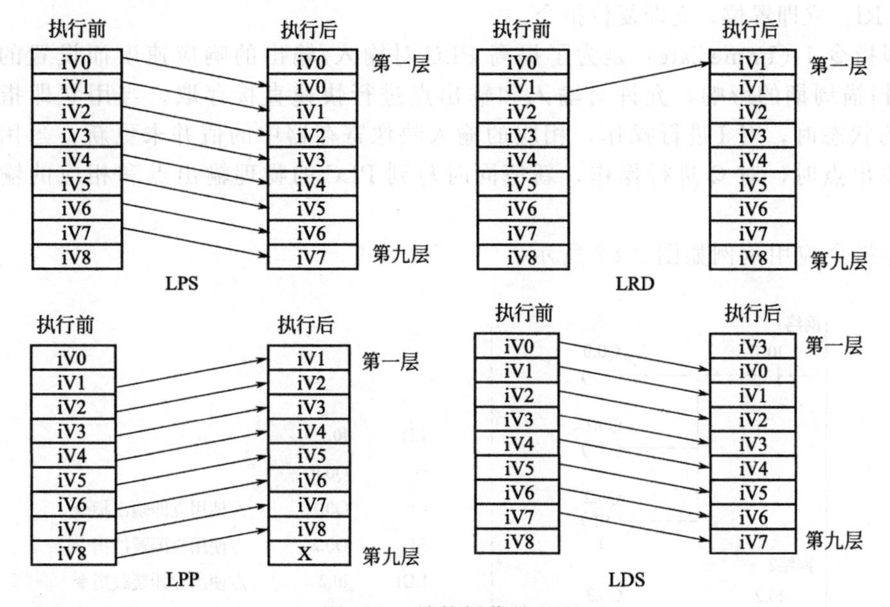

图 2-81　堆栈操作的过程

（3）置位/复位指令

① 置位指令S　S(SET)：置位指令，将从bit开始的N个元件置1并保持。

STL指令格式：S　bit，N

其中，N的取值为1～255。

② 复位指令R　R(RESET)：复位指令，将从bit开始的N个元件置0并保持。

STL指令格式：R　bit，N

其中，N的取值为1～255。

置位和复位指令应用的梯形图及指令表示例如图2-82所示。

（4）立即指令

立即指令I包含LDI、LDNI；OI、ONI；AI、ANI；=I；SI、RI几条命令，各命令功能描述如下。

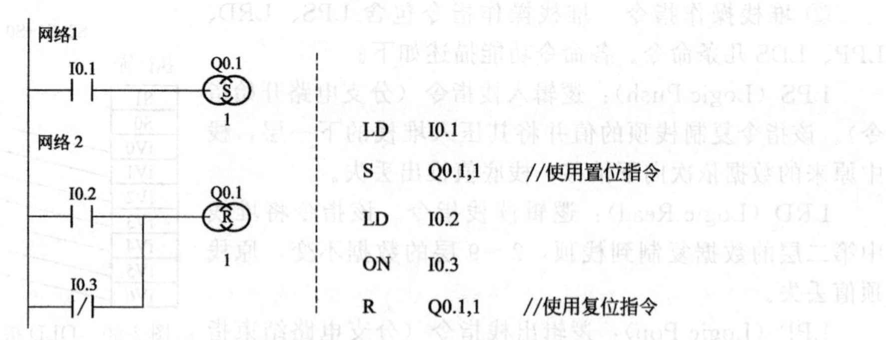

图 2-82　置位和复位指令应用示例

LDI、LDNI：立即取、立即取非指令。

OI、ONI：立即“或”、立即“或非”指令。

AI、ANI：立即“与”、立即“与非”指令。

=I：立即输出指令。

SI、RI：立即置位、立即复位指令。

立即指令 I（Immediate）是为了提高 PLC 对输入/输出的响应速度而设置的，它不受 PLC 扫描周期的影响，允许对输入和输出点进行快速直接存取。当用立即指令读取输入点的状态时，对 I 进行操作，相应的输入映像寄存器中的值并未更新；当用立即指令访问输出点时，对 Q 进行操作，新值同时写到 PLC 的物理输出点和相应的输出映像寄存器。

立即指令应用示例如图 2-83 所示。

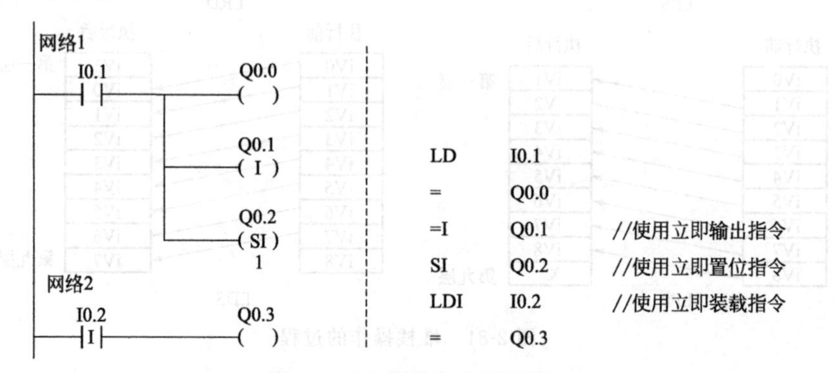

图 2-83　立即指令应用示例

（5）微分指令

微分指令又叫边沿触发指令，分为上升沿微分和下降沿微分指令。

EU（Edge UP）：上升沿微分指令，其作用是在上升沿产生脉冲。

指令格式：┤P├，该指令无操作数。

ED（Edge Down）：下降沿微分指令，其作用是在下降沿产生脉冲。

指令格式：┤N├，该指令无操作数。

在使用 EU 指令时，当其执行条件从 OFF 变成 ON 时，EU 就会变成 ON 一个周期，而使用 ED 指令时，当其执行条件从 ON 变成 OFF 时，ED 就会变成 ON 一个周期。

微分指令应用示例及时序图如图 2-84 所示。

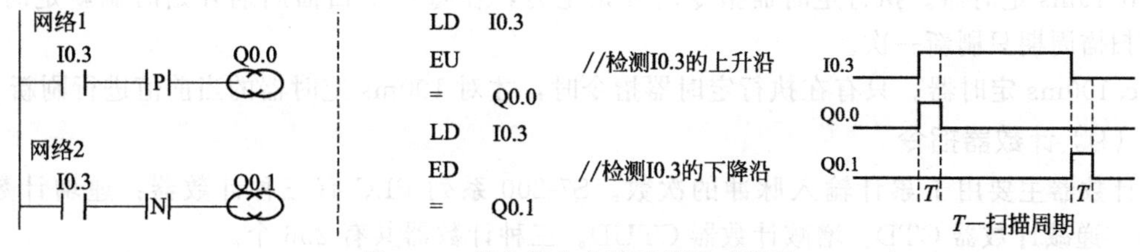

图 2-84 微分指令应用示例及时序图

（6）取反指令

NOT：取反指令。将其左边的逻辑运算结果取反，指令没有操作数。

取反指令应用示例如图 2-85 所示。

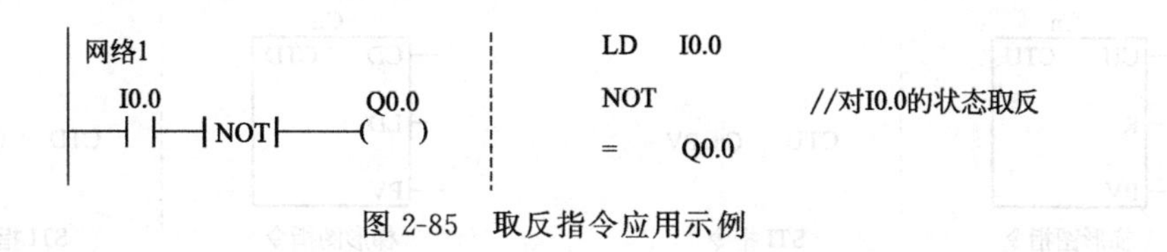

图 2-85 取反指令应用示例

（7）空操作指令

NOP：空操作指令，不影响程序的执行。

指令格式：NOP N //N 为执行空操作指令的次数，$N=0\sim255$

（8）定时器指令

定时器是 PLC 常用的编程元件之一，S7-200 系列 PLC 有三种类型的定时器，即通电延时定时器（TON）、断电延时定时器（TOF）和保持型通电延时定时器（TONR），共计 256 个。定时器分辨率（S）可分为三个等级：1ms、10ms 和 100ms。

① 通电延时定时器 TON（On-Delay Timer） 通电延时型定时器（TON）用于单一时间间隔的定时。输入端（IN）接通时，开始定时，当前值大于或等于设定值（PT）时（PT=1～32767），定时器位变为 ON，对应的常开触点闭合，长闭触点断开。达到设定值后，当前值仍继续计数，直到最大值 32767 为止。输入电路断开时，定时器复位，当前值被清零。

② 断电延时定时器 TOF（Off-Delay Timer） 断电延时定时器（TOF）用于断电后的单一间隔时间计时。输入端（IN）接通时，定时器位为 ON，当前值为 0。当输入端由接通到断开时，定时器的当前值从 0 开始加 1 计数，当前值等于设定值（PT）时，输出位变为 OFF，当前值保持不变，停止计时。

③ 保持型通电延时定时器 TONR（Retentive On-Delay Timer） 保持型通电延时定时器 TONR 用于对许多间隔的累计定时。当输入端（IN）接通时，定时器开始计时，当前值从 0 开始加 1 计数，当前值大于或等于设定值（PT）时，定时器位置 1；当输入 IN 无效时，当前值保持，IN 再次有效时，当前值在原保持值基础上继续计数，TONR 定时器用复位指令 R 进行复位，复位后定时器当前值清零，定时器位为 OFF。

④ 定时器当前值刷新方式 在 S7-200 系列 PLC 的定时器中，定时器的刷新方式是不同的，从而在使用方法上也有所不同。使用时一定要注意根据使用场合和要求来选择定时器。常用的定时器的刷新方式有 1ms、10ms、100ms 三种。

a. 1ms 定时器。定时器指令执行期间每隔 1ms 对定时器和当前值刷新一次，不与扫描周期同步。

b. 10ms 定时器。执行定时器指令时开始定时，在每一个扫描周期开始时刷新定时器，每个扫描周期只刷新一次。

c. 100ms 定时器。只有在执行定时器指令时，才对 100ms 定时器的当前值进行刷新。

（9）计数器指令

计数器主要用于累计输入脉冲的次数。S7-200 系列 PLC 有三种计数器：递增计数器 CTU、递减计数器 CTD、增减计数器 CTUD。三种计数器共有 256 个。

① 递增计数器 CTU（Count Up） 递增计数器 CTU 指令格式如图 2-86 所示。其中，CU：加计数脉冲输入端；Cn：计数器编号；R：复位输入端；PV：设定值。

② 递减计数器 CTD（Count Down） 递减计算器 CTD 指令格式如图 2-87 所示。其中，LD：复位脉冲输入端；Cn：计数器编号；CD：减计数脉冲输入端；PV：设定值。

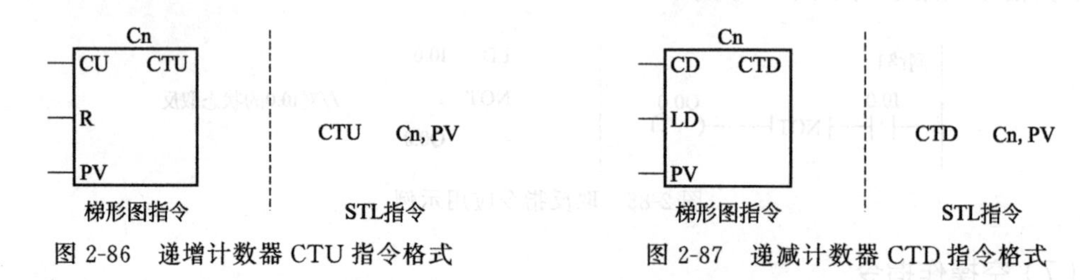

图 2-86 递增计数器 CTU 指令格式

图 2-87 递减计数器 CTD 指令格式

③ 增减计数器 CTUD（Count UP/Down） 增减计数器 CTUD 指令格式如图 2-88 所示。其中，CU：加计数脉冲输入端；Cn：计数器编号；CD：减计数脉冲输入端；PV：设定值。

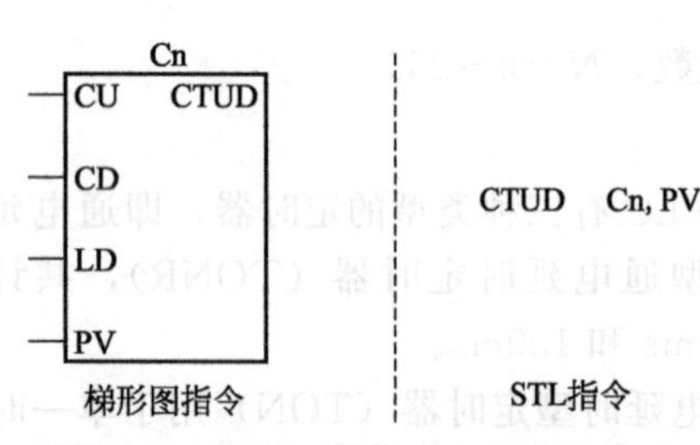

图 2-88 增减计数器 CTUD 指令格式

（10）比较指令

比较指令用来比较两个数 IN1 和 IN2 的大小。在梯形图中，满足比较关系式给出的条件时，触点接通。

比较运算符有：＝、<>、>、<、>＝、<＝。

2.6.4 程序控制指令

程序控制指令主要用于较复杂程序设计，使用该类指令可以优化程序结构，增强程序功能。它包括循环、跳转、停止、结束、子程序、看门狗复位及顺序控制等指令。

（1）循环指令

循环指令主要用于反复执行若干次相同功能程序的情况。循环指令包括循环开始指令 FOR 和循环结束指令 NEXT。

FOR 指令表示循环的开始，NEXT 指令表示循环的结束。当驱动 FOR 指令的逻辑条件满足时，反复执行 FOR 和 NEXT 之间的程序。在 FOR 指令中，需要设置指针或当前循环次数计数器（INDX）、初始值（INIT）和终值（FINAL）。

循环指令格式如图 2-89 所示。

INDX 操作数为 VW、IW、QW、MW、SW、SMW、LW、T、C、AC、*VD、*AC、和 *CD，属 INT 型。INIT 和 FINAL 操作数除上面外，再加上常数。也属 INT 型。

（2）跳转指令

跳转指令包括跳转指令 JMP 和标号指令 LBL。当条件满足时，跳转指令 JMP 使程序转到对应的标号 LBL 处，标号指令用来表示跳转的目的地址。

JMP 与 LBL 指令中的操作数 n 为常数 0～255。JMP 和对应的 LBL 指令必须在同一程序块中。

（3）停止指令

停止指令 STOP 可使 PLC 从运行模式进入停止模式，立即停止程序的执行。如果在中断程序中执行停止指令，中断程序立即终止，并忽略全部等待执行的中断，继续执行主程序的剩余部分，并在主程序的结束处，完成从运行方式至停止方式的转换。

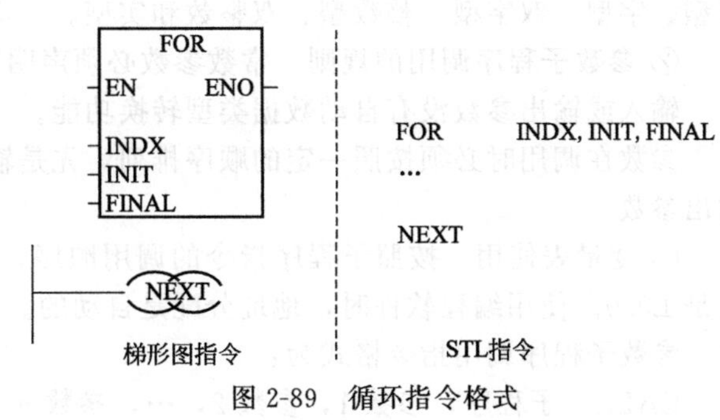

图 2-89 循环指令格式

（4）结束指令

结束指令包括两条：END 和 MEND。

① END 条件结束指令，不能直接连接母线。当条件满足时结束主程序，并返回主程序的第一条指令执行。

② MEND 无条件结束指令，直接连接母线。当程序执行到此指令时，立即无条件结束主程序，并返回第一条指令。

这两条指令都只能在主程序中使用。

（5）看门狗复位指令

看门狗复位指令 WDR（Watch Dog Reset）作为监控定时器使用，定时时间为 300ms。

（6）子程序

子程序在结构化程序设计中是一种方便有效的工具。S7-200PLC 的指令系统具有简单、方便、灵活的子程序调用功能。与子程序有关的操作有：建立子程序、子程序的调用和返回。

1）建立子程序

建立子程序是通过编程软件来完成的。

2）子程序调用

① 子程序调用指令 CALL 在使能输入有效时，主程序把程序控制权交给子程序。

② 子程序条件返回指令 CRET 在使能输入有效时，结束子程序的执行，返回主程序中。

3）带参数的子程序调用

子程序中可以有参变量，带参数的子程序调用扩大了子程序的使用范围，增加了调用的灵活性。

① 子程序参数 子程序最多可以传递 16 个参数，参数在子程序的局部变量表中加以定义。参数包含下列信息：变量名、变量类型和数据类型。

变量名：变量名最多用 8 个字符表示，第一个字符不能是数字。

变量类型：变量类型是按变量对应数据的传递方向来划分的，可以是传入子程序（IN）、传入和传出子程序（IN/OUT）、传出子程序（OUT）和暂时子程序（TEMP）4 种变量类型。

数据类型：局部变量表中还要对数据类型进行声明。数据类型可以是能流、布尔型、字节型、字型、双字型、整数型、双整数和实型。

② 参数子程序调用的规则　常数参数必须声明数据类型。

输入或输出参数没有自动数据类型转换功能。

参数在调用时必须按照一定的顺序排列，先是输入参数，然后是输入输出参数，最后是输出参数。

③ 变量表使用　按照子程序指令的调用顺序，参数值分配给局部变量存储器，起始地址是 L0.0。使用编程软件时，地址分配是自动的。

参数子程序调用指令格式为：

CALL　子程序，参数 1，参数 2，…，参数 n

（7）“与”ENO 指令

ENO 是 LAD 中指令块的布尔能流输出端。如果指令块的能流输入有效，且执行没有错误，ENO 就置位，并将能流向下传递。ENO 可以作为允许位，表示指令成功执行。

2.6.5 PLC 顺序控制程序设计

（1）SFC 设计方法

SFC 功能图设计方法是专用于工业顺序控制程序设计的一种方法。它能完整地描述控制系统的工作过程、功能和特性，是分析、设计电器控制系统控制程序的重要工具。

1）SFC 基础

SFC 的基本元素为：流程步、有向线段、转移和动作说明。

① 流程步　流程步又叫工作步，表示控制系统中的一个稳定状态。

② 转移与有向线段　转移就是从一个步向另外一个步之间的切换条件，两个步之间用一个有向线段表示，说明从一个步切换到另一个步，向下转移方向的箭头可以省略。

③ 动作说明　步并不是 PLC 的输出触点的动作，步只是控制系统中的一个稳定的状态。这个状态可以包含一个或多个 PLC 输出触点的动作，也可以没有任何输出动作，步只是启动了定时器或一个等待过程，所以步和 PLC 的动作是两件不同的事情。

2）SFC 图的结构

① 顺序结构　顺序结构是最简单的一种结构，特点是步与步之间只有一个转移，转移与转移之间只有一个步。

② 选择性分支结构　选择性分支结构是一个控制流可以转入多个可能的控制流中的某一个，不允许多路分支同时执行。具体进入哪个分支，取决于控制流前面的转移条件哪一个为真。

③ 并发性分支结构　如果某一个工作步执行完后，需要同时启动若干条分支，这种结构称为并发性分支结构。

④ 循环结构　循环结构用于一个顺序过程的多次重复执行。

⑤ 复合结构　复合结构就是一个集顺序、选择性分支、并发性分支和循环结构于一体的结构。

3）SFC 转换成梯形图

SFC 一般不能被 PLC 软件直接接受，需要将 SFC 转换成梯形图后才能被 PLC 软件所识别。

① 进入有效工作步。

② 停止有效工作步。

③ 最后一个工作步。

④ 工作步的转移条件。

⑤ 工作步的得电和失电。

⑥ 选择性分支。

⑦ 并发性分支。

⑧ 第 0 工作步。

⑨ 动作输出。

（2）PLC 编程举例

一台汽车自动清洗机的动作：按下启动按钮后，打开喷淋阀门，同时清洗机开始移动。当检测到汽车到达刷洗范围时，启动旋转刷子开始清洗汽车。当检测到汽车离开清洗机时，停止清洗机移动、停止刷子旋转并关闭阀门。当按下停止按钮时，任何时候均立即停止所有动作。

汽车自动清洗机的动作 SFC 如图 2-90 所示，其梯形图及语句表如图 2-91 所示。

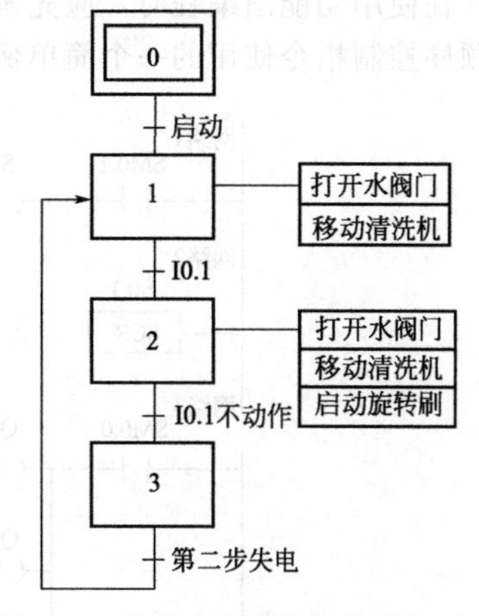

图 2-90　汽车自动清洗机的动作 SFC

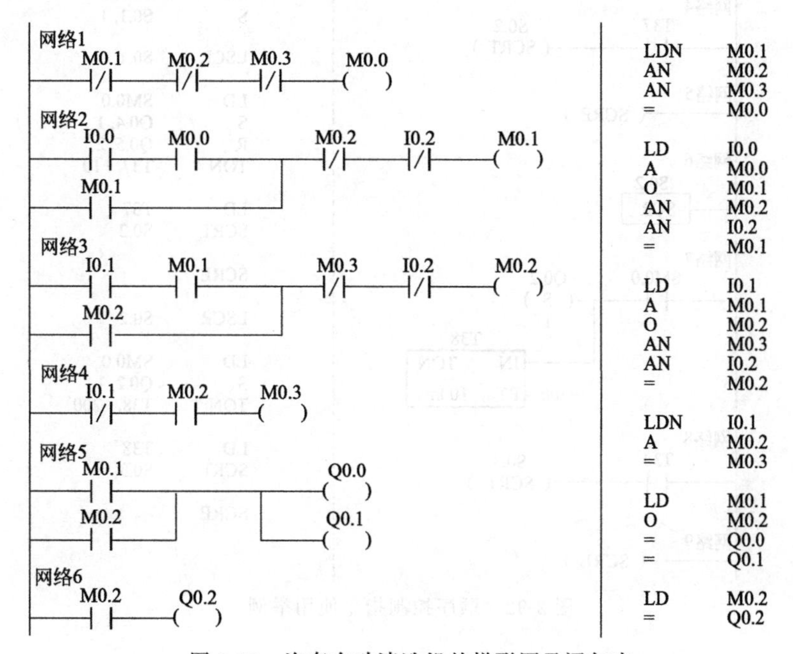

图 2-91　汽车自动清洗机的梯形图及语句表

2.6.6　顺序控制指令

（1）顺序控制指令介绍

顺序控制指令是 PLC 生产厂家为用户提供的可使功能图编程简单化和规范化的指令。S7-200PLC 提供了三条顺序控制指令。

一个 SCR 程序段一般有以下三种功能。

① 驱动处理　即在该段状态有效时，要做什么工作，有时也可能不做任何工作。

② 指定转移条件和目标　即满足什么条件后状态转移到何处。

③ 转移源自动复位功能　状态发生转移后，置位下一个状态的同时，自动复位原状态。

（2）举例说明

在使用功能图编程时，应先画出功能图，然后对应于功能图画出梯形图。图 2-92 所示为顺序控制指令使用的一个简单例子。

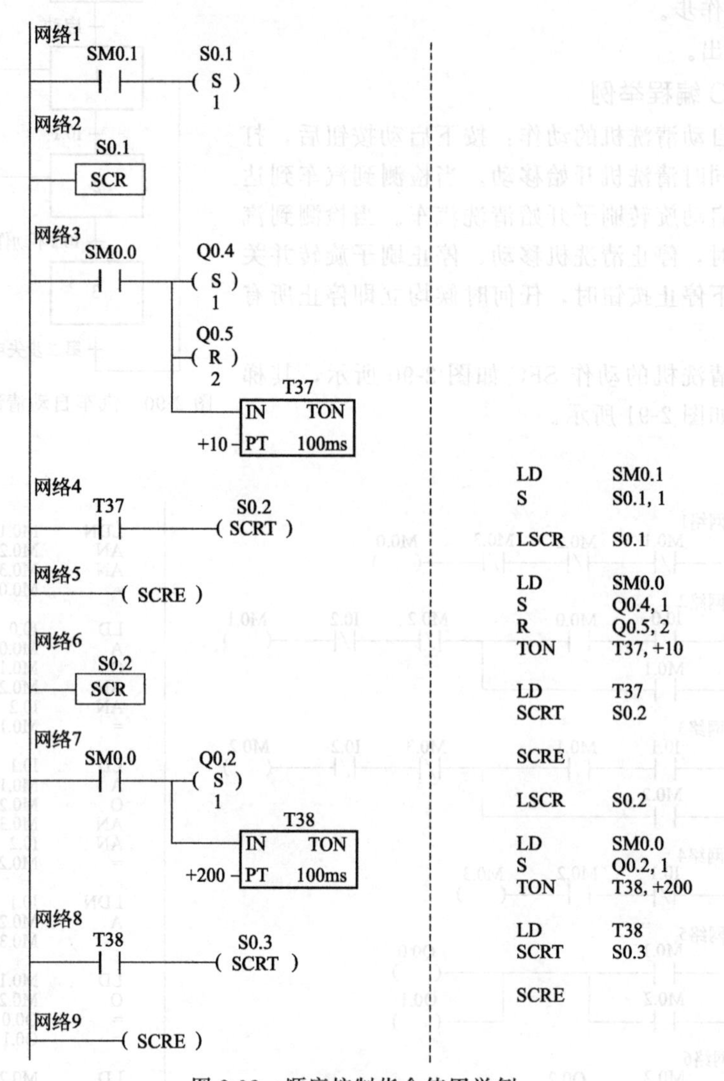

图 2-92　顺序控制指令使用举例

（3）使用说明

顺控指令仅对元件 S 有效，顺控继电器 S 也具有一般继电器的功能，所以对它能够使用其他指令。

SCR 段程序能否执行取决于该状态器（S）是否被置位，SCRE 与下一个 LSCR 之间的指令逻辑不影响下一个 SCR 段程序的执行。

不能把同一个 S 位用于不同程序中。

在 SCR 段中不能使用 JMP 和 LBL 指令，就是说不允许跳入、跳出或在内部跳转，但可以在 SCR 段附近使用跳转和标号指令。

在 SCR 段中不能使用 FOR、NEXT 和 END 指令。

在状态发生转移后，所有的SCR段的元器件一般也要复位，如果希望继续输出，可使用置位/复位指令。

在使用功能图时，状态器的编号可以不按顺序编排。

（4）功能图的主要类型

① 直线流程　这是最简单的功能图，其动作是一个接一个地完成。每个状态仅连接一个转移，每个转移也仅连接一个状态。

② 选择性分支和连接　在生产实际中，对具有多流程的工作要进行流程选择或者分支选择。即一个控制流可能转入多个可能的控制流中的某一个，但不允许多路分支同时执行。到底进入哪一个分支，取决于控制流前面的转移条件哪一个为真。

③ 并发性分支和连接　一个顺序控制状态流必须分成两个或多个不同分支控制状态流，这就是并发性分支或并行分支。但一个控制状态流分成多个分支时，所有的分支控制状态流必须同时激活。当多个控制流产生的结果相同时，可以把这些控制流合并成一个控制流，即并发性分支的连接。

④ 跳转和循环　单一顺序、并发和选择是功能图的基本形式。多数情况下，这些基本形式是混合出现的，跳转和循环是其典型代表。

利用功能图语言可以很容易实现流程的循环重复操作。在程序设计过程中可以根据状态的转移条件，决定流程是单周期操作还是多周期循环，是跳转还是顺序向下执行。

2.7 S7-200系列PLC功能指令

2.7.1 数据处理指令

此类指令主要涉及对数据的非数值运算操作，主要包括数据传送、移位、字节交换、循环填充指令。

（1）数据传送指令

数据传送指令用于各个编程元件之间进行数据传送。根据每次传送数据的数量多少可分为：单个数据传送指令和块传送指令。

1）单个数据传送指令

单个数据传送指令每次传送一个数据，数据类型分为：字节传送、字传送、双字传送和实数传送。

① 字节传送指令　字节传送指令又分为：普通字节传送指令和立即字节传送指令。

MOVB：字节传送指令。普通字节传送指令格式如图2-93所示。

BIR：立即读字节传送指令。立即读字节传送指令格式如图2-94所示。

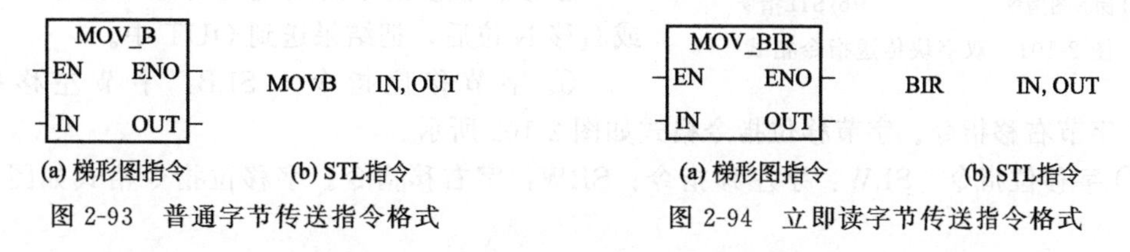

(a) 梯形图指令　(b) STL指令

图2-93　普通字节传送指令格式

(a) 梯形图指令　(b) STL指令

图2-94　立即读字节传送指令格式

BIW：立即写字节传送指令。立即写字节传送指令格式如图2-95所示。

② 字传送指令　MOVW：字传送指令。字传送指令格式如图2-96所示。

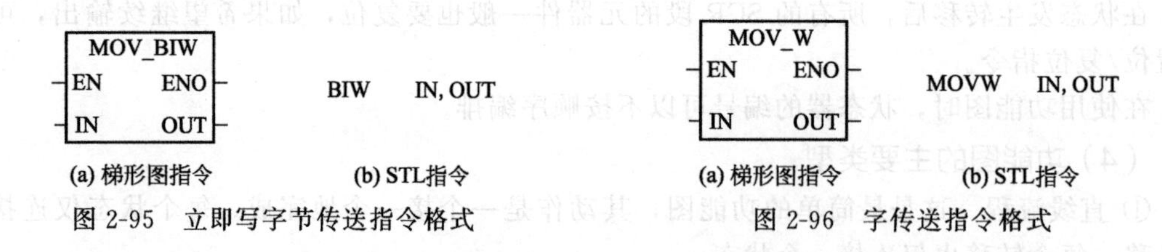

(a) 梯形图指令 (b) STL指令
图 2-95 立即写字节传送指令格式

(a) 梯形图指令 (b) STL指令
图 2-96 字传送指令格式

③ 双字传送指令 MOVD：双字传送指令。双字传送指令格式如图 2-97 所示。

④ 实数传送指令 MOVR：实数传送指令。实数传送指令格式如图 2-98 所示。

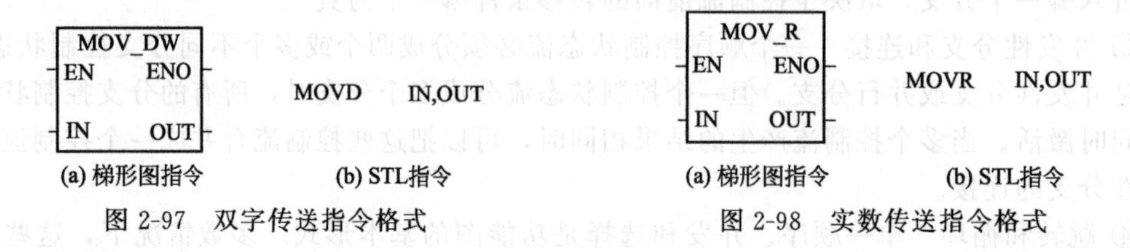

(a) 梯形图指令 (b) STL指令
图 2-97 双字传送指令格式

(a) 梯形图指令 (b) STL指令
图 2-98 实数传送指令格式

2）块传送指令

块传送指令可用来一次传送多个数据，最多可将 255 个数据组成一个数据块，数据块的类型可以是字节块、字块和双字块。

① 字节块传送指令 BMB：字节块传送指令。字节块传送指令格式如图 2-99 所示。

② 字块传送指令 BMW：字块传送指令。字块传送指令格式如图 2-100 所示。

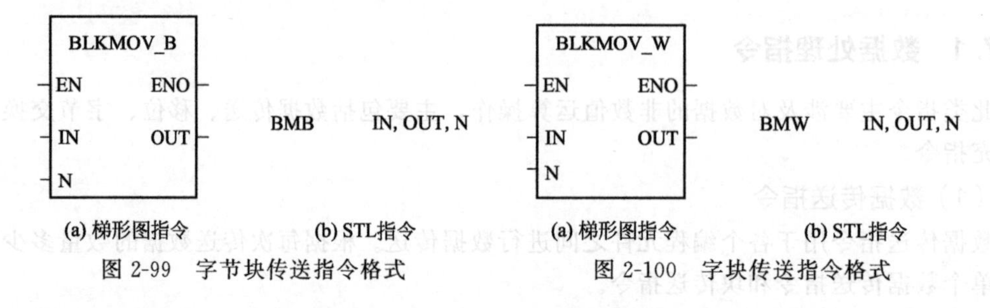

(a) 梯形图指令 (b) STL指令
图 2-99 字节块传送指令格式

(a) 梯形图指令 (b) STL指令
图 2-100 字块传送指令格式

③ 双字块传送指令 BMD：双字块传送指令。双字块传送指令格式如图 2-101 所示。

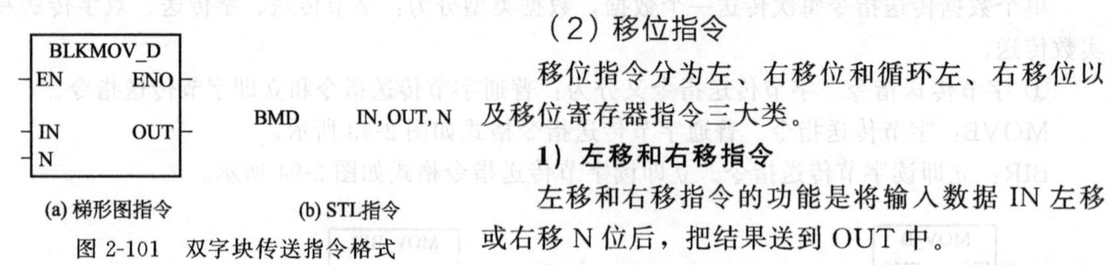

(a) 梯形图指令 (b) STL指令
图 2-101 双字块传送指令格式

（2）移位指令

移位指令分为左、右移位和循环左、右移位以及移位寄存器指令三大类。

1）左移和右移指令

左移和右移指令的功能是将输入数据 IN 左移或右移 N 位后，把结果送到 OUT 中。

① 字节移位指令 SLB：字节左移指令；SRB：字节右移指令。字节移位指令格式如图 2-102 所示。

② 字移位指令 SLW：字左移指令；SRW：字右移指令。字移位指令格式如图 2-103 所示。

③ 双字移位指令 SLD：双字左移指令；SRD：双字右移指令。双字移位指令格式如图 2-104 所示。

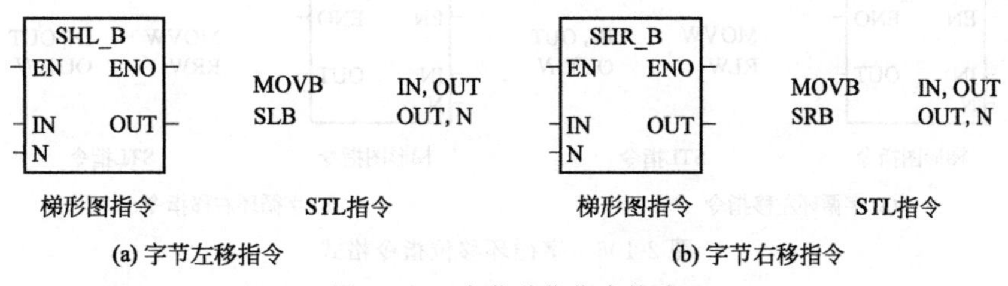

图 2-102　字节移位指令格式

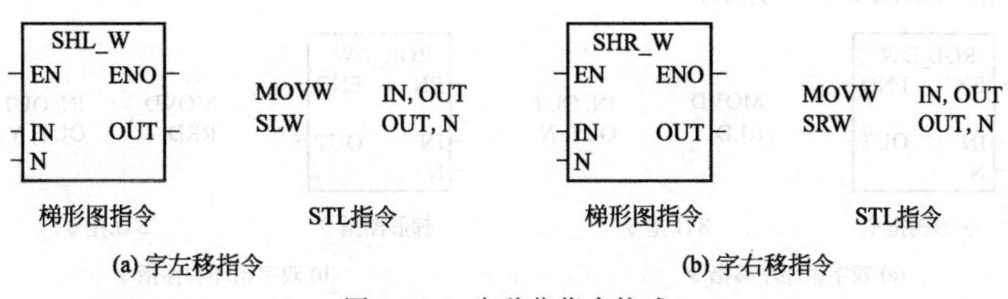

图 2-103　字移位指令格式

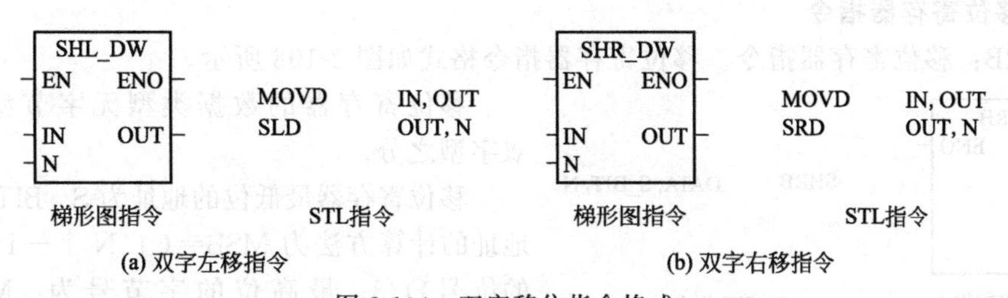

图 2-104　双字移位指令格式

2）循环左移和循环右移指令

指令特点：被移位的数据是无符号的；在移位时，存放被移位数据的编程元件的移出端与另一端相连，又与特殊继电 SM1.1 相连，移出位在被移到另一端的同时，也进入 SM1.1；另一端自动补 0；移位次数 N 与移位数据的长度有关，如 N 小于实际的数据长度，则执行 N 次移位；如 N 大于数据长度，则执行移位的次数为 N 除以实际数据长度的余数；移位次数 N 为字节型数据。

① 字节循环移位指令　RLB：字节循环左移指令；RRB：字节循环右移指令。字节循环移位指令格式如图 2-105 所示。

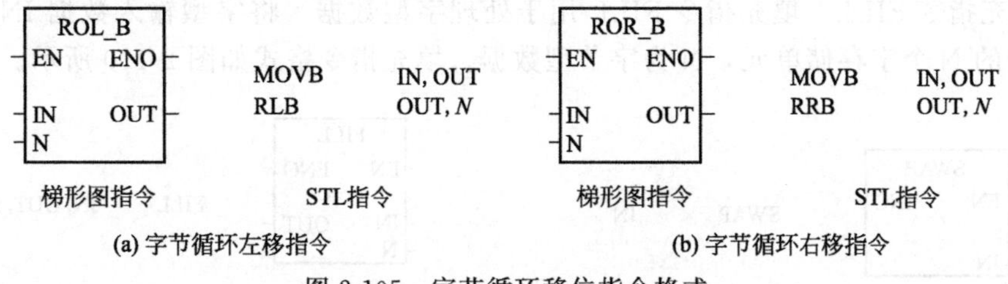

图 2-105　字节循环移位指令格式

② 字循环移位指令　RLW：字循环左移指令；RRW：字循环右移指令。字循环移位指令格式如图 2-106 所示。

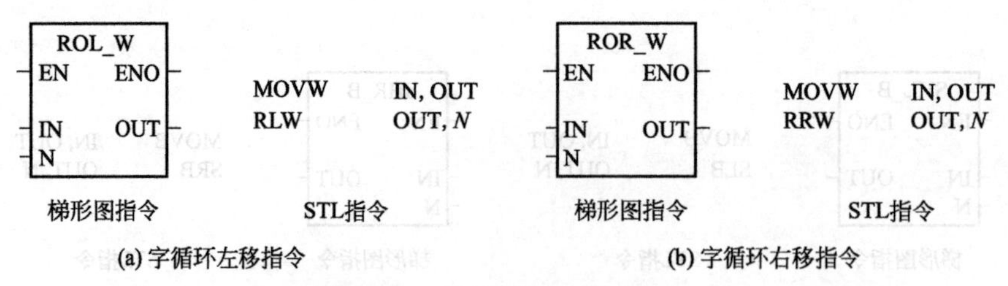

(a) 字循环左移指令　(b) 字循环右移指令

图 2-106　字循环移位指令格式

③ 双字循环移位指令　RLD：双字循环左移指令；RRD：双字循环右移指令。双字循环移位指令格式如图 2-107 所示。

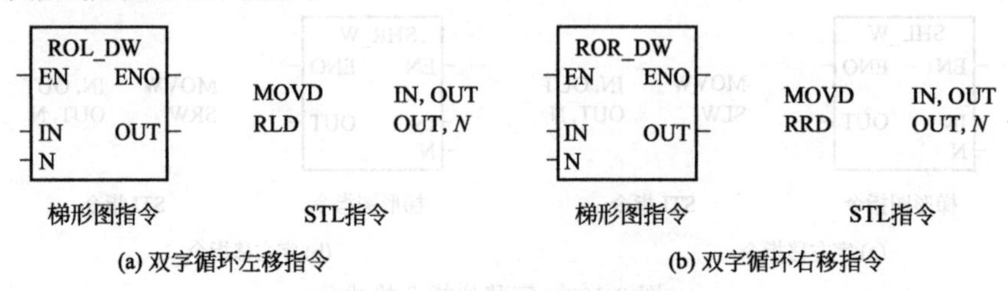

(a) 双字循环左移指令　(b) 双字循环右移指令

图 2-107　双字循环移位指令格式

3）移位寄存器指令

SHRB：移位寄存器指令。移位寄存器指令格式如图 2-108 所示。

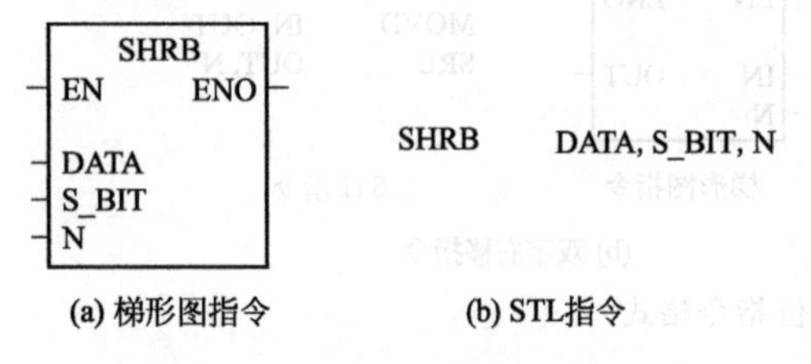

(a) 梯形图指令　(b) STL指令

图 2-108　移位寄存器指令格式

移位寄存器的数据类型无字节型、字型、双字型之分。

移位寄存器最低位的地址为 S_BIT；最高位地址的计算方法为 MSB=(｜N｜−1+(S_BIT 的位号))/8；最高位的字节号为：MSB 的商+S_BIT 的字节号；最高位的位号为：MSB 的余数。

移位寄存器的移出端与 SM1.1 连接。

移位寄存器指令影响的特殊继电器为：SM1.0（零），SM1.1（溢出）；影响 ENO 正常工作的出错条件为：SM4.3（运行时间），0006（间接寻址），0091（操作数超界），0092（计数区错误）。

（3）字节交换与循环填充指令

① 字节交换指令 SWAP　本指令专用于对 1 个字长的字型数据进行处理。字节交换指令格式如图 2-109 所示。

② 填充指令 FILL　填充指令 FILL 用于处理字型数据，将字型输入数据 IN 填充到从 OUT 开始的 N 个字存储单元，N 为字节型数据。填充指令格式如图 2-110 所示。

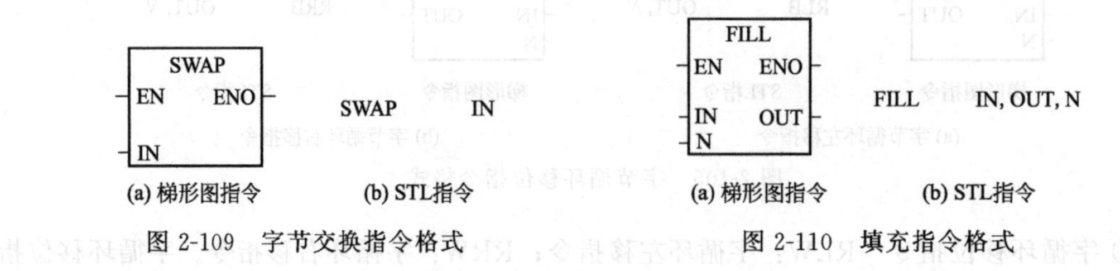

(a) 梯形图指令　(b) STL指令

图 2-109　字节交换指令格式

(a) 梯形图指令　(b) STL指令

图 2-110　填充指令格式

2.7.2　算术和逻辑运算指令

算术运算指令包括加法、减法、乘法、除法及一些常用的数学函数。逻辑运算包括与、或、非、异或以及数据比较等指令。

（1）算术运算指令

1）加法指令

加法操作是对两个有符号数进行相加。

① 整数加法指令　+I：整数加法指令。整数加法指令格式如图 2-111 所示。

② 双整数加法指令　+D：双整数加法指令。双整数加法指令格式如图 2-112 所示。

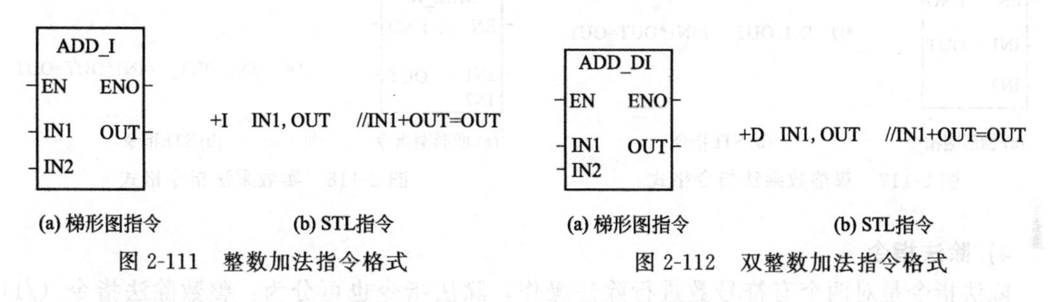

(a) 梯形图指令

+I　IN1, OUT　//IN1+OUT=OUT

(b) STL指令

图 2-111　整数加法指令格式

(a) 梯形图指令

+D　IN1, OUT　//IN1+OUT=OUT

(b) STL指令

图 2-112　双整数加法指令格式

③ 实数加法指令　+R：实数加法指令。实数加法指令格式如图 2-113 所示。

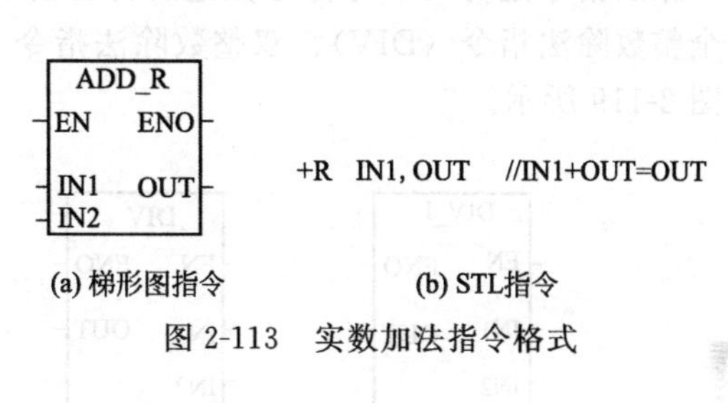

(a) 梯形图指令

+R　IN1, OUT　//IN1+OUT=OUT

(b) STL指令

图 2-113　实数加法指令格式

2）减法指令

减法指令是对两个有符号数进行减操作，与加法指令一样，也可分为：整数减法指令（－I）、双整数减法指令（－D）和实数减法指令（－R）。减法指令格式如图 2-114 所示。

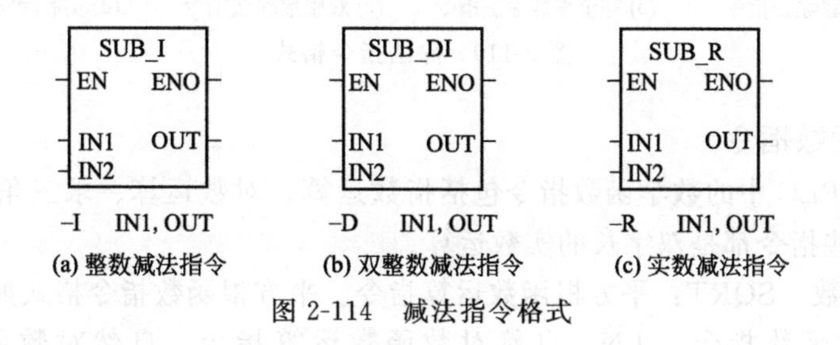

–I　IN1, OUT

(a) 整数减法指令

–D　IN1, OUT

(b) 双整数减法指令

–R　IN1, OUT

(c) 实数减法指令

图 2-114　减法指令格式

3）乘法指令

乘法指令是对两个有符号数进行乘法操作。

① 整数乘法指令　*I：整数乘法指令。整数乘法指令格式如图 2-115 所示。

② 完全整数乘法指令　MUL：完全整数乘法指令。完全整数乘法指令格式如图 2-116 所示。

③ 双整数乘法指令　*D：双整数乘法指令。双整数乘法指令格式如图 2-117 所示。

④ 实数乘法指令　*R：实数乘法指令。实数乘法指令格式如图 2-118 所示。

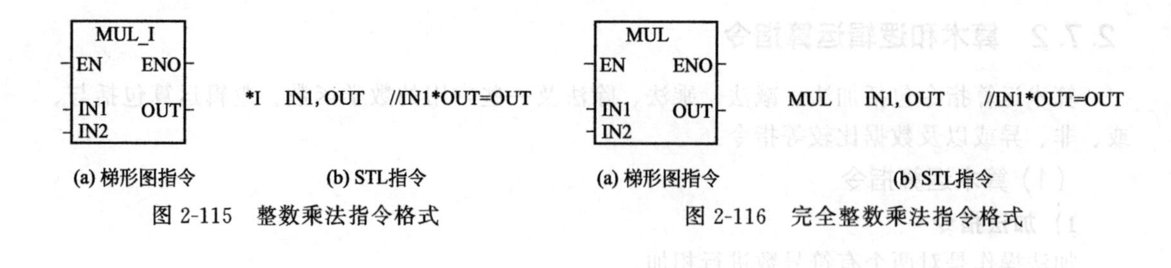

(a) 梯形图指令

*I IN1, OUT //IN1*OUT=OUT

(b) STL指令

图 2-115 整数乘法指令格式

(a) 梯形图指令

MUL IN1, OUT //IN1*OUT=OUT

(b) STL指令

图 2-116 完全整数乘法指令格式

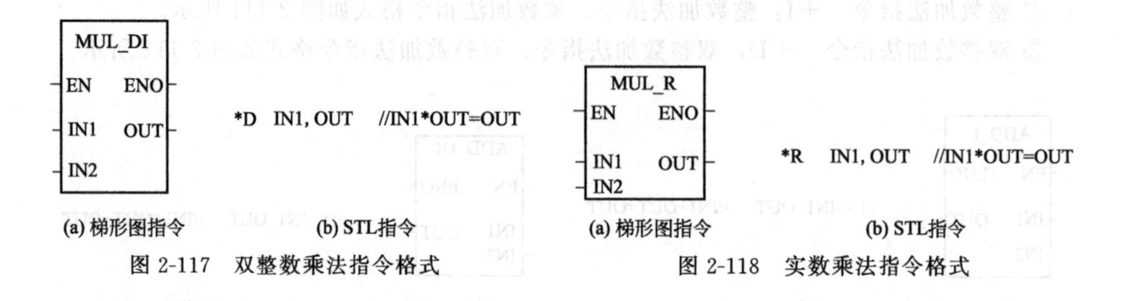

(a) 梯形图指令

*D IN1, OUT //IN1*OUT=OUT

(b) STL指令

图 2-117 双整数乘法指令格式

(a) 梯形图指令

*R IN1, OUT //IN1*OUT=OUT

(b) STL指令

图 2-118 实数乘法指令格式

4）除法指令

除法指令是对两个有符号数进行除法操作，除法指令也可分为：整数除法指令（/I）、完全整数除法指令（DIV）、双整数除法指令（/D）和实数除法指令（/R）。除法指令格式如图 2-119 所示。

/I IN1, OUT　DIV IN1, OUT　/D IN1, OUT　/R IN1, OUT

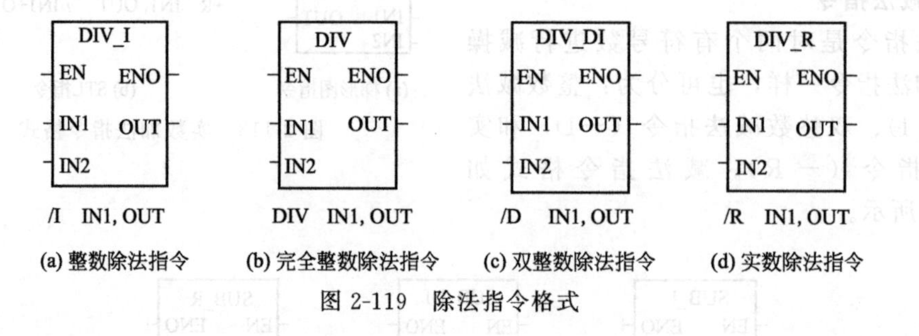

(a) 整数除法指令　(b) 完全整数除法指令　(c) 双整数除法指令　(d) 实数除法指令

图 2-119 除法指令格式

（2）数学函数指令

S7-200 系列 PLC 中的数学函数指令包括指数运算、对数运算、求三角函数的正弦、余弦及正切值。这些指令都是双字长的实数运算。

① 平方根函数 SQRT：平方根函数运算指令。平方根函数指令格式如图 2-120 所示。

② 自然对数函数指令 LN：自然对数函数运算指令。自然对数函数指令格式如图 2-121 所示。

③ 指数函数指令 EXP：指数函数指令。指数函数指令格式如图 2-122 所示。

④ 正弦函数指令 SIN：正弦函数指令。正弦函数指令格式如图 2-123 所示。

⑤ 余弦函数指令 COS：余弦函数指令。余弦函数指令格式如图 2-124 所示。

⑥ 正切函数指令 TAN：正切函数指令。正切函数指令格式如图 2-125 所示。

（3）增减指令

增减指令又称为自动加 1 和自动减 1 指令。

① 字节增减指令 INCB：字节加 1 指令；DECB：字节减 1 指令。字节增减指令格式

如图 2-126 所示。

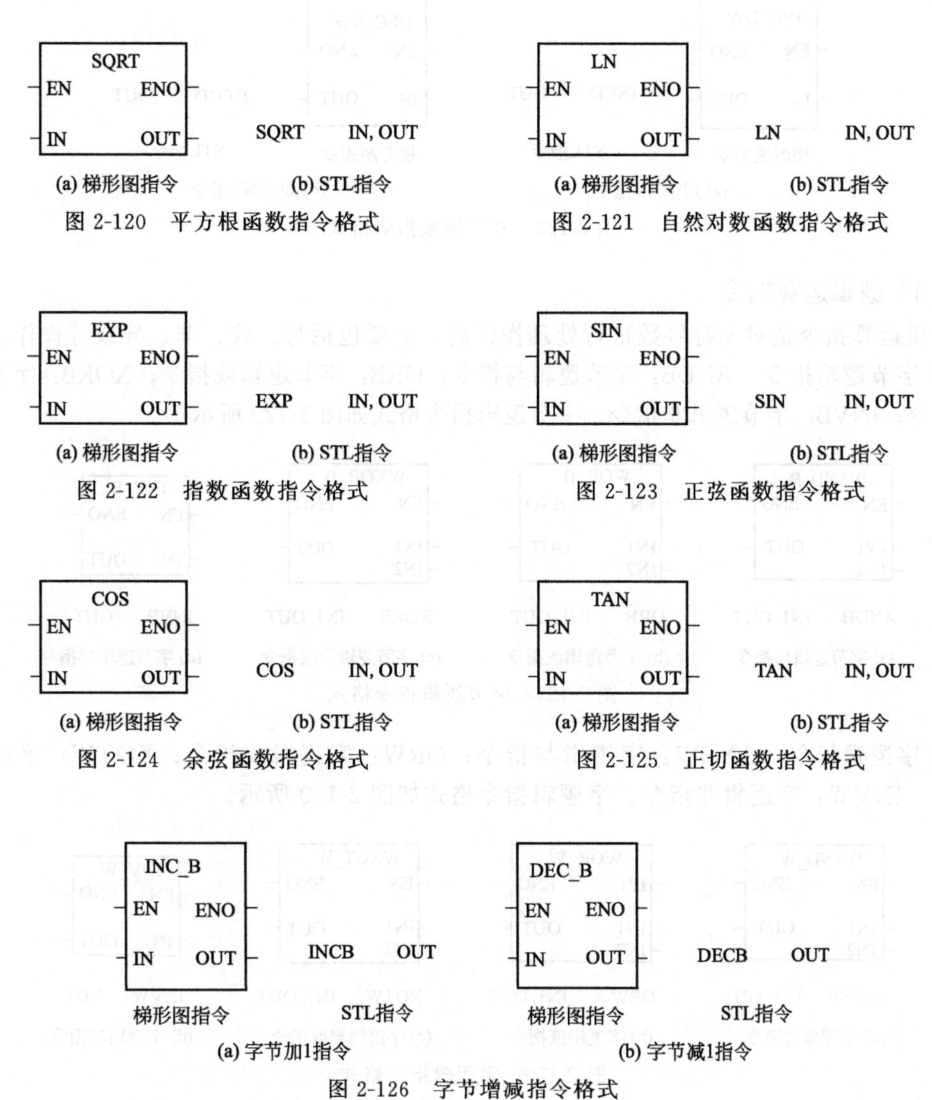

图 2-120　平方根函数指令格式　　图 2-121　自然对数函数指令格式

图 2-122　指数函数指令格式　　图 2-123　正弦函数指令格式

图 2-124　余弦函数指令格式　　图 2-125　正切函数指令格式

图 2-126　字节增减指令格式

② 字增减指令　INCW：字加 1 指令；DECW：字减 1 指令。字增减指令格式如图 2-127 所示。

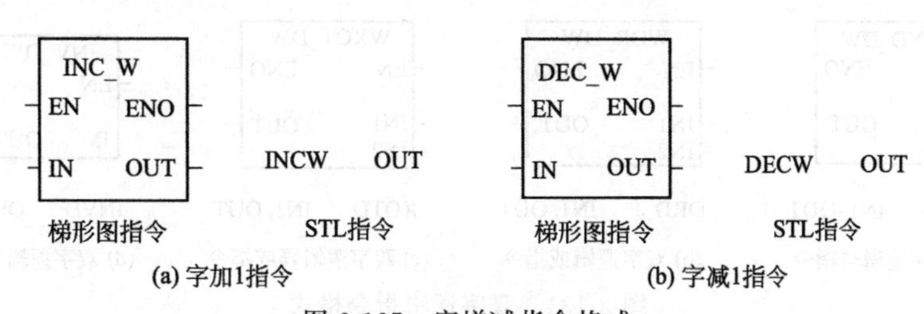

图 2-127　字增减指令格式

③ 双字增减指令　INCD：双字加 1 指令；DECD：双字减 1 指令。双字增减指令格式如图 2-128 所示。

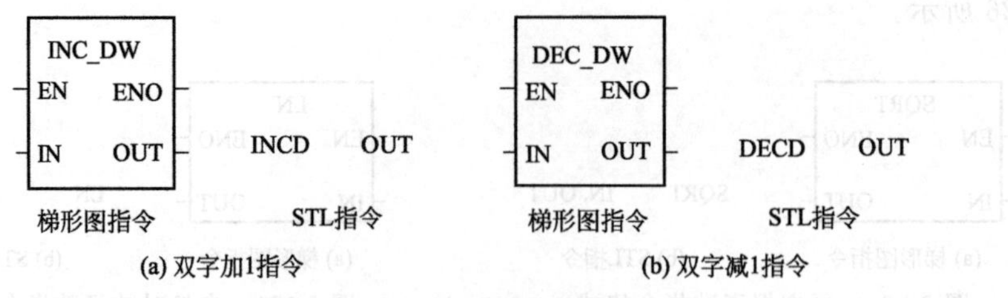

(a) 双字加1指令　(b) 双字减1指令

图 2-128　双字增减指令格式

（4）逻辑运算指令

逻辑运算指令是对无符号数进行处理操作的，主要包括与、或、非、异或等操作。

① 字节逻辑指令　ANDB：字节逻辑与指令；ORB：字节逻辑或指令；XORB：字节逻辑异或指令；INVB：字节逻辑非指令。字节逻辑指令格式如图 2-129 所示。

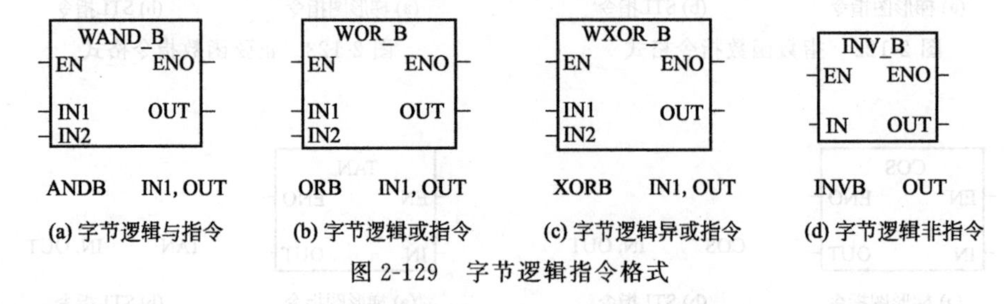

(a) 字节逻辑与指令　(b) 字节逻辑或指令　(c) 字节逻辑异或指令　(d) 字节逻辑非指令

图 2-129　字节逻辑指令格式

② 字逻辑指令　ANDW：字逻辑与指令；ORW：字逻辑或指令；XOTW：字逻辑异或指令；INVW：字逻辑非指令。字逻辑指令格式如图 2-130 所示。

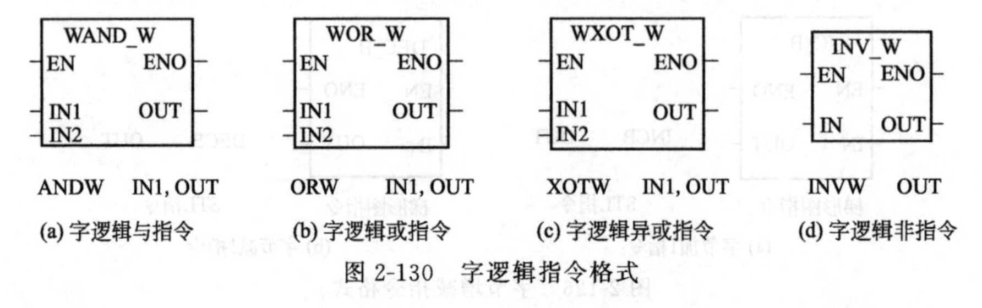

(a) 字逻辑与指令　(b) 字逻辑或指令　(c) 字逻辑异或指令　(d) 字逻辑非指令

图 2-130　字逻辑指令格式

③ 双字逻辑指令　ANDD：双字逻辑与指令；ORD：双字逻辑或指令；XOTD：双字逻辑异或指令；INVD：双字逻辑非指令。双字逻辑指令格式如图 2-131 所示。

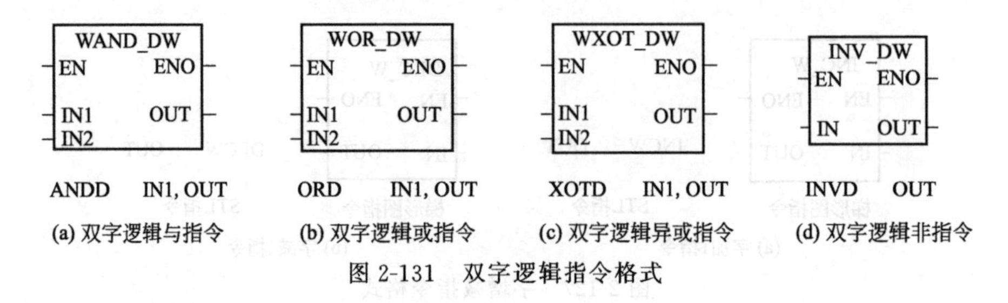

(a) 双字逻辑与指令　(b) 双字逻辑或指令　(c) 双字逻辑异或指令　(d) 双字逻辑非指令

图 2-131　双字逻辑指令格式

2.7.3　表功能指令

S7-200 系列 PLC 的表功能指令包括：填表指令、表中取数指令、查表指令。

（1）填表指令

ATT（Add To Table）：填表指令。填表指令格式如图 2-132 所示。

（2）查表指令

FND（Table Find）：查表指令。查表指令格式如图 2-133 所示。

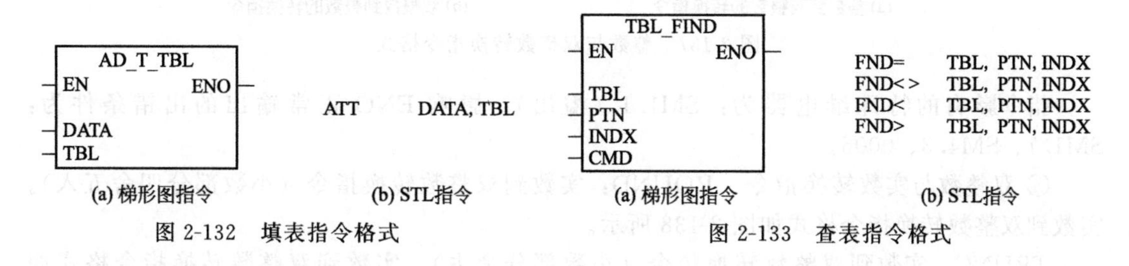

图 2-132　填表指令格式　　图 2-133　查表指令格式

（3）表中取数指令

在 S7-200 中，可以将表中的字型数据按照“先进先出”或“后进先出”的方式取出，送到指定的存储单元。每取一个数，EC 自动减 1。先进先出指令 FIFO，指令格式如图 2-134 所示。后进先出指令 LIFO，指令格式如图 2-135 所示。

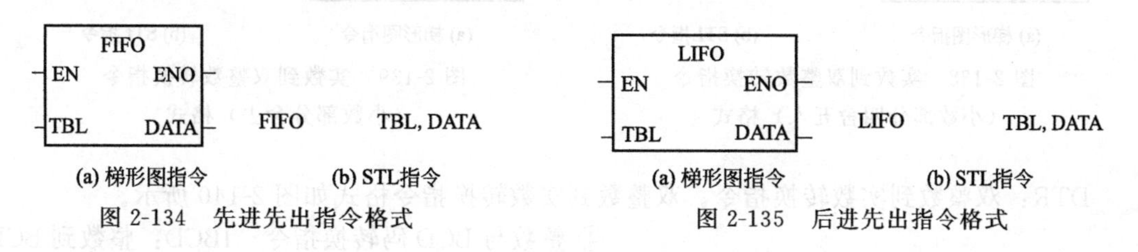

图 2-134　先进先出指令格式　　图 2-135　后进先出指令格式

2.7.4 转换指令

转换指令是对操作数的类型进行转换的指令。

（1）数据类型转换指令

此类指令是将一个固定的数据，根据操作指令对数据类型的需要，进行相应类型的转换。

① 字节与整数转换指令　BTI：字节到整数的转换指令；ITB：整数到字节的转换指令。字节与整数转换指令格式如图 2-136 所示。

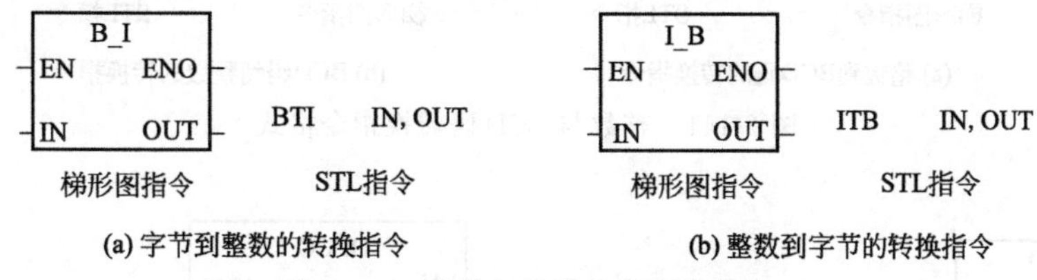

图 2-136　字节与整数转换指令格式

指令影响的特殊继电器为：SM1.1（溢出）。影响 ENO 正常除数的出错条件为：SM1.1、SM4.3、0006。

② 整数与双整数转换指令　ITD：整数到双整数的转换指令；DTI：双整数到整数的转换指令。整数与双整数转换指令格式如图 2-137 所示。

(a) 整数到双整数的转换指令　　(b) 双整数到整数的转换指令

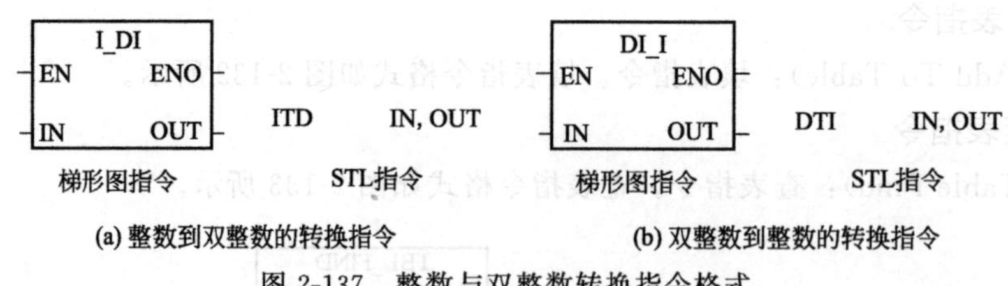

图 2-137　整数与双整数转换指令格式

指令影响的特殊继电器为：SM1.1（溢出）。影响 ENO 正常输出的出错条件为：SM1.1、SM4.3、0006。

③ 双整数与实数转换指令　ROUND：实数到双整数转换指令（小数部分四舍五入）。实数到双整数转换指令格式如图 2-138 所示。

TRUNC：实数到双整数转换指令（小数部分舍去）。实数到双整数转换指令格式如图 2-139 所示。

(a) 梯形图指令　(b) STL指令

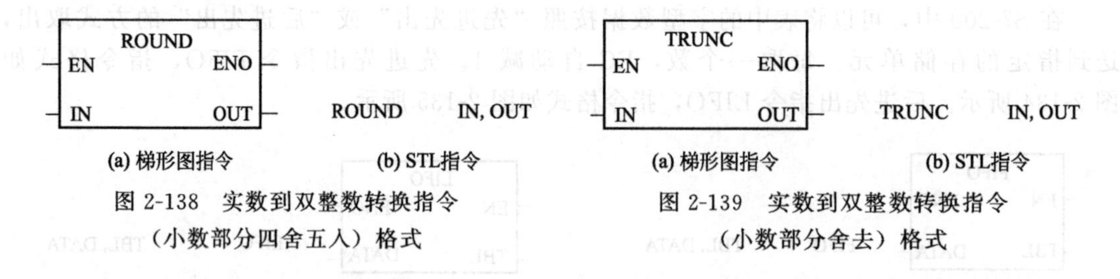

图 2-138　实数到双整数转换指令（小数部分四舍五入）格式

(a) 梯形图指令　(b) STL指令

图 2-139　实数到双整数转换指令（小数部分舍去）格式

DTR：双整数到实数转换指令。双整数到实数转换指令格式如图 2-140 所示。

(a) 梯形图指令　(b) STL指令

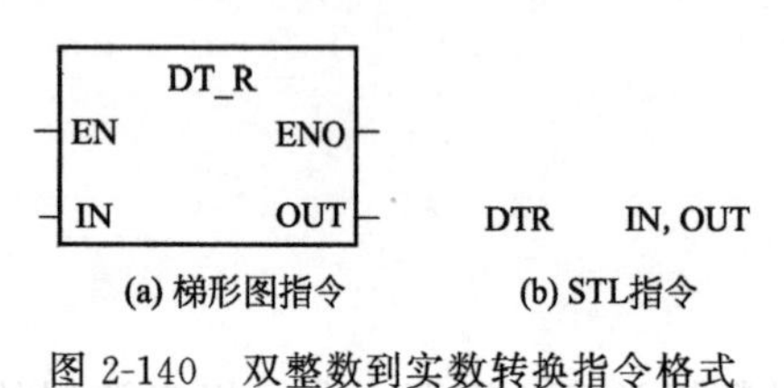

图 2-140　双整数到实数转换指令格式

④ 整数与 BCD 码转换指令　IBCD：整数到 BCD 码的转换指令；BCDI：BCD 码到整数的转换指令。整数与 BCD 码转换指令格式如图 2-141 所示。

（2）编码和译码指令

编码指令 ENCO，指令格式如图 2-142 所示。译码指令 DECO，指令格式如图 2-143 所示。

(a) 整数到BCD码的转换指令　　(b) BCD码到整数的转换指令

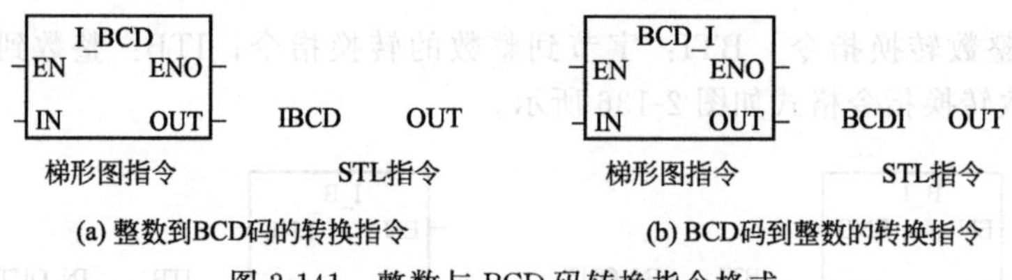

图 2-141　整数与 BCD 码转换指令格式

(a) 梯形图指令　(b) STL指令

图 2-142　编码指令格式

(a) 梯形图指令　(b) STL指令

图 2-143　译码指令格式

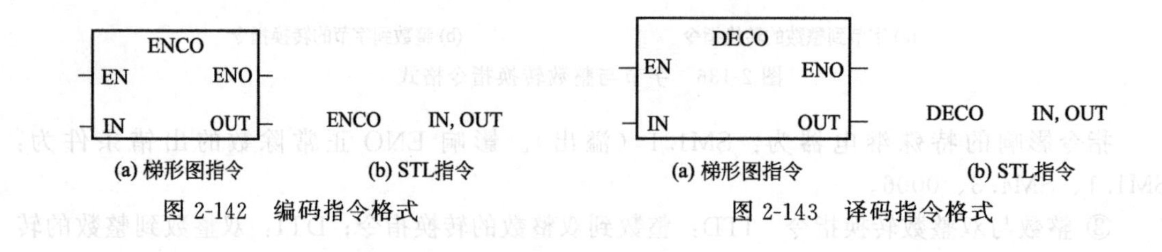

（3）七段显示码指令 SEG

SEG 指令用于 PLC 输出端外接数码管的情况，七段显示码指令格式如图 2-144 所示。

（4）字符串转换指令

本类指令是将由 ASCII 码表示的 0～9，A～F 的字符串，与十六进制值、整数、双整数及实数之间进行转换。

① ASCII 码到十六进制转换指令 ATH　ASCII 码到十六进制转换指令格式如图 2-145 所示。

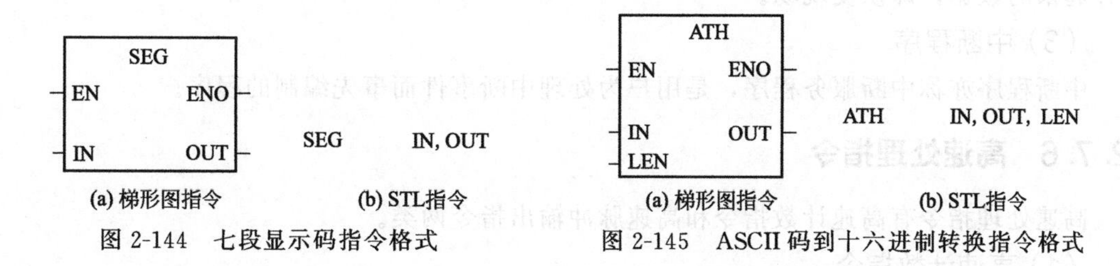

图 2-144　七段显示码指令格式　　图 2-145　ASCII 码到十六进制转换指令格式

② 十六进制数到 ASCII 码转换指令 HTA　十六进制数到 ASCII 码转换指令格式如图 2-146 所示。

③ 整数到 ASCII 码转换指令 ITA　整数到 ASCII 码转换指令格式如图 2-147 所示。

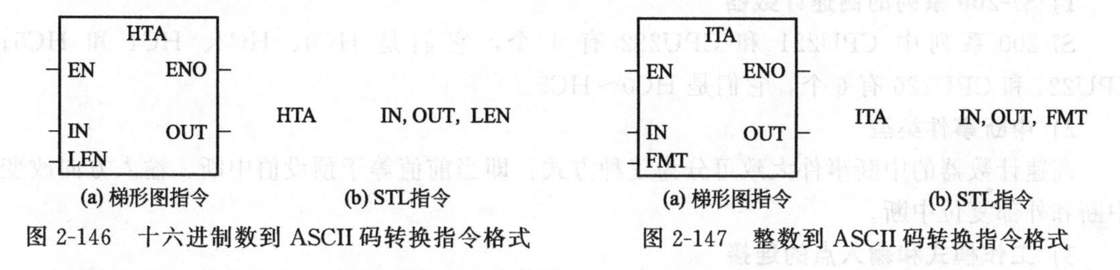

图 2-146　十六进制数到 ASCII 码转换指令格式　　图 2-147　整数到 ASCII 码转换指令格式

④ 双整数到 ASCII 转换指令 DTA　双整数到 ASCII 转换指令格式如图 2-148 所示。

⑤ 实数到 ASCII 码转换指令 RTA　实数到 ASCII 码转换指令格式如图 2-149 所示。

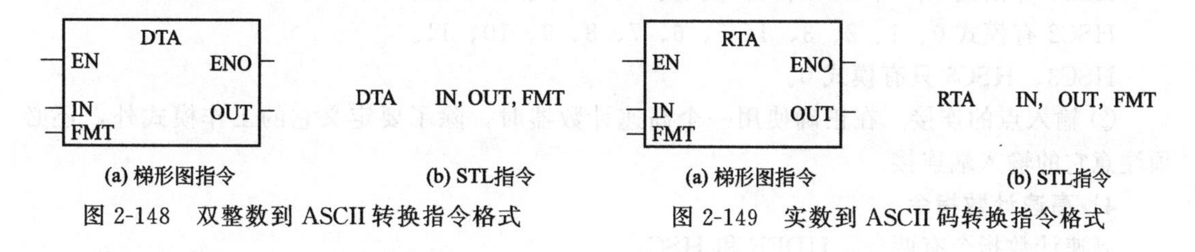

图 2-148　双整数到 ASCII 转换指令格式　　图 2-149　实数到 ASCII 码转换指令格式

2.7.5　中断指令

中断是控制系统执行正常程序时，系统中出现了某些急需处理的异常情况或特殊请求，这时系统暂时中断现行程序，转去对随机发生的更紧迫事件进行处理（执行中断服务程序），当该事件处理完毕后，系统自动回到原来被中断的程序继续执行。

（1）中断源

中断源是中断事件向 PLC 发出中断请求的来源。S7-200 CPU 最多可以有 34 个中断源，每个中断源都分配一个编号用于识别，称为中断事件号。中断源分为三大类：通信中断、输入/输出中断和时基中断。

在 PLC 应用系统中通常有多个中断源。当多个中断源同时向 CPU 申请中断时，要求 CPU 能将全部中断源按中断性质和处理的轻重缓急来进行排队，并给予优先权。给中断源指定处理的次序就是给中断源确定中断优先级。

（2）中断控制

经中断优先判断，优先级最高的中断请求送 CPU，CPU 响应中断后自动保存逻辑堆栈、累加器和某些特殊标志寄存器位，即保护现场。中断处理完成后，又自动恢复这些单元保存起来的数据，即恢复现场。

（3）中断程序

中断程序亦称中断服务程序，是用户为处理中断事件而事先编制的程序。

2.7.6 高速处理指令

高速处理指令有高速计数指令和高速脉冲输出指令两类。

（1）高速计数指令

高速计数器 HSC（High Speed Counter）在现代自动控制的精确定位控制领域有重要的应用价值。高速计数器用来累计比 PLC 扫描频率高得多的脉冲输入（30kHz），利用产生的中断事件完成预定的操作。

1）S7-200 系列的高速计数器

S7-200 系列中 CPU221 和 CPU222 有 4 个，它们是 HC0、HC3、HC4 和 HC5；CPU224 和 CPU226 有 6 个，它们是 HC0～HC5。

2）中断事件类型

高速计数器的中断事件大致可分为三种方式：即当前值等于预设值中断、输入方向改变中断和外部复位中断。

3）工作模式和输入点的连接

① 工作模式　高速计数器最多有 12 种工作模式。不同的高速计数器有不同的模式。

高速计数器 HSC0、HSC4 有模式 0、1、3、4、6、7、9、10。

HSC1 有模式 0、1、2、3、4、5、6、7、8、9、10、11。

HSC2 有模式 0、1、2、3、4、5、6、7、8、9、10、11。

HSC3、HSC5 只有模式 0。

② 输入点的连接　在正确使用一个高速计数器时，除了要定义它的工作模式外，还必须注意它的输入端连接。

4）高速计数指令

高速计数指令有两条：HDEF 和 HSC。

（2）高速脉冲输出指令

高速脉冲输出功能是在 PLC 的某些输出端产生高速脉冲，用来驱动负载实现高速输出和精确控制。

1）高速脉冲的输出方式和输出端子的连接

① 高速脉冲的输出方式　高速脉冲输出可分为：高速脉冲串输出 PTO 和宽度可调脉冲输出 PWM 两种方式。

② 输出端子的连接　每个 CPU 有两个 PTO/PWM 发生器产生高速脉冲串和脉冲宽度可调的波形，一个发生器分配在数字输出段 Q0.0，另一个分配在 Q0.1。

2）相关的特殊功能寄存器

每个 PTO/PWM 发生器都有 1 个控制字节、16 位无符号的周期时间值和脉宽值各 1 个、32 位无符号的脉冲计数值 1 个。这些字都占有一个指定的特殊功能寄存器，一旦这些特殊功能寄存器的值被设成所需操作，可通过执行脉冲指令 PLS 来执行这些功能。

3）脉冲输出指令

脉冲输出指令可以输出两种类型的方波信号，在精确位置控制中有很重要的应用。

高速脉冲串输出 PTO 和宽度可调脉冲输出都由 PLC 指令来激活输出；操作数 Q 为字型常数 0 或 1；高速脉冲串输出 PTO 可采用中断方式进行控制，而宽度可调脉冲输出 PWM 只能由指令 PLS 来激活。

2.8　S7-200PLC 编程软件及应用

2.8.1　编程软件系统概述

STEP7-Micro/WIN32 是在 Windows 平台上运行的 SIMATIC S7-200PLC 编程软件，该软件简单、易学，并且能够很容易地解决复杂的自动化任务。

（1）系统要求

操作系统：Windows 2000、Windows XP 或以上。

计算机硬件配置：586 以上兼容机，内存 64MB 以上，VGA 显示器，至少 500MB 以上硬盘空间，Windows 支持的鼠标。

通信电缆：PC/PPI 电缆（或使用一个通信处理器卡），用于计算机与 PLC 连接。

以太网通信：网卡、TCP/IP 协议、Winsock2（可下载）。

（2）软件安装

STEP7-Micro/WIN32 编程软件在一张光盘上，用户可按以下步骤安装。

① 将光盘插入光盘驱动器。

② 系统自动进入安装向导，或在安装目录中双击 setup. exe，进入安装向导。

③ 按照安装向导完成软件的安装。

（3）硬件连接

S7-200 及以上的 PLC 大多采用 PC/PPI 电缆直接与个人计算机相连。单台 PLC 与计算机的连接或通信，只需要一根 PC/PPI 电缆。在连接时，首先需要设置 PC/PPI 电缆上的 DIP 开关，该开关上的 1、2、3 位用于设定波特率，4、5 位置 0。

（4）参数设置

安装完软件并且连接好硬件之后，可以按照下面的步骤设置参数。

① 在 STEP7-Micro/WIN32 运行后，单击“通信”图标或从菜单中选择“查看”，选择选项“组件”中的“通信”，则会出现一个“通信”对话框，单击“刷新”按钮。

② 在对话框中双击 PC/PPI 电缆的图标，将出现 PG/PC 接口的对话框，如图 2-150 所示。

③ 单击“Properties”按钮，将出现接口属性对话框。检查各参数的属性是否正确。其中通信波特率默认值为 9600 波特，网络地址默认值为 0。

（5）建立在线连接

前几步如果都顺利完成，则可以建立与 SIMATIC S7-200 CPU 的在线联系，步骤如下。

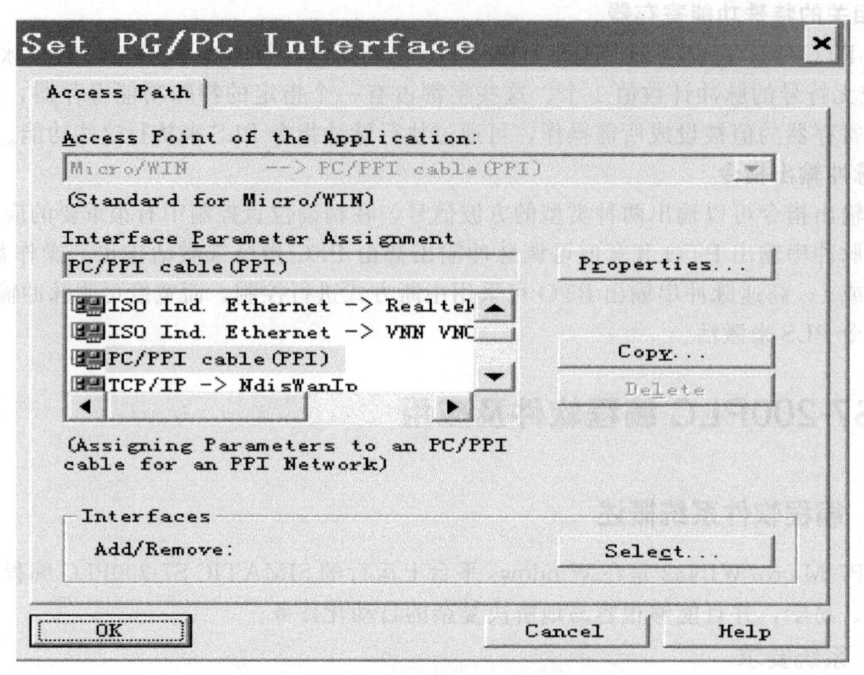

图 2-150 “Set PG/PC” 设置对话框

① 在 STEP7-Micro/WIN32 下，单击通信图标或从菜单中选择“查看”，选择选项“组件”中的“通信”，则会出现一个“通信建立结果”对话框，显示是否连接了 CPU 主机。

② 双击“通信建立结果”对话框中的刷新图标，STEP7-Micro/WIN32 将检查所连接的所有 S7-200 CPU 站，并为每个站建立一个 CPU 图标。

③ 双击要进行通信的站，在“通信建立结果”对话框中可以显示所选站的通信参数。

（6）建立修改 PLC 通信参数

如果建立了计算机和 PLC 的在线联系，就可利用软件检查、设置和修改 PLC 的通信参数。步骤如下。

① 单击引导条中的系统块图标或从主菜单中选择“查看”菜单中的“系统块”选项，将出现系统块对话框。

② 单击“通信端口”选项卡。检查各参数，认为无误单击确认。如果需要修改某些参数，可以先进行有关的修改，然后单击“应用”按钮，再单击确认后退出。

③ 单击工具条中的下载图标，即可把修改后的参数下载到 PLC 主机。

2.8.2 STEP7-Micro/WIN32 软件功能

（1）编程软件的功能介绍

STEP7-Micro/WIN32 是在 Windows 平台上运行的 SIMATIC S7-200PLC 编程开发工具，它具有强大的扩展功能。

1）基本功能

① 在离线（脱机）方式下可以实现对程序的编辑、编译、调试和系统组态。

② 在线方式下可通过联机通信的方式上传和下载用户程序及组态数据，编辑和修改用户程序，而且还可以直接对 PLC 进行各种操作。

③ 支持 IL、LAD、FBD 三种编程语言，并且可以在三者之间随时切换。

④ 在编辑过程中具有简单的语法检查功能，它能够在程序错误行处加上红色曲线进行标注，利用此功能可以避免语法和数据类型的错误。

⑤ 具有文档管理和密码保护等功能。

2）其他功能

① 运动控制 S7-200提供有开环运动控制的三种方式。

a. 脉宽调制（PWM）。内置于S7-200，用于速度、位置或占空比控制。

b. 脉冲串输出（PTO）。内置于S7-200，用于速度和位置控制。

c. EM253位控模块。用于速度和位置控制的附加模块。

② 创建调制解调模块程序 使用EM241调制解调模块可以将S7-200直接连到一个模拟电话线上，并且支持S7-200与STEP7-Micro/WIN32的通信。

③ USS协议指令库 STEP7-Micro/WIN32指令库，该指令库包括预先组态好的子程序和中断程序，这些子程序和中断程序都是专门为通过USS协议与驱动通信而设计的。

④ Modbus从站协议指令 使用Modbus从站协议指令，用户可以将S7-200组态作为Modbus RTU从站与Modbus主站通信。

⑤ 使用配方 STEP7-Micro/WIN32软件中提供了配方向导程序来帮助用户组织配方和定义配方。配方存放在存储卡中，而不是PLC中。

⑥ 使用数据归档 STEP7-Micro/WIN32提供数据归档向导，将过程测量数据存入存储卡中。

⑦ PID自整定和PID整定控制面板 S7-200PLC已经支持PID自整定功能，STEP7-Micro/WIN32中也添加了PID整定控制面板。

（2）窗口组件及功能

启动STEP7-Micro/WIN32编程软件，其主界面如图2-151所示。

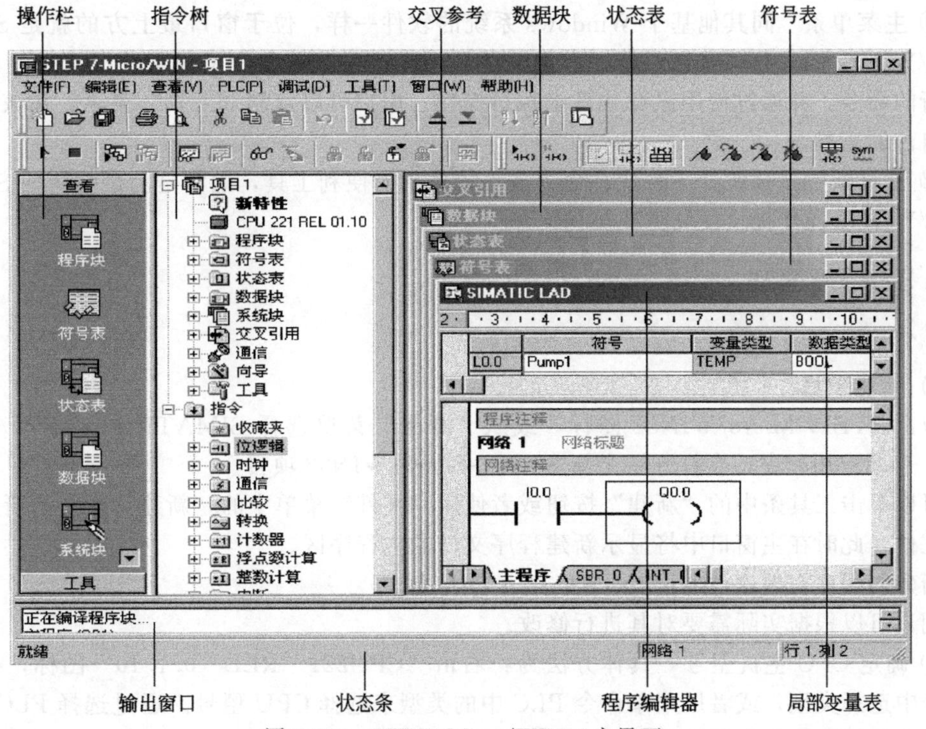

图2-151 STEP7-Micro/WIN32主界面

① 操作栏　显示编程特性的按钮控制群组如下。

视图：选择该类别，显示程序块、符号表、状态表、数据块、系统块、交叉参考及通信显示按钮控制等。

工具：选择该类别，显示指令向导、文本显示向导、位置控制向导、EM 253 控制面板和调制解调器扩展向导的按钮控制等。

② 指令树　提供所有项目对象和为当前程序编辑器（LAD、FBD 或 STL）提供的所有指令的树型视图。

③ 交叉参考　希望了解程序中是否已经使用和在何处使用某一符号名或存储区赋值时，可使用“交叉引用”表。“交叉引用”列表识别在程序中使用的全部操作数，并指出 POU、网络或行位置以及每次使用的操作数指令上下文。

④ 数据块/数据窗口　该窗口可以设置和修改变量存储区内各种类型存储区的一个或多个变量值，并可以加注释加以说明，允许用户显示和编辑数据块内容。

⑤ 状态表窗口　状态表窗口允许将程序输入、输出或将变量置入图表中，以便追踪其状态。在状态表窗口中可以建立多个状态图，以便从程序的不同部分监视组件。每个状态图在状态图窗口中有自己的标签。

⑥ 符号表/全局变量表窗口　允许用户分配和编辑全局符号。用户可以建立多个符号表。

⑦ 输出窗口　该窗口用来显示程序编译的结果信息。

⑧ 状态条　提供在 STEP7-Micro/WIN32 中操作时的操作状态信息。

⑨ 程序编辑器　包含用于该项目的编辑器（LAD、FBD 或 STL）的局部变量表和程序视图。

⑩ 局部变量表　每个程序块都对应一个局部变量，在带有参数的子程序调用中，参数的传递就是通过局部变量表进行的。

⑪ 主菜单条　同其他基于 Windows 系统的软件一样，位于窗口最上方的就是 STEP7-Micro/WIN32 的主菜单。它包括 8 个主菜单选项，这些菜单包含了通常情况下控制编程软件运行的命令，并通过使用鼠标或键击执行操作。用户可以定制“工具”菜单，在该菜单中增加自己的工具。

⑫ 工具条　工具条是一种代替命令或下拉菜单的便利工具，通常是为最常用的 STEP7-Micro/WIN32 操作提供便利的鼠标访问。

2.8.3 程序编制

（1）程序文件操作

1）新建项目

双击 STEP7-Micro/WIN32 图标，或从“开始”菜单选择 SIMATIC>STEP7 Micro/WIN，启动应用程序，会打开一个新 STEP7-Micro/WIN32 项目。

可以单击工具条中的“新建”按钮或者使用“文件”菜单中的“新建”命令来新建一个工程文件，此时在主窗口中将显示新建程序文件的主程序区。

新建的程序文件以“项目？（CPU221）”命名。

用户可以根据实际需要对其进行修改。

① 确定 CPU 主机型号　具体方法为：右击“CPU221　REL　0.1.10”图标，在弹出的命令中选择类型，或者用菜单命令 PLC 中的类型来选择 CPU 型号。通过选择 PLC 类型，可以帮助执行指令和参数检查，防止在建立程序时发生错误。

② 程序更名 在项目中所有的程序都可以修改名称，通过右键单击各个程序图标，在弹出的对话中选择重命名，则可以修改程序名称。

③ 添加子程序或中断程序 右键单击程序块图标，选择“插入/子程序”或“插入/中断程序”即可添加一个新的子程序或中断程序。

④ 编辑程序 双击想要编辑的程序的图标，即可显示该程序的编辑窗口。

2）打开现有的项目

从STEP7-Micro/WIN32中，使用文件菜单，选择下列选项之一，完成项目的打开。

3）编辑程序前应注意的事项

① 定制工作区。

② 设置通信。

③ 根据PLC类型进行范围检查。

（2）编辑程序

在使用STEP7-Micro/WIN32编程软件中，有3种编程语言可供使用，它们是梯形图编程LAD、功能块图编程FBD以及语句表编程STL。

1）输入编程元件

在STEP7-Micro/WIN32编程软件中，编程元件的输入方法有两种。

方法1：从指令树中双击或者拖放。

方法2：工具条按钮。

2）在LAD中构造简单、串联和并联网络的规则

在LAD编程中，必须遵循一定的规则，才能减少程序的错误。

① 放置触点的规则 每个网络必须以一个触点开始，但网络不能以触点终止。

② 放置线圈的规则 网络不能以线圈开始，线圈用于终止逻辑网络。一个网络可有若干个线圈，但要求线圈位于该特定网络的并行分支上。

③ 放置方框的规则 如果方框有ENO，使能位扩充至方框外，这意味着用户可以在方框后放置更多的指令。

在网格中，一个单独的网络最多能垂直扩充32个单元格或水平扩充32个单元。

④ 网络尺寸限制 用户可以将程序编辑器窗口视作划分为单元格的网格。在网格中，一个单独的网络最多能垂直扩充32个单元格或水平扩充32个单元。

3）在LAD中输入操作数

用户在LAD中输入一条指令时，参数开始用问号表示，例如（??.?）或（????）。问号表示参数未赋值。

4）在LAD中输入程序注解

LAD编辑器中共有四个注释级别，它们是项目组件注释、网络标题、网络注释、项目组件属性。

5）在LAD中编辑程序元素

① 剪切、复制、粘贴或删除多个网络 通过拖曳鼠标或使用Shift键和Up（向上）、Down（向下）箭头键，用户可以选择多个相邻的网络，用于剪切、复制、粘贴或删除选项。

② 剪切、复制、粘贴项目元件 将鼠标移到指令树或编辑器标签上，然后单击鼠标右键。由弹出菜单中选取“复制”命令，以复制整个项目部件。

③ 编辑单元格、指令、地址和网络 当单击程序编辑器中的空单元格时，会出现一个方框，显示已经选择的单元格。用户可以使用鼠标右键单击弹出菜单在空单元格中粘贴一个选项，或在该位置插入一个新行、列、垂直线或网络。

6）如何使用查找/替换和转入功能

使用查找/替换和转入功能，能够方便快捷地对程序中的元件、参数以及网络等进行查看、编辑和修改。

7）使用符号表

使用符号表，可以将直接地址编号用具有实际意义的符号代替，有利于程序结构的清晰易读。

① 在符号表/全局变量表中指定符号赋值　在符号表中，用户可以为每个地址指定有意义的符号，并加以注释。

② 查看重叠和未使用的符号　如果要查看符号表中的“重叠”列或“未使用的符号”列，则用户首先要选择工具（Tools）>选项（Options）菜单项目。

③ 在符号寻址和绝对地址视图之间切换　在符号表/全局变量表中建立符号和绝对地址或常数值的关联后，用户可在操作数信息的符号寻址和绝对寻址显示之间切换。

④ 同时查看符号和绝对地址　要在 LAD、FBD 或 STL 程序中同时查看符号地址和绝对地址，使用菜单命令工具（Tools）>选项（Options），并选择“程序编辑器”标签。选择“显示符号和地址”。

8）编译

程序编辑完成后，可以用工具条按钮或 PLC 菜单进行编译。

9）下载

如果编译无误，便可以单击下载按钮，将用户程序下载到 PLC 中。

2.8.4 调试及运行监控

STEP7-Micro/WIN32 编程软件有一系列工具，用户可直接在软件环境下调试并监视用户程序的执行。

（1）PLC RUN/STOP（运行/停止）模式

要使用 STEP7-Micro/WIN32 软件控制 RUN/STOP（运行/停止）模式，必须在 STEP7-Micro/WIN32 和 PLC 之间存在一条通信链路。

（2）选择扫描次数监控用户程序

通过选择单次或多次扫描来监视用户程序，可以指定 PLC 对程序执行有限次数扫描。

① 初次扫描　将 PLC 置于 STOP 模式，使用“调试（Debug）”菜单中的“初次扫描（First Scans）”命令。

② 多次扫描　方法：将 PLC 置于 STOP 模式。

使用“调试（Debug）”菜单中的“多次扫描（Multiple Scans）”命令，来指定执行的扫描次数，然后单击“确认”（OK）按钮进行监视。

③ 关于状态监控通信与扫描周期　PLC 在连续循环中读取输入、执行程序逻辑、写入输出和执行系统操作和通信。该扫描周期速度极快，每秒执行多次。

（3）用状态表监控与调试程序

“状态监控”这一术语是指显示程序在 PLC 中执行时的有关 PLC 数据的当前值和能流状态的信息。

① 使用状态图表　在引导条窗口中单击“状态图（Status Chart）”或用“视图（View）”菜单中的“状态图”命令。当程序运行时，可使用状态图来读、写、监视和强制其中的变量。

② 强制指定值　用户可以用状态图表来强制用指定值对变量赋值，所有强制改变的值都存到主机固定的EEPROM存储器中。

（4）程序监视

利用三种程序编辑器（梯形图、语句表和功能表）都可在PLC运行时，监视程序的执行对各元件的执行结果，并可监视操作数的数值。

利用梯形图编辑器可以监视纯程序状态。用户可利用语句表编辑器监视在线程序状态。

第3章 液压与气动PLC控制典型应用

本章结合实例介绍液压与气动PLC控制典型应用，主要是各类液压气动回路的PLC控制方式。

液压系统与电控系统是双向信息交流的关系，相互间密不可分。目前，在大多数情况下，液压装置采用PLC控制。

3.1 液压与气动PLC控制概述

（1）液压与气动PLC控制的优点

早期液压与气动系统采用继电器控制，其缺点主要表现为：线路复杂，继电器动作慢、寿命短，系统控制精度差，故障率高，维修工作量大等。采用PLC控制液压与气动系统可消除上述缺陷。

PLC工作性能稳定且各I/O指示简单、明了，易于编程，可在线修改，大大缩短了维修、改制、安装和调试液压与气动系统和设备的时间。

PLC具有控制系统可靠性高、通用性强、抗干扰能力强，而且一般不需要采取什么特殊措施，就能直接在工业环境中使用的特点，更加适合工业现场的要求。

用PLC控制，可使液压与气动系统工作平稳、准确，更有利于改善工人的劳动环境，降噪增效，节约能源，而且提高了液压与气动系统的性能，延长液压与气动设备的使用寿命，大大提高了生产率和自动化程度，特别是改变机构的某些动作时仅需进行程序的调整。

采用PLC控制的液压与气动控制系统，使系统模块化，减小了液压与气动系统和设备的体积。

总之，使用PLC控制液压与气动控制系统能显著提高系统的整体性能，具有明显的优越性。目前，在大多数情况下，液压与气动系统均采用PLC控制。

PLC广泛应用于液压与气动系统的控制中，主要控制方式包括顺序控制、同步控制、位置控制、压力控制、速度控制、能源监控等。

（2）控制系统的设计

控制系统设计主要是PLC的选择及编程。

依据液压与气动控制要求，PLC的选择主要参数包括：PLC的类型选择，输入输出（I/O）点数的估算，处理速度、存储器容量的估算，输入输出模块的选择，电源的选择，存储器的选择、冗余功能的选择等。

PLC的编程依据液压与气动控制要求，设定PLC应用程序。

此外，还包括传感器的设计、人机界面的设计以及通信系统的设计等。

3.2 行程顺序控制

3.2.1 液压与气动系统行程顺序控制

顺序动作回路使几个执行元件严格按照预定顺序动作。按控制方式不同，顺序动作回路分为压力控制和行程控制两种方式。

多缸行程顺序控制一般采用行程开关检测液压（气动）缸的行程，行程信息反馈到 PLC 的输入端，PLC 由此发出后续动作指令。行程开关控制顺序回路如图 3-1 所示。

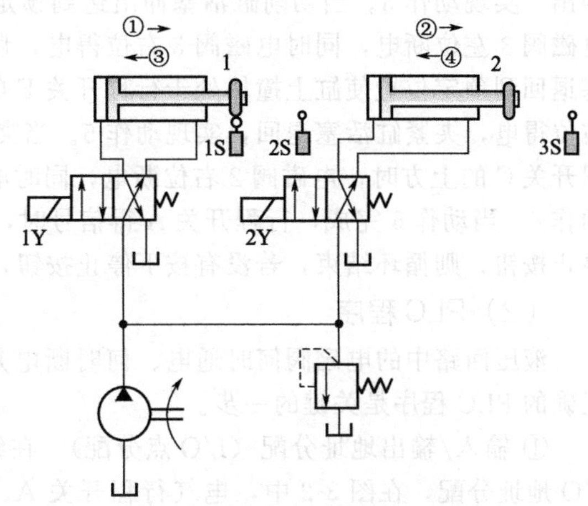

图 3-1　行程开关控制顺序回路

按启动按钮，1Y 得电，缸 1 活塞先向右运动，当活塞杆上挡块压下行程开关 2S 后，使 2Y 得电，缸 2 活塞才向右运动，直到压下 3S，使 1Y 失电，缸 1 活塞向左退回，而后压下 1S，使 2Y 失电，缸 2 活塞再退回。调整挡块可调整缸的行程，通过电控系统可改变动作顺序。

PLC 控制液压与气动顺序动作特别适合缸比较多，动作顺序比较复杂的多缸循环顺序动作回路。PLC 编程方便、易于使用，变更动作顺序只需在程序上稍做修改便可实现。

在此通过实例介绍 PLC 用于液压与气动系统行程顺序控制。

3.2.2 机床多缸顺序控制 PLC 系统

某机床定位缸→夹紧缸→切削缸组成的三缸顺序动作回路，应用 OMRON 公司生产的 CPM1A-20CDR 型 PLC 进行控制。

（1）液压多缸顺序动作回路

定位缸→夹紧缸→切削缸组成的三缸顺序动作液压系统回路如图 3-2 所示。

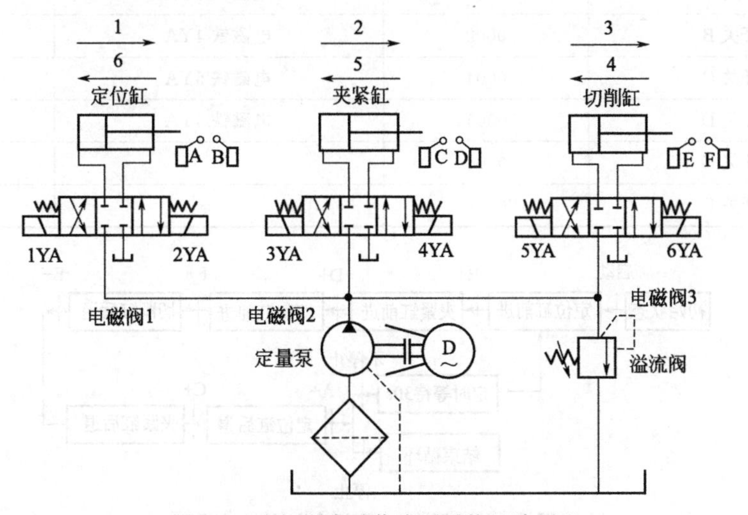

图 3-2　多缸顺序动作液压系统回路原理

图 3-2 中 A、B、C、D、E、F 是电气行程开关，各缸活塞上的撞块只要运行到行程开关的上方（距离<5mm），行程开关便能感应到信号，从而控制电磁阀的通断。液压多缸顺序动作回路工作原理如下：1YA 得电则电磁阀 1 左位接入工作，定位缸活塞伸出，实现动作 1。当活塞移到预定位置使缸上撞块处于行程开关 B 的上方时，电磁阀 1 左位断电，同时电磁阀 2 左位得电，夹紧缸活塞伸出，实现动作 2。当夹紧缸活塞伸出达到预定位置使缸上撞块处于行程开关 D 的上方时，电磁阀 2 左位断电，同时电磁阀 3 左位得电，切削缸活塞伸出，实现动作 3。当切削缸活塞伸出达到预定位置使缸上撞块处于行程开关 F 的上方时，电磁阀 3 左位断电，同时电磁阀 3 右位得电，切削缸 3 活塞退回，实现动作 4。当切削缸活塞退回到预定位置使缸上撞块处于行程开关 E 的上方时，电磁阀 3 右位断电，同时电磁阀 2 右位得电，夹紧缸活塞退回，实现动作 5。当夹紧缸活塞退回到预定位置使缸上撞块处于行程开关 C 的上方时，电磁阀 2 右位断电，同时电磁阀 1 右位得电，定位缸 1 活塞退回，实现动作 6。当动作 6 完成，行程开关 A 得信号时，定时等待 30s（装卸工件），此时若已经按下停止按钮，则循环结束，若没有按下停止按钮，则转入新一轮的循环。

（2）PLC 程序

液压回路中的电磁阀何时通电、何时断电是在 PLC 程序控制下执行的，因此设计合理正确的 PLC 程序是关键的一步。

① 输入/输出地址分配（I/O 点分配） 在编制 PLC 的梯形图和功能图之前，应先进行 I/O 地址分配，在图 3-2 中，电气行程开关 A、B、C、D、E、F 和启动、停止按钮都是输入元件，而各电磁阀的电磁铁是输出元件。现根据控制要求，分配 I/O 地址如表 3-1 所示。

② 功能图 在进行 PLC 梯形图设计之前，应先设计出 PLC 功能图，功能图有助于检查和调试程序。根据图 3-3 的系统回路的控制过程和表 3-1 所示分配好的输入/输出地址分配表，设计出 PLC 功能图如图 3-4 所示。

表 3-1 输入/输出地址分配表

输入继电器		输出继电器	
输入元件名称	继电器号	输出元件名称	继电器号
启动按钮	0000	电磁铁 1YA	1000
停止按钮	0003	电磁铁 2YA	1001
行程开关 A	0001	电磁铁 3YA	1002
行程开关 B	0002	电磁铁 4YA	1003
行程开关 C	0004	电磁铁 5YA	1004
行程开关 D	0005	电磁铁 6YA	1005
行程开关 E	0006		
行程开关 F	0007		

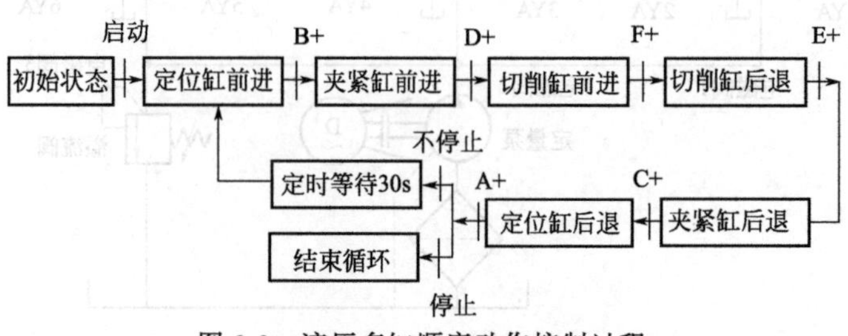

图 3-3 液压多缸顺序动作控制过程

图3-4中用HR0000进行循环状态锁存，启动钮0000可使它置位，停止钮0003使它复位；用HR0001～HR0006分别表示按顺序动作的6个步（动作1～动作6），当动作6完成以后（定位缸活塞退回到预定位置），此时行程开关A（分配的输入继电器是0001）有信号，当前循环结束，此时若HR0000已复位（按下了停止按钮），则不再进行新的循环，系统处于初始状态，若HR0000没有复位，当TIM00定时到（定时30s，用于装卸工件）时，则转入新的循环。

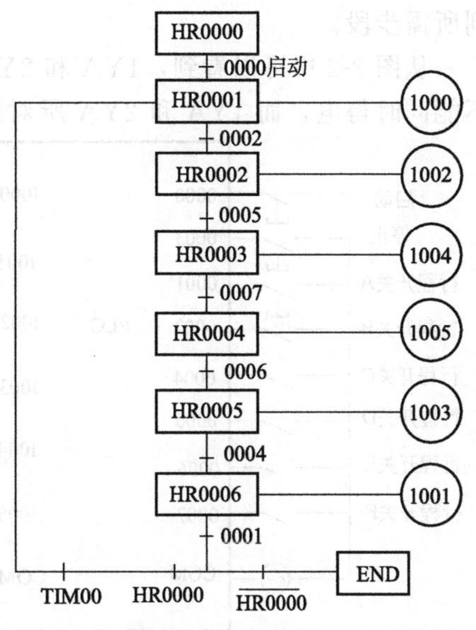

图3-4　液压顺序动作控制PLC功能图

③ PLC梯形图　设计好了功能图，便可根据功能图设计出PLC梯形图，如图3-5所示。

图3-5中用HR0000进行循环状态锁存，启动钮0000可使它置位，停止钮0003使它复位，一个循环结束以后，若不想让它继续新的循环，则可按0003按钮，0003按下后系统会自动走完当前循环，而不再继续新的循环。

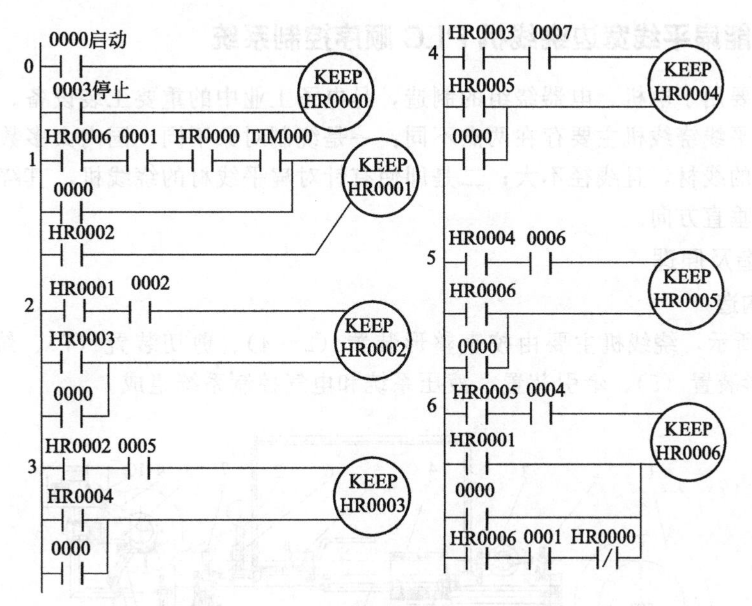

图3-5　液压多缸顺序控制PLC梯形图

TIM00是定时器，在这里设置值是#0300，所以是定时30s（时值0.1s），用于装卸工件用。因装卸工件的时间随着工件的不同而改变，若工件改变，装卸时间不合适30s，可以重新设定TIM00的参数。从图中可以看到，从KEEP HR0002～KEEP HR0006的复位端都加了一个启动钮0000的常开触点，这样设置的目的是加强此程序的抗干扰性和防止误操作，若不加此触点，则程序只能在完全正确操作的情况下才能正确地自动循环，若在循环的过程中，有人不小心误操作，则程序无法进行下去，而且无法复位，而在KEEP HR0002～KEEP HR0006的复位端加了启动钮0000的常开触点以后，若有人在循环的过程中不小心误操作，则可按下0000按钮使程序复位，并手动按下行程开关所对应的输入点，使程序转到所需步段。

从图 3-2 中可以看到，1YA 和 2YA 是电磁阀 1 的左右两个电磁铁，因此 1YA 和 2YA 不能同时得电，而 1YA 和 2YA 所对应的输出继电器是 1000 和 1001（见表 3-1），所以在图 3-4 中 1000 和 1001 要设置互锁。同理，其他两个电磁阀的左右两个电磁铁所对应的输出继电器也要设置互锁，即 1002 和 1003 互锁，1004 和 1005 互锁。

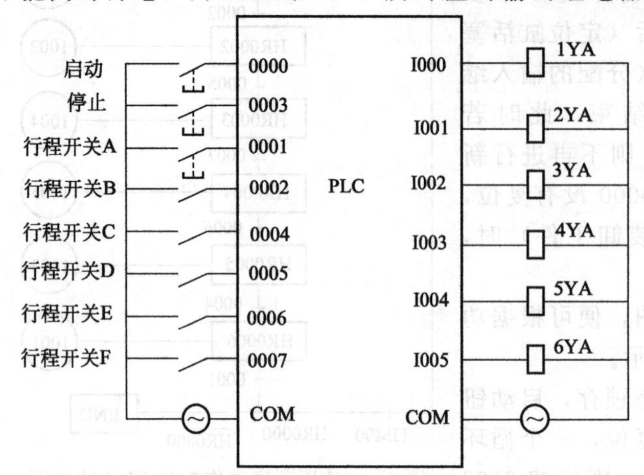

图 3-6　液压顺序动作控制 PLC I/O 接线图

PLC 程序设计好后，就可以通过计算机把 PLC 程序上传到 PLC 机子，上传完成后便可进行调试，确认程序的正确性。

（3）I/O 连线

PLC 程序调试无误后便可按图 3-6 进行 I/O 连线，在进行 I/O 连线时应注意不能把输入和输出端接混，不然易烧坏 PLC 机子。

3.2.3　智能扁平线宽边绕线机 PLC 顺序控制系统

绕线机主要用于电机、电器绕组的制造，是电子工业中的重要工装设备。与国内的绕线机相比，某扁平线绕线机主要存在两点不同：一是绕制对象不同。国内大多数使用的绕线机针对的是圆形的线材，且线径不大；二是即使有针对扁平线材的绕线机，其绕制方向也是以窄边为基准的垂直方向。

（1）构造及原理

1）系统构造

如图 3-7 所示，绕线机主要由校直整形装置（2～4）、剪切装置（7）、绕线装置（8～10）、线头弯形装置（5）、牵引装置、液压系统和电气控制系统组成。

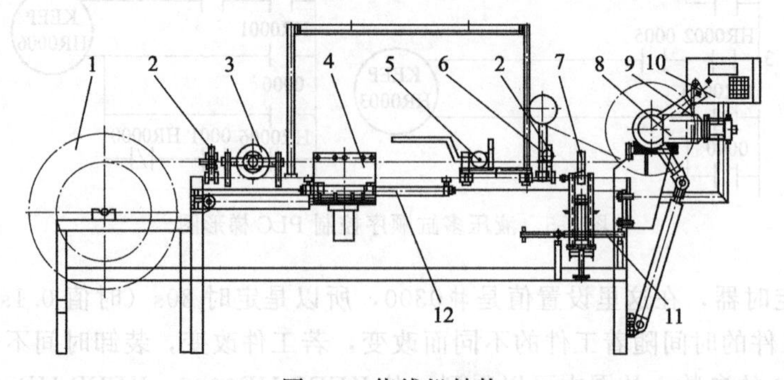

图 3-7　绕线机结构

1—线滚子；2—导向工位；3—水平校直工位；4—垂直校直工位；5—弯头工位；6—绝缘纸轮工位；7—剪断工位；8—弯形工位；9—整形工位；10—控制箱；11—支撑轴 Ⅰ；12—支撑轴 Ⅱ

线圈模具固定连接在主轴上，并有尾架支撑。线材由线材卷盘放出，经过整形装置进行整形，然后由线头弯折装置制作线头。将线材牵引至线圈模具处，并将线头固定在线圈模具的对应位置，主轴带动线圈模具转动，开始绕制线圈，在液压压轮的强制挤压下，使线材按照模具的形状变形，从而绕制出和模具形状相同的线圈。绕制完成后由切断装置切断线材，松开尾架，取出绕制好的线圈。

2）系统原理

① 系统结构与动作　扁平线圈的绕制和扭曲铜线的整形动作是通过控制绕线机液压系统完成的。系统由电机带动叶片泵旋转产生压力油。由主电磁溢流阀调定压力后，经 6 组叠加阀组控制油缸往复动作，来实现整形、绕线等一系列预期的动作要求。系统中，主电磁溢流阀除调定主油路压力外，还让系统在油缸不动作时处于卸荷状态。当主电磁溢流阀的电磁铁 Y1 与控制某一油缸电磁换向阀上的电磁铁同时得电时，相应油缸才可动作。各油缸工作原理如图 3-8 所示。

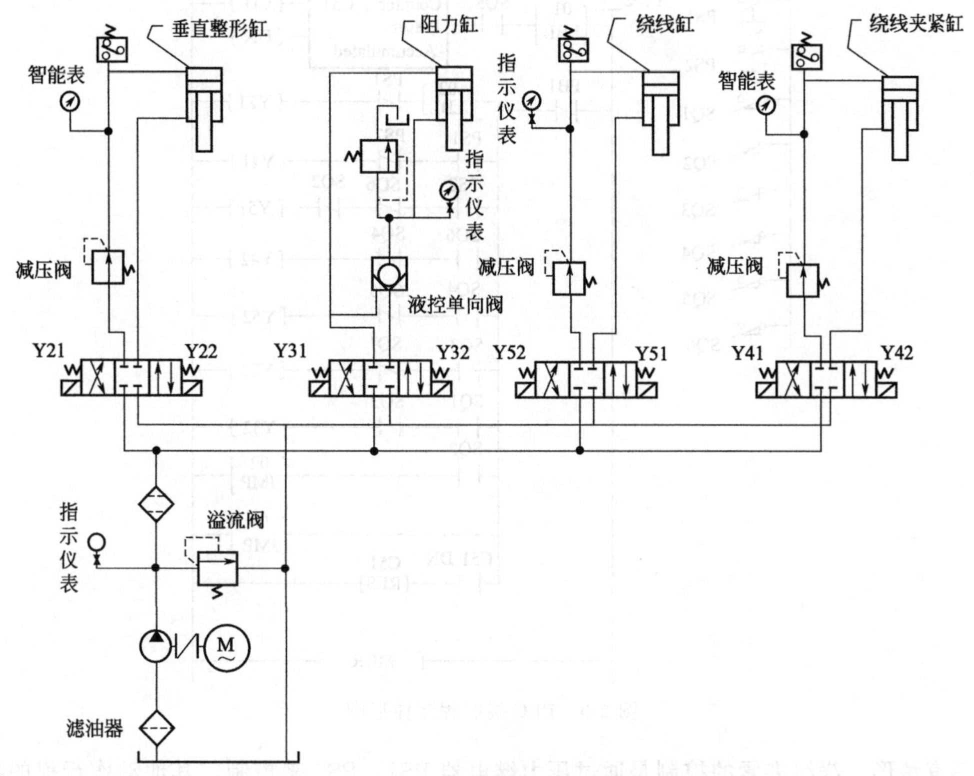

图 3-8　液压系统工作原理

② 垂直整形缸　垂直整形缸的作用是在垂直方向上夹紧扁铜线使其平整。电磁铁 Y21、Y1 带电，Y22 失电，整形油缸前行（上行），压紧铜线。电磁铁 Y21 失电，Y22、Y1 带电，油缸后退（回程）。

③ 阻力缸　阻力缸的作用是：在绕线过程中，靠油缸的阻力将扁铜线拉紧、绷直，从而使工件绕得更紧、更密。

油缸阻力是通过溢流阀来调定。工作时，电磁铁 Y31、Y32 失电，Y1 带电，油缸提供阻力，靠绕线外力拖动。电磁铁 Y31 失电，Y32、Y1 带电，油缸后退（回程）。

④ 绕线夹紧缸和绕线缸　绕制线圈要通过两个装置的相应动作来完成。首先，电磁铁 Y41、Y1 带电，Y42 失电，垂直油缸上行，挤压线圈。电磁铁 Y51 带电，Y52 失电，绕线缸上行，带动磨具旋转 1/4 圈。电磁铁 Y42 带电，Y41 失电，垂直油缸回程，松开线圈。电磁铁 Y52 带电，Y51 失电，绕线缸回程。

（2）系统软件

系统根据智能压力表和行程开关发出的信号，控制相应电磁铁的通断，从而控制相应油缸的动作。

为了正确地实现绕线，各个油缸之间的动作要有相应的控制次序。

本系统采用 Ailed-Bradley SLC-500 系列小型 PLC，其系统的控制程序梯形图如图 3-9 所示。

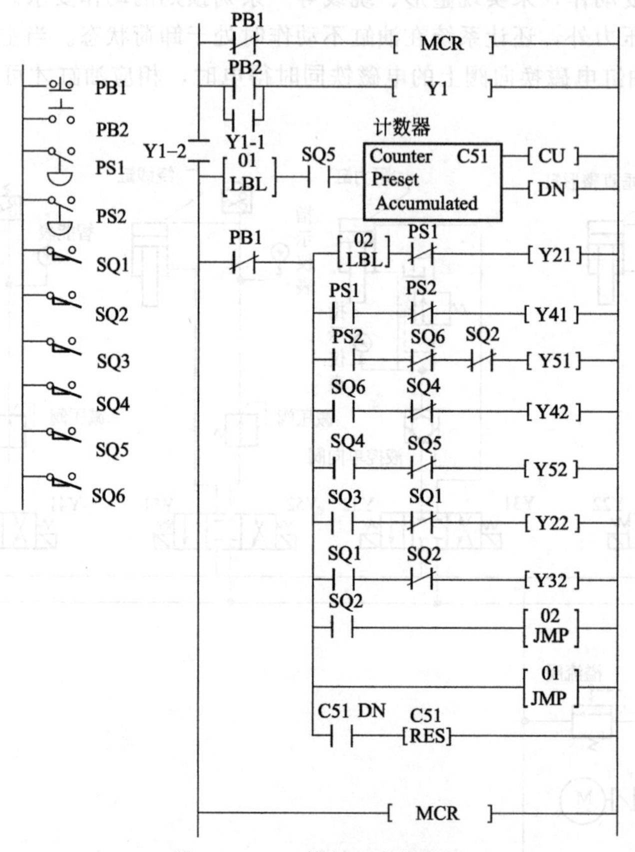

图 3-9 PLC 控制程序梯形图

垂直整形、绕线夹紧的控制是通过压力继电器 PS1，PS2 来控制，其他动作行程的控制都是通过行程开关来控制，这些行程开关包括：垂直整形退缸到位的行程开关 SQ1，阻力缸行进过程中后、前位置到位的行程开关 SQ2、SQ3，绕线夹紧缸回程位置到位的行程开关 SQ4，绕线旋转缸下行、上行位置到位的行程开关 SQ5、SQ6。

绕线时，按下启动按钮 PB2，电磁铁 Y1 带电，使整个系统加载压力。Y21 带电，垂直整形油缸上行，整形并夹紧铜扁线。达到智能表 PS1 设定值后，Y21 失电，Y41 带电，绕线夹紧缸上行夹紧工件。压力上升到达智能表 PS2 设定值时发信号，Y41 失电，Y51 带电，绕线油缸上行，拖动阻力缸前进，同时带动棘轮转动。完成绕线 1/4 圈后碰行程开关 SQ6，Y51 失电，Y42 带电，绕线夹紧缸回程。碰行程开关 SQ4 后，Y42 失电，Y52 带电，绕线缸回程。碰行程开关 SQ5 后，进入下一动作循环。

在阻力缸前进的过程中，碰行程开关 SQ3，Y51 失电，绕线工位的进缸动作立即停止，Y22 带电，垂直整形缸下行，松开线圈。下行到位后碰 SQ1，Y32 带电，阻力缸回程。碰 SQ2 后，垂直缸再次夹紧铜线，重复绕线过程。绕线每完成 1/4 圈计数器计数一次，直到达到预置数值停止并复位。若在中间过程中按下停止按钮PB1，绕线机也将停止动作，计数器保持原来的数值，直到下次按下启动按钮又从上次停止处开始。

基于PLC控制的智能扁平线绕线机是工厂根据生产任务的要求而提出的一种非标设备，该设备的使用能大大减轻工人的劳动强度，节约材料，提高劳动生产率达80%以上。

3.2.4 汽车变速滑叉支架装配机气压系统及其PLC控制

(1) 变速滑叉支架结构

变速滑叉支架是汽车变速箱的重要零件，其形状复杂。如图3-10所示，一挡板1右边有凸台、四挡板4左边有下弯结构；除二挡板2右边为矩形端和三挡板3右边为圆弧端外，其余的结构均相同；每两个挡位板之间需装有垫圈，但垫圈比较薄（0.8mm），不易看出是否漏装。

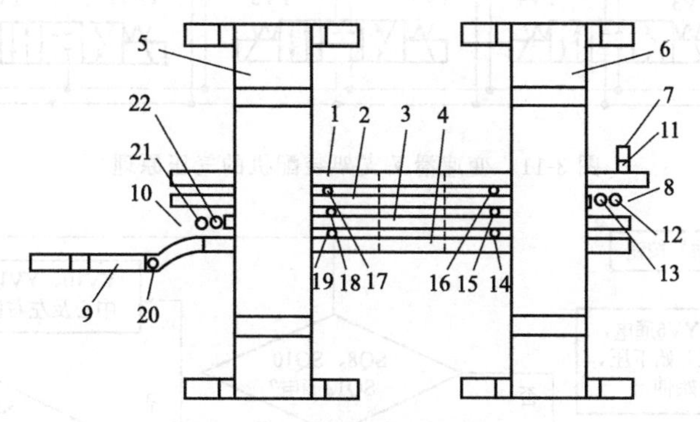

图3-10 变速滑叉支架零件

1—一挡板；2—二挡板；3—三挡板；4—四挡板；5—1/2挡板；6—3/4挡板；7—凸台；8—二挡板左边空隙；9—四挡板下弯凸板；10—三挡板右边空隙；11,12,20,22—测物传感器；13～19，21—测隙传感器

当变速滑叉支架安装正确时，在一挡板1的右边存在凸台7，在一挡板1和三挡板3之间存在空隙8，在二挡板2和四挡板4之间存在空隙10，在四挡板4左边存在下弯凸出部分9；当4个挡板之间按有垫圈时，其之间存在0.8mm的间隙。所以就必须用传感器对这些部分进行逐一检测，将检测的结果传至PLC系统。根据系统的处理，可判断是否安装正确，若不正确，可知何处安装错误。只有当上述所有部位检测无误时，变速滑叉支架才安装正确。

(2) 传感检测单元

根据上述分析，如图3-10所示，必须在一挡板1右边位置处设有测物传感器11进行检测凸台7；在二挡板2右边位置处设有测物传感器12和测隙传感器13进行检测矩形端及空隙8；在三挡板3左边位置处设有测物传感器22和测隙传感器21进行检测圆形端及空隙10；在四挡板4左边位置处设有测物传感器20进行检测下弯凸出部分9。在4个挡板之间设有14～19这6个测隙传感器，以检测挡板之间是否安有垫圈。

(3) 气动系统

在变速滑叉支架检测过程中，是利用传感器的触头进行探测，触头必定会碰击该部件，所以必须固定变速滑叉支架；为了检测挡板之间的空隙，必须压紧挡板。同时为了方便变速滑叉支架在工作台上安装、检测，则传感器必须能够伸缩。故采用气动系统对变速滑叉支架进行固定以及给传感器提供动力。变速滑叉支架的1/2挡板5、3/4挡板6均采用气动缸卡住在装配机上，在一挡板1上采用气动缸压紧4个挡板，所有的传感器均安装在气动缸上。

变速滑叉支架装配机的气压原理如图 3-11 所示，其气缸的运动循环流程图如图 3-12 所示。

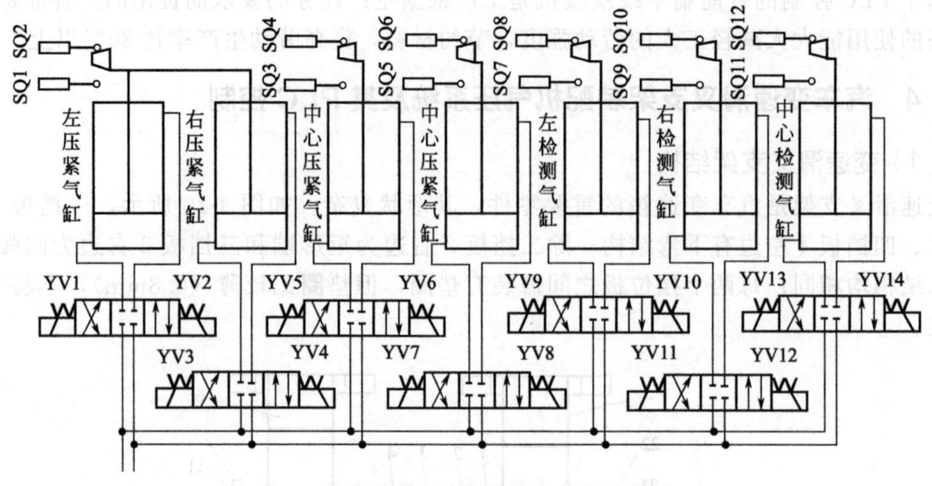

图 3-11 变速滑叉支架装配机的气压原理

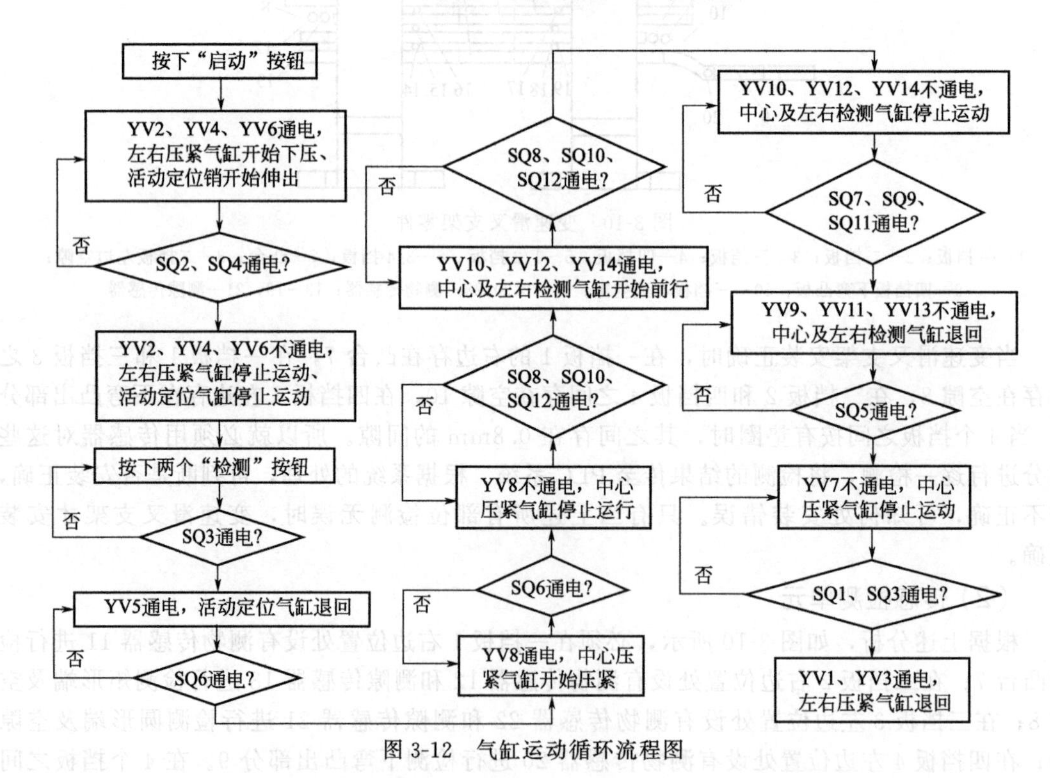

图 3-12 气缸运动循环流程图

① 左右压紧气缸压紧及活动定位销伸出　开启电源后，把变速滑叉支架的 1/2 挡板 5、3/4 挡板 6 安装到装配机上。按下“启动”按钮，YV2、YV4、YV6 通电，左右压紧气缸开始压紧变速滑叉支架的 1/2 挡板 5、3/4 挡板 6，活动定位销开始伸出。当压紧气缸和活动定位销达到极限位置时，接近开关 SQ2、SQ4 给出信号，YV2、YV4、YV6 不通电，左右压紧气缸和活动定位气缸停止运动。

② 活动定位销退回　安装好了 4 个挡板及垫圈后，双手按下两个“检测”按钮。接近开关 SQ3 给出信号，YV5 通电，活动定位气缸连带定位销退回。

③ 中心压紧气缸压紧 当接近开关SQ3给出信号后，接近开关SQ5给出信号，YV8通电，中心压紧气缸向下伸出，在活塞杆上设有压板，以此压紧4个挡板及其垫圈。当压紧气缸达到极限位置时，接近开关SQ6给出信号，YV8不通电，中心压紧气缸停止运动。

④ 左右及中心检测气缸前进 当接近开关SQ6给出信号后，接近开关SQ8、SQ10、SQ12给出信号，YV10、YV12、YV14通电，中心及左右检测气缸开始前行。当检测气缸达到极限位置时，接近开关SQ8、SQ10、SQ12给出信号，YV10、YV12、YV14不通电，中心及左右检测气缸停止运动。

当检测完且传出信号后，接近开关SQ7、SQ9、SQ10给出信号，YV9、YV11、YV13通电，中心及左右检测气缸退回。

⑤ 中心压紧气缸退回 当接近开关SQ7、SQ9、SQ11给出信号后，接近开关SQ5给出信号，YV7通电，中心压紧气缸退回。

⑥ 左右压紧气缸退回 当接近开关SQ5给出信号后，接近开关SQ1、SQ3给出信号，YV1、YV3通电，左右压紧气缸退回。取下变速滑叉支架，此时一个变速滑叉支架安装检测完毕。

(4) PLC系统

变速滑叉支架装配机在工作时动作比较多，且各个动作之间有严格的逻辑关系。气压系统和PLC系统共同构成了控制系统，由PLC系统接受现场行程开关、保护开关和按钮开关发出的信号，通过向电磁阀发出电信号来控制整个系统的运行。PLC系统硬件由输入电路、输出电路、PLC基本单元3部分组成。PLC系统输入程序的部分梯形图如图3-13所示。

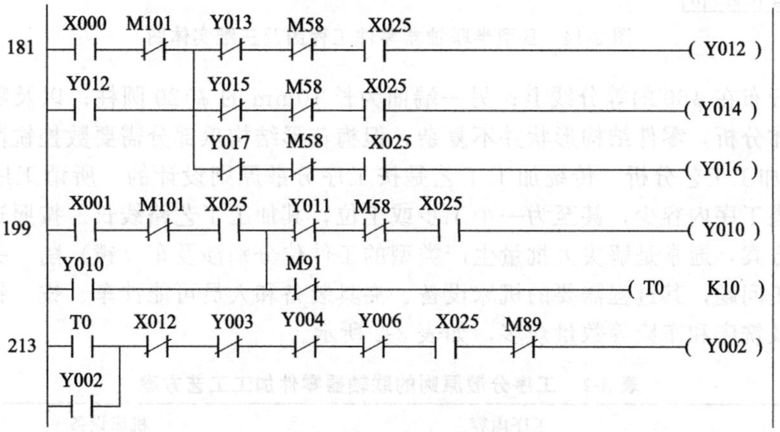

图3-13 气动驱动PLC梯形图

变速滑叉支架装配机及其PLC系统自正式投运状况良好，控制系统的软、硬件安全可靠，系统配置合理；满足了实际生产中在线检测的需要，而其检测1件的时间不超过2s。

3.2.5 PLC控制的多工序气动夹具

(1) 联轴器零件的加工工艺

联轴器零件是各种机械传动装置中不可或缺的重要零部件，在传动机构中起到中间连接作用，图3-14所示是某工程升降机中传动装置的一种B型半联轴器零件。

该零件是以635孔中心线为主的回转体零件，且有6×ϕ40的花键；零件一个端面具有4个均匀分布的梅花形结构爪，每个梅花形结构爪上都有ϕ16孔，除此之外，还有3×M10

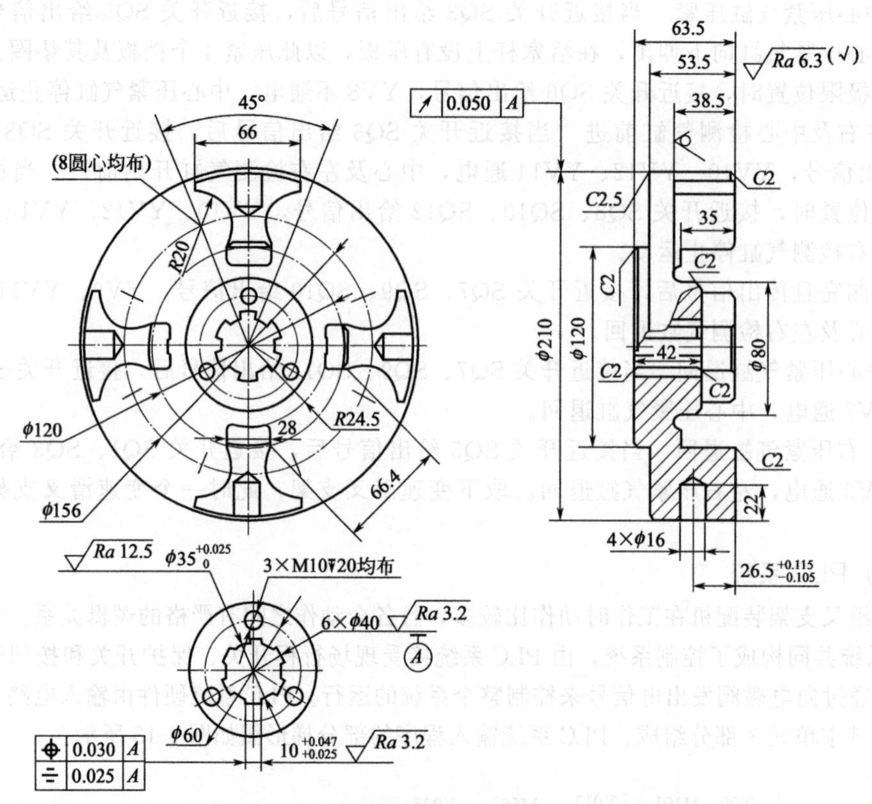

图 3-14　B 型半联轴器零件工程图及三维实体图

螺纹孔均匀分布在 $\phi60$ 的等分线上；另一端面为长 10mm 的 $\phi120$ 圆柱；以及零件各处不同的倒角。总体分析，零件结构形状并不复杂，但梅花形结构爪部分需要数控铣削加工。

① 传统加工工艺分析　传统加工工艺是按工序分散原则设计的。所谓工序分散指的是零件加工每道工序内容少，甚至为一个工步或工位，其加工工艺路线长。按照这样的原则设计出的工艺方案，通常是解决大批量生产类型的工件位分别涉及车（镗）削、钻削、铰削和拉削等的加工问题，其过程需要的机床设备、夹具装备和人员可能涉车、铣、钻和拉 4 种型号机床，以及铣床和车床等数量众多，如表 3-2 所示。

表 3-2　工序分散原则的联轴器零件加工工艺方案

工序	工序内容	机床设备	夹具装备
10	车削 $\phi210$ 左端外圆 25mm 处和台阶，$\phi120$ 外圆柱面、端面及相关倒角	车床	三爪卡盘
20	车削 $\phi210$ 右端余下的外圆表面	车床	三爪卡盘
30	镗(粗车、半精车) $\phi35$ 圆	车床	三爪卡盘
40	拉 6×$\phi40$ 花键	拉床	拉床夹具
50	粗、精铣 $\phi80$ 外圆及其端面、倒角	铣床	V 口虎钳
60	粗、精铣 $\phi210$ 梅花形结构爪轮廓、$\phi210$ 右台阶表面及相关倒角	铣床	V 口虎钳
70	钻、攻 3×M20 螺纹孔	钻床	钻夹具
80	钻、铰加工 4×$\phi16$ 孔	钻床	钻夹具

表 3-2 中所示工艺是传统加工方案，其工艺路线长，机床设备和夹具装备量多，同时生产场地面积大和操作人员多，这就是按工艺分散原则设计的工艺方案的缺陷。在夹具设计方面，

设计零件某工序的夹具前先要根据零件工序要求进行零件的定位规划。零件定位是实现工序要求中位置精度的根本措施，夹具定位方案规划首先必须根据零件的具体工序要求获取工件的定位基准和应约束的自由度信息，同时工序要求与定位基准应约束的自由度之间存在必然联系。

如表 3-2 中工序 50 和工序 60 要求约束的自由度为 6 个，而 V 口虎钳只能约束零件的 5 个自由度，另一个自由度约束需要借助于百分表或划针的找正方式来完成，从而实现零件的最终装夹。由此可见，传统加工工艺方案不仅要求工艺设备、装备、场地面积、人员数量等数目大，而且零件装夹效率低，对工人技术水平要求也相对较高。

② 数控加工工艺分析　数控加工工艺是按工序集中原则设计的。所谓工序集中指的是零件每道加工工序内容多，工艺路线短，要求的加工设备或夹具装备具有较高的柔性。对照工序分散原则的工艺设计方案，表 3-2 中工序 10 至工序 30 所用机床设备和夹具装备相同，可合并为一道工序（记为工序Ⅰ），分两次装夹；工序 40 是一道独立的工序，在拉床上完成加工（记为工序Ⅱ）；工序 50 至工序 80 合并为一道工序（记为工序Ⅲ），这道工序需要设计程控气动夹具来完成联轴器零件的装夹。总体分析，在数控加工工序集中原则下，联轴器零件的整个加工工艺过程被划分为 3 道工序，即工序Ⅰ为车削加工，工序Ⅱ为拉削加工，工序Ⅲ为铣钻削加工。

（2）多工序集中加工对机床与夹具的要求

① 多工序集中加工对数控机床的要求　现代数控加工是以较高柔性的数控机床为核心，要求机械零件加工工序集中，从而减少不必要的辅助时间，可大大提高加工效率，降低工人劳动强度。通过以上联轴器零件加工工艺分析，其数控加工工序Ⅲ包括铣、钻、铰、攻丝等多个工步和工位，若零件在一次装夹中完成多道工序的加工，必须采用四轴联动以上的高柔性数控机床设备，如 FANUC 21i 系统和 SIEMENS 840D 系统数控机床等。但这样高柔性化数控设备价格昂贵，在加工具有一定批量的联轴器零件时，对于企业来说是一种技术浪费，所以高档数控机床只适合高精度、复杂多变的机械零件加工。

② 多工序集中加工对夹具的要求　企业现有若干台中档数控设备，如 SIEMENS802D/802S 和 FANUC 0i 系统数控设备，但这些具有较好柔性的数控设备不能解决多工序集中加工的零件一次安装问题。为此，提出程序控制气动夹具装备设计方案，该方案中除了必要的定位元件设计，其他元件可以考虑采用组合夹具元件，如图 3-15 中除四工位分度盘 6、旋转轴 10 以外，其他夹具元件和组件都可采用标准元件或组合夹具元件，从而降低了气动夹具的元组件制造成本，同时也有效地解决了联轴器零件加工对高成本数控机床的高柔性需求。由此可见，数控加工的柔性化着眼点主要在机床和工装两个方面，而夹具又是工装柔性化的

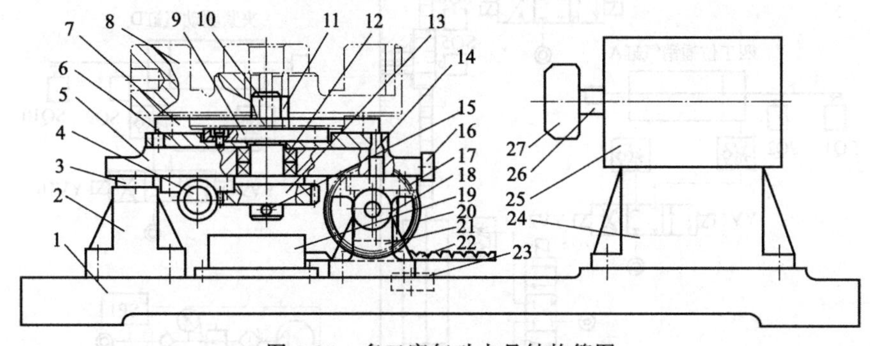

图 3-15　多工序气动夹具结构简图

1—夹具体；2,24—支架；3—铣削翻转定位挡块；4—四工位驱动气缸；5—翻转板；6—四工位分度盘；7—半圆定位套；8—联轴器零件；9—定位板；10—旋转轴；11—定位键；12—轴承；13—分度齿轮；14—插拔杆销；15—销；16—钻孔翻转定位块；17—连接座；18—四工位插销气缸；19—翻转驱动气缸；20—翻转圆齿轮；21—轴承座；22—翻转齿条；23—钻孔翻转定位挡块；25—夹紧气缸；26—气缸杆；27—压块

重点，组合夹具就是柔性夹具的代名词。图 3-15 中多工序气动的很多夹具零部件都可以采用组合夹具元件和其他标准元件，这是该夹具柔性化特点之一；该夹具的另一个柔性化特点就是采用了 PLC 程序自动控制和气动定位与夹紧，气动夹具也满足绿色夹具设计要求。

(3) 多工序气动夹具

① 多工序气动夹具结构　夹具设计主要集中在安装规划、装夹规划、夹具构形设计和夹具性能评价 4 个方面。20 世纪 70 年代以来，苏联学者就开始了夹具的计算机辅助设计(又称计算机辅助夹具设计，英文是 Computer Aided Fixture Design，CAFD)，虽然在夹具本身的设计方面研究出了大量的成果，但是在夹具如何融入数控机床中，成为其重要的程序控制执行部件方面还尚需研究。

工序集中原则下，联轴器零件 4 个梅花形结构爪面及其上 3×M10 孔、圆柱面等多工序与 4×ϕ16 多个工位在数控加工中整合为一道工序，故这些工序必须具有同样的定位规划，其定位基准选择需满足相同原则。经分析工序Ⅲ需采用完全定位方式，其定位基准应为“ϕ120 端面＋ϕ120 圆柱面＋ϕ40 花键”组合，即可实现工序集中时零件一次装夹完成多工序（包括多个工步和多工位等）的加工。该夹具结构如图 3-15 所示。

在图 3-15 所示位置，联轴器零件 8 分别通过定位元件 7、9 和 11 定位，其中定位元件 7 与其配合的 V 形夹紧块（图 3-15 中未示）对联轴器零件 8 的 ϕ120 表面（图 3-15）进行夹紧，此时气缸 18 驱动推杆 14 插入分度盘 6 的定位孔中（注：分度盘有 4 个均匀分布的定位孔），确保零件 8 在数控铣床上的正确位置，该位置可完成零件 8 工序Ⅲ内容；完成加工后，由翻转气缸 19 驱动齿条 22、齿轮 20 带动图中四工位驱动气缸（元件 4）-四工位插销气缸（元件 18）组件顺时针翻转 90°，翻转后由气缸 25 驱动气缸杆 26 使压块 27 夹紧零件，以确保钻孔稳定；气缸 4 和 18 通过 PLC 控制程序实现 4×ϕ16 四工位的顺序控制工作，当 4×ϕ16 工位转位时，PLC 控制气缸 25 使压块 27 松开，待转到正确工位后，气缸 25 驱动夹紧，直至零件 8 在机床上完成孔加工后，所有气缸动作复位返回图 3-15 所示位置。

② 夹具气动控制方案　根据夹具顺序动作的要求，设计了由气缸驱动和齿轮齿条机构控制的气动控制回路，如图 3-16 所示。

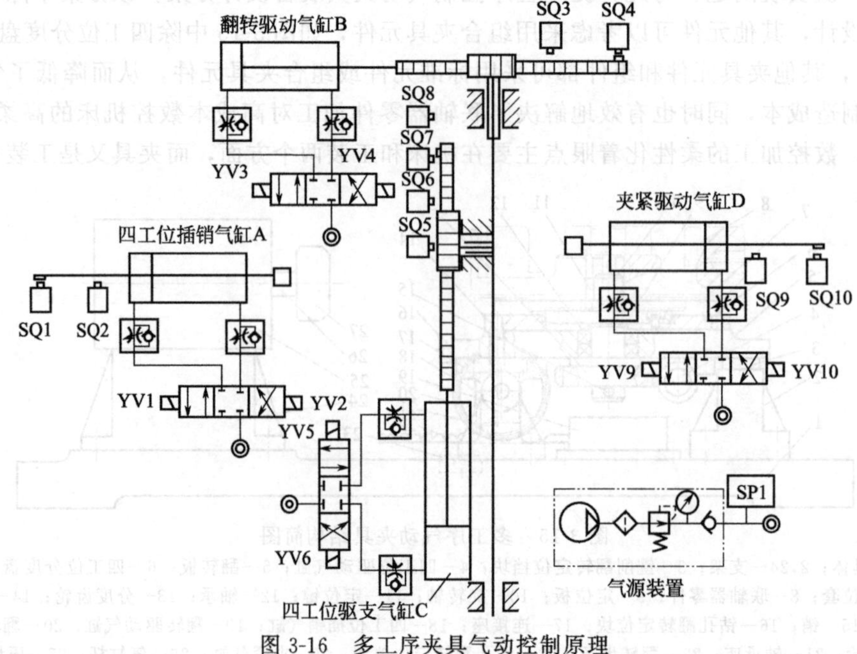

图 3-16　多工序夹具气动控制原理

（4）多工序气动夹具 PLC 控制程序

① 多工序气动夹具顺序动作流程　根据联轴器零件加工工序集中时夹具顺序动作要求，该夹具的 PLC 控制流程如图 3-17 所示，夹具从图 3-15 所示位置后，经 PLC 控制进而完成翻转和工位旋转等多工序装夹动作。

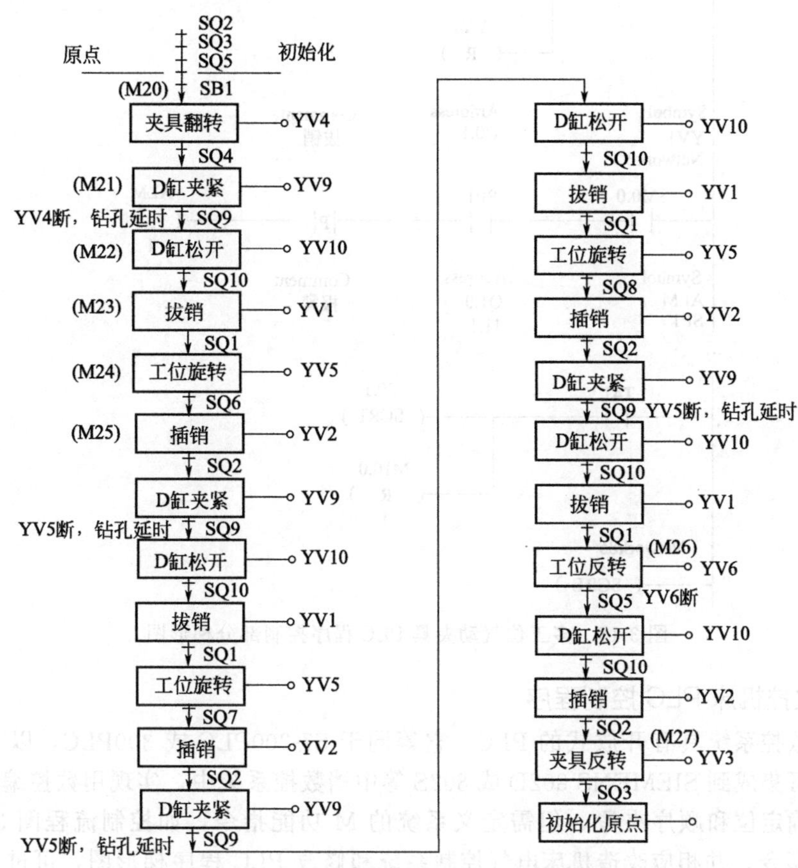

图 3-17　多工序气动夹具 PLC 控制流程图

② 多工序气动夹具 I/O 口的定义　根据柔性夹具的气动控制动作过程，以西门子 S7-200PLC 为控制系统，定义了相应的 I/O 口，并对相应的 I/O 口进行注释说明，如表 3-3 所示。

表 3-3　多工序气动夹具 I/O 口的定义与注释

序号	符号	地址	注释	序号	符号	地址	注释
1	SB1	I0.0	启动按钮	11	SQ10	I1.0	四工位钻孔 D 缸松开
2	SQ1	I0.1	拔销到位信号	12	SP1	I1.1	欠压信号
3	SQ2	I0.2	插销到位信号	13	Reset	I1.2	复位
4	SQ3	I0.3	夹具反转到位信号	14	YV1	Q0.1	拔销
5	SQ4	I0.4	夹具翻转到位信号	15	YV2	Q0.2	插销
6	SQ5	I0.5	工位初始位置(0°位)信号	16	YV3	Q0.3	夹具反转
7	SQ6	I0.6	工位Ⅰ(旋转 90°位)位置信号	17	YV4	Q0.4	夹具翻转
8	SQ7	I0.7	工位Ⅱ(旋转 90°位)位置信号	18	YV5	Q0.5	工位旋转
9	SQ8	I0.8	工位Ⅱ(旋转 90°位)位置信号	19	YV6	Q0.6	工位反转
10	SQ9	I0.9	四工位钻孔 D 缸夹紧	20	ALM	Q1.0	系统气压欠压报警

③ SIEMENS S7-200PLC 控制程序　根据气动顺序控制原理，在 STEP7 软件中编制 PLC 梯形图（如图 3-18 所示部分梯形图），并通过 PLC 成功调试。

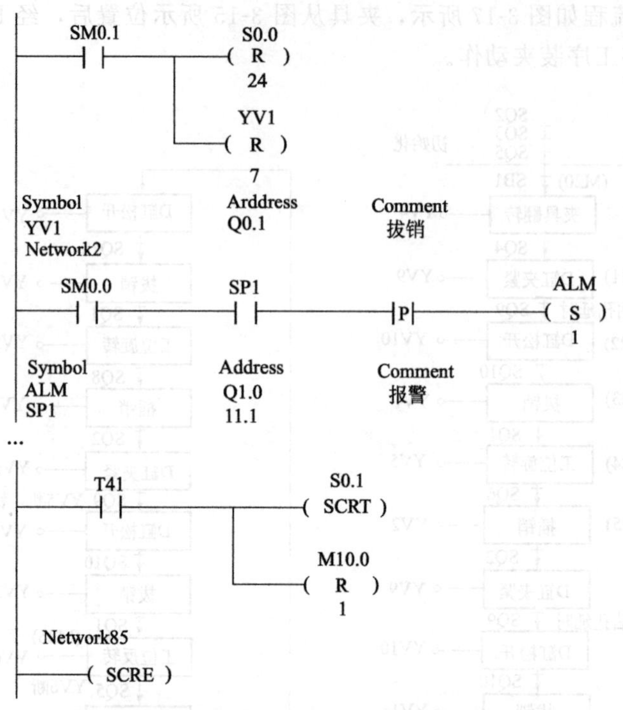

图 3-18　多工位气动夹具 PLC 程序控制部分梯形图

（5）数控机床 PLC 控制程序

西门子数控系统具有开放式的 PLC，它等同于 S7-200PLC 或 300PLC，以上用 S7-200 编制的程序可集成到 SIEMENS 802D 或 802S 等中档数控系统中，实现用数控编程代码来控制夹具的正确定位和顺序夹紧，但需定义系统的 M 功能指令，如控制流程图 3-17 所示的 M20～M27 指令，并相应改造机床电气控制系统和修改 PLC 程序梯形图，可进一步实现程序控制气动夹具融入数控机床中的柔性制造系统。虽然目前国内外都研制出开放式的数控系统，但基于技术保护，其系统并不完全对企业用户开放，因此，在开发数控机床的辅助功能时就受到很大的限制。但数控系统的 PLC 通常是开放式的，其开发途径有两种：一种是独立型机床 PLC，开发该 PLC 就如同文中编制的控制程序，通过成功调试完全可以独立控制使用，PLC 接收处理数控系统的 M 指令时，通常用 PROFI-BUS 总线来完成，由于系统为用户提供了一个 PLC 子程序库，利用子程序库可以迅速地搭建用户应用程序，从而实现数控系统控制夹具；另一种是内装（嵌入式）PLC，该类型 PLC 与数控装置共用 CPU，其信息的处理是通过数控系统内部交换，但开发此种 PLC 必须要弄清数控系统的内置参数，这就要求数控系统生产厂家开放其系统参数，以便拓展机床辅助（M）功能。

（6）小结

前面按工序分散和工序集中两大原则，对联轴器零件传统加工工艺方案和数控加工工艺方案进行了分析。根据数控机床加工工序集中的原则要求，为了提高夹具的柔性，设计了翻转式、多工位旋转等多工序夹具装置，并以气缸驱动和齿轮齿条机构实现顺序控制，以 SIEMENS S7-200PLC 编制程序控制该夹具正确定位与顺序夹紧模块，为实现夹具融入数控设备中的柔性制造系统奠定基础。夹具还能适用于升级机传动装置的 A 型联轴器，以及具有可夹持圆柱部位的各种法兰等零件，且夹具多采用组合标准元件，具有一定的柔性。

3.2.6　PLC 控制的变送器自动测漏系统

大规模、高效的生产变送器已成为国产变送器的发展趋势，国产变送器已开始走向国际市场。但传统的变送器生产线上人工检测泄漏的方法却与生产和发展不相适应，迫切需要建立与之相适应的自动化检测线，以满足生产和发展的需求。传统的检测方法多采用气泡法，气泡法的基本原理是将密封的工件用干燥空气加压后浸入水中，在规定的时间内观察水面有无气泡溢出，以此判断工件是否泄漏。通过观察气泡的大小和数量，可估计出泄漏量的大小，并可从气泡发出的部位，判断出工件的泄漏部位。这种方法操作简单，能直接观察到泄漏的部位和泄漏情况，但却存在着检测精度低、检测结果受检测人员主观影响较大、检测周期长、不能实现检测自动化、不能适应大批量生产等缺点，而且随着人力成本升高，手工检测的优势不再。因此，为了克服这些缺点，结合变送器测漏的实际情况以及考虑到成本的问题，在气泡检测法的基础上，结合工厂实际的应用，设计出了全自动变送器测漏系统。这种自动检测生产线的优势在于它的综合性和系统性，综合性是指在自动检测系统中，机械技术、气动技术、传感器技术、PLC 控制技术、接口技术、驱动技术等多种技术有机地结合，并综合应用到自动检测中；而系统性是指生产线的传感、检测控制、传输与处理、执行与驱动等机构在 PLC 的控制下协调有序地工作并有机地融合在一起。

（1）测漏系统的组成及总体方案

为了实现变送器测漏的自动化，建立行之有效的自动化检测线，本方案基于传统的水检法并结合自动化控制原理设计出一套检测系统，此系统由几个部分组成：执行部分（气动机械手、气缸）、控制部分（光电检测 PLC）、驱动部分（电动机、气压传动系统）、感知部分（传感器）。图 3-19 所示为变送器测漏原理。

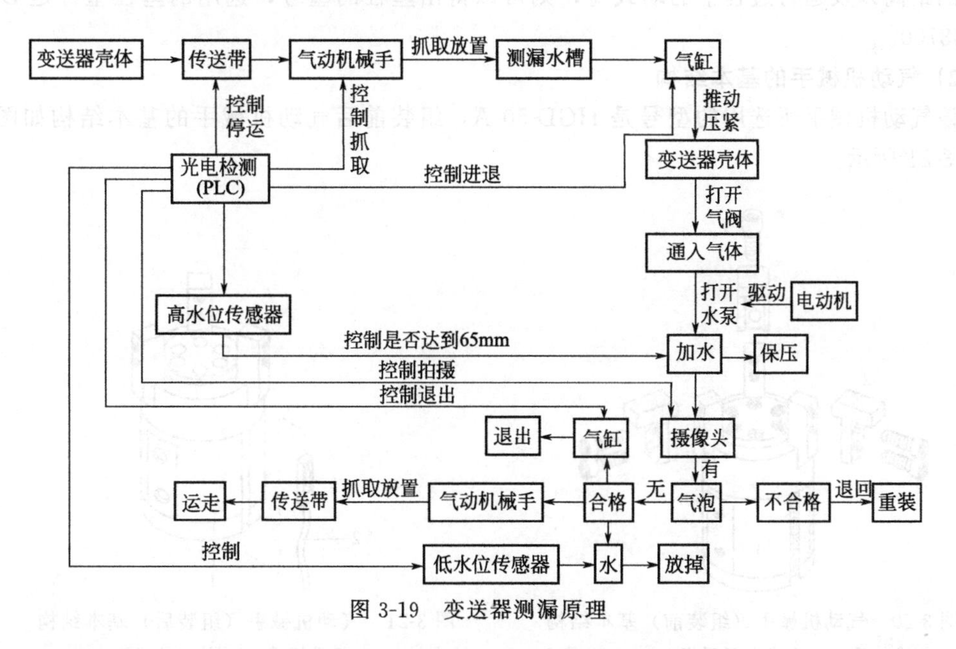

图 3-19　变送器测漏原理

整个检测过程为：将变送器铝壳体装配好后，放置于传送带上，由 PLC 控制传送带将变送器铝壳体送至合适的位置，再由 PLC 控制机械手抓取变送器壳体并将其放置于测漏水槽中。放置好后，PLC 控制双活塞杆气缸压紧变送器壳体，并相应的打开气阀将气体引至变送器铝壳体内。当气体压力达到规定的标准时，PLC 将打开水泵将水引至测漏水槽中，当水位上升至 65mm 时，放置在水槽内的高水位传感器会发出信号，则 PLC 将会关掉水泵开关。保压 5min 后，摄像头会拍下变送器铝壳体四周是否有气泡冒出。若有气泡冒出，则退回重装；若无气泡，则低水位传感器将发出信号，此时二位二通换向阀打开，自动放掉水，则 PLC 就会控制机械手抓取变送器壳体并将其放置于传送带上输送出去。

本方案基本实现了测漏检测系统的自动化，节省了时间，降低了劳动强度，提高了检测精度，克服了人工检测的缺点。

（2）气动机械手（执行部分）

在整个检测系统中，气动机械手处于核心地位，是一种模仿人手动作，并按设定程序、轨迹和要求代替人手抓（吸）取、搬运工件、工具或进行操作的自动化装置。气动机械手主要由手指、手腕、手臂等运动部件组成。气动机械手在气动伺服闭环定位系统的控制、运行速度为 5m/s 的情况下，定位精度可达±0.1～±0.2mm，而且结构简单，速度高，抗环境污染及抗干扰性强，价格也要比伺服电动机和步进电动机便宜得多。因此根据所要抓取物件的重量（5～7kg）以及形状，则选用三点式气动机械手。三点式气动机械手作为机械手的一种，具有精度极高、夹持力大、结构简单、质量轻、动作迅速、平稳、可靠和节能等优点。

1）气动机械手的选型

机械手抓取物体时，所要承受的垂直力 G=70.2N。

根据机械手所要承受的重力以及所要抓取的直径尺寸，选用三点式机械手，型号为 HGD-50-A-161838。由物体的质量、机械手的质量，结合整个工作台的布局、机械手所要运行的距离以及运行过程中的动载荷，则可以得出丝杠的型号，选用的丝杠型号是 DMES-25-533700。

2）气动机械手的基本结构

该气动机械手所选用的型号是 HGD-50-A，组装前后气动机械手的基本结构如图 3-20 和图 3-21 所示。

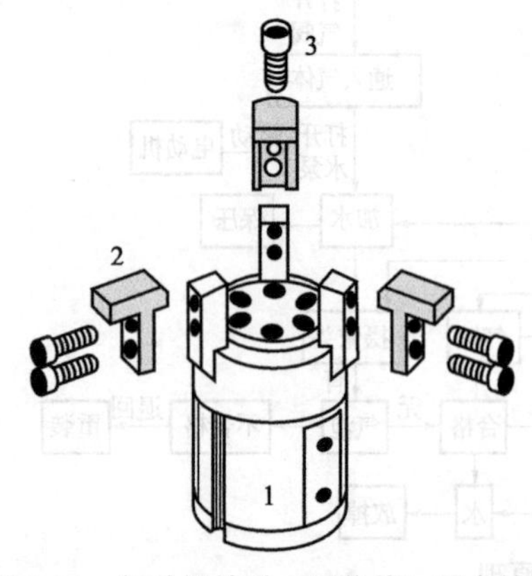

图 3-20　气动机械手（组装前）基本结构

1—标准气爪；2—外部气爪手指；3—安装螺钉

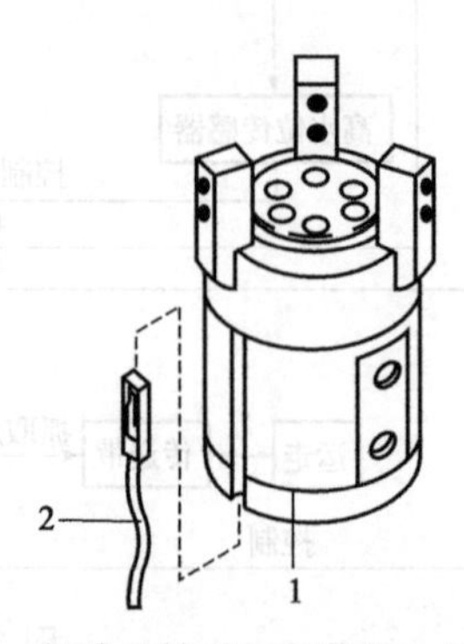

图 3-21　气动机械手（组装后）基本结构

1—标准气爪；2—接近传感器

由图 3-20 和图 3-21 可知，型号为 HGD-50-A 的气动机械手适用于接近传感器。当接近式传感器发出信号时，标准气爪就会根据所收到的信号抓取物件。

3）气动机械手的基本工作过程

气动机械手要把变送器壳体从点1运送到点2，需要几个基本动作：①手爪张开；②竖直下降；③手爪夹紧；④竖直上升；⑤水平右移；⑥竖直下降；⑦手爪松开；⑧竖直上升；⑨竖直下降；⑩手爪夹紧；⑪竖直上升；⑫水平右移；⑬竖直下降；⑭手爪松开；⑮竖直上升；⑯水平左移。通过这几个基本动作完成一个工作周期。表3-4是气动机械手的运动过程与预分配时间表。

表3-4　气动机械手的运动过程与预分配时间表

序号	工步名称	预行程/mm	预分配时间/s
1	手爪张开	4	0.02
2	竖直下降	30	0.3
3	手爪夹紧	4	0.02
4	竖直上升	30	0.3
5	水平右移	275	3
6	竖直下降	50	0.5
7	手爪松开	4	0.02
8	竖直上升	50	0.5
9	竖直下降	50	0.5
10	手爪夹紧	4	0.02
11	竖直上升	50	0.5
12	水平右移	475	5
13	竖直下降	30	0.3
14	手爪松开	4	0.02
15	竖直上升	30	0.3
16	水平左移	750	8

这几个动作由感知部分、控制部分、驱动部分和执行部分来共同完成。采集感知信号及控制信号均由智能阀来处理，驱动部分则采用气压传动（气压传动系统动作迅速，反应灵敏，阻力损失和泄漏较小，成本低廉），控制部分则由PLC来控制双活塞杆气缸来带动机械手的升降，执行部分则由接近传感器传递信号使手爪张开和合拢。其基本运动简图如图3-22所示。

（3）PLC控制系统

① 工作原理　PLC在整个检测过程中起着至关重要的作用，它控制整个系统的运行。测漏检测的电气控制系统采用PLC作为主控制器，通过对开关信号的扫描、计算，输出对各个执行机构的控制，并组建机器视觉系统，对加压过程水槽气泡情况进行图像拍摄，再通过图像处理算法，实现图像中气泡有无的识别，最终完成变送器的全自动气密性检测。系统采用PLC作为主控制器，并连接触摸显示屏，通过对各个开关信号的扫描运算，输出信号控制执行机构和机器视觉系统，实现自动测漏过程。其具体的控制原理如图3-23所示。

② PLC控制系统的I/O原理（软件设计）　气动机械手的工作是将工件从点1移放到点2。机械手的全部动作由气缸驱动，而气缸由相应的电磁阀控制。机械手动作从原点开始，按下启动按钮时，传送带1运转，将变送器运送至适当位置，此时机械手张开并下降。

下降到一定位置时，碰动行程开关，下降电磁阀断电，下降停止。同时接通夹紧电磁阀，机械手夹紧。

夹紧后，上升电磁阀通电，机械手上升。上升到一定位置时，碰动行程开关，上升电磁阀断电，上升停止。

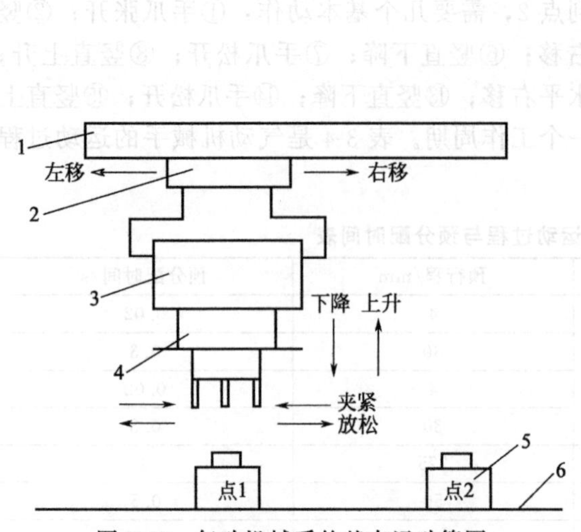

图 3-22　气动机械手的基本运动简图

1—丝杠；2—滑块；3—气缸；4—气爪；5—工件；6—工作平台

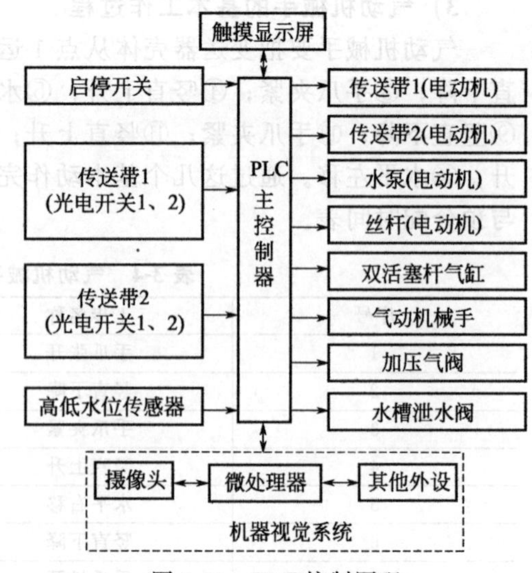

图 3-23　PLC 控制原理

接通水平右移电磁阀，机械手抓取物件向右移动，并同时进行定位。平移到一定位置时，碰动行程开关，右移电磁阀断电，右移停止。

下降电磁阀通电，机械手下降。下降到一定位置时，碰动行程开关，下降电磁阀断电，下降停止。

同时夹紧电磁阀断电，机械手松开。松开后，上升电磁阀通电，机械手上升。上升到位时，碰动行程开关，上升电磁阀断电，上升停止。

经过大约 5min，接通下降电磁阀，机械手下降并张开。同时接通夹紧电磁阀，机械手夹紧。

夹紧后，上升电磁阀通电，机械手上升。上升到一定位置时，碰动行程开关，上升电磁阀断电，上升停止。接通右移电磁阀，机械手右移，并同时进行定位。

右移到位时，碰动行程开关，右移电磁阀断电，右移停止。下降电磁阀通电，机械手下降。下降到一定位置时，碰动行程开关，下降电磁阀断电，下降停止。同时夹紧电磁阀断电，机械手松开。

松开后，上升电磁阀通电，机械手上升。上升到位时，碰动行程开关，上升电磁阀断电，上升停止。

此时，传送带 2 运转将变送器运走。接通左移电磁阀，机械手左移，并同时进行定位。左移到位时，碰动行程开关，左移电磁阀断电，左移停止。至此，机械手经过 16 步动作完成了一个工作周期。PLC 控制系统的 I/O 接口如图 3-24 所示。

（4）小结

方案针对变送器泄漏检测的传统方法所存在的问题，选用气动机械手和气缸来完成整个检测过程，并通过采用摄像头拍摄来判断是否泄漏，提出了整体的自动化检测方案，大大提高了检测的自动化和精度。通过 PLC 对机械手进行控制，机械手的控制方法充分利用了 PLC 和其他控制装置的特性，并借助于气压传动系统实现对机械手的精确定位，结构紧凑，控制可靠，设计中机械手主要用于执行低速、中低载任务，结构比较简单，基本实现了检测泄漏的自动化。

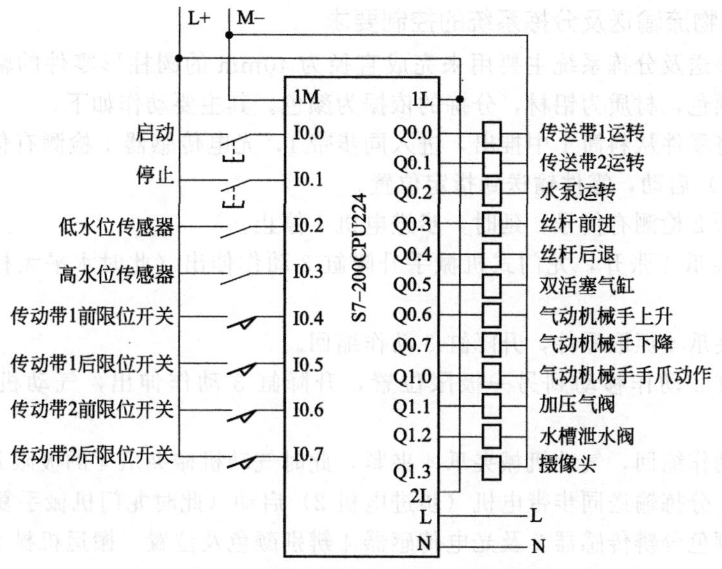

图 3-24　PLC 控制系统的 I/O 接线图

3.2.7　气动物流输送及分拣系统的 PLC 控制系统

（1）气动物流输送及分拣系统的机械部分

系统分为 3 个部分：一是由 2 条步进电机驱动的齿形输送同步带，完成零件精确输送定位；二是由具有 2 个自由度的搬运机械手，实现零件在 2 个同步输送带之间的搬运；三是由具有 3 个自由度的分拣机械手，实现不同颜色零件的分拣，抓取到不同的料筒中。气动物流输送及分拣系统机械结构简图见图 3-25。

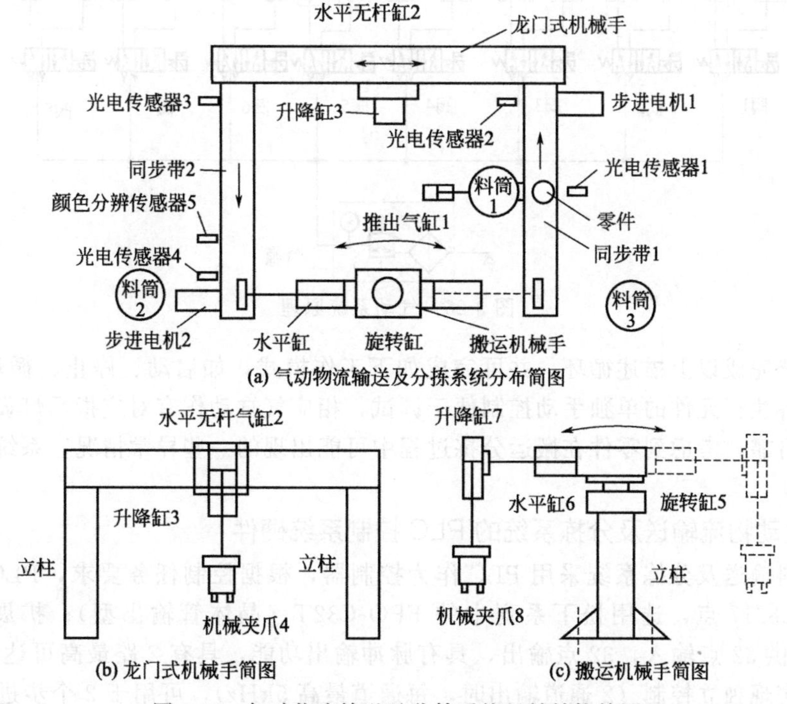

图 3-25　气动物流输送及分拣系统机械结构简图

（2）气动物流输送及分拣系统的控制要求

气动物料输送及分拣系统主要用来完成直径为 40mm 的圆柱形零件的输送与分拣，零件有黑白两种颜色，材质为铝材，分拣的依据为颜色。其主要动作如下。

推出缸 1 将零件从料筒 1 中推出，进入同步带 1，光电传感器 1 检测有信号，同步带电机（步进电机 1）启动，零件输送到指定位置。

光电传感器 2 检测有信号，延时，步进电机 1 停止。

气动机械夹爪 4 张开，龙门式机械手升降缸 3 动作伸出（此时水平无杆缸 2 处于初始位置）。

气动机械夹爪 4 抓取零件，升降缸 3 动作缩回。

水平无杆缸 2 动作移动到另一极限位置，升降缸 3 动作伸出，气动机械夹爪 4 松开零件。

升降缸 3 动作缩回，气动机械夹爪 4 夹紧，此时气动机械夹爪 4 的极限开关与光电传感器 3 均有信号，分拣输送同步带电机（步进电机 2）启动（此时龙门机械手复位）。

零件经过颜色分辨传感器 5 及光电传感器 4 辨别颜色及位置，搬运机械手动作。

若零件为反光表面（白色），则搬运机械手的气动机械夹爪 8 张开，升降缸 7 伸出，气动机械夹爪 8 夹紧零件，缩回，水平缸 6 伸出，升降缸 7 伸出，气动机械夹爪 8 松开零件，零件装入料筒 2，升降缸 7 缩回，水平缸 6 缩回，气动机械夹爪 8 夹紧。

若零件为非反光表面（黑色），则其中增加旋转缸 5 的动作，零件装入料筒 3。

其气动系统原理如图 3-26 所示。

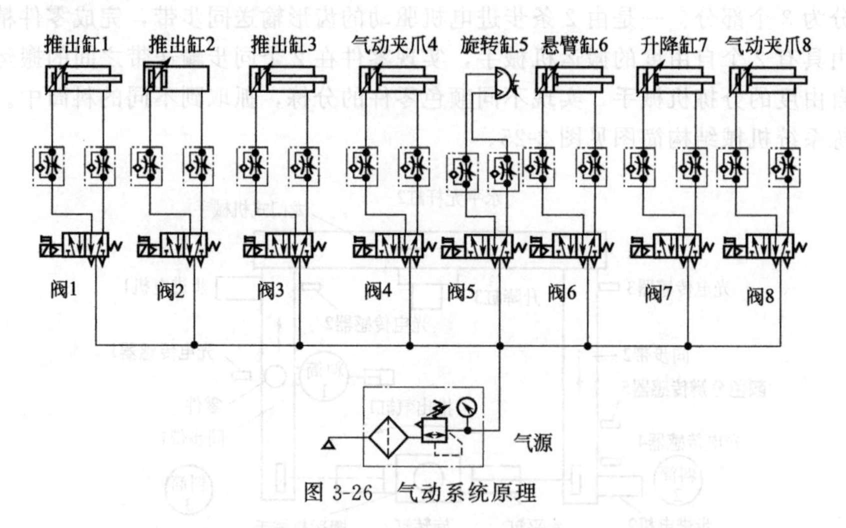

图 3-26 气动系统原理

要求系统完成以上描述循环，并可完成如下工作模式，如启动、停止、循环、单周期、单步以及对各执行元件的单独手动控制便于调试，相应气缸动作有对应指示灯显示。整个系统要求安全可靠，考虑到零件在搬运分拣过程中可能出现的一些异常情况，系统可实现安全复位。

（3）气动物流输送及分拣系统的 PLC 控制系统硬件

气动物料输送及分拣系统采用 PLC 作为控制器，根据控制任务要求，PLC 输入/输出点数分别为 28/17 点，选用松下系列中的 FPO-C32T（晶体管输出型）；扩展单元 FPO-E32T，共提供 32 点输入，32 点输出，具有脉冲输出功能，具有 2 路最高可达 10kHz 的脉冲输出，可实现独立控制（2 通道输出时，每通道最高 5kHz），可用于 2 个步进电机的位置控制。其电气控制原理见图 3-27。

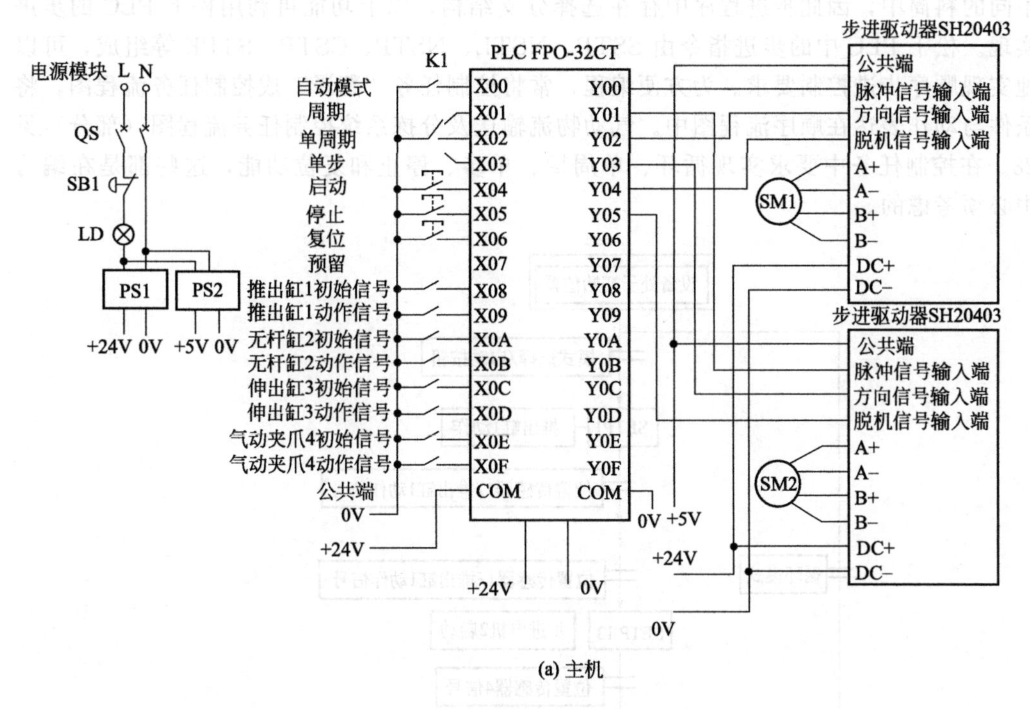

(a) 主机

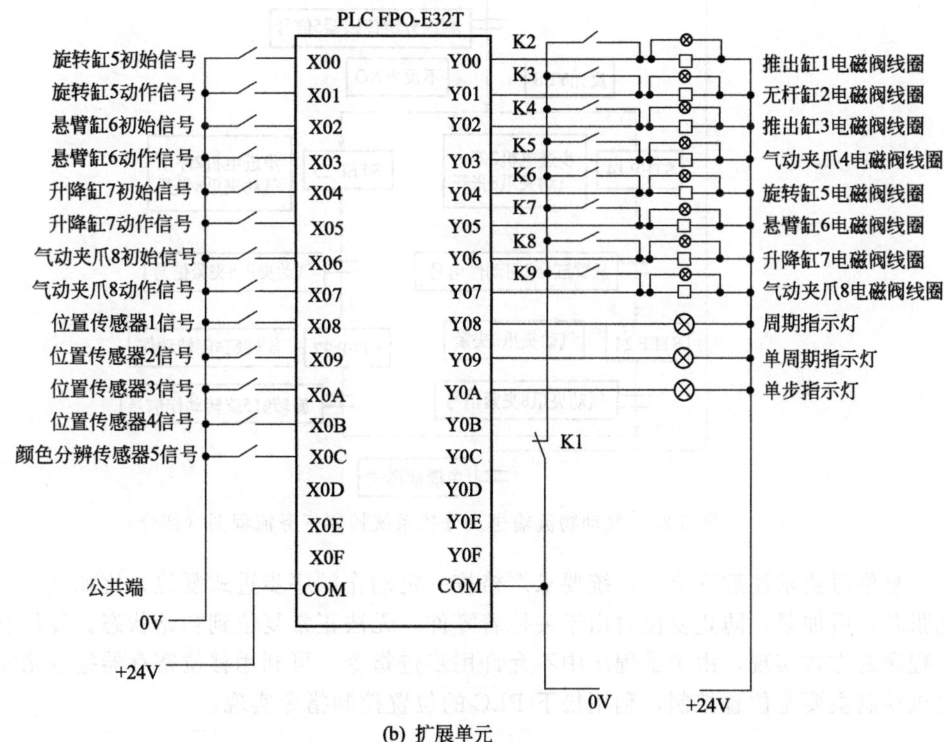

(b) 扩展单元

图 3-27　电气控制原理

（4）气动物流输送及分拣系统的 PLC 控制系统软件

从控制任务分析，该系统可以看作是一个步进任务，即只有满足上一步动作完成，并且触发下一步动作开始的条件，下一步才能开始动作。由于存在判断零件的颜色的步骤，决定放进不同的料筒中，因此步进程序中存在选择分支结构，以上功能可利用松下 PLC 的步进指令实现。松下 PLC 中的步进指令由 SSTP、NSTL、NSTP、CSTP、STPE 等组成，可以方便地实现顺序步进控制要求。为方便编程，常将控制任务“翻译”成控制任务流程图，将触发条件与动作表达在顺序流程图中。气动物流输送及分拣系统控制任务流程图（部分）见图 3-28。在控制任务中要求实现循环、单周期、单步、停止和复位功能，这些都是在编写程序中必须考虑的。

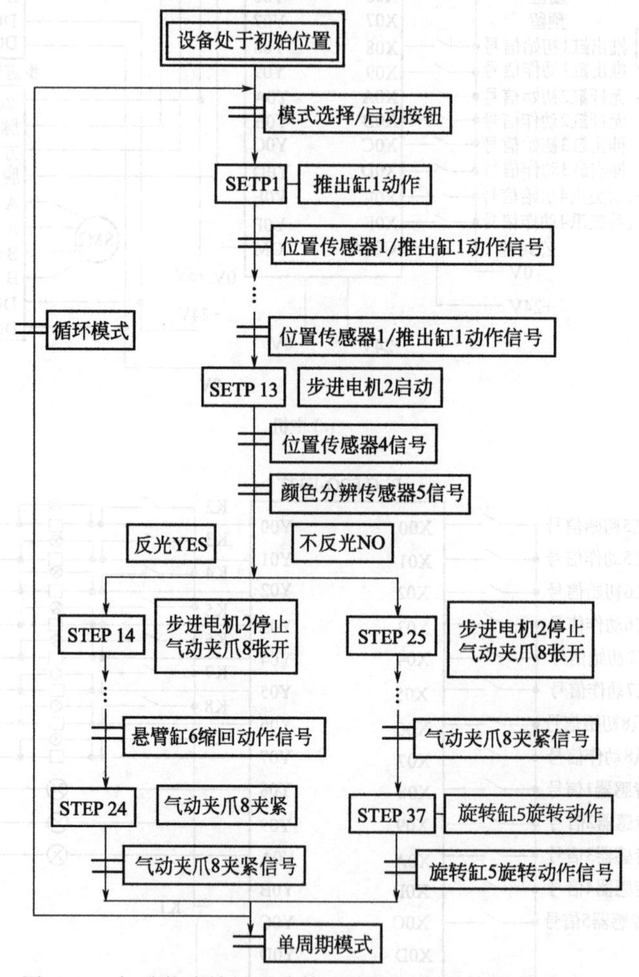

图 3-28 气动物流输送及分拣系统控制任务流程图（部分）

复位时要求注意安全，系统要求严格按一定动作顺序步进式复位，比如气动夹爪 4 必须先张开，后加紧，防止复位时由于夹持着零件，无法正常复位到初始状态。复位功能可采用子程序的方式实现，由于子程序中不允许用步进指令，可利用移位寄存器指令来实现。步进电机控制主要是位置控制，利用松下 PLC 的位置控制指令实现。

3.2.8 基于 PLC 和触摸屏的气动机械手控制系统

（1）机械手控制功能需求分析

该机械手的主要任务是将生产线上一工位的工件根据工件合格与否搬运到不同分支的流

水线上。完成一次作业任务，机械手的动作顺序为：伸出→夹紧→上升→顺时针旋转（合格品）/逆时针旋转（不合格品）→下降→放松→缩回→逆时针旋转（合格品）/顺时针旋转（不合格品）。

为实现上述任务，该系统配置了 2 只普通气缸、1 只三位摆台和 1 只气动手爪。2 只普通气缸均为单作用气缸，1 只用于机械手的上升与下降，另外 1 只用于机械手的伸出和缩回，三位摆台用于实现机械手顺时针以及逆时针旋转运动，气动手爪用于工件的夹紧与松开（图 3-29）。

为确保机械手能够高效可靠地运行，机械手控制系统需要具备以下功能：①单步运行，即机械手每次只完成一步动作；②连续运行，即机械手连续完成多步动作，完成一次工件的搬运任务；③具备用户权限设置，限制未授权人员对机械手的操作，减少误操作事件的发生概率；④故障报警，当系统出现故障或发生误操作时，给用户及时的报警信息，提醒用户。

（2）系统方案

1）控制方案

整个流水线系统采用主站加从站的分布式控制模式，主站负责从站之间的数据通信，从站负责控制各自的控制单元，在每个从站上配置了触摸屏，实现对控制单元的控制和工作状态的实时显示。在监控中心配置了上位机，在上位机上基于 WinCC 开发了整个流水线的监控系统（图 3-30）。

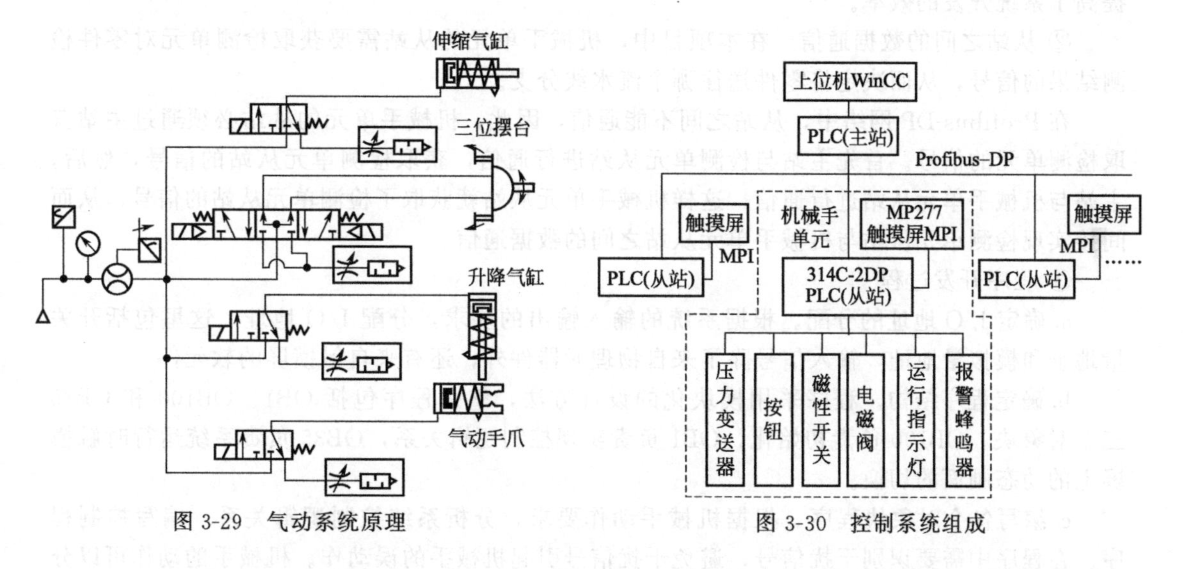

图 3-29　气动系统原理　　图 3-30　控制系统组成

机械手单元的控制系统采用从站 PLC 加触摸屏的模式，从站 PLC 主要负责系统控制逻辑关系的实现，触摸屏主要用于人机交互。整个控制系统由 PLC、触摸屏、压力变送器、磁性开关、电磁阀、指示灯、报警蜂鸣器等元器件组成。

触摸屏采用多功能面板 MP277，配置 Windows CEV3.0 操作系统，用 WinCC flexible 组态，适用于高标准的复杂机器的可视化，可以使用 256 色矢量图形显示功能、图形库和动画功能，拥有 RS-232、RS-422/RS-485、USB 和 RJ-45 接口，可以方便地与计算机、PLC 进行通信，交换数据。该触摸屏可以承受剧烈振动或多尘等恶劣工业环境。

PLC 选用 CPU 314C-2 DP，是一个用于分布式结构的紧凑型 PLC，其内置数字量和模拟量 I/O 可以连接到过程信号，Profibus-DP 主站/从站接口可以连接到单独的 I/O 单元。该 PLC 具有丰富的指令集和强大的通信功能，被广泛应用在工业自动化控制领域。整个控制系统的输入信号有压力变送器的气体压力的模拟量信号、按钮和气缸的磁性开关的开关量信号以及测试单元对零件测试结果信号。压力变送器产生的模拟量信号用以判断气体的压力是否满足要求；按钮的开关量信号用以反映操作者对气动机械手的动作指令，气缸的磁性开关的开关量反映气缸杆的位置。系统的输出信号有电磁阀信号、运行指示灯和报警蜂鸣器信号。电磁阀信号用以驱动气缸的动作与否，运转指示灯显示系统的运行状况，当系统出现误操作，系统气体压力过高或过低，不能满足系统要求时，报警蜂鸣器将会鸣叫报警，确保系统的运行安全。

2）PLC 程序

① STEP 7 软件　S7-300 和 S7-400 系列 PLC 编程软件 STEP 7 Professional 2010 能够实现硬件配置和参数设置、通信组态、编程、测试、启动和维护、文件建档、运行和诊断等功能。在 STEP 7，用项目来管理一个自动化系统的硬件和软件。STEP 7 用管理器对项目进行集中管理，可以方便地浏览 S7、M7、C7 和 WinAC 的数据。PC/MPI 适配器用于连接安装了 STEP 7 的计算机的 RS-232C 接口和 PLC 的 MPI 接口。

运行 STEP 7 编写 PLC 程序，可以选择梯形图（LAD）、功能块图（FBD）、指令表（STL）、顺控程序（S7-GRAPH）和结构化控制语言（SCL）五种编程语言以满足不同用户的编程习惯。另外，其 S7-PLCSIM 仿真模块可以模拟真实的 PLC，检查 PLC 程序的运行情况，及时发现程序的错误所在。因此运用 STEP 7 大大降低了 PLC 程序开发的工作量，提高了系统开发的效率。

② 从站之间的数据通信　在本项目中，机械手单元的从站需要获取检测单元对零件检测结果的信号，从而决定将零件送往哪个流水线分支。

在 Profibus-DP 网络中，从站之间不能通信，因此，机械手单元的从站必须通过主站获取检测单元的信号。首先主站与检测单元从站进行通信，获取检测单元从站的信号，然后，主站与机械手单元从站进行通信，这样机械手单元从站就获取了检测单元从站的信号，从而间接实现检测单元从站与机械手单元从站之间的数据通信。

③ 程序开发过程

a. 确定 I/O 地址的分配。根据系统的输入输出的要求，分配 I/O 地址，这里包括开关量地址和模拟量地址，输入信号除了来自物理元器件外，还有来自触摸屏的软元件。

b. 确定程序结构。程序采用模块化的设计方法，整个程序包括 OB1、OB100 和 OB35 三个对象块。OB100 负责初始化，OB1 负责实现控制逻辑关系，OB35 负责系统运行时触摸屏上的动态画面的切换。

c. 编写各个对象块程序。根据机械手动作要求，分析系统控制逻辑关系，编写控制程序。在程序中需要识别干扰信号，避免干扰信号引起机械手的误动作。机械手的动作可以分为多步，各步有严格的先后顺序，在此采用 S7-GRAPH 编写函数块，该函数块含有 1 个顺控器，该顺控器包含 11 个步，其中包含 2 个选择结构以区别产品的合格与否。在每一步中，以该步动作完成后产生的对应传感器信号的常闭触点作为步的互锁条件，以该步动作完成后产生的对应传感器信号的常开触点以及下一步动作完成产生的对应传感器信号的常闭触点的串联作为转换条件。

d. 系统程序的验证。S7-PLCSIM 仿真模块具有强大的仿真能力，可以很好地验证程序的正确性，程序编写完成后，可以通过该仿真模块进行验证，发现程序中不完善部分，加以改进。

3）监控系统

该公司为其人机界面设备提供了组态软件 WinCC flexible。WinCC flexible 具有开放简易的扩展功能，带有 Visual Basic 脚本功能，集成了 ActiveX 控件，可以将人机界面集成到

TCP/IP 网络，它带有丰富的图库，提供大量的图像对象供用户使用。它可以满足，从单用户、多用户到基于网络的工厂自动化控制与监视各种需要。

为实现人机交互设备与 PLC 的通信，必须在人机交互设备与 PLC 两者之间建立连接。人机交互设备与 PLC 可以建立 MPI 连接，建立 MPI 连接后，WinCC flexible 才可以通过变量和区域指针控制两者的通信。

在 WinCC flexible 中，变量分为内部变量和外部变量，其中外部变量是 PLC 中所定义的存储位置的映像，人机交互设备和 PLC 都可以对该存储位置进行读写访问，从而实现两者之间的数据交换。区域指针是参数区域，用于交换特定用户数据区的数据，WinCC flexible 运行系统可通过它们来获得控制器中数据区域的位置和大小的信息，在通信过程中，控制器和人机交互设备交替访问这些数据区，相互读、写这些数据区中的信息。

为实现机械手操作过程的可视化，在本系统中，采用了 10 英寸的多功能面板 MP277，并用组态软件 WinCC flexible 开发了触摸屏的监控系统。

整个监控系统包括 4 个功能模块，即单步模块、连续功能模块、故障报警功能和用户管理功能模块。

单步模块实现对机械手单步运行控制，完成一次搬运任务共有 8 个单步动作，即伸缩气缸伸出、气动手爪夹紧工件、升降气缸上升、三位摆台的左旋或右旋摆动、升降气缸下降、气缸自左向右旋转、气动手爪松开工件、伸缩气缸缩回和三位摆台的右旋或左旋摆动（图 3-31）。

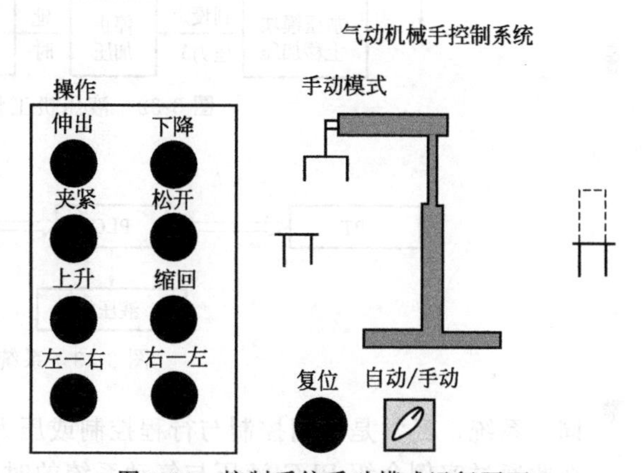

图 3-31　控制系统手动模式运行画面

连续功能模块主要负责控制机械手完成一次作业所有动作的连续执行，并以动画形式实时显示机械手运行状态。

故障报警功能模块主要负责系统的故障显示，当系统出现故障时，如气压过高或过低，对机械手的错误操作等，发出提示消息，以便管理维护人员及时发现，及时维修。

用户管理功能模块主要负责用户权限的管理，根据用户的职责赋予用户各自不同的权限，限制用户的非法操作，这样可以大大减少事故的发生概率。

3.3　时间顺序控制

3.3.1　液压与气动系统时间顺序控制

在液压与气动系统的时间顺序动作控制过程中，执行机构动作的切换由时间决定。可利用 PLC 定时器（T）对液压与气动系统顺序动作进行控制。一般通过外部输入装置（如触摸屏人机界面）设定定时器的时间参数。

例如，某板材液压机对板材的加工分为三个工作过程，其动作过程如图 3-32 所示。每个工作过程根据板的层数不同都有多次循环。第一次加料后，系统启动，液压机加压，当达到设定压力时停止加压，加压模块快退（约 10s）转为慢退（约 5s）到位等待（进行第二次加料），若循环次数不到，则重复上述过程，若循环次数已满，则进入下一个工作过程。此过程与上一工作过程类似，只是根据板材的规格不同，每个工作过程中液压机施压压力各不相同，各过程中液压机工作的次数不同，延时时间也不相同。系统中以 PLC 为主控制器，触摸屏（PT）为操作界面，两者以 RS-232 标准链接，执行元件为液压电磁阀；控制现场直接用 PT 参数进行设定；PT 功能和 PLC 梯形图的写入由个人计算机用相关软件分别设置和编写，系统框图如图 3-33 所示。

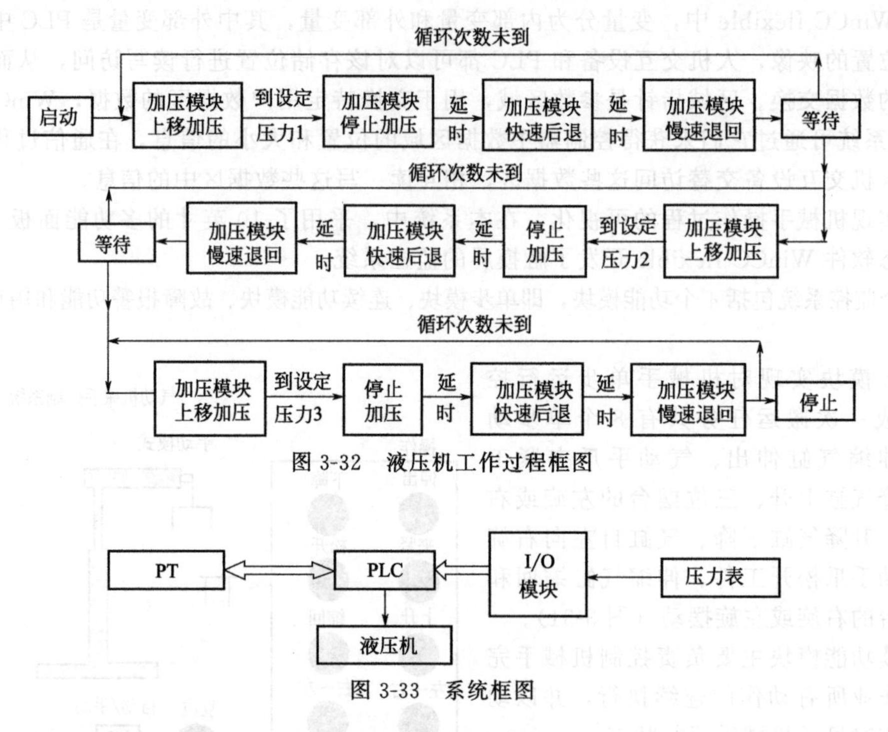

图 3-32　液压机工作过程框图

图 3-33　系统框图

同一系统，经常是时间控制与行程控制或压力控制并存。

在此通过实例介绍 PLC-液压与气动系统的时间控制方式。

3.3.2　液压动力滑台 PLC 自动循环控制系统

（1）液压动力滑台的工艺过程

动力滑台是组合机床加工工件时完成进给运动的动力部件，它采用液压驱动，这种滑台具有两种进给速度，往往先以快速度加工，而后又以较慢的速度加工。

如镗孔、车端面等，图 3-34 为二次工进的动力滑台的液压系统，它的工作状态由

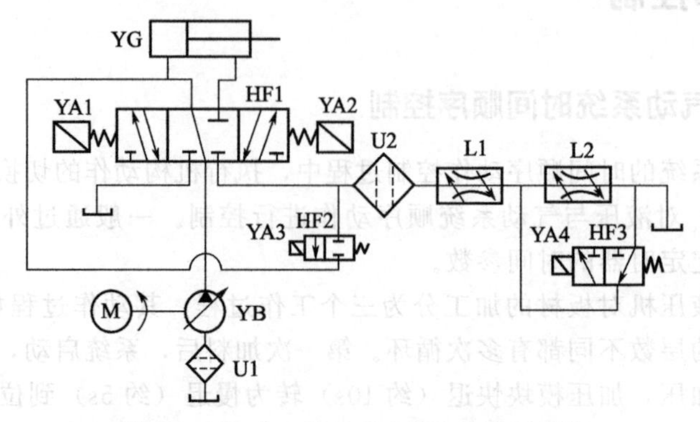

图 3-34　二次工进的动力滑台的液压系统

YA1～YA4四个电磁铁的通断来控制。

电磁铁YA1～YA4的通断电动作顺序见表3-5。

表3-5 电磁铁通断电动作顺序

工序	YA1	YA2	YA3	YA4	转换指令
快进	+	−	+	−	SB1
一次工进	+	−	−	−	SQ2
二次工进	+	−	−	+	SQ3
停留	+	−	−	+	SQ4
快退	−	+	−	−	T0
停止	−	−	−	−	SQ1

动力滑台液压系统的具体运行要求如下。

① 按下启动按钮SB1，液压滑台从原位快速启动。

② 当快进到挡铁压住SQ2时，液压滑台由快进转为一次工进。

③ 当一次工进到挡铁压住SQ3时，液压滑台由一次工进转为二次工进。

④ 二次工进到终点死挡铁处，压住SQ4。

⑤ 终点停留6s后，转为反向快退，到达原位后压下SQ1停止。

⑥ 系统在控制方式上，能实现自动/单周循环控制及点动调整控制。

（2）系统方案

① PLC选型和I/O端口分配　根据以上液压系统自动循环控制要求分析，系统共需10个开关量输入点，4个开关量输出点，考虑系统的经济性和技术指标，选用三菱公司的微型机FX-24MR机型，该机基本单元有12点输入，12点输出，完全能满足控制要求。输入/输出信号地址分配如表3-6和表3-7所示。

表3-6 输入信号地址分配

工序	外接器件	地址	工序	外接器件	地址
启动	SB1	X11	终点	SQ4	X4
停止	SB2	X12	点动右行	SB3	X5
原位	SQ1	X1	点动左行	SB4	X6
一次工进	SQ2	X2	自动/单周	SA	X7
二次工进	SQ3	X3	手动		X10

表3-7 输出信号地址分配

名称	外接器件	地址	名称	外接器件	地址
电磁铁	YA1	Y1	电磁铁	YA3	Y3
电磁铁	YA2	Y2	电磁铁	YA4	Y4

② 控制电路　PLC控制系统电路如图3-35所示。图3-35中，SA为选择开关，用来选定工作台的工作方式，当SA接通X7时，为自动/单周工作方式；当SA接通X10时，为手动调整工作方式；此时，按下SB3，可使滑台点动工进，按下SB4可使滑台快速复位。另外，为了保证安全，系统外部设置了急停控制电路，当系统出现故障时，按下SB5，KM线

圈失电，KM 常开触点断开，PLC 失去电源，电磁铁停止工作，动力滑台停止进给。

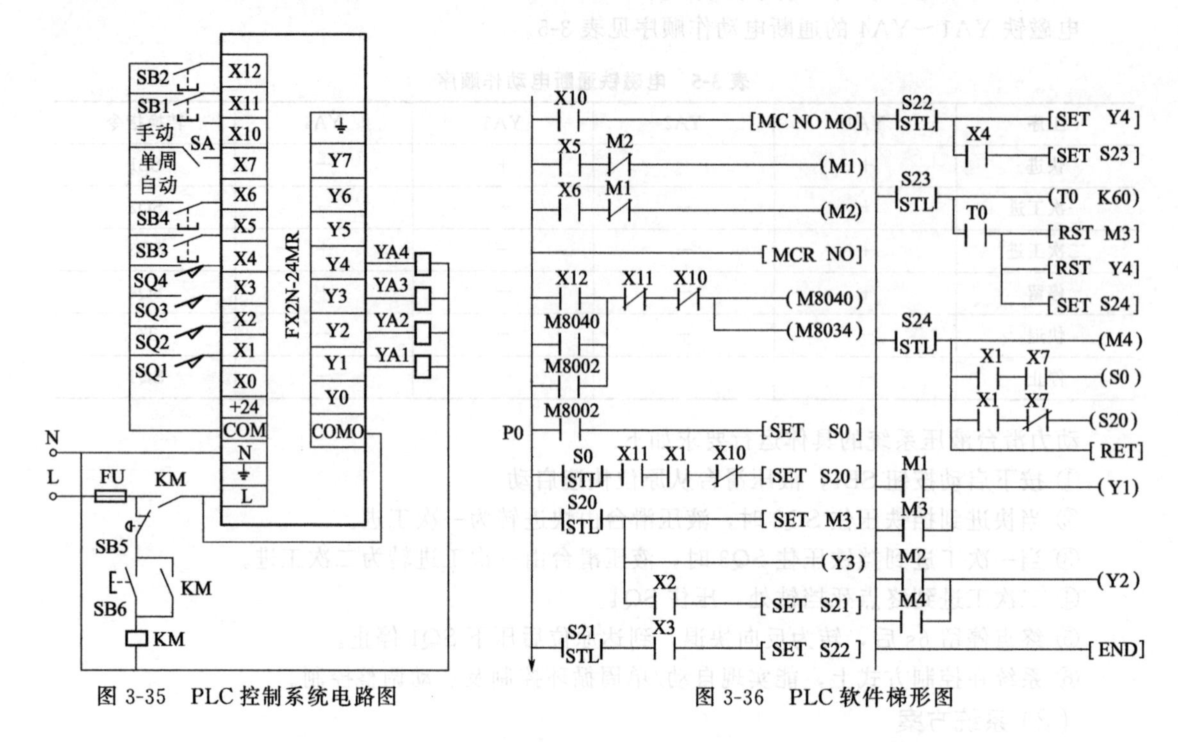

图 3-35 PLC 控制系统电路图

图 3-36 PLC 软件梯形图

（3）软件

图 3-36 是 PLC 软件梯形图，在程序中，采用了顺序控制设计法，并且使用了主控指令。

① 整个程序分自动控制与手动调整控制两大部分，SA 是自动/单周及手动的控制开关。

② 自动控制过程。将 SA 扳向“自动”位置，SA 未接通 X10，即 X10 处于常开断开，常闭闭合状态，程序跳至 P0 处，利用 PLC 初始化脉冲 M8002 使程序进入初始状态 S0。此时，按下启动按钮 SB1，X11 常开闭合，S20 被置位，而 S0 自动复位，S20 被置位后，驱动它后面所连接的负载工作，随着各转换条件的满足，系统将按要求自动完成每步工作，实现液压系统自动循环的工作要求。

③ 当系统工作至 S24 步时，Y2 得电，电磁铁 YA 工作，动力滑台开始快退，当快退至原位 SQ 处时，若 SA 置于单周位置，即 X7 常开闭合，常闭断开，系统将由状态 S24 回到起始步 S0，而不进行自动循环过程；若 SA 未置于单周位置，即 X7 常开是断开的，常闭是闭合的，则系统将由状态 S24 回到 S20 自动下一次循环。

④ 手动控制过程。将开关 SA 扳至“手动”位置，此时，X10 常开闭合，常闭断开，利用主控指令，通过点动控制按钮 SB3、SB4 实现动力滑台的左、右运动的手动调整。

⑤ 程序中，软继电器 M8040 为禁止转换，M8034 为禁止输出，用来控制程序的工作状态，当按下停止按钮 SB2 时，X12 闭合，接通 M8040、M8034，程序各步之间的转换与输出即刻被禁止，从而使系统停止工作。

（4）小结

此例中，液压缸二次工进转快退通过定时器 T_0 定时控制。如果液压缸前后两动作之间需要停留或等待一时段，一般采用这种控制方式。液压缸其他动作的启动与停止主要通过行程开关控制。

3.3.3　碎纸屑压块机 PLC 顺序控制系统

碎纸屑压块机的功能是将粉碎了的废纸、废包装的纸屑按一定比例参合特殊液体后压成规则的长方体，它的所有动作都是由液压缸来完成。

（1）控制要求

来料信号有效时，说明原料已经准备好。这时，将液压系统的卸荷阀关闭，使液压系统转为工作状态。然后第一个动作是将料门打开，并延长一定的时间，以允许来料进入压料箱。

延时时间到，进行侧压。所谓侧压就是在前后两个方向上对来料进行压制。侧压是机械限位的，侧压过程只控制压制时间。

时间到后主压下缸动作，开始压下。压制一定时间之后有一个微抬动作。

二次压下缸微抬，以让出空间准备按收块体。

推块缸动作，将块体推到二次压下缸的下面。

二次压下缸动作，压紧块体。停留一定时间后，再次抬起时，就结束了一个自动循环。

（2）控制系统

为保证设备的安全，该设备除了料门液压缸以外，其余所有液压缸的回位都有行程开关作为位置指示。

液压缸的伸出是按时间控制，而液压缸的缩回是行程控制。而且一旦在一定时间内液压缸的回位动作信号还没返回，则控制系统立即报警。考虑到工作效率问题，报警只是提示操作者注意，控制系统本身并没有动作。

报警装置有两种：一种是操作盘上的报警指示灯；另一种是室外安装的声光报警器。报警指示灯能明确指明是哪个液压缸没有回位。声光报警器只是当室内无人时，提醒室外的人员。

由于该设备的动作简单，只要能按顺序完成动作即可，因此 PLC 的程序也就很容易编制。该程序有手动和自动两个部分。手动部分只在维修和调试过程中才使用，一般工作在自动状态。手动部分对每一个液压缸都设置了单独的操作开关。

控制系统的紧急停止设置在 PLC 的内部。当按下紧急停止开关时，PLC 会将所有的输出全部封锁，这时包括液压泵在内的所有电控部件都将失去电源。而 PLC 的电源仍然保留，而且内部程序也可以正常运转，这样在故障排除之后，松开紧急停止开关，程序会继续运行下去。

（3）PLC 控制系统

控制系统原理见图 3-37。自动控制程序中的一个延时状态如图 3-38 所示。

3.3.4　刨花板贴面生产线 PLC 顺序控制系统

（1）液压系统概述

某短周期型贴面生产线承受高温高压的液压系统故障多，主要体现在交流接触器、压力表、时间继电器、液压阀等部件的损坏。而且这些故障的定位较困难，甚至用好几天的时间去查找故障原因，该型号的液压系统采用的是传统继电器控制，涉及的液压电磁阀、接触器、继电器较多，为了实现工艺对压力的要求，控制部分非常复杂，故障诊断极其困难。液压系统与电气控制之间的关系如图 3-39 所示。

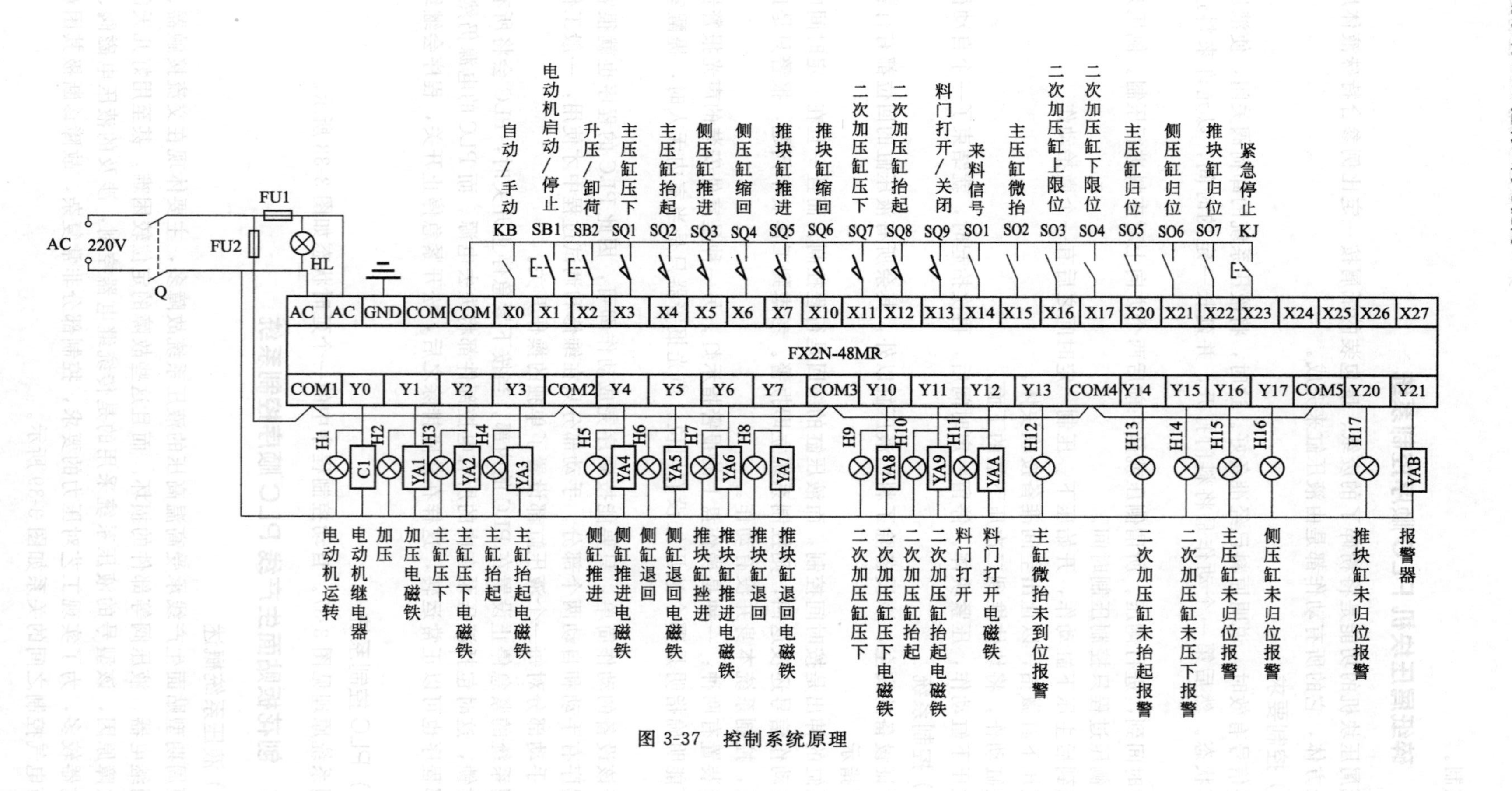

AC 220V
Q
FU1
FU2
HL
自动/手动 KB
电动机启动/停止 SB1
升压/卸荷 SB2
主压缸压下 SQ1
主压缸抬起 SQ2
侧压缸推进 SQ3
侧压缸缩回 SQ4
推块缸推进 SQ5
推块缸缩回 SQ6
二次加压缸压下 SQ7
二次加压缸抬起 SQ8
料门打开/关闭 SQ9
来料信号 SO1
主压缸微抬 SO2
二次加压缸上限位 SO3
二次加压缸下限位 SO4
主压缸归位 SO5
侧压缸归位 SO6
推块缸归位 SO7
紧急停止 KJ
AC
AC
GND
COM
COM
X0
X1
X2
X3
X4
X5
X6
X7
X10
X11
X12
X13
X14
X15
X16
X17
X20
X21
X22
X23
X24
X25
X26
X27
FX2N-48MR
COM1
Y0
Y1
Y2
Y3
COM2
Y4
Y5
Y6
Y7
COM3
Y10
Y11
Y12
Y13
COM4
Y14
Y15
Y16
Y17
COM5
Y20
Y21
H1 电动机运转
C1 电动机继电器
H2 加压
YA1 加压电磁铁
H3 主缸压下
YA2 主缸压下电磁铁
H4 主缸抬起
YA3 主缸抬起电磁铁
H5 侧缸推进
YA4 侧缸推进电磁铁
H6 侧缸退回
YA5 侧缸退回电磁铁
H7 推块缸推进
YA6 推块缸推进电磁铁
H8 推块缸退回
YA7 推块缸退回电磁铁
H9 二次加压缸压下
YA8 二次加压缸压下电磁铁
H10 二次加压缸抬起
YA9 二次加压缸抬起电磁铁
H11 料门打开
YAA 料门打开电磁铁
H12 主缸微抬未到位报警
H13 二次加压缸未抬起报警
H14 二次加压缸未压下报警
H15 主压缸未归位报警
H16 侧压缸未归位报警
H17 推块缸未归位报警
YAB 报警器

图 3-37 控制系统原理

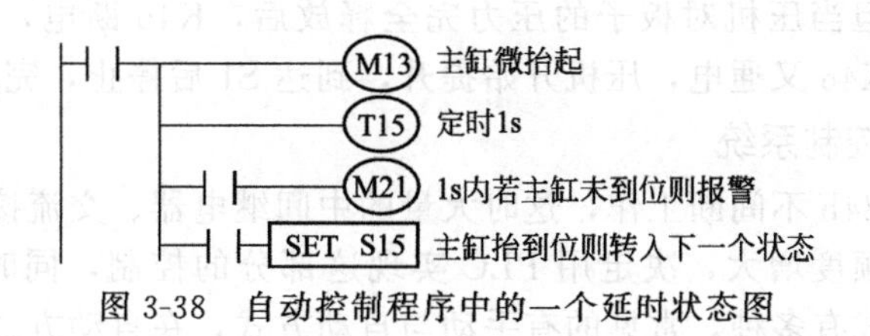

图 3-38　自动控制程序中的一个延时状态图

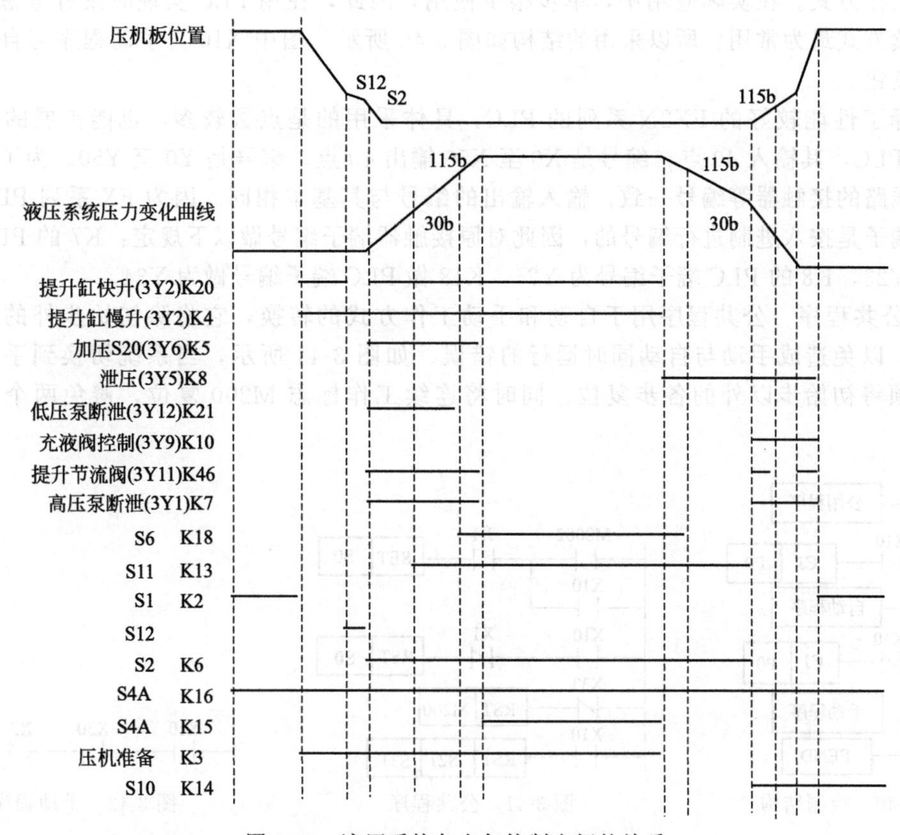

图 3-39　液压系统与电气控制之间的关系

（2）工作原理

S1 是高位压机限位开关，当其为 ON 时说明压机处于起始位置，此时 K2 通电，压机开机准备工作。

接触器 K3 通电后，快降电磁阀（K20）与慢降电磁阀（K4）通电，液压机开始快降。

当接触 S12 行程开关之后，快降电磁阀断电，变成慢降，直到低位限位开关 S2 动作，又变成快降状态。

当压机到达底部后（即接触 S20），开始加压（K5 通电），当压力达到 30 个大气压时，压力继电器的触点 S11 闭合（K13 通电）；当压力达到 115 个大气压时，压力继电器的触点 S6 闭合（K18 通电）；当压力达到设定大气压时，压力继电器的触点 S4A 闭合（K15 通电），开始保压，保压时间由时间继电器 K12 设定。时间到后，K8 通电，液控单向阀动作，压力开始卸放，当压力低于 30 个大气压时，充液阀 K10 通电，实现完全卸荷。

在加压时，K46 通电，即提升节流阀关闭，当预充阀开始卸压时，K46 也通电，使得有一定的提升压力。但当压机对板子的压力完全释放后，K46 断电，提升压力消失，持续工艺要求的时间后，K46 又通电，压机开始提升，到达 S1 后停止，完成 1 个周期。

（3）PLC 改进控制系统

考虑到设备每天 24h 不间断工作，这时大量的中间继电器、交流接触器、时间继电器等故障率较高，更换的频度增大，决定用 PLC 实现这部分的控制，同时要保留原来的功能。另外，压机的工作方式有多种，常见的有手动与自动方式，在自动方式中又有单步、单周期与连续工作方式。在实际应用中，单步很少使用，因此，在用 PLC 实现时没有考虑，而手动与连续方式最为常用。所以采用的结构如图 3-40 所示，图中 X10 为手动程序与自动程序的选择按钮。

选择了性能较好的 FX2N 系列的 PLC，具体采用的是点数较多，也能扩展的 FX2N-80M 型 PLC，其输入 40 点，编号是 X0 至 X50 输出 40 点，编号是 Y0 至 Y50。为了与原电气控制线路的接触器等编号一致，输入输出的编号与其基本相同。因为 FX 系列 PLC 的输入输出端子是按八进制进行编号的，因此对原接触器端子编号做以下规定：K7 的 PLC 端子编号为 Y23，K8 的 PLC 端子编号为 Y24，K18 做 PLC 端子编号做为 Y34。

① 公共程序　公共程序用于自动和手动工作方式的转换，它将除初始步外的其他各步复位，以免造成手动与自动同时运行的错误。如图 3-41 所示，当系统切换到手动方式时，必须将初始步以外的各步复位，同时将连续工作标志 M200 复位，避免两个步同时工作。

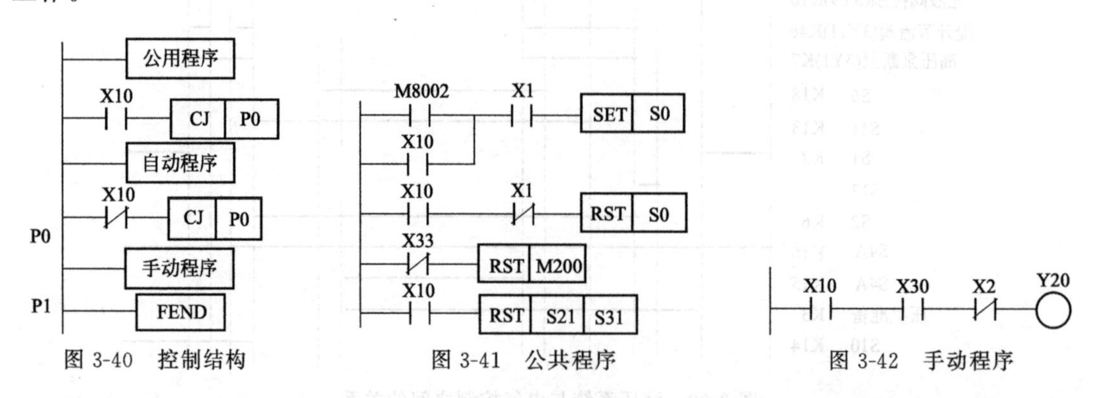

图 3-40　控制结构　　图 3-41　公共程序　　图 3-42　手动程序

当系统执行用户程序时，M8002 可以使得初始步置位，或者在手动方式下也可使初始步置位，为自动方式做准备，但是置位必须是在行程开关 S1（X1）为 ON（表明压机在起始位置）时进行，若压机不在起始位置，则将初始步复位，否则在切换到手动方式时会出现异常情况。当系统在手动状态，但是压机并不在初始位置，这时切换到自动方式时，压机就不会自动工作，所以，必须在手动状态下，将压机抬起，使其处于初始位置。X33 为连续工作输入端子。

② 手动程序　手动程序比较简单，设计时要注意必要的互锁，如电机之间的互锁。如图 3-42 所示，X10 为手动方式有效，X30 为压机下降手动按钮，X2 为压机下限位开关，当下降到 X2 为 ON 时，即可停止。其他手动程序原理基本相同。

③ 连续与单周期　这部分的程序是系统的核心部分，在设计时采用了顺序功能图，如图 3-43 所示。要实现自动工作，启动时，除按下启动按钮 X0 之外，还有素板被送到压机指定位置时行程开关送来的信号，压机必须是在初始位置（S1 为 ON），同时，还有整个压机工作准备接触器 K3 的信号（K3 接触器被保留）。

M200 为连续与单周期的控制标志。当 M200 为 ON 时，为连续工作方式。其中，保压时间与板释放时间分别由定时器 T0 与 T1 设定。

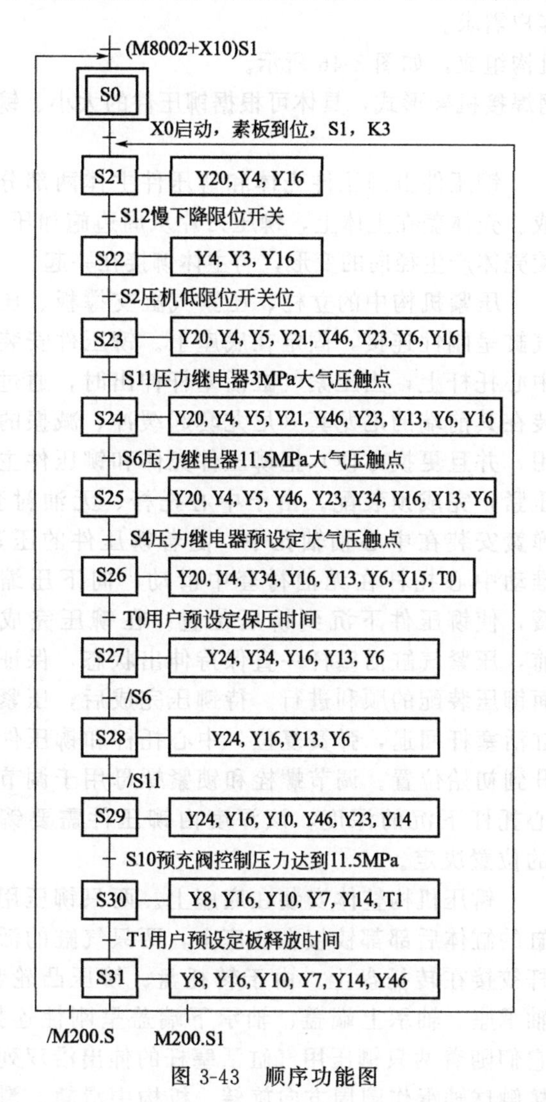

图 3-43　顺序功能图

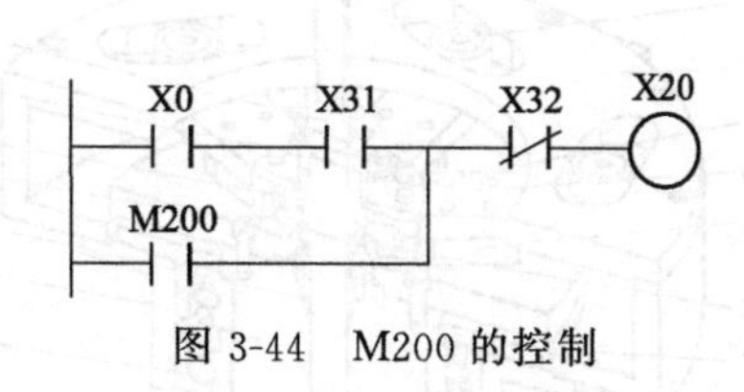

图 3-44　M200 的控制

当其为 OFF 时为单周期工作方式。对 M200 的控制，应单独编写控制程序，如图 3-44 所示。X0 为启动按钮，X31 为连续工作方式，即在连续工作方式下，按下启动按钮时，M200 会变为 ON 并自锁，只有当停止按钮 X32 按下时才变为 OFF。

3.3.5　壳体类零件气动铆压装配机床

铆压装配是除螺钉连接外的第二大装配连接方式，具有设备简单、工装调整方便、生产成本低廉等特点，是机械、五金、仪表、电子、电器等行业最基本的装配工艺。铆压设备基本都是采用直线方向压力作用的方式。对于需要从圆周或周边进行铆压装配的壳体类零件，多数仍使用手工或半机械化的操作方式，加工精度和效率无法适应大规模、自动化生产线的要求。

（1）机床机械结构

一种新型的气动铆压装配机床可满足自动化生产线需要从圆周或周边进行铆压装配的壳

体类零件的工艺要求，如图 3-45 所示。机床机构灵活、紧凑、自动化程度高、性能稳定、铆压精度高、调整方便、维护简单，满足客户需求。

该机床主要由台架、压紧机构、铆压机构组成，如图 3-46 所示。

台架由支脚和底座组成。底座采用型钢焊接机架形式，具体可根据铆压件的大小、铆压力的要求进行设计。

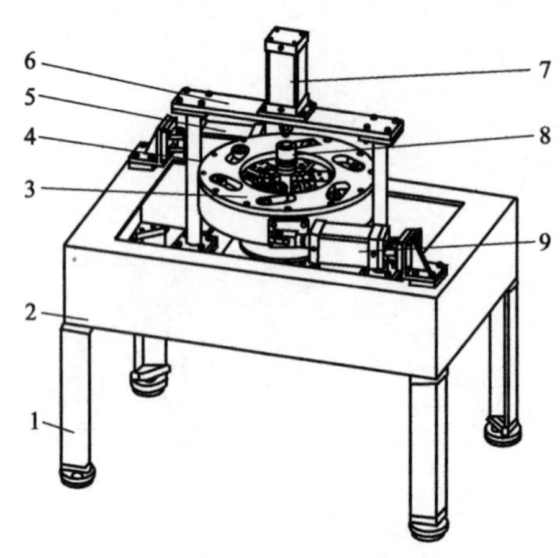

图 3-45　设备总装图

1—支脚；2—底座；3—铆压机构；4—直柱；5,9—铆压用气缸；6—压紧气缸支撑；7—压紧气缸；8—铆压件

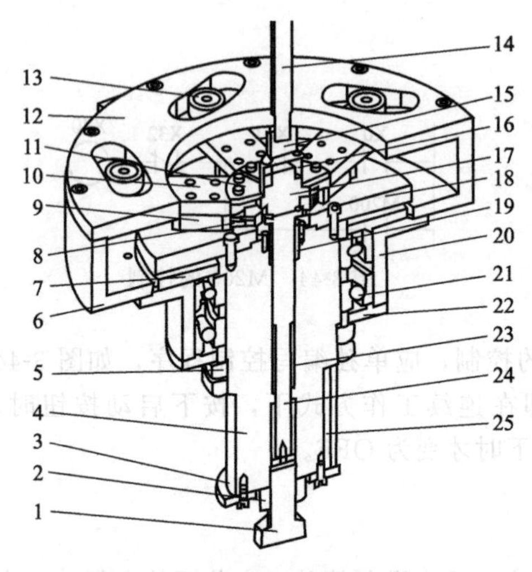

图 3-46　铆压机构三维剖视图

1—调节螺栓；2—锁紧螺母；3—挡板；4—中心轴；5—倒螺母；6—转托盘；7—轴承上端盖；8—滑轨；9—滑块；10—铆压刀基板；11—铆压刀片；12—铆压凸轮盘；13—凸轮轴承随动器；14—压紧气缸活塞杆；15—尼龙套；16—铆压件壳体；17—铆压件主体；18—滑轨安装盘；19—无油衬套；20—轴承座；21—双列角接触球轴承；22—轴承下端盖；23—弹簧；24—中心托杆；25—平键

铆压件由铆压件壳体和铆压件主体两部分组成。壳体盖在主体上，铆压刀片从周边施加压力，使壳体产生径向的变形，与主体铆接在一起。

压紧机构中的立柱、压紧气缸支撑板、压紧气缸呈刚性连接，固定在底座上。铆压件安装在中心托杆上，当压紧气缸活塞杆伸出时，通过安装在其前端的尼龙套（尼龙套起缓冲、减振的作用，并且更换方便）把铆压件壳体和铆压件主体压紧，完成预装配。由于中心托杆、无油衬套、弹簧安装在中心轴轴孔中，随着铆压件的压紧，推动中心托杆在无油衬套中滑动，向下压缩弹簧，使铆压件下沉到铆压位置。在铆压完成以前，压紧气缸活塞杆一直保持伸出状态，保证后面铆压装配的顺利进行。待铆压完成后，压紧气缸活塞杆回退，弹簧复位，中心托杆和铆压件上升到初始位置。调节螺栓和锁紧螺母用于调节中心托杆下沉的深度，该深度由铆压件需要铆压的位置决定。

铆压机构整体安装在底座上。两只铆压用气缸的缸体后部都铰接在底座上，两只气缸的活塞杆铰接在转托盘上。由于转托盘、铆压凸轮盘、轴承座、轴承上端盖、轴承下端盖呈刚性连接，它们随着两只铆压用气缸活塞杆的伸出沿双列角接触球轴承作圆周方向旋转。机构中滑轨、滑轨安装板、中心轴呈刚性连接，中心轴安装在底座的轴孔中，通过平键限制了其在圆周方向的旋转。又由于凸轮轴承随动器、铆压刀基板、铆压刀片、滑块呈刚性连接。这样随着铆压凸轮盘的旋转，其上的六个仿形曲面滑槽带动六套凸轮轴承随动器、铆压刀片随着滑块向铆压件轴心方向作同步直线运动，在铆压件壳体周边施加压力，并使其产生形变，和铆压件主体铆接成一体，完成铆压装配。

铆压完成后，依次退回铆压用气缸活塞杆，使铆压刀片回退。回退到位后，再回退压紧气缸活塞杆，依靠弹簧的反力，使中心托杆和铆压件上升，即可取出装配好的铆压件。

铆压装配初始和完成状态的三维效果如图 3-47、图 3-48 所示。

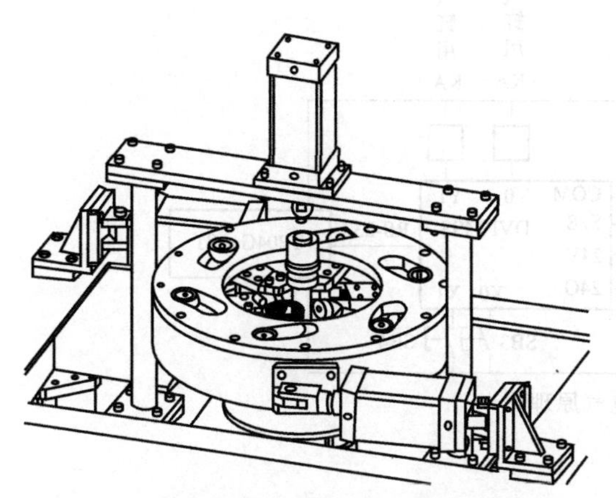
图 3-47　铆压装配初始状态三维效果图

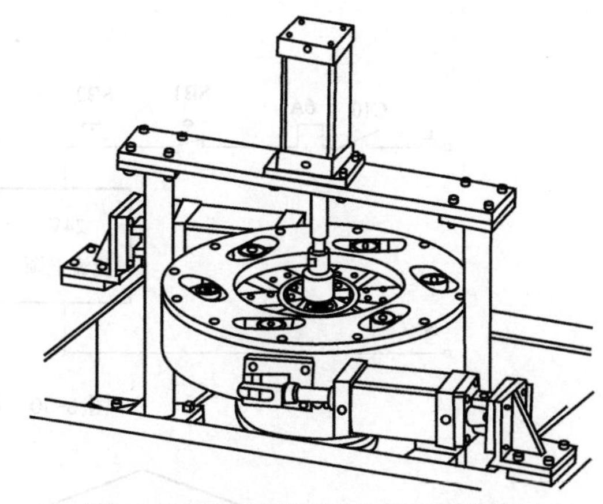
图 3-48　铆压装配完成状态三维效果图

（2）机床气路

机床气动原理如图 3-49 所示。为了保证两只铆压用气缸同步运动，两只气缸共用一套气源处理三联件和二位五通气控阀。

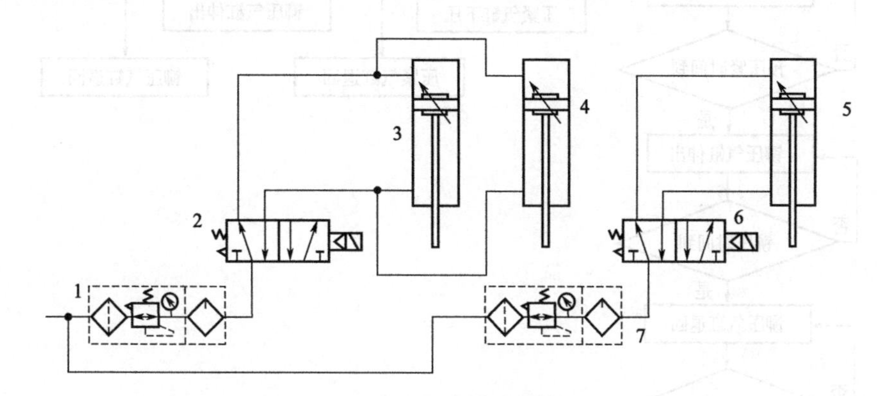

图 3-49　机床气动原理

1,7—气源处理三联件；2,6—二位五通气控阀；3,4—铆压用气缸；5—压紧气缸

如果铆压装配需要的压力更大，可以采用液压驱动系统。

（3）机床电气控制系统

1）机床电气

图 3-50 所示为机床电气原理图。PLC 采用台达 DVPI4SS 标准型，文本编辑器是台达 TP04 G-AS 1，PLC 和文本编辑器之间通过 RS-232 通信，PLC 通过输出端控制中间继电器 KA，实现对压紧气缸和铆压气缸用气控阀的换向。

2）机床控制软件

① 控制流程　图 3-51 所示为机床工艺流程图。铆压装配机床有手动/自动两种工作方式。手动方式主要用于机床的调整、维护。按钮 SB3、SB4 保持按下，则分别使压紧和铆压气缸保持动作，松开按钮后相应的气缸活塞杆回退。自动工作时，双手同时按下 SB3、SB4，机床自动依次完成预压紧、铆压、回退等工作。由于铆压装配机床按分步式工艺顺序

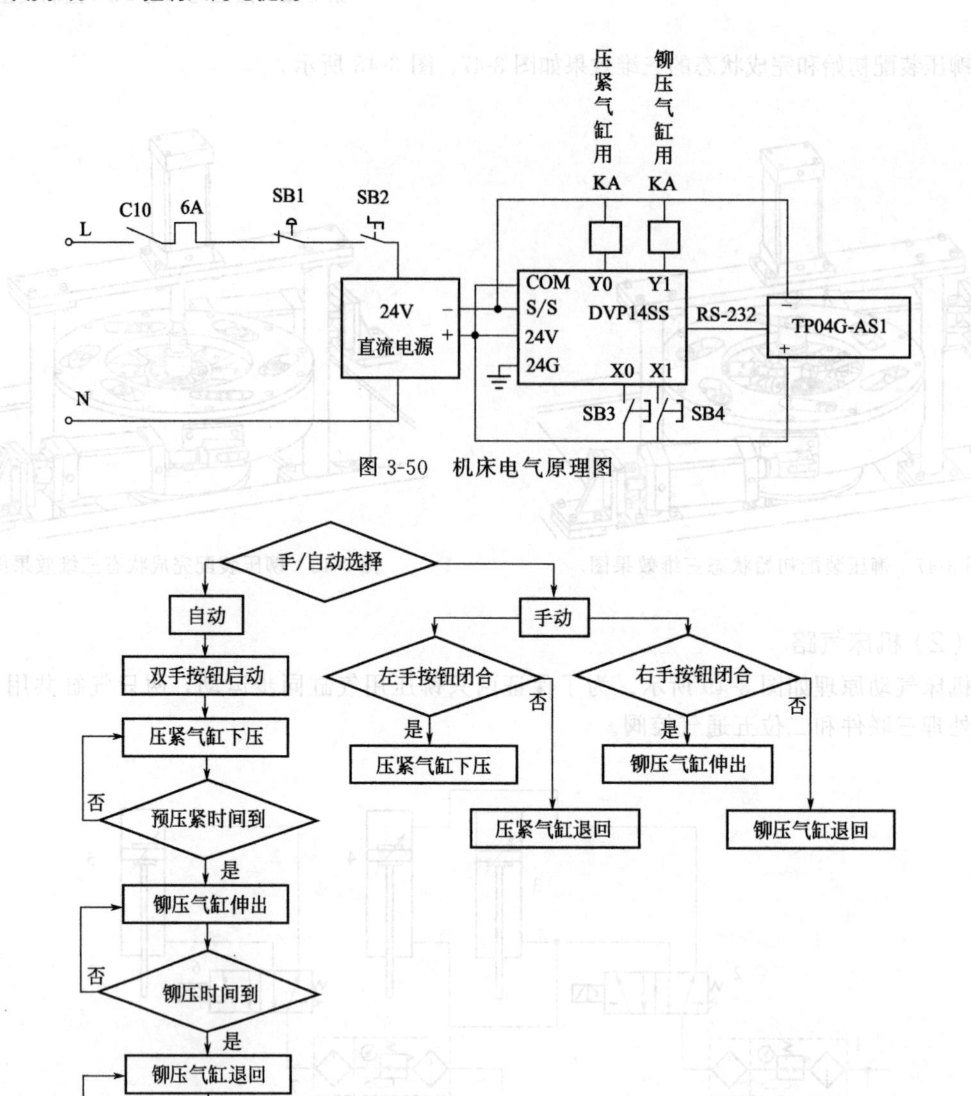

图 3-50　机床电气原理图

图 3-51　机床工艺流程图

工作，在 PLC 编程时最好采用步进顺控指令。

② 文本编辑器　TP04G-AS1 的屏幕可显示四行文字讯息，具有轻巧、经济、实用与简易操控的特色，并支持多种通信规范，共有 12 个复合功能键。图 3-52～图 3-54 是设备参数设定和显示界面。

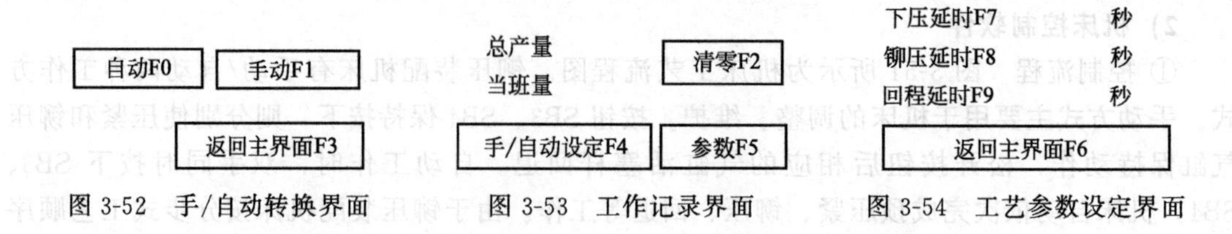

图 3-52　手/自动转换界面　　图 3-53　工作记录界面　　图 3-54　工艺参数设定界面

图 3-54 中工艺参数设定界面各参数的定义如下。

a. 下压延时。表示压紧气缸开始动作到铆压气缸开始动作的时间间隔。

b. 铆压延时。表示铆压气缸开始动作到铆压气缸开始回退的时间间隔。

c. 回程延时。表示铆压气缸开始回退到压紧气缸开始回退的时间间隔。

几个延时时间的设定非常关键，否则会使工序混乱，造成铆压位置偏差，甚至打坏铆压刀片等故障。按 F7、F8、F9 可以分别设定、调节铆压装配各工序的延时时间。

3.3.6　连杆清洗设备的气动夹具

发动机连杆是连接活塞与曲柄，以传递运动和力的杆件。为提高其使用寿命而对其进行高效清洗，在发动机连杆清洗过程中，由于连杆形状比较复杂且有螺纹孔、盲孔、通油孔等，以及用其他清洗方法难于除去的硬质黏着微粒子。同时，在高压喷淋条件下清洗存在难定位夹紧或者清洗不全面等因素。因此，要高效地清洗连杆，定位夹紧连杆已经成为清洗工作的主要问题之一。

以往的夹具通过手动或者半自动夹紧，存在节拍长、人工费力、工作夹紧不可靠、效率低、夹紧程度不高等问题。自动清洗夹紧装置的运用虽然提高了连杆夹紧清洗效率，但是对连杆的清洁度不高及难以避免在清洗过程中对连杆表面造成损伤，另外结构复杂、成本高已成为现实问题，并且在清洗过程中存在不必要的麻烦。为解决以上问题，开发设计一套以气动及 PLC 为基础的清洗设备气动夹具显得十分重要。

（1）工作原理

夹具夹紧对象为各种待清洗的连杆（以 M3000 为例），如图 3-55 所示。

夹具的设计准则为先定位后夹紧，通过定位销定位连杆的活塞销孔及曲轴销孔，然后再由气动夹紧元件进给夹紧连杆即可。根据这个原理，将这个夹具设计为：首先打开夹具开关，将要清洗的连杆体手工放在钢板上一定距离的定位销上，使连杆活塞销孔和曲轴销孔通过定位销定位，定位销在缸杆气动作用下上升钢板设定好的高度，然后夹具夹紧元件在气缸缸杆作用下进给送入，夹具夹紧元件为可以滚动凹面圆柱体，在以程序设定的移动范围夹紧连杆小头端的拐角面处，夹紧连杆体同时拖住连杆体，定位销在气缸作用下退回原位，使连杆体在夹具夹紧的条件下悬空。而连杆盖通过连杆盖夹紧元件固定在钢板上，夹具带动连杆进行下一工序。

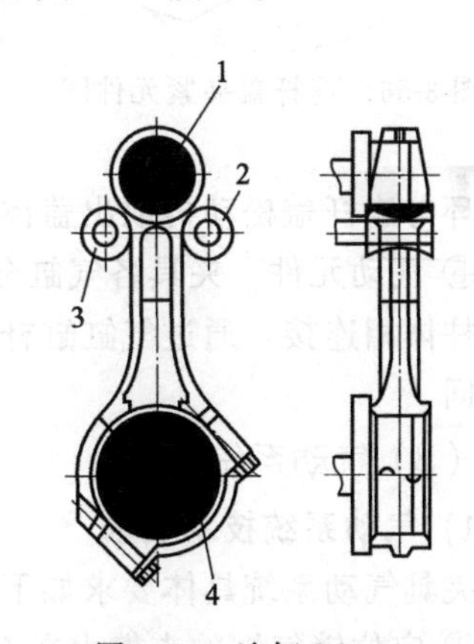

图 3-55　连杆 M3000

1,4—定位销；2,3—凹面圆柱体夹紧元件

（2）结构

夹具可分以下几个关键部分。

① 夹具钢板　钢板在装置中起到支撑和稳重的作用，依靠钢板自身的重力使整个夹具夹紧装置更加的稳定。在钢板适当位置开多个定位销孔、夹具夹紧元件孔以及其他的孔，定位销孔为方便定位销的收缩和伸出，夹具夹紧元件孔的制作为夹具夹紧元件的收缩和伸出同时方便定位夹紧，在铁板上开上适量的孔，一方面是减轻铁板自身的重量；另一方面，连杆被夹紧清洗时，在高压清洗箱中形成的涡流能通过这些孔对连杆局部面进行冲洗，这样使铁板结构简洁，同时降低材料成本。

② 定位销　定位销在夹具中起到定位和支撑作用，由大圆柱体和小圆柱体组成，小圆柱体高度为连杆两端孔深度的一半，其直径略小于连杆活塞销孔和曲轴销孔两孔孔径，定位销小圆柱体与连杆活塞销孔和曲轴销孔两孔间隙配合。而与缸杆相连接的大圆柱体直径大于连杆两孔径 1.5～2cm，支撑连杆定位。钢板两夹具夹紧元件孔径略大于定位销的最大径，定位销与气缸缸杆连接，钢板两夹具夹紧元件孔运用于气动缸杆作用定位销伸出与退回。

③ 凹面圆柱体　在缸杆工作夹紧端选用一个凹面圆柱体，凹面顶部半径略小于连杆夹紧曲面半径，其两端半径略大于连杆夹紧曲面使夹紧作用点集中在凹面圆柱体内侧两端，凹面圆柱体的长度稍长于连杆加紧面，同时，两端突起部位高于连杆曲面，使连杆能够灵活自如地夹住，凹面圆柱体两端侧最高处以一定的圆弧结束端末，这样使夹具与连杆的接触面减少，留存彼此间隙，保留的间距有利于涡流清洗夹紧面，由于喷嘴高压冲洗连杆孔与面，连杆在一平面内存在一定幅度的摆动，凹面圆柱体在滚动的情况下使得彼此间有新的夹紧面，而之前被夹紧面就能被形成的涡流冲洗，利用这一原理使得连杆能得到充分的清洗。同时，考虑到清洗环境及条件，凹面圆柱体材料选用抗腐蚀、耐磨及具有弹性的物料，具有弹性的凹面圆柱体在连杆摆动时不会因为与连杆的摩擦而磨伤连杆表面，具有保护作用。

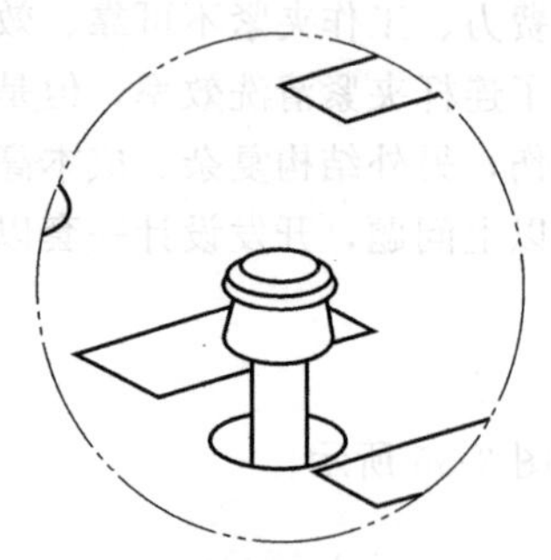

图 3-56　连杆盖夹紧元件图

④ 连杆盖夹紧元件　连杆盖夹紧元件为固定元件，如图 3-56 所示。通过夹紧连杆盖两螺纹孔来实现对盖的夹紧。其夹紧端头离端面一定距离设一环形凹槽，以一定的倒角制作端面，盖体送入时螺纹孔能顺利通过夹紧元件卡住，由于盖体夹紧元件材料的选择不同，因而不会损伤螺纹孔，清洗后摘取盖体时先向内侧退一小距离，待夹紧元件卡环与连杆盖松动再取出盖体。

⑤ 气动元件　夹具各气缸分布在连杆清洗钢板另一侧，缸杆工作端分别与定位销及凹面圆柱体相连接，通过气缸缸杆左右移动驱使定位销伸出退回及凹面圆柱体的进给夹紧与松开退回。

（3）气动系统

1）气动系统技术要求

夹具气动系统具体要求如下。

① 定位销气缸的支撑力在有定位销的情况下能足以支撑连杆，连杆夹紧气缸的夹紧凹面圆柱体与连杆之间的力足以克服连杆自身的重力。

② 夹紧气缸的夹紧力能足以限制连杆在竖直平面内的摆动范围，定位销气缸的支撑力能快速反应，灵活自如伸出退回。

③ 气缸夹紧条件。有夹紧信号，凹面圆柱体夹紧元件完全落在连杆小端头拐角面上，且夹紧位置正确。

④ 气缸夹紧顺序。将连杆通过定位销定位，然后通过定位销气缸使连杆上升到一定高度，然后夹紧气缸作用凹面圆柱体进给伸出再夹紧连杆，定位销在定位销气缸作用下退回。

⑤ 气动松开条件。有松开信号，且凹面圆柱体夹紧元件完全落在连杆拐角面。

⑥ 气缸松开顺序。在夹紧气缸作用的凹面圆柱体使连杆夹紧悬空，定位销气缸作用定

位销上升确定的位置支撑连杆活塞销孔及曲轴销孔，然后夹紧气缸作用夹紧元件松开退回，连杆在支撑气缸作用下降至确定的位置。

⑦ 气动系统的气源压力为 0.2～0.5MPa，要求控制部分采用 PLC。

2）气动回路

夹具夹紧气动回路如图 3-57 所示。为了确保气缸工作顺利，首先将连杆手工放在定位销上，使连杆活塞销孔和曲轴销孔通过定位销定位。

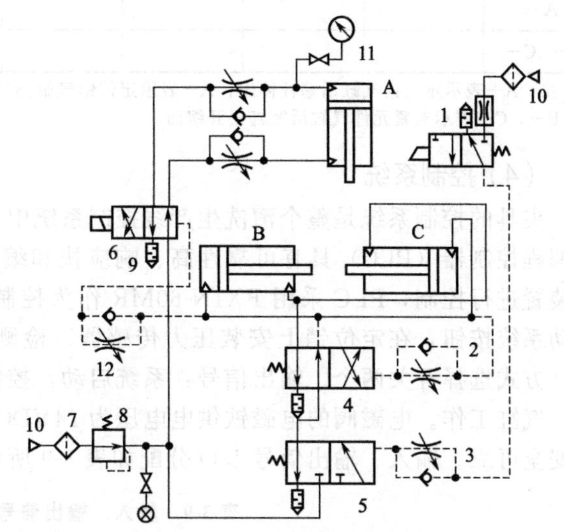

图 3-57 夹具夹紧气动回路

A—定位销气缸；B,C—夹具气缸；
1—行程阀；2,3,12—单向节流阀；4,5—气控换向阀；
6—电磁换向阀；7—过滤器；8—减压阀；
9—消声器；10—气源；11—压力表

然后，通过 PLC 输出信号启动电磁换向阀 6 及气源，压缩空气进入气缸 A 的上腔，使手工放入的连杆在缸杆作用下伸出。

同时作用行程阀 1，压缩空气经单向节流阀 3 进入二位三通的气控换向阀 5 右侧，使气控换向阀 5 换向（调节节流阀开口可以控制换向阀 5 的延时接通时间），压缩空气再通过换向阀 4 进入两侧气缸 B 和 C 的左腔和右腔，使气缸 B 和 C 的缸杆伸出而夹紧连杆。

一部分压缩空气经过单向节流阀 12 进入换向阀 6 右端（节流阀 12 控制阀 6 直到夹紧元件夹紧连杆延时接通），换向阀 6 右端接通，压缩空气通过单向节流阀进入气缸 A 下端作用定位销退回。

同时流过阀 4 的一部分压缩空气经过单向节流阀 2 进入换向阀 4 右端。经过一个清洗工作节拍时间后，换向阀 4 右位接通，致使气缸 B 和 C 缸杆作用的夹紧元件松开退回原来位置。

同时一部分压缩空气作为信号进入 PLC 作用的电磁换向阀 6，使阀 6 左位接通，压缩空气经单向节流阀进入气缸 A 上端，使气缸 A 的缸杆工作致使定位销伸出定位连杆。待连杆卸载后，电磁换向阀 6 接收信号使气缸 A 缸杆退回原来位置。

定位销退回的同时使行程阀 1 复位，气控换向阀 5 和 4 也复位，一个工作周期结束。

再次接收信号，即可进入下一个工作周期。

结合清洗条件及连杆自身重力，工作提供的气源压力为 0.2～0.5MPa，考虑到气源压力不稳定，本系统工作压力选为 0.3MPa。后面选择气缸就是按 0.3MPa 工作力选用。

3）气缸动作顺序图的绘制

根据各气缸动作要求和工作原理，绘制表 3-8 所示的气缸动作顺序。在表中的 $t_3 \sim t_4$ 时间段内连杆得到夹紧后进行清洗的各项工作，而在 $t_7 \sim T$ 时间段内，清洗完成一个工作周期结束，进行下一个工作周期。

表 3-8 气缸动作顺序

动作	时间							
	$0 \sim t_1$	$t_1 \sim t_2$	$t_2 \sim t_3$	$t_3 \sim t_4$	$t_4 \sim t_5$	$t_5 \sim t_6$	$t_6 \sim t_7$	$t_7 - T$
A+	+				+			
B+、C+		+						
A−			+				+	
B−、C−						+		

注：A+表示定位销气缸活塞杆伸出；A−表示定位销气缸活塞杆退回；B+，C+表示夹紧元件气缸活塞杆进给夹紧；B−，C−表示夹紧元件气缸活塞杆松开缩回。

(4) 控制系统

夹具的控制系统是整个清洗生产线控制系统中的一部分。考虑清洗的工作原理、环境及可编程控制器（PLC）具有可靠性高、响应快和编程使用方便等优点，选用 PLC 对夹具夹紧装置进行控制，PLC 采用 FX1N-60MR 作为控制中枢，4 点输入，4 点输出，输入信号：启动系统按钮，在定位销上安装压力传感器，检测定位销是否支撑连杆；设置启动按钮一个；方式选择开关两个。输出信号：系统启动，控制执行元件的电磁换向阀、行程阀及气源等，气缸工作。电磁阀的电磁铁供电电压为 24VDC L43，直接与 PLC 输出电路连接，使系统安全可靠。输入、输出信号 I/O 分配如表 3-9 所示。

表 3-9 输入、输出信号 I/O 分配表

输入		输出	
输入	意义	输出	功能
X001	系统启动按钮	Y001	系统启动
X002	加载连杆	Y002	定位销伸出
X003	卸载连杆	Y003	定位销退回复位
X004	系统停止按钮	Y004	系统停止

(5) 运用实例

在清洗连杆的实验中运用此夹具，夹具夹紧装置中各动作顺序如图 3-58 所示。

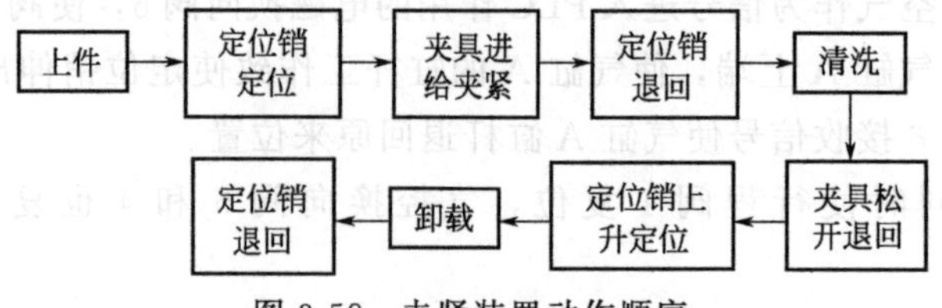

图 3-58 夹紧装置动作顺序

通过实验，此夹具设计的夹紧可靠性高、性能稳定，操作简单，其优点体现在以下几个方面。

① 夹具凹面圆柱体的设计一方面使连杆得到可靠的夹紧，另一方面在清洗过程中，在高压清洗箱中形成的涡流流向与连杆摆动逆向，使连杆表面得到更有效的清洗。耐腐蚀、抗高温及具有弹性的材料选择减少与连杆接触摩擦损伤，起到保护作用。

② 夹具中选用抗腐蚀、易清洗的钢作为支撑板，借助钢板的重力在高压喷淋下保持稳定。钢板开适当的孔有助于连杆不方便冲洗面在涡流下冲洗。

③ 气动定位销的设计解决手动定位的准确度，同时提高夹具对连杆的定位夹紧效率。

④ 连杆盖夹紧元件利用盖体本身螺纹孔夹紧连杆盖，方便安装与摘取盖，并且选用与凹面圆柱体相同的材料，避免夹紧元件与螺纹孔之间产生损伤。

⑤ 夹具凹面圆柱体的设计相比普通气动夹具结构更加简单化，气动管道更少，成本更低。

⑥ 气动技术的运用使夹具夹紧效率更高，稳定性更好，PLC 的应用使得夹具夹紧装置控制可靠。

3.4 液压缸同步控制

3.4.1 液压同步回路

同步回路是指使两个或两个以上的液压缸，在运动中保持相同位移或相同速度的回路。

（1）概述

在一泵多缸的系统中，尽管液压缸的有效工作面积相等，但是由于运动中所受负载不均衡，摩擦阻力也不相等，泄漏量的不同以及制造上的误差等，不能使液压缸同步动作。同步回路的作用就是为了克服这些影响，补偿它们在流量上所造成的变化。

（2）串联液压缸的同步回路

图 3-59 是串联液压缸的同步回路。图中第一个液压缸 1 回油腔排出的油液，被送入第二个液压缸 2 的进油腔。如果串联油腔活塞的有效面积相等，便可实现同步运动。这种回路两缸能承受不同的负载，但泵的供油压力要大于两缸工作压力之和。

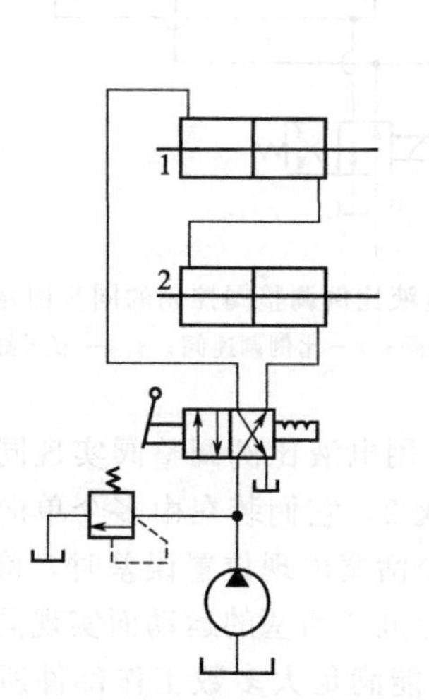

图 3-59 串联液压缸的同步回路

1，2—液压缸

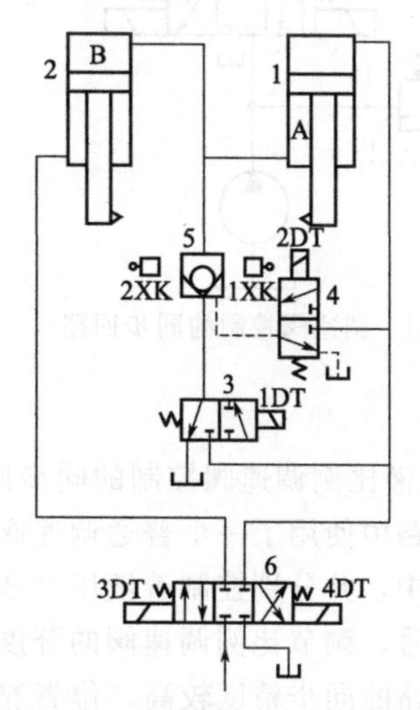

图 3-60 采用补偿装置的串联液压缸同步回路

1，2—液压缸；3，4—二位三通电磁阀；5—液控单向阀；6—三位四通电磁阀

由于泄漏和制造误差，影响了串联液压缸的同步精度，当活塞往复多次后，会产生严重的失调现象，为此要采取补偿措施。图 3-60 是两个单作用缸串联，并带有补偿装置的同步回路。为了达到同步运动，缸 1 有杆腔 A 的有效面积应与缸 2 无杆腔 B 的有效面积相等。在活塞下行的过程中，如液压缸 1 的活塞先运动到底，触动行程开关 1XK 发讯，使电磁铁

1DT 通电，此时压力油便经过二位三通电磁阀 3、液控单向阀 5，向液压缸 2 的 B 腔补油，使缸 2 的活塞继续运动到底。如果液压缸 2 的活塞先运动到底，触动行程开关 2XK，使电磁铁 2DT 通电，此时压力油便经二位三通电磁阀 4 进入液控单向阀的控制油口，液控单向阀 5 反向导通，使缸 1 能通过液控单向阀 5 和二位三通电磁阀 3 回油，使缸 1 的活塞继续运动到底，对失调现象进行补偿。

（3）流量控制式同步回路

① 用调速阀控制的同步回路。图 3-61 是两个并联的液压缸，分别用调速阀控制的同步回路。两个调速阀分别调节两缸活塞的运动速度，若两缸有效面积相等时，则流量也调整得相同；若两缸面积不等时，则通过改变调速阀的流量也能达到同步的运动。

用调速阀控制的同步回路，结构简单，并且可以调速，但是由于受到油温变化以及调速阀性能差异等影响，同步精度较低，一般为 5%～7%。

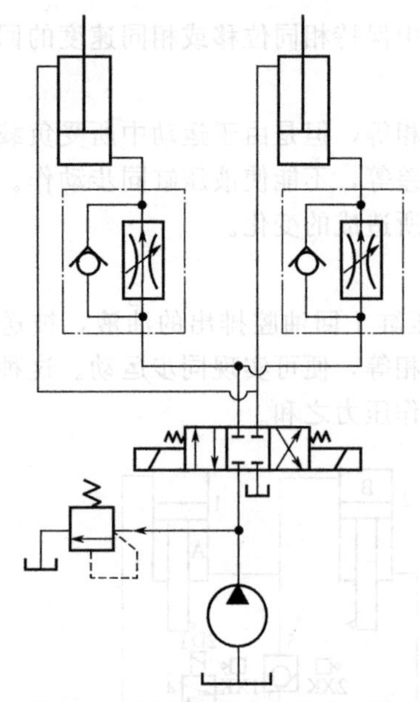

图 3-61 调速阀控制的同步回路

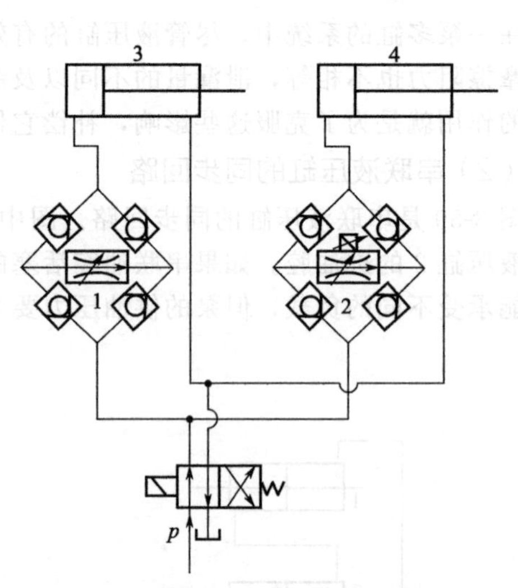

图 3-62 电液比例调整阀控制的同步回路
1—普通调速阀；2—比例调速阀；3,4—液压缸

② 用电液比例调速阀控制的同步回路。图 3-62 所示为用电液比例调整阀实现同步运动的回路。回路中使用了一个普通调速阀 1 和一个比例调速阀 2，它们装在由多个单向阀组成的桥式回路中，并分别控制着液压缸 3 和 4 的运动。当两个活塞出现位置误差时，检测装置就会发出信号，调节比例调速阀的开度，使缸 4 的活塞跟上缸 3 活塞的运动而实现同步。

这种回路的同步精度较高，位置精度可达 0.5mm，已能满足大多数工作部件所要求的同步精度。比例阀性能虽然比不上伺服阀，但费用低，系统对环境适应性强，因此，用它来实现同步控制被认为是一个新的发展方向。

（4）PLC-液压同步控制

PLC-液压同步控制系统一般是由 PLC 按照预先编制的控制程序输入液压、位移指令给液压系统和位移监控系统，液压系统接受指令后，液压缸根据控制参量产生相应的位移，位移监控系统根据各液压缸的位移情况，及时反馈给 PLC，控制软件程序将根据位移反馈信息及时修整液压、位移指令，通过反复调控形成位移的闭环，使各缸的位移在每个循环内的系统误差控制在规定以内。

3.4.2 桥梁施工液压同步顶推顶升PLC系统

（1）概述

液压同步顶推技术原理基本与液压同步顶升技术相同，液压同步顶升技术早期主要应用在水力发电行业水轮机转轮和叶轮的安装中，由于其具有静平衡顶升、结构变形小及承载力大等众多优点，所以被广泛应用于其他大型设备的安装中。同步顶推技术起源于同步顶升技术，是同步顶升技术在实际应用中的拓延。

在大型桥梁钢箱结构梁的安装中，由于跨内吊装、原位分段拼装等传统施工方法很难适应实际施工的需求，所以长期以来都没有形成较好的处理办法。

为了满足这些需要，液压同步顶推顶升技术应运而生，液压同步顶推顶升技术在钢箱梁安装中具有较好的适应性和通用性，是近年来发展较快的一种桥梁施工技术，它具有控制系统模块化、通用化等诸多优点，可满足不同的施工需要。多点联控及多点同步液压顶推是同步顶推顶升系统的核心，由于实现系统联合控制的方式具有一定的难度，所以一直以来都倍受学者和研究机构的关注。那么，如何实现一种较好的多点同步顶推顶升系统在桥梁施工中的应用呢？答案是利用PLC控制实现液压同步顶推顶升技术在桥梁施工中的应用。针对桥梁施工中液压同步顶推顶升技术的要求开发了相应的PLC控制系统和组合式液压站，实现了液压系统的多路多点联控和多点同步液压顶推顶升。系统构建主要由PLC控制模块、多点通信模块、液压系统模块、同步顶推顶升模块和结构运动模块组成，其中PLC控制模块与液压系统模块是构成本多点同步液压顶推顶升技术的基础。

（2）应用背景

青银高速公路济南黄河大桥是国道主干线跨越黄河的一座特大桥，同时也是京沪高速公路复线（山东段）的关键工程之一。桥梁全长4473.04m，根据起重能力和运输能力，全桥共划分为46个梁段，根据梁段长度、钢板厚度等共划分为11种类型。各梁段长度及重量见表3-10。

表3-10 钢箱结构梁的梁段参数

梁段类型	梁段长/m	梁段重/t	梁段类型	梁段长/m	梁段重/t
A型	14.05	280.9	E1型	11.25	237.0
B1型	15	285.6	E2型	11.25	244.4
B2型	15	285.6	F1型	15	319.5
B3型	15	314.3	F2型	15	329.4
C型	15	344.9	G型	11.30	281.1
D型	8.75	176.2			

针对青银高速公路济南黄河大桥的施工特点，计划在整个桥梁中建立8个临时桥墩，每个临时桥墩上各有一组液压顶推顶升设备，在跨端的适当位置设置预拼胎架，在胎架上进行钢结构节间或区段的整体预拼装，通过逐步累积和顶推完成整个钢箱结构梁的安装。每安装一段钢箱结构梁，则由多点同步液压顶推系统顶推至一定的移动距离。顶推顶升结构由第一组开始工作，依次实施其他各组顶推顶升系统直到最终完成，最后再对桥梁整体做线性调整和对接合拢。

（3）同步顶推顶升系统的构建

1）同步顶推顶升控制系统的构建

① 同步顶推顶升系统的原理与组成　桥梁同步顶推分为单点顶推式、多点顶推式两种工作模式。

a. 单点顶推式。平顶推力装置的位置集中于桥台上，其他各桥墩上设置一定的滑动导轨。单点顶推装置结构简单、易于实施，但对于大型结构不适宜使用。

b. 多点顶推式。在每个桥墩上均设置滑动导轨和顶推装置，将集中的顶推力分散到各个桥墩上。多点顶推与集中单点顶推相比较，可以避免配置大型顶推设备，能有效地控制顶推时梁体的偏移，但多点顶推需要较多的设备装置，操作时同步度要求较高。

青银高速济南黄河大桥属于大型斜拉索连续钢箱梁结构桥梁，安装采用整体多点顶推方式。首先，在每个临时墩顶部及索塔横梁上安装 8 套 Enerpac 顶推系统，这 8 套顶推液压系统由一套电气控制系统控制，整体在计算机控制下实现推力均衡并保持同步运动。其次，每套液压系统由 2 套超高压液压泵站、1 套高压液压泵站、8 个螺母锁紧顶升缸、4 个顶推缸及压力和位移传感器等附件构成。

多点分散顶推的动力学原理数学表达式为：

$$\sum_{i=1}^{n} F_i > \sum_{i=1}^{n} (f_i \pm a_i) N_i \tag{3-1}$$

式中　F_i——第 i 个桥墩处的顶推动力装置的顶推力；

N_i——第 i 桥墩处的支点瞬时（最大）支反力；

f_i——第 i 个桥墩处支点装置的相应摩擦系数；

a_i——桥墩纵坡率，“+”为上坡顶推，“−”为下坡顶推。

当式(3-1) 成立时，梁体才可以被推动，否则顶推系统将无法达到正常工作状态。

② PLC 控制系统　控制系统主控制器为 S7-300，分控制器由 S7-200 系列的 CPUS7-224 构成，利用 PLC 网络总线 PROFIBUS 实现主控制器与分控制器的通信，由工控机处理显示各个顶升和顶推缸的信息参数及记录整个顶推过程。其中，主控制器实现对整个系统的集中控制，主要包括顶升、顶推装置的控制，压力数据、位移数据的采集以及各种故障报警等辅助功能。同步顶推顶升控制系统流程图如图 3-63 所示。

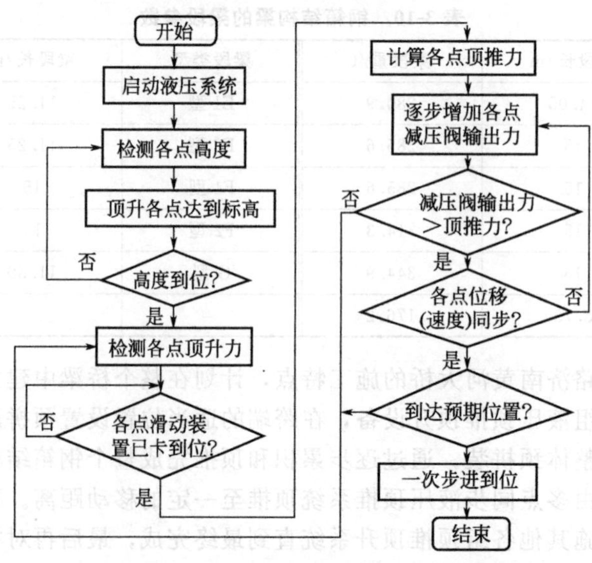

图 3-63　同步顶推顶升控制系统流程图

③ 控制策略 对于纵向支撑力变化较大的临时墩，根据支墩的垂直支撑力大小来控制本支墩顶推顶升力的大小；对于恒定支撑力的临时墩，根据系统之前记录的数据控制恒定的顶推力。同时，还要对顶推缸的位移（速度）进行控制，以顶推缸的顶推力和位移作为控制参数，采用闭环控制理论，实现力和位移的协同控制。

④ 控制方式 根据多点牵引式的循环性与箱梁拼接的阶段性，系统使用半自动模式实现控制（分别为每一循环的自动控制及各个阶段的人工控制）。匹配相应的辅助系统实现一些基本调节功能以及必要的纠错功能，确保系统应对各种突发状况的能力。

2）同步顶推顶升液压系统的构建

① 顶推液压系统的构建 如图3-64所示，同步顶推液压系统由电机、单向阀、顶推缸、压力传感器、位移传感器及控制器等元件组成。系统工作原理：工作压力为32MPa液压站输出压力油驱动缸，电磁换向阀控制液压缸推出、缩回的方向；液压缸最大总顶推力为200t，液压缸分成左右侧两组，两组均由一个电磁控制阀来控制；临时墩单侧的缸配有压力传感器，用于检测控制指令并控制液压缸的顶推力；顶推力通过比例减压阀来实现力的同步控制，单侧位移由一个位移传感器在保证力同步的同时保证位移同步。顶推液压系统参数如表3-11所示。

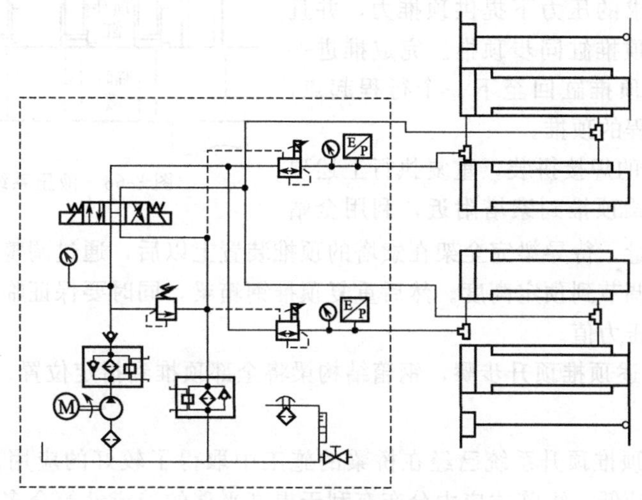

图3-64 顶推液压系统结构

表3-11 顶推液压系统参数

项目	参数	项目	参数
系统压力	32MPa	行程	1000mm
流量	21L/min	顶推速度	0.3m/min
电机功率	11kW	顶推步进	937.5mm/步
顶推缸	49.2T/32MPa		

② 顶升液压系统的构建 如图3-65所示，同步顶升液压系统主要由超高压电动泵站、螺母自锁缸、液控单向阀、压力传感器、位移传感器和控制器等元件组成。系统工作原理：工作压力为70MPa电动泵站输出高压油驱动液压缸，电磁换向阀控制液压缸上升、下降的方向；液压缸最大总顶升力为2400t，分成左右侧两组，每组由一个电磁阀控制；临时墩单侧的缸配有压力传感器，并且由位移传感器检测单侧位移；检测数据经控制器运算比较后，发出控制指令，通过电磁控制阀来实现对单个墩上的两侧缸的顶升力和位移的控制。顶升液

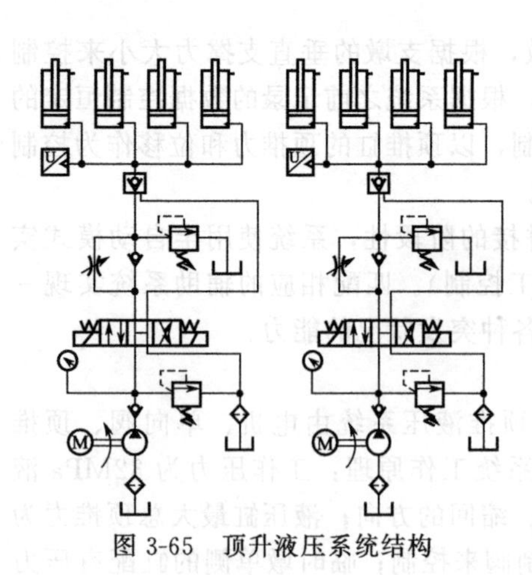

图 3-65 顶升液压系统结构

压系统参数如表 3-12 所示。

表 3-12 顶升液压系统参数

项目	参数	项目	参数
系统压力	70MPa	行程	300mm
系统总流量	1.64L/min	顶升速度	4mm/min
电机总功率	2.2kW	螺母自锁缸	300T/70MPa

2）钢箱结构梁顶推顶升过程

① 启动第一个临时墩上的顶推设备，在第一个临时墩上用纵向支撑缸将导梁同步顶升到预定高度；顶推缸在要求的压力下提供顶推力，并且控制临时墩上两侧顶推缸同步顶推。完成推进一个行程之后，所有顶推缸回至下一个行程起点，随后进行下一个行程的顶推。

② 随着钢箱梁的焊接拼装，重复执行上述顶推步骤，直到将导梁顶推到索塔附近，利用全站仪检测导梁的变形量。待导梁完全架在索塔的顶推装置上以后，通过调整临时墩以及索塔上的支撑缸将钢箱梁调节到预定高度。然后重复顶推钢箱梁，同时要保证临时墩和索塔的顶推缸具有一致的设定压力值。

③ 重复执行上述顶推顶升步骤，钢箱结构梁将全部顶推到指定位置。

（4）桥梁施工中同步顶推顶升技术的实现

1）液压系统安装结构

安装采用整体顶推方式，顶推设备（顶推缸、双作用缸及各相关附件）需要由 GPS 与空间三角网点测绘定位。液压系统安装结构如图 3-66 所示。

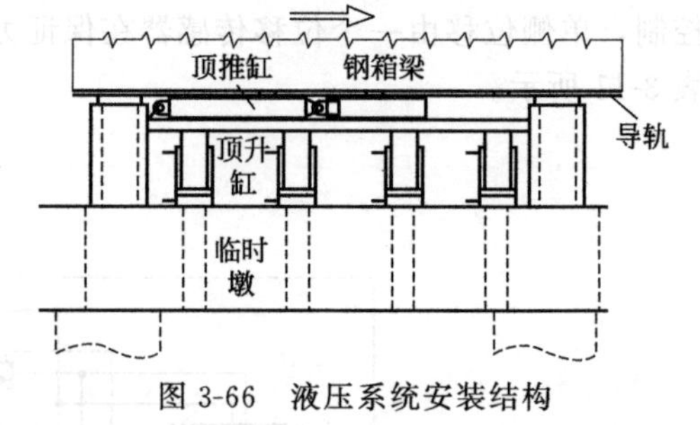

图 3-66 液压系统安装结构

（5）小结

PLC 控制同步顶推顶升系统已经在桥梁的施工中取得了较好的应用。液压同步顶推顶升系统具有移动振动低，矩阵式应力分布有利于提高平移的稳定性等众多优点，这使其能满足各种施工环境的要求。关于同步顶推顶升技术的研究开发，拓展了整体安装技术的领域、功能和优势的进一步发展，为类似领域的桥梁施工和大型构建的平移和建设提供了良好的参照。

3.4.3 基于 PROFIBUS 的 PLC 分布式液压同步系统

基于 PROFIBUS 的分布式液压同步系统采用 PROFIBUS 总线通信方式，利用模糊自整定 P 闭环控制和前馈开环控制的综合方法对电机进行变频调速，并通过组态软件程序进行全程监控，可实现液压同步系统油缸运动的连续可调。系统成本较低、自动化程度高、通信方便可靠且故障可诊断、控制精度较高、可扩充。

（1）分布式液压同步控制系统

系统采用闭环和前馈变频调速的控制方式，来实现各个油缸运动位移同步的连续控制。主要是通过高精度位移传感器实时监测位移信号，通过模糊自整定 P 控制和前馈控制算法进行闭环控制；通过变频器调节三相交流异步电机转速，实现液压油泵流量的连续可调；同时通过组态软件实现数据和状态实时监控、报警、故障存储和查询等功能。

① 总体结构原理　分布式液压同步控制系统的总体结构如图 3-67 所示。

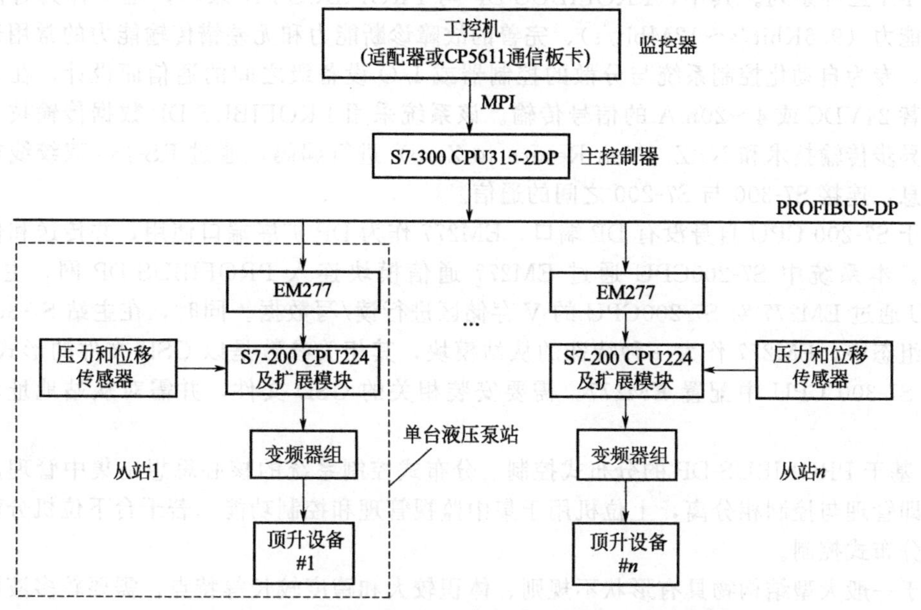

图 3-67　分布式液压同步控制系统的总体结构框图

工控机通过 MPI 适配器或 CP5611 通信板卡与主控制系统进行通信，主要作用是通过开发组态软件 KingView 对系统信息进行监控、报警、故障诊断和控制。主控系统由控制器 S7300 及其 I/O 扩展模块等组成，在整个系统中作为主站。单台液压泵站由控制器 S7200、传感器及其液压设备等组成，作为从站。单台液压泵站的系统框图如图 3-68 所示。一台液压泵站一般做成四点控制系统。主控制系统与各个液压泵站之间的信息传输通过 PROFIBUS 高速工业总线完成。由于 PROFIBUS 高速工业总线具有的特殊性能，使得整个控制系统中通信和控制信号线大大减少，同时改善了系统的控制性能，提高了系统的可靠性。

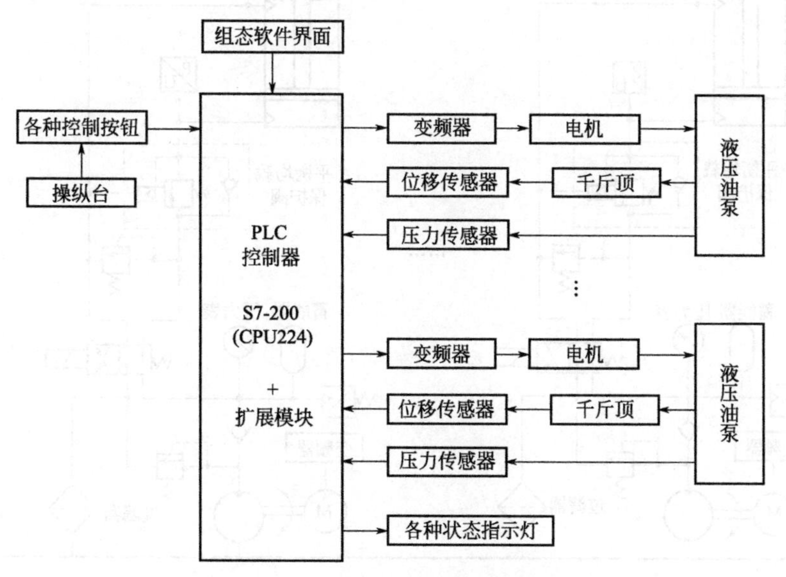

图 3-68　单台液压泵站系统框图

② S7-300 和 S7-200 之间的 PROFIBUS-DP 通信　PROFIBUS（现场总线）是以 SIEMENS 公司为依托制定的现场总线标准，包括 PROFIBUS-FMS、PROFIBUS-DP 和 PROFIBUS-PA 三种系列。其中，PROFIBUS-DP 与 PROFIBUS-PA 兼容，是一种具有高速数据传输能力（9.6Kbit/s～12Mbit/s）、完善的故障诊断能力和无差错传输能力的常用通信连接方式，专为自动化控制系统与分散的控制器或 I/O 设备级之间的通信而设计，在系统中可以代替 24VDC 或 4～20mA 的信号传输。该系统采用 PROFIBUS-DP 数据传输技术，数据通过异步传输技术和 NRZ（Non Return to Zero）进行编码，通过 RS-485 双绞线或光缆传输信息，连接 S7-300 与 S7-200 之间的通信。

由于 S7-200 CPU 自身没有 DP 端口，EM277 作为 DP 扩展端口使用，并传送和保存中间数据。本系统中 S7-200CPU 通过 EM277 通信模块连入 PROFIBUS-DP 网，主站 S7-300CPU 通过 EM277 对 S7-200CPU 的 V 存储区进行读/写数据。同时，在主站 S7-300CPU 的软件组态中，EM277 作为一种特殊的从站模块，其相关参数是以 GSD 文件的形式保存。在主站 S7-300 CPU 中配置 EM277，需要安装相关的 GSD 文件，并需对从站地址和 I/O 分配。

③ 基于 PROFIBUS-DP 的分布式控制　分布式控制系统的核心思想是集中管理，分散控制，即管理与控制相分离，上位机用于集中监视管理和控制功能，若干台下位机分散到现场实现分布式控制。

由于一般大型结构物具有形状不规则、体积较大和跨度较长等特点，需要较多液压顶升点。为了协调多点运动关系的整体控制能力，方便各种先进的控制算法对各个顶升点处的执行机构进行控制，保证系统的简单性和易控制性，实现智能化设备控制，分布式控制系统是一种必然选择。

根据 S7-300 CPU 的 DP 模板的能力，一个 PROFIBUS-DP 网最多可以有 99 个 EM277 通信模块，因此具有良好从站数目的扩展性，保证分布式控制系统的实现。

④ 液压泵站　单台液压泵站的分布式液压同步控制系统如图 3-69 所示。

泵站由变频调速机泵组提供液压动力源，每一路的液压油经过溢流阀进行压力调节后，

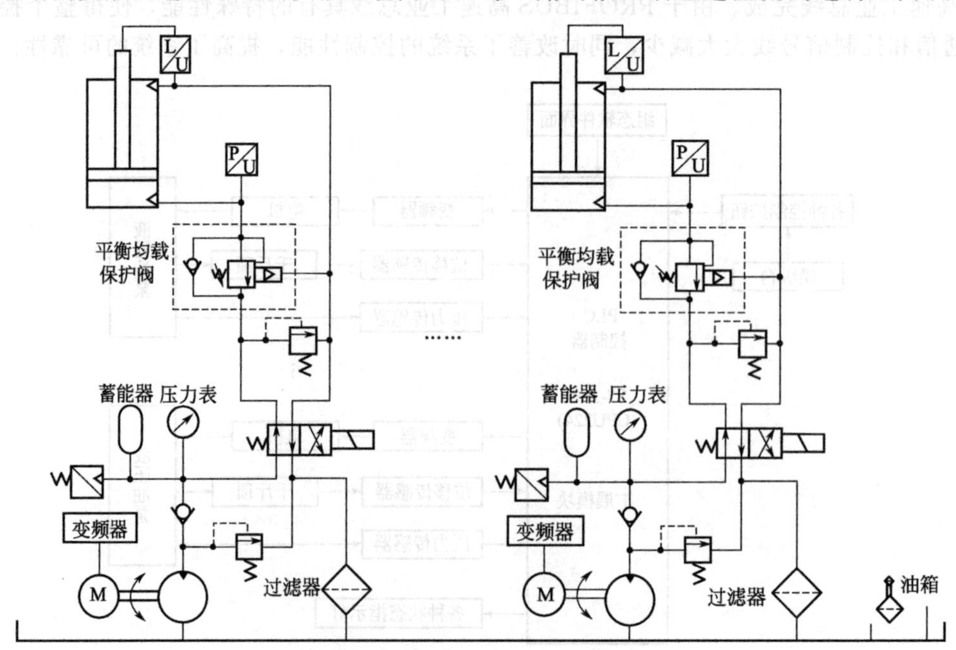

图 3-69　单台液压泵站液压原理

由单向阀输出到各自的电磁换向阀中，通过控制电磁换向阀换向来实现外接液压油缸的升降。

在阀块至外接油缸的进出油口处，还分别安装有无泄漏锥阀结构平衡均载保护阀。其主要功能：a. 平衡油缸的负荷压力，使带载液压油缸运动不至于失压下滑。当带载液压油缸失压不平衡时，内部保护阀会立即将下腔封闭，保证工件不会自由下滑，使千斤顶在停电状态仍能可靠承载。b. 保护油缸不发生过载现象。平衡均载保护阀的保压腔装有过载安全阀，当油缸内的压力超过调定压力时，该阀能自动开启，卸掉过高的油压，使各油缸载荷均衡，从一定程度上讲实现了“力均载”和“过载转移”的功能。c. 保证千斤顶升降时都处于进油调速状态。

另外，每个液压回油口处安装有一只精细回油过滤器，保证油液的清洁，提高液压系统的可靠性，延长泵站的使用寿命。每个液压进油口安装有蓄能器，对液压系统进行保压和蓄能，提高液压系统的整体效率。

系统中采用增量式双向脉冲输出型拉线式位移传感器，其分辨率为 0.05mm。当千斤顶上下运动时，传感器可以精确测定千斤顶的上升和下降的实时位移。一般情况下，在每个控制阀块中与液压油缸的无杆腔连接的油口中还安装有一只压力传感器，依靠它可以实时测定液压油缸的负荷（有些情况下压力传感器直接安装在泵出油口处）。最终位移和压力信号通过电气信号接口将信号反馈到同步控制电气系统中，供实时监测和控制。

（2）多点同步控制原理及软件

一般多顶升点液压同步控制方式有“同等方式”和“主从方式”两种。所谓“同等方式”是指预先设定某一理想输出，使多个需同步控制的执行元件跟踪理想输出，从而使各个执行元件都分别受到控制并达到同步驱动。“主从方式”是指以多个需同步控制的执行元件中某一个输出为理想输出，其余执行元件均受到控制并跟踪这一选定的理想输出并达到同步驱动。比较上述两种控制方式，若两者均采用闭环控制，采用“同等方式”不受构件载荷分布不均的影响，可以保障所有顶升点的严格同步性，且程序相对较为简单，但对系统的元件之间的性能要求更高，匹配关系要求更严格。该系统采用脉冲量输入、模拟量输出的“同等方式”控制，其中位移脉冲信号通过 CPU224 内置高速计数器进行采集。

① 同步控制原理 “同等方式”控制下，上升和下降理想指令位移脉冲值计算框图如图 3-70 所示。图 3-70 中全部置零结束代表一种进入闭环前准备结束的状态，指各个顶升点已处于同步升降的同一基准的位置，确保油缸“同时”同步升降。当全部置零结束后，按下上升或下降按钮，系统进入闭环状态，系统根据设定指令速度计算理想的指令位移脉冲值。

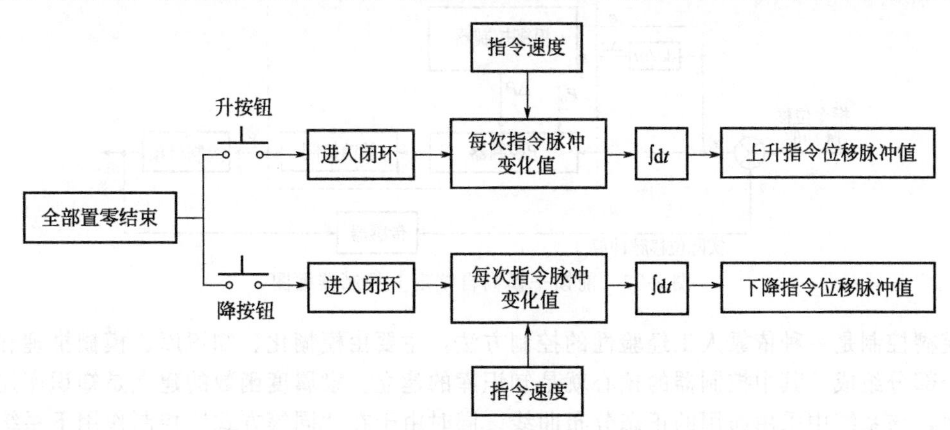

图 3-70　理想指令位移脉冲值计算框图

以单顶升点为例，同步控制过程如图3-71所示（①和②分别表示在同步升和同步降状态下的同步控制过程）。实现过程：首先，各个顶升点处油缸的实际位移信号通过信号电缆传送到液压泵站的电气控制柜内，信号经放大后将实际位移脉冲值传送到CPU224中。

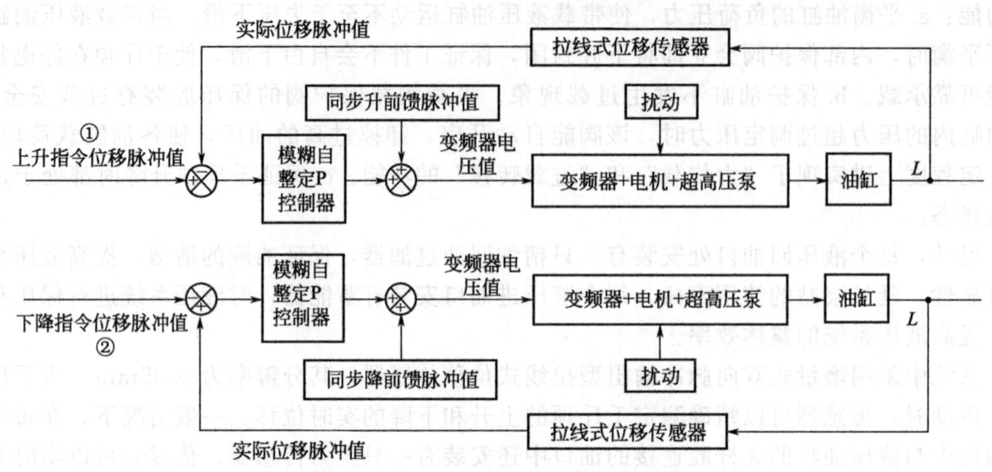

图3-71 单顶升点同步控制过程框图

其次，当实时实际位置脉冲值与计算理想位移脉冲值存在偏差时，便会产生偏差信号。该偏差信号经模糊自整定P控制和前馈补偿控制的综合控制后输出到变频器。

最后，通过改变变频器频率的方式，使得电机转速加快或变慢，实现连续可调的动力油供给外接液压油缸，引起液压油缸的位置发生变化（即实际位置脉冲值发生变化），偏差信号减小，接近于理想输出。

加入前馈补偿的目的在于抗干扰，减小升降过程的跟踪误差。

同时由于组间顶升系统的位置信号由同一个数字积分器给出，可保证不同顶升组之间同步上升和下降。

② 前馈＋模糊自整定控制器 由于液压同步升降设备一般应用于地形、结构和气候等比较复杂的场合，很难建立一个统一的模型，使得经典PID控制的固定参数设置很难适应各种工况。程序具有简单性和有效性，该系统应用了模糊自整定P闭环控制和前馈开环控制的综合方法，其框图如图3-72所示，能够自整定P的大小，优化P控制器，同时抗干扰能力也得到提高。

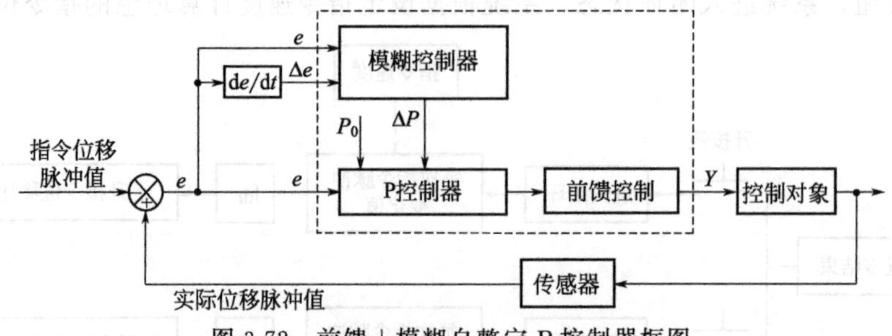

图3-72 前馈＋模糊自整定P控制器框图

模糊控制是一种依靠人工经验性的控制方法，主要由模糊化、知识库、模糊推理和解模糊4个部分组成，其中控制器的核心就是知识库的建立。隶属度函数的建立是知识库建立的一方面，该系统中采用通用的正态分布曲线。同时由于在“同等方式”控制作用下系统输出的偏差较小，使用高分辨的模糊集，使输出变化值较大，应及时调整系统偏差。由于 P 决定系统的响应速度，增大 P 可以加快系统响应速度，减小稳态误差；但是 P 值过大会造成较大的超差，甚至系统不稳定。因此要合理地设定 P 的范围，同时根据偏差 e 和偏差变化率 Δe 的变化情况制定 P 控制规则。

P 的模糊控制规则：当 e 较大，Δe 较小，为加快响应速度，增大 ΔP。当 e 中等大小，Δe 较大时，为使超调减小，适当减小 ΔP。当 e 很小，Δe 较大时，为使系统稳定，减小 ΔP 等。

系统中根据 e 和 Δe，通过模糊控制器的模糊决策（系统采用加权平均法）输出闭环放大倍数 P 的调整值 ΔP，最终输出实时闭环放大倍数 P。规则如下：

$$u=\Delta P=K_P U \tag{3-2}$$

$$P=P_0+\Delta P \tag{3-3}$$

式中 u——模糊控制器实际输出值；

ΔP——闭环放大倍数调整值；

K_P——ΔP 的量化因子；

U——输出值模糊查询结果；

P——实时闭环放大倍数；

P_0——闭环放大倍数预整定值。

结合前馈控制，可得到最终输出值：

$$Y=Pe+X_0 \tag{3-4}$$

式中 X_0——前馈输入值。

前馈+模糊自整定P控制器的PLC的软件流程如图3-73所示。模糊控制总控制表是离线生成的，而控制方式通过地址偏移在线查询来实现。

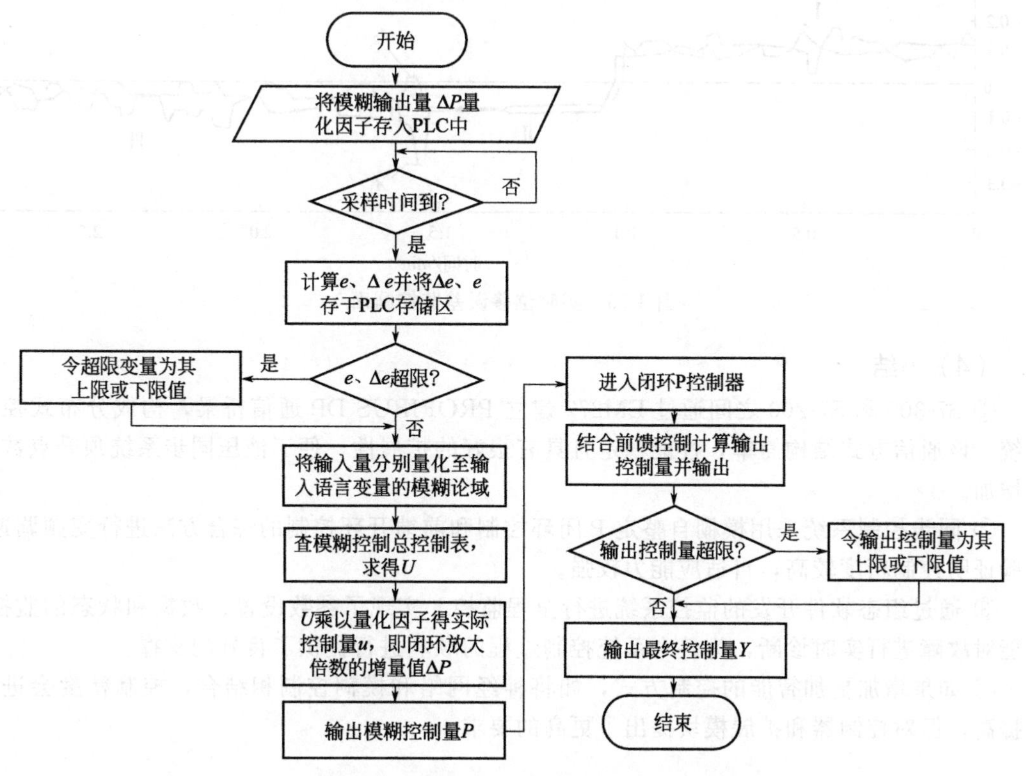

图3-73 前馈+模糊自整定P控制器的PLC的软件流程图

（3）试验与分析

KingView 是一种功能强大的开发监控系统软件。它以标准的工业计算机软、硬件平台构成的集成系统取代传统的封闭式系统，具有适应性强、开放性好、易于扩展、经济、开发周期短等优点。系统采用 KingView 6.5 软件开发监控系统。

系统具有同步升降和同步调坡两种方式。同步升降是指各个顶升点指定的上升或下降位移相同，速度也相同，理论上同时到达指定位移。同步调坡是指各个顶升点指定上升或下降位移可能不同，根据各个顶升点同时到达指定位移的要求，以其中一个顶升点速度为参考基准，其他顶升点的速度通过计算得出。

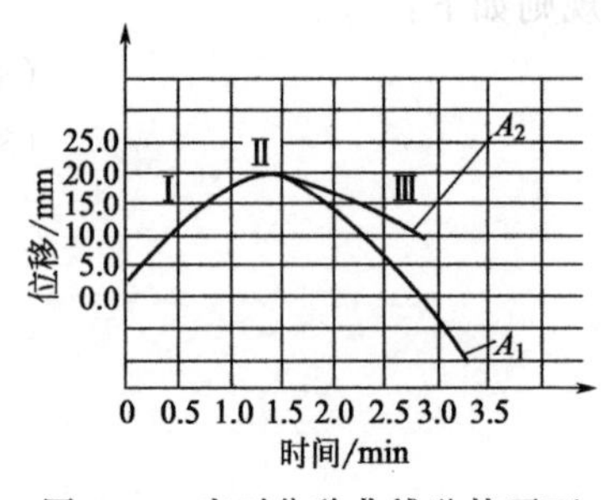

图 3-74　实时位移曲线监控画面

在此以两个泵站中的顶升点 A1 和 A2，指令速度 10mm/min（此值为最大值）为例，进行空载实验。

两顶升点运动和停止状态下的实时位移曲线监控画面如图 3-74 所示。实验中第Ⅰ和Ⅱ阶段处于同步升降方式，两顶升点的指定位移相同，第Ⅲ阶段处于同步调坡状态。

实时位移误差监控画面如图 3-75 所示。系统要求同步位移误差值不能超过 0.5mm，由此监控画面可以看出满足要求。变频器的 V/F 曲线调节特点使电机平滑快速响应，响应时间为毫秒级。由于各种不确定因素，如油缸惯性、油路的不稳定性、实验环境和控制方法等，位移误差出现一定的静差和波动，但不影响满足实际的控制要求。

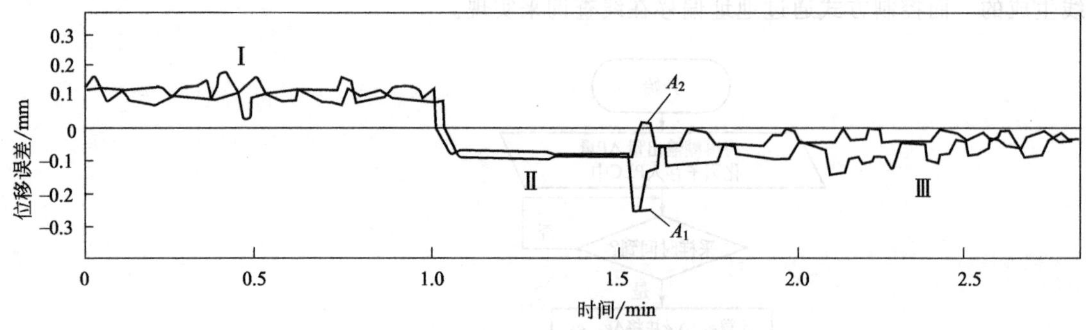

图 3-75　实时位移误差监控画面

（4）小结

① S7-300 和 S7-200 之间通过 EM277 建立 PROFIBUS DP 通信桥梁，构成分布式控制系统。该通信方式结构简单，性能稳定且具有很好的扩展性，便于液压同步系统顶升点数目的增加。

② 同步控制系统采用模糊自整定 P 闭环控制和前馈开环控制的综合方法进行变频调速，实验证明控制精度较高，自适应能力较强。

③ 通过组态软件开发的监控系统进行全程监控，实现了参数设置、数据和状态的监控，并能对故障进行实时诊断，为整个系统控制过程的顺利进行提供了良好的支撑。

④ 如果增加更加智能的控制方式，如将神经网络和模糊控制相结合，控制精度会进一步提高，但对控制器和扩展模块提出了更高的要求。

3.5 压力控制

3.5.1 液压与气动系统的压力控制

液压与气动系统压力控制是用压力阀、压力继电器或压力传感器来控制和调节液压与气动系统主油（气）路或某一支路的压力，以满足执行元件所需的力或力矩的要求。在这个过程中，PLC 接收来自系统的压力信息（由压力继电器或压力传感器提供），然后给相关压力控制阀发出控制指令。将比例压力阀、PLC、人机界面组合起来，可实现较大范围的压力调整与多个压力参数的设定。

例如，船舶舵机负载模拟器用于模拟舵机所受的外部载荷，某舵机负载模拟器对水动力加载特性有如下要求：按舵叶转角及转动方向进行水动力加载；舵叶转动停止时按恒定力加载；舵叶回中转动时停止加载。水动力加载装置液压系统原理如图 3-76 所示。加载回路由恒压变量泵 2、单向阀 9、精密过滤器 10、溢流阀 11、节流阀 12、蓄能器 17、比例溢流阀 14、液动换向阀 18、旁通球阀 20、溢流阀 21 以及加载缸 22 组成。当舵机液压缸 24 驱动舵轴转动时，加载缸 22 通过连接机构 23 提供阻力模拟水动力负载，连接机构上装有转动惯量盘来模拟惯性负载。通过控制比例溢流阀 14 的溢流压力来控制加载液压缸被拖动时的背压，从而控制了主动缸运动时的负载力。图 3-77 所示为其控制系统框图。

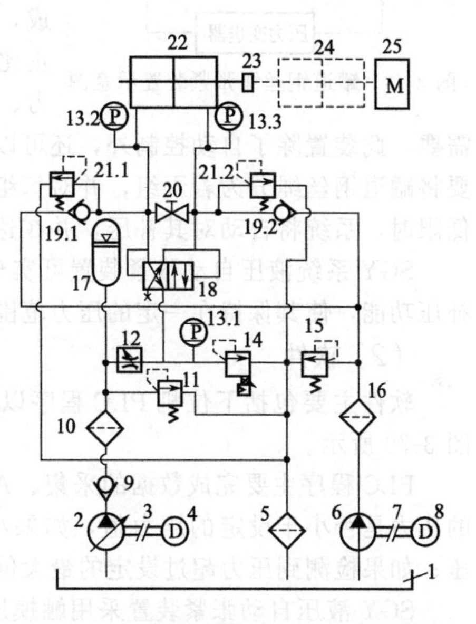

图 3-76　水动力加载装置液压系统原理

1—油箱；2—恒压变量泵；3—联轴器；4—电机；5—过滤器；6—低压大排量叶片泵；7—联轴器；8—电机；9，19.1，19.2—单向阀；10—精密过滤器；11—溢流阀；12—节流阀；13.1～13.3—压力传感器；14—比例溢流阀；15—溢流阀；16—过滤器；17—蓄能器；18—液动换向阀；20—旁通球阀；21.1，21.2—溢流阀；22—加载缸；23—连接机构；24—舵机液压缸；25—惯性负载

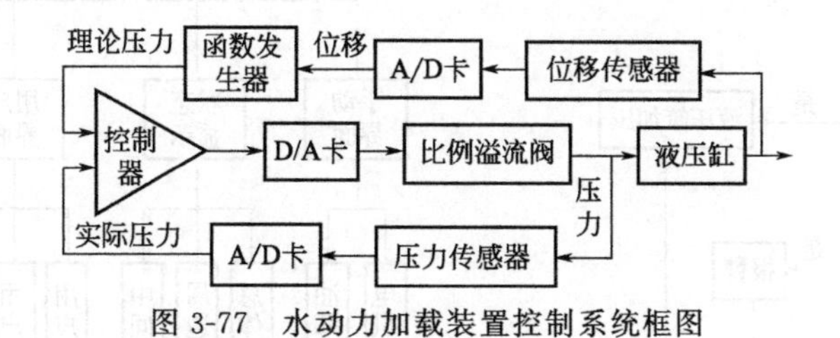

图 3-77　水动力加载装置控制系统框图

3.5.2 钢丝绳罐道自动张紧系统的压力控制

随着煤炭工业的技术进步和制造业的发展以及新式钢结构井架的广泛使用，钢丝绳罐道的使用越来越广泛，本例是一种实用的新型罐道绳液压张紧装置。

（1）系统组成原理

SGY 系列液压自动张紧装置主要由状态检测单元、控制单元、执行单元、人机交互界

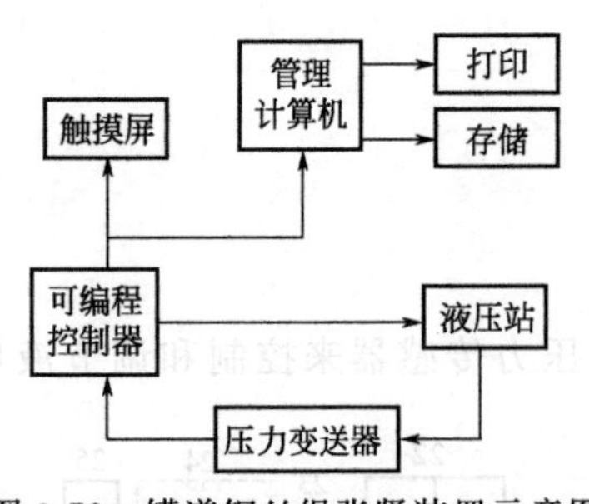

图 3-78　罐道钢丝绳张紧装置示意图

面组成，罐道钢丝绳张紧装置如图 3-78 所示。状态检测单元主要由压力传感器组成，压力传感器检测各个油缸的压力，并把压力值传送到 PLC 中的数模转换单元，与设定值比较后，控制系统根据其状态改变输出；控制单元负责接受检测的压力信号，然后根据信号的大小控制执行单元的动作，或者产生报警信号等；执行单元由 8 个油缸组成，油缸与罐道钢丝绳相连，其压力与钢丝绳的张紧力成正比；人机交互界面由触摸屏组成，具有显示、设定压力、报警、记录等事务处理的功能。考虑到安装与调试的需要，此装置除了自动控制外，还可以实现手动控制。控制单元以组为单元，可根据现场需要将罐道钢丝绳分为若干组，并对每组分别设定高、低限压值。当某根罐道绳的张力小于其低限时，系统将自动对其补压，并在达到设定的高限时自动停止补压。

SGY 系统液压自动张紧装置可实现实时在线监测罐道绳张紧力，并在缺压时实现自动补压功能，使其保持在一定的压力范围内，提高了矿井生产的安全性。

（2）软件

软件主要包括下位机 PLC 程序以及上位机触摸屏程序的编制，下位机主程序流程如图 3-79 所示。

PLC 程序主要完成数据的采集、A/D 转换，以及根据采集的数据多少，判断各个油缸的压力是否小于设定的压力值，如果小于设定值，则控制相应电磁阀的通电，给液压缸加压；如果检测到压力超过设定的最大值，则延时报警，并发送信号给触摸屏。

SGY 液压自动张紧装置采用触摸屏作为人机交互界面，通过触摸屏可手动控制各路油缸的加压、在线监测各个罐道绳张紧油缸的压力、设置或更改系统时间、各组罐道钢丝绳高低报警极限压力值，以及报警查询、用户登录、注销等日常事务处理功能。图 3-80 为触摸屏操作界面功能图。

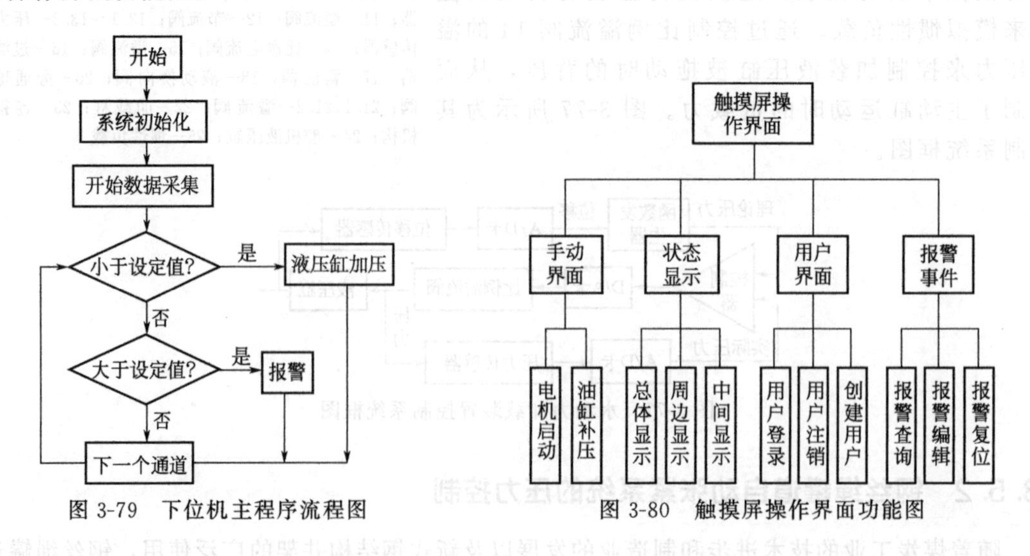

图 3-79　下位机主程序流程图　　　图 3-80　触摸屏操作界面功能图

（3）主要功能

① 可将 8 根罐道绳分成周边 4 根及中部 4 根，2 组分别设置张力高低限。也可根据现场需要另行分组；实现在线实时监测并显示每根罐道绳张紧油缸的压力。

② 当张紧油缸压力低于所设的低限时，系统报警并自动对缺压的油缸进行补压，补压

完成后自动停止补压动作；如遇故障在规定时间内压力值未达到所需的压力值时，将报警提醒司机或让绞车自动停止。

③ 在安装调试或正常使用出现特殊故障时，可在手动状态下通过集中控制显示台手动控制补压。

④ 系统设置了用户管理，不同用户具有不同的权限。管理员级别用户可对压力高低限报警值进行更改设置，其他用户只能对状态进行监测，无法更改设置。

（4）小结

SGY 系列液压自动张紧装置主要应用于煤矿、金属矿等矿井用立井提升罐道绳的自动张紧。经过一段时间的使用证明，该装置经济实用，安全可靠，液压系统能够实现自动补压、长期保压的功能，相比传统的钢丝绳罐道张紧装置，其优势非常明显，保障了矿井的安全生产。

3.5.3　四柱式万能液压机 PLC 控制系统

（1）液压机 PLC 系统概况

PLC 的系统包括硬件系统和软件两部分。硬件系统设计是根据电气控制系统的控制要求、工艺要求和技术要求等，对 PLC 进行选型和硬件配置；软件设计是 PLC 的应用程序设计。

PLC 系统设计流程如图 3-81 所示。

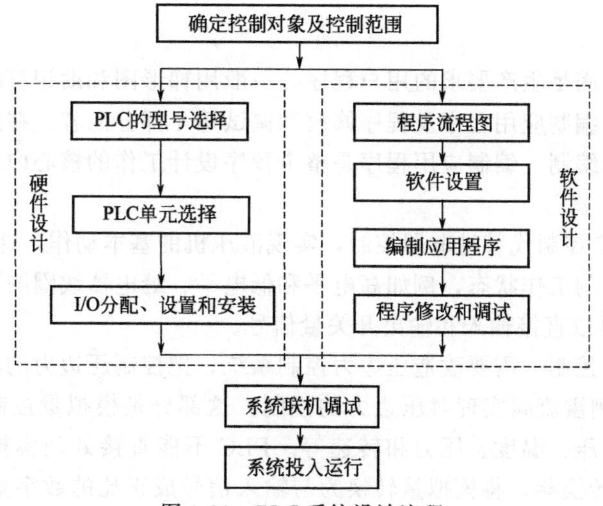

图 3-81　PLC 系统设计流程

1）硬件系统

① 控制对象描述　315t 液压机动作控制要求：315t 液压机全部动作由上下 2 个液压缸（主工作缸和顶出缸）来完成，液压缸动作由相应的电磁阀控制，电气部分通过控制电磁铁的通、断电来控制整个液压机工作。

该机还设有调整、手动、半自动等 3 种工作方式可供选择，根据工作情况不同，选择不同的工作方式。其中：调整操作为按下相应按钮得到要求的寸动动作；手动操作为按下相应按钮得到要求的连续动作；半自动操作为按下工作按钮使活动横梁自动完成一个工艺动作循环。

压边力控制：315t 液压机提供了利用顶出缸完成液压压边，压边力用普通溢流阀控制，能实现定压边力控制，压边力大小用手动调节实现。

② PLC 控制电路　设计电路接线图要综合考虑接线环境、控制要求及 PLC 性能等多方面因素。由于电磁阀的启动功率大，若直接由 PLC 控制，容易烧毁 PLC 触点，长时间将烧毁 PLC，所以采用中间继电器衔接。同时，在 PLC 各工控端连接熔断器，以防电流过大烧毁 PLC。PLC 的 I/O 端口接线如图 3-82 所示。

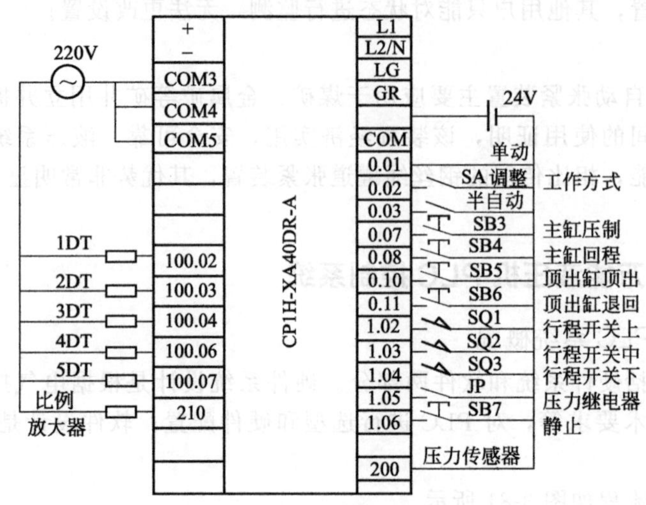

图 3-82　PLC 的 I/O 端口接线图

2）软件系统

软件设计即编写满足生产要求的用户程序，一般用梯形图和助记符编程。包括程序流程图设计、软件设计、编制应用程序及程序修改和调试等 4 部分内容。在此主要介绍程序流程图设计和应用程序的编制。编制应用程序是整个程序设计工作的核心内容，程序编制分开关量和模拟量两部分。

电气部分用 PLC 控制代替继电器控制，实现液压机的基本动作，这部分是开关量控制。开关量仅有两种相反的工作状态，例如高电平和低电平、继电器线圈的通电和断电、触点的接通和断开，PLC 可以直接输入和输出开关量信号。

要实现变压边力控制，需要改造压边力控制系统，把控制压边力的溢流阀改为比例溢流阀，由 PLC 控制比例溢流阀实现对压边力的控制。这部分是模拟量控制，模拟量是连续变化的物理量，例如电压、温度、压力和转速等。PLC 不能直接处理模拟量，需要用模拟量输入模块中的 A/D 转换器，将模拟量转换为与输入信号成正比的数字量。PLC 中的数字量需要用模拟量输出模块中的 D/A 转换器，将它们转换为与相应数字成比例的电压或电流，供外部执行机构使用。

① 开关量程序　跳转指令的应用：在满足控制要求的情况下，为简化程序和减少扫描时间，选用了控制程序流程的指令——跳转指令 JMP（004）及 JME（005），两指令配对使用。JMP 指令执行前，要建立逻辑条件；JME 不要条件，只表示跳转结束。要跳转的程序列于这两个指令之间。当执行 JMP 时，若其逻辑条件为 ON，则不跳转，照样执行 JMP 与 JME 间的指令，如同 JMP、JME 不存在一样；若为 OFF，则不执行 JMP 与 JME 间的程序，有关输出保持不变。

跳转指令在程序中应用如图 3-83 所示。

KEEP 指令与保持继电器的应用：压机工作时速度由快变慢的转换，由中行程开关发讯

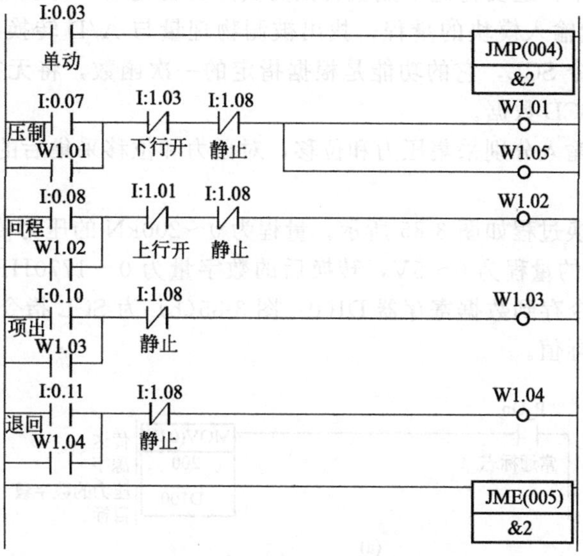

图 3-83　JMP 指令程序段

从而控制 5DT 的通断来实现。通过对 KEEP 指令的使用保持继电器实现这部分程序，即使在急停或突然断电时，也可以保持以前的状态，再开机保证工作的正常运行。控制 5DT 程序如图 3-84 所示。

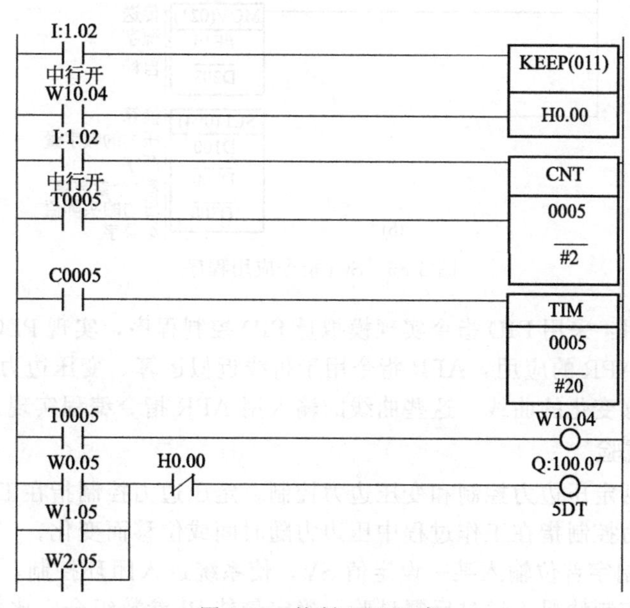

图 3-84　控制 5DT 程序

定时器指令的应用：编程用到了普通定时器 CNT 和可逆定时器 CNTR。普通定时器 CNT 是递减计数器，当计数输入端有上升沿脉冲输入时，计数器当前值减 1，直到当前值为 0，计数器完成标志变为 ON。可逆计数器 CNTR 有加计数端、减计数端和复位端，当加计数端有上升沿输入时，计数器当前值加 1，当达到预定值时计数器完成标志为 ON；当减计数端有上升沿输入时，执行减计数，减到 0 时标志为 ON。

② 模拟量程序　SCL 指令的应用：采集的压力和位移经 A/D 转换成 PLC 能处理的数

字量，但在实际运算中，还要将这个数值转换为实际的物理量，转换时综合考虑变送器的输入/输出量程和模拟量输入模块的量程，找出被测物理量与 A/D 转换后数据之间的比例关系。然后应用缩放指令 SCL，它的功能是根据指定的一次函数，将无符号的 BIN 数据缩放（转换）成无符号的 BCD 数据。

采用 2 路模拟量输入分别采集压力和位移，对压力和位移采集后的数值要转换成实际的物理量。

压力的采集和转换过程如图 3-85 所示。量程为 0～200kN 的压力传感器输出信号为 0～3.2V，选择 200 通道的量程为 0～5V，转换后的数字量为 0～1770HEX。图 3-85(a) 为压力采集，用 MOV 指令存到数据寄存器 D100；图 3-85(b) 为 SCL 指令的应用，把压力的数字量转变成压力的实际值。

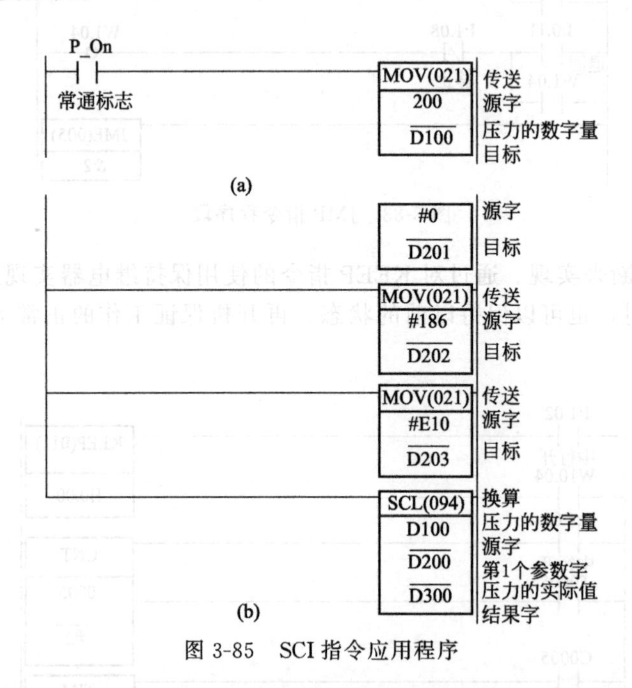

图 3-85　SCI 指令应用程序

PID 指令的应用：采用 PID 指令实现模拟量 PID 控制程序，实现 PLC 的闭环控制系统。

数据转换指令 APR 的应用：APR 指令用于折线近似运算。变压边力控制即压边力的设定值是随时间或位移变化的曲线，这些曲线的输入用 APR 指令编程实现。

（2）压边力试验

压边力控制包括定压边力控制和变压边力控制。定压边力控制指在工作过程中设定压边力为常数；变压边力控制指在工作过程中压边力随时间或位移而变化。

在 PID 指令控制字首位输入某一设定值 SV，使系统进入闭环控制，通过验证系统采集阶跃响应曲线观察控制情况，通过反复试验，确定最佳 PI 参数组合：比例带为 70%，$T_i=0.02s$，$T=0.01s$。

对设定值 SV＝160kN 的阶跃响应曲线作时域分析，如图 3-86 所示。$\sigma=5.6\%$，$t_d=0.7s$，$t_r=0.9s$，$T_s=1.2s$，稳态误差在±5%之内。

综上阶跃响应时域分析，控制系统基本满足稳、准、快的要求，但系统随设定压边力减小，其超调量增大。这是因为比例溢流阀在 0 附近开环放大系数最大，小压力对应大的开环放大系数，系统出现大的超调。要解决此问题，可对压边力分挡控制，不同挡位调节不同的 PI 参数，从而达到较理想的控制效果。

根据压边力在板料冲压工艺中的应用，归纳了 5 种变压边力试验曲线，即三角形变压边力曲线、梯形变压边力曲线、逐渐上升变压边力曲线、类似正弦波形变压边力曲线和类似余弦波形变压边力曲线。仅对梯形变压边力曲线进行分析，图 3-87 中示出最大误差值。

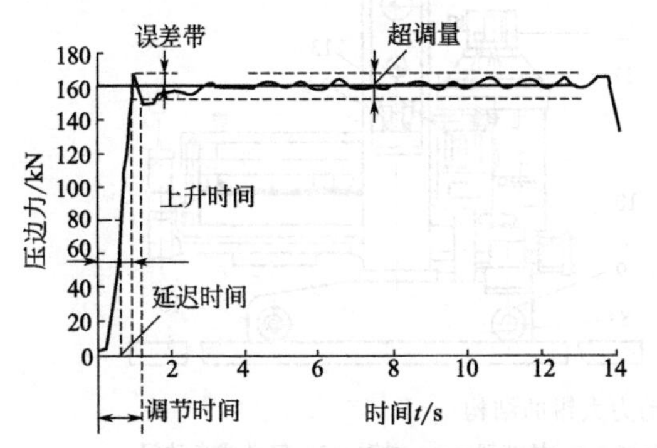

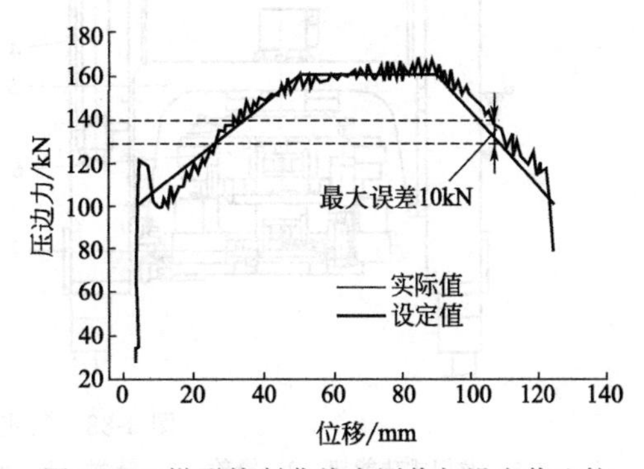

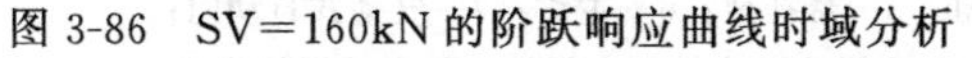

图 3-86　SV=160kN 的阶跃响应曲线时域分析　　图 3-87　梯形控制曲线实测值与设定值比较

对梯形变压边力控制曲线的实测值与设定值进行比较，如图 3-87 所示，最大误差值为 10kN。

从变压边力控制实际曲线与设定曲线比较结果可以看出以下两点。

第一，实测变压边力曲线在初始阶段有过冲现象，这是二阶系统典型现象。在工艺上可采用拉深启动延时的方法，即在过冲之后再拉深。

第二，实测压边力曲线与设定曲线存在较小跟踪误差，控制曲线的最大误差值为 10kN 左右。

3.5.4　铁钻工上扣过程控制系统

铁钻工是一种石油钻井井口工具，广泛应用于海洋、陆地钻井、修井作业时上卸钻杆丝扣。基于行走式动力大钳铁钻工上扣过程的 PLC 液压气动控制系统可靠性高、抗干扰能力强，基本实现自动化控制。

（1）铁钻工的结构

铁钻工的结构采用行走式动力大钳的结构（图 3-88），其主要结构包括主钳、龙门式功能架、液气联合控制系统及行走轨道等。

（2）控制要求

在现场作业时需完成以下几个动作：a. 铁钻工从怠工位置行走至井口位置或行走至小鼠洞位置。b. 升降油缸带动铁钻工钳体做升降运动。c. 夹紧气缸动作，使大钳夹紧钻杆。d. 高低挡气胎离合器换挡。e. 上卸扣动作。

1）上扣过程

① 铁钻工主体从初始位置行走到小鼠洞位置。在初始位置设置 1 个行程开关 ST0，在小鼠洞位置设置 1 个行程开关 ST2，在井口位置设置 1 个行程开关 ST1，电磁阀 K1 控制液压大钳行走，当行程开关 ST2 得电后，K1 失电，液压大钳停止行走。

② 铁钻工钳体向上运动。在上方设置 1 个行程开关 ST3，下方设置 1 个行程开关 ST4，夹紧钻杆前液压大钳的初始位置为 ST3，电磁阀 K3 控制升降油缸向上运动至 ST3 位置，当行程开关 ST3 得电后，油缸停止运动。

③ 大钳夹紧钻杆。在钳口安装 1 个压力继电器 J1，在钳口全打开的极限位置安装 1 个

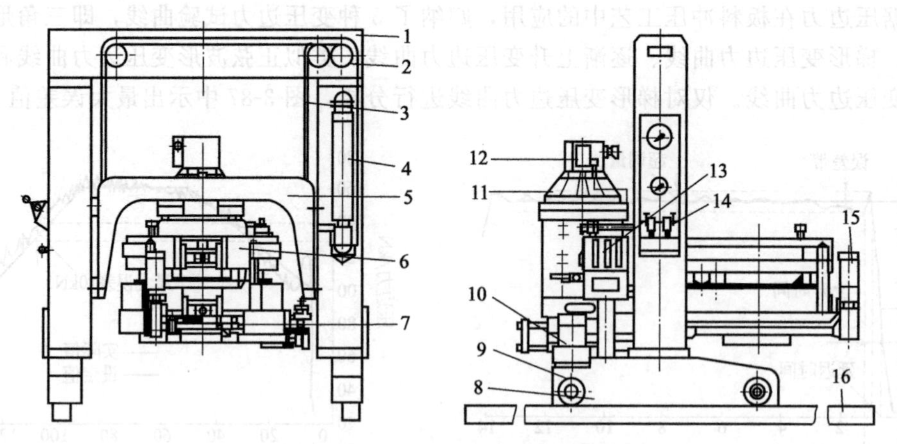

图 3-88 行走式动力大钳的结构

1—龙门式功能架；2—滑轮；3—链索；4—升降液缸；5—悬挂架；6—主钳；7—气动式自动门；8—行走梁；9—滚轮；10—行走液马达及减速器；11—主钳液马达；12—低挡上扣自动保护装置；13—多路换向液压阀；14—换向气阀；15—门气缸；16—行走轨道

限位开关 ST5，电磁阀 K5 得电，使夹紧油缸运动，夹紧钻杆，并同时控制门气缸运动。当钳口处压力继电器 J1 达到规定压力后 K5 失电，如果在夹紧过程中继电器压力降低，K5 将再次得电，维持压力值。

④ 铁钻工主体从小鼠洞位置移动到井口位置。电磁阀 K2 得电，使铁钻工从小鼠洞位置行走至井口中心线位置，当接触井口位置的行程开关 ST1 时电磁阀 K2 失电，铁钻工主体停止动作，此时要求钻杆中心线与井口中心线对中。

⑤ 铁钻工向下运动，使钻杆两扣对齐。电磁阀 K4 得电，大钳钳体下降，当接触到 ST4 时，钻杆两扣对齐，此时 ST4 得电，K4 失电，钳体停止运动。

⑥ 上扣。电磁阀 K9 得电，使上扣主马达动作，实现上扣。当上扣压力达到额定压力时，安装在主马达上扣压力油路上的压力继电器 J2 得电，使 K9 失电，上扣马达停止动作。

⑦ 上扣完成，收回铁钻工。电磁阀 K6 得电，大钳夹紧油缸缩回，大钳两钳口打开，当钳口完全打开接触到行程开关 ST5 时，K6 失电，大钳松开动作结束，此时电磁阀 K2 得电，铁钻工主体退回到初始位置，即行程开关 ST0 位置。当 ST0 动作时，K2 失电，大钳主体退回。

2）辅助动作

在上扣前，首先进行的动作是高低速选择，便于控制上扣速度。电磁阀 K7 控制大钳高速上扣，电磁阀 K8 控制大钳低速上扣。

（3）控制系统

1）液压系统

根据铁钻工的动作要求、原行走式动力大钳液压原理及控制要求绘制了液压原理图，如图 3-89 所示。

① 主钳液压马达由 1 个三位六通换向阀（液）控制，换向阀动作由电磁阀 K9、K10 控制换向上扣或卸扣。主钳液压马达的高低速运动由电磁阀 K7、K8 控制，三位四通换向阀（气）控制高低挡气胎离合器和主钳液压马达前的气控换向阀、溢流阀。

② 行走马达由 1 个三位六通换向阀（液）控制，换向阀动作由电磁阀 K1、K2 控制大钳主体向前、后运动。

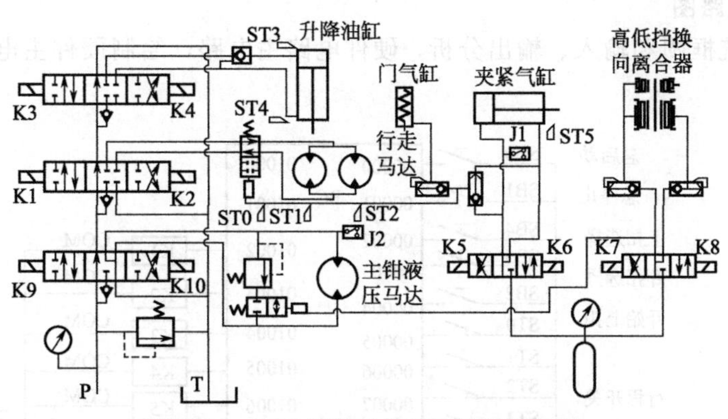

图 3-89　PLC 控制的铁钻工液压原理图

③ 升降油缸由 1 个三位六通换向阀（液）控制，换向阀动作由电磁阀 K3、K4 控制大钳主体上下移动。

④ 夹紧气缸由 1 个三位四通换向阀（气）控制，换向阀动作由电磁阀 K5、K6 控制大钳张开和夹紧。利用油路上的梭阀带动门气缸动作，并带动行走气缸前端的气控换向阀动作，实现夹紧状态下的行走马达自锁。

2）程序

根据控制要求和液压原理图绘制出上扣过程的程序系统框图，如图 3-90 所示。

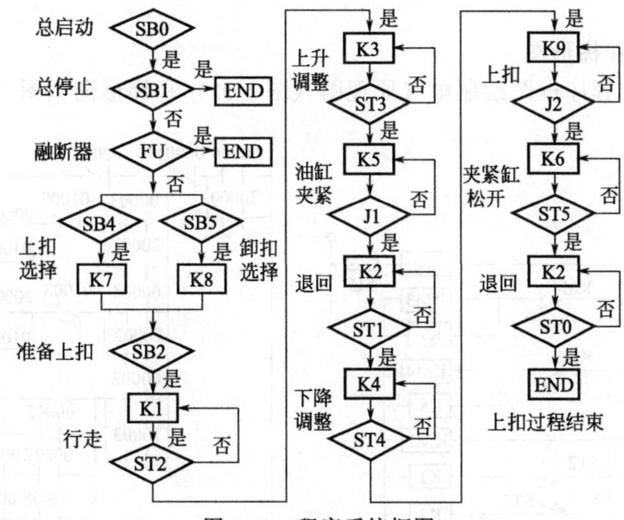

图 3-90　程序系统框图

通过图 3-90 可以分析出整个上扣过程 PLC 的输入、输出量的个数。

① 输入。整个上扣过程共需要 4 个按钮 SB0、SB1、SB2、SB4，6 个行程开关 ST0、ST1、ST2、ST3、ST4、ST5，1 个熔断器 FU，2 个压力继电器 J1、J2，共计 13 个输入量。

② 输出。整个上扣过程有电磁阀 K1、K2、K3、K4、K5、K6、K7、K9，共 8 个输出量。

此处可以选用欧姆龙 CPM1A-30CDR-D 型可编程控制器，该控制器有 18 个输入口，12 个输出口，电压 24V。在此基础上，给出硬件主电路图、电气原理图、梯形图和 PLC 编程语句。

3）硬件主电路图

根据程序系统框图和输入、输出分析，硬件电路主电路，绘制硬件主电路图，如图 3-91 所示。

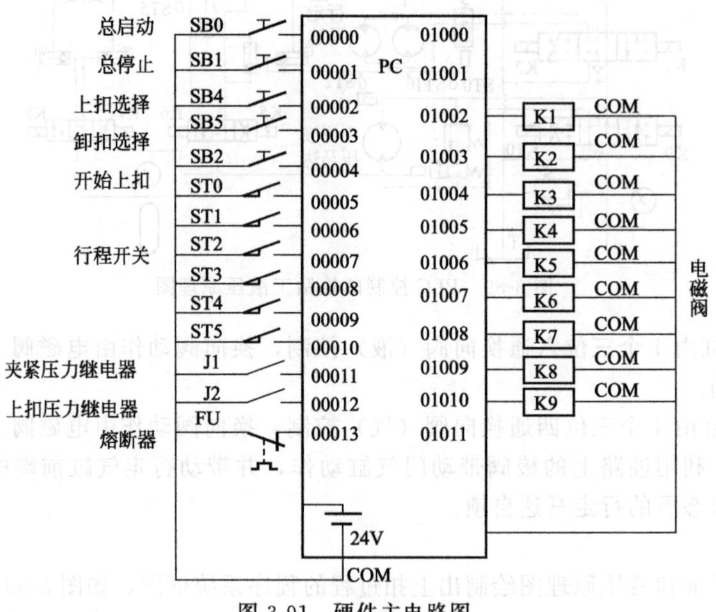

图 3-91　硬件主电路图

4）电气原理图和梯形图

根据控制要求和程序框图绘制电气原理图（图 3-92）和梯形图（图 3-93）。

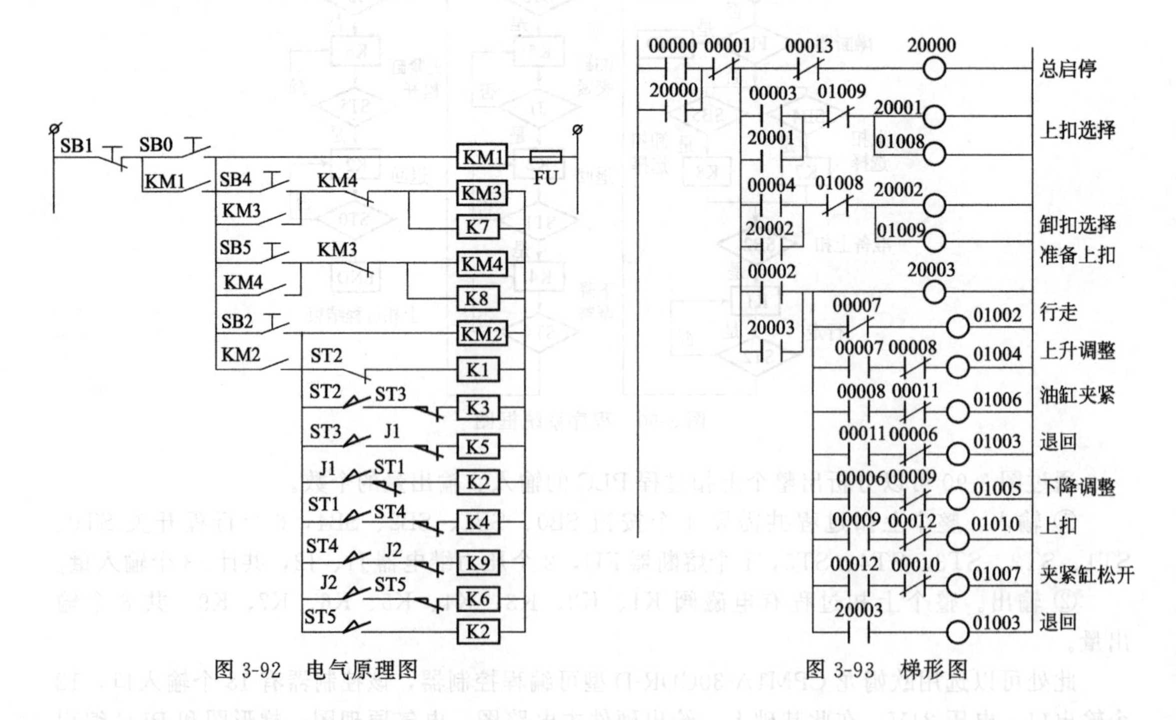

图 3-92　电气原理图　　　　图 3-93　梯形图

5）编制 PLC 指令语句

根据梯形图和欧姆龙编程规则编制 PLC 指令语句，如表 3-13 所示。

表 3-13 PLC 指令语句

00	LD	0000	24	AND NOT	00007
01	OR	2000	25	LD	00007
02	AND NOT	00001	26	AND NOT	00008
03	IL		27	OUT	01004
04	LD NOT	00013	28	LD	00008
05	OUT	20000	29	AND NOT	00011
06	LD	00003	30	OUT	01006
07	OR	20001	31	LD	00011
08	AND NOT	01009	32	ABD NOT	00006
09	OUT	20001	33	OUT	01003
10	OUT	01008	34	LD	00006
11	LD	00004	35	AND NOT	00009
12	OR	20002	36	OUT	01005
13	AND NOT	01008	37	LD	00009
14	OUT	20002	38	AND NOT	00012
15	OUT	01009	39	OUT	01010
16	LD	00002	40	LD	00012
17	OR	20003	41	AND NOT	00010
18	OUT	20003	42	OUT	01007
19	LD	00002	43	LD	20003
20	OR	20003	44	OUT	01003
21	IL		45	ILC	
22	LD NOT	00007	46	END	
23	OUT	01002			

（4）小结

行走式动力大钳的 PLC 控制大大缩短了铁钻工的开发周期，可靠性高，性能稳定，接线方便，减轻了劳动强度，提高了劳动效率，有利于实施远程操纵的进一步改造，从而有利于实现井口无人化作业，适合国内石油机械的发展趋势，值得推广应用。

3.5.5 抛光机气动 PLC 系统

（1）抛光机概述

抛光机在对工件进行抛光的过程中，抛光带和工件之间应该保持适当的压力，这个压力即不能太大，同时也不要过小。其主要原因是：在压力过大的情况下，容易导致抛光带的寿命下降，严重的可能会使抛光带断裂失效；如果压力太小，则无法保证工件的抛光精度，从而会造成抛光质量的下降。所以，对抛光带和工件的压力进行精度的控制是十分重要的。

气动系统对环境造成的污染非常小，而且容易在工程中实现。PLC 具有功能强大、编程简单、可靠性较高的特点。因此这两项技术在抛光机中进行合理的应用就可以提高工件抛光质量。由气动系统控制的抛光机如图 3-94 所示。从图 3-94 中能够看出，如果想控制抛光带和工件之间的压力，必须控制气缸的压力。

对于气动系统控制，特别是在小流量的条件下，控制具有非线性的特点，并且具有较大的不确定性，这是由于气体具有黏性和可压缩性的缘故。另外气动系统的负载也具有不确定性，同样也能够导致整个系统的不确定性，因此，在进行 PLC 控制时，应该配备相应的智能算法，从而提高抛光机气动系统的可靠性。

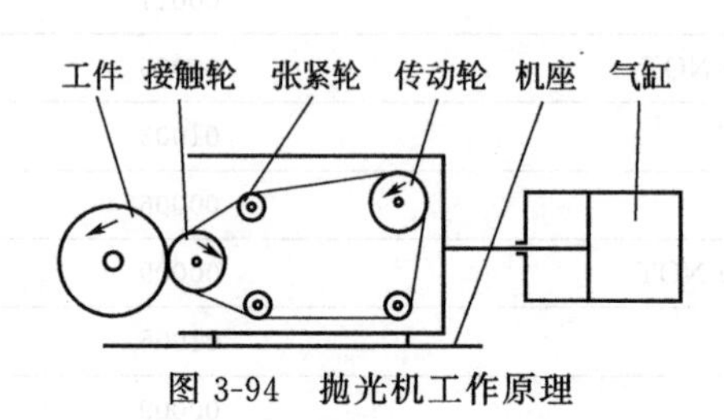

图 3-94　抛光机工作原理

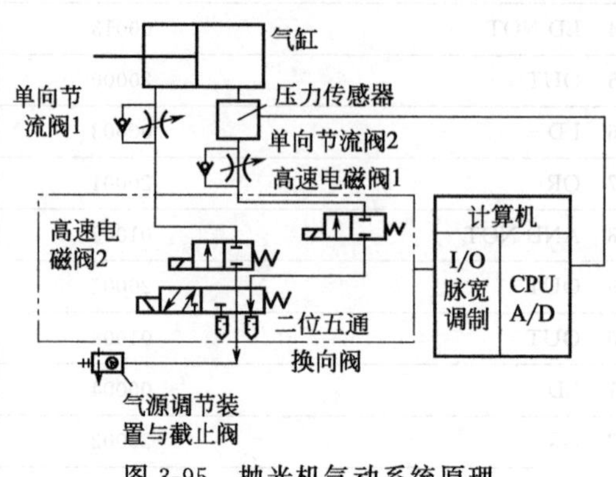

图 3-95　抛光机气动系统原理

（2）气动系统

抛光机气动系统的原理如图 3-95 所示。

抛光机气动系统主要的组成部分有 1 个气缸、2 个单向截流阀、1 个压力传感器、2 个高速电磁阀、1 个二位五通换向阀、1 个气源调节装置与截止阀。该气动系统的工作原理如下。

① 图中给出的是各个阀门的初始状态，关闭了所有高速电磁阀门，二位五通换向阀位于右侧。

② 通过计算机给定初始的压力大小，同时给二位五通换向阀供气。

③ 通过计算机控制高速电磁阀 2 的开度大小，进而开始加压，压力传感器将测量出来的气缸压力值实时地经过 A/D 转换器传输给计算机，计算机可以将实际测量的压力值与预先设定的压力值进行比较，进而 PLC 控制器依据智能算法控制高速电磁阀的启闭，这样就可以及时地调节气缸的压力，满足工作要求。当气缸内压力小于预先设定的压力值时，通过计算机控制高速电磁阀 2 来进行加操作；当气缸压力大于预先设定的压力值时，高速电磁阀 2 将被关闭，计算机对高速电磁阀 1 进行控制，达到降低压力的目的。

④ 工作结束后，计算机控制二位五通换向阀移动到左侧，同时将高速电磁阀 2 关闭，高速电磁阀 1 打开，气缸带动抛光机收回。

（3）PLC 控制系统的硬件

抛光机的 PLC 控制系统主要包括：高速电磁阀控制器、换向阀控制器、计算机、A/D 转换器和 PLC。PLC 采用是 S7-300 系列，主要模块有以下几个：电源模块、信号模块、功能模块、接口模块和通信处理器，都安装在抛光机的导轨上。

1）S7-300 PLC 的硬件配置

① 电源模块。主要包括：1 个 6ES7 307-1EA00-0AA0，输入电压的大小为 120/230VAC，能够提供输出 24V/5ADC 电源。

② CPU 模块。主要包括：1 个 6ES7 315-2AG10-0AB0，128kB 的 RAM，128KB 的 MMC 用来存储程序，MMC 能够达到 8MB，内置 RS485 接口等。

③ A/D 变换模块。选用 6ES7 331-7KB02-0AB01 块，模拟量输入分为两路，具有 15 位的分辨率。

2）高速电磁阀的控制

根据气缸的压力变化误差对高速电磁阀进行智能控制，本系统采用交流变频调速器，可以调节高速电磁阀的开度。变频器的启动和停止需要通过 PLC 的扩展 I/O 接口进行控制，因为变频器调速电机的转速和变频器的输入控制电压按比例变化，所以，利用 PLC 的 D/A 转换器可以调节变频器控制电机的转速，PLC 可以经过高速电磁阀的控制使抛光机满足工艺要求。

（4）PLC 控制系统的软件

抛光机 PLC 软件程序的开发工具为 CADEPA，该工具的核心为 Grafcet，该工具属于基于顺序功能图编程，并且针对 PLC 的软件开发平台。根据计算机的控制指令，PLC 可以执行气缸内压力的检测、高速电磁阀的开度控制和换向阀的控制，从而可以控制抛光轮和工件间的压力，提高抛光质量。利用该 PLC 软件开发平台，能够完成控制程序的编制、数据库文件的生成、在线监控等管理工作，相对于梯形图语言，具有简便、高效的特点。

3.5.6 飞机气动元件综合测试系统

气动系统是飞机的一个重要系统，对气动附件进行定期检测，保证其性能良好、工作可靠就成为使用单位一项重要的和经常性的工作。在进行新品装机前校验、日常排查故障、定期和周期性工作时，均需要具备与飞机相配套的气动附件综合检测设备，为此，采用目前先进的气动比例控制技术，设计开发了某型飞机气动元件综合测试及其控制系统。实践证明，综合测试系统的设计完全达到设计指标和使用要求，实现了自动化。

（1）系统组成及特点

气动附件综合测试系统主要由气动系统和自动控制系统构成。气动系统由正压附件供气压力调节部分、附件出口压力和流量检测部分、附件差压检测部分和负压真空抽气压力调节部分共计四个部分组成。附件出口压力和流量测试部分可完成部分附件出口压力和流量的检测；压差检测部分，由差压变送器完成压力损失在 0～100kPa 范围内的检测；正压力供气压力调节部分，利用高精度正压比例调节阀减压，可获得设定的输出正压力；负压力真空抽气压力调节部分，利用高精度压比例调节阀调节，可获得设定的输出负压力，为飞机燃油泵测试系统提供模拟高空的真空负压测试条件。

自动控制系统是整个测试台的核心，能够完成气动附件输出压力、流量、压差、电压和电流的检测，并为飞机燃油泵测试系统提供模拟高空的真空负压测试条件；系统采用微计算机控制、电气比例控制和触摸屏技术，实现气动附件性能检测过程的智能化控制。

能够接受现场各状态检测信号，实时记录整个测试过程的技术参数，对采集的实测数据与标准数据进行比较，自动进行技术状态的判定并对各种信号采集处理分析记录，具有一定的故障分析诊断功能，并打印测试结果；综合测试系统具有独立的手动和自动控制两种方式，自动工作方式下，系统可通过预设参数执行相应的过程。手动控制时，操作人员可通过按钮或触摸屏现场操作，手动方式可方便测试系统的调试。

（2）控制系统硬件

① 系统组成　气动附件综合测试系统以可编程逻辑控制器（简称 PLC）、比例调节阀和触摸屏作为其自动控制系统的核心。

对测试系统工作状态进行控制和调节，能够完成气动附件性能的自动检测，并能对测试系统各部分的工作和测试结果进行实时显示和打印。

硬件部分组成框图如图 3-96 所示。主要由 PLC、正/负压比例调节阀、触摸屏、打印机、输入/输出模块、压力变送器、流量变送器、电磁通断阀和各开关按钮等组成。

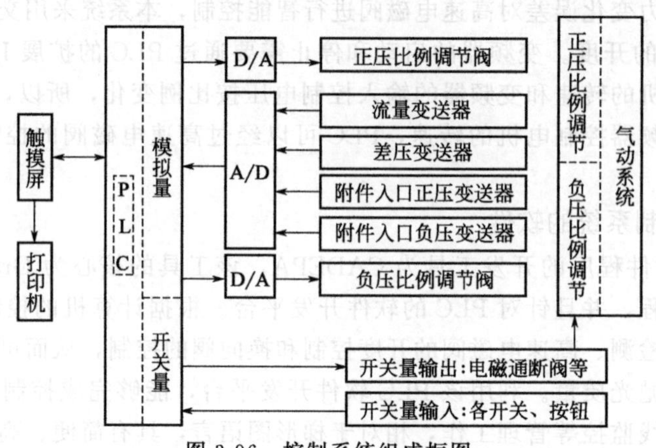

图 3-96 控制系统组成框图

② 正压比例调节 机电气一体化和应用数字计算机对气动系统进行控制是流体传动与控制技术发展的一个重要方向。气动比例调节阀具有体积小、控制精度高，对气源要求低，输出压力、流量可不受负载变化的影响，具有压力补偿的性能，可按给定的输入信号连续地、按比例地控制气流的压力、流量等，从而实现连续可调的高精度控制。

附件输出控制正压力的调节，采用日本某公司生产的电气比例减压阀 ITV2000，压力控制范围为 0～0.49MPa，该阀采用了半导体压力传感器与电子回路的反馈控制，根据电气输入信号可连续地、高精度地控制正压力的输出，以使输出压力与输入信号成比例变化，其输入/输出特性如图 3-97 所示。

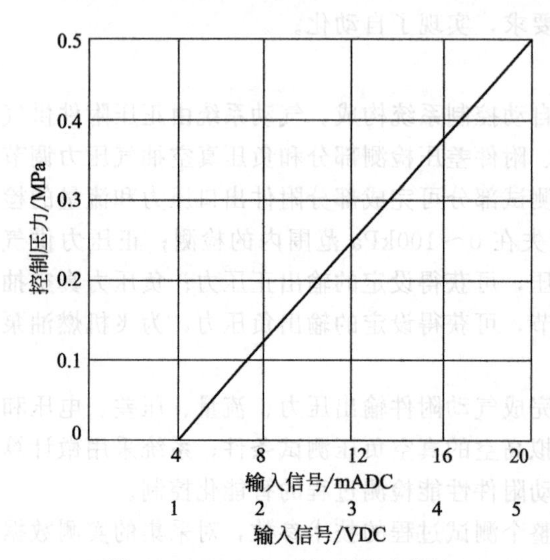

图 3-97 ITV2000 输入/输出特性

该组合阀主要由供气电磁阀、排气电磁阀、先导阀、膜片、供气阀口、压力传感器和控制回路组成。其工作原理：当输入信号增大，供气电磁阀接通，排气电磁阀断开。因此，供给压力通过供气电磁阀作用于先导室内，先导室内压力增大，作用在膜片的上面。使与膜片连动的供气阀口被打开，供给压力的一部分就变成输出压力。

这个输出压力通过压力传感器反馈至控制回路进行动作修正，直到输出压力与输入信号成比例，以使得输出压力总是与输入信号成比例变化。其框图如图 3-98 所示。当正压值达到规定值时，输出给测试附件作为技术条件，控制系统将进行附件出口压力、流量和附件压差的性能检测。

③ 负压比例调节 真空控制压力的调节，采用日本某公司生产的真空电气比例减压阀 ITV2090，压力控制范围−101～0kPa。其输出压力与输入信号成比例变化，其输入/输出特性如图 3-99 所示。横轴表示为当信号直流电压为 0～5V 时，从信号源 4～20mA 的直流电

流流入阀内部。

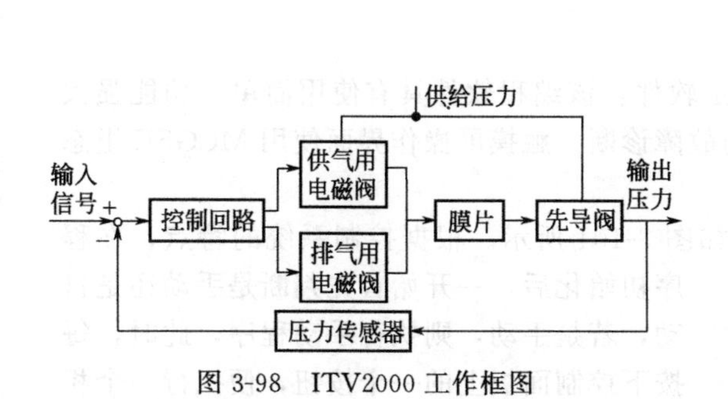

图 3-98　ITV2000 工作框图

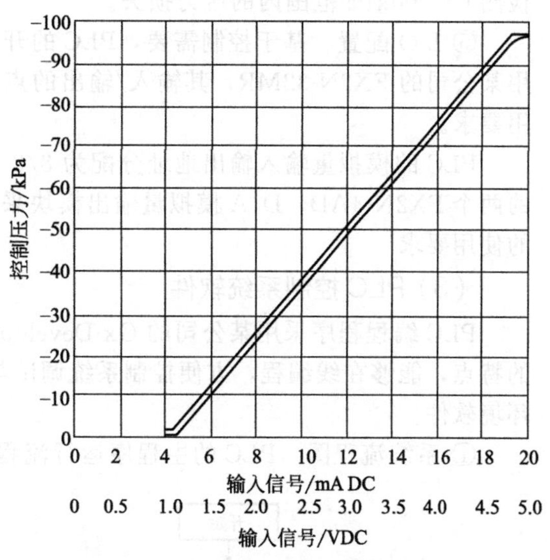

图 3-99　ITV2090 输入/输出特性

该组合阀主要由真空压电磁阀、大气电磁阀、真空压阀芯、膜片、压力传感器和控制回路组成。其工作原理：当输入信号增大，真空压电磁阀接通，大气电磁阀断开。则真空泵口（VAC）与先导室接通，先导室的压力变成负压，该负压作用在膜片的上部。其结果是与膜片连动的真空压阀芯开启，VAC 口与设定口（OUT）接通，则设定压力变成负压。此负压通过压力传感器反馈至控制回路。在这里进行修正动作，直到 OUT 口的设定的真空压力与输入信号成比例变化，其框图如图 3-100 所示。当负压值达到规定值时，输出给交流泵测试系统，测试系统将进行模拟高空负压条件的出口压力和工作电流的性能检测。

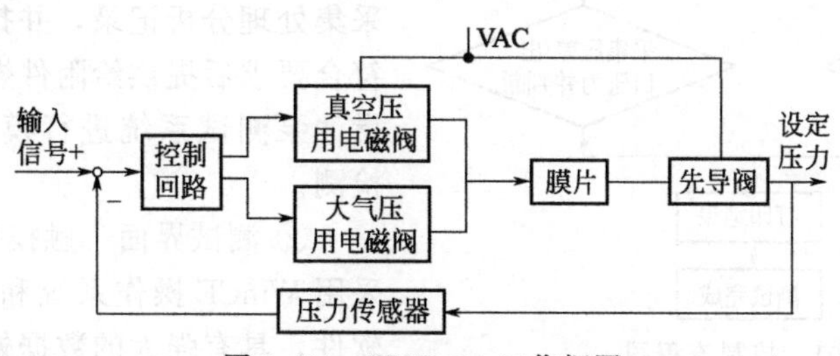

图 3-100　ITV2090 工作框图

④ 附件输出压力、流量和差压测试　附件输出压力由压力变送器和机械压力表完成检测。附件输出流量测试，采用涡轮流量传感器。其基本原理是：当氮气流经传感器壳体时，气流冲击叶轮，在克服摩擦力矩和流体阻力后叶轮旋转，当力矩平衡后转速稳定，在一定条件下，转速与流速成正比。由于叶片有导磁性，旋转的叶片切割磁力线，周期性的改变线圈的磁通量，从而使线圈两端感应出电脉冲信号。在一定流量范围内，涡轮流量传感器发出的脉冲信号频率与流经传感器的瞬时流量成正比，因此，只需计算出脉冲频率，就可知道流量。

FX2N-32MR 内置高速计数器，可以对高速脉冲进行计数。系统中涡轮流量传感器的输出信号就是脉冲，PLC 的编程指令 SPD 计算单位时间内的脉冲个数。单位时间内的脉冲个数测定之后，就可以通过流量传感器的参数计算出当前的实际流量。

附件输出差压测试，用于某些需进行流动损失测试的附件，由差压变送器采集信号，可检测 0～100kPa 范围内的压力损失。

⑤ I/O 配置　基于控制需要，PLC 的开关量输入/输出地址分配为 15/12 个点。PLC 采用某公司的 FX2N-32MR，其输入/输出的点数为 16/16 点，可满足控制系统的开关量的使用要求。

PLC 的模拟量输入输出地址分配为 8/2 个通道。A/D 模拟量输入模块采用日本某公司的两个 FX2N-4AD，D/A 模拟量输出模块采用一个 FX2N-2DA，可满足控制系统的模拟量的使用要求。

（3）PLC 控制系统软件

PLC 编程程序采用某公司的 Gx Developer 软件。该编程软件具有使用简单、功能强大的特点，能够在线编程，方便控制系统调试与故障诊断。触摸屏操作界面使用 MCGSE 组态环境软件。

① 系统流程图　PLC 的主程序运行流程如图 3-101 所示。根据控制系统的特点，在程序初始化后，一开始首先判断是手动还是自动，若是手动，则执行手动程序，此时，每按下控制面板上的一个按钮，便执行一个相应的动作，一般用于设备调试。若将面板上的选择按钮扳至自动位置，则控制系统按预设的程序自动完成测试。正压比例调节阀和负压比例调节阀按设定值进行调节，正压符合要求后提供给测试附件，控制系统 PLC 实时记录附件出口的压力、流量或者压差，并对采集的实测数据与标准数据进行比较，自动进行技术状态是否合格判定和各种信号采集处理分析记录，并打印测试结果；负压符合要求后提供给附件燃油泵测试系统，由燃油泵测试系统进行模拟高空的技术性能检测。

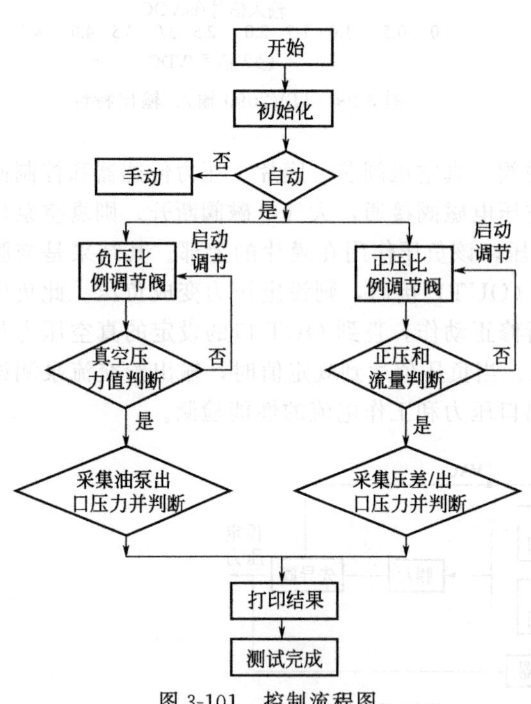

图 3-101　控制流程图

② 测试界面　触摸屏选用 TPC 1262H，采用 WinCE 操作系统和 MCGS 嵌入版组态软件，具有强大的数据处理、硬件交互、界面组态和精确的回路控制功能。

触摸屏主界面上由各典型气动附件、系统调试和打印等测试按钮组成，点击触摸屏功能选择界面中的各典型气动附件测试按钮，触摸屏上将出现各附件测试功能界面。在典型气动附件测试界面中，用组态软件构造出各种精美画面，能显示附件电压、电流、进出口压力、压差和实测流量；系统调试界面，主要模拟了控制柜的控制面板按钮、开关、数显仪表，可完全替代实物进行操纵；打印界面，是对应于各测试附件在完成测试性能后，将采集到的实际测试结果以及测试结论以表格形式储存，并由打印机打出，可作为附件的测试记录；系统监控界面包括测试系统结构、参数设置和报警界面，通过监控画面，操作人员可以及时了解系统当前工作状态、出现的故障及其产生原因，根据需要对比当前情况，并进行适当调整。

（4）小结

综合测试系统将PLC、比例调节阀和触摸屏技术融合在一起，实现了机、电、气的传动、控制和测试一体化；采用PLC控制的气动附件综合测试系统既能产生连续可调的压力，又能保证输出压力和流量的稳定，具有良好的控制性能及实用性，提高了测试的自动化程度，简化工作程序，提高工作效率，改善系统的可靠性，能完成对各型飞机气动系统气动附件的性能检测。

3.6 速度控制

3.6.1 液压与气动系统的速度控制

速度控制回路包括调速回路、快速回路、速度换接回路。

调速回路调节执行元件运动速度的回路，包括定量泵供油系统的节流调速回路、变量泵（变量马达）的容积调速回路、容积节流调速回路。

调节执行元件的工作速度，可以改变输入执行元件的流量或由执行元件输出的流量；或改变执行元件的几何参数。

在液压系统中，对于定量泵供油系统，可以用流量控制阀来调速，称为节流调速回路；其按流量控制阀安装位置的不同可分为进油节流调速回路、回油节流调速回路、旁路节流调速回路。对于变量泵（马达）系统，可以用改变液压泵（马达）的排量来调速，称为容积调速回路；其可分为变量泵-定量马达闭式调速回路和变量泵-变量马达闭式调速回路。同时调节泵的排量和流量控制阀来调速的回路称为容积节流调速回路（分为限压式变量泵和调速阀的调速回路，差压式变量泵和节流阀的调速回路）。

气动系统也是通过流量控制阀来调速。

快速回路用于加快执行件运动速度，速度换接回路用于切换执行元件的速度。

液压与气动系统速度的PLC控制，可通过比例调速阀、比例方向阀来实现。即PLC通过模拟模块给比例阀发出不同的电信号，来获得比例阀的不同输出流量。在控制精度要求更高的情况下，用伺服阀取代比例阀。

液压与气动缸的运动速度也可通过PLC控制换向阀接通不同的调速阀来控制。

在此通过实例介绍PLC用于液压与气动系统速度控制。

3.6.2 磨蚀系数试验台电液比例速度控制系统

磨蚀系数是表示煤岩对金属磨蚀性的指标，磨蚀系数试验台是一种用于测量矿石磨蚀系数的专用工程机械，可用于测量各种矿石的磨蚀系数。

使用比例控制技术和PLC可以实现对磨蚀系数试验台的自动控制，可有效地提高系统参数的控制精度，从而提高磨蚀系数的测量精度。

（1）磨蚀系数试验台工作原理

磨蚀系数试验台的工作原理是：液压缸在液压力的作用下推动滑块往复运动，同时马达带动轮盘旋转，而重锤的重力使试棒始终与矿石接触摩擦，通过改变液压缸的往复速度、马达的旋转速度、重锤的质量，可以测出不同工况下试棒所走的路程 S、工作过程中试棒消耗的质量及其磨蚀的体积消耗，然后通过公式计算煤岩的磨蚀系数。

磨蚀系数试验台原液压系统工作原理如图3-102所示。

影响磨蚀系数精度的主要参数有以下几种。

① 往复缸的速度　往复缸的速度是磨蚀过程中最重要的控制参数之一。在磨蚀过程中，要求液压缸换向平稳，并应有良好的速度稳定性。

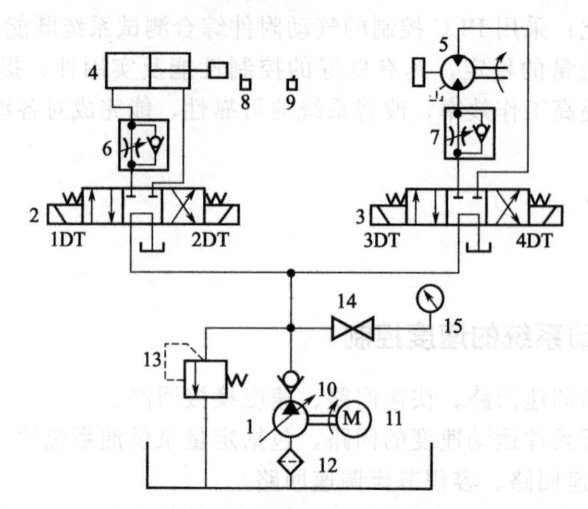

图 3-102　磨蚀系数试验台原液压系统工作原理

1—柱塞泵；2,3—三位四通电磁换向阀；4—液压缸；5—叶片马达；6,7—单向节流阀；8,9—行程开关；10—单向阀；11—电机；12—粗过滤器；13—溢流阀；14,15—压力表和压力表开关

② 马达的旋转速度　马达旋转速度的稳定性，严重影响磨蚀系数的测量精度。在磨蚀过程中，马达的旋转速度容易受到负载变化的影响，从而影响磨蚀系数的测量精度。

③ 正压力　正压力是系统中重要的控制参数，正压力的稳定性直接影响磨蚀系数的测量精度，但是，由于原系统采用继电器、接触器控制系统，接线复杂，故障率高，调试和维护困难。速度受负载影响很大，且不能够自动调节。重锤提供的压力随系统运动的振荡产生振荡，很难保持恒定的力，容易使测量结果产生误差。

（2）电液比例控制系统

结合比例控制技术和 PLC 的优点，进行自动化改造。改造之后的液压系统工作原理如图 3-103 所示。设备由 3 个比例控制回路进行控制。即往复缸速度电液比例控制回路（B）、马达速度电液比例控制回路（C）、恒压电液比例控制回路（A）。

① 往复缸速度电液比例控制回路　往复缸速度电液比例控制回路即图 3-103 中 B 回路，该回路由定差减压阀 25、比例方向阀 26、放大器 27、或门型梭阀 28、液压缸 29、速度传感器 30 组成。应用电液比例方向阀和速度传感器构成的闭环控制系统，可以方便地为液压缸提供很好的速度控制。比例方向阀在控制液压缸运动速度的过程中，供油压力或负载压力的变化会造成阀压降的变化和对阀口流量的影响，使液压缸的运动速度偏离调定值，对磨蚀系数试验台的正常工作产生不利影响。为了解决阀口受 Δp（减压阀口正常工作时形成的压差）干扰的问题，尤其是要消除负载效应的影响，本系统选用二通进口压力补偿器，其目的就是保证 Δp 为近似定值，不随负载压力的波动而改变，从而保证通过比例阀的流量与输入的电信号成正比例的变化，实现了液压缸往复速度的精确控制。

② 马达速度电液比例控制回路　马达速度电液比例控制回路即图 3-103 中 C 回路，该回路由三位四通换向阀 31、放大器 32、比例调速阀 33、单向阀 34、背压阀 35、速度传感器 36、液压马达 37 组成。用比例调速阀和速度传感器构成的闭环控制系统，能够很好地控制马达的旋转速度，使系统能够平稳运行。

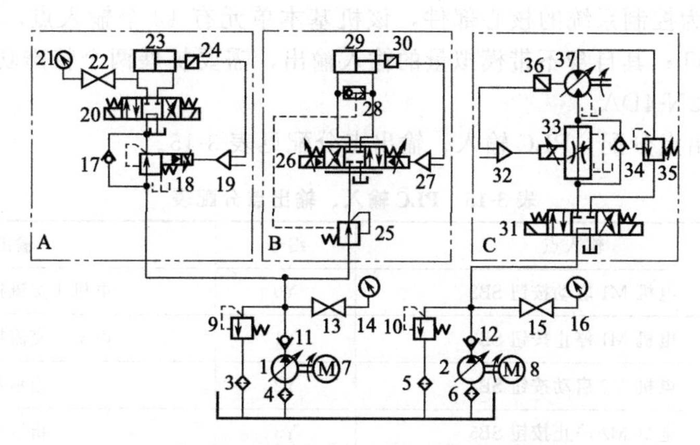

图 3-103　改造之后的液压系统工作原理

1,2—液压泵；3～6—过滤器；7,8—电机；9,10—溢流阀；11,12,17,34—单向阀；13～16,21,22—压力表及开关；18—先导式比例减压阀；19,27,32—放大器；20,31—三位四通电磁换向阀；23,29—液压缸；24—压力传感器；25—定差减压阀；26—比例方向阀；28—或门型梭阀；30,36—速度传感器；33—电液比例调速阀；35—背压阀；37—液压马达

电液比例调速阀用来调节马达的旋转速度，速度的大小由一个速度传感器测得，把测得的数据反馈到 PLC 中，由 PLC 输出一个控制信号来调节电液比例调速阀的开口度，从而调节马达的进油量，使马达的速度稳定在所要求的数值。在回油路上安装有背压阀，主要作用是产生回油路的背压，改善马达的振动和爬行，防止空气从回油路吸入。加背压后可以使回路液压阻尼比和液压固有频率增大，因此动态刚度得到提高，从而使运行平稳。

③ 恒压电液比例控制回路　恒压电液比例控制系统即图 3-103 中的 A 回路，该回路由单向阀 17、先导式比例减压阀 18、放大器 19、三位四通换向阀 20、压力表及开关 21 和 22、液压缸 23、压力传感器 24 组成。采用比例控制的恒压系统提供恒定的正压力，并采用压力传感器测量系统的输出压力，能够很好地控制液压缸的输出压力，使系统压力能够稳定。比例减压阀是系统中重要的元件，控制比例减压阀的比例电磁铁是位移调节型电磁铁，并带有电感式位移传感器。由 PLC 来的电信号通过电磁铁直接驱动阀芯运动，阀芯的行程与电信号成比例；同时，电感式位移传感器检测出阀芯的实际位置，并反馈至 PLC 的 AD 模块进行转换。在 PLC 中，实际值与设定值进行比较，检测出两者的差值后，以相应的电信号输给电磁铁，对实际值进行修正，构成位置的反馈闭环。

根据磨蚀系数试验台回路的循环情况，写出该液压系统的电磁铁动作顺序，如表 3-14 所示。表 3-14 中，标明“＋”者表示电磁阀线圈通电，否则电磁阀线圈处于断电状态。

表 3-14　电磁铁动作顺序表

相应动作	往复缸		推力缸		液压马达		卸荷
	YA1	YA2	YA3	YA4	YA5	YA6	YA7
往复缸伸出推力缸伸出马达正转	＋		＋		＋		
往复缸缩回马达反转		＋				＋	
推力缸缩回				＋			
卸荷							＋

（3）试验台电气控制系统

采用 PLC 作为系统的控制核心，用触摸屏作为指令输入和参数显示，根据控制要求，选用 FX2-24M 作为控制系统的核心部件，该机基本单元有 12 个输入点，12 个输出点，触摸屏采用 F930GOT；其自身不带模拟量的输入输出，需要扩展两个特殊功能模块，型号为 FX2N-4AD 和 FX2N-4DA。

① 输入、输出点分配 PLC 输入、输出点分配见表 3-15。

表 3-15 PLC 输入、输出点分配表

编号	输入点	编号	输出点
X000	电机 M1 启动按钮 SB2	Y0	电机 1 交流接触器 KM1
X001	电机 M1 停止按钮 SB3	Y1	电机 2 交流接触器 KM2
X002	电机 M2 启动按钮 SB4	Y2	指示灯 L1
X003	电机 M2 停止按钮 SB5	Y3	指示灯 L2
X004	机床急停按钮 SB6	Y4	比例方向阀电磁铁 YA1
X005	行程开关 1 S1	Y5	比例方向阀电磁铁 YA2
X006	行程开关 2 S2	Y6	电磁换向阀 1 电磁铁 YA3
X007	速度传感器 SL1	Y7	电磁换向阀 1 电磁铁 YA4
X008	速度传感器 SL2	Y8	电磁换向阀 2 电磁铁 YA5
X009	压力传感器 SL3	Y9	电磁换向阀 2 电磁铁 YA6
		Y10	卸荷 YA7
		CH1	模拟量 YA8
		CH2	模拟量 YA9
		CH3	模拟量 YA10

② PLC 外围电路 PLC 与外围元件接线如图 3-104 所示，PLC 的输入为开关量时，可直接与 PLC 输入端子直接相连，电磁阀可直接与 PLC 的输出端子相连。对于回路压力、速度的测量和控制，选用压力、速度传感器得到电压信号，通过接入 PLC 模拟量输入/输出模块的输入端子得到数字量，上位机通过串口通信程序对实验数据进行采集，并通过相应的软件对数据进行处理，输出试验曲线；同时 PLC 的模拟量输入/输出模块的输出端子接比例电磁阀的电磁铁，通过程序控制来改变回路的压力、流量，实现磨蚀系数试验台压力和速度的自动控制。

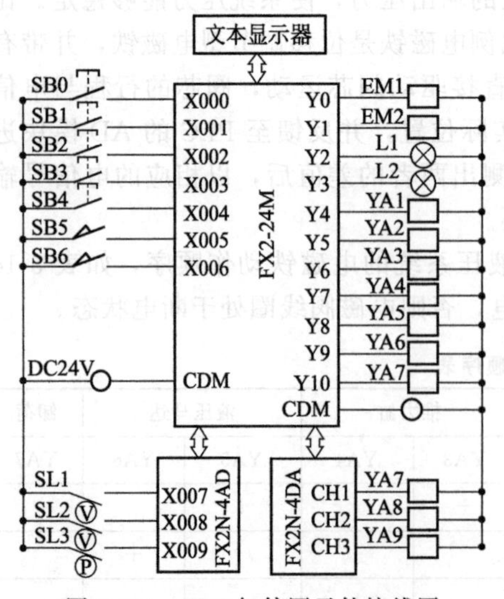

图 3-104 PLC 与外围元件接线图

（4）小结

利用可编程控制器、比例阀与人机界面等自动化装置的有机结合来实现对磨蚀系数试验台的自动控制，提高了劳动生产率。系统柔性好，工艺参数调整容易，工作可靠性高，速度、压力控制精度高，速度无级调节，各工序间状态切换冲击小，噪声小，且改善工作环境，节省能源，可有效提高磨蚀系数的测量精度。

3.6.3 电液数字伺服系统

电液伺服阀是一个独立的液压元件，可以与液压缸匹配成数控液压缸，也可以与液压马达匹配成数控液压马达。在工作时，由数字控制系统来控制步进电机的运转状态，步进电机的负载是细而短的心轴，转动惯量很小，而系统的输出功率和行程由与之匹配的液压缸或液压马达的尺寸和所使用的液压决定，可在较大范围内灵活选择，能实现各种速度、各种行程的多种控制。

（1）电液伺服阀与液压缸匹配使用

电液伺服阀与液压缸匹配使用如图 3-105 所示。

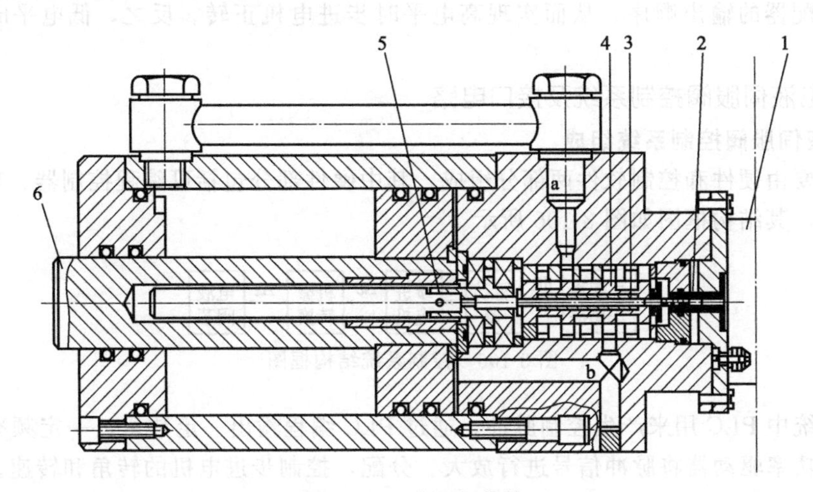

图 3-105 液压缸结构

1—步进电机；2—联轴器；3—心轴；4—阀杆；5—反馈螺母；6—活塞杆；a,b—进、回油通道

当有电脉冲输入步进电机 1 时，步进电机根据指令顺时针或逆时针旋转，联轴器 2 带动心轴 3 随步进电机转动。

反馈螺母 5 不能轴向移动，心轴 3 便产生轴向位移，带动阀杆 4 轴向位移，打开油缸的进、回油通道 a、b，油压推动活塞杆 6 轴向位移，方向与阀杆 4 相反。

由于活塞杆 6 不能转动，活塞杆 6 轴向位移迫使活塞杆 6 中心的反馈螺杆旋转，带动阀的反馈螺母 5 产生角位移，旋向与步进电机旋向相同，使心轴 3 产生反向轴向位移。当位移量使阀杆 4 关闭油缸的进回油通道，活塞杆 6 就停止移动，油缸完成了一次脉冲动作。

油缸移动的速度和位移量由计算机程序控制，步进电机的步距角、心轴 3 螺距和油缸反馈螺杆的导程，决定心轴 3 和活塞杆 6 的脉冲当量，不同匹配可获得不同的脉冲当量。

（2）电液伺服阀的 PLC 控制方法

液压缸的控制在于电液伺服阀的控制，而电液伺服阀的控制就在于步进电机的控制，步进电机可以采用单片机或可编程控制器（PLC）进行控制。目前，PLC 因具有编程简单、易掌握、体积小、通用性强、可靠性高、接口安装方便等优点而获得广泛应用，而且电液伺服阀的 PLC 控制只占用 PLC 的 3～5 个 I/O 接口及几十 Bit 的内存，控制系统简洁、编程方便，因此采用 PLC 控制方式。

PLC 对步进电机的控制主要表现在三个方面。

① 开度控制　由步进电机的工作原理和特性可知，步进电机的总转角正比于所输入的控制脉冲个数，因此可以根据阀芯伺服机构的位移量（即阀芯的开度）确定 PLC 输出的脉

冲个数。

$$n = \Delta L \delta \tag{3-5}$$

式中 ΔL——电液伺服阀阀芯的位移量，mm；

δ——阀芯位移的脉冲当量，mm/脉冲。

② 速度控制 步进电机的转速取决于输入脉冲的频率，因此可以根据阀芯要求的开闭速度，确定 PLC 输出脉冲的频率。

$$f = v_f / (60\delta) \text{Hz} \tag{3-6}$$

式中 v_f——电液伺服阀的开闭速度，mm/min。

③ 方向控制 通过 PLC 某一输出端输出高电平或低电平的方向控制信号，该信号改变硬件环行分配器的输出顺序，从而实现高电平时步进电机正转。反之，低电平时步进电机反转。

(3) 电液伺服阀控制系统及接口电路

1) 电液伺服阀控制系统组成

系统主要由硬件和控制软件两部分组成，其中硬件部分包括可编程控制器、功率驱动器和步进电机，其结构框图如图 3-106 所示。

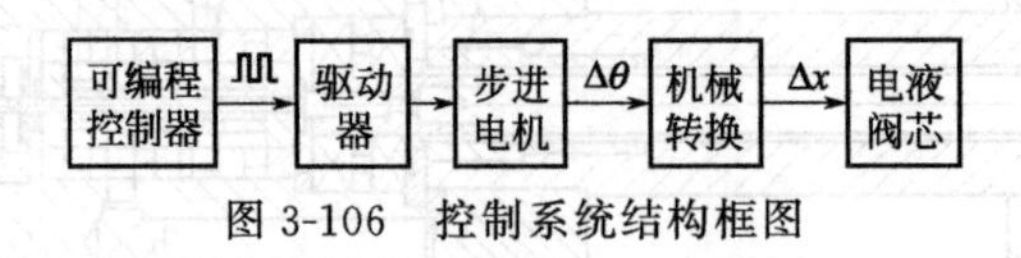

图 3-106 控制系统结构框图

控制系统中 PLC 用来产生控制脉冲，通过 PLC 编程输出一定数量、一定频率的方波脉冲，再通过功率驱动器将脉冲信号进行放大、分配，控制步进电机的转角和转速。步进电机属于特种电机，它的旋转是以固定的角度（称为步距角）一步一步运行的，控制系统每发一个脉冲信号，通过驱动器就使步进电机旋转一个步距角。所以步进电机的转速与脉冲信号的频率成正比，控制步进脉冲信号的频率，可以对电机精确调速，从而控制液压缸或液压马达的运行速度；控制步进脉冲的个数，可以控制步进电机的转速，从而控制液压缸或液压马达的位移量。

2) 接口电路

该系统采用开环数字控制方式，步进电机选用北京斯达特公司的 23HS3002 型，配套驱动器选用 SH-2H057M 型。由 PLC 控制系统提供给驱动器的信号主要有以下三路。

① 步进脉冲信号 CP。这是最重要的一路信号，驱动器每接受一个脉冲信号 CP，就驱动步进电机旋转一个步距角，CP 脉冲的个数和频率分别决定了步进电机旋转的角度和速度。

② 方向电平信号 DIR。此信号决定电机的旋转方向。例如：此信号为高电平时，电机顺时针旋转；此信号为低电平时，则电机逆时针旋转。这种换向方式叫作单脉冲方式。

③ 脱机信号 FREE。此信号为选用信号，并不是必须要用的，只在某些特殊情况下才会使用。此端为低电平有效，这时电机处于无力矩状态；此端为高电平或悬空不接时，此功能无效，电机可正常运行，此功能若用户不采用，只需将此端悬空即可。

另外，驱动器的 A 及 $\overline{A}$、B 及 $\overline{B}$ 分别接两相步进电机的两个线圈，“+”“−”两端为电源端。其接口电路如图 3-107 所示。

(4) 调试

通过改变 PLC 程序中定时器和计数器的参数，可以实现液压缸运行速度和位移的灵活控制。但需要注意步进电机的控制为开环控制，若启动频率过高或负载过大，易出现丢步或堵转的现象，若停止时转速过高，易出现过冲的现象。所以，为保证其控制精度，应采用晶体管输出型的可编程控制器，同时在编程时应处理好升、降速问题。

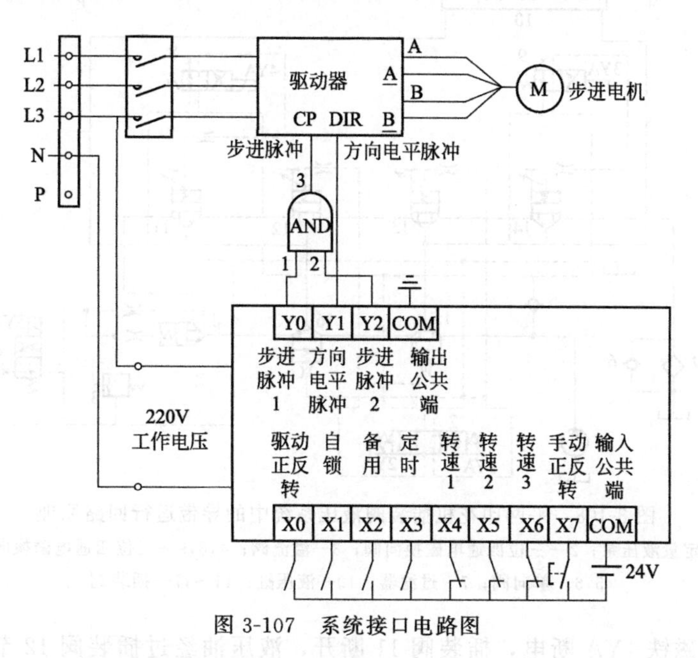

图 3-107　系统接口电路图

3.6.4　平网印花机液压 PLC 控制系统

平网印花机用于纺织物的印花，通常设有导带进退机构、平网升降机构、导带清洗机构和花位调节机构。液压驱动的平网印花机一般要求既能实现正常印花时的自动工作循环，又能实现花位调节时的手动操作。平网印花机通常采用常规液压阀组成的液压系统，采用继电器控制系统，不但接线复杂，而且可靠性差，系统经常出现故障，使印花机不能保证在较为理想的状况下运行。可编程控制器（PLC）被日益广泛应用于机械设备等的电气控制系统中，采用 PLC 控制系统对现有机械设备进行改造，可以把机械设备的效率、可靠性等提高到一个新的水平。

（1）插装阀液压系统

图 3-108 是平网印花机插装阀液压系统中的导带运行回路原理。系统的执行器为双活塞杆固定的导带液压缸 10，系统由定量液压泵 1 供油。系统中的 7 个插装阀 11～17 分别作流量控制阀、压力控制阀和方向控制阀。其中，插装阀 11、12、13、14 作流量控制阀，阀 15 和阀 16 作方向控制阀，而阀 17 作为压力控制阀。系统压力由插装阀 17 的导阀（溢流阀 3）调定，系统卸载由二位四通电磁换向阀 4 控制。插装阀 12、13、15 和 16 的导阀为三位四通电磁换向阀 2，插装阀 11 和 14 的导阀分别是二位四通电磁换向阀 8 和 9。印花过程中，液压缸驱动导带行进、后退和进行缓冲，具体动作如下。

导带行进时，电磁铁 1YA、3YA、5YA 通电，电磁换向导阀 2、9 和 4 分别切换至左位、左位和上位，插装阀 13、14、16 接通。液压泵的压力油经插装阀 15（未接通）、14 进入液压缸的右腔，液压缸驱动导带全速前进，液压缸左腔的油液经插装阀 13 节流后排回油箱，导带行进进入缓冲阶段。此时系统为回油路节流调速，速度由插装阀 13 调节。导带后退时，电磁铁 2YA、4YA、5YA 通电，插装阀 11、12、15 接通，液压泵压力油经插装阀 15 进入液压缸的左腔，导带全速后退，右腔油液经插装阀 11、12 回油，当液压缸碰到后退

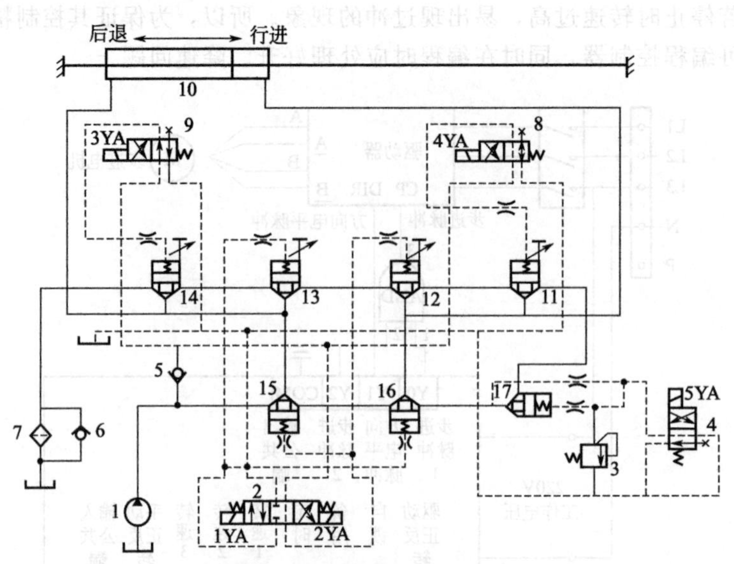

图 3-108　平网印花机插装阀液压系统中的导带运行回路原理

1—定量液压泵；2—三位四通电磁换向阀；3—溢流阀；4,8,9—二位四通电磁换向阀；
5,6—单向阀；7—过滤器；10—液压缸；11～17—插装阀

行程开关时，电磁铁4YA断电，插装阀11断开，液压油经过插装阀12节流后排回油箱，导带后退进入缓冲阶段。此时系统仍为回油路节流调速，速度由插装阀12调节。卸载时，电磁铁5YA断电，插装阀17接通，液压泵排油直接回油箱，系统卸载。由此归纳液压系统的电磁铁动作顺序和插装阀的通断状态如表3-16所示。

表 3-16　液压系统的电磁铁动作顺序和插装阀的通断状态

工况		电磁铁通断电					插装阀通断							备注
		1YA	2YA	3YA	4YA	5YA	11	12	13	14	15	16	17	
卸载													+	系统卸载
行进	全速	+		+		+			+	+				
	缓冲	+				+			+			+		回油节流调速
后退	全速		+		+	+	+	+			+			
	缓冲		+			+		+			+			回流节流调速

（2）电气控制系统

输入信号的确定：该平网印花机液压系统将电池换向阀与插装阀相结合，控制灵活、流通能力强，为进一步提高控制系统的可靠性、准确性及灵敏度，其输入控制系统由PLC内部计算器提供计时功能，其他输入信号由行程开关及常开点动按钮提供。输入对象有：系统启动按钮SB1；全速前进开关ST1；缓冲前进开关ST2；全速后退开关ST3；缓冲后退开关ST4；卸载按钮SB2；急停按钮SB3；自动循环启动按钮SB4；单循环按钮SB5。

控制对象的确定：PLC控制系统直接控制平网印花机液压控制系统中的5个电磁铁和7个插装阀。考虑到控制系统操作的直观简易性及安全性，增加了全速运行指示灯LED1，缓冲运行指示灯LED2，循环运行指示灯LED3和紧急停车报警蜂鸣器SP。

PLC资源分配：在确定了控制对象、控制内容及PLC型号之后，对PLC资源分配就顺理成章了。

I/O资源分配（表3-17）及根据控制系统的要求：按表3-17输入、输出点的安排画出硬件安装接线图，如图3-109所示。

表3-17 系统资源I/O资源分配表

输入对象	符号	元件	输出对象	符号	元件
系统启动按钮	SB1	X0	电磁铁	1YA	Y1
全速前进开关	ST1	X1	电磁铁	2YA	Y2
缓冲前进开关	ST2	X2	电磁铁	3YA	Y3
全速后退开关	ST3	X3	电磁铁	4YA	Y4
缓冲后退开关	ST4	X4	电磁铁	5YA	Y5
卸载按钮	SB2	X5	插装阀	11CV	Y6
急停按钮	SB3	X6	插装阀	12CV	Y7
缓冲计时器	JS1	T0	插装阀	13CV	Y10
报警计时器	JS2	T1	插装阀	14CV	Y11
自动循环启动按钮	SB4	X7	插装阀	15CV	Y12
单循环按钮	SB5	X10	插装阀	16CV	Y13
			插装阀	17CV	Y14
			全速运行指示灯	LED1	Y15
			缓冲运行指示灯	LED2	Y16
			循环运行指示灯	LED3	Y17
			报警蜂鸣器	SP	Y30

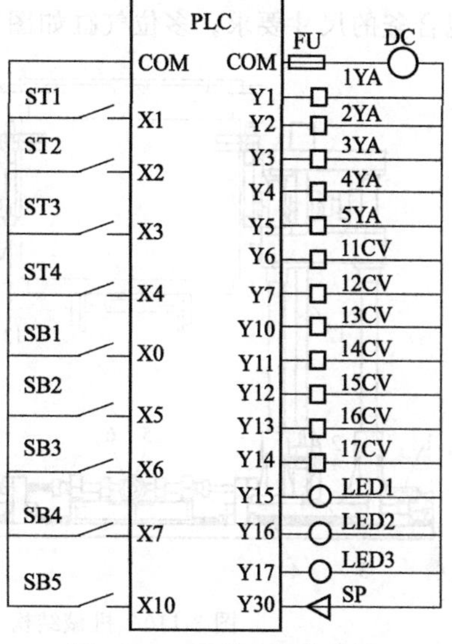

图3-109 硬件安装接线图

3.6.5 浇注气动PLC系统

混合、浇注和硫化是化工行业产品制备的常见生产工艺。不同的化工产品制造采用的浇注方式各不相同，所使用的浇注设备也各具特色。对于化工药浆的浇注，由于传统的机电一体化设备存在敏感的电气信号，无法从本质上解决设备的安全性等问题，对整个浇注过程提出了更高的要求。因此设计一套安全、高效的浇注系统具有非常重要的意义。气控系统具有防燃、防爆、清洁、安装维护方便等优点，设计气动浇注系统用于化工药浆生产，具有实际意义。

（1）浇注设备

浇注设备是药浆浇注工序的关键设备。对于不同型号的混合釜，传统的浇注方式采用独立的浇注设备，需要对每种混合釜配置专用的浇注设备，当同一工位需采用不同型号混合釜浇注时必须更换浇注设备，严重影响了生产效率，并增大了工人的劳动强度。现有的浇注设备，普遍采用吊车起吊的方式将混合釜放置于浇注设备上，通过人工转动浇注设备上的手轮带动减速器实现混合釜翻转，工人劳动强度大、效率低。针对上述问题，设计出一种适用于多种混合釜型号，气动控制自动升降和翻转的浇注设备，具有操作方便、生产效率高、安全可靠等特点。

1）技术要求

① 升降速度：小于或等于0.9m/min。

② 翻转速度：小于或等于0.5r/min。

③ 翻转角度范围：±120°。

2）工作原理

设备由机械结构部分和气路控制部分组成，机械结构部分包括水平移动机构、升降机构及翻转机构。机械结构如图3-110所示。

① 水平移动机构　水平移动机构由左右移动板、气缸和直线导轨等组成。通过控制气缸，可实现左、右移动板沿水平方向移动。为了满足不同型号的混合釜浇注需求，采用了多位气缸，通过控制气缸多个活塞杆的伸缩状态，从而调节移动机构处于多种位置，满足相应混合釜的尺寸要求。多位气缸如图 3-111 所示。

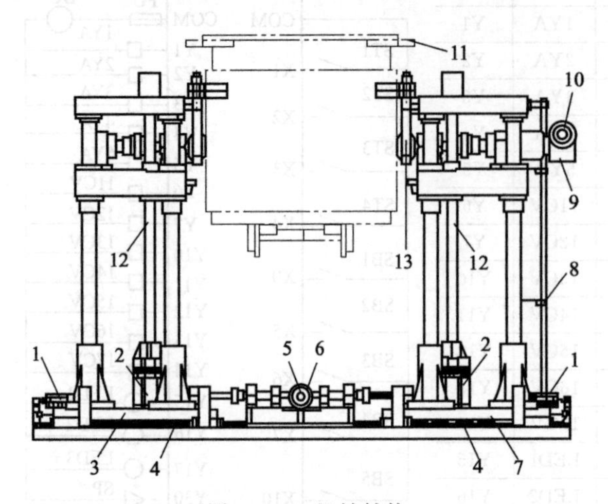

图 3-110　机械结构

1—多位气缸；2—直角减速器；3—左移动板；4—直线导轨；5—升降马达及制动器组件；6—分动箱；7—右移动板；8—位置检测杠杆阀；9—蜗轮蜗杆减速器；10—翻转马达及制动器组件；11—混合釜；12—丝杆；13—旋转体

图 3-111　多位气缸

② 升降机构　升降机构采用气动马达作为驱动单元，主要由气动马达及制动器组件、分动箱、直角减速器及丝杆等部件组成。气动马达的输出由分动箱分成左右两部分，经直角减速器带动丝杆运动，从而实现混合釜的升降运动。采用断气制动式制动器保证在气源供气不足时传动轴制动，避免了混合釜由于自重而下滑。

③ 翻转机构　翻转机构采用气动马达作为驱动单元，主要包括气动马达及制动器组件、蜗轮蜗杆减速器及旋转体等部件。马达经两级减速后带动旋转体运动，从而实现混合釜的翻转。为了避免在气源供气不足时出现混合釜自由翻转的故障，同样采用断气制动式制动器，提高了系统的可靠性。

3）工作过程

根据浇注工序的操作流程，本设备主要实现水平机构的移动、混合釜的升降和翻转，可满足三种不同尺寸类型的混合釜的浇注需求。具体工作过程如下。

① 选择混合釜型号，控制水平移动机构在两端气缸的推动下沿导轨运动到相应位置。

② 将混合釜放置于浇注设备旋转体上部并固定，控制升降马达使混合釜升高到调定位置后自动停止。

③ 根据浇注需求，控制翻转马达使混合釜向指定方向翻转倒料，当混合釜翻转到设定角度自动停止。

④ 浇注完毕后控制混合釜在翻转马达的驱动下回转到垂直位置。

⑤ 将混合釜降低到调定位置并自动停止。

⑥ 将混合釜移出浇注设备，完成浇注过程。

（2）浇注设备气动 PLC 控制方案

针对浇注设备的工作过程，主要实现对水平多位气缸，升降马达及制动器组件，翻转马达及制动器组件的控制。由于药浆的特殊性能，现场存在较大的安全隐患，为了更好地满足工人操作的安全性，本系统综合考虑了现场和远程分别控制的功能。通过现场布置的操作柜和远程的PLC柜实现现场和远程的操作。现场控制时为全气动控制，通过安装在现场操作柜面板上的手动操作阀控制浇注设备的相应动作。远程控制时为现场全气动的电气动控制，通过PLC柜的电气按钮控制远程气动柜的电磁阀切换气路，从而控制现场浇注设备的相应动作。该系统的气动控制方案如图3-112所示。

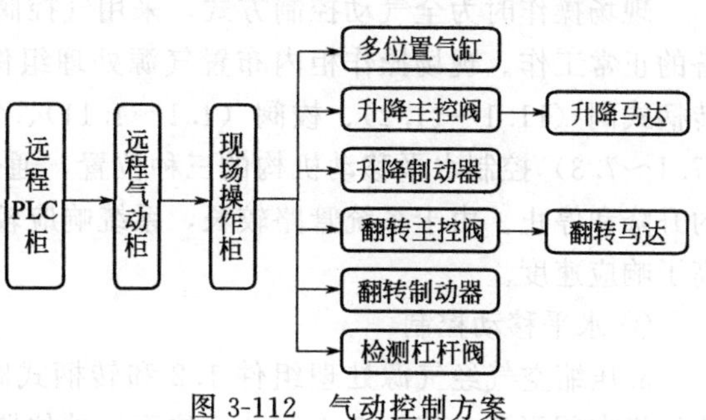

图3-112 气动控制方案

（3）气动控制原理

根据气动控制总体方案，设计出可切换现场和远程控制的气动原理，且该气动控制方案具有水平机构移动速度可调、升降机构升降速度可调、翻转机构翻转速度可调等功能，提高设备的使用性能。气动原理如图3-113所示。

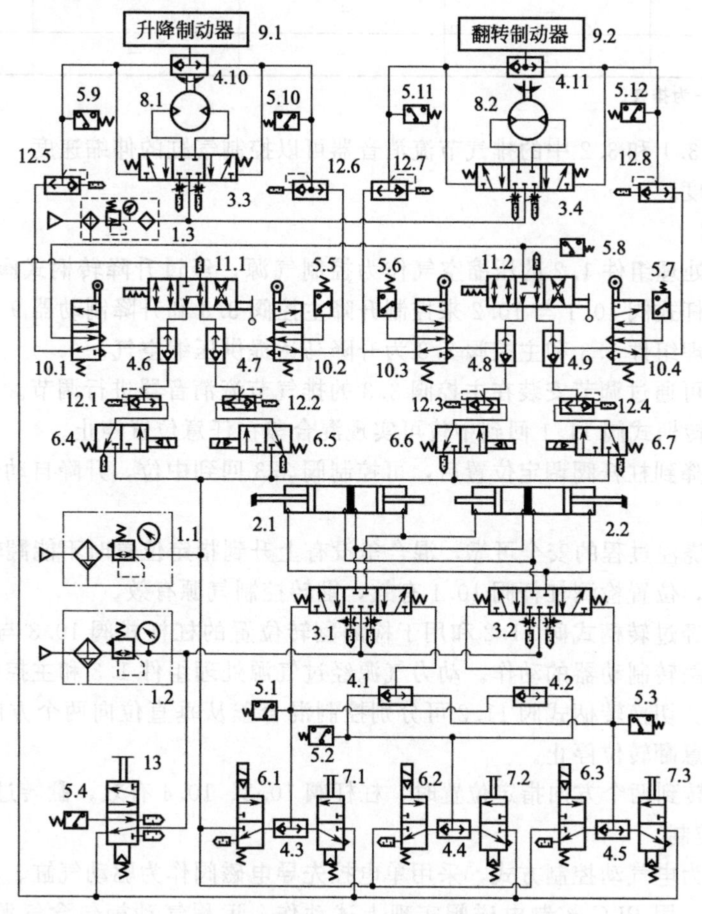

图3-113 气动原理

1.1～1.3—气源处理组件；2.1～2.2—多位气缸；3.1～3.4—三位五通双气控换向阀；4.1～4.11—梭阀；5.1～5.12—压力继电器；6.1～6.7—二位三通电磁换向阀；7.1～7.3—二位三通旋钮式手动换向阀；8.1～8.2—气动马达；9.1～9.2—气动制动式制动器；10.1～10.4—二位五通杠杆滚轮式换向阀；11.1～11.2—三位四通水平转柄式换向阀；12.1～12.8—快速排气阀；13—二位五通水平转柄式换向阀

1）全气动控制

现场操作时为全气动控制方式，采用气控阀、气缸、气动马达及制动器组件控制浇注设备的正常工作。现场操作柜内布置气源处理组件 1.2、气动旋钮换向阀（7.1～7.3）、气动转柄式阀（11.1～11.2）、梭阀（4.1～4.11）、气动换向阀 3.1～3.4。通过切换旋钮换向阀（7.1～7.3）控制水平移动机构的三种位置，通过切换转柄式阀（11.1～11.2）控制混合釜的升降和停止。由于系统管路较长，系统响应较慢，在相应的支路上增加了快速排气阀，提高了响应速度。

① 水平移动控制

a. 压缩空气经气源处理组件 1.2 和转柄式阀 13.1，通过切换 7.1、7.2、7.3 中的气动旋钮换向阀可调节气缸 2.1 和 2.2 位于三种位置，从而调节水平移动机构的位置，满足不同型号混合釜的浇注需求。7.1、7.2 和 7.3 分别对应 1 号、2 号和 3 号混合釜。多位气缸的气路控制如表 3-18 所示。

表 3-18　多位气缸气路控制

编号	A	B	C	D
1 号混合釜	－	＋	＋	－
2 号混合釜	－	＋	－	＋
3 号混合釜	＋	－	－	＋

注：＋为进气，－为排气。

b. 通过调节 3.1 和 3.2 中的排气节流消音器可以控制气缸的伸缩速度，从而控制水平移动机构的移动速度。

② 升降控制

a. 通过气源处理组件 1.2 的压缩空气作为控制气源，经过升降转柄式阀 11.1 和用于检测升降位置的杠杆式阀 10.1 与 10.2 来控制升降主控阀 3.3 和升降制动器 9.1 的动作。动力气源经过气源处理组件 1.3 和主控阀 3.3 为升降马达提供压缩空气。

b. 升降速度可通过调节安装在主控阀 3.3 的排气节流消音器进行调节。

c. 通过操作转柄式阀 11.1 回到中位可实现混合釜在任意位置停止。

d. 混合釜升降到杠杆阀调定位置后，可控制阀 3.3 回到中位，升降自动停止。

③ 翻转控制

a. 为了保证浇注过程的安全可靠，混合釜没有上升到指定位置时不能翻转。当混合釜上升到指定位置时，位置检测杠杆阀 10.1 有效，翻转控制气源有效。

b. 控制气源经过转柄式阀 11.2 和用于检测翻转位置的杠杆式阀 10.3 与 10.4 来控制升降主控阀 3.4 和翻转制动器的动作。动力气源经过气源处理组件 1.3 和主控阀 3.4 为翻转马达提供压缩空气。切换转柄式阀 11.2 可分别控制混合釜从垂直位向两个方向的翻转，并可控制混合釜在任意翻转位停止。

c. 混合釜翻转到两个方向指定位置时，杠杆阀 10.3、10.4 有效，翻转过程自动停止。

2）电气动控制

远程操作时为电气动控制方式，采用单电控先导电磁阀作为驱动气缸、马达及制动器控制气源的主控阀，用 PLC 控制电磁阀实现上述动作。远程气动柜包含气源处理组件 1.1、电磁阀（6.1～6.7）、压力继电器（5.1～5.12）。

① 现场浇注设备各个位置的信号可通过安装在远程气动柜中压力继电器（5.1～5.12）反馈输入 PLC 中，从而实现远程对浇注设备三种位置的监测。

② PLC 通过检测 PLC 柜上的电气按钮输入信号，控制安装在远程气动柜的电磁阀（6.1～6.7）动作，从而控制压缩空气的流动，实现浇注设备气缸、马达和制动器的所有动作。

③ 由于远程控制管路较长，存在系统响应速度慢的问题，通过在现场安装快速排气阀，提高了系统的响应速度。

（4）两种控制方式转换

两种控制方式的转换可通过安装在现场气动柜的转柄式阀 13 进行切换。切换到现场控制时，PLC 检测不到压力继电器 5.4 的信号，确定为现场控制方式，现场控制气源通过转柄式阀 13 提供。此时通过 PLC 软件程序控制远程操作方式失效，确保不会由于远程的误操作出现故障。切换到远程控制方式时，PLC 检测到压力继电器的信号，确定为远程控制方式。

现场控制气源被转柄式阀 13 切断，此时现场控制方式失效，保证了不会由于现场的误操作而出现故障。

3.7 位置控制

3.7.1 液压与气动系统的位置控制

在液压与气动位置控制系统中，经常使用 PLC 与位移传感器对执行机构位置实行精确控制。位移传感器又称为线性传感器，是一种属于金属感应的线性器件。位移传感器的作用是把各种被测位移量转换为电量。

（1）位移传感器技术参数

标称阻值：电位器上面所标示的阻值。

重复精度：此参数越小越好。

分辨率：位移传感器所能反馈的最小位移数值，此参数越小越好，导电塑料位移传感器分辨率为无穷小。

允许误差：标称阻值与实际阻值的差值与标称阻值之比的百分数称为阻值偏差，它表示电位器的精度。

线性精度：直线性误差，此参数越小越好。

温度系数：温度变化导致的输出电信号的相对变化。

寿命：导电塑料位移传感器都在 200 万次以上。

（2）位移传感器的类型

① 分类方法 位移的测量一般分为测量实物尺寸和机械位移两种。

位移的测量常用于油缸行程的位置量。安装结构有内置式、外置式安装。安装在物件的腔体里，称为内置式安装。附着在设备的表面为外置安装。

从原理上讲，有电阻式位移传感器、磁致伸缩位移传感器、电位器 LVDT 位移传感器、拉线位移传感器、角位移传感器、光栅尺、磁栅尺等动态或者静态检测物体运动的线性位置。另外也可以按被测变量变换的形式不同，位移传感器可分为模拟式和数字式两种。常用位移传感器包括电位器式位移传感器、电感式位移传感器、自整角机、电容式位移传感器、电涡流式位移传感器、霍尔式位移传感器等。数字式位移传感器的一个重要优点是便于将信号直接送入计算机系统。这种传感器发展迅速，应用日益广泛。

小位移通常用应变式、电感式、差动变压器式、涡流式、霍尔传感器来检测，大的位移常用感应同步器、光栅、容栅、磁栅等传感技术来测量。光栅传感器因具有易实现数字化、精度高（目前分辨率最高的可达到纳米级）、抗干扰能力强、没有人为读数误差、安装方便、使用可靠等优点，得到日益广泛的应用。

② 电位器式位移传感器　它通过电位器元件将机械位移转换为与之成线性或任意函数关系的电阻或电压输出。普通直线电位器和圆形电位器都可分别用作直线位移和角位移传感器。但是，为实现测量位移目的而设计的电位器，要求在位移变化和电阻变化之间有一个确定关系。电位器式位移传感器的可动电刷与被测物体相连。物体的位移引起电位器移动端的电阻变化。阻值的变化量反映了位移的量值，阻值的增加还是减小则表明了位移的方向。通常在电位器上通以电源电压，以把电阻变化转换为电压输出。线绕式电位器由于其电刷移动时电阻以匝电阻为阶梯而变化，其输出特性亦呈阶梯形。如果这种位移传感器在伺服系统中用作位移反馈元件，则过大的阶跃电压会引起系统振荡。因此在电位器的制作中应尽量减小每匝的电阻值。电位器式传感器的另一个主要缺点是易磨损。它的优点是：结构简单，输出信号大，使用方便，价格低廉。

③ 霍尔式位移传感器　它的测量原理是保持霍尔元件的激励电流不变，并使其在一个梯度均匀的磁场中移动，则所移动的位移正比于输出的霍尔电势。磁场梯度越大，灵敏度越高；梯度变化越均匀，霍尔电势与位移的关系越接近于线性。霍尔式位移传感器的惯性小、频响高、工作可靠、寿命长，因此常用于将各种非电量转换成位移后再进行测量的场合。

④ 光电式位移传感器　它根据被测对象阻挡光通量的多少来测量对象的位移或几何尺寸。特点是属于非接触式测量，并可进行连续测量。光电式位移传感器常用于连续测量线材直径或在带材边缘位置控制系统中用作边缘位置传感器。

⑤ 磁致伸缩位移传感器　磁致伸缩位移传感器通过非接触式的测控技术精确地检测活动磁环的绝对位置来测量被检测产品的实际位移值的；该传感器的高精度和高可靠性已被广泛应用于成千上万的实际案例中。

⑥ 数字激光位移传感器　激光位移传感器可精确非接触测量被测物体的位置、位移等变化，主要应用于检测物的位移、厚度、振动、距离、直径等几何量的测量。

按照测量原理，激光位移传感器原理分为激光三角测量法和激光回波分析法，激光三角测量法一般适用于高精度、短距离的测量，而激光回波分析法则用于远距离测量。

激光发射器通过镜头将可见红色激光射向被测物体表面，经物体反射的激光通过接收器镜头，被内部的CCD线性相机接收，根据不同的距离，CCD线性相机可以在不同的角度下“看见”这个光点。根据这个角度及已知的激光和相机之间的距离，数字信号处理器就能计算出传感器和被测物体之间的距离。同时，光束在接收元件的位置通过模拟和数字电路处理，并通过微处理器分析，计算出相应的输出值，并在用户设定的模拟量窗口内，按比例输出标准数据信号。如果使用开关量输出，则在设定的窗口内导通，窗口之外截止。另外，模拟量与开关量输出可独立设置检测窗口。

激光位移传感器采用回波分析原理来测量距离以达到一定程度的精度。传感器内部是由处理器单元、回波处理单元、激光发射器、激光接收器等部分组成。激光位移传感器通过激光发射器每秒发射100万个激光脉冲到检测物并返回至接收器，处理器计算激光脉冲遇到检测物并返回至接收器所需的时间，以此计算出距离值，该输出值是将上千次的测量结果进行的平均输出。激光回波分析法适合于长距离检测，但测量精度相对于激光三角测量法要低。

（3）应用实例：MR液压缸

MR电液伺服液压缸结构如图3-114所示，可以看出，MR液压缸在结构上与普通伺服缸的区别主要在于：①MR液压缸的活塞杆是专用的；②在液压缸端盖上外挂有MR传感器。

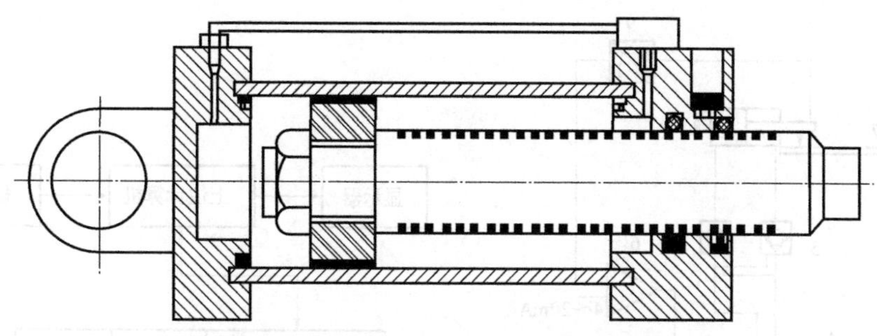

图3-114　MR电液伺服液压缸结构简图

活塞杆作为执行件，在传递功率和力的同时，还起到了磁标记尺的作用。在活塞杆的表面上加工出一系列等距离的环状凹凸槽后，为了防止泄漏，对凹槽还需要进行工艺处理，最常用的方法是在凹槽处填充上特殊材料。此外，为了增强活塞杆表面的硬度，提高耐磨性和防腐性，还需要在活塞杆的表面进行相应的工艺处理。这样，传感器的凹凸槽（磁标尺）就组成了一个完整的传感器。

活塞杆在运动过程中，每经过一个凹凸槽，就会引起一次磁阻敏感元件电阻大小发生周期性的变化，经过传感器内部固有的集成电路处理后，就可直接输出周期性的一个或多个方波（方波数的多少，取决于内部的处理电路），从而产生脉冲，触发外接触发电路和计数电路。这样，活塞杆工作时，每移动一个凹凸槽，计数器就被触发计数一次或多次，移动了多少个凹凸槽，就会触发计数出相应的次数，于是，液压缸的位移就可以通过所计数到的脉冲数和凹凸槽距离之间的特定关系来确定了。

MR液压缸在飞机与船舶舵机控制系统、雷达、火炮控制系统、精密冲床、振动试验台以及六自由度仿真转台等方面，有着广泛的应用。一方面用来提供动力，传递功率；另一方面可以进行位移检测，实现位置控制。此外，MR液压缸还可应用于压铸机，游乐场的模拟游戏机，木材加工机械以及矿山机械，建筑机械，地下机械等野外作业要求对位移进行检测，而环境条件又相对恶劣的场合。MR传感器是进行模块化封装的，防水性能好，对有位移检测和位置控制要求的水下作业，MR液压缸的优势是显而易见的。

3.7.2　电液比例位置控制数字PID系统

PLC存在I/O响应滞后较大、定位误差较大、定位精度不高等缺陷，因此，有必要在控制的过程中加入必要的控制算法来提高定位精度。在经典控制理论中，最常用的控制算法就是PID调节。PID调节是比例（P）、积分（I）、微分（D）控制的简称，它不需要精确的控制系统数学模型，有较强的灵活性和适应性，程序设计简单，工程上容易实现。

（1）电液比例位置控制系统结构及组成

① 系统控制要求　电液比例位置控制系统的液压原理见图3-115。该系统由伺服比例阀、液压锁、液压缸、位移传感器、溢流阀、变送器、比例放大器等几大部分组成，要求液压缸运动过程中运行平稳，液压缸定位准确，定位精度高，无爬行和抖动现象发生。

② 控制系统结构　根据控制系统的要求，电液比例位置控制系统的测控原理见图3-116。控制器采用三菱公司的FX2N系列的PLC，该PLC具有指令执行速度快、模块化配置、扩展灵活等特点。PLC可以通过RS-485总线与上位机进行通信。一方面，上位计算机将

控制指令传递给 PLC；另一方面，PLC 可以将位移传感器信号通过上位计算机显示在屏幕上。

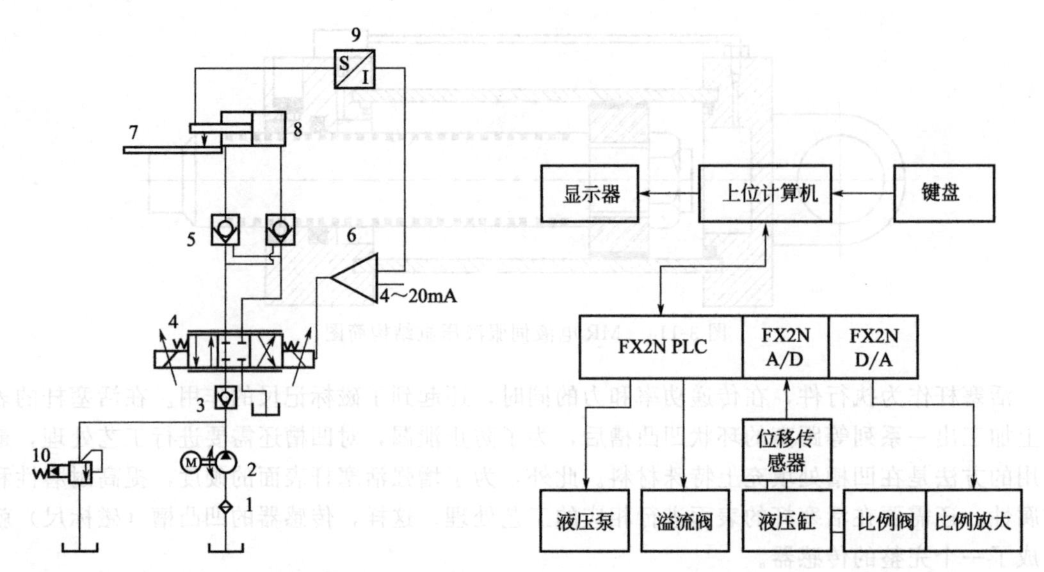

图 3-115 电液比例位置控制系统的液压原理

1—过滤器；2—定量泵；3—单向阀；4—伺服比例阀；5—液压锁；6—比例放大器；7—位移传感器；8—液压缸；9—变送器；10—溢流阀

图 3-116 电液比例位置控制系统的测控原理

首先，PLC 根据采集的信号计算出偏差 e_n，根据偏差 e_n 通过 PID 控制算法计算出控制量，并输出控制量 $M(t)$。PID 算法流程图见图 3-117。其中，P_n 为设定值，P_{vn} 为反馈量。输出控制量 $M(t)$ 必须要通过 D/A 转换，D/A 转换采用三菱 FX2N-4DA 模块来完成，转换后的数据存入 PLC 内部数据存储器。经过 PLC 的 D/A 转换成 4～20mA 的模拟量输出信号后，模拟量输出信号直接传送给比例放大器。在本液压系统中，比例阀采用 Bosch 伺服比例阀，比例放大器采用与之配套的比例放大器。由于比例阀阀芯的位置与输入电流成比例，那么伺服比例阀阀芯的开口量正比于输入电流的大小，从而使期望位移的数值与液压缸的实际位移值一致，达到精确控制液压缸位置的目的。

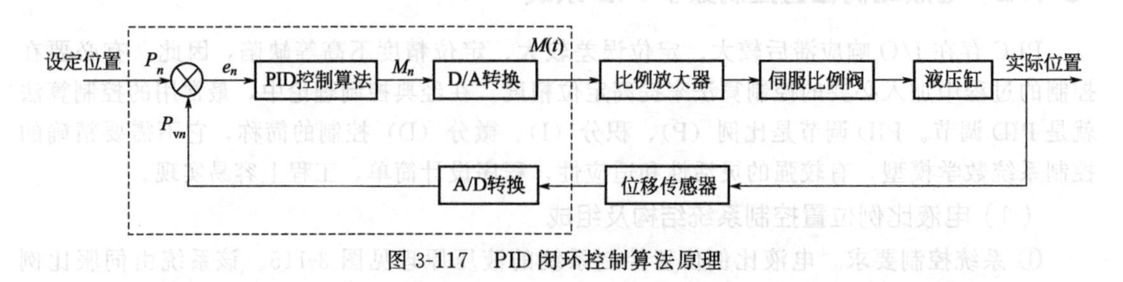

图 3-117 PID 闭环控制算法原理

液压缸的行程检测由位移传感器来完成，它的主要目的是用来检测液压缸的位置。在本系统中位移传感器采用 MTS 公司 Temposonics 磁致伸缩线性位移传感器，它输出为 ＋4～＋20mA 或 0～＋5VDC，0～＋10V 的标准信号，因此传感器输出的反馈信号能够很方便地送入 A/D 转换模块。A/D 转换采用三菱 FX2N-4AD 来完成，转换后的位置数据也存入

PLC 的内部寄存器，最后，PLC 将内部寄存器的数据通过计算处理后调用 PID 闭环控制算法对液压缸的位置实施闭环控制。

（2）位置控制的 PID 算法

① PLC 的 PID 控制　PLC 的 PID 控制算法设计是以连续的 PID 控制规律为基础，而计算机控制是一种采样控制，它只能根据采样时刻的偏差值来计算控制量，因此将其数字化，写成离散形式的 PID 方程，再根据离散方程进行控制程序的设计。

在连续系统中，典型的 PID 闭环控制系统见图 3-118。

图 3-118 中 $P(t)$ 是给定值，$P_v(t)$ 为反馈量，$c(t)$ 为系统的输出量，PID 控制器的输入输出关系如下：

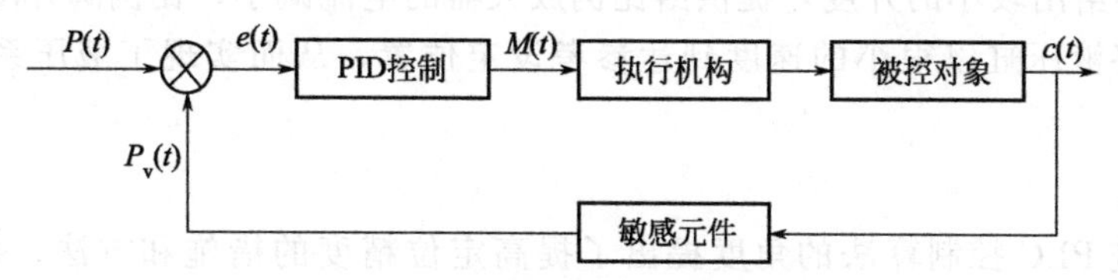

图 3-118　连续闭环控制系统方框图

$$M(t)=K_c\left[e(t)+\frac{1}{T_i}\int_0^t e(t)\mathrm{d}t+\frac{1}{T_d}\mathrm{d}e(t)/\mathrm{d}t\right]+M_0 \tag{3-7}$$

$$e(t)=P(t)-P_v(t)$$

式中　$M(t)$——控制器输出；

M_0——输出的初值；

$e(t)$——误差信号；

K_c——比例系数；

T_i——积分时间常数；

T_d——微分时间常数。

假设采样周期为 T_s，系统开始运行的时刻为 $t=0$，用矩形积分来近似精确积分，用差分近似精确微分，将式(3-7) 离散化，第 n 次采样时控制器的输出为：

$$M_n=K_c e_n+K_i\sum_{j=1}^{n}e_j+K_d(e_n-e_{n-1})+M_0 \tag{3-8}$$

式中　e_n——第 n 次采样时的误差值；

K_i——积分系数；

K_d——微分系数。

基于 PLC 的闭环控制系统见图 3-117，图中虚线部分在 PLC 内，P_n、P_{vn}、e_n、M_n 分别为模拟量 $P(t)$、$P_v(t)$、$M(t)$ 在第 n 次采样的数字量。

式(3-8) 计算出来的是第 n 次采样后控制器输出的数字量，从式(3-8) 中可以看出要计算 M_n，不仅需要本次与上次的偏差信号 e_n 和 e_{n-1}，而且还要在积分项中把历次偏差信号 e 相加，这样不仅计算繁杂，而且保留的 e_j 占用 PLC 内部寄存器的很大空间，因此将式(3-8) 写成递推形式为：

$$M_n-M_{n-1}=K_c(e_n-e_{n-1})+K_i e_n+K_d(e_n+e_{n-2}-2e_{n-1}) \tag{3-9}$$

化简可得：

$$M_n=M_{n-1}+p_c(n)+p_i(n)+p_d(n) \tag{3-10}$$

其中：$p_c(n)=K_c(e_n-e_{n-1})$；$p_i(n)=K_i e_n$；$p_d(n)=K_d(e_n+e_{n-2}-2e_{n-1})$

② 控制系统的 PID 算法　本系统电液位置控制程序工作过程如下：当上位机设定参考位置并把位置数据通过 RS-485 总线传送给 PLC，PLC 通过 D/A 发送控制比例阀的比例放大器的模拟信号，并通过 A/D 接收位移传感器的反馈信号。接收的位移传感器信号与预先设定的参考值作比较，如果偏差超过 2mm，启动 PID 控制算法，直到偏差在 2mm 以内。在偏差控制的范围内，系统启动积分调节，直到偏差为零。在本系统的 PID 调节算法中，P、I 调节是分开的。PLC 系统首先检查实际位置和设定参考位置的偏差 Δ，当偏差 Δ 较大时，PI 调节器均起作用，但主要是 P（比例）调节起作用，从而缩短了系统的响应时间。此时 PID 调节器给出较大的开度，提供给比例放大器的电流加大，比例阀的开度也相应地加大，液压缸运动速度加快；当偏差比较小的时候，P 调节停止，只有 I（积分）起调节作用，PID 调节器给出较小的开度，提供给比例放大器的电流减小，比例阀开度也相应减小使缸速降低，最终液压缸以很小的速度到达参考设定位置，从而实现了液压系统的精确位置调节。

（3）小结

本例从改进 PLC 控制算法的角度提出了提高定位精度的措施和方法。在实际控制中，影响电液比例位置控制系统的因素很多，但通过改进适合现场情况的算法，是能够解决这个问题的。也可以通过进一步提高硬件的水平来减少误差，提高精度，但成本将相应增加。该控制算法应用在调簧称重试验台上取得了很好的控制效果，满足了控制精度的要求。

3.7.3 基于 OPC Server 的液压伺服精确定位系统

（1）概述

液压伺服定位系统的适用范围已越来越广，但是很多应用系统中需要采集一些关键环节的数据，比如位移、压力和流量等。这类定位系统与计算机数据采集技术联系非常紧密，MATLAB 具有强大的数值分析、计算及绘图功能。同时，MATLAB 还提供了控制系统和 OPC Server 工具箱，这可以实现第三方硬件（PLC 或 MCU 等）与 MATLAB 的连接。由于 PLC 的计算能力不强，也很难实现较为复杂的控制策略的需求，但其实时通信模块功能较为强大，开发人员也无需编写低层驱动程序便可实现与 MATLAB 的连接，这为实现 MATLAB 与 PLC 的优势互补，有效提高控制算法的运行速度提供了很好的解决方案。

（2）定位系统的数学模型

① 系统参数　液压缸最大作用力 F_M：1900kN；液压缸最大速度 v_{max}：4mm/s；系统频宽 f_b：16～20Hz；载弹性系数 K_t：4.98×10^8N/m；液压缸作用面积 A_t：7.126×10^{-4}m^2；位移传感器放大系数：90V/m；系统误差 E_{max}：30μm；负测量压力系数 K_{ce}：9×10^{-10}m^5/(N·s)；伺服阀流量增益 K_q：18.15×10^{-4}m^3/(s·A)。

② 系统模型　伺服控制阀加上电子控制技术组成的伺服定位系统，可以完全满足控制要求。其系统组成主要包含以下部分：阀控制器、放大器、阀执行机构和柱塞位移传感器。其系统结构框图如图 3-119 所示。

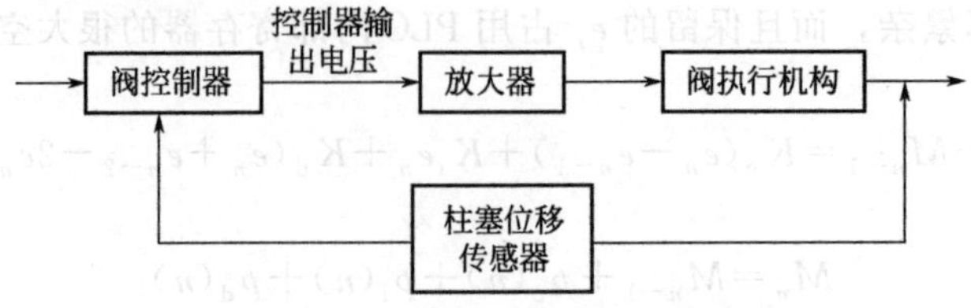

图 3-119　伺服精确定位系统构成

根据伺服系统的设计准则，可建立图 3-120 所示数学模型。

由于 ω_k 相对于 ω_h 其值很小，因此可忽略不计，则惯性环节近似为积分环节；因 ω_h 相对于 ω_v 其值很小，因此在分析系统的频率特性时，可以把伺服阀看成是一个比例环节，对分析系统的稳定性不会产生影响，经过计算化简，该系统的开环传递函数为：

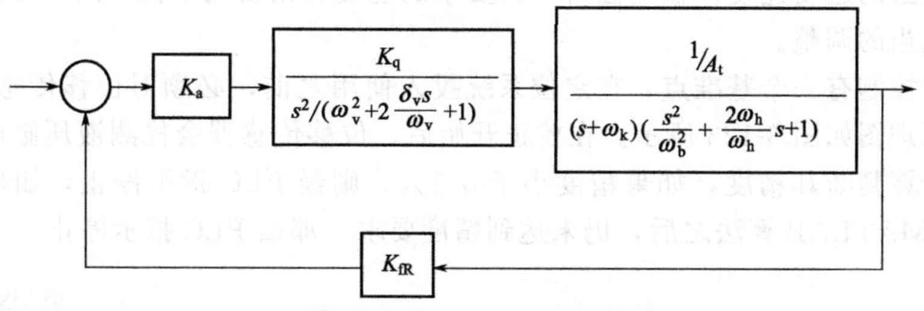

图 3-120　定位系统闭环函数框图

$$G_{(s)}=\frac{K_qK_a}{A_t}\times\frac{1}{s\left(\frac{1}{\omega_v^2}s^2+2\frac{\delta_h}{\omega_h}s+1\right)} \tag{3-11}$$

将各参数代入，可得：

$$G_{(s)}=\frac{98.6}{s\left(\frac{1}{171396}s^2+\frac{0.24}{207}s+1\right)} \tag{3-12}$$

③ 系统性能分析　由 MATLAB 的 bode 函数可画出图 3-121 所示的系统开环 bode 图。

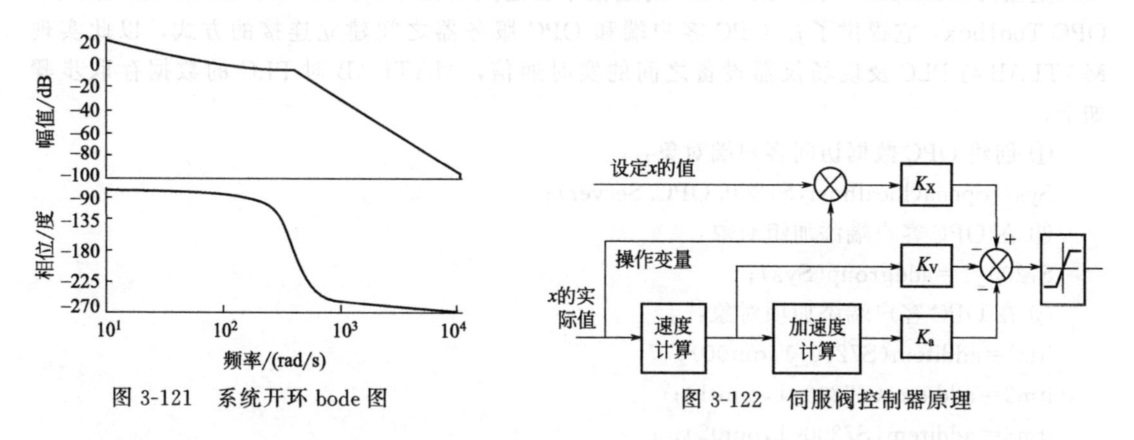

图 3-121　系统开环 bode 图

图 3-122　伺服阀控制器原理

由图可知，$\omega_c\approx99\text{rad/s}$，$\omega_b\approx126\text{rad/s}$，$f_b\approx19.89\text{Hz}$，动态性能符合要求。

（3）定位系统的设计原理

1）伺服阀控制器的控制原理

伺服阀控制器原理如图 3-122 所示。输入信号有两个：一个是由控制过程决定的设定值；另一个是由位移传感器输入的实际位移值。目标值以程序或模拟量的方式输入控制器中，由控制器向伺服阀发出控制信号，实现对伺服液压缸的运动控制。伺服液压缸的位移由位置传感器检测，并反馈到控制器。为获得较高的控制精度，控制器根据位移输入值计算驱动活塞杆的速度和加速度，这样可以避免系统的复杂化，减少测量速度和加速度的传感器个数。

2）系统的定位及校正原理

系统定位主要由位移传感器所反馈的偏差来确定，该偏差是由定位控制器计算给出，为保证定位的精确，在原理设计过程中加入了平衡压下的回路，目的是防止工作侧与驱动侧不同步。放大控制器的增益调整是很重要的一部分，放大控制器的增益控制伺服流量阀的大小，反映液压缸的运动速度，在定位时，所要求的速度和精度均不同，所以必须对放大控制器的增益做适当的调整。

为了定位控制有一个基准点，在定位系统投入使用之前，必须对位移传感器进行调整，其调整校正原理图如图 3-123 所示。在校正开始后，位移传感器会检测液压缸的位置，通过定位控制器计算判断其精度，如果精度小于 0.1%，则经 PLC 指示停止，如果连续两次经过 PLC 调用 MATLAB 算法之后，仍未达到精度要求，那么 PLC 指示停止。

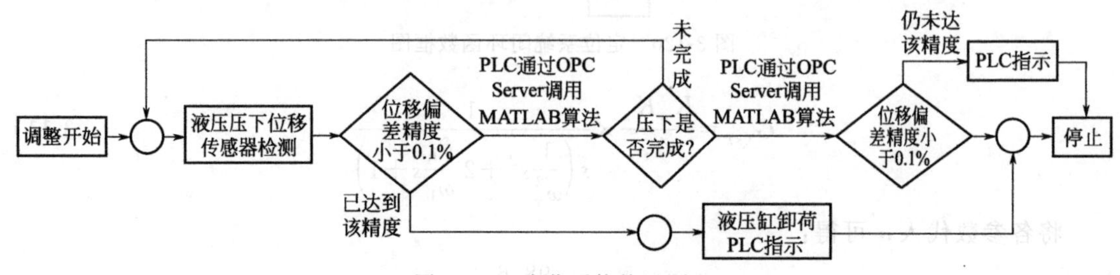

图 3-123　定位系统校正原理

3）定位系统的通信原理

上位机 MATLAB 与下位机 PLC 的通信平台选用的是 OPC Server，MATLAB 集成了 OPC Toolbox，它提供了在 OPC 客户端和 OPC 服务器之间建立连接的方式，以此实现 MATLAB 与 PLC 及现场仪器设备之间的实时通信，MATLAB 对 PLC 的数据存取步骤如下。

① 创建 OPC 数据访问客户端对象：

Sys＝opcda(localhost,S7200. OPC. Server)；

② 在 OPC 客户端添加组对象：

S7200_1＝addgroup(Sys)；

③ 在 OPC 客户端添加项对象：

itm1＝additem(S7200_1,out00)；

itm2＝additem(S7200_1,out01)；

itm3＝additem(S7200_1,out02)；

④ 开始读取 PLC 的数据：

start(S7200_1)；

⑤ 停止删除客户端：

stop(Sys)；

disconnect(Sys)；

这样就构建了一种以 PLC 为下位机和以 MATLAB 为上位机的两级监控系统，它充分显示了 MATLAB 快速的数值图形处理能力和 PLC 强大的抗干扰能力。

（4）小结

经过实际运行及测试，该伺服精确定位系统运行稳定可靠，MATLAB 与 PLC 之间的通信良好，实时采集数据稳定，有很好的控制效果，完全达到了设计要求。OPC 技术在工业设备和控制软件之间建立了统一的数据存取规范，MATLAB OPC Toolbox 中含有丰富的工具函数，方便用户创建客户对象，缩短了软件的开发周期。

3.7.4　汽车起重机大高度高空作业平台调平电液系统

高空作业车（平台）是一种应用范围广泛的工程机械，通常用于建筑、电力、市政、机场、工厂、园林及住宅等场所，主要从事施工、消防、抢险救灾、安装及维护等作业。高空作业车属专用设备，高度一般在 30m 以下，而高度在 30～60m 的高空作业车则造价高，售价贵，市场拥有量较少。在此提出在国产 60～80t 级汽车起重机上加装作业平台和控制装置构成 30～60m 高空作业车的设计方案，可以最低成本实现 60m 高空作业车的功能。改装需增加工作平台、PLC 控制箱、调平液压缸、操作面板、触摸屏及传感器等。与专业大高度高空作业车相比，此改装不但大大降低了制造成本，而且由于调平系统采用了电液比例调平，可以保证整个调平过程连续、平稳，调平控制精度高，动态响应快。

（1）系统总体方案

以某 80t 级汽车起重机为基础，通过加装作业平台和控制系统，使其实现了 30～60m 高空作业车的功能。该起重机的起重量为 80t，加装的作业平台尺寸为 2m×1.5m（长×宽），载重量为 1.5～2t，因此，高空作业平台的重心和质量均在起重机相关参数的安全范围内。整个调平控制系统的总体设计方案如图 3-124 所示，主要由作业平台、调平机构、液压系统、PLC 控制系统、角度传感器及压力传感器组成。控制系统借助原车液压动力，采用电液比例伺服控制，该系统具有以下功能。

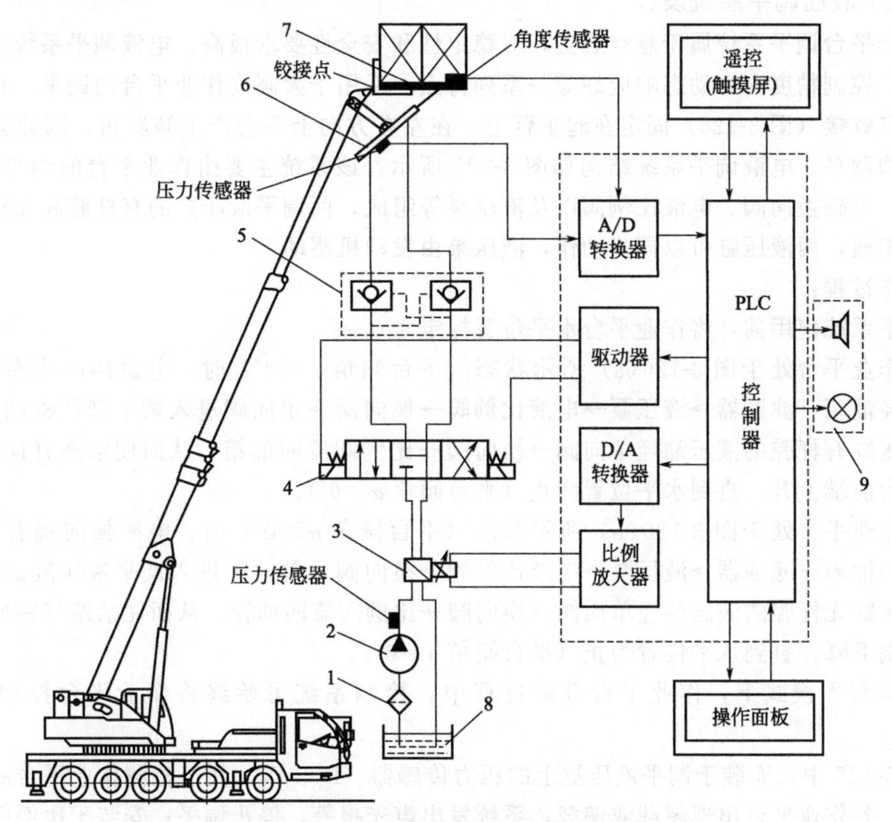

图 3-124　调平控制系统的总体设计方案

1—滤油器；2—液压泵；3—电液比例阀；4—电磁换向阀；5—单向阀组；6—调平液压缸；7—作业平台；8—油箱；9—声光报警

① 自动调平功能。在自动调平模式下，若作业平台发生倾斜，角度传感器输出信号到 PLC 控制器，对信号进行分析、计算后送出控制量到液压调平系统。通过闭环控制系统，最终实现作业平台的自动调平。

② 手动调平功能。在手动调平模式下或在自动调平模式无效的情况下，若作业平台发生倾斜，操作人员可通过手动上升或下降控制，将作业平台调到水平位置。

③ 实时报警功能。PLC 控制器通过传感器对高空作业平台倾角、液压系统压力、作业平台超载及偏载等信号进行采集和处理，然后在监控器上显示，一旦相关参数超过设定值，系统将停止调平并发出声光报警，直到操作人员解除报警为止。

④ 遥控功能。操作人员通过触摸屏可实现对作业平台的有线远程控制。作业平台的倾角、液压、超载及偏载等信息均可实时显示在触摸屏上。

⑤ 急停功能。在紧急情况下，按下急停按钮，系统电源关闭，此时继电器、比例放大器及电磁换向阀均停止工作，液压系统的单向阀使作业平台锁死，以防止危险发生。

工作原理：角度传感器安装于作业平台上，在高空作业车吊臂伸缩起降过程中，作业平台随之升高或降低，角度传感器输出平台倾斜角度信号，该信号通过 A/D 转换模块送入 PLC 控制器，PLC 控制器对信号进行分析处理后送出控制信号，控制信号通过驱动器送到液压调平系统换向阀 4，控制作业平台升降；同时，控制信号通过 D/A 转换模块和比例放大器送到液压调平系统电液比例阀 3，控制作业平台升降速度。整个调平过程构成闭环控制，无需人工干预，自动完成。

（2）液压调平系统设计

工作平台调平系统属于悬空装置，对稳定性和安全性要求极高。电液调平系统因具有连续平稳，控制精度高，动态响应好等一系列特点，适用于大高度作业平台的调平。作业平台通过两点铰接（图 3-125）固定在起重臂上，在左右方向上不会产生倾斜角，因此只需进行前后俯仰调平。电液调平系统结构如图 3-125 所示。该系统主要由作业平台的调平液压缸、单向阀、电磁换向阀、电液比例阀以及液压泵等组成，两调平液压缸的有杆腔和无杆腔的油路分别相通，两液压缸可以同步动作，液压泵由发动机驱动。

工作过程：

调平系统使用前，将作业平台水平位置标定为 0°。

当作业平台处于图 3-126(a) 所示状态（平台倾角 $\alpha<0°$）时，电磁换向阀左端得电，液压油经油箱→滤油器→液压泵→电液比例阀→换向阀→单向阀进入调平液压缸的无杆腔，调平液压缸有杆腔的液压油经单向阀→换向阀→比例阀流回油箱，从而使活塞杆向外伸出，作业平台前端上升，直到水平位置为止（平台倾角 $\alpha=0°$）。

当作业平台处于图 3-126(b) 所示状态（平台倾角 $\alpha>0°$）时，电磁换向阀右端得电，液压油经油箱→滤油器→液压泵→电液比例阀→换向阀→单向阀进入调平液压缸的有杆腔，调平液压缸无杆腔的液压油经单向阀→换向阀→比例阀流回油箱，从而使活塞杆缩回，作业平台前端下降，直到水平位置为止（平台倾角 $\alpha=0°$）。

自动调平模式下，作业平台升降过程中，控制系统可始终将作业平台控制在水平位置。

图 3-125 中，安装于调平液压缸上的压力传感器（P_1、P_2）用于检测作业平台的载荷分布情况，若作业平台出现超载或偏载，系统发出声光报警，停止调平；安装于比例阀主油路上的压力传感器（P_3）用于检测液压系统压力，当压力超限时，系统发出声光报警，调平系统停止工作。

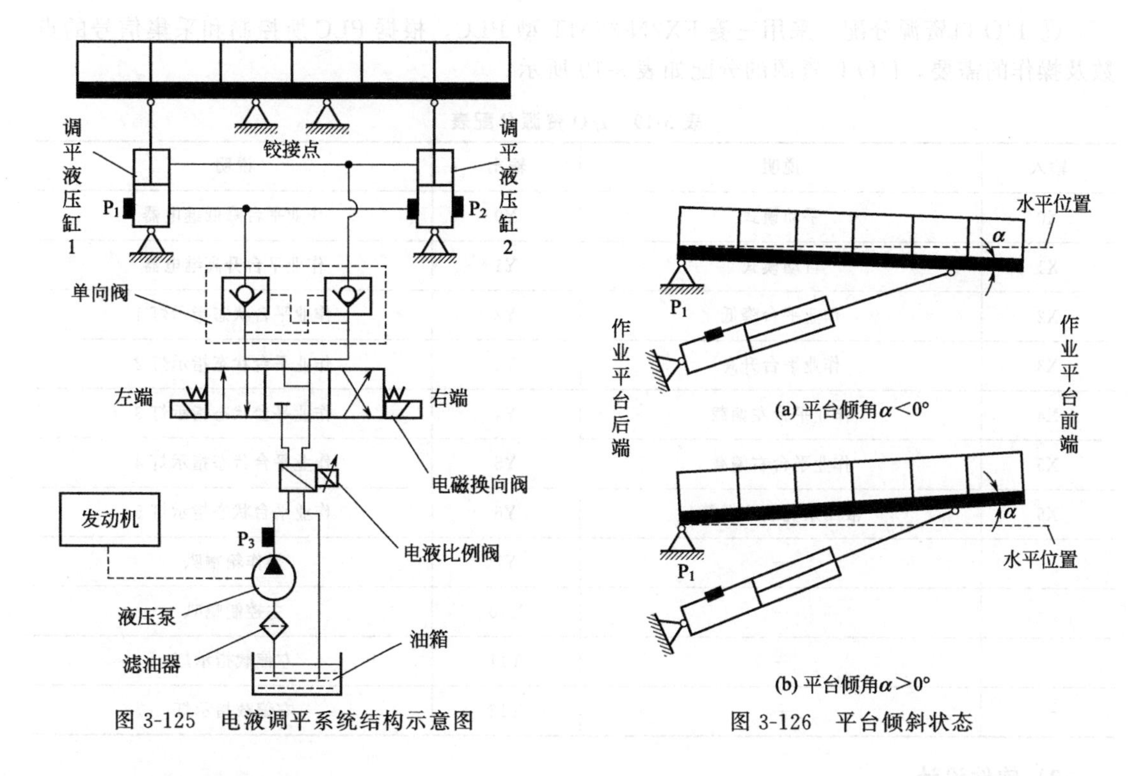

图 3-125　电液调平系统结构示意图　　图 3-126　平台倾斜状态

（3）控制系统设计

1）硬件设计

① 系统硬件设计　调平控制系统为闭环控制系统，主要由检测、控制、执行及人机对话等部分组成。检测部分主要包括检测作业平台与水平面夹角的角度传感器、检测液压系统压力的压力传感器及检测平台载荷的压力传感器；控制部分主要为 PLC 控制器，PLC 控制器作为系统核心处理数据并发出指令；执行部分包括液压调平系统及报警装置等；人机对话部分包括操作面板和触摸屏。控制系统硬件组成如图 3-127 所示。

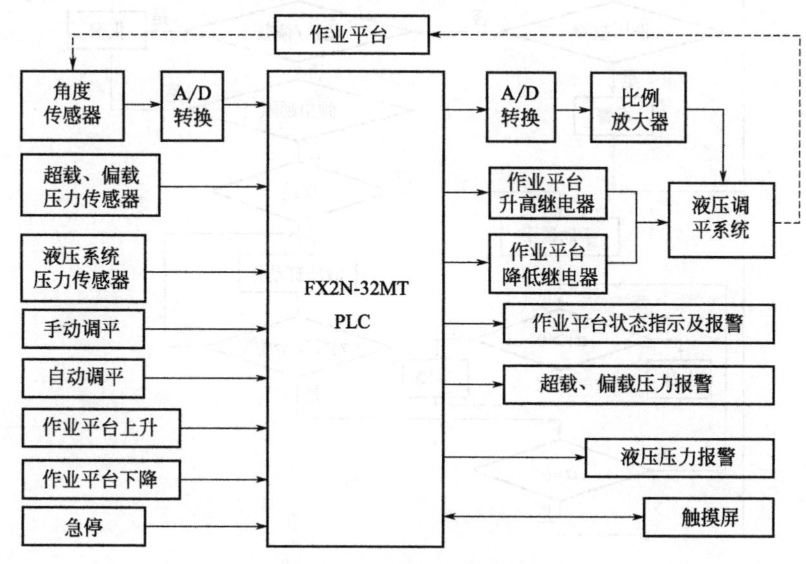

图 3-127　控制系统硬件组成

② I/O 口资源分配　采用三菱 FX2N-32MT 型 PLC。根据 PLC 所控制和采集信号的点数及操作的需要，I/O 口资源的分配如表 3-19 所示。

表 3-19　I/O 资源分配表

输入	说明	输出	说明
X0	手动模式	Y0	作业平台降低继电器
X1	自动模式	Y1	作业平台升高继电器
X2	作业平台降低	Y2	作业平台状态指示灯 1
X3	作业平台升高	Y3	作业平台状态指示灯 2
X4	作业平台左偏载	Y4	作业平台状态指示灯 3
X5	作业平台右偏载	Y5	作业平台状态指示灯 4
X6	液压系统故障报警	Y6	作业平台状态指示灯 5
—	—	Y7	操作箱喇叭
—	—	Y10	主控制喇叭
—	—	Y11	左偏载指示灯
—	—	Y12	右偏载指示灯

2）软件设计

采用三菱 PLC 的 GX Developer 编程软件设计控制系统。控制系统主要由主程序及初始化、传感器数据采集、手动调平、自动调平、系统报警及操作面板通信等子程序构成。控制系统上电后，首先执行系统自检及初始化程序，如无故障，则读取操作面板通信子程序获得操作指令。若为手动调平指令，则调用手动调平子程序，根据升降指令进行调平；若为自动调平指令，则调用自动调平子程序。控制系统主程序流程图如图 3-128 所示。需说明的是，

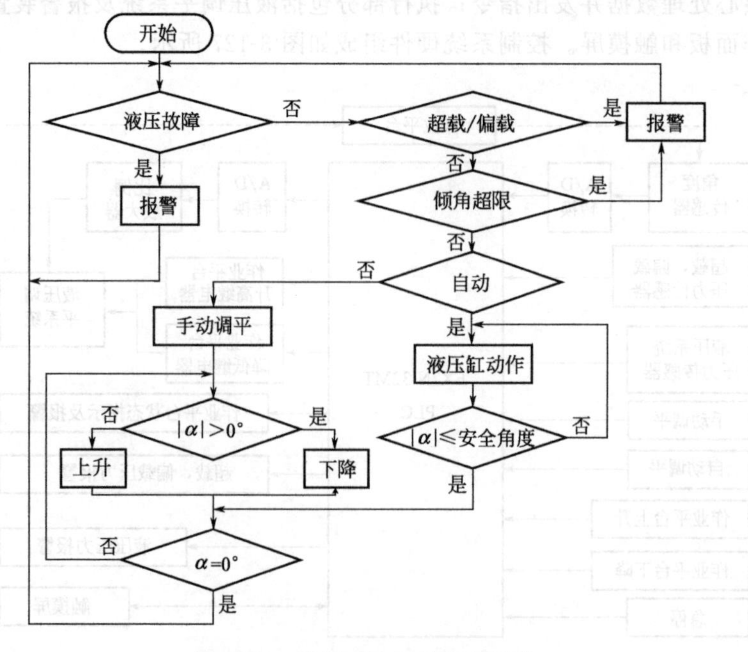

图 3-128　控制系统主程序流程图

图 3-128 中，根据倾角显示进行手动调平时，角度很难达到 0°，因此，图 3-128 中，根据设备精度及实际工况要求设定一个安全角度。

3.7.5　基于 PLC 的自动丝网印花机控制系统

自动丝网印花机主要应用于裁片印花，例如 T 恤、文化衫等。本方案以 PLC 作为核心控制器，变频器及气动电磁阀为辅，实现对各运动及动作的控制。

（1）控制系统

自动丝网印花机的运动和动作主要包括：①台板在椭圆形轨道上的移动及定位；②网框的上下运动；③刮刀的来回往复刮印。综合考虑以上运动后，以一个工位为例，可设计控制系统原理如图 3-129 所示，其余工位与该工位类似。

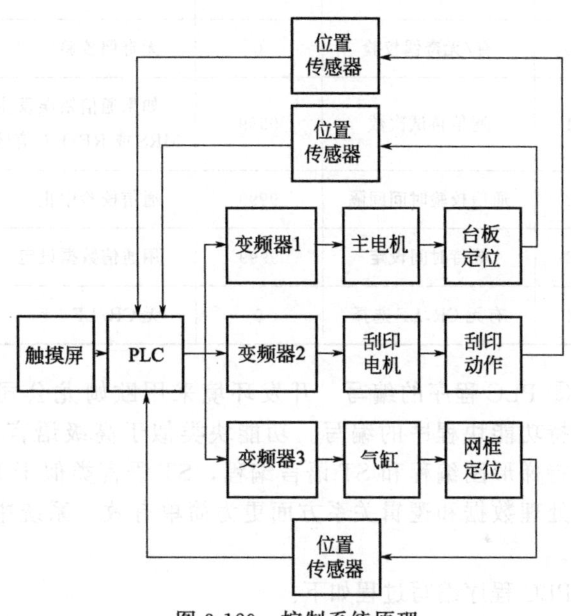

图 3-129　控制系统原理

系统采用触摸屏实现人机交互，可以方便地操作控制 PLC 发出各种指令。再以 PLC 为核心控制器，通过 PLC 对变频器发出指令，变频器再控制电机的运行，进而实现台板定位和刮印动作；同时，通过位置传感器检测台板的定位和刮刀动作是否完成，位置传感器将检测的数据反馈给 PLC，PLC 再次调整台板定位和刮印动作，直到符合设定的要求。另外，PLC 通过控制电磁换向阀调整气缸的动作，实现网框的定位；同时，通过位置传感器检测网框的位置，检测其是否到达指定位置，并将数据反馈给 PLC，PLC 再次调整网框位置，直到符合设定的要求。整个控制系统主要分为两部分：一个部分是 PLC 对主电机、刮印电机的控制，由变频通信技术实现；另一部分是 PLC 对网框气缸的控制，由电磁换向阀来实现。控制系统具有人机界面友好，自动化程度高，印花精度较高等特点。

（2）PLC 对主电机、刮印电机的控制

选取 OMRON CP1H PLC，该机型有 40 点，24 点输入 16 点输出，支持 RS-232 及 RS-485 通信；以及三菱 FR-E500 系列变频器，该系列变频器支持 RS-485 通信；主电机和刮印电机均采用异步电机。PLC 与变频器间的通信采用 RS-485 协议，该协议具有传输速度快，稳定性高等特点。

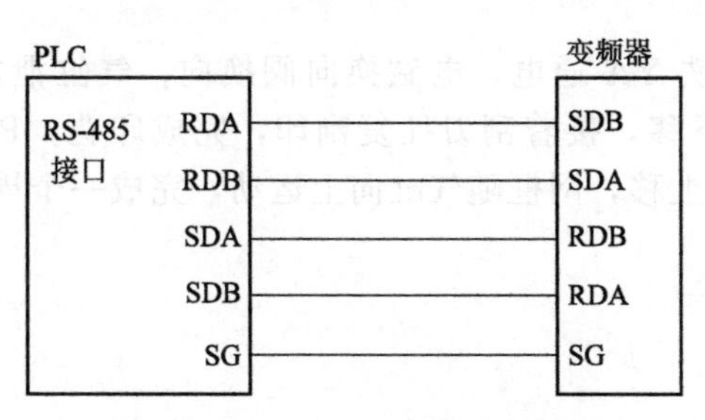

图 3-130　PLC 与变频器的接线

① PLC 与变频器的接线　PLC 与变频器的接线如图 3-130 所示。

② 变频器参数设置　为实现 PLC 与变频器间 RS-485 通信，必须对变频器做相应设置，见表 3-20。

表 3-20 变频器参数设置及说明

参数号	名称	设定值	说明
79	操作模式选择	1	PU操作模式,用操作面板,参数单元的键进行数字设定
117	站号	0	一台PLC可以扩展连接32台PLC,站号为0-31,本例只选取了一台变频器,故其站号设为0
118	通信速率	48	波特率为48000b/s
119	停止位长/字长	10	字节长7位,停止位长1位
120	有/无奇偶校验	0	无奇偶校验
121	通信再试次数	9999	如果通信错误发生,变频器没有报警停止,这时变频器可通过输入MRS或RESET信号。变频器(电机)滑行到停止
122	通信校验时间间隔	9999	通信校验中止
123	等待时间设定	9999	用通信数据设定
124	有无CR,LF选择	0	无CR/LF

③ PLC程序的编写　开发环境采用欧姆龙公司的CX-Programmer7.0软件，该款软件支持功能块程序的编写。功能块类似于高级语言中的函数，方便主程序的调用，功能块支持梯形图编程和ST语言编程，ST语言类似于PASCAL语言，相比于梯形图，ST语言在处理数据和逻辑关系方面更为简单有效。系统中有一定量数据处理，故采用ST语言编程。

PLC程序编写过程如下。

第1步，编写主程序，设定各通道的值。

第2步，编写功能块程序。

第3步，插入功能块，调用“新功能块调用（F）”指令。

程序流程见图3-131。

经过试验证明本程序简单、可行，能方便地对电机进行控制。

（3）PLC对网框气缸的控制

通过PLC控制电磁阀，进而控制气缸，可以方便精确地实现网框的上下运动，满足印花工艺的需求。

下面以控制一个气缸为例说明，主要由电磁阀、减压阀实现，气动控制系统原理如图3-132所示。

当台板运行到网框下方时，PLC控制电磁铁YA通电，电磁换向阀换向，气缸泄放，在复位弹簧作用下，气缸下移，网框跟随气缸下移，接着刮刀往复刮印，完成印花；PLC再控制电磁铁YA断电，电磁换向阀换向，气缸上移，网框随气缸向上运动，完成一个周期的运动。

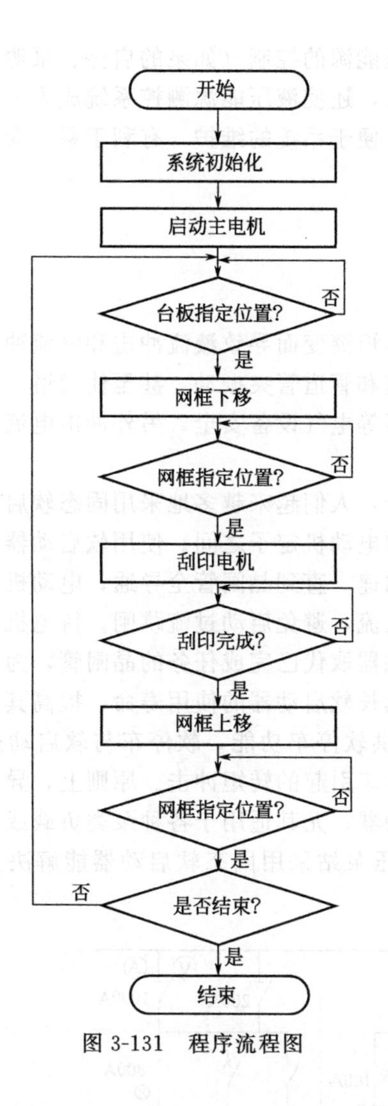

图 3-131　程序流程图

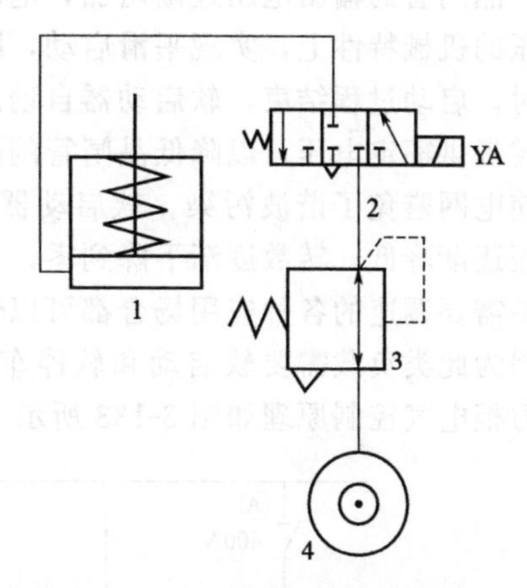

图 3-132　气动控制系统原理

1—气缸；2—二位三通电磁换向阀；3—减压阀；4—气源

3.8 液压泵站能源监控 PLC 系统

3.8.1 液压泵站

在液压泵站，电机带动油泵旋转，泵从油箱中吸油后打油，将机械能转化为液压油的压力能，液压油通过集成块（或阀组合）被液压阀实现了方向、压力、流量调节后经外接管路传输到液压机械的油缸或油马达中，从而控制了液动机方向的变换、力量的大小及速度的快慢，推动各种液压机械做功。

液压站是独立的液压装置，它按驱动装置（主机）要求供油，并控制油流的方向、压力和流量，它适用于主机与液压装置可分离的各种液压机械下，由电机带动油泵旋转，泵从油箱中吸油后打油，将机械能转化为液压油的压力能。

用户购买后，只要将液压站与主机上的执行机构（油缸和油马达）用油管相连，液压机械即可实现各种规定的动作、工作循环。

采用 PLC 测控液压液压泵站，具有多种的检测和保护手段，不但使整个液压能源测控系统的可靠性、自动化程度得到提高，而且便于液压能源的控制（如泵的启停、泵源出口压力的调节等）和液压能源主要运行参数的显示；同时，还使液压能源测控系统成为一个独立的自主监测、自主控制的系统，辅助控制功能完善，便于系统的维护，有利于系统安全正常的运行。

3.8.2 多泵液压站 PLC 控制系统

（1）多泵液压站

由于液压泵电动机的直接启动和停机都将引起转矩突变而导致液流冲击和电流冲击。液流冲击使液压泵系统产生振动和噪声，严重时使管道和管道管夹振动，甚至使管道、闸阀破裂，以及损坏密封件；电流冲击则有可能危及接触器等电气设备安全，另外冲击电流可转化为冲击转矩，影响传动机械的使用寿命。

传统方法是采用降压启动方式，随着技术的进步，人们越来越多地采用固态软启动器并采用三相反并联晶闸管作为调压器，将其接入电源和电动机定子之间。使用软启动器启动电动机时，晶闸管的输出电压逐渐增加，电动机逐渐加速，直到晶闸管全导通，电动机工作在额定电压的机械特性上，实现平滑启动，降低启动电流，避免启动过流跳闸。待电机达到额定转数时，启动过程结束，软启动器自动用旁路接触器取代已完成任务的晶闸管，为电动机正常运转提供额定电压，以降低晶闸管的热损耗，延长软启动器的使用寿命，提高其工作效率，又使电网避免了谐波污染。软启动器同时还提供软停车功能，软停车与软启动过程相反，电压逐渐降低，转数逐渐下降到零，避免自由停车引起的转矩冲击。原则上，异步电动机凡是不需要调速的各种应用场合都可以使用软启动器，尤其适用于各种泵类负载或风机类负载，因为此类负载需要软启动和软停车。采用液压泵站采用固态软启动器能解决上述问题。动力柜电气控制原理如图 3-133 所示。

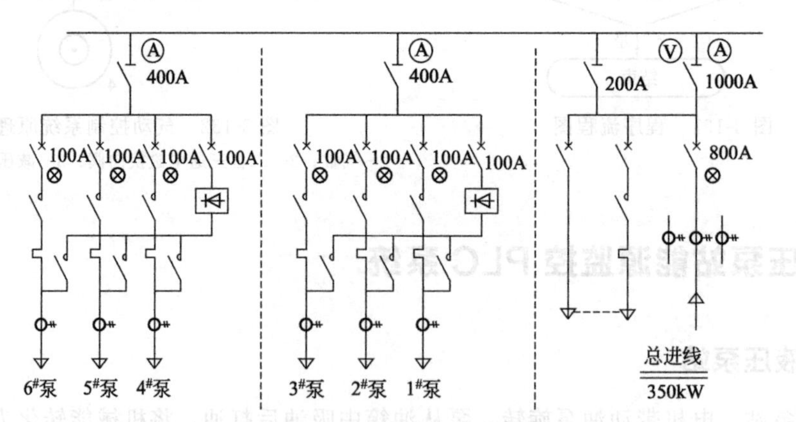

图 3-133 动力柜电气控制原理

（2）PLC 控制系统

液压泵站用于铜电解阳极自动生产线机组，共有 6 台液压泵电机组，其中 3 台泵供给生产线，2 备 1 用，2 台泵供给压力机组，1 备 1 用，1 台泵供给铣耳机组。液压泵站的液压系统原理，如图 3-134 所示。工艺要求为：液压泵电动机卸载启动、卸载停机，且各台电动机错开启动；每台电动机均有运行电流指示，有供电电压指示；液压泵的吸油过滤器需具有堵塞报警；油箱油位检测，高、低油位报警，低油位自动停机；油温检测，油温过低能自动加热至正常才能启动；油温过高会自动启动循环泵降温；系统压力检测，低于下限压力报警；高于上限压力自动停机保护，压力控制点可以从触摸屏上设置等功能。采用 PLC 作控制系

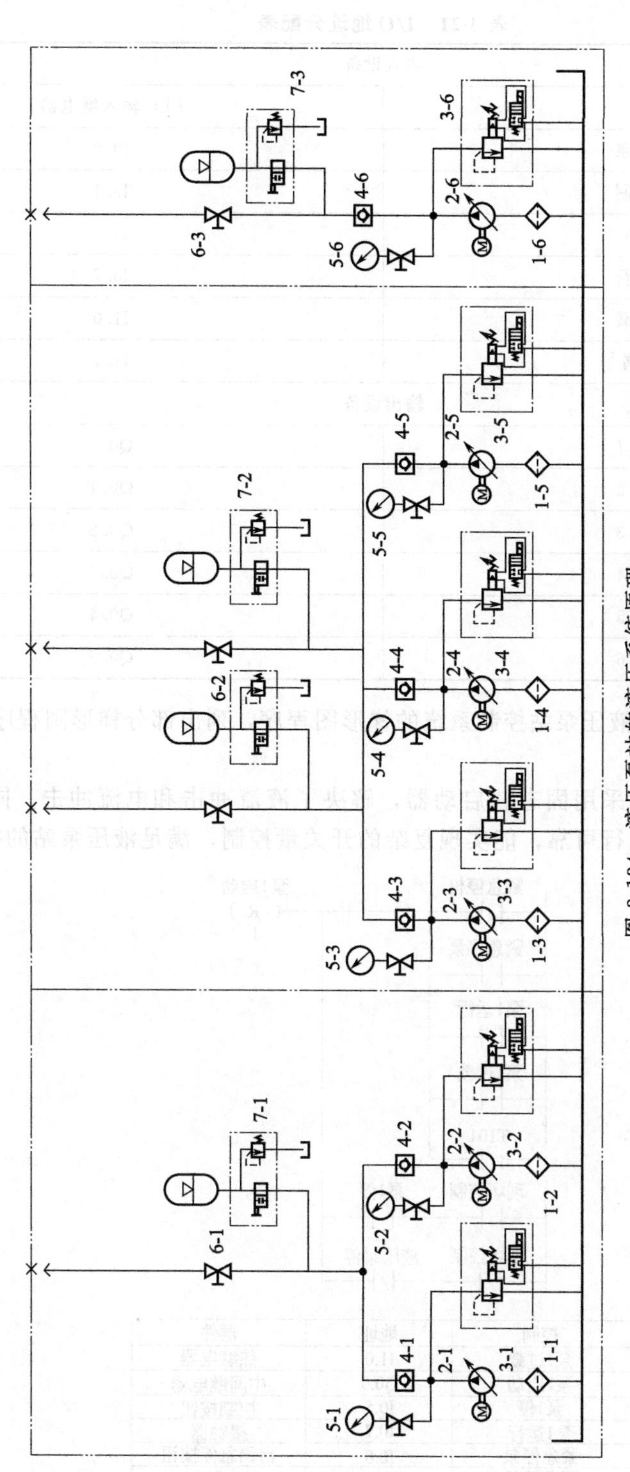

图 3-134　液压泵站的液压系统原理

1-1～1-6—吸油过滤器；2-1～2-6—液压泵电机组；3-1～3-6—电磁卸荷溢流阀；
4-1～4-6—单向阀；5-1～5-6—压力表；6-1～6-3—球阀；7-1～7-3—蓄能器

统核心，可灵活地控制液压泵站的油泵电机组的运行，不仅可实现严格的一定顺序的机组启停控制，也可由通过现场控制箱的转换开关来确定备、用电机的投入使用，见表 3-21。

表 3-21　I/O 地址分配表

输入设备	
功能	PLC 输入继电器
紧急停泵	I0.0
现场控制	I0.1
泵 1 停	I0.5
泵 1 运行	I0.7
泵 1 过载	I1.0
过滤器堵 1	I1.1
输出设备	
溢流阀 1	Q0.0
溢流阀 2	Q0.1
溢流阀 3	Q0.2
溢流阀 4	Q0.3
溢流阀 5	Q0.4
溢流阀 6	Q0.5

根据控制要求，设计液压泵站控制系统的梯形图程序，列出部分梯形图程序，如图 3-135 所示。

液压泵站的电机启动采用固态软启动器，解决了液流冲击和电流冲击，同时采用 PLC 逻辑控制，系统稳定，运行可靠，能实现复杂的开关量控制，满足液压泵站的控制要求。

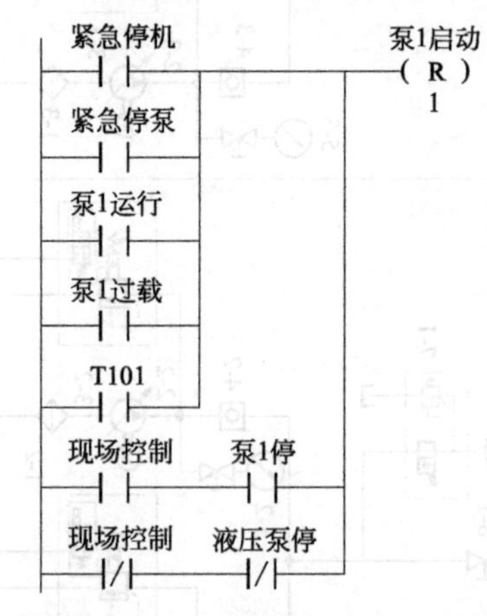

控制	地址	器件
泵1过载	I1.0	热继电器
泵1启动	Q0.0	中间继电器
泵1停	I0.5	控制按钮
泵1运行	I0.7	接触器
紧急停泵	I0.0	自锁急停按钮
紧急停机	V30.0	2007200
现场控制	I0.1	旋转按钮
液压泵停	V30.5	300T200

图 3-135　部分梯形图程序

3.8.3　大型定量泵液压油源有级变量节能系统

液压伺服系统中，伺服阀要求液压油源提供稳定的恒定压力，所以液压伺服系统大部分都采用溢流阀来控制压力。但是在大型液压伺服系统中，很大的溢流量导致能源浪费严重。采用变量泵实现节能的方法，虽然效率高，但是大流量的变量泵存在成本高、摆角反应慢、噪声大等缺点。定量泵节能相对于变量泵来说成本比较低、使用维护简单，更为重要的是，定量泵溢流阀组成的液压油源相比于恒压变量泵，具有稳压性能好、动态响应快的优点，是液压伺服系统的首选液压动力源。因此，采用定量泵间歇性工作的节能方式，根据不同工况下液压系统流量需求的不同，通过对泵的卸荷和加载来实现流量的有级变量控制，从而实现大型液压伺服系统的节能。设计中油源的总流量不是连续变化的，而是以单台泵流量为级差变化的，所以此系统为有级变量节能控制系统。

（1）定量泵液压油源有级变量节能控制系统的总体方案

该定量泵液压油源有级变量节能控制系统总体设计方案如图 3-136 所示，包括液压油源、溢流阀调压阀组、PLC 控制器、油箱附件等部分。

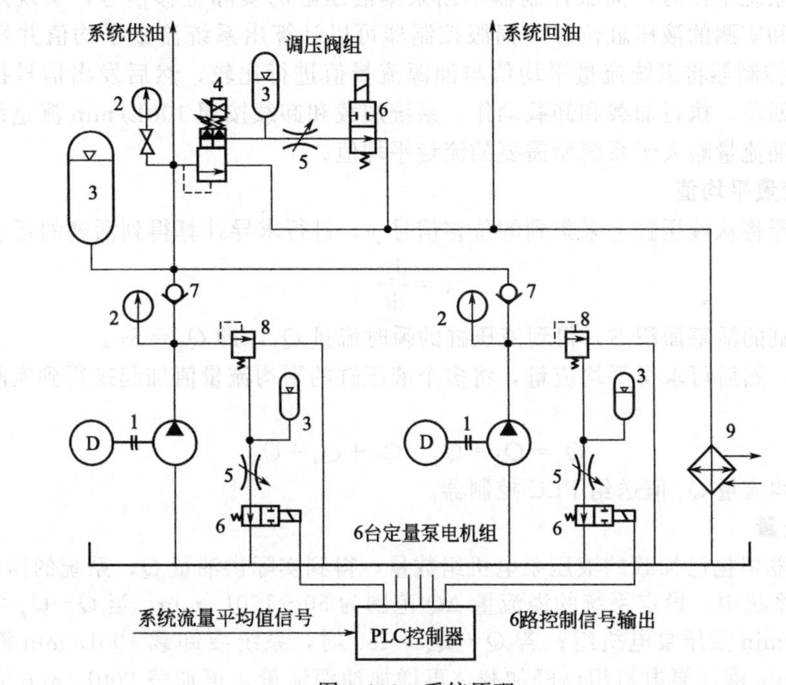

图 3-136　系统原理

1—泵电机组；2—压力表；3—蓄能器；4—比例溢流阀；5—节流阀；6—电磁换向阀；7—单向阀；8—安全阀；9—热交换器

工作原理是：系统的油源流量跟随系统流量平均值的变化而变化，并通过两者之间的偏差实现对负载流量的反馈控制。PLC 从伺服控制器得到系统所需要的流量平均值，同时根据加载的液压泵数量得到油源流量；PLC 将油源流量与流量平均值进行比较，当油源流量大于流量平均值时进行卸载；当油源流量小于流量平均值时进行加载，实现油源流量始终近似跟随负载流量平均值的变化而变化。

（2）定量泵液压油源有级变量节能系统组成

① 液压泵电机组　该定量泵液压油源为由 5 台 200L/min 液压泵电机组和 1 台 100L/min

液压泵电机组构成的 1100L/min 的大型液压油源。每一台泵电机组都有独立的安全和启动卸荷回路，实现软启动和缓慢卸荷，同时由安全阀限定该泵电机组的压力上限。安全和启动卸荷回路由电磁阀、溢流阀和蓄能器等组成。系统的节能是通过 PLC 对卸荷回路的电磁阀进行控制，达到卸荷节能的效果。当电磁阀得电时，液压泵电机加载；当电磁阀断电时，液压泵电机组卸荷。

② 调压阀组　调压阀组用于设定系统的工作压力，给系统提供恒定的供油压力。调压阀组包括比例溢流阀及启动卸荷回路，可实现系统压力的远程设定控制，也可以对整个液压油源进行远程启动或远程卸荷。

③ PLC 控制器　系统采用的 PLC 控制器的型号为 S7-CPU224CN，EM223 扩展 I/O 模块，EM235 模拟量采集模块。PLC 控制液压油源进行加载、卸载动作，实现有级变量节能控制的要求。实时控制的过程中，PLC 控制器根据接收到的系统流量平均值 $Q_{系}$ 和油源流量 Q 的关系对油源进行闭环控制。除此之外，PLC 控制器还要实时控制油温、液位和系统压力。

（3）流量

液压伺服系统工作时，伺服控制器不断采集液压缸的实际位移信号，实现闭环反馈控制。根据指令和实测的液压缸位移，伺服控制器可以计算出系统流量平均值并发送给 PLC 控制器，PLC 控制器将系统流量平均值与油源流量值进行比较，然后发出信号控制液压油源的启动卸荷回路，执行加载和卸载动作。系统加载和卸载按照 100L/min 流量级差，保证液压油源的供油流量略大于系统所需要的流量平均值。

1）系统流量平均值

伺服控制器将从液压缸上采集到的位移信号 y，进行求导计算得到活塞的运动速度 v：

$$v=\frac{dy}{dt} \tag{3-13}$$

乘以液压缸的活塞面积 S，得到液压缸的瞬时流量 Q_1，即 $Q_1=Sv$。

取绝对值，然后可求得平均流量，将多个液压缸的平均流量值加起来得到实际的系统平均流量 Q_s：

$$Q_s=Q_1+Q_2+Q_3+Q_4+Q_5 \tag{3-14}$$

将系统平均流量 Q_s 值送给 PLC 控制器。

2）实际流量

PLC 控制器根据已加载的液压泵电机组数量，得到实际供油量 Q，系统的溢流量 $\Delta Q=Q-Q_s$。在该系统中，设定系统的溢流量 ΔQ 范围为 50～150L/min。当 $Q-Q_s<50$ 时，系统要加载 100Lmin 液压泵电机组；若 $Q-Q_s>150$ 时，系统要卸载 100L/min 液压泵电机组。当 100L/min 液压泵电机组已经加载，再增加油源流量，可加载 200L/min 液压泵电机组，同时卸载 100L/min 液压泵电机组。即系统在满足溢流量 ΔQ 的条件下，最大限度地降低了能量的损失。

（4）小结

该系统具有以下优点：①用定量泵代替变量泵实现节能，降低系统成本；②通过 PLC 控制电磁阀的动作带动卸荷阀进行加载或卸载，油源流量始终略大于系统所需要的流量平均值；③伺服控制器从液压缸上测得活塞的位移，能够快速地计算出所需流量，提高响应速度。

3.8.4 绞车液压变频调速系统及应用

基于 PLC 变频容积调速系统采用简单廉价的定量泵，控制精度高，运行平稳。

（1）PLC 控制的变频容积调速系统

电机变频调速技术依靠改变供电电源的频率就可实现对执行机构的速度调节，电机始终处在高效率的工作状态，变频容积调速方式属于变转速调速方式，不同于变排量调速方式，节能效果好，调速控制系统具有更好的控制性能，降低了变量泵的成本，提高了系统的可靠性。

PLC 控制的变频容积调速控制系统采用如图 3-137 所示闭环控制结构。采用速度闭环控制的优点是可提高系统的运行速度的跟随性。液压马达输出转速通过霍尔传感器反馈到 PLC 的高速计数模块，经处理后与预先设定的运行速度进行比较，输出相应的数字信号，通过 PLC 把信号输入到变频器，由变频器控制输入到电动机的工作频率，以改变电动机的转动速度（即调节定量泵的转动速度），调节定量泵的输出流量，从而调节定量液压马达的转速。采用速度闭环控制也可以补偿由于负载或温度的变化等各种不确定因素对运行速度的影响。

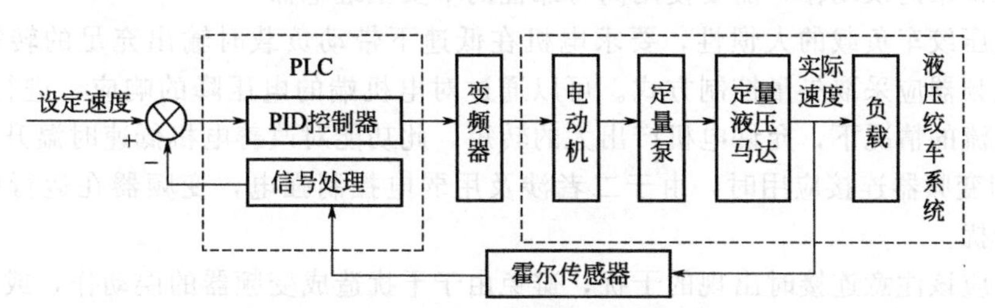

图 3-137　PLC 控制的变频容积调速控制系统框图

（2）变频液压绞车

液压绞车作为目前井下主要的提升设备，其容积调速控制需由人工扳动操作手柄来实现，泵控马达的伺服系统比较复杂，非线性因素多，导致控制精度很难精确，启停过程冲击大，不仅加速系统元件的损坏，更影响在提人过程中人员的乘坐舒适性。针对这个问题，拟采用上述基于 PLC 的变频容积调速的控制策略来解决。

在一个提升过程中，绞车的理想运行速度曲线为一个梯形。首先，通过 PLC 编程把设定速度保存在寄存器中，从定量液压马达引出的速度负反馈经本安型霍尔传感器返回至 PLC，经处理后和设定速度相减，经 PLC 的 PID 控制器后，得到控制量。PID 控制器使用过程控制模块，这种模块的控制程序是厂家设计的，其 PID 调节的离散公式为：

$$M_n = K_c \times (SP_n - PV_n) + K_c \times T_s / TI \times (SP_n - PV_n) + MX + K_c \times TD / T_s \times (PV_{n-1} - P_n)$$

公式中包含 9 个用来控制和监视 PID 运算的参数，在 PID 指令使用时构成回路表，回路表的格式见表 3-22，用户使用时只需要设置这些参数，使用起来非常方便。

表 3-22　PID 回路表

参　　数	地址偏移量	数据格式	I/O 类型	描述
过程变量当前值 PV_n	0	双字，实数	I	过程变量，0.0～1.0
给定值 SP_n	4	双字，实数	I	给定值，0.0～1.0
输出值 M_n	8	双字，实数	I/O	输出值，0.0～1.0
增益 K_c	12	双字，实数	I	比例常数，正、负
采样时间 T_s	16	双字，实数	I	单位为秒，正数
积分时间 TI	20	双字，实数	I	单位为分钟，正数
微分时间 TD	24	双字，实数	I	单位为分钟，正数

续表

参　数	地址偏移量	数据格式	I/O 类型	描述
积分项前值 MX	28	双字，实数	I/O	积分项前值，0.0～1.0
过程变量前值 PV_{n-1}	32	双字，实数	I/O	最近一次 PID 变量值

PLC 输出的 PWM 信号，直接接至变频器（具有 RS-485 通信功能）的频率给定端，从而达到控制目的。

由于 PLC 与变频器之间没有采用 D/A 转换，而是采用了 RS-485 进行数字通信，从而有效地提高了系统的抗干扰能力。而变频器的数字量输入信号（包括：运行/停止，正转/反转等）则需要利用继电器与 PLC 输出端连接，为了适应井下特殊的工作环境，防止出现因接触不良而带来的误动作，需要使用高可靠性的本安型继电器。

由于液压绞车负载的大惯性，要求电机在低速下带动负载时输出充足的转矩来带动负载。所以变频器应采取矢量控制方式。可以通过对电机端的电压降的响应，进行优化补偿，在不增加电流的情况下，允许电机产出大的转矩。此功能对改善电机低速时温升也有效果。

PLC 和变频器连接应用时，由于二者涉及用弱电控制强电，变频器在运行中会产生较强的电磁干扰。

因此，应该注意连接时出现的干扰，避免由于干扰造成变频器的误动作，或者由于连接不当导致 PLC 或变频器的损坏。

变频器与 PLC 相连接时应该注意以下几点。

① 对 PLC 本身应按规定的接线标准和接地条件进行接地，而且应注意避免和变频器使用共同的接地线，且在接地时使二者尽可能分开。

② 若变频器和 PLC 安装于同一操作柜中，应尽可能使与变频器有关的电线和与 PLC 有关的电线分开。

③ 通过使用屏蔽线和双绞线达到提高噪声干扰的水平。

3.9 气动阀岛 PLC 控制系统

3.9.1 阀岛技术及应用

（1）阀岛的结构

阀岛技术和现场总线技术相结合，不仅确保了电控阀的布线容易，而且也大大地简化了复杂系统的调试、性能的检测和诊断及维护工作。借助现场总线高水平一体化的信息系统，使两者的优势得到充分发挥，具有广泛的应用前景。

图 3-138 所示为阀岛系统的结构。

（2）阀岛的类型

阀岛是新一代气电一体化控制元器件，已从最初带多针接口的阀岛发展为带现场总线的阀岛，继而出现可编程阀岛及模块式阀岛。

1）带多针接口的阀岛

可编程控制器的输出控制信号、输入信号均通过一根带多针插头的多股电缆与阀岛相连，而由传感器输出的信号则通过电缆连接到阀岛的电信号输入口上。因此，可编程控制器与电控阀、传感器输入信号之间的接口简化为只有一个多针插头和一根多股电缆。与传统方

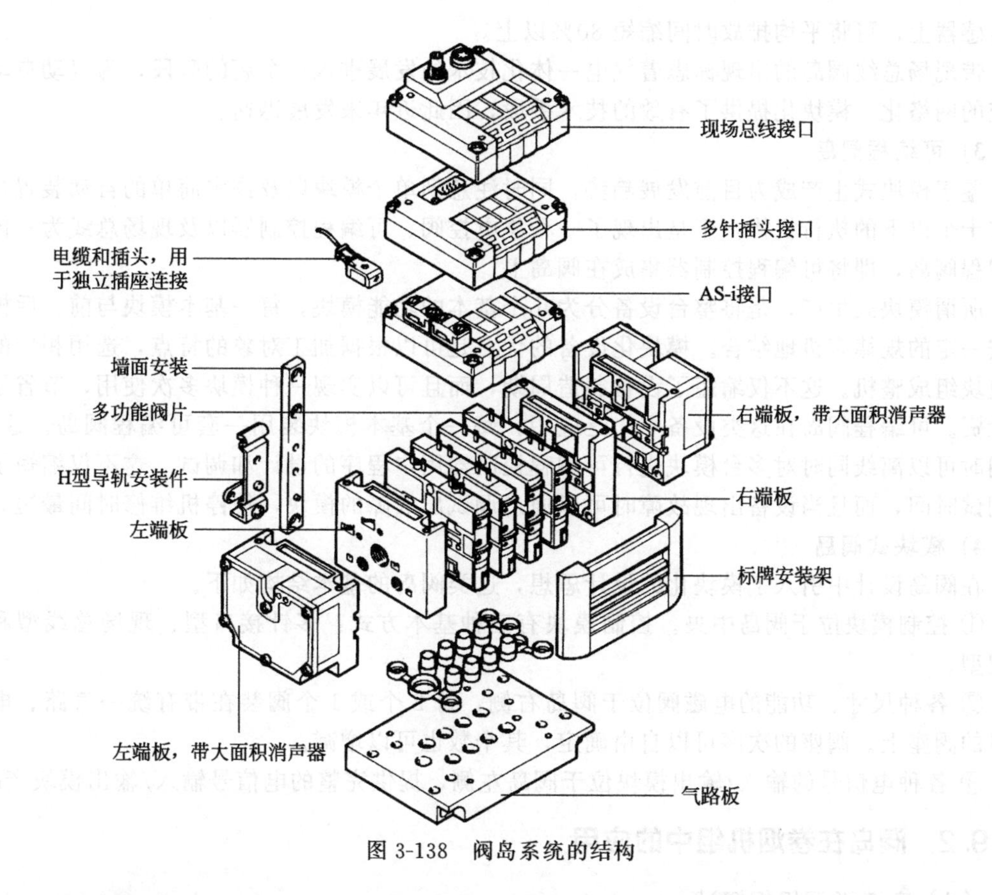

图 3-138　阀岛系统的结构

式实现的控制系统比较可知，采用多针接口阀岛后系统不再需要接线盒。同时，所有电信号的处理、保护功能（如极性保护、光电隔离、防水等）都已在阀岛上实现。

2）带现场总线的阀岛

使用多针接口型阀岛使设备的接口大为简化，但用户还必须根据设计要求自行将可编程控制器的输入/输出口与来自阀岛的电缆进行连接，而且该电缆随着控制回路的复杂化而加粗，随着阀岛与可编程控制器间的距离增大而加长。为克服这一缺点，出现了新一代阀岛——带现场总线的阀岛。

现场总线（Field bus）的实质是通过电信号传输方式，并以一定的数据格式实现控制系统中信号的双向传输。两个采用现场总线进行信息交换的对象之间只需一根两股或四股的电缆连接。特点是以一对电缆之间的电位差方式传输的。

在带现场总线的阀岛系统中，每个阀岛都带有一个总线输入口和总线输出口。这样当系统中有多个带现场总线阀岛或其他带现场总线设备时可以由近至远串联连接。现在提供的现场总线阀岛装备了目前市场上所有开放式数据格式约定及主要可编程控制器厂家自定的数据格式约定。这样，带现场总线阀岛就能与各种型号的可编程控制器直接相连接，或者通过总线转换器进行间接连接。

故障诊断是工业现场总线的另一大优势，所有连入总线的设备的状态都可以清楚地反映在系统内，一旦出现故障，工程师可以及时地发现故障的位置，缩短维修检测时间，提高系统的安全性。总线阀岛具有超强的诊断功能，一目了然的 LED 状态指示灯，通过不同颜色与闪烁频率的搭配，提供了从电源故障到通信地址匹配等一系列的故障提示，立刻诊断出节点（Node）位置所在；根据协议的不同，有些甚至可以将故障点确认精确至单独的电磁阀或传感器上，可将平均排故时间缩短 80％以上。

带现场总线阀岛的出现标志着气电一体化技术的发展进入一个新的阶段，为气动自动化系统的网络化、模块化提供了有效的技术手段，因此近年来发展迅速。

3）可编程阀岛

鉴于模块式生产成为目前发展趋势，同时注意到单个模块以及许多简单的自动装置往往只有十个以下的执行机构，于是出现了一种集电控阀、可编程控制器以及现场总线为一体的可编程阀岛，即将可编程控制器集成在阀岛上。

所谓模块式生产，是将整台设备分为几个基本的功能模块，每一基本模块与前、后模块间按一定的规律有机地结合。模块化设备的优点是可以根据加工对象的特点，选用相应的基本模块组成整机。这不仅缩短了设备制造周期，而且可以实现一种模块多次使用，节省了设备投资。可编程阀岛在这类设备中广泛应用，每一个基本模块装用一套可编程阀岛。这样，使用时可以离线同时对多台模块进行可编程控制器用户程序的设计和调试。这不仅缩短了整机调试时间，而且当设备出现故障时可以通过调试出故障的模块，使停机维修时间最短。

4）模块式阀岛

在阀岛设计中引入了模块化的设计思想，这类阀岛的基本结构如下。

① 控制模块位于阀岛中央。控制模块有三种基本方式：多针接口型、现场总线型和可编程型。

② 各种尺寸、功能的电磁阀位于阀岛右侧，每 2 个或 1 个阀装在带有统一气路、电路接口的阀座上。阀座的次序可以自由确定，其个数也可以增减。

③ 各种电信号的输入/输出模块位于阀岛左侧，提供完整的电信号输入/输出模块产品。

3.9.2 阀岛在卷烟机组中的应用

（1）高速卷烟机组概述

在高速卷烟机组上需要使用许多的气动控制装置，原机组中将气控单元按常规方式实现。气动系统由安装于机身不同位置的电磁阀控制，工作电压为 110VAC。原控制系统存在以下不足。

① 系统中将包含大量的分立元件及连接所需的大量管件和接插件，其中一个元件发生故障往往会引起整个设备的运行不正常。连接执行元件、传感器与电磁阀的电缆直接接到 PLC 的 I/O 模块上，接线烦琐。

② 气路部分易出现管路堵塞、泄漏等故障，影响气路系统的运行效率。

③ 电气部分易出现虚焊、短路、接触不良等现象，调试及维护困难。

④ 对设备制造厂而言，对所有分立元件进行选型、验收、组装、调试及整机安装也费时费力，且常因人为因素出现错误。

为此，针对卷接机组上控制电磁阀较多也比较集中的特点，采用阀岛技术，对机组的气动系统进行了改进。

（2）阀岛技术的特点

阀岛是一种集气动电磁阀、有多种接口及符合多种总线协议的控制器、有传感器输入接口及模拟量输入输出接口和 AS-i 控制网络接口的电输入输出部件于一体的整套系统控制单元。采用第二代阀岛——带现场总线的阀岛，它是阀岛技术与现场总线技术相结合，研制的新一代气电一体化控制元器件，大幅度简化了气路与电路接口，每个阀岛都带有一个总线输入口和一个总线输出口，可与其他带现场总线的设备进行串联连接。带现场总线的阀岛与外界的数据交换只需通过一根双股或 4 股屏蔽电缆实现，不仅大幅度减少了接线，而且减少了装置所占空间，使设备的安装与维护更加容易。阀岛具有以下主要特点。

① 防护等级为 IP65，不必用控制箱外壳保护；LED 显示，自诊断功能强。

② 阀岛集气动、电气、控制集中于一体，采用集中供气、集中排气，大大缩小气动系统的体积。节省气管长度，减轻气流损失。

③ 带有现场总线接口，功能扩展容易，采用 PROFIBUS-DP 现场总线通信，减少接线的工作量。

④ 运行参数的数字化传递，避免了模拟量传输所带来的漂移、干扰等问题，提高了系统的稳定性。阀岛可手动调试，也可通过程序自动控制气路。工作人员通过 PLC 指示灯可判断出相应的阀是否动作，缩减了调试时间。

（3）阀岛的选用

选用 FESTO 公司的型号为 CPV10-GE-D101-8 的阀岛（图 3-139）。阀体宽 10mm，流量为 400L/min，工作电压为 24VDC。扩展模块型，总线接口号分别是 CPV10-GE-FB-4 和 CPV10-GE-FB-6。

① 面板左边的四芯插座接电源，右边的六芯插座用于阀岛的扩展。

② DIP 拨码开关设置 DP 地址。

③ LED 指示灯：绿灯亮表示工作电源正常；红灯亮表示总线故障。

（4）控制系统原理

① 电气部分　系统控制流程图见图 3-140。机组的电气控制系统采用西门子 S7-400 PLC 为主站，ET200 分布式 I/O 模块、三组阀岛为从站，通过 PROFIBUS-DP 总线通信，用触摸屏进行人机界面操作，完成机组生产过程的实时监控和信息显示。

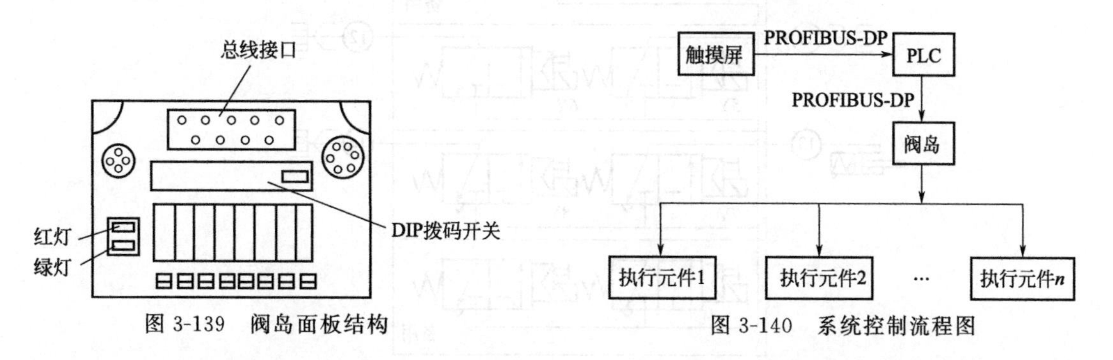

图 3-139　阀岛面板结构　　图 3-140　系统控制流程图

FESTO 阀岛作为 PLC 的从站，它相当于一个普通的数字输出模块，每一个阀片控制两个电磁阀的通断，等同于两个数字量输出。采用先导式控制方式，控制气路的通断，传感信号的输入、电信号及模拟量输出均集成于阀岛内。应用西门子的 STEP7 软件进行系统分布式组态、参数设置、节点地址的分配、数据通信传输协议的设置等工作，完成系统硬件配置。

根据阀岛气路与 PLC 编程地址的对应关系，可用梯形图（LAD）、语句表（STL）进行编程，编译后系统将按其实际配置类型和物理地址进行的组态程序下载到 PLC。PLC 根据站地址的不同控制相应的阀岛。PLC 程序根据接近开关、光电开关的信号或其他模块的请求，按照预先设定的程序对驱动元器件进行控制，包括阀岛的启动、光电开关/接近开关信号的采集、液压系统的驱动等控制阀岛，再由阀岛控制各执行元件所需气流的通断，从而控制各执行元件的动作，根据现场调试情况修改参数。

② 气路部分　以机组中供丝部分气动系统的控制为例，说明控制过程。

CPV10型的阀岛最多由8个阀块组成。FESTO10型阀岛采用模块化结构，根据实际需求可配置各种功能的阀或电信号输出模块，并完成装配和功能测试。从而减少用户的安装工作量，CPV10型阀岛还可与现场总线接点或控制器连接，适合于控制分散元件，便于安装、调试和检查故障。根据实际需要，选择3个二位五通阀（单电控）、2个二位五通阀（双电控）、2个由2个二位三通阀（常闭）的模块构成阀岛，见图3-141。

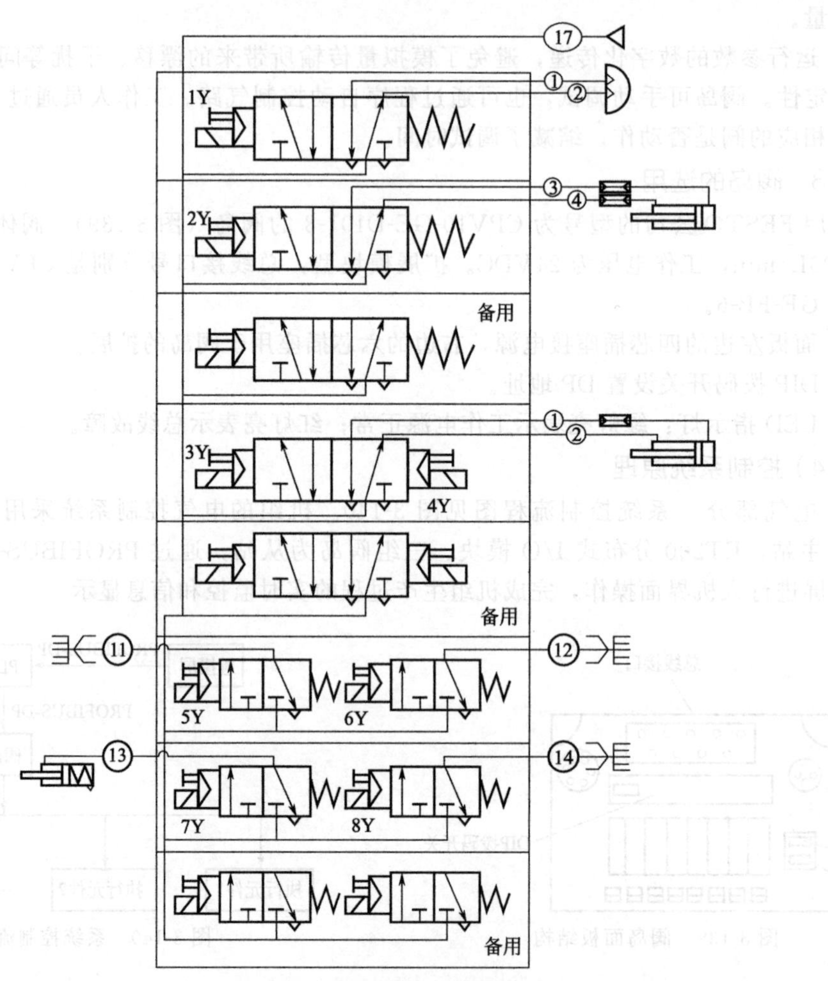

图3-141 系统的气动原理

供丝系统的气动系统主要完成开启/关闭碟阀、开启/关闭下料板、推动劈刀上升/下降、计量料槽左右吹风、风室吸丝带张紧、清洁吸尘器等任务，系统的气动原理如图3-141所示。机器正常工作时，烟丝由风力吸丝管道吸至风力送丝机构落料闸门上部烟丝腔，当烟丝储存到设定量时，接近开关发出信号。二位五通电磁阀（1Y）断电，电磁阀在弹簧力的作用下复位，吸丝风管中旋转气缸关闭。当计量辊上的烟丝料位低于光电开关时，光电开关导通，二位五通电磁阀（2Y）通电。在气缸的拉动下，落料闸门自动打开。放下定量烟丝；烟丝落入计量辊后，光电开关断开，二位五通电磁阀（2Y）断电，电磁阀在弹簧力的作用下复位，在气缸的推动下，落料闸门自动关闭。落料闸门打开落料后，接近开关又发出控制信号，二位五通电磁阀（1Y）通电，在旋转气缸的作用下吸丝风管闸门打开，烟丝又被吸入烟丝腔。

当烟支重量控制系统探测到的烟条密度较高时，系统发出信号使得二位五通电磁阀

(3Y) 通电，气缸推动劈刀上升，剪切下更多的烟丝，从而降低烟条密度；当烟支重量控制系统探测到的烟条密度较低时，系统发出信号使得二位五通电磁阀 (4Y) 通电。气缸推动劈刀下降，保留下更多的烟丝，从而提高烟条密度。

计量料槽内装有三列 15 对光电开关，每对光电开关由发射器、接收器、指示灯和反光镜组成。根据接收器是否接收光束可知计量料槽内烟丝的分布情况。当计量料槽左侧被遮住的光电开关数比右侧被遮住的光电开关数多于 2 个时，二位三通电磁阀 (5Y) 通电，计量料槽左侧喷嘴吹风，将计量料槽内的烟丝吹平整；当计量料槽右侧被遮住的光电开关数比左侧被遮住的光电开关数多于 2 个时，二位三通电磁阀 (6Y) 通电。计量料槽右侧喷嘴吹风，将计量料槽内的烟丝吹平整；当计量料槽中间被遮住的光电开关数比左、右侧被遮住的光电开关数少于 2 个时，二位三通电磁阀 (5Y、6Y) 同时通电。计量料槽左、右侧喷嘴同时吹风，将计量料槽内的烟丝吹平整。

机器正常工作时，二位三通电磁阀 (7Y) 通电，气缸杆收缩，使风室吸丝带张紧；机器停机时，二位三通电磁阀 (7Y) 断电，气缸杆在弹簧作用下复位，从而使风室吸丝带松弛。

机器正常工作时。通过 PLC 内的预定程序，二位三通电磁阀 (8Y) 定期通电，清洁吸尘器。

(5) 小结

在卷接机组中的电气控制系统运用阀岛，使控制管路最短，可减少排气时间和降低管路中的气流损失。设备整体布线也更加简化、清晰，模块拆拼方便，方便调试与维护。其电控信号的传输可靠性高。抗干扰性强，提高了机组的可靠性与可控性，得到了烟厂用户的肯定。

3.9.3　阀岛在钻机气控系统中的应用

随着油田勘探开发的逐步深入，人们对钻机的自动化程度的要求越来越高。目前，国内先进的 7000 米级深井钻机采用交流变频电机直接驱动单轴绞车，配备电机自动送钻和转盘独驱，运用 AC-DC-AC 交流变频电传动全数字控制，实现了智能化司钻控制。与钻机的数字化控制相适应，其气控系统采用了电控气的阀岛集成控制，该控制不仅提高了钻机的自动化程度，而且节省了以往大量的气路控制软管的连接时间。

现以中原总机石油设备有限公司生产的 ZJ70/4500DB 钻机为例，介绍阀岛的组成及在气控系统中的应用。

(1) 阀岛的组成

ZJ70/4500DB 钻机采用 FESTO 生产的型号为 10P-18-6A MP-R-V-CHCH10 阀岛，阀岛安装在绞车底座的阀岛控制箱内，由 4 组功能阀片，气路板、多针插头、安装附件等组成。功能阀片的每一片代表 2 个二位三通电控气阀，该阀岛共有 8 个二位三通电控气阀。

阀岛功能如图 3-142 所示。顶盖上的多针插头采用 27 芯 EXA11T4，其作用是将控制信号通过多芯电缆传输到阀岛，控制阀岛完成各项设定的功能。

(2) 阀岛的功能

该钻机气控系统的阀岛控制分为面板控制和触摸屏控制两种方法，两种控制功能完全相同。它们和 PLC 连接，通过逻辑来控制阀岛和执行元件的气控阀，完成液压盘刹紧急刹车、气喇叭开关、转盘惯性刹车、自动送钻、防碰释放等功能 (气控原理见图 3-143)。

① 液压盘式紧急刹车　ZJ70/4500DB 钻机配备液压盘式刹车，当系统处于正常工作状

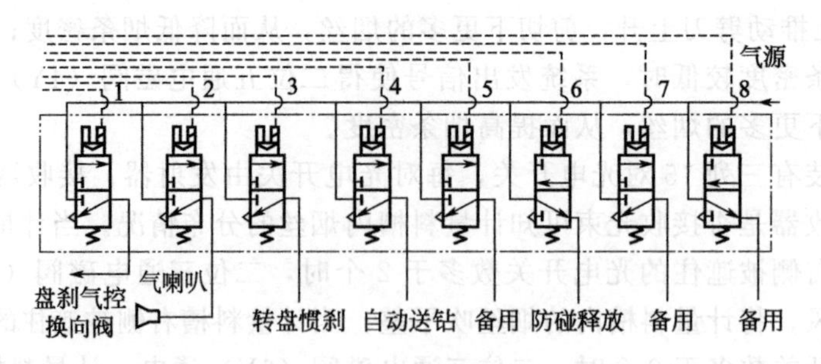

图 3-142 阀岛功能

态，即无信号输入时，阀 1 无电控制信号，处于关闭状态，司钻通过操纵刹车手柄可完成盘刹刹车和释放。当系统出现下列状况时：a. 绞车油压过高或过低；b. 伊顿刹车水压过高或过低；c. 伊顿刹车水温过高；d. 系统采集到主电机故障，电控系统分别发出电信号 a1（主电机故障，电控系统输入给 PLC）、a2、a3、a4 给 PLC，PLC 则输出电信号到阀 1，阀 1 打开，主气通过梭阀到盘刹气控换向阀，实现紧急刹车。同时 PLC 把电信号传输给阀 4 或电控系统，实现自动送钻离合器的摘离或主电机停机。另外，若游车上升到限定高度时（距天车 6～7m），防碰过圈阀（FP-L6）的肘杆因受到钢丝绳的碰撞而打开，气信号经过梭阀作用于盘刹气控换向阀，盘刹也可实现紧急刹车功能。以上待故障排除且故障信号消失后再重新启动主电机。

② 气喇叭开关　当司钻提醒井队工作人员注意时，按下面板上的气喇叭开关（P22805N），开关输入电信号到 PLC，PLC 则给阀 2 电信号，阀 2 打开，供气给气喇叭，气喇叭鸣叫，松开气喇叭开关后，电信号消失，气喇叭停止鸣叫。

③ 转盘惯性刹车　当转盘惯刹开关（RT404N）处于刹车位置时，PLC 发出电信号给阀 3，阀 3 打开，输入气信号到转盘惯刹离合器，同时输入信号给转盘电机，使电机停转，实现转盘惯性刹车。只有当开关复位后，电机才可以再次启动。

④ 自动送钻　当面板上自动送钻开关（RT404N）处于离合位置时，输出电信号到 PLC，PLC 把电信号传给电控系统，使主电机停止运转，启动自动送钻电机，同时，阀 4 受到电信号控制而打开，把气控制信号输入到单气控阀，主气便通过气控阀到自动送钻离合器，实现自动送钻功能。自动送钻离合器与主电机是互锁的，可有效避免误操作。

⑤ 防碰释放　当游车上升到限定位置时，因过圈阀打开而使盘刹紧急刹车，这时，如果要下放游车，先将盘刹刹把拉至“刹”位，再操纵驻车制动阀，然后按下面板上防碰复位开关（RT410N），输出电信号给 PLC，PLC 把电信号传到阀 6，阀 6 打开放气，安全钳的紧急制动解除，此时司钻操作刹把，方可缓慢下放游车。等游车下放到安全高度时，将防碰过圈阀（FP-L6）和防碰释放开关（RT410N）复位，钻机回到正常工作状态。

（3）小结

阀岛应用于石油钻机的控制系统，在设计阀岛时，必须考虑阀岛箱的正压防爆，防止可燃性气体的侵入。同时预留备用开关（RT404N），当需要实现其他功能或某些阀出现故障时，打开备用开关输出电信号给 PLC，PLC 则打开阀 5、阀 7、阀 8，这些备用阀可以完成其他功能或替换故障阀。ZJ70/4500DB 钻机气控系统采用阀岛控制后，其电控制信号更易于实现钻机的数字化控制，控制精准；同时连接时只需一根多芯电缆，不用一一查铭牌对接，连接简便，进一步提高了钻机的自动化程度和工作效率。

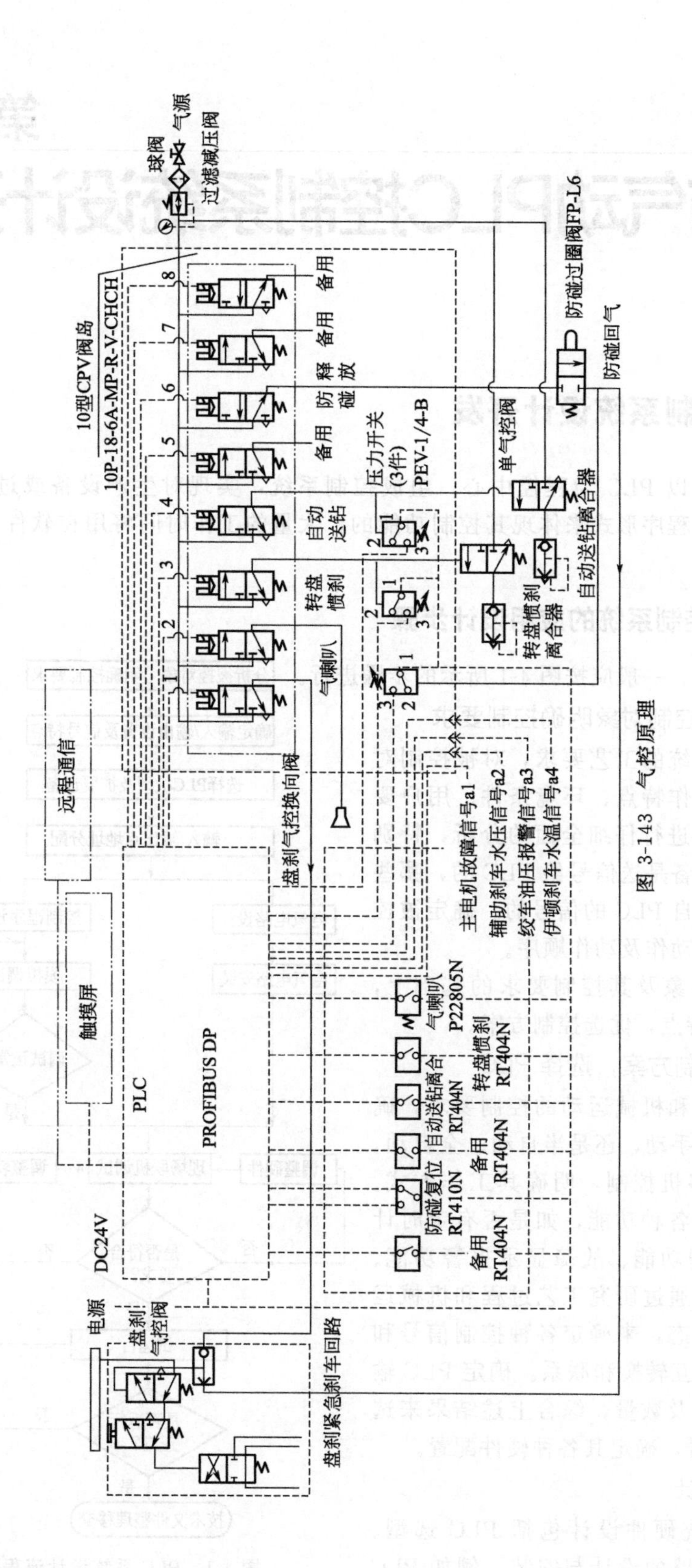

10型CPV阀岛
10P-18-6A-MP-R-V-CHCH
球阀
气源
过滤减压阀
防碰过圈阀FP-L6
防碰回气
备用
备用
防碰释放
备用
压力开关
(3件)
PEV-1/4-B
单气控阀
自动送钻
转盘惯刹
自动送钻离合器
转盘惯刹离合器
气喇叭
远程通信
触摸屏
PLC
PROFIBUS DP
DC24V
电源
盘刹气控阀
盘刹紧急刹车回路
盘刹气控换向阀
主电机故障信号a1
辅助刹车水压信号a2
绞车油压报警信号a3
伊顿刹车水温信号a4
备用 RT404N
防碰复位 RT410N
备用 RT404N
自动送钻离合 RT404N
转盘惯刹 RT404N
气喇叭 P22805N

图 3-143 气控原理

第4章 液压与气动PLC控制系统设计开发

4.1 PLC 控制系统设计开发

PLC 控制系统以 PLC 为程控中心，组成控制系统，实现对生产设备或过程的控制。PLC 控制系统是以程序形式来体现其控制功能的，大量的工作时间将用在软件设计，也就是程序设计之上。

4.1.1 PLC 控制系统的应用设计步骤

PLC 应用设计，一般应按图 4-1 所示的步骤进行。

（1）熟悉被控制对象明确控制要求

首先应分析系统的工艺要求，对被控制对象的工艺过程、工作特点、环境条件、用户要求及其他相关情况进行仔细全面的分析，特别要确定哪些外围设备是送信号给 PLC 的，哪些外围设备是接收来自 PLC 的信号的。确定被控系统所必须完成的动作及动作顺序。

在分析被控对象及其控制要求的基础上，根据 PLC 的技术特点，优选控制方案。

（2）确定控制方案，选择 PLC

根据生产工艺和机械运动的控制要求，确定电气控制系统是手动，还是半自动、全自动，是单机控制还是多机控制，明确其工作方式。还要确定系统中的各种功能，如是否有定时计数功能、紧急处理功能、故障显示报警功能、通信联网功能等。通过研究工艺过程和机械运动的各个步骤和状态，来确定各种控制信号和检测反馈信号的相互转换和联系。确定 PLC 输入输出信号的性质及数量，综合上述结果来选择合适的 PLC 型号，确定其各种硬件配置。

（3）硬件设计

PLC 控制系统硬件设计包括 PLC 选型、I/O 配置、电气电路的设计与安装，例如 PLC

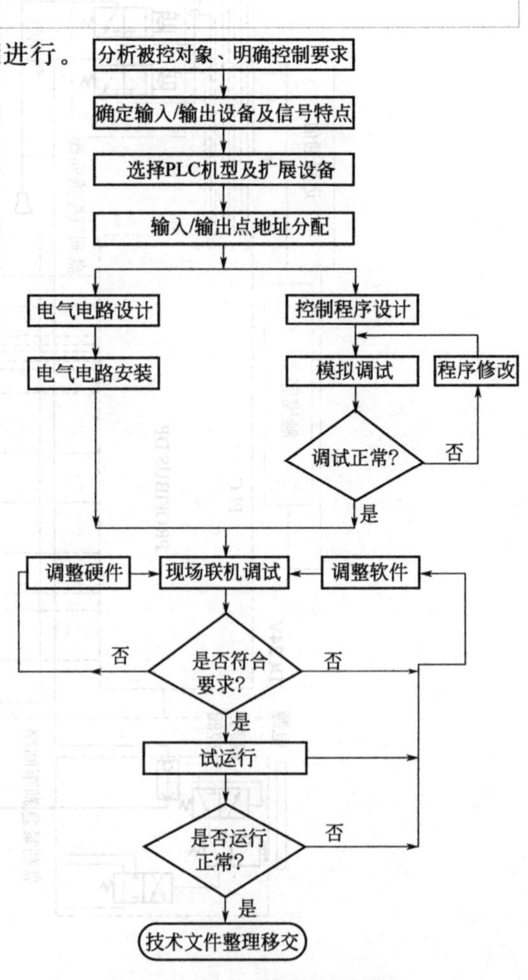

图 4-1 PLC 系统设计流程图

外部电路和电气控制柜、控制台的设计、装配、安装及接线等工作，可与软件设计工作平行进行。

（4）软件设计

① 控制程序设计　用户控制程序的设计即为软件设计，画出梯形图，写出语句表，将程序输入 PLC。

② 模拟调试　将设计好的用户控制程序键入 PLC 后应仔细检查与验证，并修改程序。之后在工作室里进行用户程序的模拟运行和程序调试，对于复杂的程序先进行分段调试，然后进行总调试，并做必要的修改，直到满足要求为止。

（5）现场联机运行总调试

PLC 控制系统设计和安装好以后，可进行现场联机运行总调试。在检查接线等无差错后，先对各单元环节和各电柜分别进行调试，然后再按系统动作顺序，逐步进行调试，并通过指示灯显示器，观察程序执行和系统运行是否满足控制要求，如有问题先修改软件，必要时调整硬件，直到符合要求为止。现场调试后，一般将程序固化在有长久记忆功能的可擦可编只读存储器（EPROM）卡盒中长期保存。

（6）技术文件的整理

系统现场调试和运行考验成功后，整理技术资料，编写技术文件（包括设计图样、程序清单、调试运行情况等资料）及使用、维护说明书等。

4.1.2 PLC 选型

可编程序控制器的选型主要从如下几个方面来考虑。

（1）PLC 功能与控制要求相适应

对于以开关量控制为主，带有少量模拟量控制的项目，可选用带有 A/D、D/A 转换、加减运算的中低档机。对于控制比较复杂、功能要求较高的项目，例如要求实现 HD 调节，闭环控制、通信联网等，应选择高档小型机或中大型 PLC。

（2）PLC 结构合理、机型统一

对于工艺过程比较稳定，使用环境条件比较好的场合，宜选用结构简单、体积小、价格低的整体式机构的 PLC。对于工艺过程变化较多，使用环境较差，尤其是用于大型的复杂的工业设备上，应选用模块式结构的 PLC，这便于维修更换和扩充，但价格较高。对于应用 PLC 较多的单位，应尽可能选用统一的机型，这有利于购置备件，也便于维修和管理。

（3）在线编程或离线编程

离线编程的 PLC，主机和编程器共用一个 CPU，在编程器上有一个“编程/运行”选择开关。选择编程状态时，CPU 只为编程器服务，不再对现场进行控制，这就是“离线”编程。程序编好后，当选择运行状态时，CPU 只为现场控制服务，这时不能进行编程，这种离线编程方式可以降低系统的成本，而且又能满足大多数 PLC 控制系统的要求，因此现今中小型 PLC 常采用离线编程。

对于在线编程方式，主机和编程器各有一个 CPU。编程器的 CPU 可以随时处理由键盘输入的编程指令。主机的 CPU 负责对现场控制，并在一个扫描周期开始，主机将按新送入的程序运行，控制现场，这就是“在线”编程。在线编程的 PLC 增加了硬件和软件，价格高，但使用方便，能满足某些应用场合的要求。大型 PLC 多采用在线编程。

对于定型设备和工艺不常变动的设备，应选用离线编程的 PLC；反之，可考虑选用在线编程的 PLC。

(4) 存储器容量

根据系统大小和控制要求的不同，选择用户存储器容量不同的 PLC。厂家一般提供 1K、2K、4K、8K、16K 程序步容量的存储器。用户程序占用多少内存与许多因素有关，目前只能作粗略估算，估算方法有下面两种（仅供参考）：

① PLC 内存容量（指令条数）等于 I/O 总点数的 10～15 倍。

② 指令条数≈6（I/O）+2（$T+C$）。式中，T 为定时器总数；C 为计数器总数。还应增加一定的裕量。

(5) I/O 点数与输入输出方式

统计出被控设备对输入输出总点数的需求量，据此确定 PLC 的 I/O 点数。必要时增加一定裕量。一般选择增加 15%～20%的备用量，以便今后调整或扩充。

根据实际情况选定合适的输入输出方式的 PLC。

(6) PLC 处理速度

PLC 以扫描方式工作，从接收输入信号到输出信号控制外围设备，存在滞后现象，但能满足一般控制要求。如果某些设备要求输出响应快，应采用快速响应的模块，优化软件缩短扫描周期或中断处理等措施。

(7) 是否要选用扩展单元

多数小型 PLC 是整体结构，除了按点数分成一些档次（如 32 点、48 点、64 点、80 点）外，还有多种扩展单元模块供选择。模块式结构的 PLC 采用主机模块与输入输出模块、功能模块组合使用方法，I/O 模块点数多少分为 8 点、16 点、32 点不等，可根据需要，选择灵活组合主机与 I/O 模块。

(8) 系统可靠性

根据生产环境及工艺要求，应采用功能完善可靠性适宜的 PLC。对可靠性要求极高的系统，应考虑是否采用冗余控制系统或热备份系统。

(9) 编程器与外围设备

小型 PLC 控制系统一般选用价格便宜的简易编程器；如果系统较大或多台 PLC 共用，可选用功能强、编程方便的图形编程器；如果有现成的个人计算机，可选用能在计算机上使用的编程软件。

4.1.3 PLC 控制系统硬件设计

PLC 控制系统硬件主要由 PLC、输入/输出设备和电气控制柜等组成，硬件设计基本要求主要如下。

(1) 硬件设计的基本要求与实施方法

1）确定控制方案

选择的最优控制方案应该满足系统的控制要求。设计前，应深入现场进行调研，搜集相关资料，确定系统的工作方式和各种控制功能。通过各种控制信号与检测反馈信号的相互转换和联系，来确定 PLC 输入/输出信号的性质和数量，选择合适的 PLC 确定硬件系统的各种配置，以便制定系统的最优控制方案。

2）功能完善

在保证完成系统控制功能的基础上，应尽量地把自检、报警以及安全保护等各种功能都纳入设计方案，确保系统的功能比较完善。

3）高可靠性

在PLC控制系统中，就PLC本身来说，其薄弱环节在I/O端口。虽然它与现场之间、端口之间以及端口输入/输出信号与总线信号之间有相当可靠的隔离，但由于PLC应用场合越来越多，应用环境越来越复杂，所受到的干扰也就越来越多，如电源波形的畸变、现场设备所产生的电磁干扰、接地电阻的耦合、输入元件触点的抖动等各种形式的干扰，都有可能使系统不能正常工作。因此，系统在硬件设计时应采取各种措施，以提高PLC控制系统的可靠性。

① 将PLC电源与系统动力设备分别配线。在电源干扰特别严重的情况下，可采用屏蔽层隔离变压器供电，还可加电路滤波器，以便抑制从交直流电源侵入的常模和共模瞬变干扰，还可抑制PLC内部开关电源向外发出噪声。在对PLC工作要求可靠性较高的场合，应将屏蔽层和PLC浮动端子接地。

② 对PLC控制系统进行良好的接地。在PLC控制系统中具有多种形式的“地”，主要有：a. 信号地。它是输入端信号元件传感器的地。b. 交流地。它是交流供电电源的N线，通常噪声主要由此产生。c. 屏蔽地。一般是为了防止静电、磁场感应而设置外壳或全屏网通过专用的铜导线与地壳之间的连接。d. 保护地。一般将机械设备外壳或设备内独立器件的外壳接地，用以保护人身安全和防护设备漏电。

为了抑制附加电源及输入/输出端的干扰，应对PLC控制系统进行良好的接地。当信号频率低于1MHz时，可用一点接地；高于10MHz时，采用多点接地；1～10MHz时，采用哪种接地应视实际情况而定。因此，PLC组成的控制系统通常用一点接地，接地线横截面积应大于$2mm^2$，接地电阻应小于100Ω，接地线应为专用地线。屏蔽地、保护地不能与电源地、信号地和其他地扭在一起，只能各自独立地接到接地铜牌上。为减少信号的电容耦合噪声，可采用多种屏蔽措施。对于电场屏蔽的分布电容，可将屏蔽地接入大地即可解决。对于纯防磁的部位，例如强磁铁、变压器、大电动机的磁场耦合，可采用高导磁材料作为外罩，将外罩接地来屏蔽。

③ PLC I/O配线，应该从下面两个方面来提高系统的可靠性。a. 将各种电路分开布线。PLC电源线、I/O电源线、输入/输出信号线、交流线、直流线都应分开布线。开关量与模拟量的信号线也应分开布线，后者应采用屏蔽线，且屏蔽层应接地。数字传输线要用屏蔽线，并将屏蔽层接地。由于双绞线中电流方向相反、大小相等，并且感应电流产生的噪声可以相互抵消，所以信号线应尽量采用双绞线或屏蔽线。b. PLC的I/O信号防错。在I/O端并联旁路电阻，以减小PLC输入电流和外部负载上的电流。PLC的I/O端并联旁路接线如图4-2所示。当输入信号源为晶体管或光电开关输出类型时，在关断时仍有较大的漏电流。而PLC的输入继电器灵敏度较高，若漏电电流干扰超过一定值时，就会形成误信号。同样，当PLC的输出元件为VTH（双向晶闸管）或为晶体管输出时，而外部负载又很小时，会因为这类输出元件在关断时有较大的漏电流，引起微小电流负载的误动，导致输入与输出信号的错误，给设备和人身造成不良后果。在硬件设计中，应该在PLC输入、输出端并联旁路

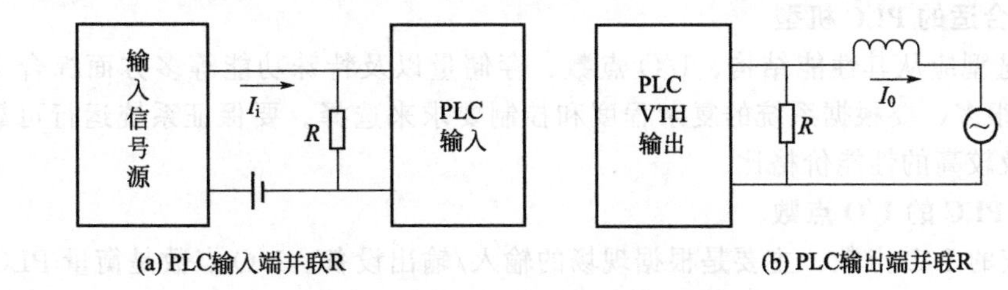

(a) PLC输入端并联R　　(b) PLC输出端并联R

图4-2　PLC的I/O端并联旁路接线

电阻，以减小 PLC 输入电流和外部负载上的电流。也可以在 PLC 输入端加 RC 滤波环节，利用 RC 的延迟作用来抑制窜入脉冲所引起的干扰。在晶闸管输出的负载两端并联 RC 浪涌电流抑制器，以减少漏电流的干扰。

④ 采用性能优良的电源抑制电网引入的干扰。

⑤ 电缆电路敷设的抗干扰措施。为减少动力电缆辐射电磁干扰，尤其是变频装置馈电电缆，不同类型的信号应由不同的电缆传输。信号电缆应按传输信号种类分层敷设，严禁同一电缆不同导线同时传输动力电源和信号，避免信号与动力电缆靠近平行敷设，以减少电磁干扰。

⑥ PLC 具有丰富的内部软继电器，如定时器、计数器、辅助继电器、特殊继电器等，利用它们的程序设计，可以屏蔽输入元件的错误信号，防止输出元件的误动作，提高系统运行的可靠性。

⑦ 在连续工作的场合，应选择双 CPU 机型 PLC 或采用冗余技术（或模块）。对于使用条件恶劣的地方，应选用与之相适应的 PLC 以及采取相应的保护措施。在石油、化工、冶金等行业的一些 PLC 控制系统中，要求有极高的可靠性。一旦系统发生故障会造成停产、设备损坏，给企业带来较大的经济损失。因此使用冗余系统或热备用系统就能有效地解决上述问题。a. 冗余控制系统。如图 4-3 所示，整个 PLC 控制系统由两套完全相同的系统组成。正常运行时，主 CPU 工作，而备用 CPU 输出被禁止，当主 CPU 发生故障时，备用 CPU 自动投入，一切过程由冗余控制单元 RPU 控制，切换时间为 1～3 个扫描周期。I/O 系统的切换也是由 RPU 完成的。b. 热备用系统。如图 4-4 所示，两台 CPU 通信接口连在一起，处于通电状态。当系统发生故障时，由主 CPU 通知备用 CPU 投入运行。切换过程比冗余控制系统慢，但结构简单。

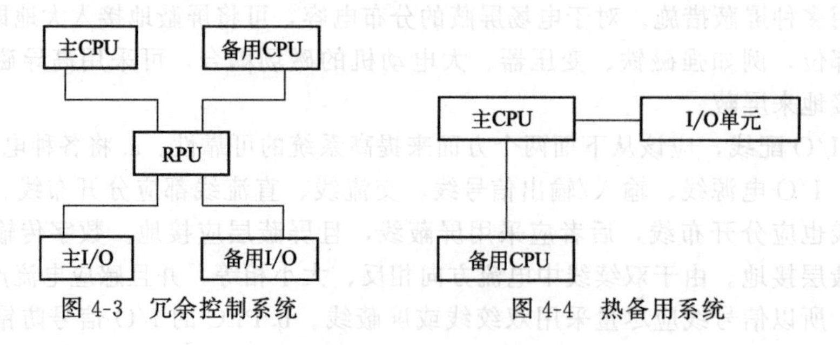

图 4-3 冗余控制系统　　图 4-4 热备用系统

4）经济性

在保证系统控制功能和高可靠性的基础上，应尽量降低成本。

此外，在系统的硬件设计中，还应考虑 PLC 控制系统的先进性、可扩展性和整体的美观性。

（2）硬件设计的一般步骤

1）选择合适的 PLC 机型

PLC 的选型应从其性能结构、I/O 点数、存储量以及特殊功能等多方面综合考虑。由于 PLC 厂家很多，要根据系统的复杂程度和控制要求来选择。要保证系统运行可靠、维护使用方便以及较高的性能价格比。

2）选择 PLC 的 I/O 点数

估算系统的 I/O 点数，主要是根据现场的输入/输出设备。I/O 点数是衡量 PLC 规模大小的重要指标。在选择 I/O 点数时，一定要留有 10%～15%点数余量以备后用。

3）选择输入输出模块

对于输入输出模块，应从以下几个方面来考虑选择。

① 输入模块的选择。选择输入模块应考虑如下两点：a.根据现场输入信号与PLC输入模块距离的远近来选择工作电压，例如12V电压模块一般不应超过12m，距离较远的设备应选用工作电压比较高的模块；b.对于高密度的输入模块，例如32点的输入模块，允许同时接通的点数取决于输入电压和周围环境温度。一般同时接通的输入点数不得超过总输入点数的60%。

② 输出模块的选择。输出模块有继电器输出、晶体管（场效应晶体管）输出和晶闸管输出三种输出形式。继电器输出模块价格比较便宜，在输出变化不太快、开关不频繁的场合，应优先选用；对于开关频繁、功率因数较低的感性负载，可选用晶闸管（交流）和晶体管（直流）输出，但其过载能力低，对感性负载断开瞬间的反向电压必须采取抑制措施。

另外，在选用输出模块时，不但要看一点的驱动能力，还要看整个模块的满负荷能力，即输出模块同时接通点数的总电流值不得超过该模块规定的最大允许电流值。对功率较小的集中设备，例如普通机床，可选用低电压高密度的基本I/O模块；对功率较大的分散设备，如料厂设备，可选用高电压低密度（即用端子连接）的基本I/O模块。

4）估算用户控制程序的存储容量

在PLC程序设计之前，对用户控制程序的存储容量进行大致的估算。用户的控制程序所占用的内存容量与系统控制要求的复杂程度、I/O点数、运算处理、程序的结构等多种因素有关，所以只能根据经验，参考表4-1所列出的每个I/O点数和有关功能器件占用的内存容量的大小进行估算。在选择PLC内存容量时，应留出25%的备份量。

表4-1 用户程序存储容量估算表

序号	器件名称	所需存储器字数	序号	器件名称	所需存储器字数
1	开关量输入	输入总点数×10字/点	4	模拟量	模拟量通道数×100字/通道
2	开关量输出	输出总点数×8字/点	5	通信端口	端口数×300字/个
3	定时器/计数器	定时器/计数器的个数×5字/个			

5）特殊功能模块的配置

在工业控制系统中，除开关信号的开关量外，还有温度、压力、液位、流量等过程控制变量以及位置、速度、加速度、力矩、转矩等运动控制变量，需要对这些变量进行检测和控制。在这些专用场合，输入和输出容量已不是关键参数，而应考虑的是它们的控制功能。目前，各PLC厂家都提供了许多特殊专用模块，除具有A/D和D/A转换功能的模拟量输入/输出模块外，还有温度模块、位控模块、高速计数模块、脉冲计数模块以及网络通信模块等可供用户选择。

在选用特殊功能专用模块时，只要能满足控制功能要求就可以了，一定要避免大材小用。用户可参照PLC厂家的产品手册进行选择。

6）I/O分配

完成上述内容后，最后进行I/O分配，列出系统I/O分配表，尽量将同类的信号集中配置，地址等按顺序连续编排。在分配表中可不包含中间继电器、定时器和计数器等器件。最后设计PLC的I/O端口接线图。

4.1.4 PLC控制系统软件设计

软件设计是PLC控制系统应用设计中工作量最大的一项工作，主要是编写满足生产要求的梯形图程序。软件设计应按以下的要求和步骤进行。

（1）设计 PLC 控制系统流程图

在明确了系统生产工艺要求，分析了各输入/输出与各种操作之间的逻辑关系，确定了需要检测的各种变量和控制方法的基础上，可根据系统中各设备的操作内容与操作顺序，绘出系统控制流程图（控制功能图），作为编写用户控制程序的主要依据。当然也可以绘制系统工艺流程图。总之，要求流程图尽可能详细，使设计人员对整个控制系统有一个整体概念。对于简单的系统，这一步可以省略。

（2）编制梯形图程序

根据控制系统流程图逐条编写满足控制要求的梯形图程序，这是最关键也是较难的一步。设计者在编写过程中，可以借鉴现成的标准程序，但必须弄懂这些程序段的具体含义，否则会给后续工作带来问题。

目前用户控制程序的设计方法较多，没有统一的标准可循，设计者主要依靠经验进行设计。这就要求设计者不仅要熟悉 PLC 编程语言，还要熟悉工业控制的各种典型环节。目前，现代 PLC 厂家能提供一种功能软件，即可以采用流程图（SFC）来编制程序，从而给顺序控制系统的编程带来方便。但并非所有 PLC 厂家都能提供这类功能软件，所以使用 SFC 编程也有一定的局限性。

（3）系统程序测试与修改

程序测试可以初步检查程序是否能够完成系统的控制功能，通过测试不断修改完善程序的功能。测试时，应从各功能单元先入手，设定输入信号，观察输出信号的变化情况。必要时可借用一些仪器进行检测，在完成各功能单元的程序测试之后，再贯穿整个程序，测试各部分接口情况，直至完全满足控制要求为止。

程序测试完成后，需到现场与硬件设备进行联机统调。在现场测试时，应将 PLC 系统与现场信号隔离，既可以切断输入/输出的外部电源，也可以使用暂停输入输出服务指令，以避免引起不必要甚至造成事故的误动作。整个调试工作完成后，编制技术资料，并将用户程序固化在 EPROM 中。

4.1.5 PLC 应用程序的常用设计方法

PLC 应用程序的设计就是梯形图（相当于继电接触器控制系统中的原理图）程序的设计，这是 PLC 控制系统应用设计的核心部分。PLC 所有功能都是以程序的形式体现的，大量的工作将用在软件设计上。程序设计的方法很多，没有统一的标准可循。常用的设计方法通常采用继电器系统设计方法，如经验法、解析法、图解法、翻译法、状态转移法、模块分析法等。

（1）解析法

解析法是根据组合逻辑或时序逻辑的理论，运用逻辑代数求解输入、输出信号的逻辑关系并化简，再根据求解的结果，编制梯形图程序的一种方法。这种方法编程十分简便，逻辑关系一目了然，适用初学者。

在继电器控制电路中，电路的接通与断开，都是通过按钮控制继电器的触点来实现的，这些触点只有接通、断开两种状态，分别和逻辑代数中的“1”“0”两种状态对应。梯形图设计的最基本原则也是“与”“或”“非”的逻辑组合，规律完全符合逻辑运算基本规律。

（2）图解法

图解法是靠绘图进行 PLC 程序设计。常见的绘图有三种方法，即梯形图法、时序图法和流程图法。

梯形图法是依据上述各种程序设计方法把 PLC 程序绘制成梯形图，这是最基本的常用方法。

时序图法特别适合于时间控制电路，例如交通信号灯控制电路，对应的时序图画出后，再依时间用逻辑关系组合，就可以很方便地把电路设计出来。

流程图法是用流程框图表示 PLC 程序执行过程以及输入与输出之间的关系。若使用步进指令进行程序设计是非常方便的。

（3）翻译法

所谓翻译法是将继电器控制逻辑原理图直接翻译成梯形图。工业技术改造通常选用翻译法。原有的继电器控制系统，其控制逻辑原理图在长期的运行中运行可靠，实践证明该系统设计合理。在这种情况下可采用翻译法直接把该系统的继电器控制逻辑原理图翻译成 PLC 控制的梯形图。翻译法操作步骤如下。

① 将检测元件（如行程开关）、按钮等合理安排，且接入输入口。

② 将被控的执行元件（如电磁阀等）接入输出口。

③ 将原继电器控制逻辑原理图中的单向二极管用触点或内部继电器来替代。

④ 和继电器系统一一对应选择 PLC 软件中功能相同的器件。

⑤ 接触点和器件相应关系画梯形图。

⑥ 简化和修改梯形图，使其符合 PLC 的特殊规定和要求，在修改中可适当增加器件或触点。

对于熟悉机电控制的人员来说很容易学会翻译法，可将继电器控制的逻辑原理图直接翻译成梯形图。

（4）PLC 的状态转移法

程序较为复杂时，为保证程序逻辑的正确及程序的易读性，可以将一个控制过程分成若干个阶段，每一个阶段均设一个控制标志，每执行完一个阶段程序，就启动下一个阶段程序的控制标志，并将本阶段控制标志清除。例如十字路口交通信号灯控制，可将整个控制过程分为两个分支（东西方向控制和南北方向控制），每个分支分为三个阶段，分别为绿灯亮阶段、黄灯亮阶段、红灯亮阶段。东西方向三个阶段可设立三个状态标志，选取内部继电器 M0、M1 和 M2；南北方向三个状态标志可选取内部继电器 M10、M11 和 M12。

所谓状态是指特定的功能，因此状态转移实际上就是控制系统的功能转移。在机电控制系统中，机械的自动工作循环过程就是电气控制系统的状态自动、有序、逐步转移的过程。这种功能流程图完整地表现了控制系统的控制过程、各状态的功能、状态转移顺序和条件，它是 PLC 程序设计的好方法。采用状态流程图进行 PLC 程序设计时，应按以下几个步骤进行。

① 画状态流程图。按照机械运动或工艺过程的工作内容、步骤、顺序和控制要求绘出状态功能流程图。

② 确定状态转移条件，用 PLC 的输入点或 PLC 的其他元件来定义状态转移条件，当某转移条件的实际内容不止一个时，每个具体内容定义一个 PLC 的元件编号，并以逻辑组合形式表现为有效的转移条件。

③ 明确电气执行元件功能。确定实现各状态或动作控制功能的电气执行元件，并以对应的 PLC 输出点编号来定义这些电气执行元件。

（5）PLC 的模块法编程

编制大型系统程序时可采用模块法编程，就是把一个控制程序分为以下几个控制部分进行编程。

① 系统初始化程序段。此段程序的目的是使系统达到某一种可知状态，或是装入系统原始参数和运行参数，或是恢复数据。由于意外停电等原因，有可能 PLC 控制系统会停止在某一种随机状态，那么在下一次系统上电时，就需要确定系统的状态。初始化程序段主要使用的是特殊内部继电器 M8002（PLC 上电时继电器 M8002 闭合各扫描周期）。

② 系统手动控制程序段。手动控制程序段是实现手动控制功能的。在一些自动控制系统中，为方便系统的调试而增加了手动控制。在启动手动控制程序时，一定要注意必须防止自动程序被启动。

③ 系统自动控制程序段。自动控制程序段是系统主要控制部分，是系统控制的核心。设计自动控制程序段时，一定要充分考虑系统中的各种逻辑互锁关系、顺序控制关系，确保系统按控制要求正常稳定运行。

④ 系统意外情况处理程序段。意外情况处理程序段是系统在运行过程中发生不可预知情况下应进行的调整过程，最好的处理方法是让系统过渡到某一种状态，然后自动恢复正常控制。如果不可能实现，就需要报警，停止系统运行，等待人工干预。

⑤ 系统演示控制程序段。该程序段是为了演示系统中的某些功能而设定的，一般可以用定时器，实现每隔一段固定时间系统循环演示一遍。为了使系统在演示过程中可以立即进行正常工作，需要随时检测输入端状态。一旦发现输入端状态有变化，就需要立即进入正常运行状态。

⑥ 系统功能程序段。功能程序段是一种特殊程序段，主要是为了实现某一种特殊的功能，如联网、打印、通信等。

4.2 干冰清洗车液压 PLC 控制系统设计开发

CO_2 干冰冷喷射清洗技术以压缩空气作为动力与载体，以被加速的干冰颗粒为介质，通过专门设计的高速高压喷枪将干冰粒子喷射到被清洗物体表面，使被清洗物体表面的污垢迅速冷冻、淬化、龟裂，加上高速高压气流吹除，达到清洗的效果。干冰清洗车是结合机械、电气、液压、气压等技术，配备完善的干冰喷射清洗系统，从而实现清洗的目的的一种综合性清洗设备。

4.2.1 液压系统设计

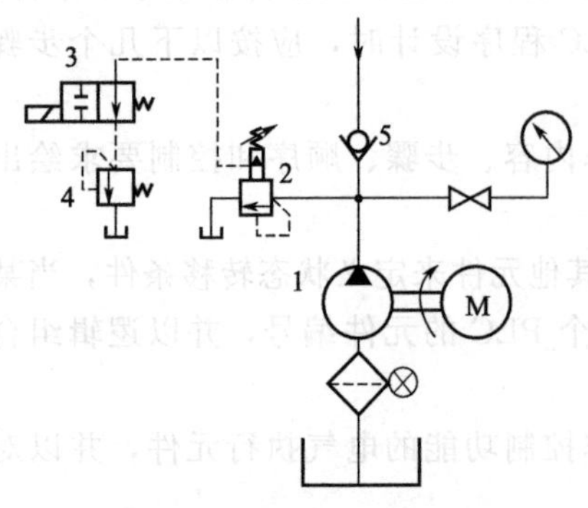

图 4-5　定量泵供油回路

1—液压泵；2—先导型溢流阀；3—二位二通电磁阀；4—溢流阀；5—单向阀

（1）主动力控制回路

定量泵供油回路见图 4-5。干冰清洗车液压系统的动力源由叶片式定量泵 1 供油。这是一个二级调压回路，由泵、溢流阀 2、4 与二位二通阀 3 配合使用，使系统压力保持一定，当超载时，溢流阀打开，使压力油流回油箱，保护液压泵不受损害。由于调平系统的工作压力比马达的工作压力低，二者又不是同时工作的，所以运用二级调压系统以节省系统能耗。当阀 3 关闭，溢流阀 2 工作时系统高压；当阀 3 打开，溢流阀 4 工作时，系统低压。在液压泵出口加一个单向阀 5，防止油液反向流动。这样可以避免压力冲击或系统中其他液压泵输出高压油对它的影响。停泵后，它还可以防止因负载的作用使液压泵反转。同时为了便于测量液压泵输出油液压力的大小，也可以在其出口加一个开关和压力计。由于油液始终保持在单向阀以后的回路中，防止空气混入，所以增加了重新启动的平稳性。

（2）调平系统控制回路

清洗工作时必须保持清洗工作装置垂直稳定地上升和下降，因此必须先将两个调平支脚调整好，并保持住。本系统的调平回路如图 4-6 所示，它主要由支腿调平液压缸、电液比例方向阀、液控单向阀、减压阀、一个倾角传感器和两个压力传感器组成。由传感器检测信号并经 PLC 处理后，通过放大器将信号传给比例方向阀 2、3，比例阀动作使液压油进入油缸，从而实现稳定精确的调平工作。液控单向阀 4、5 的作用是保证液压缸在任意位置停止后都可以稳定保持。减压阀 1 在此处起到的作用是稳定调平系统的压力，通过减压阀使系统的压力不受溢流阀压力波动的影响。

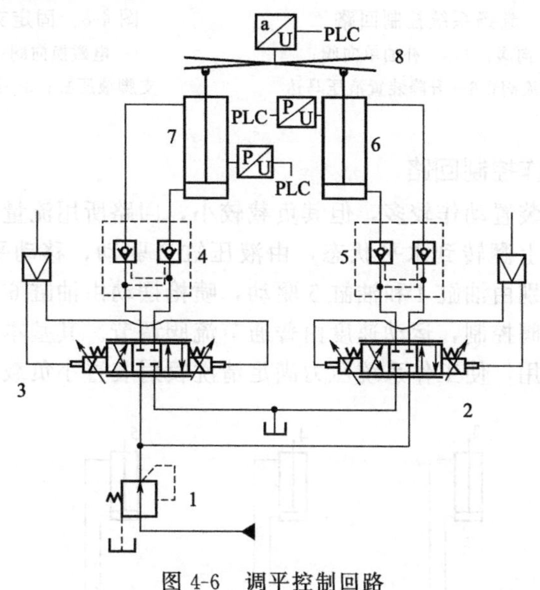

图 4-6　调平控制回路

1—减压阀；2,3—比例方向阀；4,5—保压液控单向阀；6,7—调平支腿液压缸；8—悬挂平台

（3）升降机构控制回路

升降机构工作时，通常要求响应速度快、速度精度要较高，另外考虑到阀控马达方式能节省车的空间，因此升降速度控制部分采用阀控马达的方式，如图 4-7 所示。

升降机构采用一个液压马达，它通过蜗轮蜗杆减速器来驱动卷筒回转。升降速度控制部分液压系统由比例方向阀、单向阀、溢流阀和定量马达构成。利用比例方向阀控制马达的正转、反转、停止，并可控制其速度。给比例方向阀输入一定大小的电信号指令，比例方向阀的阀芯产生一定大小的开口，压力油从此通向马达的高压腔，推动马达克服外负载力矩而转动，从而完成升降系统的速度控制。单向阀 2、3 起补油作用，溢流阀 4、5 起制动作用。

（4）固定支脚回路

由于干冰清洗车进行高空中工作，工作时整个清洗装置不能摇晃和摆动，因此必须加个固定支脚。固定支脚的主要作用是固定整个升降机构，所以回路很简单，主要由液压缸、电磁阀和压力继电器组成。压力继电器的作用是，当液压缸压力达到一定值时，表示支脚已与地面稳定接触，此时即可断开电磁阀，停止伸长支脚，以免影响平台水平。固定支脚基本回路图如图 4-8 所示。

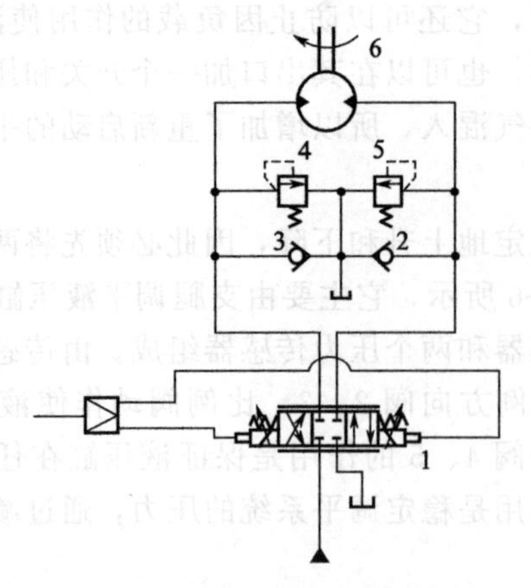

图 4-7 卷扬系统控制回路

1—比例方向阀；2,3—补油单向阀；4,5—制动溢流阀；6—升降装置液压马达

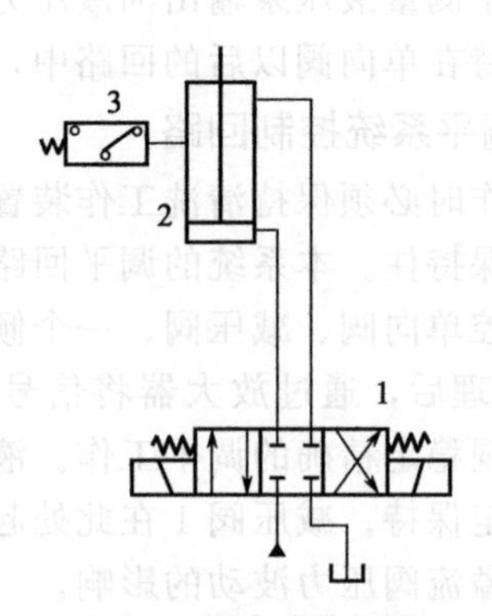

图 4-8 固定支脚回路

1—电磁换向阀；2—固定支脚液压缸；3—压力继电器

（5）喷射机构动作控制回路

干冰清洗车的喷射装置动作较多，但其负载较小，回路所用流量也很小。各个动作都由液压缸驱动，翻转平台上翻转到水平状态，由液压缸2驱动，移动平台的移动由油缸3驱动、两个手臂的开合分别由油缸4和油缸5驱动，喷枪摆动由油缸6驱动，各个油缸活塞杆运动的方向由电磁换向阀控制，运动速度由普通节流阀调节。其基本回路如图4-9所示。这里的减压阀起减压的作用，使工作系统压力满足清洗喷射装置小负载的要求。

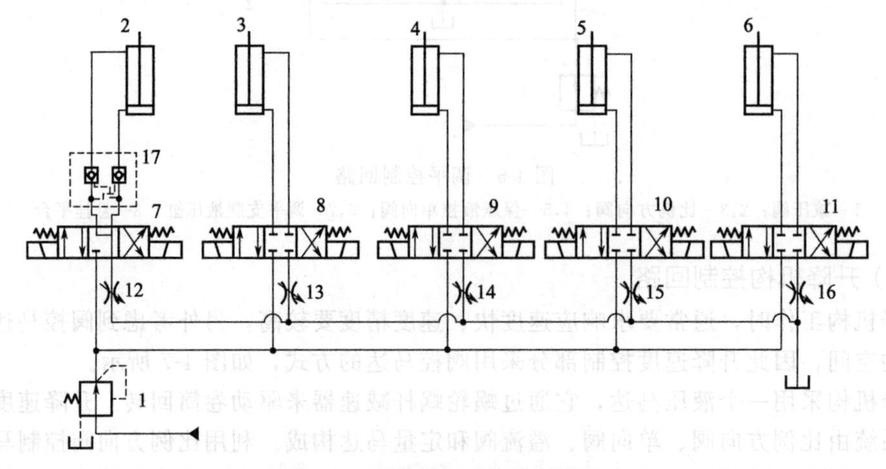

图 4-9 喷射机构动作控制回路

1—减压阀；2—翻转平台支脚液压缸；3—平台移动液压缸；4,5—手臂张合液压缸；6—喷枪摆动液压缸；7～11—电磁换向阀；12～16—节流阀；17—液控单向阀

（6）液压系统回路的合成

首先开始工作的是调平控制回路，调平结束后该回路处于保持状态，然后是卷扬控制回路工作，最后喷射动作控制回路和卷扬控制回路一起工作，所以各个基本回路之间采用并联连接方式。液压系统如图4-10所示。

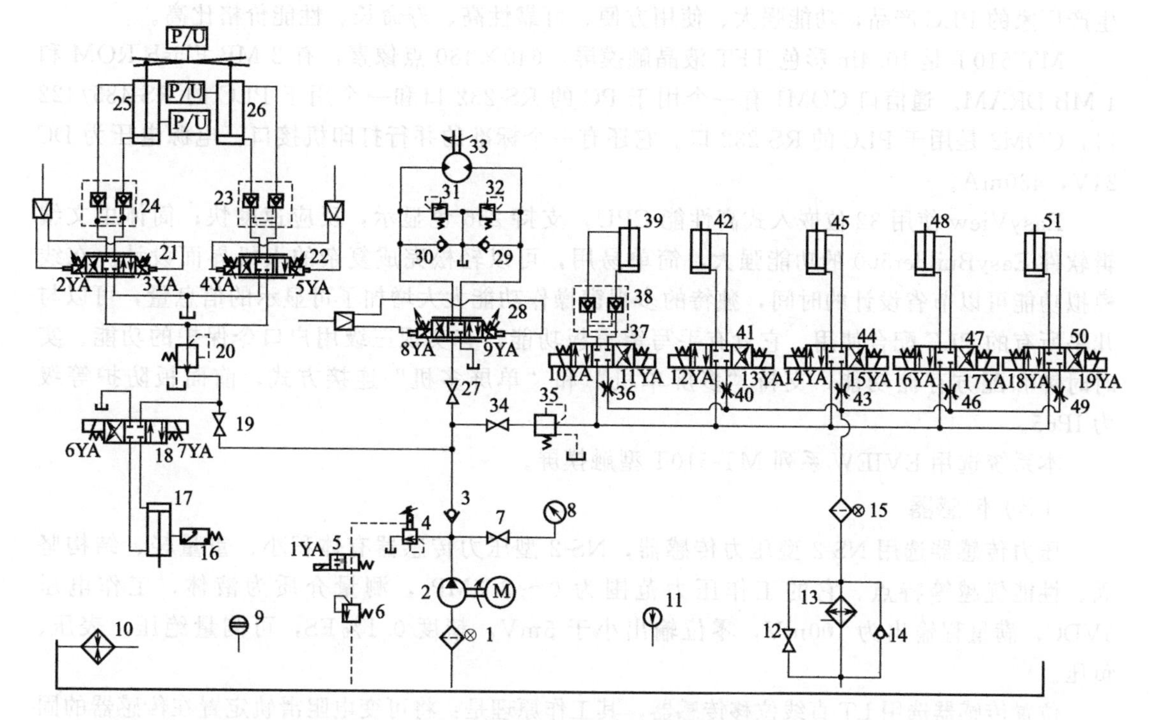

图 4-10　干冰清洗车液压系统

1,15—污染指示过滤器；2—液压泵；3,14,29,30—单向阀；4—先导式溢流阀；5—二位二通电磁阀；6,31,32—溢流阀；7,12,19,27,34—截止阀；8—压力计；9—液位计；10—加热器；11—温度计；13—冷却器；16—压力继电器；17—固定支脚液压缸；18,37,41,44,47,50—三位四通电磁换向阀；20,35—减压阀；21,22,28—比例换向阀；23,24,38—液控单向阀；25,26—调平液压缸；33—升降装置液压马达；36,40,43,46,49—单向节流阀；39—翻转液压缸；42,45—手臂开合液压缸；48—手臂移动液压缸；51—喷枪摆动液压缸

4.2.2　PLC 系统主要硬件的选择

（1）PLC 及 A/D、D/A 模块

FX2N 是三菱 FX 系列中功能最强、运算速度最快的 PLC，能够扩充多种功能模块，可实现逻辑、顺序、定时/计数、数据处理、模拟量控制、位置控制和联网通信等功能。所以 PLC 主机单元选择三菱 FX2N-80MR，继电器输出，满足控制要求，并且性价比高。主单元扩展一个 FX2N-4AD 模拟量输入模块和一个 FX2N-4DA 模拟量输出模块，FX2N-4AD 有四个输入通道（CH1、CH2、CH3、CH4），每一个通道都可进行 A/D 转换，分辨率为 12 位，A/D 转换精度为±1%。输入的模拟电压值范围为直流－10～10V，电流输入范围为直流－20～20mA，占用 I/O 点数 8 个。本系统压力传感器和位置传感器的输送信号为电压信号，所以 FX2N-4AD 模块为电压输入工作方式。FX2N-4DA 有四个输出通道（CH1、CH2、CH3、CH4），每个通道都可以进行 D/A 转换，分辨率为 12 位，A/D 转换精度为±1%。输出的模拟电压值范围为直流－10～10V 可调，电流输出范围为直流－20～20mA，占用 I/O 点数 8 个。电液比例方向阀是利用电流大小控制的，所以 FX2N-4DA 为电流输出工作方式。

（2）触摸屏

EView 是中国台湾人机公司生产的 6 线型精密电阻网络型工业触摸屏，它支持各主要生产厂家的PLC产品，功能强大、使用方便、可靠性高、寿命长、性能价格比高。

MT-510T是10.4in彩色TFT液晶触摸屏，640×480点像素，有2 MB Flash ROM和4 MB DRAM。通信口COM1有一个用于PC的RS-232口和一个用于PLC的RS-485/422口，COM2是用于PLC的RS-232口。它还有一个标准的并行打印机接口。电源电压为DC 24V，430mA。

EasyView使用32位嵌入式高性能CPU，支持256色显示，反应速度快；简体中文编辑软件EasyBuilder500的功能强大，简单易用，可以轻松完成复杂的人机界面设计。在线模拟功能可以节省设计的时间，独特的多视窗操作功能大大增加了可显示的信息量，可以与几乎所有的PLC配合使用。它具有手写留言板功能，有实现三级用户口令保护的功能、实时时钟和配方存储功能，支持“多屏单机”和“单屏多机”连接方式，前面板防护等级为IP65。

本系统选用EVIEW系列MT-510T型触摸屏。

（3）传感器

压力传感器选用NS-2型压力传感器，NS-2型压力传感器有体积小、重量轻、结构坚固、性能优越等特点。它的工作压力范围为0～3.5MPa，测量介质为液体，工作电压5VDC，满量程输出为100mV，零位输出小于5mV，精度0.1%FS，可测量绝压、表压、负压。

位置传感器选用LT直线位移传感器，其工作原理是：将可变电阻滑轨定置在传感器的固定部位，通过滑片在滑轨上的位移来测量不同的阻值。传感器滑轨连接稳态直流电压，允许流过微安培的小电流，滑片和始端之间的电压，与滑片移动的长度成正比。它有以下特点：无限分辨率；行程为50～900mm；独立线性度为±0.05%；工作温度：－30～＋100℃；多种电气连接方式，保护等级IP60。

倾角传感器选用陕西航天长城科技有限公司生产的LE高精度倾角仪。LE系列双轴数字倾角传感器，通过测量静态重力加速度变化，转换成倾角变化。测量输出传感器相对于水平面的倾斜和俯仰角度。内置温度补偿自动修正传感器温度漂移。传感器角度响应速度从1次/秒到5次/秒（可调）。内置冲击抑制模式，依靠角度反映速度的差别，区分冲击震动和倾角变化。它有如下特点：宽广的工作温度范围（－40℃～＋80℃），完全的温度补偿。

测量范围：双轴±5°、±10°、±15°、±20°、±30°、±60°、±90°；高精度：绝对精度0.01（包含所有误差）；分辨率：±0.001；外壳结构防水，抗外界干扰能力强。

其主要性能参数如表4-2所示。

表4-2 LE系列双轴数字倾角传感器主要性能指标

参数	指标值	参数	指标值
输出速度	1～5次/秒	精度(小于±30°)	<±0.1°
测量范围	双轴±10°、±15°、±20°、±30°、±60°、±90°	非线性	±0.05%
分辨率	±0.001°	重复性	±0.003°
精度(大于±30°)	<±0.3°	温度漂移	0.001°/℃

4.2.3 控制系统结构

主要控制元件的I/O点分配见表4-3。

表 4-3　PLC 部分软元件分配表

<table>
<tr><th colspan="3">软元件名</th><th>外部元件</th><th colspan="3">软元件名</th><th>外部元件</th></tr>
<tr><td rowspan="6">输入</td><td colspan="2" rowspan="2">X0～X3</td><td rowspan="2">光电开关</td><td rowspan="6">输出</td><td colspan="2">Y0</td><td>水平指示灯</td></tr>
<tr><td colspan="2">Y1</td><td>上升指示灯</td></tr>
<tr><td colspan="2">X7</td><td>上升限位开关</td><td colspan="2">Y2</td><td>下降指示灯</td></tr>
<tr><td colspan="2">X10</td><td>下降限位开关</td><td colspan="2">Y3</td><td>压力正常指示灯</td></tr>
<tr><td colspan="2">X11</td><td>压力继电器</td><td colspan="2">Y4</td><td>清洗工作台运行指示灯</td></tr>
<tr><td colspan="2">X12～X30</td><td>控制按钮</td><td colspan="2">Y20～Y32</td><td>电磁阀线圈</td></tr>
<tr><td rowspan="4">PLC输入模块</td><td colspan="2">数字量输入模块A1SX42-S1</td><td>倾角传感器</td><td rowspan="4">PLC输出模块</td><td rowspan="4">FX2N-4DA模块</td><td>通道 1</td><td>放大器 1</td></tr>
<tr><td rowspan="3">FX2N-4AD模块</td><td>通道 1</td><td>压力传感器</td><td>通道 2</td><td>放大器 2</td></tr>
<tr><td>通道 2</td><td>压力传感器</td><td rowspan="2">通道 3</td><td rowspan="2">放大器 3</td></tr>
<tr><td>通道 3</td><td>位置传感器</td></tr>
</table>

根据表 4-3 的 I/O 分配点设计出硬件接线图如图 4-11 所示。

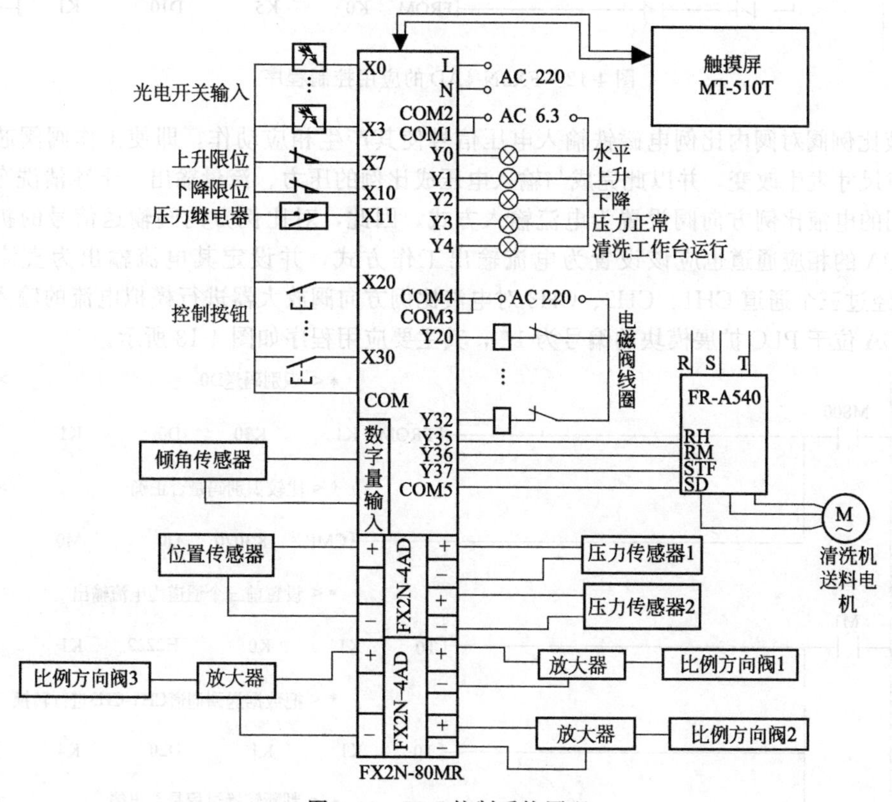

图 4-11　PLC 控制系统原理

4.2.4　PLC 控制程序设计

干冰清洗车电气控制系统所选用的压力传感器和位置传感器采集数据时向 PLC 输送的号均为电压信号，所以扩展的 FX2N-4AD 模块应设置为电压输入工作方式，所用到的三个通道设置为电压输入，并设定电压输入为直流－10～10V，通道 CH4 不用，模块 FX2N-

4AD 位于 PLC 扩展模块的编号为 0 号。功能模块 FX2N-4AD 的应用控制程序主要如图 4-12 所示。

```
                                              *< 识别码送D2                    >
    M800
0 ──┤ ├──┬──────────────────────────[FROM   K0     K30     D2      K1   ]
         │                                    *<比较识别码是否正确              >
         └──────────────────────────[CMP    K2010  D2      M100         ]
                                              *<设置前三个通道为电压输入        >
    M101
17 ─┤ ├──┬──────────────────────────[TO     K0     K0      H3000   K1   ]
         │                                    *<设置平均值采样次数              >
         ├──────────────────────────[TO     K0     K1      K4      K4   ]
         │                                    *<判断转换过程是否出错            >
         ├──────────────────────────[FROM   K0     K29     K4M10   K1   ]
         │                                    *< 正常输入                      >
         │     M10      M20
         └─────┤/├──────┤/├─────────[FROM   K0     K5      D10     K1   ]
```

图 4-12　FX2N-4AD 的应用控制程序

电液比例阀对阀内比例电磁铁输入电压信号使其产生相应动作，即使工作阀阀芯产生位移，阀口尺寸发生改变，并以此完成与输入电压成比例的压力、流量输出。干冰清洗车控制系统所选用的电液比例方向阀设置为电流输入方式，因此，对比例方向阀输送信号的扩展模块 FX2N-4DA 的相应通道也应该设置为电流输出工作方式，并设定其电流输出为直流 −20～20mA，经过三个通道 CH1、CH2、CH3 对电液比例方向阀放大器进行模拟电流的输入，模块 FX2N-4DA 位于 PLC 扩展模块的编号为 1#，其主要应用程序如图 4-13 所示。

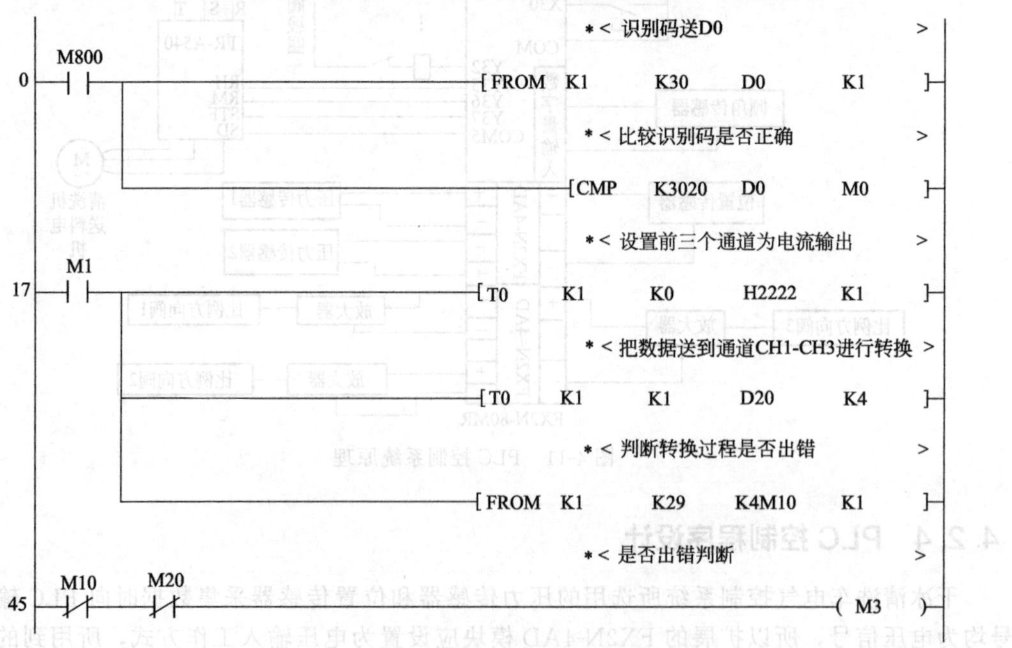

图 4-13　FX2N-4DA 的应用控制程序

4.2.5　触摸屏画面设计

（1）触摸屏画面的总体规划

规划比较复杂的系统的触摸屏画面时，首先应考虑设置主画面。主画面是最重要的画面，系统运行时一般显示主画面，主画面应显示系统主要的信息，并能进行最频繁的操作。应仔细划分系统的功能，将同一功能的输入、输出信息放在一个画面中，便于对该功能的操作和监视。

系统运行时，如果出现故障，不论当时显示的是什么画面，都应及时了解和处理发生的故障。本系统的故障信号较多，为此专门设置了故障画面。在其他画面内都设置了故障信号灯。在出现故障时，点击“故障显示”按钮，将进入故障显示画面。

在确定了需要设置哪些画面，和在各个画面的各个按钮后，分配好 PLC 的对应地址就可以实现触摸屏对 PLC 的通信。确定好各画面，然后用各画面中的画面切换按钮来实现画面之间的切换。

在设计画面时，要对相应的指示灯设置与 PLC 对应的监视地址，如水平指示灯监视地址为 Y0；对设计的按钮等设置与 PLC 相对应的触发地址，如清洗按钮控制位 X11；触摸屏上其他数字量和模拟量的显示也设置对应的地址，设置地址参数的方法如图 4-14 所示。

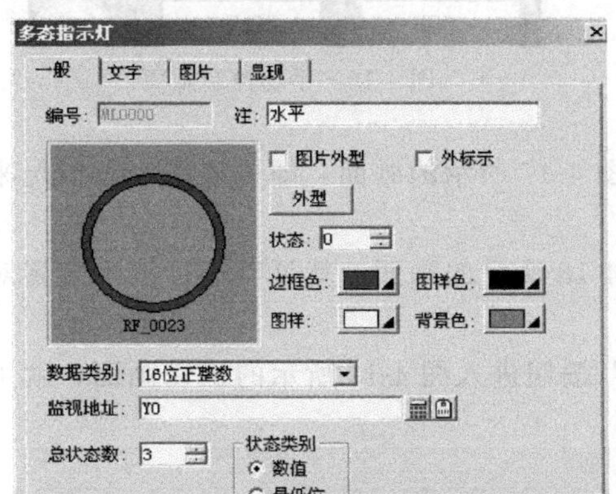

(a) 显示灯监视地址设置

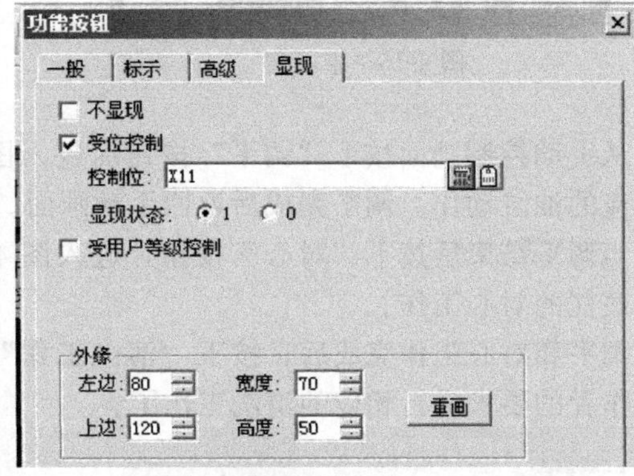

(b) 按钮触发地址设置

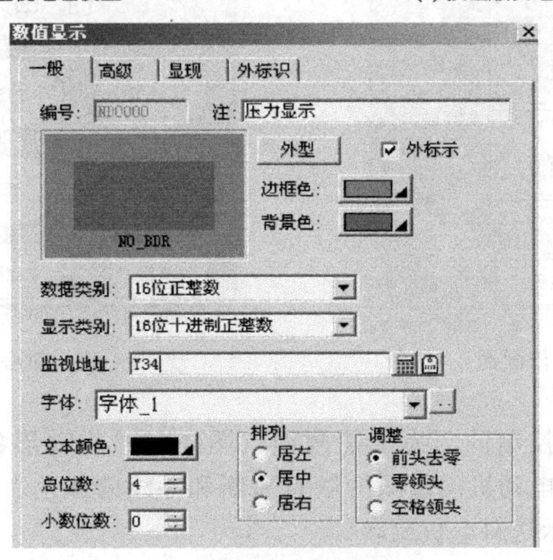

(c) 模拟量显示地址设置

图 4-14　地址参数设置

(2) 画面的设计

在主画面（图4-15）形象直观地显示了干冰清洗车的工作运动状态、用指示灯显示干冰清洗车的各种工作状态，例如快速上升、快速下降、慢速上升、慢速下降，以及平台的调平状态等。还用指示灯显示干冰量是否足够、喷射工作状态和故障信号等。

在主画面上，用数字显示出升降的速度，显示了气压的变化情况。主画面是画面切换的枢纽，用画面下面的5个按钮，可以切换到5个不同的工作画面。其中手动操作的画面有三个子画面。

需要进行手动操作时，按下主画面的“手动”按钮进入图4-16所示的画面后，就可以选择要控制的部分了。

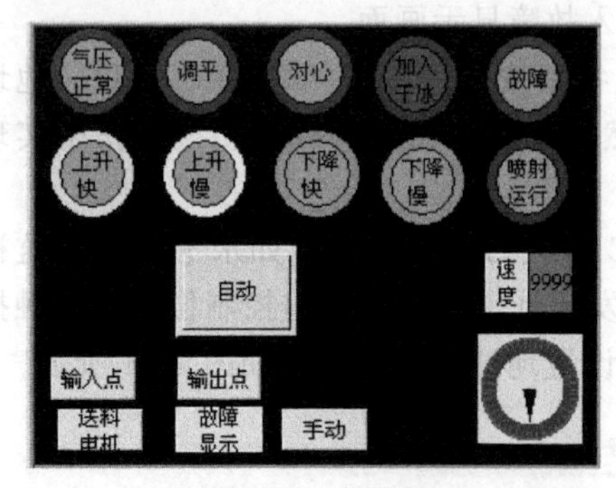

图4-15 主画面

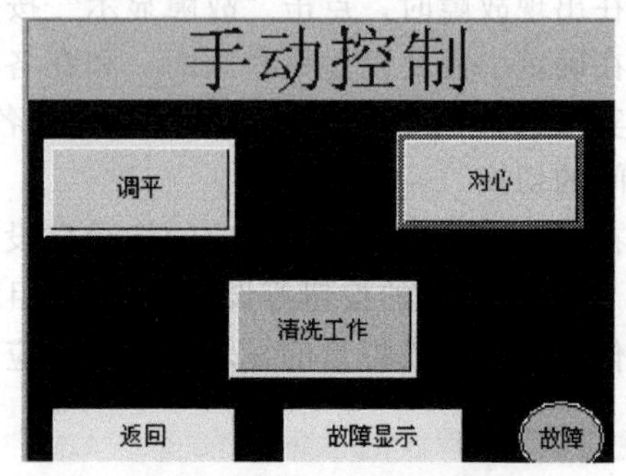

图4-16 手动控制画面

从手动控制画面按下“调平”按钮后进入图4-17所示的画面，即可根据实际情况来控制相应的油缸动作。调平完成后返回手动画面。

当调平结束后按下“对心”按钮，进入图4-18所示的画面，就可以进行清洗装置对绝缘子底柱的对心工作。

调平和对心工作完成后，按下“清洗工作”按钮进入图4-19所示的工作画面，就可以按操作者的要求进行相应的清洗工作了。

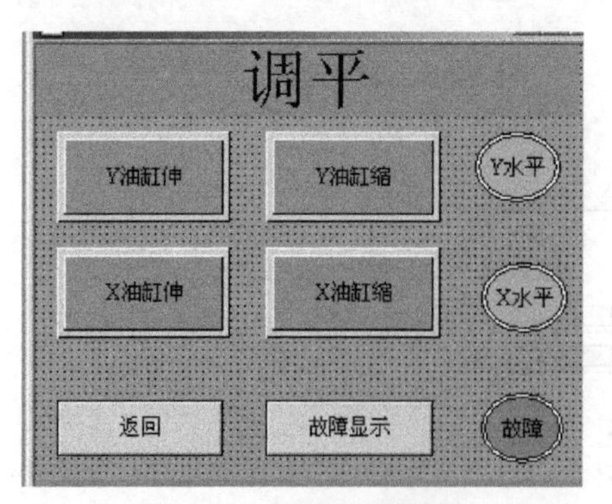

图4-17 调平操作画面

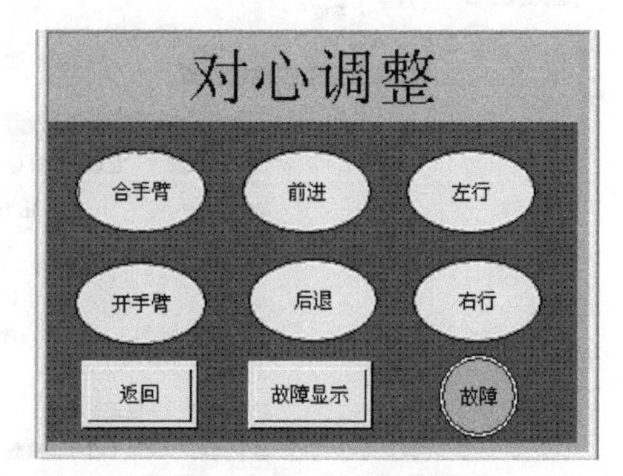

图4-18 对心调整操作画面

送料电机是由变频器控制的，为了使画面（图4-20）生动形象，用控制送料电机的PLC的输出点Y37来控制电动机向量图的触点通断和导线的颜色。用8状态不同位置和颜色的位图的定时切换来表示送料电机旋转。

出现故障时，各画面的“故障”指示灯亮，按“故障显示”按钮，切换到故障显示画面，如图4-21所示。在“故障显示”画面中，故障被细化为各部分故障。按下相应的按钮就可以看到具体的故障信息。

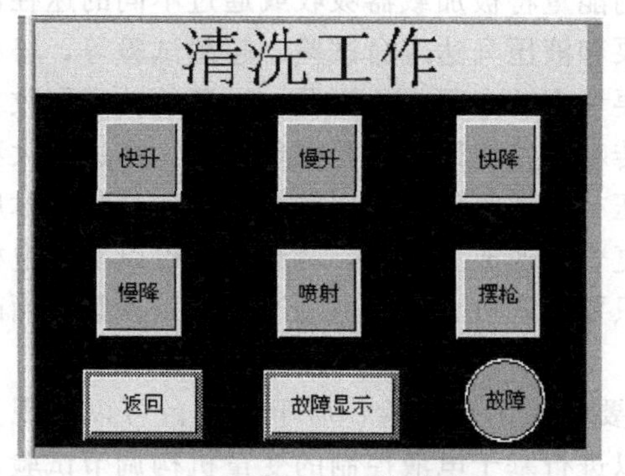

图 4-19　清洗工作控制画面

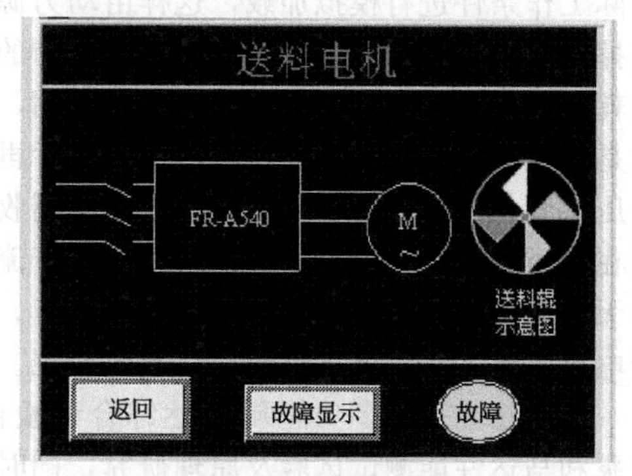

图 4-20　送料电机监控画面

故障显示

日期	时间	区编号	级别	编号	状态	消息
31/12/08	23:59	99	1	AAAAAA	AAA	A...
31/12/08	23:59	99	2	AAAAAA	AAA	A...
31/12/08	23:59	99	3	AAAAAA	AAA	A...
31/12/08	23:59	99	4	AAAAAA	AAA	A...
31/12/08	23:59	99	5	AAAAAA	AAA	A...
31/12/08	23:59	99	6	AAAAAA	AAA	A...
31/12/08	23:59	99	7	AAAAAA	AAA	A...
31/12/08	23:59	99	8	AAAAAA	AAA	A...
31/12/08	23:59	99	1	AAAAAA	AAA	A...
31/12/08	23:59	99	2	AAAAAA	AAA	A...

调平回路　马达回路　液压泵　电压　故障复位

清洗工作台　喷射回路　送料电机　气压　返回

图 4-21　故障显示画面

PLC 的输入点、输出点画面用来显示 PLC 的开关量输入点和开关量输出点的 ON/OFF 状态，便于检修人员查找故障。

4.3　液压泵-马达综合试验台的设计开发

4.3.1　液压泵-马达综合试验台功能需求

本液压系统用于泵和马达联合试验台上，根据用户提出的技术要求，该试验台主要是做挖掘机上的液压泵和挖机上的马达试验，但是，若该试验台的扩展性能好，也可以做其他的泵和马达试验。可以对泵和马达的关键性能参数进行检测和分析研究。

泵和马达都是液压系统的关键零部件，泵是液压系统的动力元件，负责把机械能转换成液压能，提供整个系统的液压能；马达是液压系统的驱动元件，负责将液压能转换成机械能。泵和马达的性能将直接影响整个液压系统的性能。市场上的液压泵、马达种类繁多，但是他们的性能参数种类很多都相同，只是控制方式可能不同，所以本试验台的通用性大。

液压系统的缺点主要有漏、振、热，这些缺点都会导致能量的损失，然而液压试验台一般需要长时间连续工作，所以节能研究是一个重点。目前功率回收和变频技术是节能的重要途径，在液压系统及液压元件的试验过程中，为了完成规定项目的试验，必须对被试对象按实际工作条件进行模拟加载，这样由动力源提供的能量将被加载器吸收或通过不同的途径消耗掉。对于大功率液压系统试验、长时间的液压泵和液压马达寿命试验、超载试验等，势必要耗费大量的能量，为了将能量充分利用，必须要考虑功率回收的问题。一般的功率回收方式是将原动机发出的功率传给负载，然后再经过传动装置传回动力源循环使用。在进行大型液压试验台的设计时，常设计机械补偿回收和液压补偿回收两种功率回收方案。变频技术应用在液压系统中使得系统的电容调速、节流调速复合调速成为可能，变频调速可以实现电机的无级调速，最终实现液压泵的容积调速，这些只要在人机界面上通过改变输入参数从而改变电机的输入频率就可以轻松简单地实现。

下面建立一个多功能泵-马达综合试验台，主要是做出厂试验，居于该平台可以实现多种泵和马达性能测试试验及原理研究，同时也可以进行基于电液控制的变量机构调节试验。

不同型号泵的额定转速和最大转速可能不同，采用变频器可以进行无级转速设定，同时也可以实现对泵的变速特性测定。因为主要是做出厂试验，所以每种型号批量生产的，设计时考虑到基于一次仅会做一个型号的泵或马达试验，并且每次试验的时间较长，本试验台提供一个泵和马达安装位，并配置相应的控制回路和辅助回路、检测仪器仪表、快速管路接头、法兰盘，每次试验的时候只要安装被测元件，接上快速接头和法兰盘就可以，不必要为每种特定型号的泵和马达试验都配置相应的管路和接头，通过电磁阀和手阀实现油路的切换，这种设计简单方便，并且可以共用的仪器仪表尽量共用，减少投资，节省成本。系统所能进行的试验如下。

① 液压泵前泵出厂试验。

② 液压泵后泵出厂试验。

③ 闭式泵出厂试验。

④ 行走马达出厂试验。

⑤ 旋转马达出厂试验。

4.3.2 液压泵-马达综合试验台液压技术方案

（1）开式泵试验系统

开式泵的液压试验系统原理如图4-22所示。

将被试泵安装在图中的位置连接好油管，通过变频器设定电机1的转速，通过控油口X来控制插装阀4，其中压力大小通过先导阀6来调节，通过插装阀的油液经过流量计8和板式散热器14和回油过滤器11回油箱，通过流量计的读数可以知道泵的流量，通过压力传感器18可以采集到被试泵的压力，同时通过扭矩仪可以采集电机的转速和扭矩，计算出泵的所有参数。

（2）闭式泵试验系统

根据闭式泵的试验要求，并根据国家试验标准对闭式泵的测量项目及测试精度要求，闭式泵的液压试验系统原理如图4-23所示。

启动马达1通过联轴器带动闭式泵3，最终油液通过单向阀4、插装阀9、流量计10、板式散热器11和回油过滤器到达油箱，整个系统的压力通过比例溢流阀7来调节和设定，该参数可以在触摸屏设定或者通过电位器来调节，油液到达流量计10时可以测量流量大小，因采集到系统的流量和压力，故可以知道闭式泵的待测参数。泵18是位闭式系统提供补油用的，当吸油能力不够时，补油泵为系统提供充足的液压油，其中补油泵的输出压力可以通过比例阀20和先导比例阀7联合设定和调节。P5口是备用的，提供一个外控压力，当没有独立的外控泵时 P5 就可以用上，并且 P5 的压力可以通过比例阀 20 和先导比例阀 7 联合设定和调节。

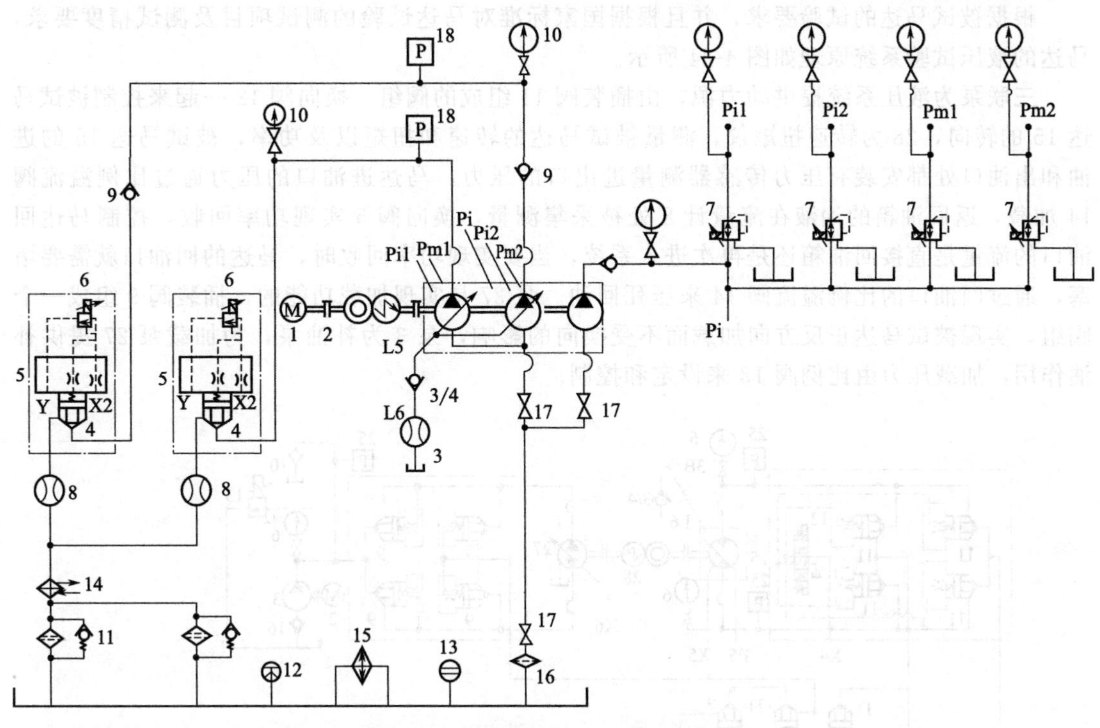

图 4-22　开式泵的液压试验系统原理

1—变频电机；2—联轴器；3—流量计；4—插装阀阀芯；5—盖板；6—先导比例溢流阀；7—先导比例减压阀；8—流量计；9—单向阀；10—压力表；11—回油过滤器；12—液温计；13—液位计；14—板式热交换器；15—加热器；16—吸油过滤器；17—截止阀；18—压力传感器

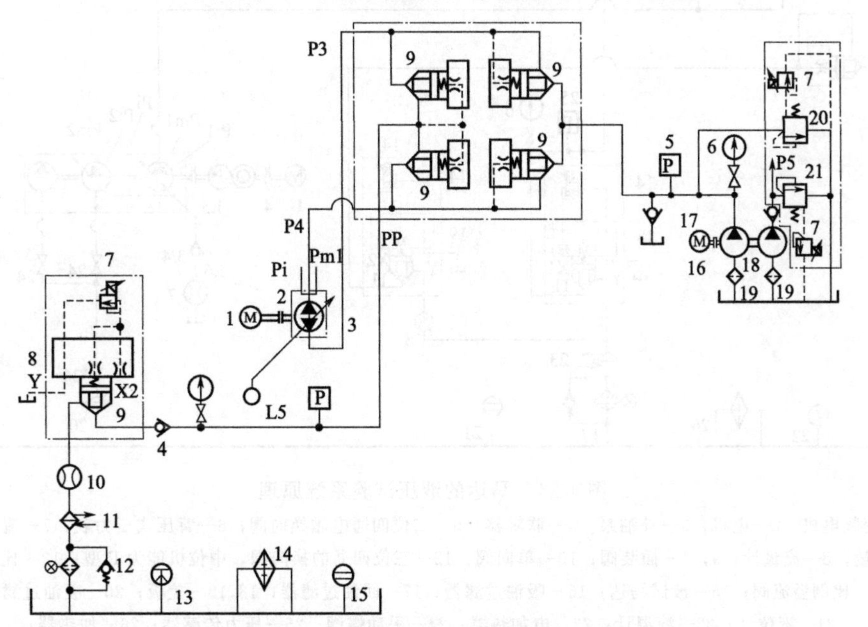

图 4-23　闭式泵的液压试验系统原理

1—马达；2—联轴器；3—被试闭式泵；4—单向阀；5—压力传感器；6—背接式压力表；7—先导比例溢流阀；8—盖板；9—插装阀；10—流量计；11—板式散热器；12—回油过滤器；13—液温传感器；14—加热器；15—液位计；16—马达；17—联轴器；18—双联泵；19—吸油过滤器；20—先导式溢流阀；21—先导式溢流阀

（3）马达试验系统

根据被试马达的试验要求，并且根据国家标准对马达试验的测试项目及测试精度要求，马达的液压试验系统原理如图 4-24 所示。

三联泵为液压系统提供动力源，由插装阀 11 组成的阀组、换向阀 12 一起来控制被试马达 15 的转向，28 为转速扭矩仪，测量被试马达的转速和扭矩以及功率，被试马达 15 的进油和出油口处都安装有压力传感器测量进出口的压力，马达进油口的压力通过比例溢流阀 14 加载，返回油箱的油液在流量计 8 处被采集测量，换向阀 5 实现功率回收，控制马达回油口的流量是直接回油箱还是再次进入系统，当要实现功率回收时，马达的回油口就需要堵塞，通过回油口的比例溢流阀 14 来压死回油。泵 27 是实现加载功能的，插装阀 9 组成一个阀组，实现被试马达正反方向加载而不受换向的影响，泵 3 为补油泵，为加载泵 27 提供补油作用，加载压力由比例阀 13 来设定和控制。

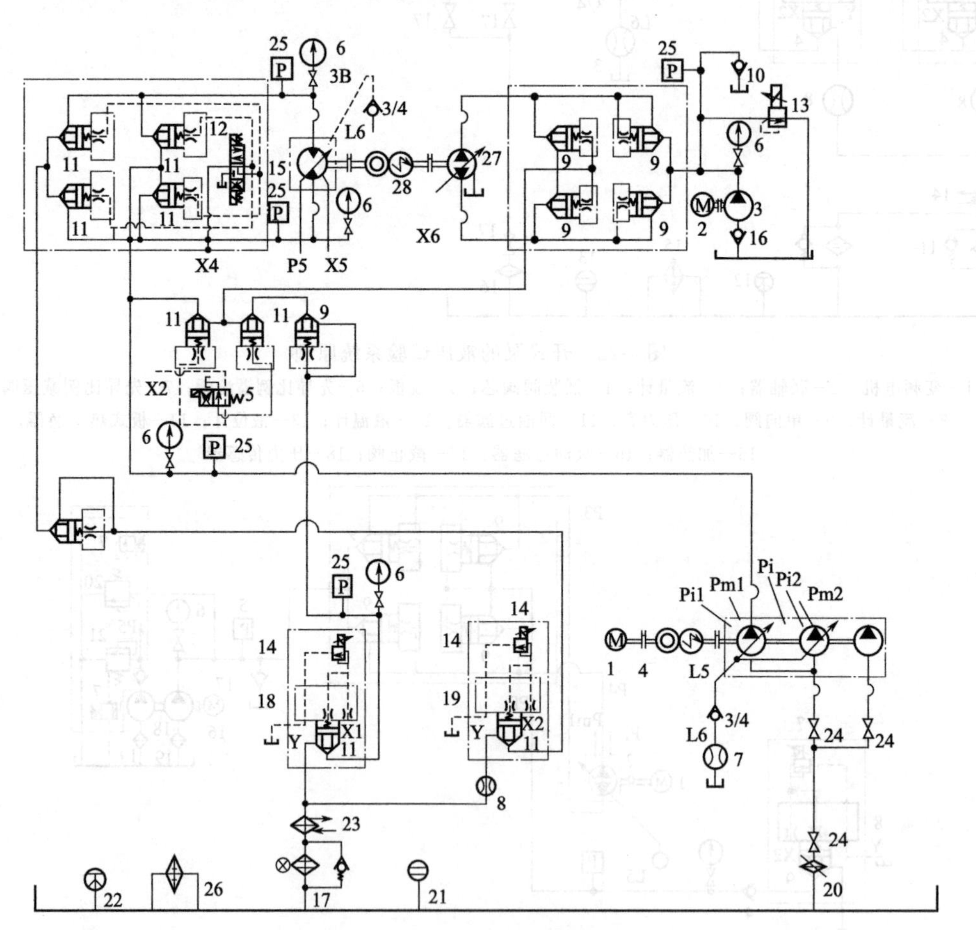

图 4-24　马达的液压试验系统原理

1—变频电机；2—电机；3—补油泵；4—联轴器；5—二位四通电磁换向阀；6—背压式压力表；7—流量计，测试泄漏量；8—流量计；9,11—插装阀；10—单向阀；12—三位四通的换向阀，中位机能为 P 型；13—比例溢流阀；14—比例溢流阀；15—被试马达；16—吸油过滤器；17—回油过滤器；18,19—盖板；20—吸油过滤器；21—液位计；22—液温计；23—电加热器；24—手动蝶阀；25—压力传感器；26—加热器；27—加载泵；28—转速扭矩仪；Y,X1,X2—控油接口

4.3.3　测试系统设计

系统中需要采集的对象包括压力、流量、转速、转矩、流量、行程开关、油温等信息转换为电信号，进入系统参与控制，并且变频器、比例阀、电磁阀要被操作台和触摸屏远程控制，同时消除变频器对系统的干扰。

（1）测试系统组成

作为液压试验台的测试系统，所有的数据输入都是通过转速扭矩采集仪和数据采集卡把数据传输到工控机上实现数据处理和显示，转速扭矩仪采集仪把采集到的数据通过 R232/R485 接口传输到工控机 COM 口，数据采集卡是插在计算机 PCI 插槽中，通过采集到的数据对比例阀、电机、油温加温器等进行控制和操作，测试系统主要由转速扭矩采集仪、数据采集卡、各类传感器、比例放大板、工控机、抗干扰电路及外围设备组成，图 4-25 是测试系统的硬件结构。

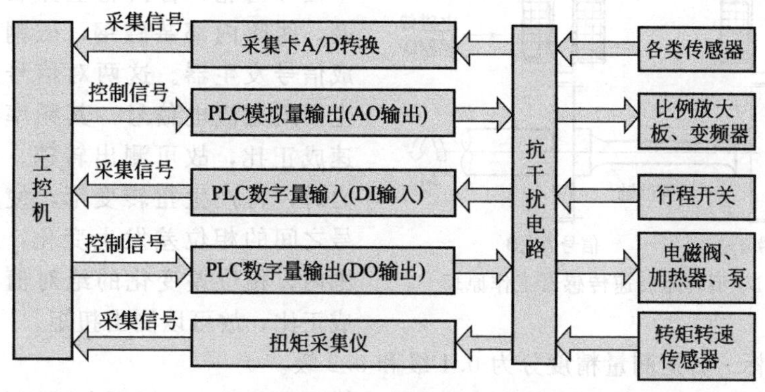

图 4-25　测试系统的硬件结构

传感器把采集到的物理信号转换成电信号，经过抗干扰电路处理后，进入数据采集卡，转换成计算机可以识别处理的标准数字量信号，进入工控机进行数据采集、处理和显示，并参与液压系统控制。所有的模拟数据输出量是通过 PLC 模拟量输出模块（AO）进行输出的，输出控制量主要有压力、电机转速、油液温度，用户可以在触摸屏上输入控制参数大小，结合采集反馈的信号对比例放大板、变频器进行联合控制。

（2）传感器

针对液压泵和液压马达的出厂测试，被测试的信号都是进入采集卡，这就系统中要求被测的压力、流量、扭矩、转速、温度等信号要经过电信号转换，转换成计算机可以识别的标准数字信号输入电脑中。为了规范模拟量的输入以及提高传感器采集的信号在传输过程中的抗干扰能力，试验台的压力、流量、温度传感器都选择二线制的电流型传感器，供电电源为 DC24V，输出电流为 4～20mA。

1）压力传感器

考虑到被试验压力的量程，所有压力传感器为瑞士 HUBA 公司制造的 5110EM 压力变送器，量程为 60MPa，该压力变送器的线性、迟滞和重复性之和小于＋/－0.3%f_s，零点及满量程的精度可调整小于＋/－0.3%f_s。

2）流量传感器

流量计用来测量被试泵和马达的流量以及泄漏量，流量采用 CT 系列涡轮流量计，图 4-24 中 7 为 CT50-5V-B-B，量程为 60L/min，8 为 CT600HP-5V-S-B，量程为 600L/min。

3）温度传感器

温度传感器用来测量液压油箱中的温度，选用 SBWZ-2480K2300B400 热电阻温度传感器，其量程为－50～100℃。

4）转矩转速传感器

转矩转速传感器用来测试被试泵和马达的转速、扭矩以及功率，本课题选用 NJ 型转矩转速传感器，该扭矩仪通常和 NC 型扭矩测量仪或 CB 系列扭矩测试卡配套使用。是一种测量各种动力机械转动力矩、转速及机械功率的精密测量仪器。

① NJ 型转矩转速传感器　NJ 型转矩转速传感器的基本原理是：通过弹性轴、两组电磁传感器，把被测转矩、转速转换成具有相位差的两组交流电信号，这两组交流电信号的频率相同且与轴的转速成正比，而其相位差的变化部分又与被测转矩成正比。

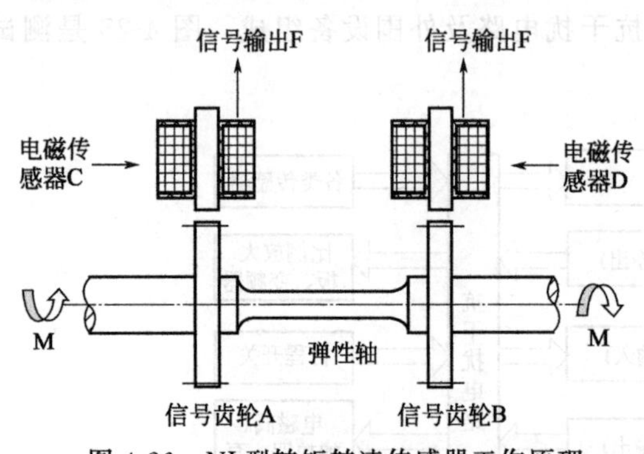

图 4-26　NJ 型转矩转速传感器工作原理

NJ 型转矩转速传感器的工作原理如图 4-26 所示。图 4-26 中弹性轴两端装有一个信号齿轮，各齿轮上方装有一个信号线圈，线圈内部装磁钢，磁钢和信号齿轮组成信号发生器。这两对信号发生器可以产生两组交流电信号，其频率相同且和轴转速成正比，故可测出转速。在弹性轴受扭力时，将产生扭转变形，使两组交流电信号之间的相位差发生变化，在弹性变形范围内，相位差变化的绝对值与转矩的大小成正比，故可以测出扭矩。

② 性能指标　转矩测量精度分为 0.1 级和 0.2 级。

a. 静校。直接用砝码产生标准力矩校准时，其测量误差 0.1 级不大于额定值的±0.1%；0.2 级不大于额定值的±0.2%。

b. 转速变化的附加误差。在规定转速范围内变化时，转矩读数变化不大于额定转矩的±0.1%（国家标准为±0.2%）。

5）其他传感器

如碟阀上的行程开关、液位计等都是开关量信号，供电电源为 DC24V，回路输出信号到 PLC，电压为 0V 或者 24V。

（3）转速转矩采集仪

NC-3 扭矩仪是与磁电式相位差型 NJ 扭矩传感器配套使用，可以精确地测定各种动力机械的转矩、转速和功率。NC-3 扭矩仪采用高速数字信号处理器（DSP）和大规模可编程逻辑芯片（CPLD）构成简洁高效的数据采集和处理系统，独特的设计和先进的表面贴装工艺大大提高了系统的可靠性和抗干扰能力；硬件具有两级看门狗功能，保证系统在异常时能及时复位。

NC-3 扭矩仪功能强大，有极大的灵活性和通用性。①支持 RS-232/RS-485 或者 CAN 通信方式，可以和计算机简便、灵活、快速通信；②支持正反转双向调零，单点或多点调零；③模拟量输入可以适应 0～5V 和 1～5V（4～20mA）；④最快采样时间 1ms。

（4）比例放大器

所用到的比例放大器都是配合比例压力阀使用，控制电磁铁的电流大小，根据比过控制器或电位器输入的信号调节阀芯的位置控制比例阀的压力大小，输入信号是通过人机界面上输入和电位器控制输入信号大小。选用阿托斯生产的 E-MI-AC-01F，该放大器是一个快速插入式的，放大器放在铝盒里，使用起来方便简单。该比例放大器具有上升/下降，对称（标准）或非对称斜坡发生器，输入和输出线上增加了电子滤波器。

比例放大器的主要特性如表4-4所示，其接线如图4-27所示。

表4-4 比例放大器的主要特性

参数	指标值
电源:正极接点1,负极接点2	额定:24DVC,整流及滤波:V_{RMS}=21～33(最大峰值脉冲=±10%)
最大功率消耗	40W
供给电磁铁电流	I_{max}=2.7A,PWM型方波[电磁铁型号ZO(R)-A,电阻3.2Ω]
额定输入信号(工厂预调)	0～10V_{DC}接点4,见图4-27
输入信号编号范围(增益调整)	0～10V(0～5V_{min}),对应电流信号:0～20mA
信号输入阻抗	电压信号R_u>50kΩ,电流信号R_i=250Ω
向电位器供电	从点3供+5V/10mA
斜坡时间	最大10s(输入信号0～10V时)
接线	5芯屏蔽电缆,带屏蔽层,规格是0.5～1.0mm截面积(20AWG～18AWG)
连接点形式	7个接点,呈带状接线端子
盒子格式	盒上配有DIN43650-IP65型插头,VDE0110管级接电磁铁
工作温度	0～50
放大器质量	190g
特点	输出到电磁铁的电路有防意外短路保护功能

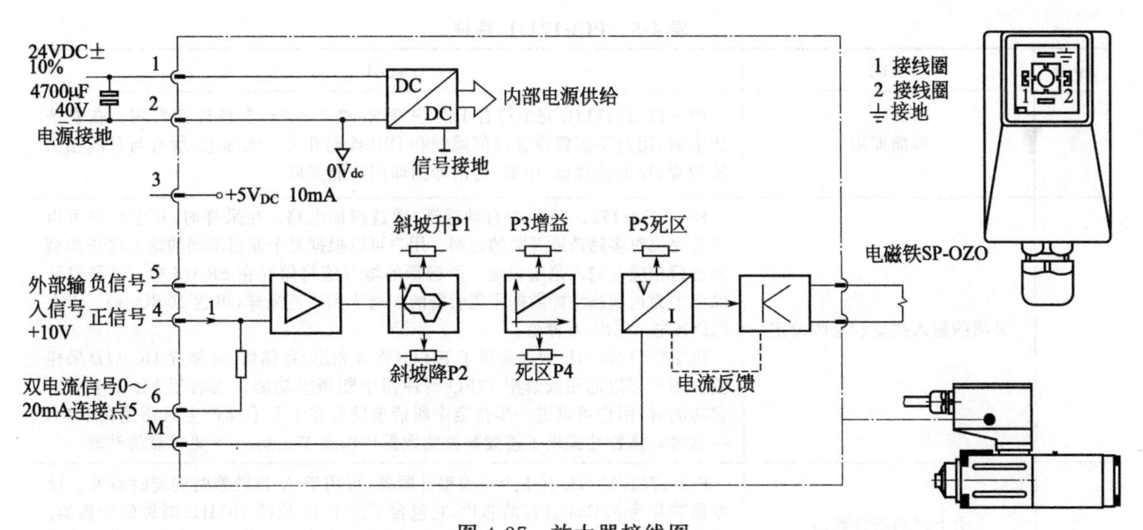

图4-27 放大器接线图

① 电源 电源必须足够稳定或经过整流和滤波：如用单向整流器，则至少要用10000μF/40V的电容器；如用三相整流器，则至少需要4700μF/40V的电容器。输入信号和主电气控制柜之间的连接电缆必须是屏蔽十字电缆，注意正负极必须不能反接，将电缆屏蔽可以避免电磁噪声干扰，要符合EMC规范，将屏蔽层连接到没有噪声地，放大器应远离辐射源，如大电流电缆、电机、变频器、中继器、便携式收音机等。

② 输入信号 电子放大器接收电位器输入的0～5V电压信号；接收由PLC送来的0～10V电压信号。

③ 增益调整 驱动电流和输入信号之间的关系可用增益调整器调整，即调整图4-28中

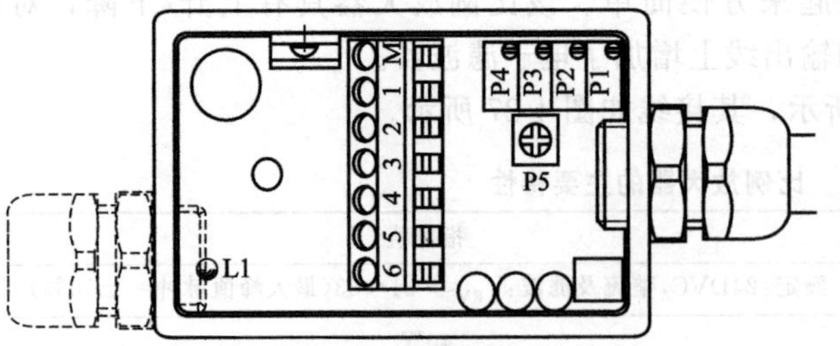

图 4-28 调校外形

的 P3。

④ 偏流调整，即死区调整 死区调整是为了使阀的液压零（初始位置调整）与电气零位置相对应，电子放大器与配用的比例阀调整校准，当输入电压等于或大于 100mV 时才有电流。

⑤ 斜坡调整 内部斜坡发生器电流将输入阶的跃信号转换为缓慢上升的输出信号，电流的上升/下降时间可通过图 4-28 中的 P1 调整，输入信号幅值从 0V 上升到 10V 所需最长时间可为 10s。

图 4-28 中接线共有 7 个端子：M 为检测点信号（驱动电路）；1 为正极电源；2 为接地端子；3 为输出＋5VDC（10mA）；4 为正信号输入；5 为负信号输入；6 为对电流信号与 5 点连接。调整开关一共有 6 个：P1 为斜坡升；P2 为非对称斜坡降；P3 为增益；P4 为偏流；P5 为颤振；L1 为使能指示灯。

（5）数据采集卡

液压泵-马达综合试验台液压系统共有 21 个模拟量输入，控制和采集系统的数字量输入和输出都是通过 PLC 来实现的。从性价比综合衡量，最终选用研华的两块 PCI-1711L 数据采集卡，其参数如表 4-5 所示。

表 4-5 PCI-1711L 特性

序号	功能	说明
1	即插即用	PCI-1711/1711L 完全符合 PCI 规格 Rev2.1 标准，支持即插即用。在安装插卡时，用户不需要设置任何跳线和 DIP 拨码开关。实际上，所有与总线相关的配置，比如基地址、中断，均由即插即用功能完成
2	灵活的输入类型和范围设定	PCI-1711/1711L 有一个自动通道/增益扫描电路。在采样时，这个电路可以自己完成对多路选通开关的控制。用户可以根据每个通道不同的输入电压类型来进行相应的输入范围设定。所选择的增益值将储存在 SRAM 中。这种设计保证了为达到高性能数据采集所需的多通道和高速采样(可达 100KS/s)。卡上 FIFO(先入先出)存储器。 PCI-1711/1711L 卡上提供了 FIFO(先入先出)存储器，可储存 1K A/D 采样值。用户可以起用或禁用 FIFO 缓冲器中断请求功能。当启用 FIFO 中断请求功能时，用户可以进一步指定中断请求发生在 1 个采样产生时还是在 FIFO 半满时。该特性提供了连续高速的数据传输及 Windows 下更可靠的性能
3	卡上可编程计数器	PCI-1711/1711L 有 1 个可编程计数器，可用于 A/D 转换时的定时触发。计数器芯片为 82C54 兼容的芯片，它包含了三个 16 位的 10MHz 时钟的计数器。其中有一个计数器作为事件计数器，用来对输入通道的事件进行计数。另外两个计数器级联成 1 个 32 位定时器，用于 A/D 转换时的定时触发
4	16 路数字输入和 16 路数字输出	PCI-1711/1711L 提供 16 路数字输入和 16 路数字输出，使客户可以最大灵活的根据自己的需要来应用
5	采集卡特点	PCI-1711L 特点：16 路模拟量输入；12 位 A/D 转换器，采样速率可达 100kHz；每个输入通道的增益可编程；自动通道/增益扫描；卡上 1K 采样 FIFO 缓冲器；有 16 个数字量输入通道和 16 个数字量输出通道；可编程触发器/定时器
6	模拟量信号连接	PCI-1711L 提供 16 路单端模拟量输入通道，当测量一个单端信号源时，只需一根导线将信号连接到输入端口，被测的输入电压以公共的地为参考。没有地端的信号源称为“浮动”信号源，PCI-1711/1731 为外部的浮动信号源提供一个参考地。浮动信号源连接到单端输入

续表

序号	功能	说明
7	触发源连接	①内部触发源连接 PCI-1711L 带有一个 82C54 或与其兼容的定时器/计数器芯片，它有三个 16 位连在 10MHz 时钟源的计数器。Counter 0 作为事件计数器或脉冲发生器，可用于对输入通道的事件进行计数。另外两个 Counter 1、Counter 2 级连在一起，用作脉冲触发的 32 位定时器。从 PACER-OUT 输出一个上升沿触发一次 A/D 转换，同时也可以用它作为别的同步信号。 ②外部触发源连接 PCI-1711L 也支持外部触发源触发 A/D 转换，当＋5V 连接到 TRG-GATE 时，就允许外部触发，当 EXT-TRG 有一个上升沿时触发一次 A/D 转换，当 TRG-GATE 连接到 DGND 时，不允许外部触发
8	外部输入信号测试	测试时可用 PCL-10168（两端针型接口的 68 芯 SCSI-Ⅱ电缆，1m 和 2m）将 PCI-1711 与 ADAM-3968（可 DIN 导轨安装的 68 芯 SCSI-Ⅱ接线端子板）连接，这样 PCL-10168 的 68 个针脚和 ADAM-3968 的 68 个接线端子一一对应，可通过将输入信号连接到接线端子来测试 PCI-1711 管脚

（6）测试系统抗干扰措施

在电机的各种调试方式中，变频调速传动占有极其重要的地位，本课题的电机就是选用变频器调试。但是变频器大多运行在恶劣的电磁环境，且作为电力电子设备，内部由电子元器件、微处理芯片等组成，会受外界的电磁干扰。另外变频器的输入和输出侧的电压、电流含有丰富的高次谐波。当变频器运行时，既要防止外界的电磁干扰，又要防止变频器对外界的传感器、二次仪表等设备干扰。每个电子元器件都有自己的电磁兼容性，即每个电子元器件都会对外界产生电磁干扰，同时也会受外界的电磁干扰，为了使这种干扰降到最小采用以下方案。

① 强电弱电分离方案　电气干扰大多来自强电系统，所以本系统在布线和设计时严格按照强弱电分离原则，把强电统一放在变频器柜，弱电放在弱电操作柜，并且布线是强电和弱电分槽布线，弱电的电源盒信号线也分开布置。传感器的电源和继电器的电源各使用独立的电源。

② 多重屏蔽方案　在布线过程中变频器电柜要接地，并且变频器到电机的电缆线必须采用屏蔽电机电缆，电缆屏蔽层必须连接到变频器外壳和电机外壳，当高频噪声电流必须流回变频器时，屏蔽层形成一条有效的通道。弱电操作柜也要采取屏蔽措施减少外界电磁干扰。传感器信号线也全部采用屏蔽线，并且屏蔽层要接地。

③ 采用滤波器　滤波器是用来消除干扰杂讯的器件，将输入或输出经过过滤而得到纯净的直流电，对特定频率的频点或该频点意外的频率进行有效滤除的电路，在本课题中把滤波器主要安装在传感器电源的输入端，提高传感器供电电源的稳定性。

4.3.4　PLC 控制系统设计

（1）系统构成

如图 4-29 所示，系统中除了压力、温度、流量、转速等模拟量信号外，还有数字量输入信号——行程开关，行程开关主要用在管路和液压元件复位以及安装有碟阀处，试验时可防止对其他模块或者泵造成损坏。如在没有开启且没有油液进入的时候启动泵，行程开关可以防止泵的损坏。即当安装了这些行程开关时，可以起到监控作用，当这些行程开关没有到达正确的位置时，不允许启动相应的泵。

输入信号分别由采集卡和 PLC 分工协作，采集卡只采集模拟量信号，PLC 采集数字量信号使用数字量输入模块。输出信号全部由 PLC 来负责，模拟量输出控制使用模拟量输出

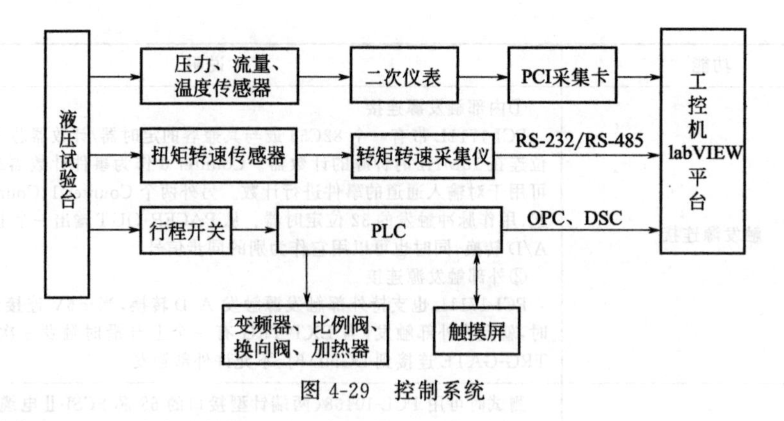

图 4-29 控制系统

模块，数字量输出控制使用数字量输出模块。

选用 PLC 作为电气控制部分，采用维纶通触摸屏为人机界面，采集卡只采集模拟量而不参与控制。

（2）PLC 的选择

PLC 的选择主要参数包括：PLC 的类型、输入输出（I/O）点数的估算、处理速度、存储器容量的估算、输入输出模块的选择、电源的选择、存储器的选择、冗余功能的选择、经济性的考虑等。选择西门子 S7-200 CPU 226 继电器型 PLC，共有 24 个输入点、16 个输出点。两个数字量输入/输出扩展模块 EM223，一个数字量输入模块 EM221，每个 EM223 有 16 个数字量输入点和 16 个数字量输出点，每个 EM221 有 16 个数字量输入点。

（3）触摸屏的选择

触摸屏作为一种人机互话设备，操作人员通过触摸屏可以输入相应被控制设备的控制参数、监控设备、报警等，利用触摸屏对应的编程软件可用户自己任意组态，这样方便用户自己定义一些易记醒目的图标作为提示，即使不懂计算机的人员，也能很快地熟悉操作流程，以及一些文字提示注意事项或者报警信息。

触摸屏用来输入设备控制参数，主要是被控压力、电机转速、电机的正反转、设备的动作顺序；被监控的参数主要包括手阀的状态信号、液位高度、液温以及采集项目；报警项目包括被检查的项目是否超过了设定值，以及被检测的行程开关的状态。这里结合操作界面的复杂程度选用维纶通（Weinview）MT8150X，编程软件为 EB8000V3.4.5，该型号触摸屏参数如下。

① 显示器：15in　1024×768　65536 色　TFT　LCD。

② 处理器：AMD Geode LX800/500MHz core processor。

③ 内存：256MB。

④ 存储：256MB 自带配方内存。

⑤ 串口：Com1：RS-232/RS-485 2W/4W；Com2：RS-232；Com3：RS-232/RS-485 2W。

⑥ 以太网口：有（10/100Base-T）。

⑦ USB 接口：3 个 USB2.0 接口。

⑧ 电源：1.6A 24VDC。

西门子 S7-200PLC CPU 226 具有两个 RS-485 接口：一个接口和上位机通信；另外一个接口和维纶通 MT8150X 触摸屏通信。PLC 和上位机通信采用 PC/PPI 电缆线。

（4）PLC I/O 接线图

编写 PLC 程序之前要先分配 I/O 地址，图 4-30 所示为 PLC 的接线图。

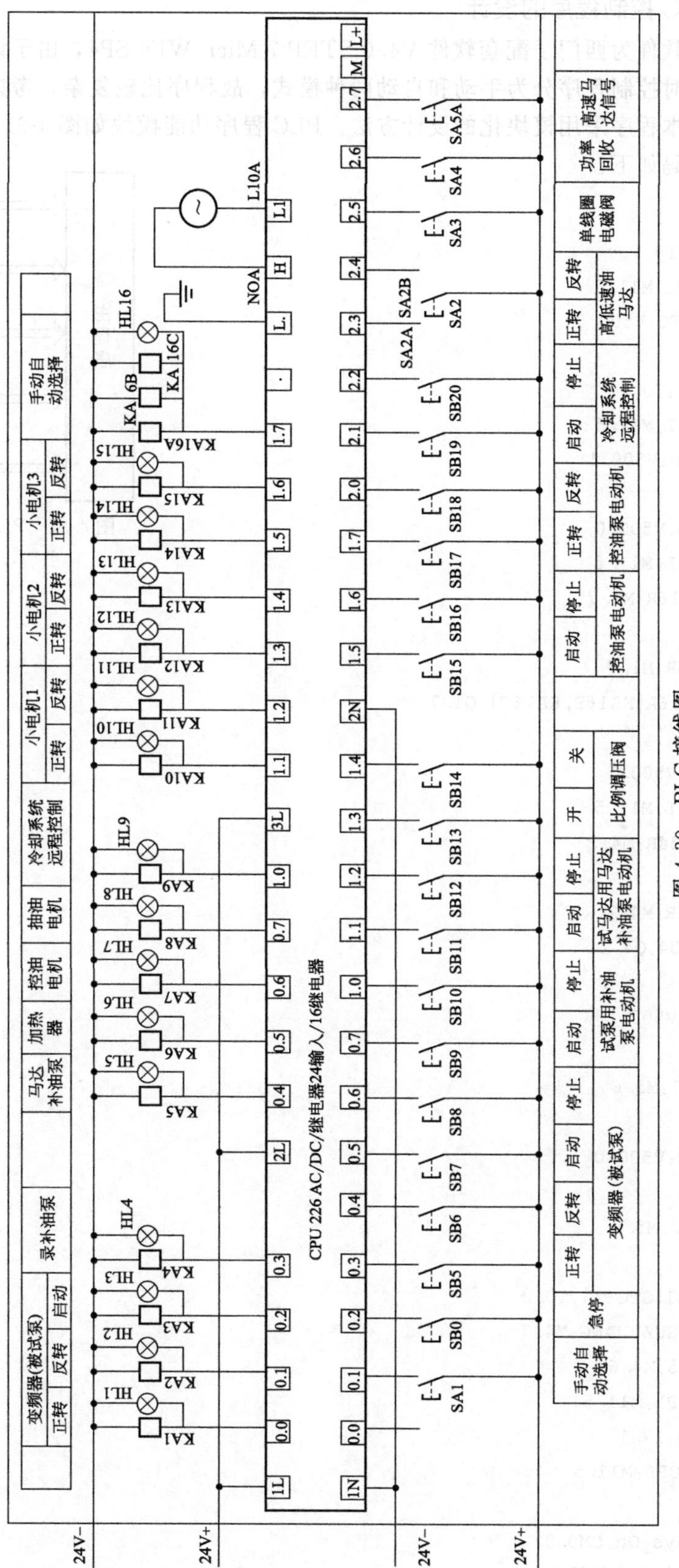
CPU 226 AC/DC/继电器24输入/16继电器
24V-
24V+
24V-
24V+
变频器(被试泵)
正转
反转
启动
录补油泵
马达补油泵
加热器
控油电机
抽油电机
冷却系统远程控制
小电机1
小电机2
小电机3
手动自动选择
KA1
KA2
KA3
KA4
KA5
KA6
KA7
KA8
KA9
KA10
KA11
KA12
KA13
KA14
KA15
KA16A
KA 6B
KA 16C
HL1
HL2
HL3
HL4
HL5
HL6
HL7
HL8
HL9
HL10
HL11
HL12
HL13
HL14
HL15
HL16
NOA
L10A
SA1
SB0
SB5
SB6
SB7
SB8
SB9
SB10
SB11
SB12
SB13
SB14
SB15
SB16
SB17
SB18
SB19
SB20
SA2A
SA2B
SA2
SA3
SA4
SA5A
手动自动选择
急停
变频器(被试泵)
试泵用补油泵电动机
试马达用马达补油泵电动机
比例调压阀
开
关
控油泵电动机
控油泵电动机
冷却系统远程控制
高低速油马达
单线圈电磁阀
功率回收
高速马达信号
停止
启动
正转
反转
图 4-30　PLC 接线图

(5) PLC 控制程序的设计

使用编程软件为西门子配套软件 V4.0 STEP 7 MicroWIN SP4，由于该控制程序涉及的试验繁多，同时控制程序分为手动和自动两种模式，故程序比较复杂，考虑到程序的可移植性和扩展性，本程序采用模块化的设计方法。PLC 程序功能模块如图 4-31 所示。

主程序代码如下：

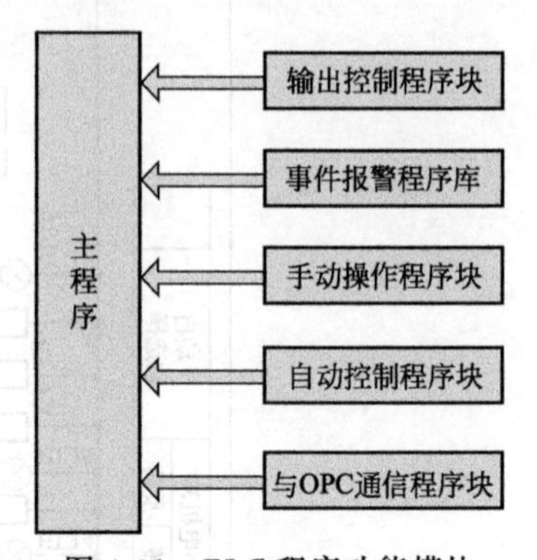

图 4-31 PLC 程序功能模块

```
网络 1
LD     SA1:I0.1
AN     STOPL:M11.5
=        AUTO:V500.0
网络 2
LDN     SA1:I0.1
AN     STOPL:M11.5
=        MAN:V500.1
网络 3
LD     AUTO:V500.0
AN     STOPL:M11.5
=        KA16R:M1.7
网络 4
LD     KA16R:M1.7
=        KA16A(KA16B,KA16C):Q1.7
网络 5
LD     MAN:V500.1
AN     STOPL:M11.5
=        KA34R:M4.2
网络 6
LD     KA34R:M4.2
=        KA34:Q4.2
网络 7
LD     MAN:V500.1
ED
=        tz1:M5.6
网络 8
LD     AUTO:V500.0
ED
=        tz2:M5.7
网络 9
LDN     SSB1(STOPL):I0.2
O       MOTGUZHUANG:M4.7
O       TIS5:M4.6
O       STOPL:M11.5
AN     SSB4:I7.1
=        STOPL:M11.5
网络 10
LD     Always_On:SM0.0
CALL   手动自动公用部分:SBR0
```

```
CALL  手动:SBR2
CALL  马达空跑效率超载试验:SBR5
CALL  定量泵前泵后泵排量超载:SBR10
网络 11
LD    Always_On:SM0.0
CALL  输出控制:SBR1
CALL  事件报警:SBR3
CALL  相关清 0:SBR4
CALL  电压与压力关系:SBR6
CALL  触摸半自动:SBR7
CALL  OPC:SBR8
```

（6）触摸式人机界面

设计人机界面主要考虑以下几点。

① 操作简便性。

② 程序的可重用性。

③ 根据试验项目要求设计。

人机界面设计分为：主界面、开式泵前泵排量效率超载（冲击）测试界面按钮、开式泵前泵变量特性测试界面按钮、开式泵后泵排量效率超载（冲击）测试界面按钮、开式泵后泵变量特性测试界面按钮、闭式泵前泵排量效率超载（冲击）测试界面按钮、闭式泵变量特性测试界面按钮、马达排量效率超载（冲击）试验测试界面按钮、马达变量特性测试界面按钮、手动测试帮助界面按钮、系统设定界面按钮、报警信息查询界面按钮，主界面如图 4-32 所示，该主界面中显示了一个试验原理图。

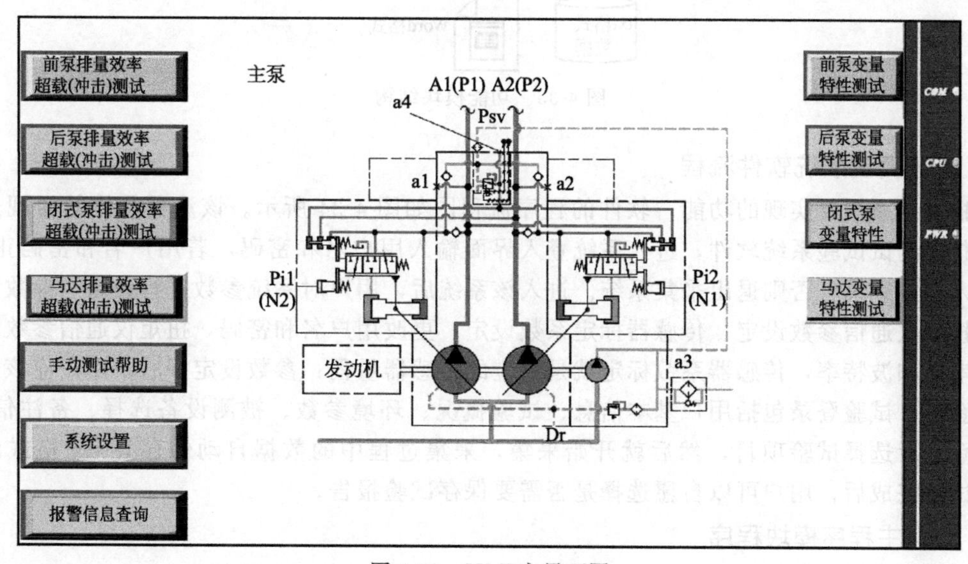

图 4-32　HMI 主界面图

4.3.5　测试系统的软件开发

选择 LabVIEW9.0 作为软件开发平台，采用研华 PCI1711L 数据采集卡。以 LabVIEW 为软件开发平台可以在较短时间内充分利用研华板卡功能和资源，编写强大的数据处理和图形显示软件。

(1) 软件模块组成

本课题液压试验台测试系统软件包含的功能强大，包括参数设置、用户登入、采集、与PLC通信、与扭矩仪通信、信号处理和分析、数据和波形显示、数据和波形保存及打印，根据上面要实现的功能种类，可以把软件划分为几个模块，包括参数设置模块、用户登入模块、数据采集模块、和PLC通信模块、显示模块、数据保存和处理模块，模块结构如图4-33所示。

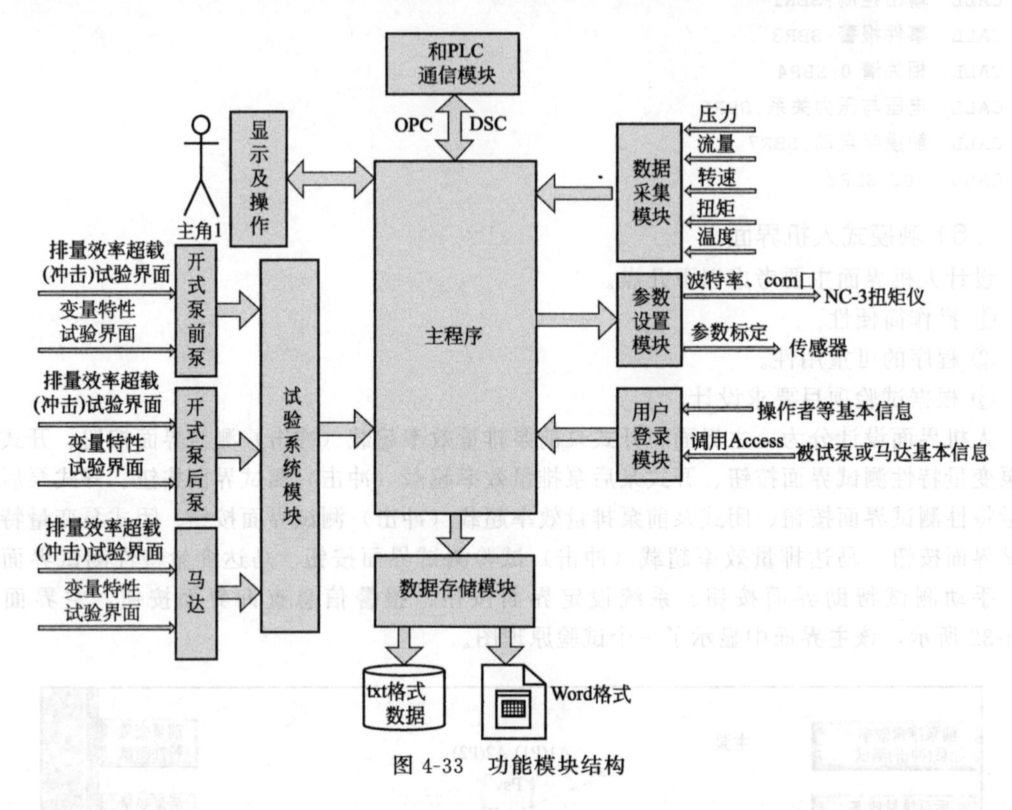

图 4-33　功能模块结构

(2) 测试系统软件流程

根据该系统要实现的功能，软件的程序流程图如图4-34所示。该流程具体的实现过程为：打开测试试验系统软件，进入系统登入界面输入用户名和密码，若用户名和密码正确，则进入采集系统。否则退出采集系统。进入该系统后，用户对系统参数进行设定，参数设定包括扭矩仪通信参数设定、传感器标定系数设定、更改用户名和密码，扭矩仪通信参数设定包括串口和波特率，传感器系数标定就是对应的传感器量程；参数设定好后，用户应该进行试验登录，试验登录包括用户基本信息、试验概况、环境参数、被测设备选择、备注信息；用户登录后选择试验项目，然后就开始采集，采集过程中的数据自动保存为txt格式的文档，试验完成后，用户可以自愿选择是否需要保存试验报告。

(3) 主程序模块程序

主程序模块包括数据显示及工具操作，主程序模块分为主界面和各独立试验分支界面，主界面显示所有的采集参数，工具栏自定义能实现参数设置、用户登入、采集、和PLC通信、和扭矩仪通信、信号处理和分析、数据和波形显示、数据和波形保存及打印基本功能。

本系统是连续工作并且需要多任务同时执行，在数据采集同时要进行数据处理、数据显示、数据存储等，并且要接受来自键盘和鼠标的输入，这就是需要系统的多任务进程。

多任务是指一个程序可以同时执行多个流程的能力。现代的芯片处理器采用分时处理成为了主流。芯片在执行分时处理时把系统程序划分为很小的时间片段，每个时间片段执行不同的程序。

在 Windows 系统环境下，多任务分为多线程和多进程。多进程是指 Windows 系统允许在内存或一个程序同时存在多个程序并且在内存中可以允许存在多个副本。进程有自己的内存、文件句柄或者其他系统资源的运行程序，单个进程可以包含独立的执行路径，叫作线程。在 Windows 操作系统下，每个线程被分配不同的 CPU 时间片，在某个时刻，CPU 只执行一个时间片内的线程，多个时间片中的相应线程在 CPU 内轮流执行，由于每个时间片的时间很短，所以，对用户来说，仿佛各个线程在计算机中是并行处理的。

如果程序只存在一个主线程，所有的处理函数都放在主线程中，则当程序需要停止时，会出现程序响应很慢，甚至停不下来的情况。这是因为系统开始工作后，CPU 的占用率很高，而窗口发出的停止消息优先级较低，而使得消息被挂起，得不到执行。因此，程序设计时，应把数据采集放在一个单独的线程中。当程序启动时，主线程开始工作，随后启动工作线程。当程序需要停止时，通过给主线程发送消息，以改变状态参数，从而使数据处理过程停止。

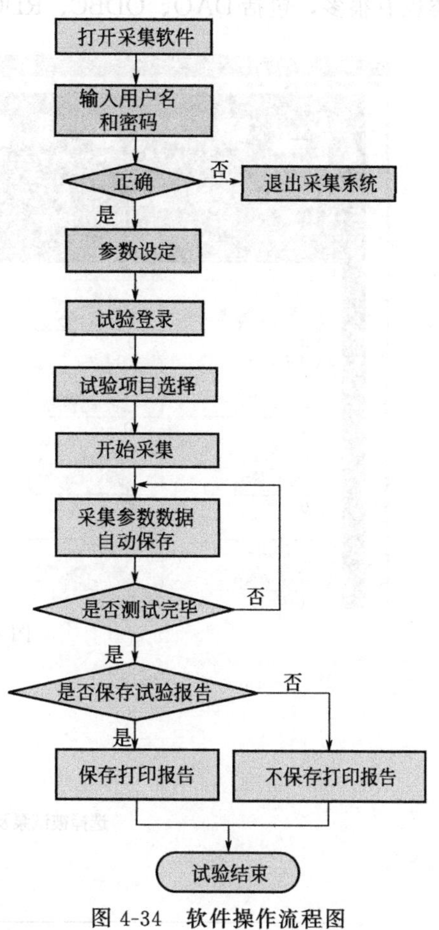

图 4-34　软件操作流程图

为了保证系统采集的精度和速率，利用多线程技术实现数据采集和数据处理，数据采集和与 PLC 通信一直在主程序中运行，数据存储和处理、用户登录、参数设置线程由用户在主程序中调用，主程序组成如图 4-35 所示，根据上述功能完成主程序主界面如图 4-36 所示。

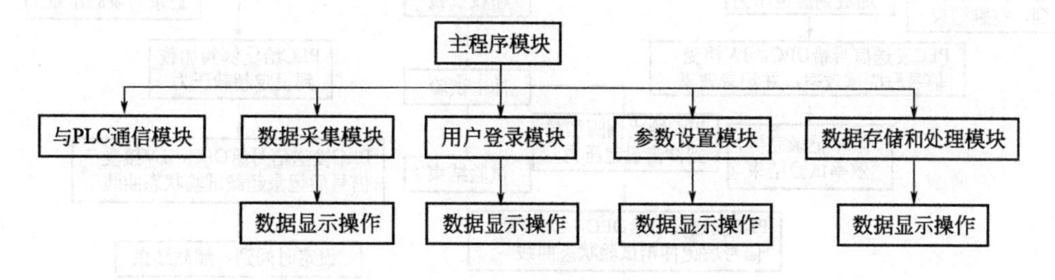

图 4-35　主程序组成

自动程序流程如图 4-37 所示。

（4）ACCESS 数据库应用

数据库技术已经广泛应用在数据管理和数据共享。著名的数据库管理系统有 SQL Server、Oracle、DB2、Sybase ASE、Visual ForPro、Microsoft Access 等。数据库访问接口种类也有很多，包括 DAO、ODBC、RDO、UDA、OLE DB、ADO 等。

图 4-36　采集主界面图

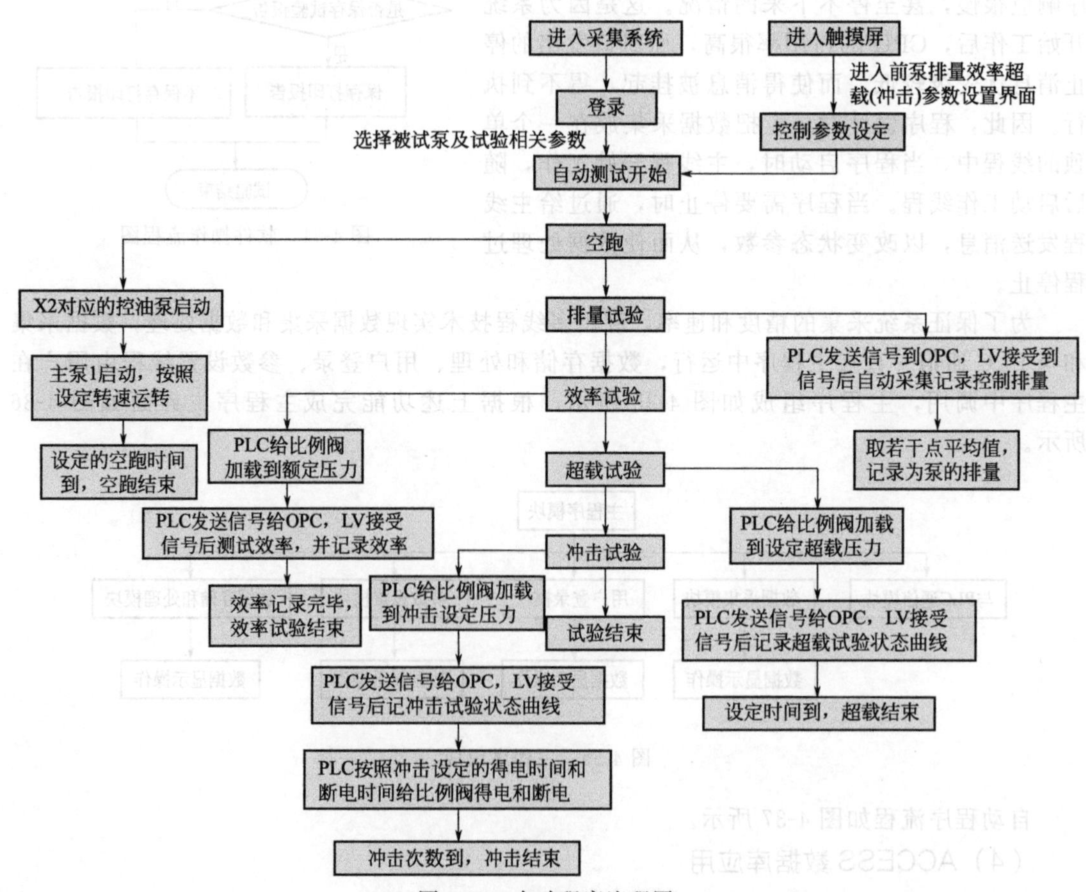

图 4-37　自动程序流程图

Microsoft Access 是在 Windows 环境下非常流行的桌面型数据库管理系统，它作为 Microsoft office 组件之一，是一个功能比较齐全的数据库管理软件。能够管理、收集、查找、显示以及打印商业活动或者个人信息，Access 能出来多种类大信息量的数据，微软已经做好了普通数据库管理的初始工作，安装和使用都非常方便，并且支持 SQL 语言，所以本项目采用 Access 数据库。

① DSN 连接数据库　LabVIEW 数据库工具包基于 ODBC（Open Database Connectivity）技术。如图 4-38 所示，在使用 ODBC API 函数时，需要提供数据源名 DSN（Data Source Names）才能连接到实际数据库，所以需要首先创建 DSN。

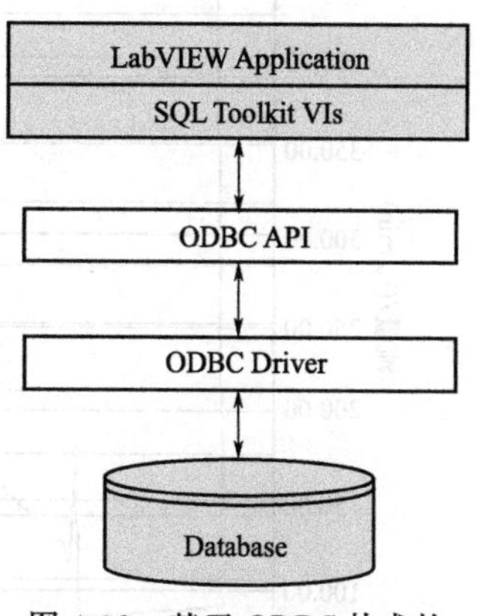

图 4-38　基于 ODBC 技术的 LabVIEW 数据库工具包

② UDL 连接数据库　Microsoft 设计的 ODBC 标准只能访问关系型数据库，对非关系型数据库则无能为力。为解决这个问题，Microsoft 还提供了另一种技术：Active 数据对象 ADO（ActiveX Data Objects）技术。ADO 是 Microsoft 提出的应用程序接口（API）用以实现访问关系或非关系数据库中的数据。ADO 使用通用数据连接 UDL（Universal Data Link）来获得数据库信息以实现数据库连接。

由于使用 DSN 连接数据库需要考虑移植问题，把代码发布到其他机器上时，需要手动重新建立一个 DSN，工程复杂，可移植性不好，故选择 UDL 连接数据库。

4.3.6　测试系统的应用

（1）开式泵前泵排量效率超载冲击试验

该试验被试泵为川崎 K5V140DTP-1K9R-YTOK-HV，按照机械行业试验相关标准中关于泵的测试方法绘出流程图，如图 4-39 所示。

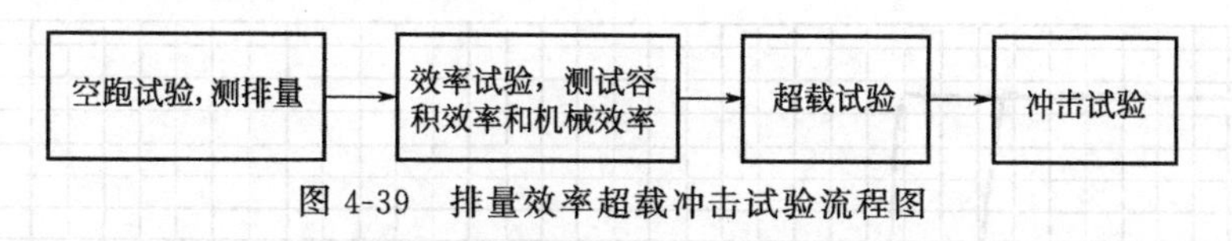

图 4-39　排量效率超载冲击试验流程图

排量试验：在空载工况下启动，泵和电机转速达到额定转速并排净空气后连续平稳运转 2min 以上后测试泵的排量，采集软件自动记录泵的排量。

效率试验：当泵的压力和转速达到泵的额定压力、额定转速时，测定泵的容积效率和总效率，此时转速和压力稳定后取 5 个点分别求出泵的容积效率和总效率，求平均值。

超载试验：在额定转速、额定压力的 125％的压力工况下，连续运转。试验时被试泵进油口油温为 30～60℃。

冲击试验：此试验在额定转速、额定压力下，冲击频率为 10～30 次/min，冲击波如图 4-40 所示。

从波形图上可以看出试验的过程，从扭矩和压力曲线可以看出，刚起步时压力和扭矩基本为 0，当电机速度平稳后有一个空载时的扭矩和压力；随后压力和扭矩以一定的斜率上升，这个在加压进入额定压力阶段，达到设定值后，压力和扭矩基本平稳下拉，基本是水平；保压时间到后进入超载加压阶段，当压力达到超载设定压力后呈水平状态，超载时间到

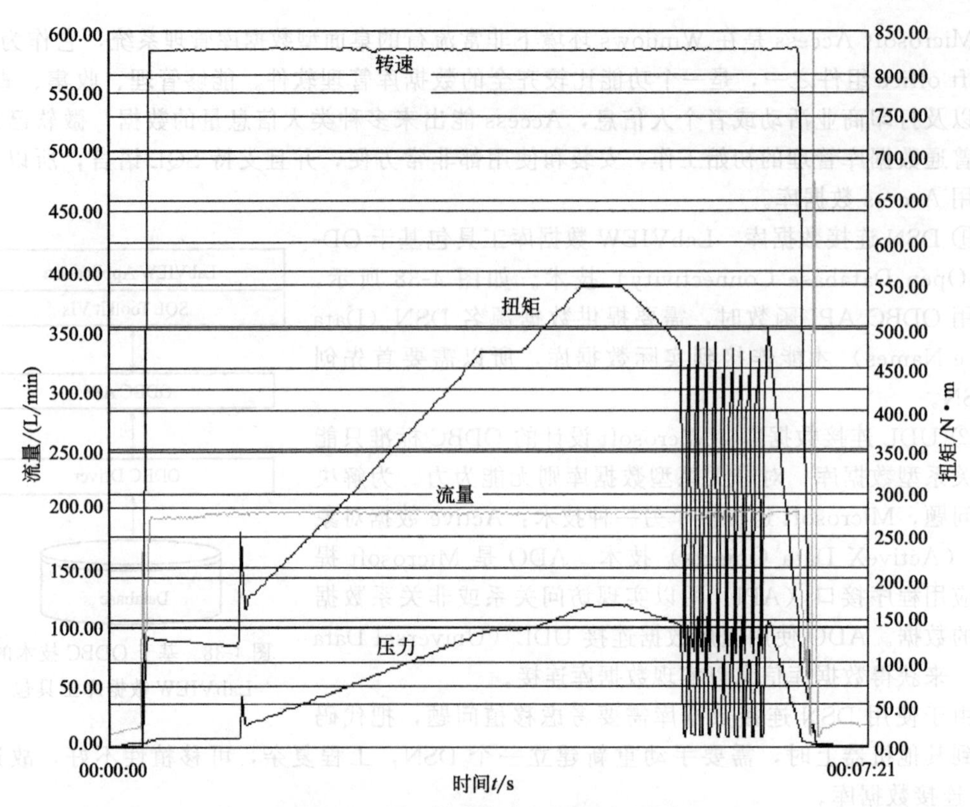

图 4-40 前泵的效率冲击超载测试曲线

后，压力降到额定压力，随后的锯齿波形是冲击试验。

(2) 开式泵前泵变量特性试验

通过电流信号调变量机构实现变量条件，变量特性曲线如图 4-41 所示。通过调整电流信号大小改变二次压力和流量大小。

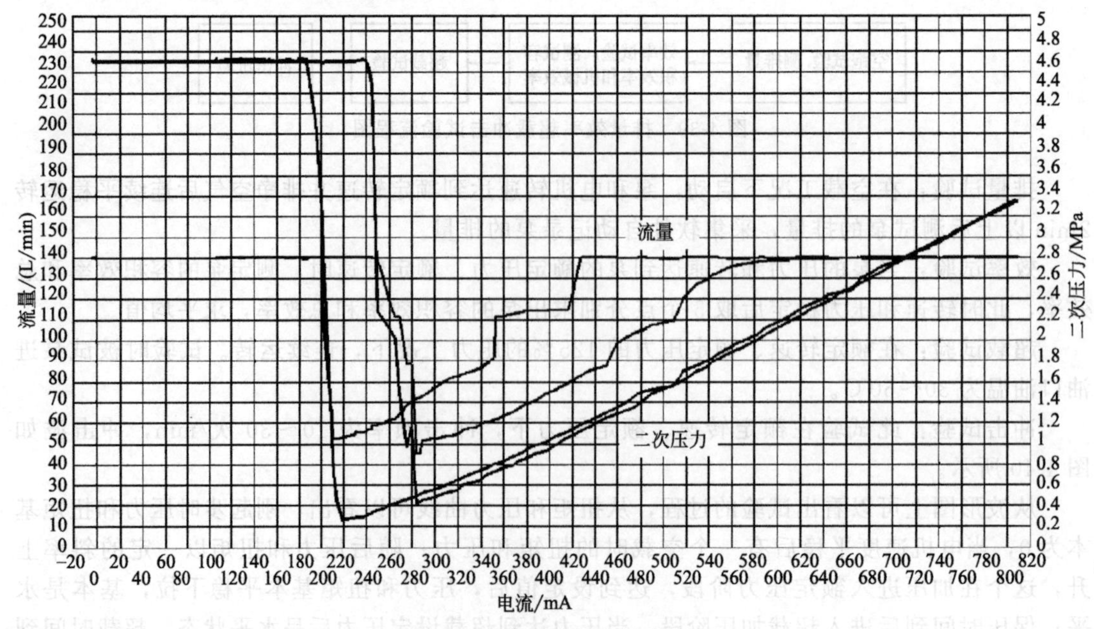

图 4-41 前泵变量特性曲线

该图有两组曲线，一组是电流正向增大，另外一组是电流减小，电流在 200mA 左右是一个拐点，这是泵上的变量特性阀的特性，随后电流增大、排量变大，电流和排量成正比。

（3）开式泵后泵压力-流量、扭矩试验

该试验被试泵为川崎 K5V140DTP-1K9R-YTOK-HV，测试的压力-流量、扭矩曲线如图 4-42 所示。

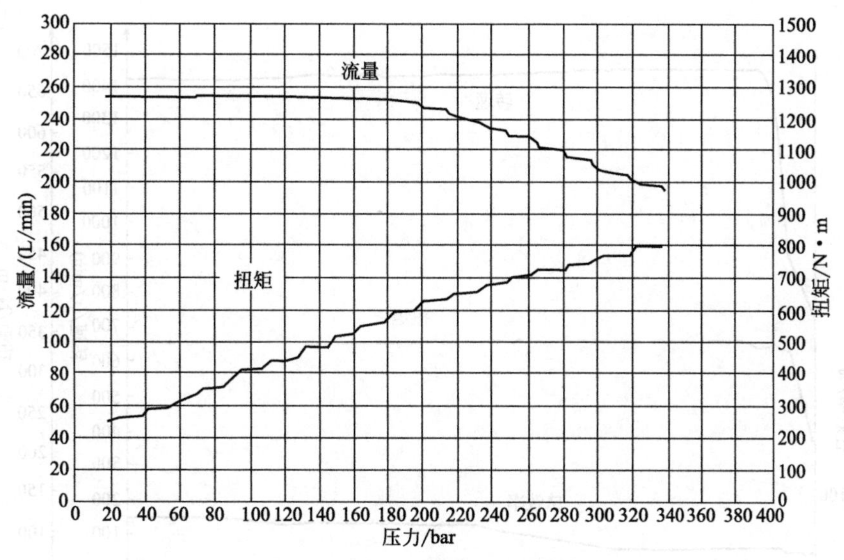

图 4-42　压力-流量、扭矩曲线

转速稳定时，压力慢慢增大，当压力达到泵的拐点的时候流量降低，这是一个恒功率的泵。

（4）开式泵后泵变量特性试验

该试验被试泵为川崎 K5V140DTP-1K9R-YTOK-HV 泵，在试验台上测试的变量特性曲线如图 4-43 所示。

两组曲线，一组是比例电流增大，另外一组是比例电流减小。根据调变量的阀特性电流

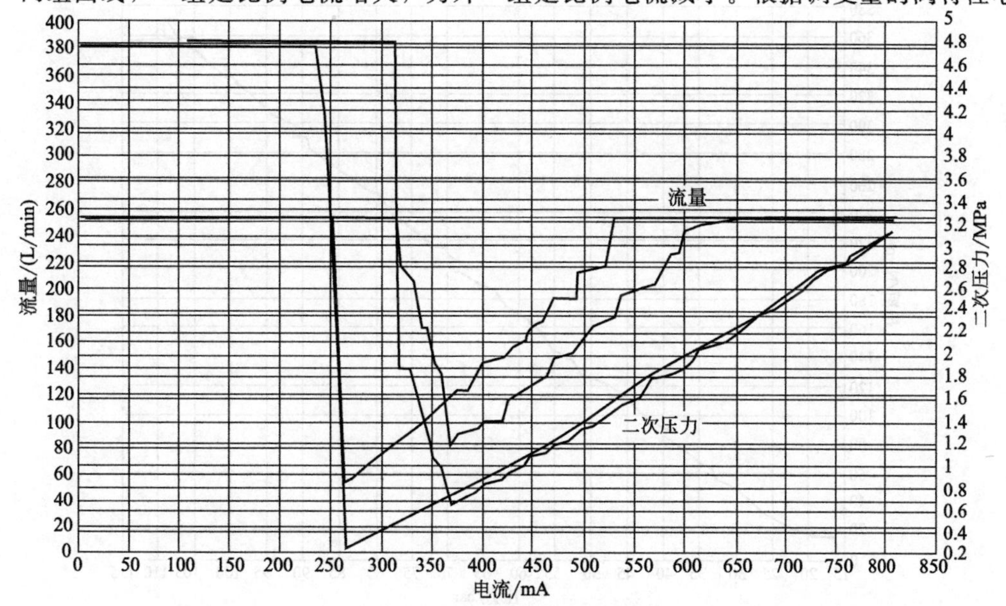

图 4-43　后泵变量特性曲线

在 250mA 左右的时候有一个转折点，随后电流增大、排量增大，电流和排量成正比。

（5）马达试验测试

被测试液压马达的型号为 M5×130CHB-10A-41C/295，额定压力为 32.4MPa，峰值压力为 39.2MPa，排量为 130mL/r，最高转速为 1850r/min。马达试验测试的曲线见图 4-44 和图 4-45。

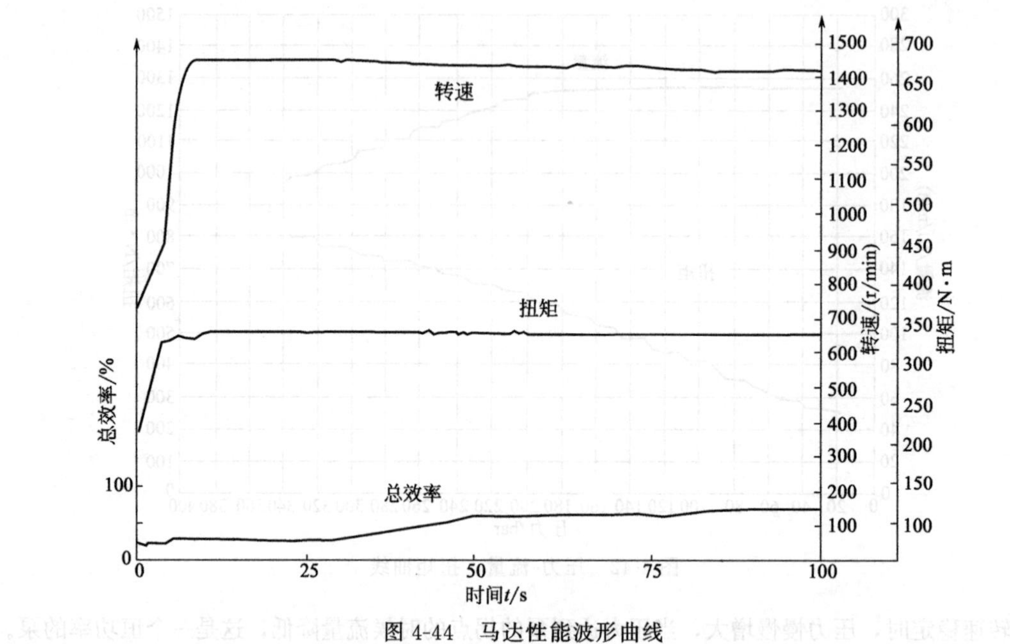

图 4-44 马达性能波形曲线

波形图采集的是被试马达的总效率、扭矩、转速随时间变化的关系图。

如图 4-45 所示，随着压力的上升，马达扭矩也成正比例上升，压力和扭矩成正比例关系。

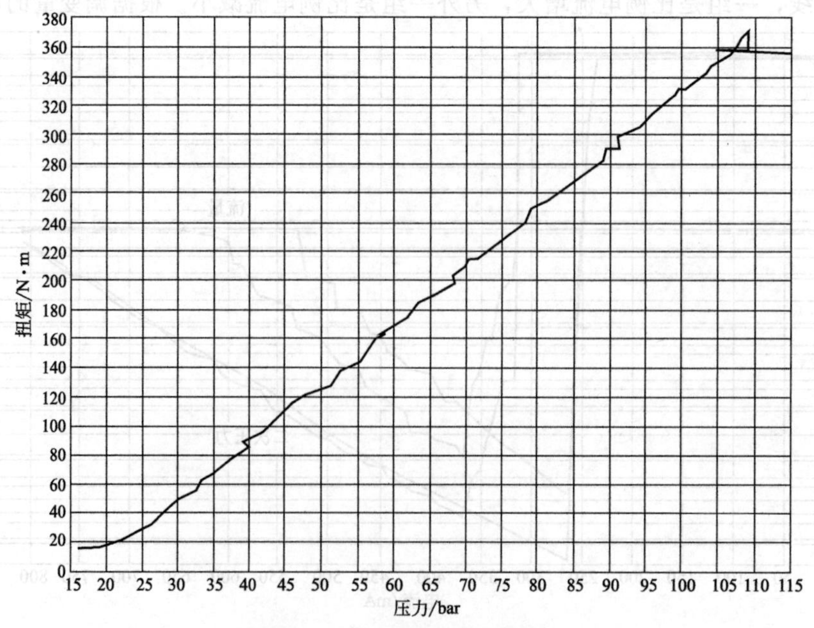

图 4-45 马达压力-扭矩曲线

4.4 轮毂搬运机械手控制系统设计开发

某车轮轮毂加工厂生产线传送带用来传送待加工的轮毂，生产过程中，需要将轮毂从传送带搬运至工作台进行去毛刺、抛光等加工，为此，研制成功一种轮毂搬运机械手，可降低人工劳作，并提高轮毂生产加工的效率。

4.4.1 机构设计

（1）整体结构设计

传送带与工作台之间的距离约1100mm，根据实际工作空间确定机械手的安装位置及整体尺寸大小，如图4-46所示，圆环表示机械手末端执行器的运动范围。

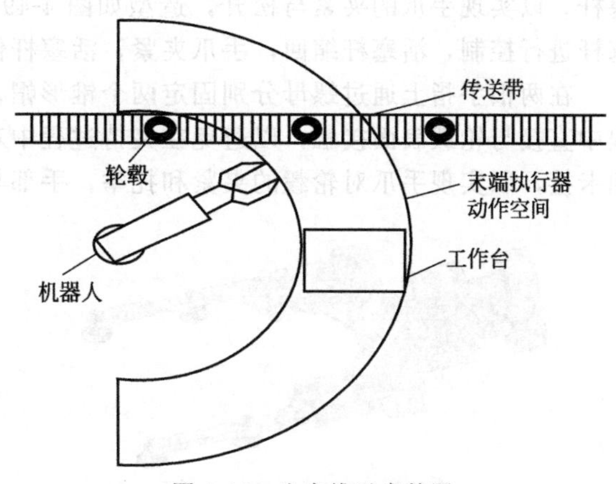

图4-46 生产线示意简图

考虑到轮毂的重量和体积较为庞大，所设计轮毂搬运机械手必须具有良好的稳定性、抗干扰能力及较大的抓举力，因此选择整体模型为圆柱坐标型液压驱动机械手。

根据要求，机械手在一个搬运周期内必须完成大臂升降、机座回转、小臂伸缩、腕部摆动及手爪夹松等工作。为了完成这一系列动作，机械手必须具有相应的液压缸：大臂升降缸、机座回转缸、小臂伸缩缸、腕部摆动缸化及手爪夹松液压缸，机械手整体结构如图4-47所示。机械手初始高度为690mm，上升最大高度为340mm，初始长度为1060mm，最大伸出长度为430mm。

将手爪、伸缩机构、升降机构、回转机构、底座等连接部件进行整体装配，其整体结构如图4-48所示。机械手共具有四个自由度，包括两个转动副和两个移动副，通过各关节间的相互运动，手爪在空间中的整体轨迹为一个圆柱体，运动平稳，因此适用于搬运物件等操作。

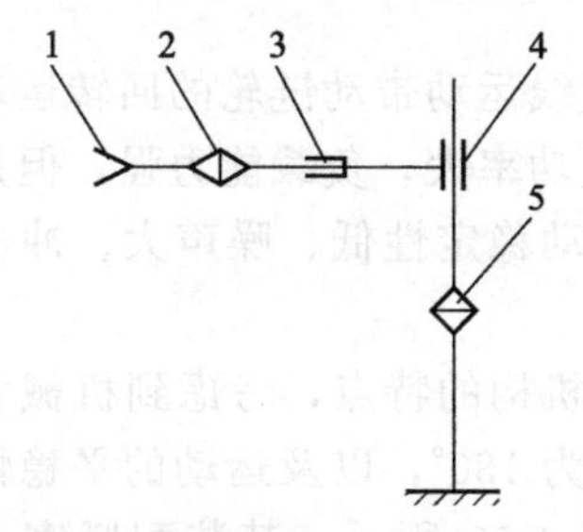

图4-47 机械手整体结构示意图

1—手部；2—腕部回转缸；3—小臂伸缩缸；
4—大臂升降油缸；5—大臂回转缸

图4-48 机械手整体结构

（2）手部设计

手部，又称末端执行器。它是机械手直接用于抓取和握紧工具进行操作的部件，安装于手臂前端，根据不同的抓取方式一般可分为夹持式和吸附式两种。

夹持式机械手通过手指的开、合实现对物体的抓取动作，手爪可直接与工件表面接触并抓取工件，也可通过托举力将工件固定并托起，以免对工件表面造成损坏，适用性强。吸附式机械手靠吸附力将工件抓取，适用于接触平面大、易碎、重量轻的搬运场合。

根据设计要求，由于轮毂本身体积较大，重量大，搬运过程中需要较大的抓取力，且不能刮伤表面，因此手爪的手部结构采用夹持式托举的形式。为保证机械手在夹持过程中的稳定性，必须满足手指始终处于平行状态，因此手爪采用连杆机构，两根手指分别通过两根连杆和手指架相连，手指架通过螺钉与回转油缸外壳固定，活塞杆穿过手指架，并连接两根活塞杆，以实现手爪的夹紧与松开，造型如图 4-49 所示，手爪的夹紧和松开由液压缸推动活塞杆进行控制，活塞杆缩回，手爪夹紧，活塞杆伸出，手爪松开。

在两根手指上通过螺母分别固定两个锥形帽，锥形帽外部为橡胶材料，在机械手工作过程中直接与轮毂表面接触，以避免在夹持过程中对轮毂造成损伤。通过锥形帽与轮毂的外围相卡接，以实现手爪对轮毂的夹紧和托举，手部与轮毂的夹紧效果如图 4-50 所示。

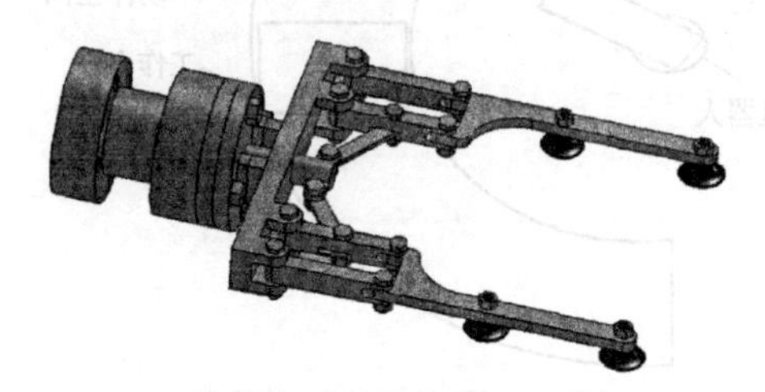

图 4-49　手部结构

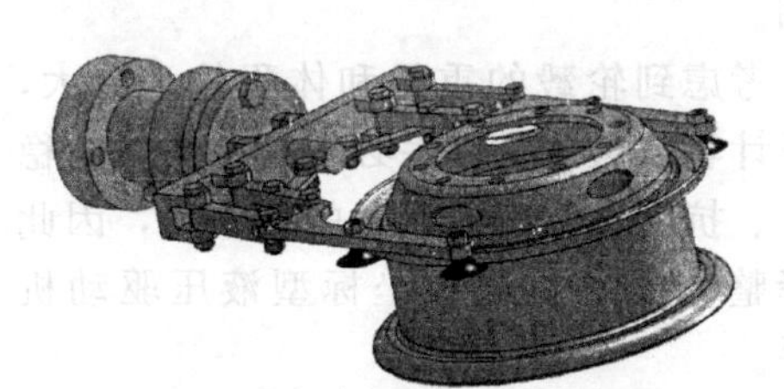

图 4-50　手爪与轮毂夹紧效果

（3）回转机构设计

回转机构的主要功能是实现机械手手臂及手腕的回转运动，常用的有回转油缸、齿轮传动机构、链轮传动机构和连杆机构。回转油缸是利用液压油推动连接在油缸内侧的转子绕轴转动，从而带动缸体及外接部件转动，常用叶片式结构。特点是结构简单、输出扭矩高、体积小且易于装配。

齿轮齿条机构中，齿轮与齿条相配合，通过齿条做往复直线运动带动齿轮回转，从而实现手臂的回转。特点是负载能力强、稳定性好、传动精度高、传动速度高，但是对加工安装精度要求高，传动噪声大，磨损大。

链轮传动机构是通过链轮与链条相配合，通过链条的直线运动带动链轮的回转运动的一种传动方式。特点是无弹性滑动和打滑现象，效率高，传递功率大，负载能力强，但是链轮传动的适用性较低，传动稳定性低、噪声大、冲击和振动强。

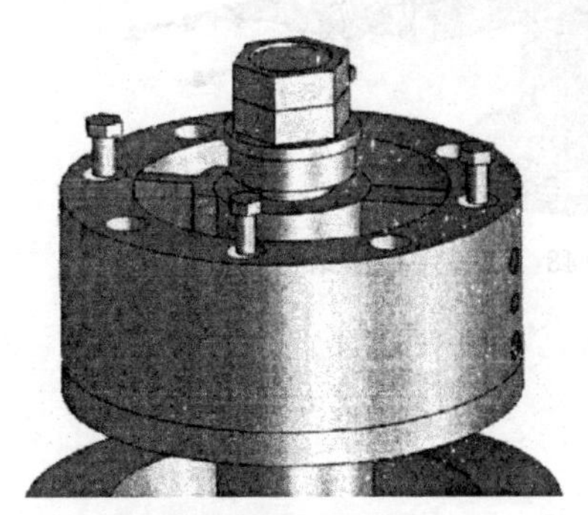

图 4-51　机械手回转机构

综合以上各种回转机构的特点，考虑到机械手的尺寸不宜过大、回转角度为 180°，以及运动的平稳性，选择回转油缸机构，如图 4-51 所示。其装配紧密，占用空间小，结构简单，转动惯量小，因此造成的冲击小，使用寿命长。

回转油缸的工作原理是利用带有一定压力的油液推动扇形转子的侧面，使其绕轴转动，从而带动缸体回转。主要由缸体、上端盖、下端盖、回转轴、动片、定片、轴承等组成。图中两个扇形结构分别为动片和定片，即转子和定子，转子通过螺钉安装在回转轴上，是在一定角度内可以旋转的，定子是不转的，通过螺钉固定在缸体上。在转子的两侧分别通有液压油管，一侧进油，另一侧必须回油。转子转到与定子相碰的时候，停止转动，然后改变进油方向反向回转。

（4）伸缩及导向机构设计

手臂的伸缩运动属于横向的往复直线运动，目前使用较多的结构有活塞液压缸、齿轮齿条机构、丝杠螺母机构及活塞缸和连杆机构等。相比于其他几种机构而言，活塞液压缸具有重量轻、运动平稳、易控制等优点，因而在工业机器人中的应用更为广泛。

当确定了手臂的伸缩方式后，还要确定其导向方式，以防止手臂做直线运动时发生偏离或转动，从而增加手臂的强度和运动时的稳定性。手臂的导向机构有很多种，其中包括单、双、导向杆机构、四导向杆机构以及其他装置的导向机构，如燕尾槽、花键轴、套等，考虑到手臂传动的稳定性及结构的复杂程度，采用活塞液压缸的双导向杆伸缩机构，如图 4-52 所示。

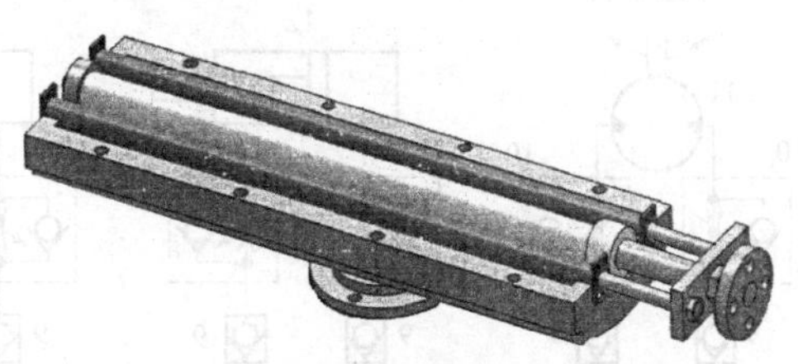

图 4-52　机械手伸缩及导向机构

从图 4-52 中可以看出，双导向杆伸缩机构主要由架体、双作用液压缸、活塞杆、两根导向套、两根导向杆和支撑座以及其他连接部件所组成，活塞杆右端通过螺母与腕部及手部相连接。

当双作用液压缸的两腔分别注入压力油时，推动活塞杆做往复直线运动，从而带动活塞杆右边的手腕及手部做伸缩往复运动，液压缸两侧的导向套通过螺栓固定在架体上，导向杆置于导向套中，当液压油推动活塞杆运动时，左右两边的导向杆随之在导向套内做直线运动，从而防止手臂伸缩时发生绕轴线的转动。由于两根导向杆分别对称安装在伸缩液压缸的两侧，由导向杆承受手臂的弯曲作用力，因此受力简单，传动平稳。

（5）升降及导向机构设计

手臂升降机构和伸缩机构一样，属于直线运动，除了要实现其往复运动外，还要设计其导向装置，同伸缩机构一样，升降机构也采用活塞液压缸机构，导向装置采用花键轴套，并置于液压缸内部，以减小其整体体积，如图 4-53 所示。

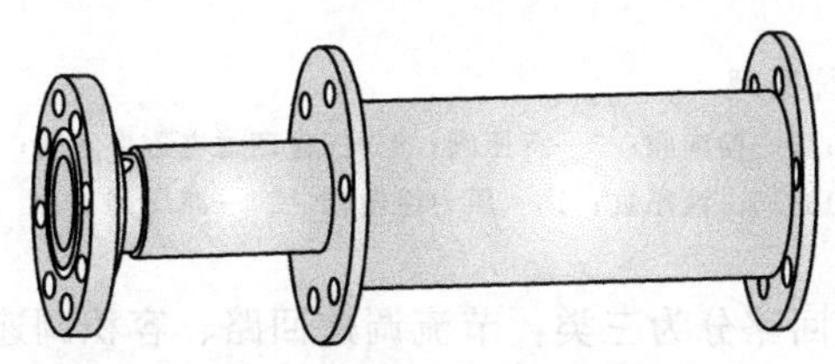

图 4-53　机械手升降及导向机构

升降机构主要出上端盖、缸体、下端盖、活塞套筒、活塞杆等组成。升降油缸采用花键轴套进行导向，以防止活塞杆在升降过程中发生绕中心轴的转动。当压力油进入升降油缸时，推动活塞杆上下运动，从而带动回转油缸与手臂一起上下运动，实现手臂的升降运动。活塞杆上方通过螺母与回转油缸连接，从而带动手臂的回转。

4.4.2　液压系统设计

搬运机械手液压系统主要由动力组件、执行组件、控制组件、辅助组件和液压油五个部分组成。

动力组件即液压系统中的油泵向整个液压系统提供动力，输出压力油液，这里采用一个变量泵供油。

执行元件的作用主要是利用动力元件提供的压力油驱动外部负载运动，这里采用五个执行部件：机座回转马达、大臂升降缸、小臂伸缩缸、腕部摆动马达和手部夹/松缸。

辅助组件包括油箱、滤油器、油管及管接头、压力表、压力继电器等。在液压系统中起连接、输油、储油、过滤和保护等作用。

调压回路通过溢流阀所设定开口压力的大小，规定系统的最大压力，并且能够根据负载大小的变化进行调节。图4-54所示的调压回路主要通过溢流阀5和换向阀6控制系统的工作压力保持恒定，限制其最大值，防止系统过载。

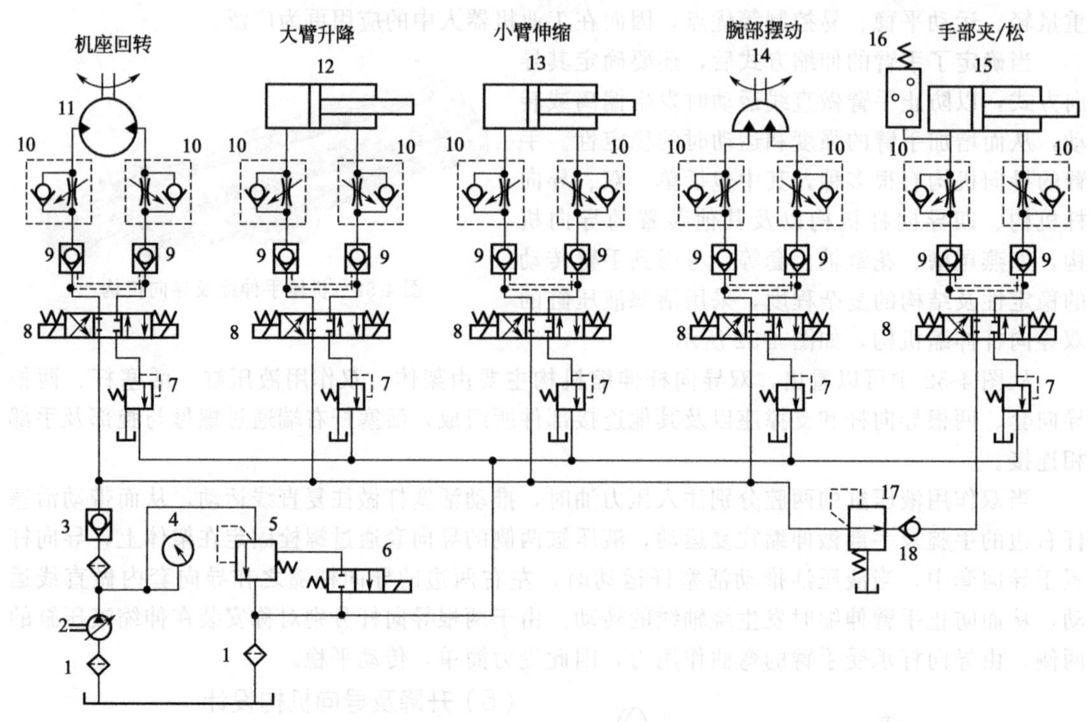

图4-54　液压系统原理

1—过滤器；2—液压泵；3，18—单向阀；4—压力表；5—溢流阀；6—换向阀；7—背压阀；8—三位四通电磁换向阀；9—液控单向阀；10—单向节流阀；11，14—液压马达；12，13，15—液压缸；16—压力继电器；17—减压阀

按改变流量或排量的方法不同，可将液压调速回路分为三类：节流调速回路、容积调速回路和容积节流调速回路，节流调速回路是通过调节流量阀的通流截面面积的大小来控制流入液压执行元件或自执行元件流出的流量，以此来调节执行元件的速度。

在液压缸和液压马达进、出油口分别串联一个可调节的单向节流阀，便可实现双向调速，通过调节节流阀开口的大小来控制执行元件的运动，从而满足机械手各部分的实际运动需要。同时，通过节流阀的调节作用，能够使得系统运行得更加平稳，增加了系统的稳定性。

锁紧回路保证执行元件（液压缸或液压马达）停止运动后不再因为外力的作用产生位移或窜动。这里在液压缸进、回油路中都串接液控单向阀，即液压锁，活塞可以在行程的任一位置锁紧，其锁紧精度只受到液压缸内少量的内泄漏影响，锁紧精度高。另外，双向液压锁能够防止系统在一缸工作一缸制动时两缸窜动，能够长时间地被锁停在工作位置，不会因外力扰动影响而发生窜动，使得系统更加稳定。

对执行机构而言，背压就是油液从执行机构回到油箱或油泵吸油口时，执行机构回油处的压力；对系统而言，背压就是主换向阀T口压力。这里在换向阀的回油油路中串联背压阀 7，用于油缸动作时回油侧油液的背压，使得油缸在运动时更加平稳。

机械手液压系统原理如图 4-54 所示。液压泵 2 输出的压力油经过过滤精度为 10μm 的精过滤器 1 过滤后，通过单向阀 3 进入电磁换向阀 8，再经过液压锁锁紧和节流阀节流，进入液压缸 12、13、15 推动活塞带动相应的机构运动，从而获得机械手各关节的动作。同时包含了压力表和压力继电器等辅助元件。

各关节的运动速度和方向由输入电磁换向阀的电流大小和方向进行控制，单向阀 3 的作用是用来防止泵 2 在不工作时压力油回流。系统的额定工作压力由溢流阀 5 调定。在各关节的运动回路中均设有液控单向阀组成的液压锁和节流调速回路，用来实现各关节在任意位置的锁紧和工作过程中的调速功能，所以机械手可以实现高速精确定位。

手部液压夹紧回路上设置减压阀 17，以保证夹紧回路在所需压力小于系统调定压力的情况下压力的稳定，并设置单向阀构成锁紧保压回路，以防止因系统压力波动或意外断电导致手爪松开和夹持对象脱落等事故的发生。

4.4.3 控制系统设计

车轮轮毂搬运过程的控制系统主要由机械手控制系统和外围设备的控制系统组成。外围设备的控制包括位置控制、报警控制、急停控制等。机械手控制系统控制机械手完成轮毂搬运工作。每个控制均有原点、限位等信号，既能独立工作，也能互相通信。

（1）机械手的工作流程

机械手如图 4-55 所示，其功能是将轮毂从流水线搬运至机床，以完成轮毂生产过程中的抛光、去毛刺等生产工艺。

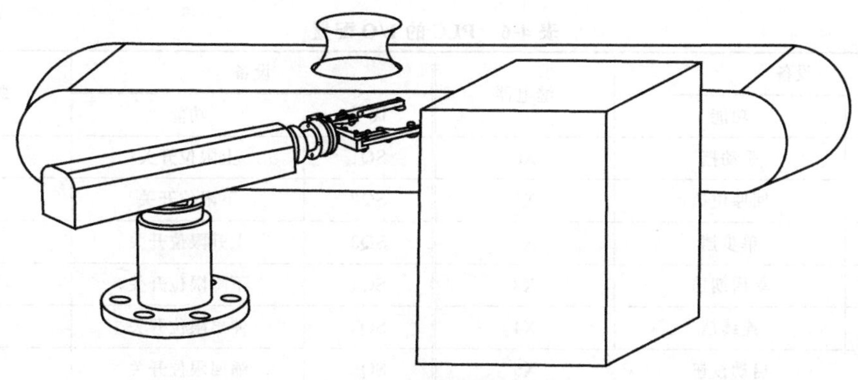

图 4-55　机械手示意图

机械手的升降和伸缩移动均由电磁阀控制，在某方向的驱动线圈失电时机械手保持原位，必须驱动反方向的电磁线圈才能反向运动。上升、下降对应的电磁线圈分别是 YV1、YV2，伸出、缩回对应的电磁阀线圈分别是 YV3、YV4，机座顺、逆时针回转对应的电磁阀线圈分别为 YV5、YV6。手部夹/松过程使用单线圈电磁阀 YV7，线圈得电时夹紧，失电时松开。

机械手各关节运动的开始和相互转换均由限位开关（又称行程开关）控制。根据机械手的实际工作需求，可以确定机械手在一个周期内的工作流程如图 4-56 所示。

（2）传感器的选择

传感器的种类有很多，由于光电传感器具有非接触、结构简单紧凑、抗干扰能力强、误差小等优点，因此被广泛应用。光电传感器是通过光学电路将所检测到的光信号的变化转化

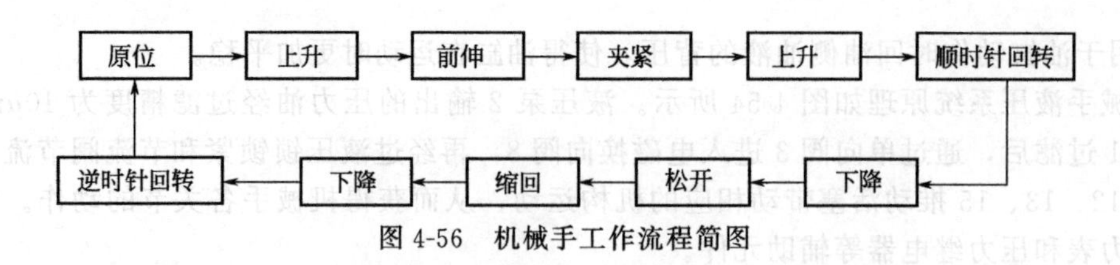

图 4-56 机械手工作流程简图

为电信号，然后通过电路将信号传递给控制系统。

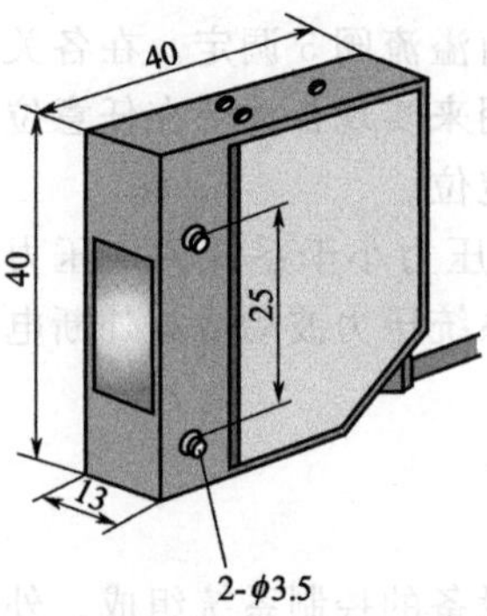

遮断型光电传感器 HG-GF4I-ZNKB 如图 4-57 所示。工作时安装于轮毂运输传送带两侧，用于检测工件的位置，当轮毂到达预期位置时，光电传感器检测到信号并反馈给系统，此时传送带停止传动，机械手从初始状态开始工作。

图 4-57 HG-GF4I-ZNKB 型光电传感器

（3）PLC 的 I/O 配置

PLC 控制的 I/O 配置如表 4-6 所示。

一共采用 24 个输入端子和 7 个输出端子。其中，工作方式选择有手动挡、回原位挡、单步挡、单周期挡和连续挡 5 种，分别对应 5 个输入端子。机械手的位置检测有上、下限位开关，上升、下降限位开关，伸出、缩回限位开关，以及顺、逆时针回转限位开关等 8 个行程开关，分别对应 8 个输入端子。手动工作时有上升、下降、伸出、缩回、顺时针回转、逆时针回转、夹紧、松开和回原位按钮，分别对应 9 个输入端子。另外还有启动、停止两个按钮，分别对应两个端子。7 个输出端子，分别控制机械手的上升、下降、伸出、缩回、顺时针回转、逆时针回转和松开/夹紧动作。

表 4-6 PLC 的 I/O 配置

设备		继电器	设备		继电器
代号	功能		代号	功能	
SA1	手动挡	X0	SQ1	上限位开关	X20
SA2	回原位挡	X1	SQ2	下限位开关	X21
SA3	单步挡	X2	SQ3	上升限位开关	X22
SA4	单周期挡	X3	SQ4	下降限位开关	X23
SA5	连续挡	X4	SQ5	伸出限位开关	X24
SB1	启动按钮	X5	SQ6	缩回限位开关	X25
SB2	停止按钮	X6	SQ7	顺时针回转限位	X26
SB3	上升按钮	X7	SQ8	逆时针回转限位	X27
SB4	下降按钮	X10	YV1	上升电磁阀线圈	Y0
SB5	伸出按钮	X11	YV2	下降电磁阀线圈	Y1
SB6	缩回按钮	X12	YV3	伸出电磁阀线圈	Y2
SB7	顺时针回转按钮	X13	YV4	缩回电磁阀线圈	Y3
SB8	逆时针回转按钮	X14	YV5	顺时针回转线圈	Y4
SB9	夹紧按钮	X15	YV6	逆时针回转线圈	Y5
SB10	松开按钮	X16	YV7	松/紧电磁阀线圈	Y6
SB11	回原位按钮	X17			

根据表 4-6 中的 I/O 配置，PLC 控制系统的 I/O 接线如图 4-58 所示。

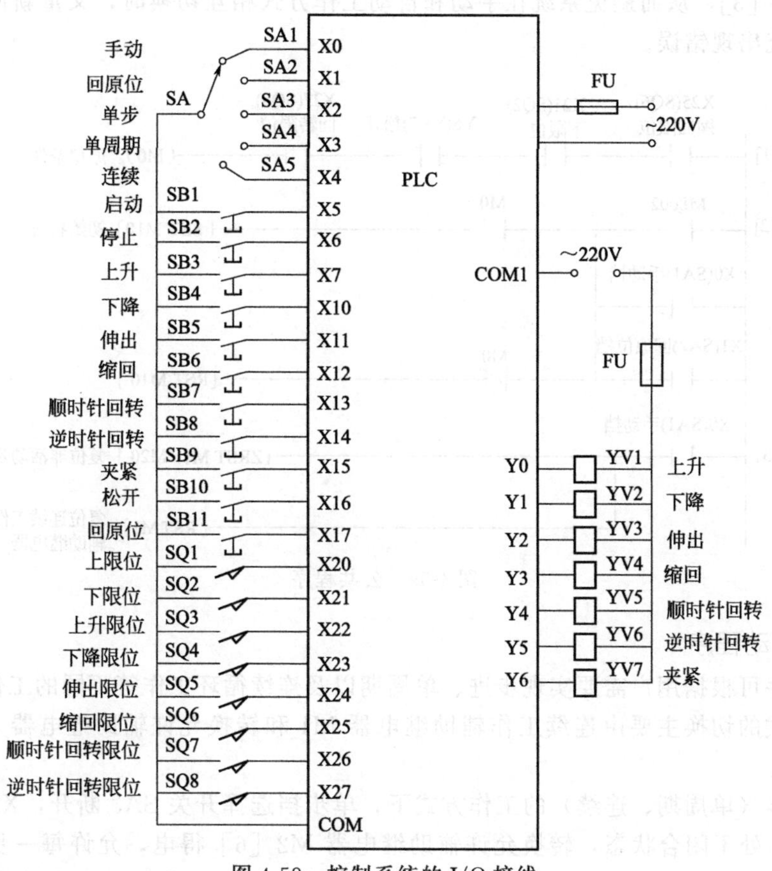

图 4-58　控制系统的 I/O 接线

4.4.4 PLC 控制程序设计

根据机械手不同的工作方式（包括连续工作、单周期、单步、回原位和手动等），设计了不同的 PLC 程序：公共程序、自动程序、回原位程序及手动程序。其中自动程序包括单周期、单步和连续程序。如当选择工作方式为手动方式时，工作方式选择开关 SA 的触点 SA1 闭合，输入继电器 X0 得电，系统将执行手动程序，同理，当工作方式选择开关的相应触点 SA2、SA3、SA4、SA5 闭合时，系统将执行回原位程序和自动程序。

（1）公共程序

公共程序的作用是根据实际控制需要实现自动程序和手动程序间的切换，如图 4-59 所示。当机械手满足 Y6［1］复位（手爪松开）、缩回限位开关 X25［1］、下限位开关 X21［1］以及回转限位开关 X27［1］的常闭触点得电闭合时，原位状态标志辅助继电器 M0［1］得电，表示机械手此时处于原位状态。

当 M0 得电后，机械手处于原位状态，此时执行用户程序，M8002［2］的状态为 ON，将根据需要选择手动或回原位状态，因此手动挡 X0 或回原位挡 X1 闭合，此时，初始状态辅助继电器 M10［2］得电置位，M10 的主要作用是在自动程序中区分步进、单周期和连续的工作状态，可以按照工作需求选择不同的工作状态。若 M0［1］没有得电，则常闭触点 M0［2］处于闭合状态，此时 M10 复位。当系统选择手动工作状态时，需要使用复位指令

ZRST将自动程序中控制机械手运动的辅助继电器M11～M20复位，同时复位连续工作辅助继电器M1［3］，从而避免系统在手动和自动工作方式相互切换时，又重新回到原工作方式，导致系统出现错误。

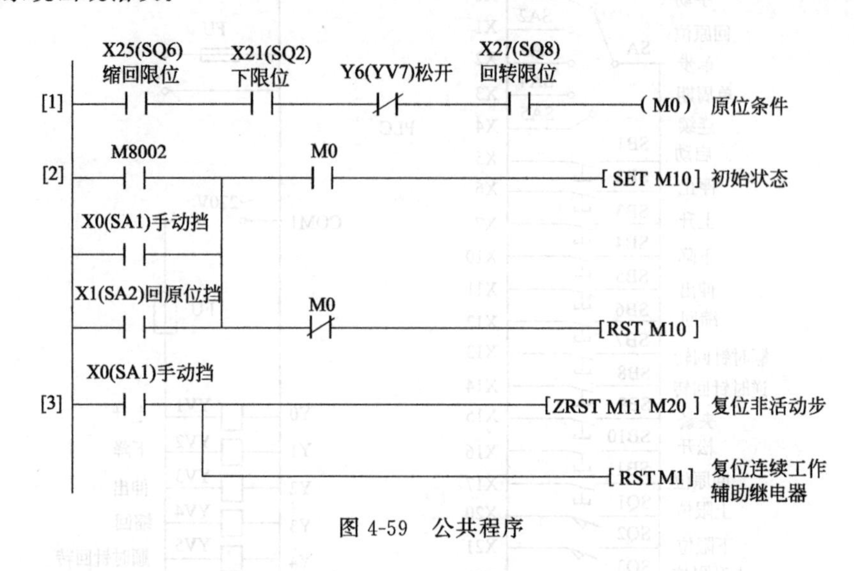

图 4-59　公共程序

（2）自动程序

自动程序可根据用户需要实现步进、单周期以及连续循环工作等不同的工作方式，三种不同工作方式的切换主要由连续工作辅助继电器M1和转换允许辅助继电器M2控制，如图4-60所示。

在非单步（单周期、连续）的工作方式下，单步挡选择开关SA3断开，X2失电，常闭触点X2［6］处于闭合状态，转换允许辅助继电器M2［6］得电，允许每一步间相互自动转换，串联在每个机械手运动辅助继电器电路中动合触点M2［8～15］得电闭合，步与步间允许转换，即机械手可以做非单步（连续、单周期）运动。

在单步工作方式下，单步挡选择开关SA3得电，X2得电，常闭触点X2［6］处于断开状态，转换允许辅助继电器M2［6］失电，串联在每个机械手运动辅助继电器电路中动合触点M2［8～15］失电断开，步与步之间不允许转换，只能实现单步动作，机械手动作不会自动转换到下一步。但此时如果按下启动按钮SB1，则动合开关X6得电，X6［6］闭合，M2［6］重新得电，此时系统允许步与步之间的相互转换。

非单步工作方式包括单周期和连续两种，单周期指机械手完成一个周期的动作后立即停止，连续是指机械手能够循环往复地完成多个周期的动作。在单周期工作方式下，在机械手完成一个周期的动作，执行最后一步M20［17］逆时针回转回到初始状态时，逆时针回转限位开关SQ8得电闭合，进而X27得电，动合触点X27［7］得电闭合，此时连续工作辅助继电器D的常闭触点M1［7］处于闭合状态，因此满足转换条件，系统将返回并停留在初始步M10［7］，系统只执行一个周期的动作。

当系统选择工作方式为连续工作方式时，在机械手完成一个周期的动作，执行最后一步M20［17］逆时针回转回到初始状态时，逆时针回转限位开关SQ8得电闭合，进而X27得电，动合触点X27［8］得电闭合，由于处于连续工作状态，因此动合触点X4［5］闭合，启动按SB1钮按下，X5［5］处于闭合状态，因此连续工作辅助继电器M1［5］处于ON状态，动合触点M1［8］闭合，因此上升辅助继电器M11［8］得电，满足转换条件，系统将自动由一个周期的开始执行动作，并能够连续不断地重复周期性工作，直至停止按钮被按下。

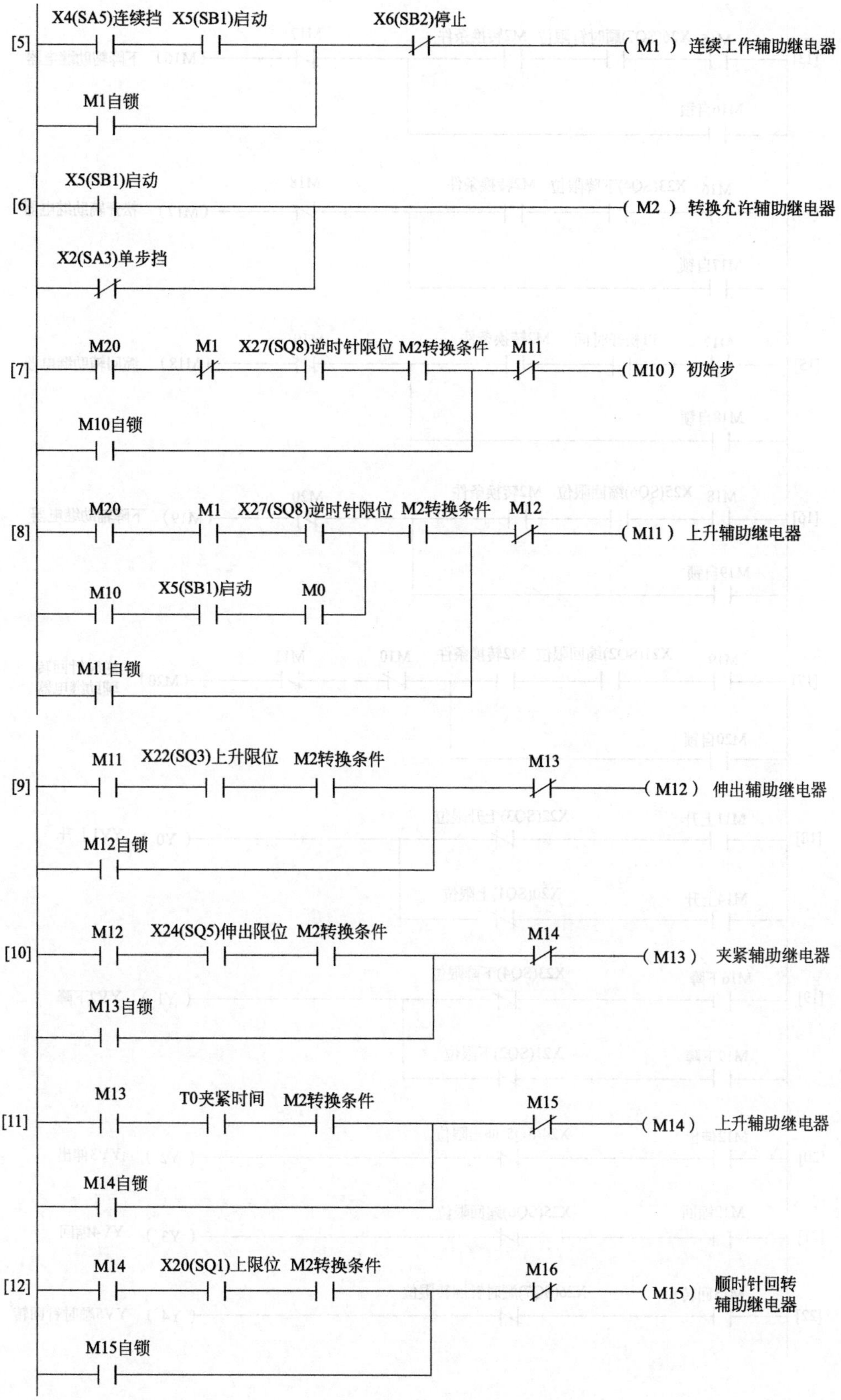

[5] X4(SA5)连续挡 X5(SB1)启动 X6(SB2)停止 (M1) 连续工作辅助继电器
M1自锁

[6] X5(SB1)启动 (M2) 转换允许辅助继电器
X2(SA3)单步挡

[7] M20 M1 X27(SQ8)逆时针限位 M2转换条件 M11 (M10) 初始步
M10自锁

[8] M20 M1 X27(SQ8)逆时针限位 M2转换条件 M12 (M11) 上升辅助继电器
M10 X5(SB1)启动 M0
M11自锁

[9] M11 X22(SQ3)上升限位 M2转换条件 M13 (M12) 伸出辅助继电器
M12自锁

[10] M12 X24(SQ5)伸出限位 M2转换条件 M14 (M13) 夹紧辅助继电器
M13自锁

[11] M13 T0夹紧时间 M2转换条件 M15 (M14) 上升辅助继电器
M14自锁

[12] M14 X20(SQ1)上限位 M2转换条件 M16 (M15) 顺时针回转辅助继电器
M15自锁

图 4-60

[13] M15　X26(SQ7)顺时针限位　M2转换条件　M17　(M16)　下降辅助继电器
M16自锁

[14] M16　X23(SQ4)下降限位　M2转换条件　M18　(M17)　松开辅助继电器
M17自锁

[15] M17　T1松开时间　M2转换条件　M19　(M18)　缩回辅助继电器
M18自锁

[16] M18　X25(SQ6)缩回限位　M2转换条件　M20　(M19)　下降辅助继电器
M19自锁

[17] M19　X21(SQ2)缩回限位　M2转换条件　M10　M11　(M20)　逆时针回转辅助继电器
M20自锁

[18] M11上升　X22(SQ3)上升限位　(Y0)　YV1上升
M14上升　X20(SQ1)上限位

[19] M16下降　X23(SQ4)下降限位　(Y1)　YV2下降
M19下降　X21(SQ2)下限位

[20] M12伸出　X24(SQ5)伸出限位　(Y2)　YV3伸出

[21] M12缩回　X25(SQ6)缩回限位　(Y3)　YV4缩回

[22] M15回转　X26(SQ7)顺时针回转限位　(Y4)　YV5顺时针回转

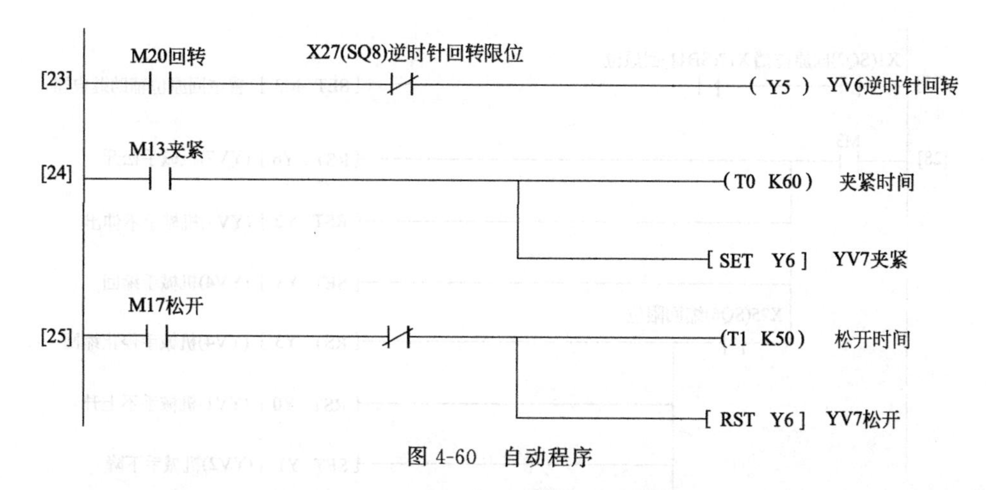

图 4-60　自动程序

按下停止按钮 SB2，X6 得电，常闭触点 X6［5］得电断开，由于在停止按钮被按下前 M1［5］处于 ON 状态，因此此时 M1［5］失电断开，此时常闭触点 M1［7］重新闭合，动合触点 M1［8］断开，但此时由于机械手正在执行当前的操作［8］～［17］，因此对本周期的动作不会有影响，机械手会继续执行周期内动作，直至最后一步机械手逆时针回转回到原位时，逆时针回转限位开关 SQ8 闭合，动合触点 X27［7］和 X27［8］得电闭合，但由于此时 M1［5］失电，M1［8］断开，因此 M11［8］不能得电，即不能转换到机械手上升步，M1［7］重新闭合，因此 M10［7］得电，系统返回初始步，即按下停止按钮后，机械手不会立即停止工作，而是完成当前周期的工作后，返回初始状态并停止工作。

机械手的输出继电器（Y0～Y6）直接由相应的辅助继电器（M11～M20）和限位开关控制，当辅助继电器得电时，输出继电器得电开始驱动机械手工作，直至机械手的运动到达指定位置，各限位开关得电时，限位开关对应的常闭触点得电断开，机械手停止当前的运动而转移至下一步。当手爪执行夹紧和松开操作时，对应的工作时间由时间继电器 T0 和 T1 控制，分别控制夹紧时间为 6s，松开时间为 5s，以确保机械手能够夹紧工件。

(3) 回原位程序

图 4-61 所示为机械手的返回原位程序。机械手在回原位过程中各关节的运动的开始和结束均由其对应的限位开关控制，例如在机械手下降过程中，当其下降到一定高度时，下限位开关的传感器检测到机械手的位置即得电闭合，机械手立即停止下降，并执行接下去的动作。

当系统选择工作方式为回原位工作方式时，回原位选择开关 SA2 得电，X1 得电，动合触点 X1［27］得电闭合。当按下回原位按钮 SB11 时，X17 得电，动合触点 X17［27］得电闭合，回原位辅助继电器 M3［28］得电闭合，进而 Y6 和 Y2 失电复位，Y3 得电置位，机械手松开并缩回。当机械手缩回至缩回限位开关 SQ6 时，动合开关 X25［28］得电闭合，进而 Y3 和 Y0 失电，Y1 得电，机械手停止缩回并下降。当机械手下降至下限位开关 SQ2 时，动合触点 X21［28］得电闭合，进而 Y1 和 Y4 失电，Y5 得电，机械手停止下降并逆时针回转。当机械手回转至回转限位开关 SQ8 时，动合触点 X27［28］得电闭合，进而 Y5 和 M3 失电，机械手停止运动，表示机械手已回到初始状态。

(4) 手动程序

机械手 PLC 手动程序如图 4-62 所示。当系统选择工作方式为手动工作方式时，手动位选择开关 SAC 得电，X0 得电，公共程序中的动合触点 X0［2］和 X0［3］得电闭合，复位

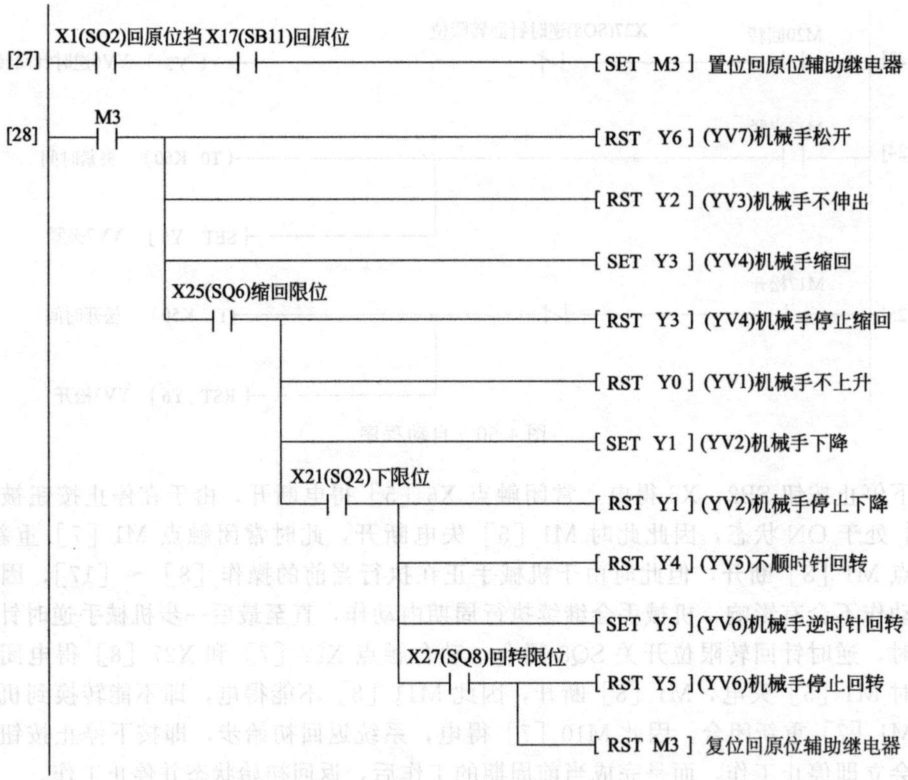

X1(SQ2)回原位挡 X17(SB11)回原位
[27]
SET M3 置位回原位辅助继电器
M3
[28]
RST Y6 (YV7)机械手松开
RST Y2 (YV3)机械手不伸出
SET Y3 (YV4)机械手缩回
X25(SQ6)缩回限位
RST Y3 (YV4)机械手停止缩回
RST Y0 (YV1)机械手不上升
SET Y1 (YV2)机械手下降
X21(SQ2)下限位
RST Y1 (YV2)机械手停止下降
RST Y4 (YV5)不顺时针回转
SET Y5 (YV6)机械手逆时针回转
X27(SQ8)回转限位
RST Y5 (YV6)机械手停止回转
RST M3 复位回原位辅助继电器

图 4-61 机械手的返回原位程序

X7(SB3)上升
X20(SQ1)上限位
Y1下降
[30]
(Y0) YV1上升
X10(SB4)下降
X21(SQ2)下限位
Y0上升
[31]
(Y1) YV2下降
X11(SB5)伸出
X24(SQ5)伸出限位
Y3缩回
[32]
(Y2) YV3伸出
X12(SB6)缩回
X25(SQ6)缩回限位
Y2伸出
[33]
(Y3) YV4缩回
X13(SB7)顺时针回转
X26(SQ7)顺时针回转限位
Y5逆时针回转
[34]
(Y4) YV5顺时针回转
X14(SB8)逆时针回转
X27(SQ8)逆时针回转限位
Y4顺时针回转
[35]
(Y5) YV6逆时针回转
X15(SB9)松开
[36]
SET Y6 YV7夹紧
X16(SB10)松开
[37]
RST Y6 YV7松开

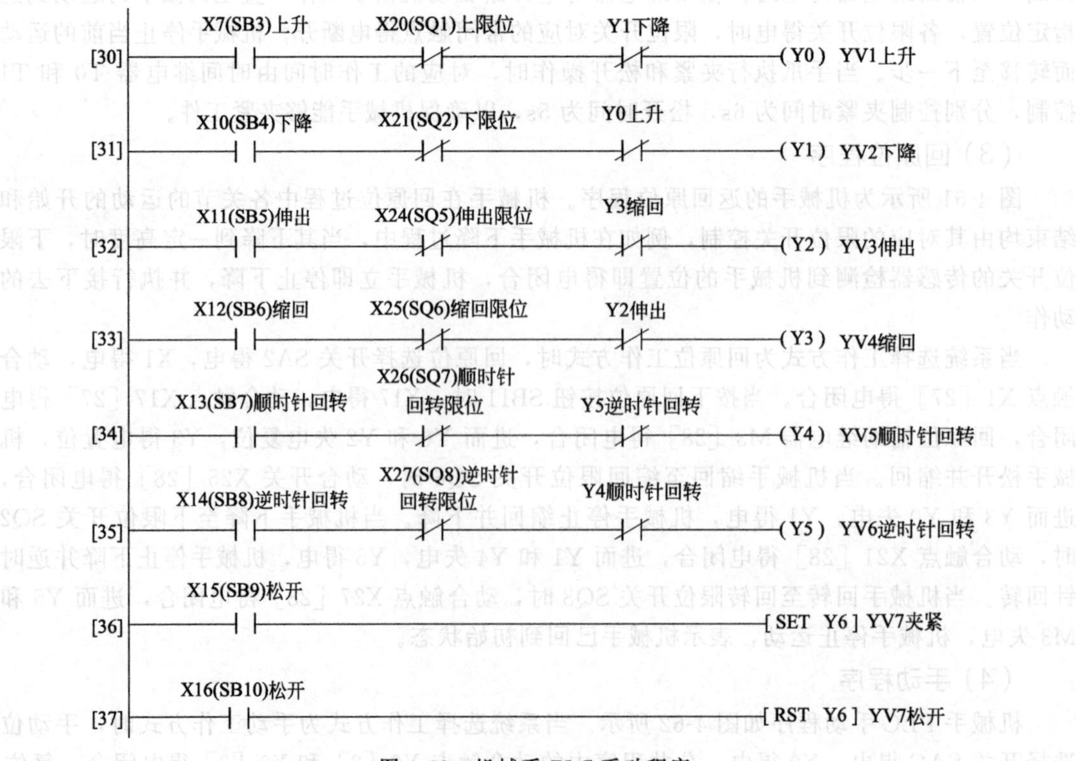

图 4-62 机械手 PLC 手动程序

初始状态辅助继电器 M10、连续工作辅助继电器 M1 以及控制机械手运动时各步对应的辅助继电器 M11～M20。手动工作时，由 SB3～SB10（对应触点 X7［30］～X16［37］）8 个按钮控制机械手的各种动作，如按下上升按钮 SB3 时，动合触点 X7［30］得电闭合，上升输出继电器 Y0［30］得电，机械手上升，根据操作需求调整上升高度，当然，机械手的上升动作不会一直持续下去，上升的最大高度由限位开关控制，直至上限位开关 SQ1 动作，常闭触点 X20［30］得电断开，机械手停止上升。机械手的其他动作也是如此。

为了防止系统在运行过程中出现错误，针对机械手相互对立的运动，在手动程序中设置了一些相应的互锁功能，如伸出与缩回、上升和下降等，在每一步中串联与该步动作相反的常闭触点，从而防止出现相互对立的两个继电器同时得电的情况。

4.5　基于三菱 PLC 和 CC-link 的气动自动生产线系统的设计

自动化生产线是将微电子学、计算机信息技术、控制技术、机械制造和系统工程有机地结合起来，是一种技术复杂、高度自动化系统，也是当前机械制造业适应市场动态需求及产品不断迅速更新的主要手段，还是先进制造技术的基础。某自动生产线主要由上料落料、加盖、穿销、喷涂烘干、检测、分拣、入库、机械手 8 个控制单元构成，由三菱 PLC 与 CC-link 组成主要的控制系统，配以 FMCGS 触摸屏实现现场操作控制。

4.5.1　系统总体设计

（1）自动化生产线的总体组成

本系统的自动化生产线可分为 8 个工作单元，如图 4-63 所示，由于 8 个功能单元组成一个环形，所以也被称作环形生产线。8 个单元不但每个单元都是一个独立的机电一体化设备，能够实现独立的功能，而且它们之间还可以通过网络连接，实现同步控制，联机操作。

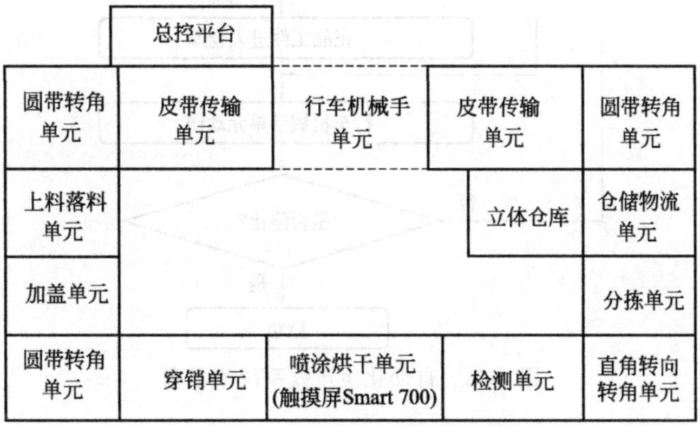

总控平台

圆带转角单元　皮带传输单元　行车机械手单元　皮带传输单元　圆带转角单元

上料落料单元　立体仓库　仓储物流单元

加盖单元　分拣单元

圆带转角单元　穿销单元　喷涂烘干单元(触摸屏Smart 700)　检测单元　直角转向转角单元

图 4-63　自动化生产线分布图

生产线中 8 个单元主要由三菱 FX2N-48MR 的 PLC 进行控制，由三菱 CC-Link 进行联机操作，由减速直流电机带动物流进行传输，物料的工作过程主要有：上料落料、加盖、穿销、喷涂烘干、检测、分拣、入库等动作。

（2）自动化生产线总体流程图

自动化生产线在主机 PLC 的控制下，完成整个生产线的联机操作。当主机 PLC 按下复位按钮后，各个工作单元都进行复位操作，传输带运行 3s 后停止，各个工作单元机械结构复位。当按下启动按钮后，自动化生产线完成整个工序的操作，总体流程图如图 4-64 所示。当按下停止按钮后，整套系统在完成一个周期后停止。当按下急停按钮后，系统马上停止工作，急停按钮复位后，系统继续前面的操作。

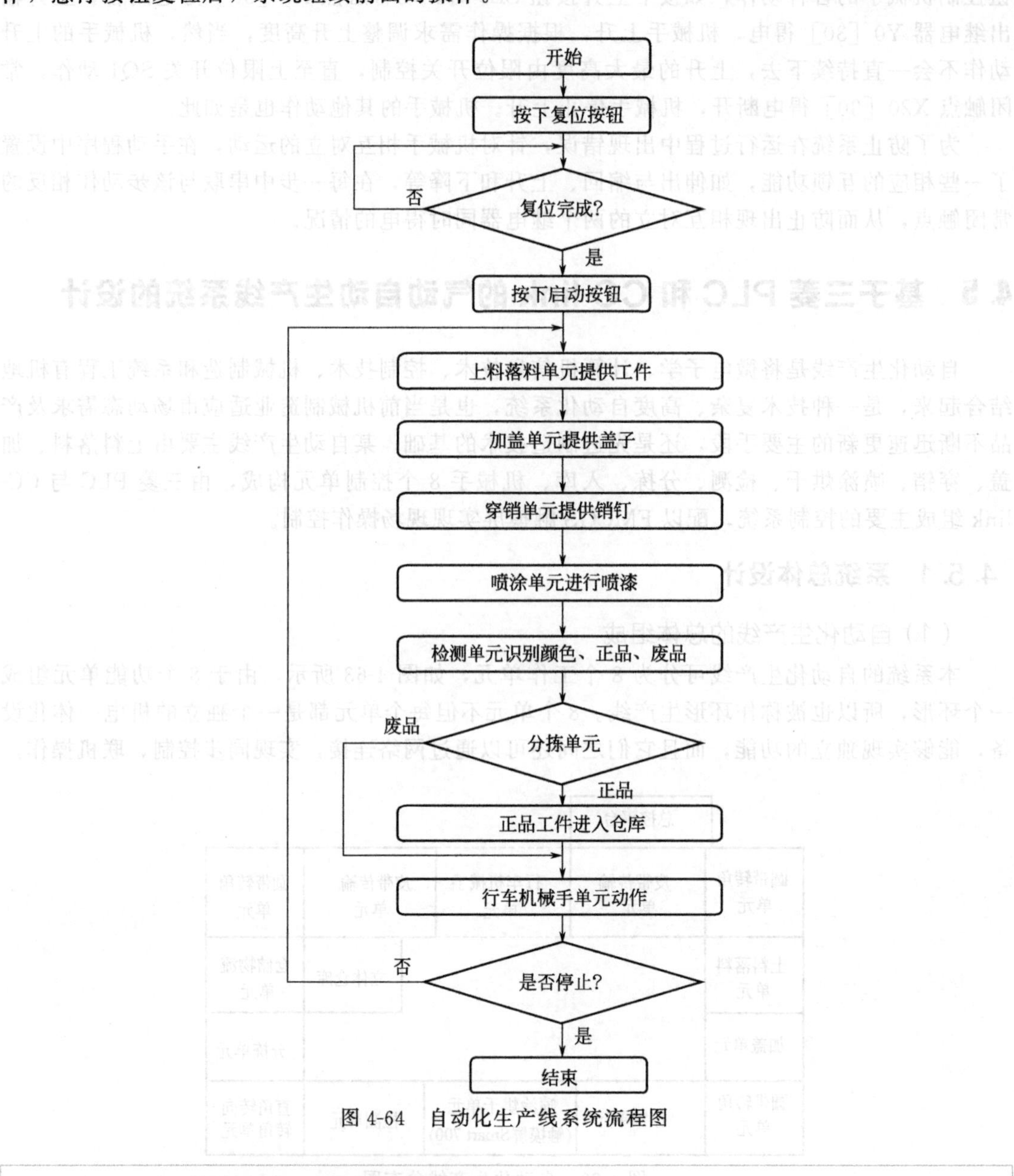

图 4-64 自动化生产线系统流程图

4.5.2 上料落料单元控制系统的设计

（1）单元构成及控制要求

上料落料单元是环形生产线的起始端，为整个生产线提供托盘和工件，由上料单元和落料单元构成。

其中，上料单元由井式下料槽、顶料气缸、落料气缸组成。落料单元由直流电机模块、同步轮带、推料转盘、落料平台、滑道、光电传感器、电感传感器、挡料气缸、直流减速电机、安装支架等组成。

上料落料单元的机械结构如图 4-65 所示。

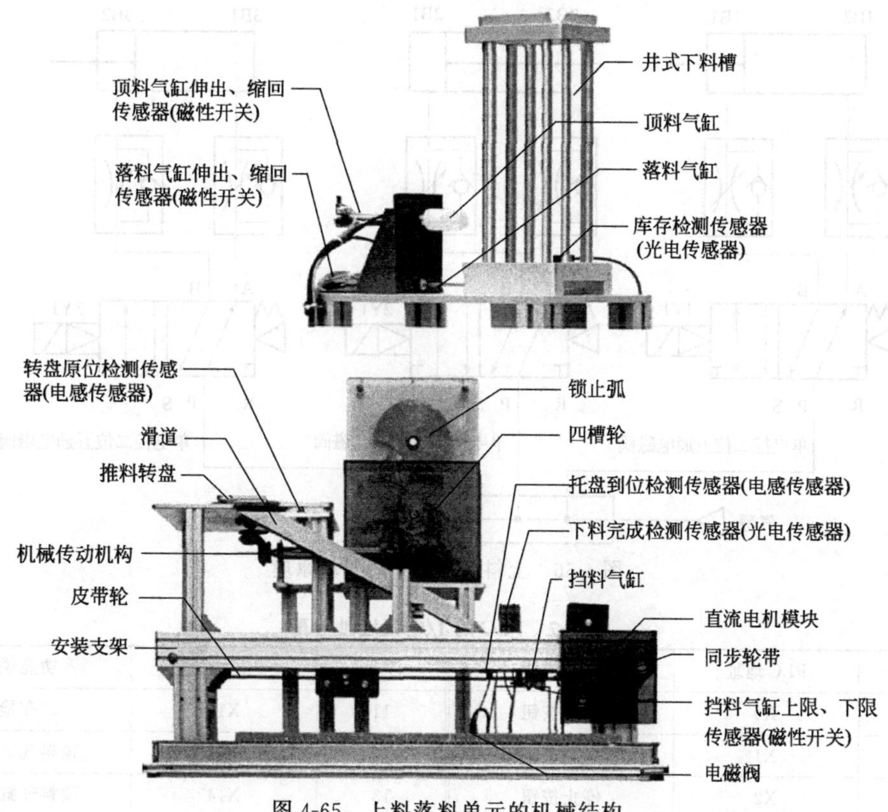

图 4-65　上料落料单元的机械结构

当系统运行，托盘到位后，传输线停止运行。

光电传感器检测工位有无工件，若无工件，则 PLC 向总控台告警，总控台缺料指示灯亮。

若有工件，则直流减速电机工作带动锁止弧转动一周，锁止弧上的拔销轴承拨动四槽轮转动 90°到下一个槽轮，同时带动同轴的圆柱齿轮转动 90°，圆柱齿轮则带动与其啮合的圆柱齿轮和圆锥齿轮转动 90°，圆锥齿轮带动同轴的圆锥齿轮转动 90°，另一圆锥齿轮则同轴转动 90°，则推料转盘随之转动 90°，工件降落料到平台落料口落下并到滑道上，滑至托盘，落料完成。

挡料气缸缩回，传输线运行，托盘和工件一起被传输到下一站。

上料落料单元是环形生产线的第一个工作单元，主要用于工件的自动落料。本单元用三菱 FX2N-48MRPLC 作为系统控制器，用三菱 FX2N-CCL 模块作为 CC-Link 通信接口。

（2）气动控制原理图设计

用三个单相电磁阀分别控制挡料气缸、顶料气缸、落料气缸的动作，用两个继电器分别控制传输带直流电机、落料盘直流电机的启动与停止。图 4-66 所示为上料落料单元的气动原理。

（3）PLC 的 I/O 口地址分配

在上料落料单元中，需要的 PLC 输入量为 15 个，PLC 输出量为 5 个。PLC 的 I/O 口地址分配如表 4-7 所示。

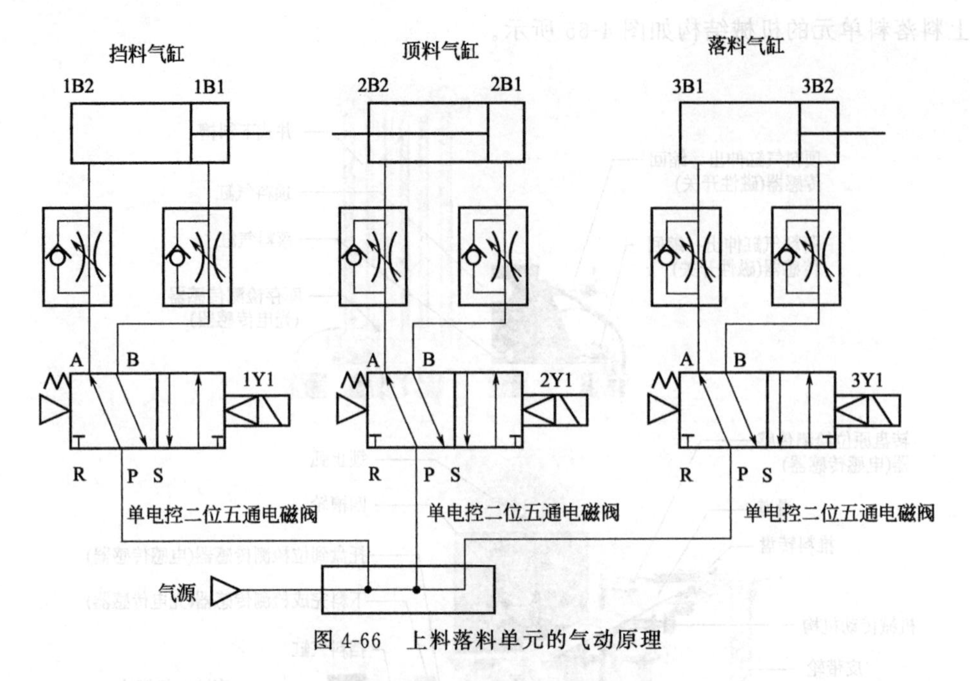

图 4-66 上料落料单元的气动原理

表 4-7 PLC 的 I/O 口地址分配

序号	PLC 地址	功能说明	序号	PLC 地址	功能说明
1	X0	复位按钮	11	X12	库存检测
2	X1	启动按钮	12	X13	顶料气缸缩回
3	X2	停止按钮	13	X14	顶料气缸伸出
4	X3	急停按钮	14	X15	落料缩回
5	X4	托盘到位检测	15	X16	落料伸出
6	X5	工件有无检测	16	Y0	挡料气缸
7	X6	下料完成检测	17	Y1	落料盘转动
8	X7	转盘原位检测	18	Y2	托盘输送
9	X10	挡料气缸上限	19	Y4	顶料气缸
10	X11	挡料气缸下限	20	Y5	落料气缸

(4) PLC的外部接线图设计与连线

根据 PLC 的 I/O 口地址分配表，设计 PLC 的外部接线图，并完成设备的电气接线，PLC 的外部接线如图 4-67 所示。

(5) PLC的程序设计

本任务的 PLC 程序在三菱 GX Developer 8 中 SFC 编程中实现，程序包括三个块程序；主控程序、上料落料单元动作流程程序、其他子程序，各块程序的块类型如图 4-68 所示。

1) 主控程序由梯形图设计

主控程序包括上电复位程序、复位功能程序、设备状态检测程序、启动停止程序、访问指示灯子程序、跳转急停子程序六个部分。

① 上电复位程序。通过 M8002 将系统复位至初始状态，按下复位按钮也进行状态复位。上电复位程序如图 4-69 所示。

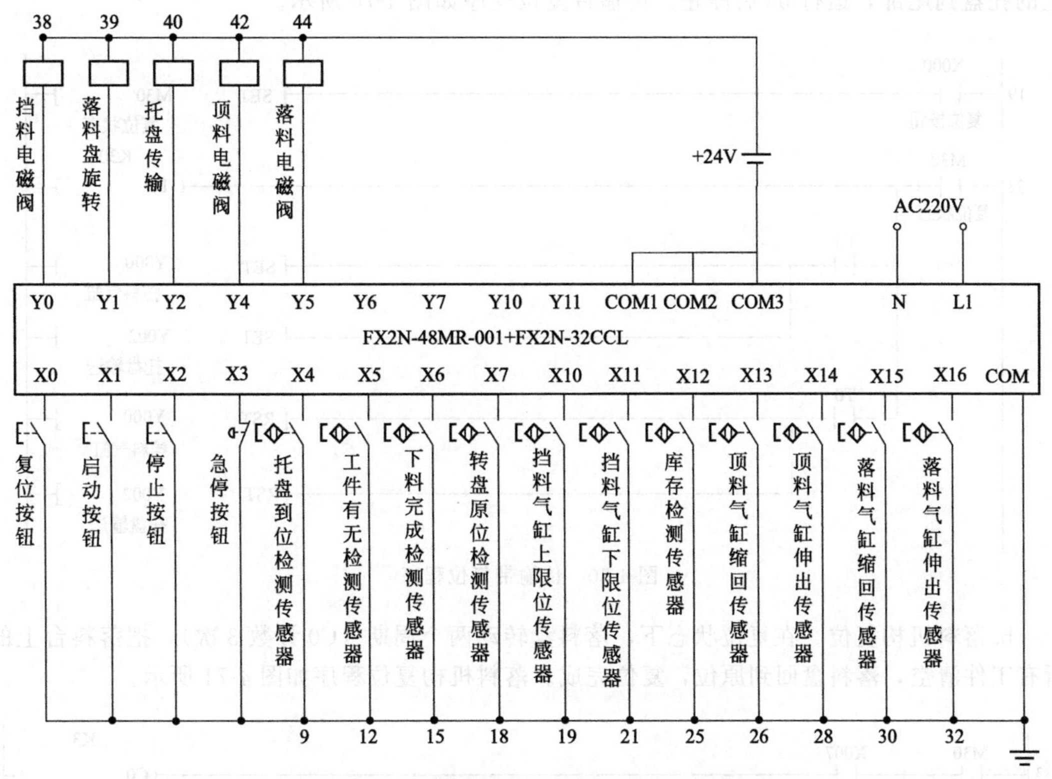

图 4-67　上料落料单元的 PLC 外部接线图

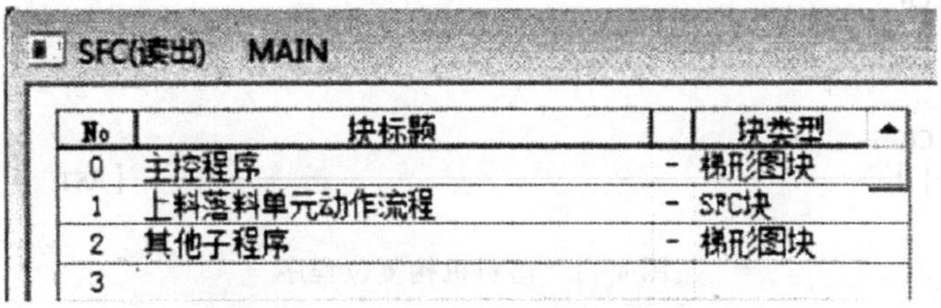

SFC(读出)　MAIN

No	块标题		块类型
0	主控程序	-	梯形图块
1	上料落料单元动作流程	-	SFC块
2	其他子程序	-	梯形图块
3			

图 4-68　上料落料单元的三个块程序

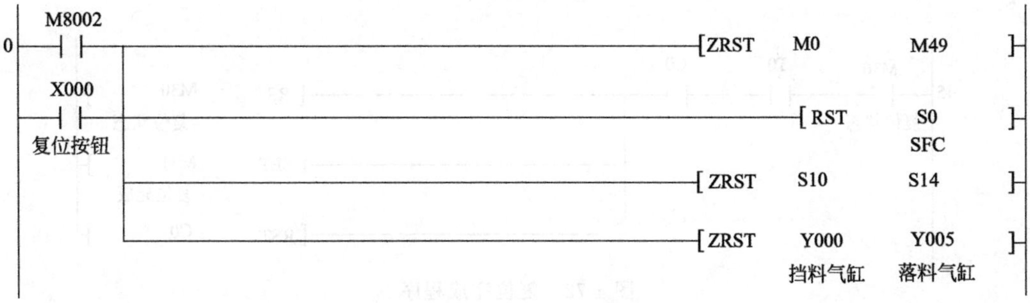

```
     M8002
0 ───┤ ├───┬──────────────────[ZRST   M0     M49  ]
     X000  │
  ───┤ ├───┼──────────────────[RST           S0   ]
  复位按钮  │                                  SFC
           ├──────────────────[ZRST   S10    S14  ]
           │
           └──────────────────[ZRST   Y000   Y005 ]
                                     挡料气缸 落料气缸
```

图 4-69　上电复位程序

② 复位功能程序。按下复位按钮，复位状态 M30 置 1。复位过程包括两个内容：传输带复位和落料机构复位。两个过程都复位完成后，M30 清零，M31 置 1。

a. 传输带复位。在复位状态下，挡料气缸 Y000 缩回，传输带 Y002 运行，带动传输带上的托盘到尾部，运行 3s 后停止。传输带复位程序如图 4-70 所示。

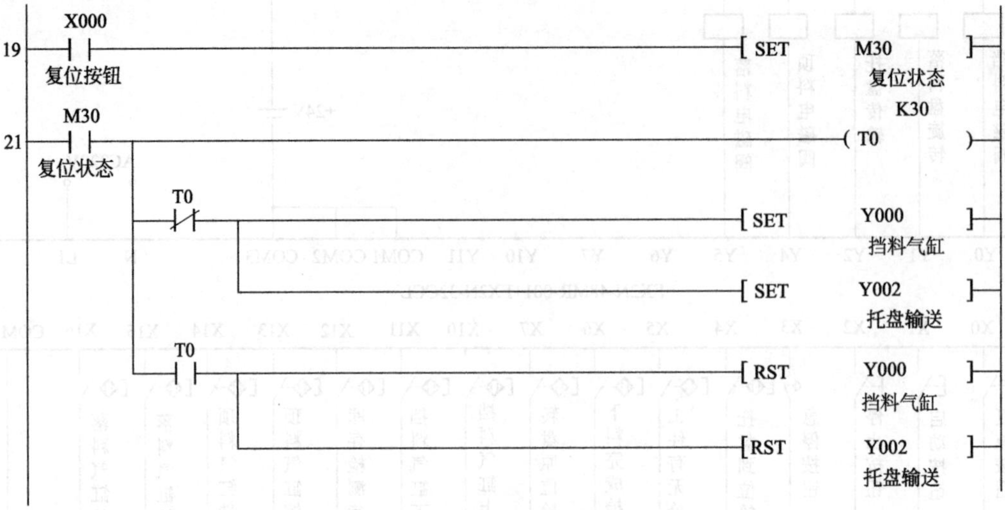

X000
19
复位按钮
SET
M30
复位状态
M30
21
复位状态
K30
T0
T0
SET
Y000
挡料气缸
SET
Y002
托盘输送
T0
RST
Y000
挡料气缸
RST
Y002
托盘输送

图 4-70　传输带复位程序

b. 落料机构复位。在复位状态下，落料盘转动两个周期（C0 计数 3 次），把落料台上的所有工件清空，落料盘回到原位，复位完成。落料机构复位程序如图 4-71 所示。

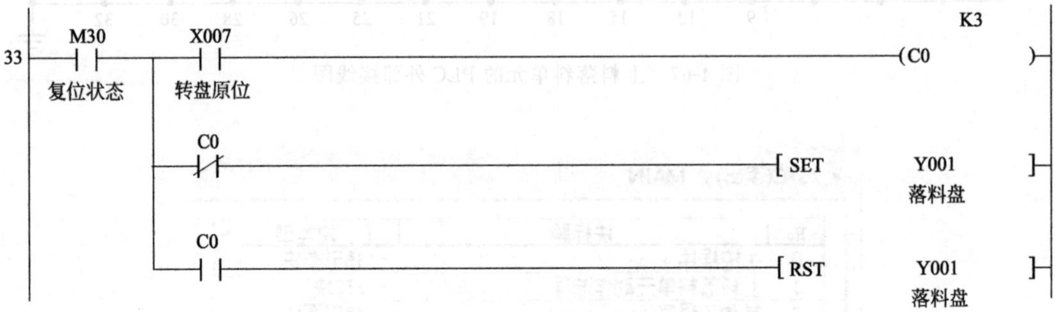

33
M30
复位状态
X007
转盘原位
K3
C0
C0
SET
Y001
落料盘
C0
RST
Y001
落料盘

图 4-71　落料机构复位程序

在复位状态下，两个过程都复位完成后，复位状态 M30 清零，复位完成状态 M31 置 1。同时把 C0 清空，以便下一次复位。复位完成程序如图 4-72 所示。

45
M30
复位状态
T0
C0
RST
M30
复位状态
SET
M31
复位充成
RST
C0

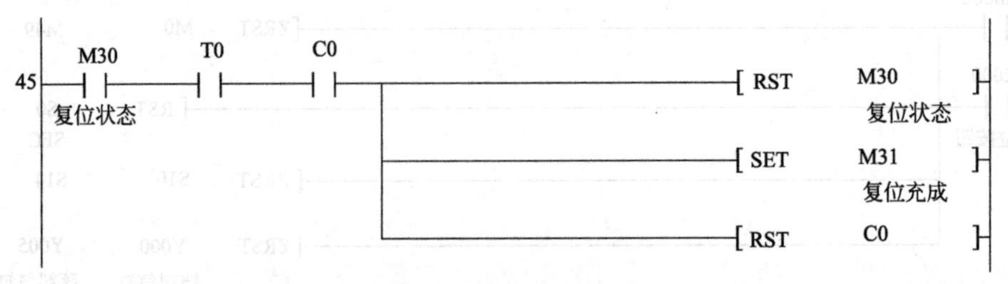

图 4-72　复位完成程序

③ 设备状态检测程序。当所有的状态符合要求时，准备状态辅助继电器 M20 为 1，否则为 0；当系统已经复位完成（M31 为 1）且准备状态完成（M20 为 1）时，设备准备状态检测完成，M21 置 1。初始态检测程序如图 4-73 所示。

④ 启动停止程序。在系统准备好，且系统还没运行时，按下启动按钮，使运行状态辅

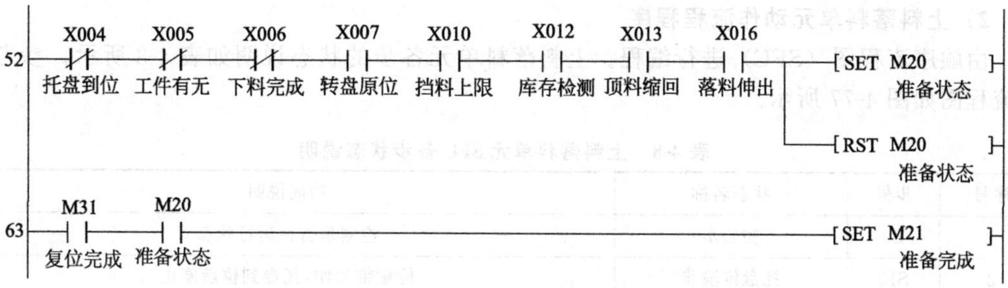

图 4-73　初始态检测程序

助继电器 M10 为 1，并将 S0 置 1，准备开始上料落料流程操作。当在系统运行过程中按下停止按钮，使辅助继电器 M11 为 1，当上料落料单元控制流程走完一个过程回到 S0 后，把 M10 复位，系统停止。启动停止状态程序如图 4-74 所示。

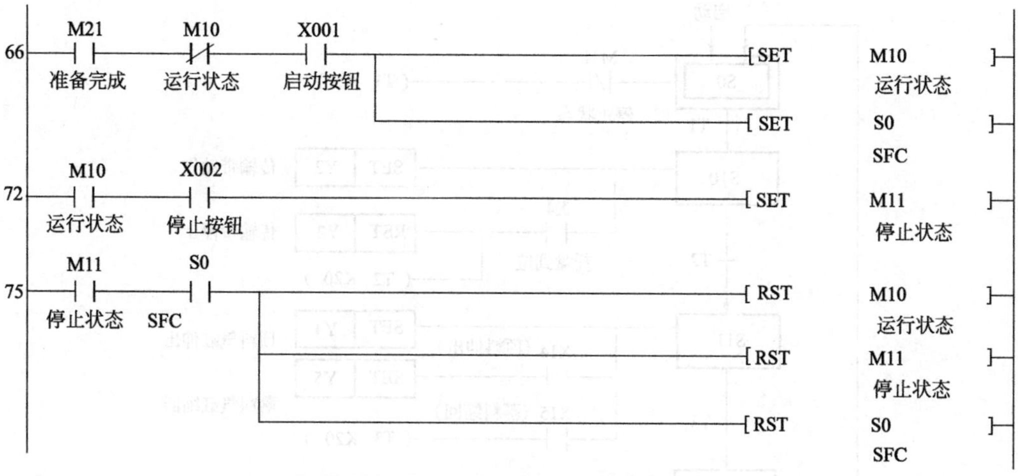

图 4-74　启动停止状态程序

⑤ 访问指示灯子程序。在 PLC 为运行状态下，始终访问指示灯子程序 P1。访问指示灯子程序如图 4-75 所示。

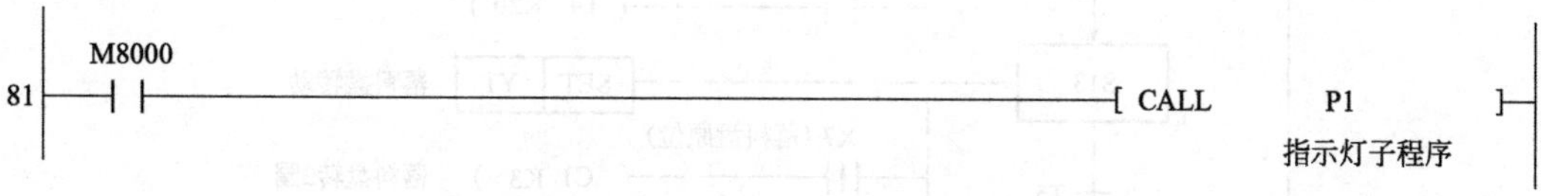

图 4-75　访问指示灯子程序

⑥ 跳转急停子程序。急停按钮为常闭开关。当按下急停按钮时，急停按钮 X003 常闭接通，常开断开，PLC 程序跳过上料落料单元 SFC 流程，直接运行急停子程序 P0，同时急停状态 M40 为 1。当急停按钮旋开复位后，X003 常闭断开，常开接通，上料落料单元继续运行。跳转急停子程序如图 4-76 所示。

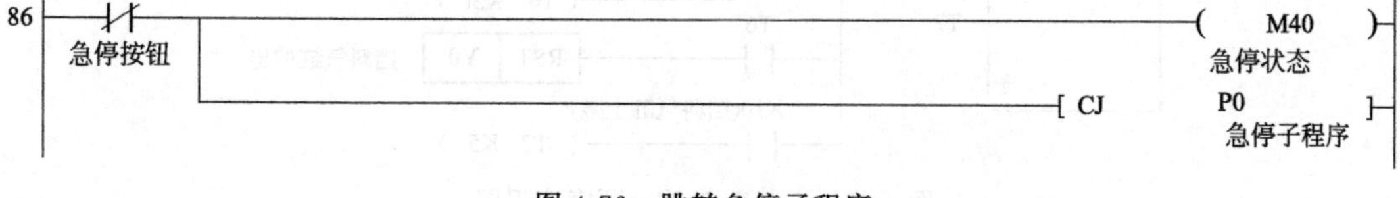

图 4-76　跳转急停子程序

2）上料落料单元动作流程程序

由顺序流程图（SFC）进行编程。上料落料单元各步的状态说明如表 4-8 所示，参考运行流程图如图 4-77 所示。

表 4-8　上料落料单元 SFC 各步状态说明

序号	步号	状态名称	功能说明
1	S0	初始步	检测是否在运行状态
2	S10	托盘传输步	传输带动作，托盘到位后停止
3	S11	上料机构动作步	顶料气缸伸出，顶料气缸到位后落料气缸缩回
4	S12	上料机构复位步	落料气缸伸出，落料气缸到位后落料气缸缩回
5	S13	落料机构动作步	落料盘转动两周后停止
6	14	落料完成步	传输带动作，挡料气缸下降，3s 后复位

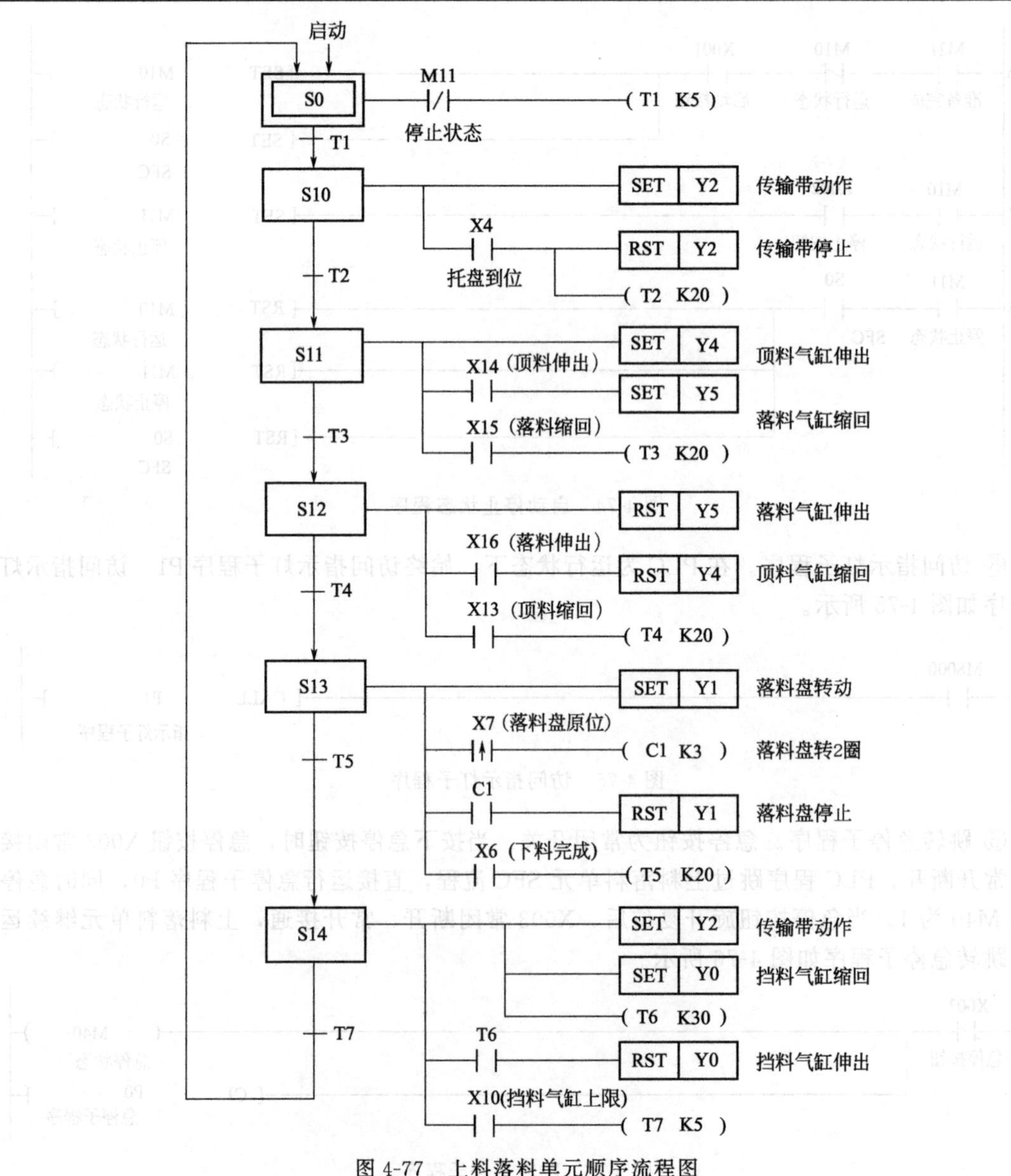

图 4-77　上料落料单元顺序流程图

3）其他子程序

其他子程序包括主程序结束、指示灯子程序、急停控制程序等。

① 主程序结束。主程序结束程序设计如图 4-78 所示。

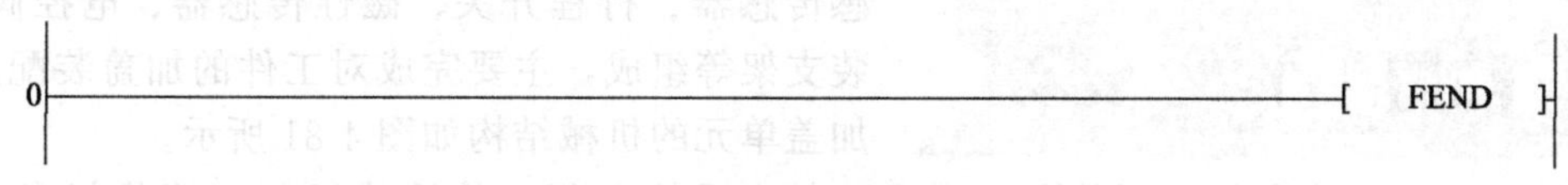

图 4-78 主程序结束程序设计

② 指示灯子程序。如果复位完成后设备准备完成，Y027 常亮，否则以 1Hz 频率闪烁。如果设备正常运行，Y026 常亮；在运行过程中按下停止按钮，Y026 以 1Hz 频率闪烁；设备完全停止，Y026 灭。如果在急停状态下，Y025 以 1Hz 频率闪烁。指示灯子程序如图 4-79 所示。

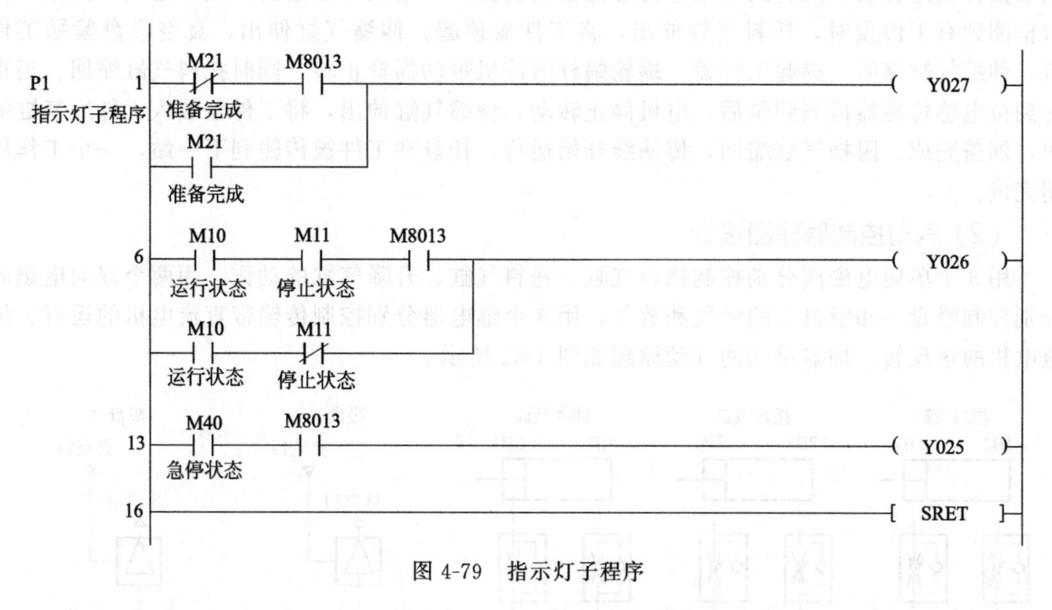

图 4-79 指示灯子程序

③ 急停控制程序。急停时利用 M8000 把传输带和落料盘电机停止，M8000 为 PLC 在 RUN 情况下为 ON 状态（恒 1），在 STOP 情况下为 OFF 状态；M8001 为 PLC 在 RUN 情况下为 OFF 状态（恒 0），在 STOP 情况下为 ON 状态，急停控制程序如图 4-80 所示。

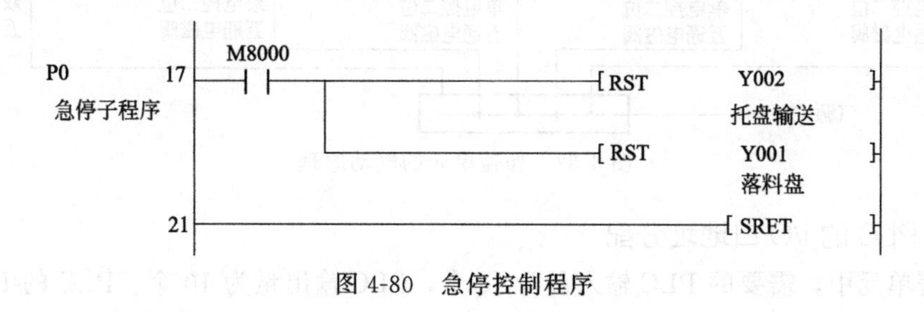

图 4-80 急停控制程序

4.5.3 加盖单元控制系统的设计

（1）单元构成及控制要求

加盖单元是环形生产线的第二个工作单元，主要用于工件的加盖过程。本单元用三菱 FX2N-48MRFPLC 作为系统控制器，用三菱 FX2N-32CCL 模块作为 CC-Link 通信接口。

图 4-81 加盖单元的机械结构

加盖单元由滑道式工件架、蜗轮蜗杆减速机、摇臂、同步轮带、直流减速电机、挡料气缸、托料气缸、伸缩气缸、真空吸盘、光电传感器、电感传感器、行程开关、磁性传感器、电控阀、安装支架等组成，主要完成对工件的加盖装配工作。加盖单元的机械结构如图 4-81 所示。

当系统运行，传输线运行，等待托盘到位。当托盘到位后，如果光电传感器没有检测到工件或检测到工件已经加盖，阻挡气缸缩回，放托盘和工件到下一站，延时 2s，阻挡气缸伸出，等待下一个托盘到位。如果光电传感器检测到工件没有加盖，延时 1s，传输线停止。电机驱动摇臂反向转动，反转到位电感传感器检测到位后，电机停止运行。当滑道式工件架工件台检测到有工件盖时，托料气缸伸出，将工件盖顶起，伸缩气缸伸出，真空吸盘紧贴工件盖。伸缩气缸缩回，提起工件盖，蜗轮蜗杆减速机带动摇臂正转，同时托料气缸缩回。当正转到位电感传感器检测到位后，电机停止转动，伸缩气缸伸出，将工件盖装入工件后气缸缩回，加盖完成。阻挡气缸缩回，传输线开始运行，托盘和工件被传输到下一站，一个工作周期完成。

（2）气动控制原理图设计

用 3 个单向电磁阀分别控制挡料气缸、托料气缸、升降气缸的动作，用两个双向电磁阀分别控制吸盘一和吸盘二的吸气和放气，用 3 个继电器分别控制传输带直流电机的运行、加盖电机的正反转。加盖单元的气动原理如图 4-82 所示。

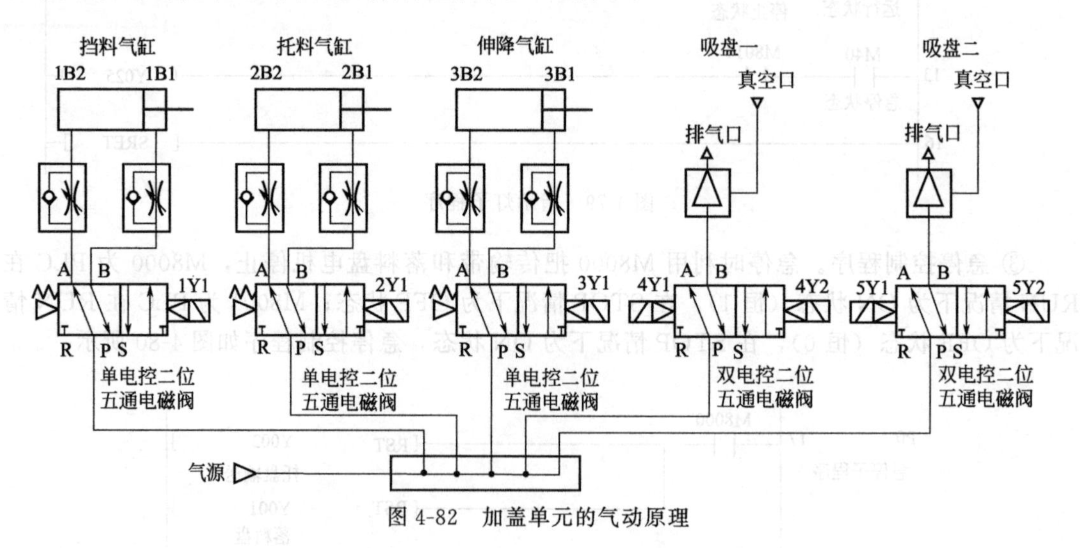

图 4-82 加盖单元的气动原理

（3）PLC 的 I/O 口地址分配

在加盖单元中，需要的 PLC 输入量为 18 个，PLC 输出量为 10 个。PLC 的 I/O 口地址分配如表 4-9 所示。

表 4-9 PLC 的 I/O 口地址分配

序号	PLC 地址	功能说明	序号	PLC 地址	功能说明
1	X0	复位按钮	3	X2	停止按钮
2	X1	启动按钮	4	X3	急停按钮

续表

序号	PLC 地址	功能说明	序号	PLC 地址	功能说明
5	X4	托盘到位检测	17	X20	升降气缸上限检测
6	X5	工件有无检测	18	X21	升降气缸下限检测
7	X6	工件盖有无检	19	Y0	挡料气缸
8	X7	加盖完成检测	20	Y1	托料气缸
9	X10	正转到位检测	21	Y2	升降气缸
10	X11	反转到位检测	22	Y3	吸盘一吸气
11	X12	正转极限行程开关	23	Y4	吸盘一放气
12	X13	反转极限行程开关	24	Y5	吸盘二吸气
13	X14	挡料气缸上限检测	25	Y6	吸盘二放气
14	X15	挡料气缸下限检测	26	Y7	加盖电机正转
15	X16	托料气缸上限检测	27	Y10	加盖电机反转
16	X17	托料气缸下限检测	28	Y11	托盘传输

（4）PLC 的外部接线图设计与连线

根据 PLC 的 I/O 口地址分配表，设计 PLC 的外部接线图，并完成设备的电气接线，PLC 的外部接线如图 4-83 所示。

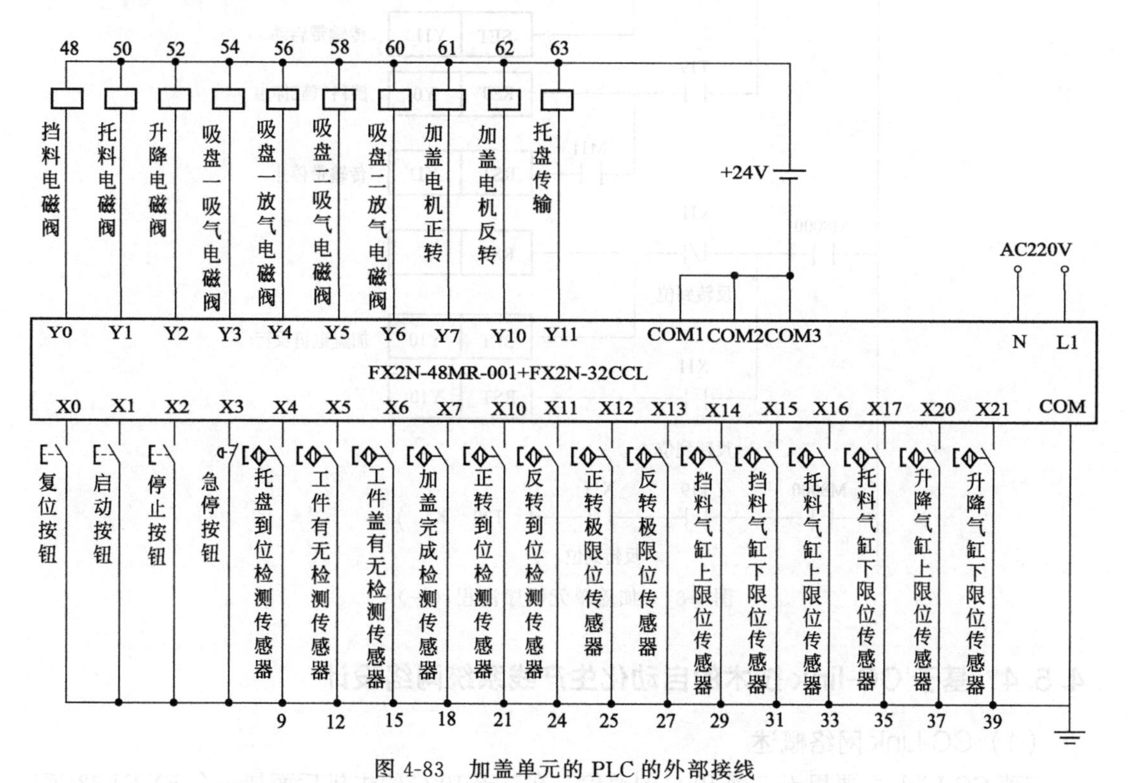

图 4-83　加盖单元的 PLC 的外部接线

（5）PLC 的程序设计

PLC 程序与上料落料单元类似。加盖单元各步的状态说明如表 4-10 所示，加盖单元的控制流程如图 4-84 和图 4-85 所示。

表 4-10 加盖单元 SFC 各步状态说明

序号	步号	状态名称	功能说明
1	S0	初始步	检测是否在运行状态
2	S10	托盘传输步	传输带动作，托盘到位后停止
3	S11	气缸动作步	托料气缸托起工件
4	S12	吸盘动作步	升降气缸下降，下降到位后吸盘吸气
5	S13	气缸复位步	托盘气缸缩回、升降气缸上升
6	S14	电机正转步	加盖电机正转到位
7	S15	气缸吸盘动作步	升降气缸下降、吸盘放气
8	S16	气缸复位步	升降气缸上升
9	S17	加盖完成步	传输带动作，挡料气缸下降，3s 后复位；同时加盖电机反转到位
10	S20	没有检测到工件步	传输带动作，挡料气缸下降，3s 后复位

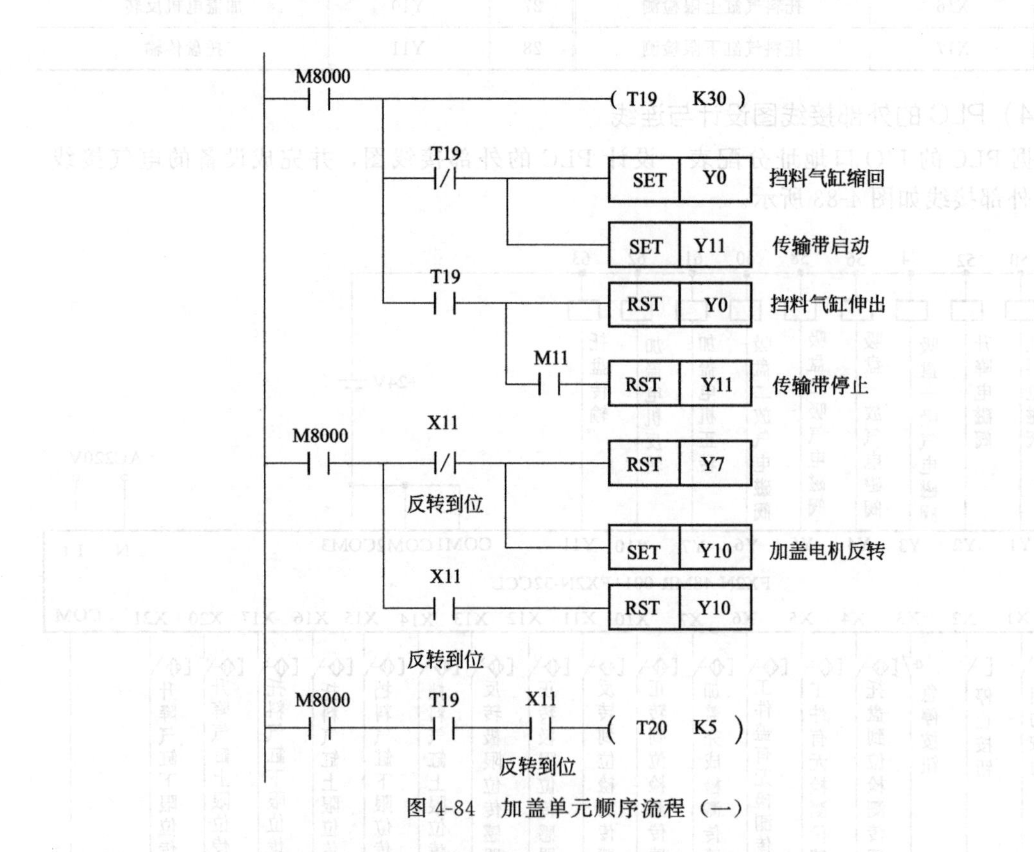

图 4-84 加盖单元顺序流程（一）

4.5.4 基于 CC-link 技术的自动化生产线系统网络设计

（1）CC-Link 网络概述

三菱 CC-Link 主要用于三菱 PLC 的通信，在三菱 PLC 的主机后面加一个 FX2N-32CCL 通信模块，就可简单实现网络控制。32CCL 通信模块是 PLC 的一个特殊的扩展模块，主机通过 FROM 指令把数据从通信模块的缓冲器里面读出来，通过 TO 指令把数据写入缓冲器中，从而实现整个网络的数据交换，如图 4-86 所示。

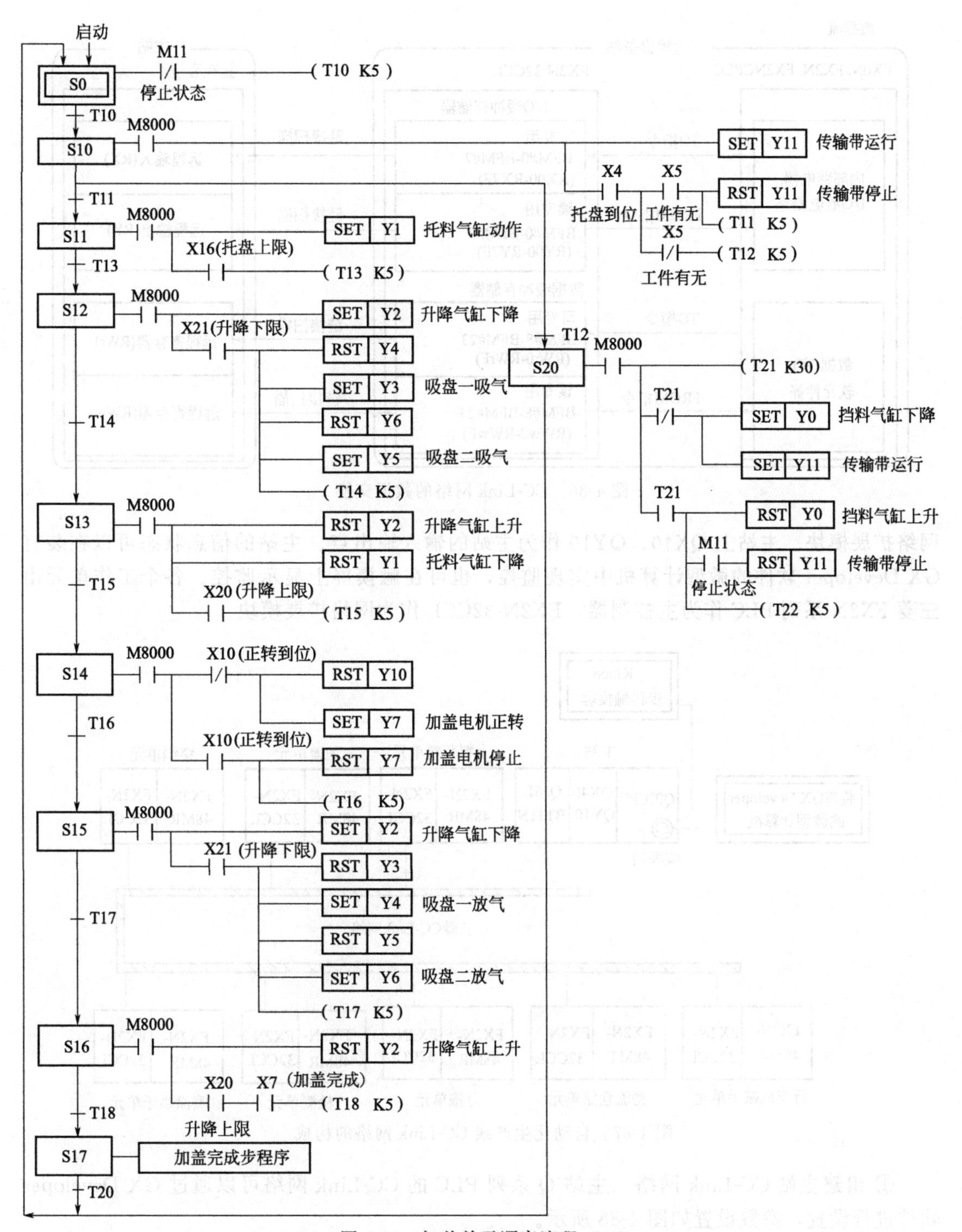

图 4-85　加盖单元顺序流程（二）

（2）组建 CC-Link 网络

根据自动化生产线各单元的控制要求，组建 CC-Link 网络，通过主机采集并处理各站的相应信息，完成各站间的联动控制。如图 4-87 所示，组建环形生产线的 CC-Link 网络。在自动化生产线系统中，主站由三菱 Q 系列 PLC 作为主控制器，QJ61BT11N 作为 CC-Link

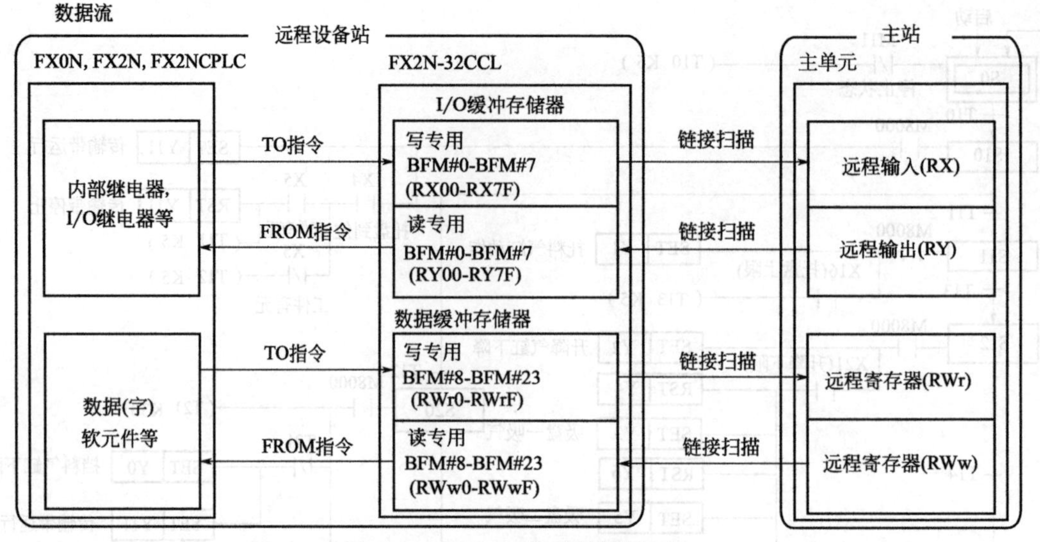

图 4-86 CC-Link 网络的数据交换

网络扩展模块。主站上 QX40、QY10 作为主站的输入输出点。主站的信息状态可以在装有 GX Developer 软件的微型计算机中实现监控，也可在触摸屏上显示监控。各个工作单元由三菱 FX2N 系列 PLC 作为主控制器，FX2N-32CCL 作为网络扩展模块。

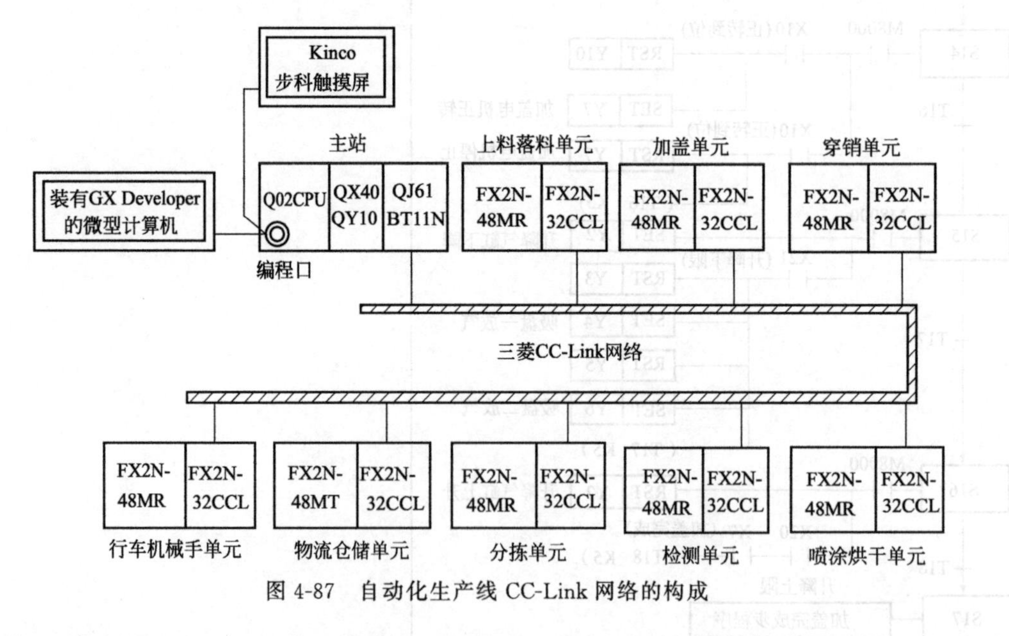

图 4-87 自动化生产线 CC-Link 网络的构成

① 组建主站 CC-Link 网络　主站 Q 系列 PLC 的 CC-Link 网络可以通过 GX Developer 软件进行设置，参数设置如图 4-88 所示。

点击“站信息”可设置从站网络信息，如图 4-89 所示。设置好网络参数后，重启 PLC 电源，CC-Link 网络主站设置成功。

通过设置，确定了每一站的 FX2N-32CCL 所对应的输入和输出数据，以 1 号站为例说明，程序分配了 X100～X13F、Y100～Y13F 作为输入输出映像。FX2N PLC 主机向 QPLC 主机传送的数据作为输入型数据，QPLC 主机向 FX2NFPLC 主机传送的数据作为输出型数

模块数 1 块　空白:未设置

	1	2	3	4
起始I/O号	0000			
动作设置	操作设置			
类型	主站			
数据链接类型	主站CPU参数自动启动			
模式设置	远程网络Ver.1模式			
总连接个数	13			
远程输入(RX)刷新软元件	X100			
远程输出(RY)刷新软元件	Y100			
远程寄存器(RWr)刷新软元件	D1000			
远程寄存器(RWw)刷新软元件	D2000			
Ver.2远程输入(RX)刷新软元件				
Ver.2远程输出(RY)刷新软元件				
Ver.2远程寄存器(RWr)刷新软元件				
Ver.2远程寄存器(RWw)刷新软元件				
特殊继电器(SB)刷新软元件	SB0			
特殊寄存器(SW)刷新软元件	SW0			
重试次数	3			
自动恢复个数	1			
待机主站号				
CPU宕机指定	停止			
扫描模式指定	异步			
延迟时间设置	0			
站信息设置	站信息			
远程设备站初始设置	初始设置			
中断设置	中断设置			

必要设置(　未设 / 已设置完毕　)　必要时进行设置(　未设 / 已设置完毕　)

设置项目细节:

XY分配确认　清除　检查　结束设置　取消

图 4-88　CC-Link 的参数设置

CC-Link 站信息 模块1

站数/站号	站点类型	扩展循环设置	占有站数	远程站点数	预约/无效站指定	智能缓冲区(字) 发送	接收	自动
1/1	智能设备站	1倍设置	占用2站	64点	未设	64	64	128
2/3	智能设备站	1倍设置	占用2站	64点	未设	64	64	128
3/5	智能设备站	1倍设置	占用2站	64点	未设	64	64	128
4/7	智能设备站	1倍设置	占用2站	64点	未设	64	64	128
5/9	智能设备站	1倍设置	占用2站	64点	未设	64	64	128
6/11	智能设备站	1倍设置	占用2站	64点	未设	64	64	128
7/13	智能设备站	1倍设置	占用2站	64点	未设	64	64	128
8/15	智能设备站	1倍设置	占用2站	64点	未设	64	64	128

默认值　检查　结束设置　取消

图 4-89　设置 CC-Link 从站网络信息

据。从站设备通过 FROM 指令接收 QPLC 主机传送的数据，通过 TO 指令将从站数据上传到 QPLC 的输入映像区。

② 组建从站 CC-Link 网络　从站的 CC-Link 网络无需软件进行设置，只要设定 FX2N-32CCL 模块的站地址即可。由于每个工作单元包含一定量的开关量和模拟量信息，设定每个工作单元占据 2 个从站号，设定通信波特率为 625kbps。

设定各站的 FX2N-32CCL 模块地址，用一字螺丝刀调节模块上的站地址开关，设定为上料落料单元为 1 号工作站，加盖单元为 3 号工作站，穿销单元为 5 号工作站、喷涂烘干单元为 7 号工作站、检测单元为 9 号工作站、分炼单元为 11 号工作站、物流仓储单元为 13 号工作站、行车机械手为 15 号工作站。

从站接受主站程序。首先把 CC-Link 网络的通信状态发送到 K4M0 的位组合元件中，然后把主站的控制信号发送到 K4M300 的位组合元件中，最后把主站的数据发送到从站的数据 D50 中。从站接受主站程序设计如图 4-90 所示。

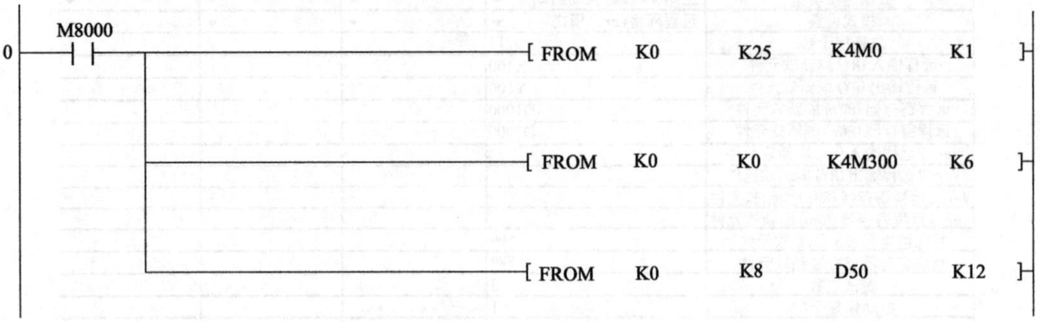

```
   M8000
0 ─┤ ├─┬──────────[ FROM  K0  K25  K4M0    K1  ]
       ├──────────[ FROM  K0  K0   K4M300  K6  ]
       └──────────[ FROM  K0  K8   D50     K12 ]
```

图 4-90 从站接受主站程序设计

从站发送给主站程序。首先把从站的控制信总发送到 K4M100 的位组合元件中，然后把数据发送到 D0 和 D21 中。从站发送主站程序设计如图 4-91 所示。

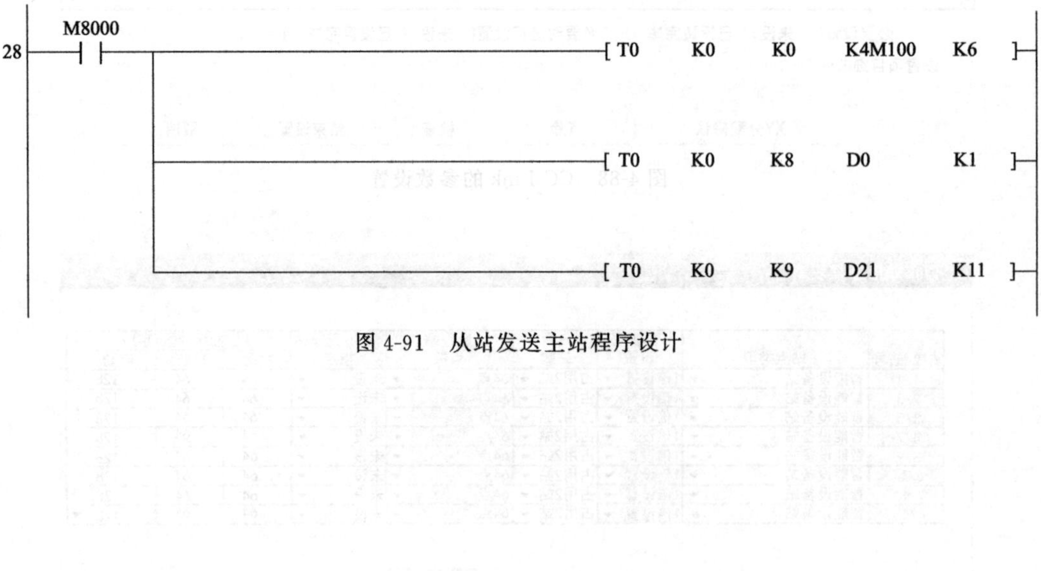

```
    M8000
28 ─┤ ├─┬──────────[ T0  K0  K0  K4M100  K6  ]
        ├──────────[ T0  K0  K8  D0      K1  ]
        └──────────[ T0  K0  K9  D21     K11 ]
```

图 4-91 从站发送主站程序设计

参考文献

[1] 黄志坚. 液压实用技术500问. 北京：中国电力出版社，2013.

[2] 黄志坚. 气动系统设计要点. 北京：化学工业出版社，2015.

[3] 黄志坚. 机械电气控制与三菱PLC应用详解. 北京：化学工业出版社，2017.

[4] 黄志坚. 机械电气控制与西门子PLC应用详解. 北京：化学工业出版社，2017.

[5] 黄志坚. 液压控制及PLC应用. 北京：中国电力出版社，2012.

[6] 黄志坚，黄新辉. 液压与气动控制PLC应用案例. 北京：化学工业出版社，2015.

[7] 吴芹兰. PLC在多缸顺序控制中的应用. 流体传动与控制，2010 (1).

[8] 朱明星，李庆峰. PLC在液压传动控制系统中的应用. 铜陵职业技术学院学报，2006 (4).

[9] 葛敏，王维俊，冯平. 基于PLC的智能扁平线宽边绕线机的研制. 后勤工程学院学报，2008 (4).

[10] 石玉明，李锡辉. 基于PLC的液压自动循环控制系统. 机床电器，2007 (2).

[11] 郑丽萍. 碎纸屑压块机PLC控制系统. 机床电器，2009 (1).

[12] 何彦虎. 进口刨花板贴面生产线液压系统的PLC实现. 液压与气动，2008 (5).

[13] 熊世军，余普清，张金鑫，等. 比例同步液压控制系统在广州"西塔9000kN爬模机"上的应用. 液压气动与密封，2008 (6).

[14] 张鹏飞，张浩，胡江峰，等. 采用PLC控制的液压油缸的同步升降. 科技信息，2009 (2).

[15] 张朝亮，张河新，董伟亮，等. 液压同步顶推顶升技术在桥梁施工中的应用. 液压与气动，2008 (8).

[16] 刘美，唐蒲华，郝诗明. 颚式破碎机液压过载保护及其PLC控制的设计. 制造业自动化，2009 (5).

[17] 白霄，杨建奎. 基于PLC钢丝绳罐道液压自动张紧系统设计研究. 煤矿机械，2008 (5).

[18] 肖江，黄娜，俞国胜. PLC在生物质燃料成型机液压系统的应用. 林业机械与木工设备，2007 (12).

[19] 汪大鹏，吴宪平，胡冠昱，等. 二工进调速阀及PLC控制的机床新油路. 液压与气动，2007 (3).

[20] 张兴华，王涛. 基于PLC的平网印花机液压控制系统设计. 大众科技，2008 (11).

[21] 赵丽娟，周双喜，谢波. 磨蚀系数试验台的自动化改造. 液压与气动，2009 (3).

[22] 刘辉，林玲. 基于PLC控制的液压控制系统. 科技经济市场，2006 (8).

[23] 陈小军，吴向东. 基于液压比例位置控制的数字PID设计与实现. 机械工程与自动化，2009 (6).

[24] 胡林文，王启志，滕达. 一种基于OPC Server的液压伺服精确定位系统的设计. 液压与气动，2010 (5).

[25] 卞和营，曹小荣，王泳，等. 基于PLC的液压位置控制系统建模与仿真. 煤矿机械，2009 (7).

[26] 孙春耕，袁锐波，吴张永，等. PLC在液压泵站中的应用. 液压与气动，2010 (2).

[27] 段锦良，马俊功. PLC在液压能源系统中的应用. 仪器仪表学报，2004 (4).

[28] 吴勇，赵彩云，李战朝，等. 大型定量泵液压油源有级变量节能系统研究. 机床与液压，2010 (1).

[29] 霍俊仪，李靖. 基于OMRON-PLC的液压泵站电气控制系统改造. 电气技术与自动化，2008 (5).

[30] 朱春东，郭飞. 汽车变速滑叉支架装配机气压系统及其PLC控制. 液压与气动，2010 (6).

[31] 杨孟涛，金红伟，王晓梅，杨永刚. 壳体类零件气动铆压装配机床设计开发. 制造技术与机床，2012 (8).

[32] 张国政，刘有余. PLC控制的多工序气动夹具设计. 机床与液压，2012 (10).

[33] 卿前茂，姜莉莉，周鑫，王盼盼. 连杆清洗设备的气动夹具设计. 液压与气动，2012 (10).

[34] 王志伟，梅顺齐，杜杏，等. 基于PLC的自动丝网印花机控制系统. 轻工机械，2011 (6).

[35] 杨良根. PLC在抛光机气动系统中的应用. 液压与气动，2011 (4).

[36] 李渊，李锡文，崔峰，郭芳. 气动浇注系统的设计与应用. 液压与气动，2013 (4).

[37] 赵维义，王占勇. 飞机气动元件综合测试系统的设计. 机械设计与制造，2012 (2).

[38] 王宇奇，张剑伟，易绍祥. 基于PLC控制的变送器自动测漏系统的研究. 电气技术与自动化，2011 (5).

[39] 唐立平. 气动物流输送及分拣系统的PLC控制系统设计. 液压与气动，2010 (1).

[40] 齐继阳，吴倩，何文灿. 基于PLC和触摸屏的气动机械手控制系统的设计. 液压与气动，2013 (4).

[41] 陈战强. 阀岛在卷烟机组中的应用. 工业控制计算机，2006 (6).

[42] 徐申林，赵海悦，王位伟，等. 阀岛在钻机气控系统中的应用. 液压与气动，2011 (7).

[43] 章宏义. 基于虚拟仪器的泵-马达综合试验台CAT系统研究与开发. 广州：广东工业大学，2012.

[44] 苏长鹏. 干冰清洗车电液比例控制系统开发与研究. 广州：广东工业大学，2010.

[45] 胡阳. 轮毂搬运机器人设计及控制系统研究. 淮南：安徽理工大学，2016.

[46] 覃娟. 基于三菱PLC和CC_Link的自动生产线系统的设计. 南宁：广西大学，2015.